ISBN 978-0-282-77634-3
PIBN 10422043

This book is a reproduction of an important historical work. Forgotten Books uses state-of-the-art technology to digitally reconstruct the work, preserving the original format whilst repairing imperfections present in the aged copy. In rare cases, an imperfection in the original, such as a blemish or missing page, may be replicated in our edition. We do, however, repair the vast majority of imperfections successfully; any imperfections that remain are intentionally left to preserve the state of such historical works.

1 MONTH OF
FREE
READING

at
www.ForgottenBooks.com

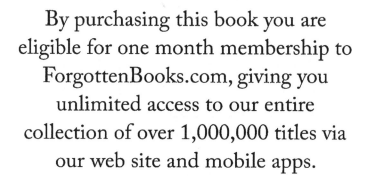

By purchasing this book you are eligible for one month membership to ForgottenBooks.com, giving you unlimited access to our entire collection of over 1,000,000 titles via our web site and mobile apps.

To claim your free month visit: www.forgottenbooks.com/free422043

English
Français
Deutsche
Italiano
Español
Português

www.forgottenbooks.com

Mythology Photography **Fiction**
Fishing Christianity **Art** Cooking
Essays Buddhism Freemasonry
Medicine **Biology** Music **Ancient**
Egypt Evolution Carpentry Physics
Dance Geology **Mathematics** Fitness
Shakespeare **Folklore** Yoga Marketing
Confidence Immortality Biographies
Poetry **Psychology** Witchcraft
Electronics Chemistry History **Law**
Accounting **Philosophy** Anthropology
Alchemy Drama Quantum Mechanics
Atheism Sexual Health **Ancient History**
Entrepreneurship Languages Sport
Paleontology Needlework Islam
Metaphysics Investment Archaeology
Parenting Statistics Criminology
Motivational

DEL

MUSEO PÚBLICO DE BUENOS AIRES,

PARA DAR A CONOCER

LOS OBJETOS DE HISTORIA NATURAL NUEVOS O POCO CONOCIDOS

CONSERVADOS EN ESTE ESTABLECIMIENTO,

POR

GERMAN BURMEISTER, Med. Dr. Phil. Dr.

Director del Museo Público de Buenos Aires.

Antes catedrático de historia natural en la Universidad Real Prusiana de Halle.

Socio de la Academia Cesárea Alemana Leop. Carolina, Corresp. de la Acad. Imper. Rusa de San Petersburgo, de la Acad. Real Italiana de Turin, de la Univers. de Santiago de Chile; Socio de la Soc. Real Geográfica de Inglat., de la Sociedad Lineana de Lóndres, de la Sociedad Filosofica Americana de Filadelfia, de la Sociedad Zoológica y de la Antropológica de Lóndres, de la Sociedad Zoologico-Botánica de Viena, como de las sociedades de historia natural de Altenburg, Berlin, Blankenburg, Cherbourg, Halle, Hamburg, Hanau, Mainz, Regensburg, Stuttgàrt; y de las Sociedades Entomológicas de Lóndres, Paris, Berlin, Estettin y S. Petersburgo. Soc. honorar. de las Soc, Argent. Rural y Farmacéutica de Buenos Aires.

TOMO PRIMERO.

BUENOS AIRES.

Imprenta de "La Tribuna" calle de la Victoria núm. 31.

1864 — 1869.

Paris.   Halle a. S.

PROEMIO.

El suelo de la Provincia de Buenos Aires es conocido largo tiempo ha en el mundo científico como uno de los depósitos mas ricos de huesos fosiles en la superficie de la tierra Muchos de estos preciosos objetos han pasado á Europa, para adornar los Museos de esta parte del mundo; pero otros no menos particulares y de gran valor científico se han conservado en el Museo público de Buenos Aires, establecimiento que ya cuenta cincuenta años de fundado, pero que aun es casi desconocido tanto en Europa como en América por falta de comunicaciones públicas sobre sus riquezas depositadas.

Los Anales, que hoy principiamos, estan destinados á introducir nuestro Museo en la sociedad de sus rivales. Publicaremos en ellos de tiempo en tiempo, sin periodos fijos ó regulares, pero sí oportunamente, todos los objetos, que hasta hoy no son conocidos en el mundo científico y merecen serlo por su valor propio. Entramos tambien por medio de nuestros Anales, en relacion con los establecimientos mas ó menos analogos de toda la tierra, para recibir en cambio las publicaciones de ellos y fundar de este modo un comercio continuo con los sabios, que se ocupan de las mismismas ciencias, á que nosotros nos dedicamos.

Este proyecto ya ha merecido la aprobacion de muchas personas distinguidas, tanto nacionales como forasteras. Algunos miembros influyentes de la Asociacion de los Amigos de la historia natural del Plata se han comprometido á invitar la Asociacion para que contribuya á los fines de los Anales, participando de los gastos para la publicacion, y el Superior Gobierno de la Provincia mismo ha prometido su proteccion al Editor. Contando con tan favorables auspicios los Anales no podran menos que ser muy útiles no solamente para la ciencia, á que se consagran, sino tambien para el Museo público, por los incrementos que prometen á su importancia científica.

Ya dos establecimientos de igual naturaleza á la suya, el Museo Britanico y la Sociedad Zoologica de Londres, han principiado á comunicar al Director del Museo una serie de sus publicaciones periodicas durante los últimos diez años, y los empleados de los dichos establecimientos, los Sres. J. E. Gray, y P. Sclater han aumentado estos regalos con algunas de sus obras cientificas mas importantes.

Este ejemplo muy meritorio no dejará de ser emulado por otros establecimientos científicos, y la amistad personal, que une al Director del Museo público de Buenos Aires con el mayor número de los sabios naturalistas de Europa y de América, facilitará al Museo como á él, enriquecer el establecimiento con muchos objetos por medio del cambio recíproco de los duplicados. Ya he recibido invitaciones á este respecto de muchas personas, entre las cuales me limito nombrar por ahora, de Alemania los Sres. Principe Maximilian de Wied, el Dr. Peters, Director del Museo de Berlin, el Dr. Giebel, Director del Museo de Halle; los Dres. Cabanis, Gerstecker y Schaum de Berlin; de Hollanda el Sr. Schlegel, Director del Museo de Leyden; de Italia el Sr. Jan, Director del Museo de Milan; el Sr. Capellini, Catedrático de la Universidad de Boloña; el Sr. Mantegazza Catedrático de la Universidad de Pavía; de Francia, el Dr. Guerin-Méneville, celebre naturalista de Paris; de Washington el Sr. J. Baird, Secretario del establecimiento de la *Smithsonian Institucion*; de S. Jago de Chile el Sr. Philippi, Catedrático de la Universidad y Director del Museo Zoologico del Estado.

En atencion á estos antecedentes no puedo dudar, que los Anales del Museo público de Buenos Aires serán muy útiles no solo para el Museo sino tambien para el pais en general, y por esta razon los recomiendo á los hijos del pais para que los favorezcan con sus votos y los protegan tambien de una manera positiva.

En fin me permito dar mis gracias, las mas espresivas al Sr. D. Juan Maria Gutierrez Rector de la Universidad, por su benevola asistencia en la publicacion de esta obra, que sin auxilio de él no hubiera salido tal como está ahora.

Buenos Aires, 20 de Octubre de 1864.

Dr. German Burmeister.

Tabla del contenido.

SUMARIO SOBRE LA FUNDACION

Y LOS PROGRESOS DEL MUSEO PÚBLICO DE BUENOS AIRES (1)

— —

Los establecimientos públicos que hoy se llaman Museos, fueron en su origen depósitos de los restos del arte antiguo, fundados por algunos monarcas ilustrados en la época de la rehabilitacion del buen gusto, cuando surgió en Europa el interés por los productos de las artes. Los Museos fueron fundados para conservar y reunir en su seno, las preciosas esculturas con que los Griegos y los Romanos adornaban sus templos, edificios y jardines públicos, en los tiempos mas brillantes de sus imperios.

Parece que el primer fundador de estos Museos fué el célebre COSME I DE MEDICIS (1540) en Florencia, dando á esta nueva creacion el nombre con que 300 años antes de nuestra era cristiana, designaba el rey PTOLEMEO FILADELFO de Egipto, la galería de su real palacio, destinada á la gran biblioteca de Alejandría que fué por largo tiempo la mas célebre del mundo civilizado, hasta que conquistada la capital por los Arabes, quemaron sus preciosos manuscritos para calentar el agua de los baños públicos.

---

(1) Algunas noticias importantes sobre los primeros años de la existencia del establecimiento debe el autor á los estudios y la benévola comunicacion del Sʳ D. J. MARIA GUTIERREZ, Rector de la Universidad.

Museo, quiere decir domicilio de las Musas :\ lugar dedicado al estudio científico, y á la esposicion de las mas sublimes producciones del ingenio humano, con el noble fin de alentar á los que las contemplan por medio de la emulacion, y exitar la veneracion debida á los grandes hombres que semejantes obras han ejecutado.

En el curso de los siglos esta primer idea se ha amplificado, y hoy se llaman Museos las colecciones de toda especie en que se hallan reunidos los objetos notables de la ciencia y del arte ; — distinguiéndose en Museos artísticos, históricos y físicos, aplicados principalmente á la historia natural de la tierra, y mas especialmente del pais en que se hallan fundados.

En este sentido un magistrado de la República Argentina, rival en méritos con respecto á su pais, al gran COSME DE MEDICIS el célebre RIVADAVIA, fundó el Museo público de Buenos Aires, para ofrecer á los hijos de la patria Argentina, un establecimiento científico de instruccion pública, facilitar el estudio de las producciones naturales del pais, y establecer un centro depositario de todos los objetos históricos y artísticos, que se relacionan con los acontecimientos, ó con los hombres célebres nacidos en su suelo.

Sin embargo ya la Asamblea General Constituyente decretó el dia 27 de Mayo de 1812 el establecimiento de un Museo público de Buenos Aires ; pero esta fundacion fué casi olvidada, hasta el 31 de Diciembre de 1823, cuando RIVADAVIA repitió el decreto [estableciendo el Museo público, y ordenando la reunion de algunos objetos en la parte alta del convento de Santo Domingo, donde RIVADAVIA pensaba reunir todos los elementos que tuvieren relacion con el estudio de la naturaleza.

Al mismo tiempo con el Museo RIVADAVIA fundó una escuela de física con un gabinete, á cargo del Sr. Dr. CARTA ; este señor debia tener tambien á su cargo el Museo, pero en el mes de Abril de 1826 se separaron los dos establecimientos y el Sr. FERRARI fué nombrado Director del Museo.

Este señor hábil y laborioso, fué el verdadero fundador del establecimiento, enriqueciéndolo con muchos objetos del pais, principalmente con pájaros, preparados por su propia mano. Entre los objetos que figuraban entonces en el Museo, se veia una coleccion de 720 minerales bien clasificados, que vinieron de Francia para el gabinete de física, y un cisne del Rio de la Plata, notable por su largo cuello negro, especie particular á la América del Sud, y bastante comun en este pais. La coleccion de los minerales se ha conservado hasta hoy, pero el cisne se ha perdido, como tantos otros objetos, que antes han figurado en el Museo.

Sobre la historia primitiva del establecimiento faltan otros datos, hasta la publicacion del Sr. D. MANUEL TRELLES, que publicó en los diarios de Julio de 1856 una relacion sobre los progresos del Museo, dirigida á los Amigos de la Historia Natural del Plata en el aniversario de la Sociedad de los dichos amigos en el mismo año.

Dice el autor, que despues del decreto de fundacion (1823) el único documento que existe, sobre los primeros ingresos al Museo, es un cuaderno de 1828 con el original título : Regalos, en que se hallan los nombres de cincuenta y dos personas, que hicieron donaciones al gabinete de historia natural del Museo ; seccion que domina en el establecimiento de su fundacion hasta el presente. Solamente doscientos catorce objetos fueron regalados en el largo lapso que transcurrió de 1828 hasta 1855. — Desde entonces hasta el año de 1842 no se halla nada sobre el progreso del Museo, entre sus Actas, pero en este año empieza la coleccion de notas de remision de los trofeos de la guerra civil y algunos otros objetos, presentados á D. JUAN M. ROSAS, y que este destinaba al Museo. No pasan de ocho las personas donantes, ni de sesenta, fuera de los trofeos, los objetos donados; y ellos, puede decirse, constituyen todas las adquisiciones que hizo el establecimiento en la larga y funesta dominacion de ROSAS.

Parece tambien que el Museo en este tiempo de decadencia ha perdido casi todas las clasificaciones de su parte zoológica, como tambien numerosos objetos que se hallaban antes clasificados en ella. Hoy no existen de esta parte antigua del Museo, sino algunas preparaciones muy malas, que no debian figurar en el de un pueblo como Buenos Aires. Solamente la falta de objetos mejores puede disculpar su existencia. Mucho mejor era el estado de la parte mineralógica, compuesta principalmente de una coleccion clasificada, de 756 números con su catálogo correspondiente, pero en un idioma estrangero, que ha venido de Francia, como ya antes he dicho.

Tal era el estado casi abandonado del Museo, cuando á principios del año 1854 surgió la idea de fomentarlo, estableciendo la Asociacion de Amigos de la Historia Natural del Plata. Esa idea mereció la proteccion del Superior Gobierno y de todos los hombres ilustrados, con que cuenta el pais, tanto nacionales como estrangeros. Apenas fué conocido del público el superior decreto de Mayo de 1854, que creo la asociacion, empezó el Museo á recibir testimonios de la general aceptacion. De todas partes y de toda clase de personas recibió pruebas de interés y de ahí proviene esa multitud de objetos, con que se ha enriquecido, duplicando en solo dos años, las existencias que le quedaban, despues de 31 de establecido.

Como por el Reglamento de la Asociacion de Amigos de la Historia Natural del Plata, el Rector de la Universidad es el Presidente de la Asociacion, el Museo entraba en una mas íntima relacion con la Universidad, y se unieron entonces los dos establecimientos en el mismo edificio, donde el Museo ocupa cuatro piezas, y entre ellas, una magnifica sala de 40 varas de largo. Entonces se estableció el Museo de una manera mas opulenta y estensa; obsequiado por el Superior Gobierno con muchos nuevos estantes, y algunas colecciones verdaderamente preciosas. La coleccion de medallas antiguas y la de pájaros europeos, son las mas notables adquisiciones del primer tiempo de su existencia en el nuevo domicilio. Muchos particulares regalaron tambien al Museo colecciones dignas de notarse, principalmente las de minerales, de que habla el Sr. D. M. TRELLES en su publicacion antes citada, hasta el año 1856, y despues de este año, los documentos publicados en los Registros estadísticos del Estado de Buenos Aires (1857, pág. 118; 1858, pág. 155).

Pero no solamente su contenido, hasta su reglamentacion interior, mejoró muchísimo en este tiempo, gracias al celo y laboriosidad del Sr. TRELLES, que formó con increible laboriosidad un larguísimo catálogo de la rica coleccion numismática, que se publicó en el Registro Estadístico de los años de 1857 y 1858.

Al mismo tiempo el Sr. BRAVARD trabajaba algunas veces en el Museo, ocupándose en la clasificacion de objetos fósiles; hasta que partió para el Paraná, á dirigir los trabajos del nuevo Museo Nacional de la República.

Parece que la necesidad urgente, de colocar al frente del Museo, una persona especial en la historia natural, ramo que prevalece en el establecimiento, fué la razon que indujo al Gobierno (siendo Gobernador el Sr. General MITRE, y Ministro de Gobierno el Sr. SARMIENTO) á ofrecerme la direccion general del mismo, cuando en favor de mi salud, me decidí á dejar mi pais y establecerme en Buenos Aires. Recibí esta invitacion por intermedio del Sr. Ministro Prusiano D. FEDERICO GÜLICH, y entré á ejercer el empleo á fines de Febrero del año pasado, nombrado Director general del Museo Público de Buenos Aires, por decreto de 21 de Febrero de 1862.

Desde que tomé posesion del cargo, he organizado el establecimiento casi de nuevo, removiendo de las salas muchos objetos tan insignificantes, que no debian figurar en ningun Museo público y científico, y colocando otros en un orden mas natural y mas en relacion con sus cualidades específicas. Ya no se ven en el mismo estante, los minerales confundidos con las conchillas, los trofeos con los mamíferos, ni los pájaros en una verdadera confusion, arreglados al parecer, por el primer colocador, segun por el orden de los tamaños y colores de los individuos. Hoy se hallan reunidos los objetos de cada ramo en el mismo estante, y los pájaros como los mamíferos clasificados científicamente.

Los pedestales de los objetos, antes tan malos que parecian hechos para desfigurar su elegancia, se hallan en gran parte cambiados, y colocados sobre los nuevos, con el nombre científico al pié. Estos pedestales están muy hábilmente construidos, segun los modelos que trage conmigo, pertenecientes á la coleccion que tenia á mi cargo en la Universidad Real Prusiana de HALLE.

Estas diferentes obras, como tambien algunos nuevos estantes prolijamente trabajados, han sido ejecutados con la cantidad de 20,000 $, decretada estraordinariamente por el Superior Gobierno á solicitud mia, cuando entré en el empleo, para emprender la nueva organizacion del Museo.

Para hacer conocer mejor su valor científico actual, dividiré en tres secciones los objetos que posée el establecimiento. A saber: seccion artística, seccion histórica, y seccion científica, en la que prevalece la historia natural.

SECCION ARTÍSTICA.

Esta seccion es la mas insignificante del Museo, pues no posée una sola obra perteneciente á ningun escultor ó pintor de primer orden. Hay solamente algunos cuadros y dibujos bien ejecutados por los estudiantes que el Gobierno sostiene en Italia, unos cuantos retratos de personajes históricos, que solo pueden llamar la atencion como curiosidades, y algunos grabados y cuadros sin valor artístico de ninguna especie.

SECCION HISTÓRICA.

Esta seccion es mucho mas valiosa que la anterior. Los objetos que la componen pueden dividirse en dos categorias, una de antiguedades y otra de piezas mas modernas, entre las que figuran objetos de la época de la conquista, y algunos trofeos de la guerra de la Independencia.

En la primera clasificacion figuran tres momias de Egipto, cuya edad puede calcularse en unos tres ó cuatro mil años. Todos saben que los Egipcios antes de la era cristiana, no enterraban los cadáveres de los hombres ni de los animales, sino que los embalsamaban para conservarlos en cuevas naturales ó artificiales, como eran las pirámides.

Para el efecto, sacaban al cuerpo todos los intestinos, envolvían primero todos los miembros independientes, y luego todo el cadáver en una fuerte tela de hilo.

La avaricia ó el descuido de los primeros poséedores de las momias de nuestro Museo, las ha desmejorado muchisimo, desenvolviendo la tela que las cubría y abriendo con cuchillo la parte, en que los parientes del difunto depositaban las halajas pertenecientes á la persona que embalsamaban.

Es una cosa digna de notarse, que jamás se haya encontrado dinero ni en las momias ni en ningun punto de Egipto, perteneciente á una época anterior á la abertura del pais para los Griegos por el Rey Psametich. Parece que la moneda como medio de cambio mercantil, fué desconocida en aquella parte del mundo civilizado, hasta que los Griegos introdugeron la suya.

Figuran casi en la misma escala, como valor histórico, varios vasos Peruanos antiguos, muy anteriores á la conquista de América por los Españoles. Estos vasos, como tambien algunos ídolos de oro y plata, y otros objetos, se hallan en las sepulturas antiguas, junto con las momias de los que fueron sus propietarios—En el Museo de Lima, se ven muchas muestras del arte antiguo de los Indios. Debe ser un punto de honor, para el patriotismo de los Argentinos deponer en el Museo, los objetos de esta naturaleza, que posean, para conservar al pais los productos históricos de América. En algunas provincias argentinas, como San Juan, la Rioja y Catamarca existen tambien antiguos sepulcros de Indios. Sin embargo el Sr. Dr. Aguirre ha mandado nuevamente al Museo dos momias del Perú, como regalo del Sr. Dr. Lozana al establecimiento.

La coleccion numismática, es de un interés mas general y de un valor mucho mayor. El Sr. Trelles ha publicado su catálogo completo, en el Registro Estadistico, conteniendo 415 monedas desde el tiempo de Pompeyo y Cesar, hasta los de Antonino Pio. Esta coleccion fué comprada en 6,000 francos.

Conquista de Méjico: los 22 cuadros que representan la conquista por Hernan Cortes, pintados de una manera especial por Miguel Gonzales, que probablemente formaba parte de la espedicion, pues asi las figuras, como los edificios indican, que el autor se hallaba presente en el campo de la accion, forman la coleccion mas notable de su género, que posée el Museo. Fué ofrecido por la familia del Señor Mackinlay.

Estandarte Religioso: existe en el Museo, el que fué paseado en la fundacion de Buenos Aires, por el célebre D. Juan Garay. No sabemos si existen documentos que prueben su autenticidad.

Dos espadas de la misma época, pertenecientes á los Españoles.

Los trofeos modernos de las diferentes guerras, no son menos interesantes para el hijo del pais; pero el número que posée el Museo es muy pequeño. Parece que los principales objetos de esta especie, se hallan depositados en las iglesias, y otros en el departamento de la guerra.

Posée ademas el escritorio de Rivadavia, la caja en que fueron traídos sus restos de España, la espada del general Lavalle, y la carretilla de la inauguracion del Ferro-carril al Sud.

Máquina infernal: se halla allí tambien mandada por Rosas, en tiempo de su dictadura, la máquina con que dijo se le habia querido matar.

Seccion Científica.

Pasando al ramo científico de la historia natural, encontramos en el Museo colecciones de todas clases, aunque no de igual mérito. Para esplicar mejor nuestro juicio, examinaremos estas diferentes clases, con relacion á su valor científico.

Las colecciones de Zoología prevalecen en el Museo y principalmente la de los animales vertebrados. De esta seccion de animales hay cuatro clases : los mamíferos, los pájaros, los anfibios y los pescados.

Entre la primera pueden distinguirse los de la época actual y los antidiluvianos, de los que hoy no se encuentran sino los huesos. Esta es la parte mas rica del Museo de Buenos Aires, siendo el terreno de está Provincia el mas abundante depósito de estos objetos, que hasta ahora se conozca en la tierra entera. Por esta razon Buenos Aires es el lugar mas á propósito, para formar la coleccion mas preciosa de los conocidos en esto parte del mundo. Los esqueletos mas curiosos y completos de animales antidiluvianos, que se ostentan en los museos de Londres, Paris, Madrid, Turin etc. todos han salido de la Provincia de Buenos Aires.

Pero hoy, merced á la sábia medida del Gobierno de la Provincia, tendente á prohibir la esportacion de huesos fósiles, el Museo de Buenos Aires verá aumentar su coleccion de dia en dia. Es un deber de patriotismo para los hijos del pais, conservar estas preciosidades de su suelo, y depositarlas en el Museo de su patria.

El señor Bravard, en su enseñanza sobre la geología de la pampa, (Registro Estadístico, 1857) cuenta 50 especies de mamíferos antidiluvianos estraidos del suelo de Buenos Aires, y de los cuales solamente ocho eran conocidos, antes de su estudio sobre este suelo. Como el autor no ha dado la descripcion de ninguna de sus nuevas especies, es dificil saber cuales son. En nuestro Museo no contamos tantas especies, pero sí bastantes y entre ellas algunas hasta ahora no conocidas. Pertenecen estos restos principalmente á una seccion de los mamíferos que Linné ha llamado *Bruta* y Cuvier *Edentates,* faltándoles sino todos los dientes, como á los *Hormigueros,* al menos los incisivos.

A esta seccion pertenece el célebre *Megatherium,* encontrado cerca de la Villa de Lujan en el año 1789 y colocado en el Museo de Madrid, como el mas curioso de los animales antidiluvianos. Hoy se encuentran, completos los miembros de este animal y otros pedazos del esqueleto, hallados por el señor Dr. D. F. Javier Muñiz, que ha enriquecido con ellos al Museo Público.

Por largo tiempo el único esqueleto del *Megaterio* que se conoció fué el de Madrid, pero despues de la llegada al pais del Sr. Woodbine Parish, Ministro de

S. M. B. hombre ilustrado y muy meritorio, por haber hecho conocer la República Argentina en el mundo científico, se aumentó el interés por sacar los fósiles para mandarlos á Europa.

En una coleccion de esta naturaleza, vendida por el Sr. Angelis al Museo Quirúrgico de Londres en 1841 se encuentran no solo muchos buenos huesos de *Megaterio*, sino tambien un animal hasta entonces desconocido, y al que Mr. Owen de Londres, designó con el nombre de *Mylodon robustus*.

En mi viaje al Rio Salado, encontré la parte posterior de un animal muy semejante y sobre él los restos del cútis, que prueban ha tenido un cuero duro, con muchos escudos chicos y huesosos. Este nuevo descubrimiento ha aumentado mucho el conocimiento científico de estos gigantescos animales, pues por largo tiempo ha sido materia de discusion, el saber si eran peludos, como los Perezosos del Brasil, que son los mas parecidos al Milodon en la época actual, ó cubiertos por una cáscara dura como los Armadillos.

Hoy, debido á mi descubrimiento, se sabe que la segunda opinion es la mas probable; pues el cútis del *Mylodon*, como sin duda tambien el del *Megatherium*, es duro y cubierto con escudos lisos y corneos sobre los huesos chicos subplantados en el mismo cútis.

Pero mis estudios no han dado esta sola enseñanza, sino tambien dos otras especies de *Mylodon*, que he hallado en el mismo lugar, una de ellas mas grande, á la que he llamado *Mylodon giganteus*, y otra menos corpulenta ó mas delgada, á la que he denominado : *Mylodon gracilis*. Todos los restos, que prueban mi descubrimiento, están en el Museo de Buenos Aires, el único hasta hoy, en que se hallen reunidas tres especies del *Mylodon*, si no son cuatro, pues tengo fundamentos para distinguir este número de una manera muy probable. Tambien se halla aqui una tercera clase de animales parecidos al *Megatherium*, llamados por Owen *Scelidotherium*.

Pero no me es posible dar cuenta detalladamente de todos los objetos preciosos del Museo. Me limitaré por consiguiente á enumerar los restos del *Glyptodon*, animal de la misma época muy parecido á la Mulita y al Peludo, pero de un tamaño estraordinariamente grande.

El individuo mas completo de esta especie se halla en el Museo de Buenos Aires, regalado por el Sr. D. David Lanata. He hecho algunas publicaciones sobre él en los diarios y últimamente en la *Revista Farmacéutica* t. 5. p. 274. No tiene menos valor científico la cabeza del *Toxodon*, regalada al Museo por el Sr. F. J. Muñiz, única hasta ahora, que se haya podido conseguir completa, así como la dentadura del caballo fósil antediluviano, encontrado por mí ultimamente en una lomita cerca de la cañada del arroyo Seasgo (o Ciasco) en el Rio Salado.

Tales son los objetos mas preciosos de esta especie que hay en nuestro Museo.

En cuanto á los Mamíferos de la época actual, hay entre ellos tambien una nueva especie desconocida hasta ahora. Este es el Pichiciego nuevo descubierto por el señor San Martin en Bolivia y al que he dado el nombre científico *Chamyphorus retusus*. Al describir este animal, científicamente en los Autos de la soc.

d'hist. nat. de Halle. Vol. VIII.—Respecto á su tamaño es mayor que el Pichi ciego de Mendoza, conocido mucho tiempo ha. El número de objetos de esta clase que posée el Museo alcanza á 68 especies con 110 individuos, de estos, como 40 pertenecen á la coleccion San Martin, comprada últimamente por el Gobierno; entre la que no hay nada que tenga igual mérito científico al Pichi ciego.

La coleccion de Pájaros se calcula como en 500 especies con 1500 individuos, de los que 250 especies con 400 individuos, son de la coleccion San Martin; los otros son de Europa, del Brasil y de las demas Provincias Argentinas. No hay entre ellos grandes riquezas, pero sí muchas especies de los buenos y lindos pájaros de la América del Sud. Puede decirse, que en el Museo se halla la mitad de los animales conocidos en esta parte del mundo, si bien es cierto, que no todos los cueros están armados, circunstancia que hace que la coleccion aparezca menor de lo que es en realidad.

Los Anfibios y Pescados son los mismos que estaban en el Museo antes de mi direccion, con escepion de algunos muy mal preparados que me vi obligado á remover de las salas. Esta parte de la Zoologia tiene menos interés general y no puede estudiarse científicamente, sino con individuos completos conservados en aguardiente. La falta de buenos vasos y de fondos, para traer de Europa vidrios á propósito para el uso de un Museo, me han impedido hasta ahora ocuparme de esta parte de la coleccion, pero asi que todos los pájaros y mamíferos estén armados, me ocuparé en arreglar las especies del pais y principalmente los pescados del Rio de la Plata y de los demas rios y lagunas del Interior.

Lo mismo sucede con las colecciones de Insectos; de los que actualmente están en las mesas del Museo, ninguna hay que tenga un interes particular. Como la localidad es bastante húmeda, no puede conservarse en ella una buena coleccion; para ello seria necesario un cuarto especial, con estufa, para calentar en invierno y secar al fuego los objetos, de cuando en cuando. Sin embargo hay una coleccion bellísima de mariposas del Brasil, comprada por mí ultimamente en Rio Janeiro, mas la necesidad, de tapar bien estos objetos de color brillante, pero delicado á la influencia de la luz, no permite ponerlas á la vista del público. Tales colecciones en los grandes Museos están reservadas para las personas que quieren dedicarse particularmente á su estudio. Lo mismo sucede con otra coleccion de insectos hecha por mi durante mis viajes al interior de la República, pero la fragilidad y delicadeza de los objetos no permite ponerlos á la vista general.

La coleccion conchiliológica es bastante rica, gracias al regalo de un amigo del Museo, que ofreció una coleccion de 550 especies, de todo el mundo. Esta coleccion está hoy bien arreglada por mí y aumentada con las conchas del Rio de la Plata y algunas del pais, que yo mismo he recogido. La parte antigua de la coleccion conchiliológica no vale gran cosa por la mala conservacion de los objetos. Hay tambien algunos mariscos como algunos Corales y Pólipos marinos, pero es muy poco su interes científico, no habiendo entre ellos ninguno de un valor particular.

Esta es una pequeña reseña de nuestra coleccion Zoológica tal cual se encuentra

hoy. Han sido removidos de nuestro Museo para ser depositados en la nueva coleccion, que forma la Facultad de Medicina, los fenómenos y productos de enfermedades, que pertenecen con mejor JURE á aquel establecimiento, que á un Museo público, dedicado como antes he dicho, al culto de las musas, que adornan la vida
humana con la hermosura, pero no deben lastimar la vista mostrándole públicamente
las deformidades y enfermedades del cuerpo animal.

De Botánica hay en el Museo una coleccion de maderas del Paraguay y un *her-
bario* de algunas plantas europeas, hecho en Francia y regalado por su autor.

Mas rica es la coleccion mineralógica, pero siendo las diferentes partes regaladas por amigos del Museo, casi todos son de la misma clase, de las minas de Chile.
He elegido una pequeña coleccion, para mostrar las diferentes clases de los metallos
en una fila sistemática, pero la mayor parte estan aun en el mismo estado, en que
fueron regaladas, es decir, sin ser ni numeradas, ni nombradas científicamente. La
antigua coleccion mandada de Francia tambien he conservado en su primitivo estado.

El arreglar de nuevo el Museo sobrepasa las fuerzas de una sola persona; hasta ahora
no he tenido otra asistencia que la del portero, que entra algunas veces por semana,
para limpiar las salas. Un Museo de tanta estension como el nuestro, para ser ar-
reglado por un órden cientifico, ocuparia algunas personas por dia. Pero, gracias
al interes que el Superior Gobierno ha tomado por el Museo, enriqueciéndole el año
pasado con la coleccion hecha por el Sr. San Martin en Bolivia, y en el corriente con
una estension de la localidad del Museo con una sala hermosa y dos piezas chicas, se
ha probado de nuevo en este último momento por el decreto, que arregló la organizacion interior del Museo de una manera muy conveniente para su progreso.

Tambien es necesario, que los hijos del pais tomen mas empeño por la prosperidad
y adelanto del Museo, haciendo regalos buenos y preciosos.

El número de personas, que durante mi direccion han hecho algunos regales al Museo,
es muy pequeño, limitándose á los Señores DOCTOR DON F. JAVIER MUÑIZ y DON DAVID
LANATA, que han regalado, sin duda, los objetos mas preciosos, en huesos antidiluvianos,
que se hallan en el Museo.

El señor HARRAT, que ha mandado una coleccion de minerales de Chile.

El señor SOURDEAUX Y Cⁱ, que ha mandado una cajita con muestrrs de la perforacion en el Pozo de Barracas.

El señor DON MANUEL EGUIA que privándose de su propia coleccion, ha regalado algunos huesos, para completar los que tenia este establecimiento.

El señor PERDRIEL, que regaló un tronco de *Sauce fósil.*

El señor A. BLAYE, que ha mandado la cabeza de un toro gigantesco.

El señor Gobernador actual, DON MARIANO SAAVEDRA, que ha regalado la carretilla
dedicada á él por la Comision fundadora del Ferro-carril al Sud.

El GOBIERNO NACIONAL, que regaló una rica coleccion de minerales de la Provincia
de Mendoza.

Han sido tambien introducidos algunos otros objetos, pero son insignificantes para anotarse aquí.

Sin embargo me permito repetir públicamente mi agradecimiento á estos caballeros en nombre del establecimiento confiado á mi direccion, por el interes que han mostrado en el engrandecimiento de la patria en su marcha científica.

II.

LA PALEONTOLOGIA ACTUAL

EN SUS TENDENCIAS Y SUS RESULTADOS.

Traduccion de una obra del Dr. BURMEISTER

Publicada en Diciembre de 1849. (1)

————————

Entre los ramos de la historia natural que mas han progresado en los cuarenta años últimos de nuestro siglo, debe contarse en primer lugar la *Paleontología* ó la historia de los organismos de las épocas anteriores á la presente. Casi abandonado este ramo en su primera infancia y mal comprendido en su verdadero destino, fué considerado el estudio de las petrificaciones, por unos como pasatiempo de personas ociosas, por otros como carga incómoda, porque los mineralogistas se creían obligados á ocuparse de aquellas sin acertar con la manera de estudiarlas con provecho.

(1) El autor no ha podido limitarse á una mera traduccion del trabajo primitivo, y ha dado alguna estension mas al presente, para ponerlo en consonancia con el lugar en que escribe y con los objetos de la presente publicacion.

Pero, al comenzar nuestro siglo, así que se calmaron los grandes disturbios políticos de la Europa con la caida de NAPOLEON I, el célebre CUVIER se dedicó al estudio de la parte mas descuidada de los animales fósiles vertebrados, publicando sucesivamente algunos de los principales objetos de este ramo de la *Paleo-zoologia* y mostrando en sus ingeniosas descripciones los nuevos y sorprendentes resultados que se deducen del estudio de aquellos animales mas perfectos, comparándolos al mismo tiempo con los de la época actual.

La obra inmortal titulada: *Recherches sur les ossements fossiles*, etc., debe considerarse como el depósito de sus mas escrupulosos estudios y el códice primitivo de donde han tomado todos los sábios posteriores, el fundamento de sus conocimientos.

Tiempo ha que la Paleontología cientifica, cuanto mas se ha especializado su cultivo, tanto mas ha tomado dos diferentes direcciones, ya aplicando sus resultados al conocimiento geognóstico de la superficie del globo, ó ya uniéndose mas intimamente con la Zoologia y la Botánica actuales. El tema del presente escrito, es mostrar como se ha amplificado la ciencia paleontológica en uno y otro camino, y esplicar sus progresos, especialmente aquellos que se relacionan con el estudio de los animales.

La Paleontología geognóstica no es otra cosa mas que el estudio de las diferencias especificas observadas en los animales pertenecientes á las diferentes épocas antiguas de la superficie de la tierra, con el objeto de conocer, y deducir por medio de la diferencia especifica de los petrificados, la identidad ó la diferencia de las épocas en que se formaron las capas sedimentarias que los contienen. Por esta razon, el estudio de los fósiles orgánicos es el mas importante y el mejor de todos para establecer el criterio exacto sobre la naturaleza de aquellas capas. Pero ni la ciencia paleontológica ni el sábio consagrado á la geognóstica, ganarían mucho con estos resultados, si el organismo extinto que se toma para distinguir las capas, fuese una concha ó un marisco cualquiera como la Estrella-marina ó un Polipo; mas no asi, si el organismo fósil encontrado en una capa sedimentaria es idéntico ó específicamente diverso á otro organismo de igual clase encontrado en una capa mas inferior aun ó mas elevada del suelo de cuyo estudio se ocupa. Esta distincion especifica, este escrupuloso examen de la construccion de las conchas halladas, es de la mayor importancia para el geognosta, á fin de establecer, guiado por las diferencias que presenten los fósiles comparados, las diferentes edades á que corresponden las capas. Supongamos que no exista ninguna diferencia específica entre dos conchas de diversas capas y que lo mismo suceda con respecto á los demas fósiles hallados en ellas: en este caso, la ciencia debe concluir de esta identidad de la vida orgánica durante la formacion de las capas, que corresponden ambas á una misma época, pues que la vida orgánica no fué interrumpida por ningun cataclismo, como ha acontecido tantas veces en épocas pasadas. De esta manera es como los geognostas deducen por la identidad de los fósiles la contemporaneidad de las capas aun en sus materias diferentes, y las llaman con razon, productos contemporáneos.

En razon de tan importante resultado, es del mayor interés averiguar si las capas que incluyen los mismos fósiles orgánicos en sus materias diversas, se encuentran

no solo en el mismo suelo sino tambien en otros puntos apartados sobre la superficie
de la tierra. Si en el primer caso propuesto, se supone que las capas de una localidad
cualquiera son diferentes, y los fósiles idénticos, se concluirá que durante la misma
época de la vida orgánica, los productos inorgánicos de la descomposicion de las
rocas, se han trasladado y que el impulso de diversas corrientes de agua dulce, yendo
hácia el mar ó viniendo de él, han acarreado de diferentes lugares estos productos,
la cal por un lado, por el otro la arena ó la arcilla. Sin embargo, nosotros concluimos
que un depósito mas alto superpuesto sobre otro mas bajo, es de una edad menor,
siendo siempre la capa inferior de época mas apartada de la actualidad que la
superior. Pero esta diferencia en edad no es bastante para fundar una nueva época
de la formacion del suelo, aunque los fósiles orgánicos sean los mismos en ambas
capas. En general puede decirse que la identidad de los fósiles orgánicos son
siempre prueba de identidad en las épocas geológicas. Idéntico caso se presenta
cuando las diversas capas con los mismos fósiles se encuentran á grandes distancias
sobre la superficie de la tierra, porque entonces suponemos que es una misma la
época de la formacion de las capas, aun cuando las materias superficiales en la
tierra, de que se formaron esas capas sedimentarias, fuesen diferentes en diferentes
lugares. En la barranca del Rio Paraná cerca de la ciudad del mismo nombre se
ven diversas capas de arena, de arcilla y de cal, incluyendo en ellas las mismas
conchas marinas y fósiles, y probando con este hecho que el suelo sobre que está
dicha poblacion fué en épocas pasadas del golfo de un mar, en el cual depositaron los
rios que en él desaguaban las arcillas y las arenas mezcladas con la cal de las conchas
torturadas por el movimiento de las olas y superpuestas en capas segun que las diferentes corrientes acarreaban, ya una, ya la otra materia. La perforacion del pozo
de Barracas y la perforacion practicada en la Piedad, han probado que el suelo de
Buenos Aires tiene la misma construccion fundamental que el del Paraná, pues en
ambos se hallan las mismas conchas con capas mas ó menos idénticas. Lo mismo
puede decirse de todo el suelo argentino, desde aquí hasta Magallanes. En todos los
lugares de la costa del mar se hallan capas que contienen las mismas conchas del
Paraná; pero no siempre de la misma materia, pues en una prevalece la arena, en
otra la cal ó cualquier otra substancia. Pero la identidad de las conchas prueba que
todo el suelo espresado es contemporáneo y pertenece á la misma formacion geológica que los geognostas llaman: Formacion terciaria superior ó Patagónica.

De modo que, el documento mas seguro para atestiguar la edad de la formacion
de los terrenos, es el organismo fósil contenido en las capas sedimentarias; testigo
irrecusable, tanto para confirmar la contemporaneidad en caso de igualdad, como la
edad diferente de las formaciones cuando son diversas los especies inmediatas á las
capas. Muchas veces hállanse capas muy parecidas en su materia en lugares distantes unos de otros, cuya edad no puede clasificar el viagero geognosta por falta de
esos testigos fósiles. Y no es poco embarazo para él el no hallar una concha siquiera, porque la identidad de las capas no depende solo de la identidad de la
materia que las forma. Cuando llega este caso, el observador busca la capa sobre-

puesta y la inferior para examinar las dos al mismo tiempo; bien es verdad que en las altas serranías no es fácil dar con ninguna de estas dos capas. Es fácil comprender el mal humor con que el viagero científico proseguirá su camino aunque sin perder la esperanza de encontrar otro lugar mas apropósito para sus investigaciones: esperanza vana! Las capas se le presentan siempre las mismas sin caracteres espresivos ni en la parte inferior ni en la superior, hasta que por último tropieza con placer con una conchita ó con el fragmento de un caracolillo que absuelven sus dudas científicas. Siguiendo el rastro de estos hallazgos, busca asiduamente otros objetos mas completos, hasta que logra formar una coleccion pequeña, con la cual se retira como con un tesoro, para examinarla á su sabor con el auxilio de los elementos de la ciencia y poder determinar la edad geológica de una sierra ó de una llanura desconocidas en la ciencia hasta entonces.

De esta manera de proceder y progresar en esta ciencia pueden referirse varios ejemplos. Mi compatriota y paternal amigo A. DE HUMBOLDT, recorriendo en el año 1800 las cordilleras del Ecuador halló algunas conchas que depositó en la rica coleccion de Berlin. Su cólega, no menos célebre, LEOPOLDO DE BUCH describió estas conchas 58 años mas tarde, en una obra especial y la primera contraída á tratar de los fósiles de las Cordilleras, y dedujo que las capas en que fueron halladas dichas conchas pertenecían á la época secundaria de la greda. Yo mismo, 22 años despues, atravesando las Cordilleras que médian entre Catamarca y Copiapó buscaba en vano algun fósil en toda la estension del camino desde la quebrada de la Troya hasta el peñasco de Diego. Pero al fin encontrando depósitos fosilíferos cerca de las Juntas, formé una rica coleccion que llevé conmigo á Halle. Y como entre estas conchas se encontrasen las mismas ya recojidas por HUMBOLDT, me hallé en la capacidad de probar, con ayuda de mi discípulo el Dr. GIEBEL (*), que la formacion de la espresada cordillera no pertenece á la época secundaria de la greda, sino á la época secundaria mas antigua del Jura, y especialmente al Lias superior y Oolith inferior. Así pues, estas conchas fósiles han servido para rectificar el juicio formado por uno de los mas célebres geognostas, el gran fundador de la teoría de las sublevaciones de las tierras; teoría que con tanto ingenio ha aplicado ELIAS DE BEAUMONT á la clasificacion de la edad de las diferentes cordilleras de la tierra.

Con razon el agudo autor ingles GIDEON MANTEL, llama á los fósiles orgánicos las «medallas de la creacion,» porque en realidad, estas conchas petrificadas, importan para la Geología, tanto ó mas que lo que importan para la historia antigua las medallas y monedas metálicas, que suministran datos fijos á la crítica para el conocimiento esacto de los reinados y naciones antiguas, ya sea con referencia á las artes ó á la industria. El paralelismo es completo. Para la edad de la tierra, los productos orgánicos ya estintos, atestiguan sus evoluciones y perfeccionamiento, así como para la historia de los pueblos antiguos dan ese testimonio los objetos sobrevivientes

(*) La obra publicada por mí y el Dr. GIEBEL en 1861, está depositada en la Biblioteca de la Universidad.

de la industria y del arte. Por lo mismo que son mudos y no perfectos estos documentos sin la mejor prueba del ingenio de sus productores, es decir del ingenio de la época de su existencia. Unos y otros son testigos muertos del alma viva de sus artífices. Y así como para el criterio artístico, no es de tomarse en consideracion la materia de que está hecha la moneda, sea cobre, plata ú oro, ni el tamaño de ella grande ó chico; del mismo modo para el juicio geognostico no es de gran importancia el conocimiento de la construccion interna del fósil orgánico hallado en una capa, para reconocer la misma capa en cualquier lugar, siempre que se haya encontrado en ella la concha característica que por su importancia diagnóstica merece el nombre de «concha guiadora.» Determinar cuales sean estas conchas indicadoras para cada capa y probar por el examen crítico y comparativo, cuales, entre las diversas conchas de cada capa especial sean las mas acertadas guias; tal es el problema cuya resolucion es mas importante para el geognosta científico, y es con este propósito que se ocupa de los restos orgánicos escondidos en las capas sedimentarias. Mal dispuesto el geognosta puro, á causa de la especialidad de sus conocimientos, para el examen de la disposicion interna de los orgánicos fósiles, no conoce muchas veces las relaciones de las partes aisladas de los fósiles encontrado en los sedimentos, y por esta razon se han cometido tantos errores acerca del organismo de las primeras épocas, antes que llegasen á ser objeto del estudio escrupuloso de los verdaderos zoólogos y botánicos. Así es que no han sido los geólogos los que han esplicado la organizacion de los Trilobitas, los Ammonitas y los Belemnitas, animales estintos de las primeras épocas sedimentarias, sino los anatómicos y los zoólogos que se han ocupado de su estudio. Tampoco debemos á aquellos, sino á estos últimos, el conocimiento de los peces fósiles, anfibios y cuadrúpedos de las primitivas épocas de nuestro suelo.

No tenemos la intencion de hacer con este juicio un cargo á los sabios y beneméritos geólogos que se han ocupado en la determinacion específica de las mencionadas clases de animales estintos. Conocemos bien el gran servicio que sus obras han prestado á la ciencia; pero este servicio se limita á la corteza de la edad geológica de las especies, como mira especial de sus estudios; pero de ninguna manera se estiende al exámen de la organizacion en conjunto del animal y á las relaciones afines con los animales vivientes mas ó menos parecidos á los fósiles, que requiere el zoólogo para conocer la variacion del tipo primitivo en las diversas formas de que es susceptible. Semejante exámen es un problema esencialmente zoológico, mientras que el estudio de los animales singulares no es mas que el paso gradual para conseguir un fin mas remoto, que consiste en conocer toda la escala de variabilidad recorrida por el tipo fundamental desde el inicio de la creacion orgánica hasta nuestros dias. Tales estudios no corresponden á los geólogos ni á los geognostas, y por esta razon no se han ocupado de la organizacion del animal, en general, sino unicamente de las mas recientes diferencias superficiales de las numerosas especies, á fin de conocer las peculiaridades de las especies características de cada época geológica.

Veamos ahora como se forma juicio de las obras paleontológicas con relacion á la geognosia. Algunos toman por modelo el proceder de los faunistas zoológicos que abrazan todos los organismos fósiles de las diversas capas de una sola época geológica, como lo han practicado en sus escritos los señores ROMER, mayor y menor, DUNCKER, DE KLIPPSTEIN, DE HAUER, DE KONINCK, PHILIPPI, GEINITZ, PICTET, HEBERT, REUSS, GIEBEL, ZEKELI, COQUAND, OOSTER, SCHAFHAUTL y muchos mas por el mismo estilo. Otros siguen el camino de los monógrafos sinópticos zoólogos, que se limitan á examinar una sola clase de animales en todas las épocas y formaciones geológicas, para mostrar las peculiaridades específicas de cada época. De este modo ha redactado su trabajo el célebre LEOPOLDO DE BUCH, sobre las Terebrátulas, Ammonitas y Cystídeas, presentando un modelo que han seguido los señores D'ORBIGNY, MILLAR, QUENSTEDT, EMMRICH, BEYRICH, DAVIDSON, DESLONGCHAMPS y muchos otros.

Pero, la Paleontología, independiente de la geología y de la geognosia, abarca una estension mucho mas vasta. Aquella ciencia, como tal, no se fija unicamente en las diferencias específicas de los organismos fósiles, sino que se propone esplicar toda la construccion del cuerpo, sin limitarse á la de los restos petrificados, pues toma tambien en cuenta aquellas partes muy delesnables que se echan generalmente de menos en los restos petrificados y que solo existen en la vida completa del organismo. Este problema casí puede considerarse como el opuesto del que queda esplicado cuando se habló de la Paleontología con aplicaciones á la geognosia. No se trata ahora como de demostrar la multitud y variedad casí infinita de las especies del tipo genérico, sino de reducir la pluralidad de las especies al tipo fundamental genérico y mostrar en cada especie su variacion particular. De este modo la Paleontología por sí sola demuestra la idea de formacion de cada tipo especial de los organismos primitivos, comparándolo con los próximos ó parecidos de la época actual, y demostrando el cambio sucesivo de la forma antigua primitivo, en formas mas modernas al traves de las diversas épocas hasta la actualidad del mundo. Semejante exámen no puede ejecutarse con buen éxito sino por un sábio que conozca la organizacion toda de los productos de la actualidad, y por esta razon, la Paleontología propiamente dicha, no se cultiva por los geognostas, sino unicamente por los zoólogos y los botánicos.

La relacion que la Paleontología, al ocuparse de sus problemas propios, ha contraido con la zoologia de la actualidad, ha tenido mucha influencia sobre la zoología misma, pues de su posicion anterior humilde, y apenas tolerada, poco á poco se ha levantado hasta ejercer una influencia mucho mayor, y hasta si se quiere, preponderante. Hoy reconocen todos los zoólogos de primer órden, que la organizacion animal no se comprende bien sin el estudio de los animales fósiles, dándoles el modelo aproximado de la construccion de los actuales.

La Paleontología y la zoología se relacionan entre si como la historia de las evoluciones del fetus de cada animal con el conocimiento del animal perfecto: uno y otro estudio demuestran el estado perfecto anticipado con un estado imperfecto, y dan la verdadera esplicacion de la marcha desde el ínfimo hasta el mas alto grado de perfeccion.

Ocupándose el célebre Cuvier del estudio constante de los mamíferos fósiles, llegó pronto á advertir, que, generalmente, se distinguian especificamente de los vivientes análogos, y aun llegó á advertir la diferencia genérica de algunos por medio de un exámen sério. Pero no siempre juzgó con acierto y en su verdadero valor de ciertas diferencias de un órden mas elevado, dejando algunos animales nuevos clasificados entre géneros ya conocidos, y con los cuales solo tenian de contacto uno que otro punto de su organizacion: tal es, por ejemplo, la relacion entre el Anoplotherium y los Pachydermes, ó la del Megatherium con los Perezosos. Pero en el curso de sus estudios, al examinar los anfibios fósiles, comprendió muy luego que muchas de las especies fósiles no entran ni en las familias ni en las secciones elevadas de nuestra clasificacion sistemática, pues forman otras separadas de cuantas existen hoy. Pero Cuvier, como todos los sábios de su tiempo, se lisonjeaba con la idea de que estos animales nuevos, de una construccion particular podrian entrar en el sistema anfibiológico de nuestra época, llenando los lugares vacios intermedios entre algunas familias muy distantes por su organizacion.

Asi llegó la paleontología á ser como el suplemento de la zoología moderna quedando con respeto á esta en una especie de subordinacion y dependencia. Hoy es sabido que la idea del gran naturalista y de sus coetáneos no es probable, y que muchos animales extintos son mas bien los protótipos que los rípios sistemáticos de nuestras clasificaciones.

Meditando sobre los resultados de la comparacion entre los animales fósiles y los vivientes, puede decirse en general, que las leyes de afinidad no son las mismas para todas las épocas, sino tanto mas diferentes cuanto mas distan las épocas pasadas de la presente. De aquí resulta que para formar el juicio científico se presenten diferentes puntos de vista, que son los siguientes:

1º—Algunos animales son iguales, ó casi iguales, en todas las épocas desde el mas remoto tiempo hasta la actualidad. Estos animales son todos mariscos que se han conservado á pesar de los diversos cataclismos del globo porque han pasado

2º—Otros animales son completamente extintos; pero tan parecidos á los actuales que pueden considerarse como modelo de los presentes.

3º—Muchos animales extintos son tan diferentes de los actuales que solo conservan el carácter de la familia; pero no el del género ni de la especie. Se consideran presentar no como modelos sino como correspondientes á las formas actuales.

4º—Otros muchos de las épocas mas remotas no cuadran con ninguna familia de nuestra clasificacion comun; pero prueban por su organizacion que son mezcla de diversas familias actuales que reunen en su configuracion peculiar los caractéres especiales de diferentes familias correspondientes á épocas posteriores. Pueden considerarse como los representantes mixtos de la antigüedad.

5º—Por último, hay fósiles que no son como estos, formas mixtas de diferentes familias, sino formas enteramente especiales, que no pueden reducirse á ninguna de las familias existentes. Estos son los representantes puros ó genuinos de la antigüedad, que como los mixtos no se repiten posteriormente, porque la organizacion en las épocas subsiguientes se ha estendido y multiplicado en mayor número de representantes particulares.

Dedúcese de estas leyes, que la organizacion de nuestra tierra es desde su mas remoto principio hasta los dias actuales, igual en sus fundamentos; pero diferente en la aplicacion de las leyes fundamentales, siendo esta aplicacion de tal manera, que, en la antigüedad, los organismos son menos numerosos y mas pronunciadas las diferencias, aumentándose con las evoluciones de la tierra el número de los objetos por la aplicacion de los caractéres que antes pertenecían á una sola forma y se han unido posteriormente á otras distintas formas.

El gran valor que tiene semejante resultado para la zoología actual, se manifiesta por sí mismo, pues cualquier sábio puede comprender que un ramo de la ciencia que presenta esplicaciones tan importantes. para ella, no puede considerarse como su suplemeto sino como su fundamento verdadero. Si antes la zoología general, es decir, el conjunto de aquellos ramos de la ciencia que se llaman Anatomía comparada é Historia de las evoluciones animales en el estado fetal, fué materia del estudio fundamental de los zoólogos que no se contentan con conocer la variacion específica de los animales entre sí, hoy la Paleontología es un ramo no menos importante para ellos, porque ningun estudio pone mas en claro la idea general de la organizacion animal que el de la comparacion de los animales extintos con los animales vivos. Un Zoólogo que carezca del conocimiento de los animales primitivos de nuestro globo, será tan incompleto, como el Paleontólogo que no conozca profundamente la organizacion actual. Tanto el uno como el otro no comprenderán bien los objetos que traigan á su exámen sino con el auxilio del otro ramo de la ciencia que han descuidado. Aun para la clasificacion específica no seria competente ninguno de los dos sábios supuestos, apesar de que el estudio preparatorio de las diferencias especificas, es como la enseñanza del A, B, C para quien pretenda deletrar en los datos y despues leer con inteligencia en las ideas que de ello se derivan.

Pero no solo en la Zoología, sino tambien en la Geologia, representa hoy un papel de primer órden la Paleontologia. Esta ciencia está encargada de la resolucion de un problema mas vasto que la Geognosia, pues no solo pretende esplicar como ésta los caractéres y sucesion de las rocas y capas de la superficie de la tierra, sino describir tambien la evolucion sucesiva del globo terrestre con todos sus productos y demostrar las diferencias características en el progreso de cada época hasta llegar á la actualidad. En la esfera de estas aspiraciones entra tambien la Historia de la evolucion orgánica y el exámen de las formas particulares de los animales extintos que earacterizan las épocas pasadas. A este respecto, la Paleontología demuestra ya que la tierra tuvo siempre el mismo carácter orgánico desde su primera existencia hasta los siglos presentes: que los cataclismos subsiguientes no han alterado las leyes fundamentales de la organizacion terrestre, sino cambiado únicamente y paulatinamente su figura esterna. Prueba de esto, es que, en realidad, han existido algunos organismos que hoy ya no existen, y que otros nuevos se han formado en las épocas posteriores. Asi se esplica como algunas familias hasta hoy conservadas en la tierra, fueron en época remota mucho mas numerosas y mas varias en la forma que en la época actual; siendo así que, generalmente hablando, el número de las especies, géneros y familias aumenta con la evolucion terrestre. Dedúcese tambien que la organizacion se ha perfeccionado considerablemente en las épocas posteriores y que los animales que ocupan una categoria mas elevada en la gradacion orgánica son los últimos que la tierra ha producido. Por último, los resultados paleo-zoológicos hacen comprender que los animales en los primeros tiempos de su existencia fueron mas análogos en toda la estension de la superficie de la tierra, y que poco á poco y á medida del aumento del suelo habitable, así que se formaron zonas y paises particulares, la naturaleza de los animales mas recien venidos á la vida, se apropió á estas particularidades. Estos animales especiales á los diversos paises son siempre mas ó menos parecidos á los que hoy existen en esos paises, y en algunos casos son completamente idénticos. Por largo tiempo fué axioma de la Paleontología la creencia de que el hombre no habia venido á la tierra antes de nuestra época; pero hoy los Paleontologistas han demostrado que á par de los animales antediluvianos han vivido hombres antediluvianos tambien. El célebre autor ingles Ch. Lyell, ha reunido en su obra titulada: *The antiquity of men* (*), todos los documentos que atestiguan la existencia antediluviana del hombre; y otro sábio ingles, el Sr. J. Huxley se ha impuesto la tarea de demostrar en una obra especial, que el hombre no es otra cosa que la prole del mono, aplicando al género humano la teoria de Ch. Darwin, á saber, que todos los animales de las épocas posteriores son metamórfosis de otros mas antiguos correspondientes á épocas anteriores. Pero la verdadera ciencia no debe ocuparse de semejantes ideas, por estravagantes, y porque careciendo de pruebas positivas y científicas se considerarán siempre como vanas hipótesis.

Habiendo esplicado, en los términos que acaba de verse, el tema y el método de la Paleozoologia ya con respecto á sus aplicaciones á la geognosia, ya en sus relaciones con la zoologia moderna, veamos ahora cuales son los principales autores que se han consagrado al cultivo del estudio de las diversas clases de animales extintos, para completar al menos sumariamente, el cuadro de la ciencia paleozológica.

Siendo la Zoología la ciencia que se ocupa del estudio de los animales respecto á sus formas fundamentales y á sus innumerables variedades deducidas de su conformacion general, es indispensable conocer esos fundamentos de formacion para poder entender los diversos ramos de la zoologia y las obras científicas que de ellos tratan (**).

(*) Londres 1862.
(**) La explicacion detallada de las ideas siguientes propias del autor se encuentra en su obra: *Zoonomische Briefe* (*Vol. I et II. Leipzig* 1856. 8.) que es depositada en la Biblioteca de la Universidad.

Las formas fundamentales de los animales son dobles; unas regulares, es decir, compuestas de ciertas partes iguales con relacion á un centro imaginario ó á un órgano central; otro simétricos, es decir, compuestos de partes dúplices adyacentes á ambos lados de un eje central imaginario ó de aquel órgano.

A los ánimales regulares pertenecen los Pólipos y los Radiados, que se distinguen por defecto de un órgano particular digestivo en los primeros, y por la presencia de ese mismo órgano especial suspendido en una cavidad del cuerpo, en los últimos. Ambas clases corresponden á los mariscos.

Los animales simétricos se dividen en tres clases principalmente: Moluscos, Articulados y Vertebrados.

El cuerpo de los Moluscos no está construido sobre un esqueleto; son formas continuas y no compuestos de repeticiones de partes ó secciones iguales. Tampoco tienen pies como las conchas y caracoles.

Los Articulados tienen un esqueleto externo mas ó menos consistente y el cuerpo dividido en muchos anillos iguales ó desiguales. Tienen pies por lo general y siempre mas de cuatro, como se observa en los cangrejos, arañas é insectos.

Los Vertebrados tienen un esqueleto interno articulado y cuatro piés con articulaciones sostituidos por algunos en las aletas ó alas. A esta clase pertenecen los Pescados, los Anfibios, los Pájaros y los Cuadrúpedos.

Los Pólipos han vivido en los mares de la tierra desde que tuvieron existencia, así que se presentó por primera vez la vida orgánica, y se encuentran en estado fósil en las capas sedimentarias mas profundas que se conocen. La organizacion de estos Pólipos mas antiguos, no se diferencia en ningun punto característico de su conformacion, y no solo las familias sino tambien muchos géneros son los mismos que los que actualmente se hallan en los mares de nuestro globo, diferiendo únicamente de los contemporáneos en sus caracteres específicos.

Conservan esta similitud de organizacion en todas las capas y formaciones, con la única diferencia de que á poco cambian algunos géneros mas antiguos en otros muy parecidos que se clasifican en el lugar sistemático que les corresponde. No existe hasta ahora una obra general que trate de los Pólipos antiguos extintos: todos los que se contraen á esta materia son meras monografias fáunicas que tratan de los fósiles de una ú otra formacion. La mas completa parece ser la de GOLDFUSS, titulada *Petrefacta Germaniae*, con muchas láminas. MILNE EDWARDS y JULES HAIME, han publicado una esposicion mas sistemada que trata á la vez de los fósiles y de los vivientes.

De los animales Radiados, hay tres clases principales en las capas sedimentarias, los Crinoideos, los Asteroideos y los Echinoideos. Los Crinoideos se hallan en todas las capas desde las mas antiguas hasta las modernas, pero de diferentes familias, de las cuales, las mas antiguas, como los Cystideos no viven ya y no se hallan fósiles mas arriba de las capas de la época primaria, y otros como los Tesellatos tampoco se han conservado en las formaciones medias y superiores. En estos prevalecen los Crinoideos articulados, como los Encrinideos y los Pentacrinideos, de los cuales, una especie (*Pentacrinus caput Medusae*) vive en el mar de las Antillas. En sociedad con estos han existido los Comatulinos, únicos Crinoideos sin fuste que abundan hoy en los mares de los paises cálidos; pero con algunas raízes llamadas Cirros para adherirse voluntariamente en lugar del fuste fijo. Los Crinoideos abundan en las mares mas antiguas, pero con otras formas que las que afectan los que hoy existen y disminuyen en variedad y abundancia á medida que se acercan á las épocas modernas, conservándose en la actualidad dos de sus géneros el *Pentacrinus* y la *Comatula*. Sobre estos animales estintos hay muchas obras preciosas entre los cuales se distinguen las de LEP. DE BUCH, de VOLLBRCTH, ROMER (el menor), AUSTIN, HALL y de KONINCK.

Los Asteroideos y Echinoideos no tienen fuste sino muchas espinas consistentes en la superficie del cuerpo, que tiene la figura de una estrella en los Asteroideos, y la de una manzana ó de un medio huevo cortado transversalmente en los Eschinoideos. Ambas tienen en su posicion natural la boca hácia abajo, los Crinoideos hácia arriba contrapuesta al fuste. Estas dos clases de animales no son tan antiguas como los Crinoideos, disminuyendo en número en las capas primarias paleozoicas, sin embargo de que les hay tambien muy viejos. Entre las formaciones secundarias abundan principalmente los Echinoideos, en la de greda y se muestran tambien muy numerosas en los mares de la actualidad. Pero los géneros no son siempre iguales en todas las formaciones, y aun algunas familias, como los *Saleniadae* y los *Dysasteridae*, se hechan menos ahora en los mares de nuestra tierra actual. Las obras mas notables que tratan de estos animales, son, con respecto á los fósiles la de AGASSIZ y de DESOR, y la de J. MULLER con respecto á los que viven.

La estensa clase de los Moluscos se difunde con una profusion espantosa por todas las formaciones sedimentarias; pero en relacion á los animales vertebrados se presenta mas numerosa en las mas antiguas que en las mas modernas.

Esta diferencia entre las épocas pasadas y la actualidad, es mucho mas manifiesta en dos puntos, á saber:

1º—Los Brachiopodos y los Cephalopodes, cuyos representantes son hoy muy escasos, fueron los mas numerosos en la época primera y media de la edad de nuestra tierra.

2º—Las Conchas *(Cormópoda)* y los Caracoles *(Gastrópoda)* que hoy prevalecen entre los Moluscos, no son menos numerosos en las épocas antiguas; pero sí diferentes, en general, por sus caractéres genéricos en los representantes actuales de ellos.

Por esta razon es que se han ocupado mucho los sábios del estudio de los *Cephalopodos* y *Brachiopodes*, y como constituyen las principales conchas guiadores, es tambien por esta otra razon que las obras que de ellos tratan han sido escritas por los geognostas.

La mayor cantidad de *Brachiopodes* se encuentra en las capas primitivas paleozoicas debajo de la formacion carbonifera y en esta misma: posteriormente, nunca han existido en la tierra tantos representantes de esta clase como en esta época, aunque no de los géneros mas antiguos, sin mas escepcion que la *Terebrátula* que ha vivido en todas las épocas y se encuentra hoy en poca abundancia en nuestros mares. Leopoldo de Buch se ocupó mucho del estudio de este género preponderante, y despues de él Goldfuss, D'Orbigny, de Koninck y Davidson de los otros géneros, siendo la del último la mas importante de las obras que tratan de los *Bráchiopodes*.

Los *Cephalopodes* tampoco dejan de hallarse en las mas antiguas capas; pero el número mayor y la variedad mas rica de las especies, se encuentra en las formaciones secundarias, es decir, en las anteriores de la greda. En las épocas primarias paleozoicas han vivido los *Orthoceratites*, los *Goniatites* y los *Clymenia*, como representantes particulares de esta época. En las épocas secundarias empiezan los *Ammonites* y los *Belemnitas*, dos familias de los *Cephalopodes* extintos que no han sobrepasado la greda. Los *Ceratites*, que son la forma primitiva de los *Ammonites*, comienzan en la formacion inferior secundaria, es decir en la Trias; los *Belemnitas* en la formacion media secundaria, es decir en el Lias, y desde acá ambos se aumenmentan maravillosamente en todas las capas secundarias hasta el fin de la greda en donde desaparecen completamente de la tierra. Pero en esta época la variedad de los *Ammonites* es casi innumerable. En la época terciaria no hay ni *Belemnitas* ni *Ammonites* como en la época actual: en aquella época predominan como en la actualidad los *Nautileos*, los *Loliginos* y los *Octopodes* como los únicos representantes de una riqueza pasada orgánica, que nunca ha sido superada por ninguna familia, tanto de los animales vivientes como de los extintos.

Las obras científicas que tratan de los *Cephalopodes* extintos son muy numerosas, y las mas importantes entre ellas las que tratan de estos animales en estado fósil. Se señalan entre los autores de dichas obras, los señores Leopoldo de Buch, D'Orbigny, Quenstedt, de Hauer Beyrich que han tratado de los *Ammonitides;* y D'Orbigny de Munster y Owen que se han ocupado del estudio de los *Belemnitides*. Antes que estos autores citados han estudiado tambien con éxito estos mismos animales los Sres. de Haan, Agassiz, Voltz Blainville. Entre los escritos monográficos que tratan de las Conchas y Caracoles fósiles, llaman especialmente la atencion la *Petrefacta Germaniae* de Goldfuss, los fósiles de Wurtemberg de Zieten, la *Mineral Conchology* de Sowerby y las numerosas obras de Deshayes.

Como hasta ahora no se conocen las capas secundarias en la República Argentina, carece nuestro suelo de todos estos animales extintos; y á pesar de que hay otras capas mas antiguas paleozoicas en su parte occidental y en las Cordilleras, no se ha encontrado hasta ahora ningun lugar fosilifero en ellas.

Entre los Animales articulados la clase de los Cangrejos *(Crustacea)* adquiere un papel preponderante. El Cangrejo es una de las mas antiguas producciones orgánicas de nuestra tierra, pero cuando se muestra por primera vez, es como una familia completamente extinta de los *Tribolitas*. Las especies de esta familia son muy numerosas en las capas paleozoicas bajo las carboníferas y en estas mismas, acompañadas casi siempre con las mas antiguas *Brachiopodes* y *Cephalopodes:* algunos como los *Calymenia*, los *Phacops* y los *Homalonotus*, muy esparcidos sobre la superficie de la tierra, son por esta razon fósiles guiadores muy seguros para el estudio de las capas en que se encuentran. Pero mas valor científico tiene la organizacion particular de los Trilobitas que reunen en su configuracion caractéres de familia entre los Cangrejos, muy distantes hoy entre la clasificacion de los Crustáceos y probando muy claramente la ley cuarta de los cinco antes indicados. Por esta razon los *Trilobitas* han sido materia de estudio para muchos sábios que han escrito sobre ellos obras muy notables, distinguiéndose entre las geognósticas las de Murchison, Raoult, Barrande, Beyrich, Emmrich, Sandberger, y con respecto al conocimiento zoológico las de Dalman, Audouin, Desmarest, Goldfuss, Quenstedt, y principalmente una obra mia que ha elucidado la organizacion en general de estos animales, por médio de la comparacion con los Crustáceos vivientes (*). Los *Trilobitas* no se presentan sobre las capas carboníferas, y á su lugar se encuentran otras clases de cangrejos muy parecidos en su organizacion á los actuales, creciendo en número y variedad de formas á medida que son mas recientes las formaciones de nuestra tierra entre las cuales se les halla. Pero la variedad entera de la época actual no se observa con anterioridad á las capas terciarias. Desmarest, Germar, Munster, de Meyer, Milne Edwards y J. Haime, se han ocupado del estudio de aquellos animales; pero se carece hasta el dia de un tratado completo que abrace todas las clases de los Crustáceos fósiles.

Los demas Animales articulados fósiles, no tienen tanto valor científico como los Crustáceos, aunque se encuentran muchos de ellos tanto en las capas antiguas como en las modernas. Ya en las capas carboníferas se hallan arañas fósiles y alacranes, y en esas mismas capas se ven restos de insectos muy antiguas parecidos á las cucarachas. En las capas de formacion secundaria hay tambien muchos, especialmente alguaciles, como en la capa oolitica, que dá la piedra litográfica, y en las capas terciarias de agua dulce. Pero, la cantidad mayor de insectos y arañas fósiles se encuentra en la brea fósil del succino (**), que es la exsudacion de un árbol fósil en la cual se pegaban aquellos animalillos asi que se destilaba, en estado fluido, por los poros de la corteza de dichos árboles. Estos insectos fósiles del succino han llamado la atencion de varios autores, entre los cuales se distinguen Germar, Marcel de Serres, Charpentier, Berend, Heer, Brodie y el que escribe esta memoria.

Una sinopsis de todos los Insectos y Araenidas hasta hoy conocidas, ha publicado mi sucesor en la cátedra de zoología *de Halle*, el Dr. Giebel, dando por título

---

(*) Esta obra cuyo título es: «*Organizacion de los Trilobitas*,» se halla depositada en la Biblioteca de la Universidad. Existe de ella una reciente traduccion inglesa.

(**) Los Insectos fósiles encluidos en el succino, ya eran conocidos en la antigüedad y fueron probablemente los fósiles orgánicos mas antiguos que han llamado la atencion de los curiosos. Ya Tacito habla de ellos en su obra de Germania (cap. 45) en donde refiere que el succino es un producto de las costas del mar Báltico en Alemania.

á su meritoria obra: *Fauna der Vorwelt*, esto es, «Fauna de las épocas pasadas anteriores á la nuestra.»

Los Animales vertebrados fósiles, son de una importancia sobresaliente para el conocimiento de la organizacion de las épocas pasadas; pero son al mismo tiempo los de mas dificil estudio, por cuanto solo los zoólogos instruidos son capaces de ocuparse de ellos con buen éxito. Bien conocían esto los geognostas, y es por esta razon principalmente que los zoólogos se contrajeron al estudio de los huesos fósiles dando á las ciencias importantes resultados en pocos años.

El célebre Cuvier que es, sin duda, el autor de mayor mérito en este ramo, entró en el exámen de los Mamíferos y esplicó todos los mamíferos fósiles en su obra inmortal titulada: «*Recherches sur les ossements fossiles.*» Y no solo describió todos los conocidos en su época sino tambien los pocos Pájaros fósiles que se encuentran, y al fin de su obra los Anfibios mas particulares del mundo antediluviano, dejando intactos los Peces. Este vacio trató de llenarlo L. Agassiz, publicando paulatinamente una obra sobre ellos de no menor importancia que la de Cuvier sobre las otras clases de fósiles. Gracias á las sagaces y laboriosas indagaciones de este naturalista, ha alcanzado una perfeccion este ramo de la Paleozoologia, aunque no pueda ocultarse que la clasificacion fundada sobre las diferencias que ofrecen las escamas de la piel no es natural, y cuando mas puede considerarse como su auxiliar necesario en defecto de otros mejores caracteres sistemáticos. Fué una desgracia para este autor el no haber conocido los concienzudos trabajos anatómicos de Muller sobre los pescados vivos, pues si Agassiz les hubiera tenido presentes habria aprovechado los nuevos descubrimientos de Muller y de la influencia que este deberia ejercer en tal caso sobre aquel. Pero la obra de Muller sobre los pescados vivientes no apareció sino con posterioridad á la de Agassiz. Sin embargo, este no es un defecto de mayor importancia para los resultados geognósticos, pues solo se habia mejorado, con las noticias que acabamos de echar menos, el conocimiento zoológico de las diferentes familias. Estos resultados geognósticos son valiosos por cuanto prueban que entre todos los animales vertebrados, los pescados son los únicos que han vivido en la época primera paleozoica. Pero ninguno de estos pescados tan antiguos es igual á los nuestros por su organismo pues pertenecen á familias extintas, con la única exepcion de los Tiburones *(Squalini)* que han vivido en todas las épocas de nuestra tierra. Es digno de notarse que las escamas redondas y regulares con que están hoy cubiertos la mayor parte de los pescados, faltan en esos mas antiguos, pues los primitivos peces con esta clase de escamas no se encuentran con anterioridad á la formacion secundaria de la greda.

Todos los pescados escamosos de las épocas anteriores á la formacion de la greda son *Ganoides*, de una organizacion particular con escamas angulares esmaltadas que hoy solo se notan en los pescados *Polypterus* y *Lepidosteus*. Los demas peces antíguos carecen de escama, pero tienen los unos grandes escudos, los otros ninguna cubierta dura sobre la piel. Los de la época paleozoica pertenecen especialmente á las familias particulares de los *Cephalaspidae, Coelacanthidae* y *Hybodontidae* que no se ven hoy en las aguas de ninguno de los mares de la tierra; pero sí hay, en la misma época pescados de familias que viven hoy en nuestros mares como los *Cestraciontes*. Algunos otros como los *Squalini*, los *Sauroides*, participan ya de la época carbonífera y duran hasta la actualidad. Despues de la época de la greda, es decir en las épocas terciarias, toda la organizacion general de los pescados es igual á la de nuestra época, pero diferente en los caractéres genéricos y específicos.

Los Anfibios fósiles son de una edad mas reciente que los pescados como se deduce de la carencia de sus restos en las capas primarias ó paleozoicas; pero no por eso representan un papel menos principal en la Paleozoologia, ya por su presencia con formas bien características en las épocas pasadas, ya por la muy numerosa variedad de las familias mucho mas multiplicadas que en la actualidad. Cuvier conoció ya algunos de los mas notables entre este gran número de los anfibios fósiles, y por esta razon trepidó en unir los nuevos géneros con las familias de la actualidad, principalmente los *Enaliosauria* que los ha colocado al fin de los demas anfibios, por no hallarles un lugar mas natural en la clasificacion de los anfibios vivientes. Sin duda que esta es una de las familias mas sorprendentes entre todos los animales que han existido sobre la superficie de nuestro globo, pues contienen en su conformacion algunos de los caractéres que distinguen á los pescados, á los lagartos, á los cocodrilos y aun á los delfines, aunque preponderan en su conformacion los caractéres de los anfibios escamosos, sin tener por esto la piel cubierta con escamas sino enteramente desnuda como los delfines, de quienes han tomado la forma de los miembros, que son aletas. Como los restos de estos animales se encuentran principalmente en Inglaterra, los sábios de esta nacion son los que los han estudiado con mas éxito, principalmente el célebre Owen, aprovechándose de las obras de Home, Konig, de la Beche, Cuvier, Buckland, Conybeare y Hawkings. Hay dos géneros en Inglaterra el *Ichthyosaurus* de cuello corto, y el *Plesiosaurus* de cuello largo. Un tercer género, *Nothosaurus*, de igual figura, pero diferente por la conformacion de la cabeza, se encuentra en Alemania, y es bien conocido por las obras de Munster y Meyer. Pertenece á la época secundaria inferior (Trias) y los otros dos á la época secundaria média (Iura). Hay tambien muchos *Ichthyosaurus* en Alemania y en Francia y aun en las cercanias chilenas. En el Cerro Blanco, cerca de las Iuntas, yo mismo he encontrado restos de estos animales. El *Plesiosaurus* predomina en Inglaterra, pero se encuentra en Chile, y en la obra de Gay se encuentra descripta una especie de la isla de Quiriquina en el archipiélago de los Chonos. Esta difusion de los Enaliosaurios en lugares tan lejanos unos de otros, es uno de los argumentos para probar que los animales antiguos ocuparon una vasta estension de la superficie de nuestro planeta.

Pero no son los Enaliosaurios los únicos anfibios antiguos sorprendentes por su particular conformacion: otros hay no menos maravillosos en su organismo. Asociado á ellos ha vivido un anfibio volador, el *Pterodactylus*, que es un lagarto con alas cubiertas de piel, á manera de un murciélago, y constituye una familia separada, la de los *Pterosaurios*. Sommering, Cuvier, Oken, Goldfuss, v. Meyer y otros autores, se han dedicado mucho al estudio de estos anfibios alados, de la época secundaria media *(Oolithica)*, que se encuentran principalmente en la piedra litográfica tan abundante en fósiles orgánicos de diferentes clases.

No menos particulares en su organizacion son otros anfibios mas antiguos, que por la figura complicada de la substancia de sus dientes, son llamados *Labyrinthodontes.* Los restos de estos se encuentran en las capas secundarias inferiores, inmediatamente arriba de las capas carboníferas, hasta el comienzo de la época secundaria de la *Trias.* Estos anfibios reunen en su organizacion los caractéres de los Sapos (*Batrachia*) y de los Lagartos, con un condilo occipital doble como aquellos y una piel escamosa como estos; pero en toda la forma de la cabeza como del cuerpo, son mas parecidos á los lagartos. De esta familia hay un género muy antiguo en las capas superiores de formacion carbonifera, llamado *Archeyosauros*, del cual tratan las obras monográficas de Goldfuss y la mia (*). Los otros géneros son mas nuevos y pertenecen á la época de Perm hasta el asperon mesclado, ó de muchos colores, y son: el *Labyrinthodon salamandroides, Mastodonsaurus, Capitosaurus, Trematosaurus* y otros de que tratan las obras de Owen, Plieninger, Jäger, Fischer, y otra mia, igualmente depositada en la biblioteca de la Universidad. En estos anfibios se repite la ley de la mezcla de los carácteres de diferentes familias de la época actual, espuestos ya al tratar de los Trilobitas, leyes que prueban que la organizacion mas antigua no puede compararse con la nuestra de otro modo que considerándola como el prototipo de la organizacion actual. Sin embargo los *Labyrinthodontes* reunen en su cuerpo caracteres de todas las familias de los anfibios que hoy existen en la superficie de la tierra.

De mucho menos interés son los otros anfibios que se encuentran en las mismas épocas y en las mas modernas, aunque ya hay un verdadero Lagarto (*Proterosaurus*) en la época secundaria ínfima, como otros en la época secundaria média y superior. Poco menos en la edad son los Cocodrilos que se encuentran por primera vez en las capas inferiores de la época secundaria media (*Lias*), y las Tortugas, mas nuevas de las capas medias (ooliticas) de la misma época secundaria. Abundan las obras que tratan de estos anfibios. Sobre los lagartos han escrito, Cuvier, Buckland, Mantel, de Meyer y Goldfuss; sobre los cocodrilos, el mismo Cuvier, Konig, Sommering, Geoffroy, Kaup, Bronn, y yo tambien en una obra sobre el Gavial de Boll en Wurtemberg; sobre las Tortugas, Cuvier, Owen, Munster, Bronn, Fitzinger. y v. Meyer.

Es una particularidad digna de notarse que una familia extinta de lagartos gigantescos y de piés gruesos como los del Elefante, los *Dinosauria*, haya vivido en una época no muy remota, en la secundaria superior de la greda (*Wealden*), y que hoy no se encuentra en ningun punto de la tierra. Este es el único ejemplo de una organizacion especial y enteramente diferente de la actual, en una época tan cercana

---

(*) Mi obra está depositada en la biblioteca de la Universidad.

como la indicada. Los restos de esa familia se encuentran principalmente en Inglaterra en donde se han reconstruido estos animales, de tamaño natural y en yeso, y se admiran en el gran jardin público de Sydenham. El conocimiento exacto de ellos, se debe á los autores BUCKLAND, MANTEL y OWEN.

Todos los anfibios particulares fueron extintos en la época terciaria, y no hay de ellos sino los semejantes á los actuales. Entónces existieron las primeras Culebras y Sapos, anfibios que no ocuparon la tierra antes de la época terciaria. Entre ellos no se nota ninguna forma particular que sorprenda, y toda la organizacion es la misma. Pero un animal de aquella época, lá salamandra gigante de Oeningen, llama mucho la atencion, porque el primer autor que dió de él una descripcion SCHEUCHZER, lo tomó por el esqueleto de un hombre, denominándole *Homo diluvii testis*. Hoy se sabe por el exámen exacto que de él hicieron CAMPER, CUVIER, WAGLER, FITZINGER, TSCHUDI y MEYER, que el tal animal es una salamandra extinta muy semejante á la gran salamandra del Japon, llamada por los zoólogos: *Cryptobranchus japonicus*.

Las Aves fósiles son entre todas las clases de animales antiguos las mas insignificantes y en ninguna época toman una posicion preponderante. Es verdad que de ellos hay algunos testigos bastante antiguos de la época secundaria ínfima, que prueban que estos animales han vivido largo tiempo sobre la superficie de la tierra sin que se haya podido conservar sus restos á causa de la mobilidad del cuerpo y de la fragilidad de los huesos. Lo que principalmente se conserva de ellos es el rastro ó huella de sus pies estampado en algunas capas sedimentarias, cuando estas comenzaban á formarse á la costa de los mares, y caminaban sobre ellas las aves en busca del alimento que les traia el flujo constante de la marea.

En la época secundaria média se encuentran huesos de pájaros, y aun en la piedra litográfica de Baviera se ha hallado en estos últimos años un pájaro muy particular, el *Archopteryx*, descripto por OWEN. Otros se encuentran tambien en la greda; pero el mayor número corresponde á la época terciaria y particularmente al diluvium en que se muestra una organizacion muy parecida á la de la actualidad. Algunas aves muy grandes, de doble tamaño del avestruz se han hallado en la isla de Nueva Zelandia, los cuales ha clasificado tambien OWEN; llamándolos *Palapteryx* y *Dinornis*. Parece que estos pájaros se han estinguido y no existen en la actualidad, como el Dodo (*Didus*) de las islas de Mascarenhas, y no son realmente antediluvianos.

El estudio de los Mamíferos antiguos, es el mas cultivado de los ramos de la Paleozoologia, gracias á la obra del inmortal CUVIER que echó los fundamentos de este ramo de la ciencia. Los mamíferos fósiles no se encuentran en las formaciones primarias de nuestra tierra, ni tampoco en las secundarias, con la única escepcion de la capa media oolitica de Stonesfield, en que se han encontrado algunas mandibulas de la familia de las comadrejas, que prueban que estos mamíferos anómalos de nuestra época, llamados *Marsupialia*, son los mas antiguos de la creacion. BRODERIEP, CUVIER, BUCKLAND, GRANT, BAINVILLE y particularmente OWEN son los autores que mas se han ocupado de estos animales formando con sus restos los géneros nuevos *Thylacotherium* y *Phascolotherium*.

Todos los demas mamiferos fósiles son terciarios ó diluvianos, pertenecientes á las épocas mas modernas de la superficie de nuestra tierra y muestran una organizacion muy parecida á la actual, afectados casi de las mismas diferencias geográficas que hoy distinguen á los mamíferos de los diversos paises y climas de nuestro globo terrestre. Las especies de la época terciaria nunca son iguales á las actuales, y aun los géneros son por lo general diversos de los modernos que les son análogos; pero en la época diluviana se observan muchas especies que parecen idénticas á las actuales. Está fuera de duda que la organizacion de los mamíferos extintos fué generalmente mas gigantesca que la de la actualidad; pero es un error el creer que no haya hoy animales tan grandes como los hubo en aquella época. Los *Mastodontes* no llevan gran ventaja á los Elefantes modernos, y las Ballenas fósiles no son mas corpulentas que las que actualmente se pescan en los mares. En América, principalmente en la del Sur, es en donde ha disminuida mucho el tamaño de los mamíferos con posterioridad á la época diluviana, lo que prueba que este continente ha cambiado mas en sus caracteres antiguos que el émisferio oriental. En toda la América no existe hoy un animal que se paresca en magnitud al *Megatherium:* sus prójimos de la época actual, los tardos Perezosos del Brasil, son pigmeos en comparacion con aquellos colosos de la mas gigantesca y robusta organizacion que jamas haya existido en la tierra.

Sobre la causa de la ruina y desaparicion de estos animales extintos, se han esparcido ideas erróneas y estravagantes, suponiendo que todos hayan perecido en un cataclismo universal que ha inundado la tierra toda con sus aguas, cuando estaba ya habitada. La ciencia no puede admitir semejante suposicion, pues ella por el contrario prueba que la tierra habitable se elevó poco á poco del fondo del mar; que la época diluviana no es un cataclismo, sino una época de una duracion de muchos miles de años; que el diluvium se formó durante época prolongada á merced de la arena arcilla y la cal transportadas de las serranías y paises mas elevados, hácia las costas del mar, por la accion de las aguas dulces, formándose asi el *diluvium* con la mezcla depositada de esas materias. Lo mismo ha sucedido en los valles elevados de las serranías. Corriendo el agua de arriba hácia abajo ha arrastrado consigo las materias de los depósitos deponiéndolas en los lugares de menos declive, porque allí el agua perdia la fuerza motora al detener la rapidez de su curso en las partes mas planas de su tránsito. Estas aguas han arrastrado los cadáveres de los animales recien extintos ya por muerte violenta ó natural, y depositádolos en los sedimentos de donde nosotros los exhumamos. Así es que el diluvium no es un producto repentino, sino una sedimentacion muy sucesiva en su composicion, cuyo espesor prueba, que se ha acumulado en un espacio de tiempo, probablemente de mas de cien siglos de duracion.

Con respecto á los mamíferos que se encuentran en estado fósil, se ha dicho ya, que todos los que corresponden á la época terciaria son diferentes á los que viven con nosotros. En las capas inferiores terciarias es en donde se encuentran principalmente los mamíferos que se diferencian genéricamente de los actuales; tales como los géneros *Dorcatherium, Anoplotherium, Adapis, Choeropotamus, Hyracotherium, Palaeotherium, Ziphius* y *Balaenodon.* En las capas terciarias superiores, ya se encuentran géneros de los que hoy existen en la superficie de la tierra, como *Felis*, *Canis*, *Viverra*, *Lutra*, *Castor*, *Cervus*, *Sus*, *Hipopotamus*, *Rhinoceros*, con algunos que ya no existen, como *Machaerodus*, *Trogontherium*, *Mastodon* y *Zeuglodon*.

En la época del diluvium la organizacion es casi igual á la actual; pero algunos géneros que despues han desaparecido aparecen confundidos con los que hoy aun existen. Entre estos últimos hay muchas especies iguales á las de nuestros dias; pero tambien muchos diferentes. Estas especies y géneros extintos se llaman antediluvianos; pero no porque hayan vivido con anterioridad al diluvio, sino en la época misma en que se ha formado el diluvium. Tales son los géneros *Propithecus*, *Hyaenodon*, *Machaerodus*, *Glyptodon*, *Chlamydotherium*, *Megatherium*, *Megalonyx*, *Scelidotherium*, *Mylodon*, *Nesodon*, *Macrauchenia*, *Toxodon*, *Elasmotherium*, *Mastodon*, y otros menos conocidos.

La literatura de los mamíferos fósiles es ya bastante rica; pero hasta ahora la obra principal de ella es la de Cuvier, mencionada desde el comienzo de la presente reseña. Despues de esta notable produccion merece particular respeto la de Owen sobre los mamíferos fósiles de Inglaterra. Las demas obras son mas ó menos de carácter monográfico, y entre ellas pueden considerarse como las notables, la de Schmerling sobre las cuevas de Bélgica; la de Rosenmuller y Goldfuss sobre las cuevas francónicas; la de Buckland sobre la cueva de Kirkdale; la de Kaup sobre los depósitos en el Gran ducado de Hessen Darmstadt sobre las orillas del Rin, y la de Lund sobre las cuevas del Brasil.

De los animales singulares, de entre los cuales citaremos el género *Zeuglodon*, se hán ocupado los señores Harlan, Owen, Grateloup, Gibbes, Carus, Reichenbach, J. Muller y yo mismo en obras mas ó menos científicas, en las cuales se encuentra representado este animal en todos los pasos de su estudio paleológico; equivocándose y comprendiéndole mal unos, y otros reconstruyendo con acierto este animal maravilloso, tan gigante como la Ballena, con dentadura de lobo marino pero mas delgado en su forma general. No menos interes zoológico despierta el género *Dinotherium*, reconstruido por Kaup y Klippstein, animal parecido al Manati de los grandes rios americanos, pero dotado de colmillos salientes en la mandibula inferior. No mencionaré los autores que tratan del Mastodonte y del Mamuth ó Elefante fósil; porque son innumerables. Hay algunas especies de ambos géneros tanto en el hemisferio oriental como en el occidental, sin que sean idénticos los de uno con los del otro hemisferio.

. No menos abundante es la literatura de los *Rhinoceros*; animales que hasta ahora solamente son conocidos en el hemisferio oriental, pues el *Toxodon* descripto por Owen es el único que puede en la América del Sud representar el papel del Rinoceronte. En esta region predominan los gigantescos *Glyptodontes*, antiguos representantes de la Mulita, del Peludo y Mataco de nuestro suelo, descriptos en muchos libros escritos por Weiss, D'Alton, Owen, Lund, Nodot, Huxley y que yo mismo he examinado sumariamente en la Revista Farmacéutica de Buenos Aires.

Pero los animales antediluvianos verdaderamente notables de nuestro suelo y del diluvium todo, son los *Gravigrados*, esos perezosos gigantescos, como el *Mega-therium*, el *Mylodon*, *Scelidotherium*, el *Megalonyx* y otros que predominan entre los fósiles de nuestra provincia. Sobre el *Megatherium* hay escritas muchas obras, por Larriga y Bru, Cuvier, Pander y D'Alton, Abilgaard, Clift, Buckland, Laurillard, Owen, entre las cuales la mas reciente del último autor es la que se distingue entre todas. El mismo ha descripto el *Mylodon* y el *Scelidotherium* en obras no menos importantes. El *Megalonyx* fué descubierto en la América del Norte por Jefferson y Harlan y en la del Sur por Lund y Bravard. Este último autor es el que con mas acierto y mejor éxito ha estudiado los animales antediluvianos de nuestro suelo; pero su muerte prematura en la catástrofe de Mendoza, ha impedido la publicacion de sus estudios bien conocidos ya por la monografia sobre los mamíferos fósiles terciarios de Auvergne. Limitámonos á nombrar como autores de igual importancia sobre la misma materia, á Blumenbach, Merk, Fischer, Schlotheim, Parkinson, Jager, Goldfuss, Bronn, v. Meyer, Brandt, Marcel de Serres, Croisset, Jobert, Falconer, Cautley, Duvernoy, Wagner, Quenstedt, Hensel, Huxley, y algunos otros mas obreros en este ramo mas cultivado de la Paleozologia, porque no es posible en una revista sumaria entrar en pormenores acerca de las obras publicadas sobre la materia de que nos ocupamos.

Por largo tiempo fué un problema y tema de las controversias mas acaloradas, la averiguacion de si hubo ó nó hombres en la época diluviana. Hoy sabemos que el hombre es contemporaneo de los animales extintos antidiluvianos. Ch. Lyell, en su obra preciosa, ya página 20 citada, ha reunido suficientes datos y raciocínios sobre la antiguedad del género humano, para probar la existencia del hombre en la época diluviana.

Daremos fin á nuestro resúmen poleontológico, designando las obras únicas que pueden considerarse como una revista de cuanto hay hecho y averiguado con respecto á los animales extintos. Un libro especial contraido á este objeto, seria muy dificil de hacer porque no bastarían á ello los esfuerzos y la capacidad de un solo sabio. Sin embargo existe un exelente libro que pudiera llenar este vacio, y es el que ha publicado el Dr. Bronn, Catedrático de Heidelberg, que ahora poco ha fallecido, con el titulo: « *Lethaea geognostica* », cuya segunda edicion puede considerarse como la mas completa revista Paleozoológica que haya aparecido hasta hoy. Un libro sobre el mismo tema, pero menos estenso ha publicado despues Pictet, con él título de *Traité élémentaire de Paléontologie*, en cuatro tomos con láminas. Hay á mas una tercera obra que será mas estensa así que aparezca completa, escrita por Giebel y cuyo título es: *Fauna der Vorwelt*; tres tomos, en cinco partes. Esta obra será sin duda, cuando esté del todo terminada la mas completa entre sus iguales.

III

DESCRIPCION DE LA MACRAUCHENIA PATACHONICA.

CON CUATRO LAMINAS

———

El distinguido naturalista y viagero Sr. Carlos Darwin encontró (*) durante su residencia, en Enero de 1854, en el puerto de San Julian sobre la costa patagónica, 49°,15'L.S, algunos fragmentos del esqueleto de un animal que el célebre anatomista inglés R. Owen ha descrito con el nombre científico de *Macrauchenia patachonica*. Aunque faltaba el cráneo, y los restos existentes eran bastante incompletos, el anatomista ingenioso y el crítico mas competente sobre la organizacion de los animales vertebrados, podrá deducir con seguridad de las formas de las dos vertebras del cuello encontradas, que el animal fué muy parecido al camello y principalmente á la llama; pero los tres dedos de la mano como tambien el astragalo (la taba), que es tan significante para la afinidad que existe entre los animales de uñas, probaban que el animal de que se trata, no fué un verdadero Rumiante como los camellos, y que mas bien pertenece á la familia de los *Pachyderma* entre los cuales parece unirse próximamente al *Anoplotherium* y al *Palaeotherium*.

(*) Viage científico etc. tom. 1. cap. 9.

Despues de esta primera descripcion, que tanto ha llamado la atencion de los paleontologistas, hay muy pocos aditamentos á nuestros conocimientos sobre la *Macrauchenia*. Tales son las publicaciones hechas por P. GERVAIS (*) sobre los huesos que han recojido DE CASTELNAUX y otros viageros, en las cuales habla el autor de la afinidad del animal, que es muy poco diferente en la estructura de su pié del *Rhinoceros* y *Palaeotherium*, tomando su posicion natural al lado de estos dos géneros. Ultimamente ha encontrado D. FORBES algunos restos de *Macrauchenia* en Bolivia que pertenecen á una otra especie mas pequeña, descriptos por HUXLEY con el nombre de *Macrauchenia Boliviense* (**). Entre estos pedazos hay algunos del cráneo, pero son tan insignificantes que no pueden dar una idea exacta de su configuracion general.

En tales circunstancias tuve la muy agradable sorpresa de recibir, hace algunos meses, de Lóndres la importante obra en inglés: *The Zoology of the Beagle,* que da la primera descripcion de la *Macrauchenia*, como testimonio del amistoso interés que ha tomado el Sr. WHEELWRIGHT en mis estudios científicos. Se deja comprender de dicha obra, comparando los dibujos de los huesos de la *Macrauchenia*, con otros hechos hace pocos años por el Sr. BRAVARD, é inéditas aún, que aquel Señor habia recojido cerca de Buenos Aires un esqueleto mucho mas completo, incluyéndose en él, el cráneo entero, muchas vértebras y el pié, y que otras partes del esqueleto, desconocidas por BRAVARD y por OWEN, como el Atlas y la cadera, se conservan en el Museo público de Buenos Aires. BRAVARD ignoraba sin duda por falta de conocimiento de la obra citada, que su esqueleto pertenecía á la *Macrauchenia*, dándole el nuevo nombre científico de *Opisthorhinus Falconeri*; y como este ingenioso autor comprendió facilmente que su pretendido nuevo animal era de un organismo muy curioso, se preparaba á darlo á conocer en una obra, que titularia: Fauna fósil del Plata, litografiando al efecto tres láminas de sus huesos. La muerte prematura de BRAVARD en la lamentable catástrofe de Mendoza ha impedido la publicacion de tan útil trabajo; pero como esas láminas tan bien ejecutadas existen depositadas, en el Museo público de Buenos Aires en

(*) Annales des Scienc. natur. Zoolog., III Ser., Tom. 3, pág. 330.
(**) Report on the Geology of South America. London. 1861. 8°, pág. 73. Extract Proceedings Geolog. Society, 21 Nov. 1860.

número de 500 ejemplares, he considerado como una preciosa herencia de este distinguido sabio, que me proponga publicarlas con una descripcion científica, dando así al público un franco testimonio de la veneracion que profeso á su autor, muy merecido por su laboriosidad é interesantes trabajos científicos sobre el suelo de Buenos Aires.

I.

DEL CRANEO

4

La figura general del cráneo (Pl. I.) es muy parecida á la del caballo y probablemente algo mas á la del *Anoplotherium*, aunque en una comparacion mas exacta luego se dejan ver diferencias bastante graves entre ellas. En estas analogías se nota una estension muy prolongada del craneo hácia adelante, y su compresion hácia los lados; tambien una gran prolongacion de las mandíbulas y bastante similitud en la parte occipital; pero la posicion muy hácia atrás de la apertura de la nariz de la *Macrauchenia* como la pequeñez de los huesos de este órgano no apoyan analogía alguna con los de aquellos dos animales. Sin embargo, la dentadura no interrumpida, está igualmente en oposicion con el sistema dental del caballo, pero en armonía con el del *Anoplotherium;* así como el contorno no interrumpido de la cuenca del ojo y la cresta bajo de ella en el carrillo son iguales con los del primero y diferentes á los del segundo. En fin la mandíbula inferior aparece del mismo modo que la del caballo y la del *Anoplotherium,* como se prueba en las numerosas figuras en la obra de CUVIER: *Ossements fossiles, Tom. III, pag. 44 y 45.*

Con el tipo del cráneo de los Rumiantes no se presentan iguales analogías: la frente muy ancha generalmente y convexa, el contorno muy prominente de la cuenca del ojo, la parte occipital muy baja distinguen fácilmente estos dos tipos, aunque el contorno de la cuenca del ojo no interrumpido es de un carácter igual en los Rumiantes, en el caballo y en la *Macrauchenia*, y que se vé tambien aunque con menos perfeccion en el Hippopotamo. Sin embargo, hay bastante semejanza en la mandíbula inferior de los Rumiantes con la de la Macrauchenia, siendo el *processus coronoideus* de la misma configuracion; es decir, mas largo y menos ancho que en Anoplotherium, y aunque no mas alto, mucho mas ancho y mas encorbado, que en el caballo. El tamaño del cráneo es muy poco superior á la del caballo, siendo su diámetro longitudinal de 21 pulg. ingl. y el transversal de 6' 5|6 pulg.

5

Como el cráneo dibujado en las láminas de Bravard ha pertenecido á un individuo bastante viejo, como lo prueba el gran deterioro de las muelas, lo poco visibles que se hallan las suturas de los huesos y el haberse destruido todos, con la única escepcion de algunos en la circunferencia del ojo, sucede que el contorno de la parte anterior de la mandíbula superior, llamada *os incisivum*, no está bien circunscrita hácia atrás. Su contorno anterior con los incisivos, es completamente igual al tipo del caballo; la orilla descendente en su superficie anterior tiene la misma corbatura que en el caballo; y es menos encorbado que en la Anta *(Tapirus)*; que es el otro animal mas parecido en esta forma de la mandíbula. Lo mismo sucede con los incisivos; ni los del *Tapirus*, ni los del *Anoplotherium* son tan iguales á los de la Macrauchenia. Pero á esta gran similitud de la forma entre el caballo y la *Macrauchenia*, se agrega una diferencia muy grande en la construccion de la entrada del hueso *vomer* entre los dos lados de dicha parte de la mandíbula superior de la *Macrauchenia*, uniéndose con ellos por intercalacion y no por oposicion, como en el caballo. Es un carácter muy curioso y completamente particular á la Macrauchenia; aunque á los Rumiantes que tienen generalmente un hueso *vomer* bastante fuerte, el no entra en la conjuncion de los dos lados del hueso incisivo, y en el caballo como en la Anta no se levanta este hueso como una lámina perpendicular en la entrada de la nariz, lo que generalmente sucede en los Rumiantes. El único animal con un *vomer* casi igual, pero mas fuerte es el Rhinoceronte fósil, llamado *Rhinoceros tichorrhinus;* pero en este el vomer está unido con los huesos fuertes de la nariz, soportándolo el cuerno anterior colocado en ella. La *Macrauchenia* al contrario tiene los huesos de la nariz muy pequeños y casi invisibles, que se tocan solamente con la parte posterior del vomer.

La estension del hueso incisivo en su parte posterior solo puede calcularse por la textura estriada de su superficie, muy bien espresada en la figura de Bravard; parece que él fuese limitado en la tercera parte anterior de la mandíbula en el lado superior (fig. 1) y en el lado inferior (fig. 2) poco mas que la apertura grande incisiva, separada por el vomer penetrante en dos partes. Aqui la posicion de los dientes.

colmillos y los incisivos que tiene el caballo.

Esta descripcion prueba que el hueso incisivo de la *Macrauchenia* es tan diferente de el del caballo, como del mismo hueso en los Rumiantes por la falta de dicha prolongacion hácia atras, en el lado superior hasta los huesos de la nariz. La posicion tan particular de la abertura de la nariz hácia atras se esplica por su figura propia en la *Macrauchenia*. El *Anoplotherium* es muy parecido al caballo en este punto, pero el *Tapirus* y el *Rhinocerus* ya imitan la construccion de la *Macrauchenia*, manifestando una pequeña prolongacion bastante aguda del hueso incisivo por detras en la parte vecina á la mandíbula superior. Esa pequeña prolongacion parece tambien indicar la fig. 1 de Bravard en la *Macrauchenia* por el ángulo en el centro de la conjuncion de los dos huesos.

La parte propia de la mandíbula superior está unida con el hueso incisivo del modo ya descripto, formando con el hueso vomer en la línea media una conjuncion longitudinal sobre la cual se levanta el vomer como un callo angosto. De este modo la conjuncion corre casi seis pulgadas (13,5 centimetros) hácia atras para formar la superfície del hocico hasta el punto en que la abertura elíptica de la nariz lo interrumpe. El vomer continúa por esta abertura, dividiéndola en dos partes iguales, la una á la derecha y la otra á la izquierda. Al lado de esta abertura el hueso de la mandíbula superior corre mas atras y termina con una orilla angular, dirigiéndose al punto posterior, y uniéndose por su lado interior con los huesos de la nariz y por el esterior con el hueso lagrimal y el hueso zigomático. Cerca de esta conjuncion y poco antes de ella, se abre el *canalis infraorbitalis*, perforando la superfície de la mandíbula y continuando como una escavacion hácia adelante, en la cual se vé dos sulcos ondulados para vasos sanguíferos. En la superfície inferior, al lado de la cavidad de la boca, las dos partes de la mandíbula superior se unen en una sutura longitudinal, que se estiende de la abertura incisiva de adelante hasta la abertura posterior ó interior de la nariz, llamada *choanes*, formando de este modo el paladar. Al fin del paladar deben unirse las dos partes de la mandíbula con los huesos pterigoideos, pero como no existe separacion alguna en esta parte del paladar, las estremidades de los dos huesos son desconocidos. Cada lado del paladar tiene un sulco en su superfície, que sale de una perforacion de la parte posterior del paladar, *(foramen palatinum)* por donde pasa el ramo palatino del nervio trigemino. Igual perforacion existe tambien en el paladar del caballo, pero un poco mas atras, al lado de la última muela. En la *Macrauchenia* ésta perforacion está situada al lado de la muela ante-penúltima. Las muelas terminan el paladar en el lado esterior y forman la frontera entre el paladar y el lado esterior de la mandíbula. Hay ocho muelas á cada lado detras del alvéolo del diente canino (fig. 2 (*)). La primera mas chica falta, como tambien el diente canino. Esta primera ha tenido una sola raiz, como prueba el alvéolo simple. Siguen otras dos muelas chicas (b. c.) que los naturalistas llaman muelas falsas, y des-pues cinco muelas grandes ó verdaderas. Estas son bastante fuertes y de una figura casi cuadrangular, que describiré despues mas estensamente.

En su figura general la mandíbula superior es completamente parecida á la del caballo, con excepcion de su parte superior, en donde se une con el *vomer*. Tiene tambien una gran analogía con la mandíbula superior del Rhinoceros. Sin embargo, la abertura anterior del *canalis infraorbitalis* está situada mas adelante en estos dos animales que en la *Macrauchenia*; es decir, que en ellos se halla sobre la muela segunda y en esta sobre la muela penúltima. Del mismo modo la gran estension de esta abertura es una diferencia entre ellos. Mas diferente es aun el tipo de los Rumiantes, en los que la misma abertura está situada sobre la muela primera.

Los huesos lagrimales y los zigomáticos son tan completamente iguales á los mismos huesos del caballo que esta similitud nos dispensa describirlos detalladamente. Es bastante visible la sutura entre los dos y la mandíbula superior, pero la otra sutura entre ellos no se vé tan clara; existe solamente un resto de ella á la entrada de la cuenca del ojo. Esta configuracion tiene su valor científico, porque del mismo modo se unen estos dos huesos en el caballo, habiendo desaparecido ya entre ellos la sutura cuando empieza á ser visible la sutura con la mandíbula. .El mismo valor tiene la estension en la circunferencia de la cuenca del ojo. El hueso zigomático no ocupa mas en esta circunferencia que la parte anterior del lado inferior; todo lo de atrás pertenece al *processus zygomáticus* del hueso de la sien *(os temporum)*. Este hueso tiene en su superficie esterior una cresta bastante pronunciada, como la del caballo que tambien se estiende poco sobre la parte vecina á la mandíbula, pero no tanto como en el caballo. Una pequeña protuberancia obtusa en el ángulo superior de la circunferencia de la cuenca del ojo, que existe tambien en el caballo, significa la entrada al canal lagrimal y la frontera del hueso lagrimal al lado superior.

(*) Delante de la letra **e** de esta figura se ven dos aberturas negras, indicando los alvéolos para dos dientes, que faltan; la primera pertenece al diente canino, la segunda á la primera muela.

ө-

De todos los huesos de la parte facial del cráneo los huesos de la nariz (fig. 1 y 5 n. n.) son los mas particulares; no pueden compararse en su figura con los de ningun otro animal conocido. La Anta. misma *(Tapirus)* que entre los animales vivientes tiene una figura mas aproximada, se difiere de él muy notablemente si se sujeta á un exámen minucioso.

Considerando sumariamente la construccion general de la abertura de la nariz, se presenta como una escavacion elíptica en el centro de la superficie superior del craneo (fig. 1.), dividida en dos partes iguales; la una anterior, abierta, perforando el rostro en su centro; la otra posterior como una cavidad en media luna, con una orilla muy aguda, prominente en la abertura anterior con dos puntillas medias, entre las cuales la pared angosta del vomer se une con ella. Estas dos puntillas y la orilla aguda de sus lados representan los huesos de la nariz; la circunferencia posterior sobre ellas es parte del hueso de la frente; pero la frontera entre este hueso y los de la nariz no se vé en ninguna parte claramente. Probablemente estaba al principio una sutura en el fondo de la escavacion en media luna detras de los cuatro ojuelos en figura de almendras, separados entre sí por tres crestas pequeñas, y prominentes, con los cuales se juntan otros dos mas lejanos en la orilla de la mandíbula superior, uno á cada lado. Estos seis ojuelos son sin duda impresiones de otros tantos músculos, lo que prueba no solamente su figura, sino tambien la presencia de algunas pequeñas perforaciones en su fondo para dar pasage á algunos vasos sanguíneos. En consecuencia de estos músculos, calculamos con razon, que el animal ha tenido una nariz carnosa, prolongada como una trompa, que sobrepasaba mas ó menos la boca. Esta suposicion está apoyada por la estension y grandeza del hueso *vomer*, que es, como se sabe, el fundamento de la pared divisoria de la nariz; una prolongacion cartilaginosa del vomer se ha apuntalado sobre él, dividiendo la trompa en dos tubos, como lo está tambien en el Elefante y la Anta. Por esta razon el vomer se levanta entre las dos partes de la mandíbula superior hasta la estremidad del hocico, para dar un apoyo seguro á la pared divisoria cartilaginosa de la trompa. Si la trompa hubiese estado limitada en la parte posterior del rostro, donde es en el craneo la abertura de la nariz, no habría podido salir el vomer hasta la punta misma. En consecuencia de la estension bastante grande de la abertura de la nariz, como tambien de las impresiones musculares muy marcadas, y de la prolongacion del vomer hasta la punta del hocico, se deduce que, la trompa fué mas estensa que la de la Anta, porque este animal no tiene ni las impresiones musculares, ni el vomer prolongado hasta la punta. Estas dos cualidades prueban claramente que la trompa de la *Macrauchenia* fué mas larga y mas carnosa que la de la Anta, pero no tan carnosa y tan gruesa como la del Elefante.

La configuracion de la abertura de la nariz y la de los huesos de esta es tan peculiar á la *Macrauchenia*, que no hay razon para compararla con la forma de los de ninguno de los animales vivientes.

La misma importancia hay en cuanto al hueso de la frente, que la que he hecho ver en él hueso zigomático y hueso lagrimal; es enteramente como en el caballo, con escepcion de la parte anterior, donde se toca este hueso con los de la nariz. La poca convexidad de su superficie, la anchura bastante grande de las cuencas de los ojos, los contornos agudos de dichas cuencas, la misma perforacion de cada contorno en su parte posterior por el *foramen superciliare*, en fin su conjuncion con el *processus zygomaticus* del hueso temporal al lado posterior de la cuenca del ojo; todo es perfectamente como en el caballo. Sin embargo comparando las partes análogas en particular, se ven algunas modificaciones propias á la *Macrauchenia*. Tales son: que las circunferencias superiores de la *fossa temporalis* están mas vecinas entre sí encima de la frente en el caballo, uniéndose al principio del hueso del vértice *(os parietale)* en ángulo agudo; pero distantes en toda su estension en la *Macrauchenia*, uniéndose no con el centro del hueso occipital sino con los lados de este. En este punto de la configuracion del cráneo la *Macrauchenia* es mas parecida al *Rhinoceros* y al *Tapirus*. Ademas la orilla prominente de la cuenca del ojo es un poco mas encorbada y mucho mas dentellada, uniéndose con alguna de las incisiones entre los dientes de atrás el *foramen superciliare*, que en el caballo está separado de ellos. El *Rhinoceros* y *Tapirus* no tienen el *foramen superciliare*, como tampoco los otros Pachidermos; los Rumiantes al contrario lo tienen con la configuracion de la cuenca del ojo parecida á la del caballo; pero en ellos este foramen está situado mas al interior de la frente, y mucho mas que en el caballo. De manera que el caballo es, de todos los animales conocidos, el que presenta mas analogía en la configuracion de la frente con la *Macrauchenia*.

10

Del mismo modo se demuestra la analogía entre estos dos animales en los huesos del vértice, del occiput y de la sien; la única diferencia existe en la circunferencia de los huesos temporales, esplicada ya en el parágrafo anterior. Pero la figura general del vértice no es ascendente como en el Rhinoceros, sino que encorbándose suavemente, despues desciende poco, como en el caballo (fig. 5). El occiput no es tan alto é inclinado atras como el del Rhinoceronte, pero mas bajo y perpendicular descendente, como en el caballo. Tiene tambien en su superficie una protuberancia pequeña para la aplicacion del gran tendon de la nuca, que se prolonga por debajo hasta el gran *foramen occipitale* (Pl. II, fig. 4). Del mismo modo la figura y la posicion de los condilos occipitales, del proceso stiloideo y de la parte posterior del fondo del occiput son idénticos en su configuracion á los del caballo; pero en la parte mas adelantada del fondo del cráneo se cambia esta analogía, imitando mas bien el tipo de los Rumiantes. Desde aqui la *Macrauchenia* se inclina mas á los camellos que al caballo, lo que prueba tambien la direccion de los condilos occipitales menos prominentes, que parece indicar una posicion diferente de la cabeza en general. Probablemente esta parte no fué tan perpendicular como en el caballo, sino sostenida mas horizontalmente como la del camello. Tal posicion de la cabeza parece tambien indicar la longitud de las vértebras del cuello, de las cuales el animal ha recibido su nombre.

11

La analogía del fondo del cráneo de la *Macrauchenia* con el tipo de los Rumiantes se presenta mas clara en algunos otros caracteres de su configuracion: Nada está tan visiblemente espresado, como la figura del centro, que se ha formado del fondo del hueso occipital y el esfenoideo. Esta parte es exactamente como en el camello y en la oveja, así como tambien las dos protuberancias ásperas para la aplicacion de los músculos del cuello se encuentran en la *Macrauchenia*, como lo prueba la fig. 2 Pl. I, del cráneo en su parte inferior. No menos igual es la prolongacion de la misma parte del cráneo hácia adelante, que sostiene el vomer de arriba. Por lo demas los huesos pterigoideos se parecen á los de los Rumiantes, no obstante haber perdido su integridad por algunos defectos en las orillas. Lo mismo sucede con el hueso petroso, aunque su configuracion no aparece muy perfecta en el dibujo de Bravard; pero es claro que él no ha tenido analogía con el del caballo, y esto se prueba por la figura y la posicion de la cavidad articularia para la mandíbula inferior, teniendo la orilla prominente y aguda hácia atrás como en los Rumiantes. Sin embargo, esta analogía con los Rumiantes en la parte central del fondo del cráneo, no continua en su parte anterior, donde empiezan las aberturas posteriores de la nariz, llamados *choanes;* en esta parte vuelve á repetirse la analogía con el caballo. La larga estension de dicha abertura hácia adelante, el modo como se une el paladar de la mandibula superior con los huesos propios del paladar posterior, y principalmente la conjuncion de los mismos huesos con la mandíbula superior en sus lados externos; todo es como en el caballo. Los Rumiantes tienen en esta parte del paladar una ensenada profunda, que separa la parte de la mandíbula en que se hallan las muelas últimas de la parte del hueso del paladar que se une con los huesos pterigoideos. Esta ensenada, que se vé indicada en el caballo á manera de sulco, falta tambien en la *Macrauchenia*, pero está indicada en el caballo acompañado de las mismas verrugitas, que existen en el camello en su lado exterior sobre la mandíbula. Al fin de este sulco se abren en el caballo y Rhinoceronte los *foramina palatina*, pero en la *Macrauchenia* estos *foramina* están colocados mucho mas adelante, y mas que en los Rumiantes. Esta situacion es una de las particularidades de la *Macrauchenia*.

12

La mandíbula inferior está formada en su mayor parte como en el caballo, sin rehusar algunas analogías con los Rumiantes. Su parte horizontal, que lleva las muelas es enteramente igual en el caballo, y la orilla en la esquina de la parte ascendente bastante igual á la del *Anoplotherium* (Cuvier, *Ossem. foss.* III, *pl. 44 y 45*). Esta parte es mucho mas prominente que en el caballo y los Rumiantes, lo que prueba que los músculos para la masticacion son muy fuertes; la prolongacion articularia es mas perpendicular, y la cara articularia está colocada mas al medio de dicha prolongacion, lo que tambien aumenta la fuerza de la masticacion. En fin la fuerte escavacion del lado exterior de dicho ramo de la mandíbula no deja de indicar un músculo masticatorio muy grueso. Del *processus coronideus* de este ramo ya se ha hablado antes, el que, comparado por su altura y figura encorbada con el tipo de los Rumiantes, no es verdaderamente tan encorbado, como generalmente lo tienen estos animales. El ramo horizontal de la mandíbula inferior tiene en su lado exterior en dos lugares *foramina emisaria*, es decir, el uno en la parte anterior bajo de la primera muela falsa, y el otro bajo de la muela quinta. El caballo y los Rumiantes no tienen mas que un emisario en el medio de la fila de las muelas; el *Anoplotherium* tiene colocado su único emisario como el primero de la *Macrauchenia*; en el Rhinoceronte y la Anta tambien está debajo de la primera muela falsa, pero con respecto al grande espacio entre estas muelas y los colmillos su posicion es mas posterior. De los otros animales con uñas, el chancho tiene siempre mas emisarios, hasta cuatro, y lo mismo sucede con el Hippopotamo; pero la posicion en la mandíbula es la misma.

II.

DE LA DENTADURA

13

La *Macrauchenia* tiene como el caballo, seis dientes incisivos en cada mandíbula, cuatro colmillos chicos, ocho muelas en la mandíbula superior, y solo siete en la inferior, de cada lado, es decir, en todo cuarenta y seis dientes; la cantidad mayor que hasta ahora se ha observado en los Pachidermos; ninguno de los animales de uña sobrepasa el número de cuarenta y cuatro dientes, pero el caballo no tiene mas que cuarenta y en algunos casos cuarenta y dos. Se distingue la dentadura de la Macrauchenia de la de todos los animales de uña de la actualidad, en otro punto muy significativo, que es la posicion de los dientes en una fila no interrumpida, con escepcion de un vacío muy pequeño entre los incisivos y los colmillos de la mandíbula superior. Igual dentadura se encuentra tambien en dos animales estintos, que pertenecen á la época terciaria; en el eocéno *Anoplotherium* y en el miocéno *Dorcatherium*. En sus otros caracteres la dentadura de la *Macrauchenia* no es diferente del tipo general de los animales de uña, pero la figura particular de los dientes y principalmente de las muelas es única en este animal; no hay en la actualidad ni en las épocas pasadas otro animal con dientes esactamente iguales. Los seis incisivos de cada mandíbula faltaban en el cráneo dibujado por Bravard, con escepcion de los dos exteriores de la mandíbula superior. (Pl. i, fig. 2 d.) Pero de la grandeza de los alvéolos puede concluirse, que todos han tenido el mismo tamaño, y casi la misma figura, como tambien en el caballo. Los dos restantes tienen una sola raiz muy encorbada (Pl. ii, fig. 3) y una corona bastante gruesa con una fosa en la superficie, cubierta por una lámina de esmalte, como la circunferencia esterior de la corona. (Pl. i, fig. 2) Se vé pues por esta construccion, que los incisivos de la *Macrauchenia* no se diferenciaban mucho de los del caballo, cuya fosa central, se sabe bien, que vá disminuyendo poco á poco con la edad hasta desaparecer en los primeros diez años. Es de sospechar que lo mismo haya sucedido á la *Macrauchenia*, aunque en diferente espacio de tiempo, y probablemente un poco mas tarde, porque la corona de los incisivos en ella me parece mas gruesa y la materia del diente mas ancha, en relacion con la del caballo. Al lado interior de cada incisivo (Pl. ii, fig. 4) se indican dos escavaciones triangulares, que faltan al caballo, pero que se veen en los incisivos de los Rumiantes, lo que prueba una analogía de figura con ellos.

14

Los cuatro colmillos faltaban tambien en el cráneo dibujado, pero su existencia se demuestra por alvéolos existentés (Pl. i, fig. 5 e). Prueba tambien la poca estension de los alvéolos, que los colmillos eran pequeños, y probablemente de figura cónica, como los del caballo, pero los inferiores poco mas grandes que los superiores. El pequeño espacio entre los incisivos de la mandíbula superior y el colmillo (Pl. i, fig. 2) indica que el colmillo inferior se colocaba, cerrada la boca, antes del superior, como es la regla en los otros animales de uñas, tanto vivientes como estintos; por ejemplo, en los chanchos, el Hippopótamo, los Antas, los Palaeotherium y los Anoplotherium.

15

De las treinta muelas de la Macrauchenia pertenecen diez y seis á la mandíbula superior y catorce á la inferior.

Las muelas de la mandíbula superior son perfectas, con escepcion de la primera chica que falta; se dividen en dos clases, llamadas falsas y verdaderas.

A las muelas falsas pertenecen cuatro anteriores, de las cuales falta la primera.

La primera muela falsa ha tenido una sola raiz, como los colmillos, lo que está probado por el alvéolo presente (fig. 2), pero la figura de la corona es desconocida. Probablemente su corona presentaba una figura triangular vista del lado, comprimida del interior al exterior y poco mas gruesa en el márgen anterior que en el posterior. Esta figura puede conjeturarse de la segunda muela y de la analogía con otros animales, porque corresponde esta pequeña muela á la misma del caballo, que generalmente falta á este animal, pero que regularmente se presenta en el caballo estinto terciario con tres uñas del género *Hipparion*.

La segunda y tercera muelas falsas (Pl. i, fig. 2, b. c. y Pl. ii, fig. 2) son muy parecidas en su figura, pero un poco diferentes en su tamaño, pues la tercera es mas grande que la segunda. Cada una tiene dos raices desiguales, una anterior mas chica y la otra posterior mas grande. La corona es comprimida del lado interior al exterior, y deteriorada en su superficie por el uso de la masticacion, lo que prueba, que tenia una lámina de esmalte en toda su circunferencia y un pliegue arrollado para atrás en su parte anterior. Este pliegue es mas grande en la tercera muela que en la segunda. En el lado exterior la muela es un poco ahuecada y al principio poco mas gruesa que al fin. La corona se levanta en la parte posterior un poco arriba, para entrar entre las dos muelas oponentes de la mandíbula inferior, cuando la boca está cerrada.

La cuarta muela es de la misma construccion y casi de la misma figura en su lado esterior, que la tercera, pero en su lado inferior es muy diferente. Esta diferencia se ve claramente en la superficie deteriorada por la masticacion (fig. 2. a.) que presenta una mayor estension y dos pliegues; el uno mas grande es al principio de la corona y el otro mas pequeño al fin; ademas tiene el pliegue anterior un plieguecito en su parte anterior. Esta configuracion es muy significativa en el diente cuarto y le dá un carácter particular. Tiene tambien tres raices, dos al lado esterior y una al lado interior entre ellas.

Las cuatro muelas verdaderas que siguen, se distinguen de las anteriores falsas, por su tamaño mas grande, su figura cuadrangular, y las tres raices en cada una. Tienen en su lado esterior dos escavaciones mas pronunciadas, separadas por callos bastante prominentes entre ellas.

La primera de estas cuatro muelas es bastante delgada en su parte anterior para unirse mas cómodamente con las falsas precedentes. Tiene en su superficie, que está como en las anteriores muy deteriorada por la accion mascante, una abertura irregular al lado esterior, y dos fosas cubiertas con esmalte, lo que prueba que esta muela ha tenido en su primera configuracion tres pliegues elevados y transversales, separados entre sí por dos sulcos, y unidos al lado esterior de la muela por un pliegue longitudinal. La abertura irregular en la superficie de la muela, me parece ser la cavidad central de este pliegue longitudinal y una parte de la cavidad para la pulpa del diente, sobre la cual se ha formado la corona. Comparando este diente con los otros se vé que es el mas deteriorado de todos, lo que prueba su edad mas avanzada en comparacion con los otros. Este diente ha sido el primero en formarse despues de los dientes de leche ó de la juventud.

Las tres últimas muelas (Pl. II fig. 2) no solo sobrepasan á esta primera muela verdadera en tamaño, sino que tambien son diferentes en su construccion, siendo compuesta cada una de cuatro pliegues transversales, divididas por tres fosas profundas y unidas al lado esterior por un pliegue longitudinal. Todos estos pliegues han tenido una capa de esmalte en su superficie, pero como las muelas estan deterioradas por la masticacion lo mismo que las precedentes, no se vé mas de los pliegues que las fosas elípticas con capa de esmalte entre ellas. Comparando estas tres muelas unas con otras, se observa que la primera tiene raices mas agudas y está mas deteriorada que la segunda, y esta mas que la tercera, que tiene tambien las raices mas gruesas y menos separadas, lo que prueba que no son del mismo tiempo, y que la última se ha formado mas tarde que la penúltima y las dos mas tarde que la antepenúltima, de la cual sabemos que es mas jóven que la primera muela verdadera. Entonces viene la sucesion de las muelas con relacion á su edad. La última muela es poco prolongada en el lado posterior, y por esta razon no tiene exactamente la figura cuadrangular de las otras, y sí mas bien una figura pentágona.

Comparando las muelas de la mandíbula superior de la *Macrauchenia* con las mismas de los otros animales de uñas, se vé al instante, que no hay razon para compararlas con la dentadura de los Rumiantes. Lo mismo sucede con respecto á las muelas del caballo, del chancho y del Hippopótamo; el tipo fundamental de las muelas de estos es muy distinto. Alguna analogía prueban las muelas del *Palaeotherium* y del *Rhino-ceros*, siendo formados del mismo modo por un pliegue longitudinal al lado exterior del cual salen al interior dos pliegues transversales, separados por una gran fosa entre ellos; pero el número de los pliegues es diferente, siendo cuatro en la *Macrauchenia.* Con el *Anoplotherium* no existe tal analogía. La afinidad mayor la veo entre las muelas de la *Macrauchenia* y del *Nesodon*, otro animal extincto antidiluviano, encontrado tam-bien en el suelo de la Provincia de Buenos Aires. Este animal tiene en sus muelas cuatro verdaderos pliegues transversales, saliendo de un pliegue longitudinal exterior, pero estos pliegues son mucho mas angostos y mas oblícuos puestos contra el pliegue longitudinal. Parece que estos animales de una misma época y de un mismo país, fueron muy semejantes en su dentadura.

1 G

La fila de muelas de la mandíbula inferior no es solamente, como sucede por regla general, mas angosta que la mandíbula superior, sinó que tambien es mas corta por la falta de un diente en ella. Parece que la posicion alternativa con las muelas de la mandíbula superior, es la causa de la disminucion del número de muelas inferiores. Sucede por consiguiente, que la mandíbula inferior tiene solamente tres muelas falsas y cuatro verdaderas, faltando á la inferior la primera muela falsa con una raiz simple, que la tiene la superior adelante de la fila. La primera de las muelas estantes tiene dos raices, como tambien la segunda, pero como faltan estas dos muelas en la man-díbula dibujada (Pl. i. fig. 5) no puedo describir su corona. Probablemente estas dos se han parecido mucho á la tercera muela, que tiene, como la cuarta una figura angular en .el medio y dos pliegues arrollados, uno á cada márgen de la muela. La muela quinta es la mas deteriorada, lo que prueba su avanzada edad; es de la misma configuracion pero mas gruesa, y por esta razon el pliegue anterior se ha unido con el ángulo medio. Las dos últimas muelas son mas largas que las precedentes, pero de la misma configuracion en general. Sin embargo hay algunas particularidades sobre este punto en cada una de estas dos muelas, que se comprenderán mejor á la vista de la lámina, que por una estensa descripcion. La fig. 7 dá la vista del lado esterior, la fig. 6 del lado interior.

La construccion de las muelas inferiores es casi de una ejecucion mas simple que el tipo de las muelas inferiores del caballo; pero mas iguales al tipo dél género *Nesodon.* Del mismo modo el tipo del *Rhinoceronte* se reduce fácilmente á la configuracion de las muelas inferiores de la *Macrauchenia*, suponiendo que las dos partes separadas de cada muela del Rhinoceronte estuviesen por el medio en las de la *Macrauchenia* en una parte contínua. La continuidad de la capa de esmalte sobre toda la superficie de la corona en la *Macrauchenia* y la separacion de la misma capa en dos pliegues en el Rhinoceronte forman el fundamento de la diferencia de sus muelas.

III

DEL ESPINAZO.

(Lámina segunda.)

17

Hasta hoy no se conoce completamente el espinazo de la *Macrauchenia* y menos aún el número de todas sus vértebras. Sin embargo, el Sr. Owen ha descripto dos vértebras del cuello y siete del lomo y entre los dibujos de Bravard hay otras de las espaldas, no pudiéndose calcular el total número de ellas, de otro modo que por su analogía con las de los animales parecidos.

Segun la regla general para los cuadrúpedos, el número de las vértebras del cuello era sin duda siete. Las dos dibujadas por el Sr. Owen, el autor ha tomado para la tercera y cuarta, y entre las figuras de Bravard, se vén la segunda y sesta. La descripcion detallada de Owen y la comparacion con las vértebras parecidas de otros animales, prueban que cada una de las dos vértebras es de $6\,^1|_2$ pulgadas inglesas de largo y $2\,^5|_6$ pulgadas de ancho, y que ellas son mucho mas parecidas á las del camello que á las de cualquiera otro animal. Se deduce principalmente esta similitud del canal vertebral para la arteria del mismo nombre, que corre por el lado interior de los arcos vertebrales, como en el camello y no por fuera entre el arco vertebral y las apofisis llamadas transversos, como en los otros cuadrúpedos. Es muy particular la igualdad del tamaño, siendo regla general entre los animales de uña, que la segunda era la mas larga, disminuyéndose poco á poco las siguientes para unirse mas convenientemente con las vértebras de las espaldas.

Las figuras dibujadas por Bravard prueban, que la segunda vértebra de la Macrauchenia (fig. 6 y 7.) era poco mas corta que la tercera (fig. 8. 9. 10. 11.) y como la sesta (fig. 15 y 16.) es mucho mas corta que la tercera, y la cuarta, como se sabe por la figura de Owen, igual á la tercera, la quinta no puede ser del mismo tamaño, pero sí mas corta que la cuarta y mas larga que la sesta. En fin la sétima es mas corta que la sesta. Veremos mas adelante que la vértebra primera ha tenido la longitud regular, es decir, como 5 cent. en su parte basilar media. La segunda tiene en la figura de Bravard exactamente 4 cent., es decir, en el natural, 16 cent.; la tercera y cuarta, cada una 18 cent. y la sesta 11 cent. Por esta razon calculamos que la quinta vertebra ha tenido como 15 cent. y la sétima como 9. Se sigue pues de éste cálculo que todo el cuello ha tenido una estension como de un metro ó poco mas de tres piés.

Sabido es, que en el espinazo de todos los cuadrúpedos la longitud de las vértebras se disminuye muy poco en la parte de las espaldas hasta un punto en que vuelve á aumentar su estension en la parte del lomo. Entonces suponemos con sobrada razon que lo mismo fuese en la *Macrauchenia* y probamos esta conjetura por las figuras dibujadas por BRAVARD.

El autor ha dado figuras de dos partes del espinaso detrás del cuello; tres vértebras de las espaldas (fig. 17) y cuatro del lomo (fig. 18). Se vé claramente que la primera vértebra en la fig. 17 es mas larga que la segunda y mucho mas que la tercera. Cal- culamos que la primera vértebra sea la sesta de las espaldas, lo que podemos conjeturar por la altura del proceso espinoso de arriba, se supone á aquella una longitud como de 7, 8 cent. y á la tercera como de 7, 2 cent. Probablemente la primera de las espaldas ha tenido una estension de 8 cent. mas ó menos. Tres vértebras que yo he podido examinar en el Museo Público, tienen la longitud de 7, 6; 7, 0; y 6, 6 cent. y prueban por su configuracion, que la mas larga es la primera del lomo, la mas corta una de las posteriores de las espaldas, comprobándolo entonces la ley general, que la vértebra mas corta es una de las últimas de las espaldas, y que detras de ella vuelve á aumentarse el tamaño de las vértebras hasta las del lomo, donde el diámetro longitudinal es como de 8 cent. con escepcion de la última que es mucho mas corta que la penúltima, lo que veremos mas adelante en la descripcion detallada. El número completo de las vértebras de las espaldas es dudoso, pero el de las del lomo es conocido por la descripcion del Sr. OWEN, es decir s i e t e.

Respecto á la gran similitud de la *Macrauchenia* con el caballo, es de interés com- parar acá las medidas de estos dos animales en las diferentes partes del esqueleto de su tronco.

LONGITUD	MACRAUCHENIA		CABALLO	
Del cráneo entero	21	pulgad.	19	pulgad.
Del atlas (1 vért.)	5	centim.	4, 6	centim.
De la Axis (2 vért.)	16	—	13	—
De la tercera vértebra	18	—	9	—
De la cuarta	18	—	8, 5	—
De la quinta	15	—	8	—
De la sexta	11	—	7, 5	—
De la séptima	9	—	6	—
De la primera de las espaldas	8	—	4, 2	—
De la sexta de las espaldas	7, 6	—	4	—
De la mas corta de las espaldas	6	—	3, 7	—
De la primera del lomo	8	—	4, 5	—
De la mas grande del lomo	8, 3	—	4, 7	—
De la última del lomo	4, 5	—	4, 5	—

Este cuadro demuestra que las partes correspondientes á los dos animales no están en igual relacion, pues mientras que el cráneo de la *Macrauchenia* es casi igual al cráneo del caballo, las vértebras del cuello sobrepasan mucho á las del caballo, hasta el doble del tamaño, y que las vértebras correspondientes de las espaldas y del lomo tienen casi siempre la misma diferencia en el tamaño, siendo en la *Macrauchenia* casi el doble de las del caballo, con excepcion de la última que es igual en los dos animales. Se deduce de estas diferencias de las vértebras, que el tronco de la *Macrauchenia* fué mucho mas grueso que el del caballo; el cuello mas largo y mas robusto; pero la cabeza de los dos animales casi del mismo tamaño.

El número de las vértebras de las espaldas, la única parte del espinazo hasta hoy desconocido, no puede determinarse de otro modo, que por la comparacion con los animales mas aproximados. Como esta parte del cuerpo de la *Macrauchenia* no es tan parecida á la del caballo, como lo es el cráneo, pero sí mas parecida á la configuracion del Tapir y del Rhinoceronte, debe suponerse del mismo modo del número de las vértebras en ella. El caballo y los grandes Pachidermes tienen diez y ocho vértebras en las espaldas y seis en el lomo; los Rumiantes generalmente trece en las espaldas y seis en el lomo, excepto los camellos que tienen siete en el lomo, como la Macrauchenia. Por esta razon creemos que la *Macrauchenia* no ha tenido mas que diez y siete vértebras en las espaldas, es decir cuatro mas que los camellos, pero una menos que el caballo. Tomando este número por el verdadero, se calcula la estension del espinazo entero, desde la cabeza hasta la cadera en 260 cent. (8 piés 4 pulg.), de las cuales 100 cent. (3 piès 2 pulg.) de cuello, 108 (3 piés 8 pulg.) de espalda y 52 cent. (1 piè 2 pulg.) de lomo. La estension del mismo espinazo en el caballo de la cabeza hasta la cadera es solamente 5 piés mas ó menos.

18

Considerando ahora las diferentes partes del espinazo por sus vértebras separadas y principiando por el c u e l l o, como la parte anterior, se ofrece la primera vértebra, llamada el *Atlas* de figura y tamaño regular respecto al tamaño del animal. Esta vértebra no fué conocida ni á Owen, ni á Bravard, pero está en el Museo Público de Buenos Aires. Damos cinco vistas de esta pieza rara en la lámina cuarta (fig. 5 á 7), mostrándola de todos lados en la tercera parte del tamaño natural, y probando que su construccion general es mucho mas parecida al tipo de los Rumiantes que al tipo del caballo. Pertenece á esta similidad la profunda escavacion del márgen articular en la parte basilar de adelante (fig. 5), la figura menos corbada del márgen de los apófisis transversales (fig. 1 y 2), la protuberancia terminal aguda de estas apófisis y la union de las dos aberturas para la arteria vertebral en una fosa central de la misma apófisis. El caballo tiene dos aberturas muy distantes, una basilar y una segunda superior. Las dos están tambien en la *Macrauchenia*, para traducir á la gran cavidad de la médula espinal, pero su distancia en la fosa comun del centro de cada prolongacion transversal es muy pequeña. Esta configuracion es un carácter particular del atlas de los Rumiantes, que corrésponde al curso del *canalis vertebralis* en la parte interior de la cavidad del espinazo, de las vértebras siguientes. La *Macrauchenia* se presenta en su atlas exactamente conforme con el tipo de los Rumiantes.

Tiene esta vértebra las siguientes medidas:

Diámetro transversal de la escavacion articular para el cráneo (fig. 3) 10, 7 cent.
Id.   de la misma de adelante á detras . . . .   5, 8 —
Anchura del arco vertebral (fig. 4) . . . .   6 —
Id.   del cuerpo vertebral (fig. 5) . . . .   4, 5 —
Id.   de toda la vertebra entre las puntas mas prominentes de
      las apofisis transversales . . . . 25 —
Id.   de las superficies articulares para la Axis (fig. 6) . . . . . .   5 —
Altura de la vértebra en el medio del arco . . . . 10 —
Diámetro anterior de la caveJad medular . . . .   3, 3 —
Id.   posterior de la misma . . . .   5 —

La segunda vértebra llamada la Axis (Pl. ii. fig. 6 y 7) tiene tambien algunos caracteres, pero menos pronunciados, de los Rumiantes que se presentan en la cresta menos alta y menos corvada del arco y en la prolongacion mas á detras de la apofisis transversal. Su forma general está perfectamente espresada en los dos dibujos de Bravard, mostrando la vértebra de la parte inferior (fig 6) y la lateral (fig. 7). Adelante tiene la apofisis grande, llamada *processus odontoideus*, de figura conoidea, y á cada lado una articulacion hemisférica transversal, para unirse con el atlas. La parte principal de la vértebra llamada el cuerpo, tiene en su superficie inferior una elevacion longitudinal obtusa, que se divide por detras en dos partes diverjentes y una otra mas prominente al lado superior, donde está el arco vertebral, saliendo de él una cresta bastante alta, con un márgen encorbado y poco grueso que se divide por detras en las dos prolongaciones articulares llamadas *proc. obliqui posteriores,* para unirse con los anteriores en el arco de la tercera vértebra. Otras dos prolongaciones mas grandes salen de la parte posterior del cuerpo formando las apofisis transversales *(processus tranversi)*, que salen mas á detras que el cuerpo mismo, carácter que corresponde al tipo de los Rumiantes. Cerca de las protuberancias articularias anteriores del cuerpo se vé en el arco de la vértebra un pequeño orificio, en donde se abre el *canalis vertebralis* para que pueda salir la arteria y pasar á la vértebra primera, el atlas.

La vertebra tercera y cuarta el Sr. Owen ya las ha descrito y comparado con las del camello y de la llama. El Sr. Bravard ha dibujado la cuarta en cuatro figuras (8-11) que se parecen completamente á las mas grandes de Owen en la: *Zoology of the Beagle Tom. I.* La figura 8 de Bravard representa esta vértebra de abajo, la figura 9 la del lado, la figura 10 la de arriba y la figura 11 la de atrás. Tiene el cuerpo de la vértebra una forma cóncava por el lado inferior y cuatro prolongaciones á sus márgenes, dos mas obtusas adelante y dos mas prominentes y largas atrás, que forman las apofisis transversales. Del arco vertebral salen adelante como atrás las apofisis articulares oblicuas, las anteriores poco mas distantes de la superficie articularia en el lado interior, las posteriores mas apróximadas á la superficie articularia inferior. La figura 11 demuestra la inmensa estension del cuerpo de esta vértebra y su escavacion en el medio, como es de regla general. En el caballo esta superficie del cuerpo en su parte posterior es mucho mas cóncava, y en la anterior mucho mas convexa; en el camello tiene casi la misma figura. La abertura para el *canalis vertebralis* no está bien indicado por Bravard, debia aparecer al lado interior del arco inferior en la figura 11 á manera de un pequeño orificio, que el autor probablemente no ha marcado por lo pequeño de su dibujo.

Las figuras 12, 13 y 14 representan la misma vértebra de la Llama fósil ó (como lo creo) de la *Macrauchenia boliviensis*, en iguales posiciones, y prueban claramente la afinidad entre los dos animales por la completa similitud de sus correspondientes vértebras. La única diferencia se presenta en la prolongacion excesiva de todas las protuberancias del animal mas chico en comparacion con las del mas grande.

La quinta vértebra no ha sido dibujada por el Sr. Bravard, pero si la sesta (fig. 15, 16). Ella es mucho mas corta que la cuarta, de 11 cent. de largo y poco cambiada en su forma; el cuerpo de la vértebra es mas chico, pero las prolongaciones son mas largas, principalmente las de adelante que se estienden hácia abajo, cuando las posteriores, que se llaman las apófisis transversales, conservan su posicion en el medio á cada lado del cuerpo (fig. 16). El arco de la vértebra es corto y las apófisis oblícuas articularias están mas distantes, principalmente las de atrás (fig. 15); en fin la cresta está como en todas las vértebras del cuello detras de la segunda, muy baja y solamente una lista media longitudinal sobre el arco, poco elevada.

La séptima vértebra no es conocida, pero de la sesta ya descripta se deduce que es mas corta que esta y probablemente poco mas larga que la primera de las espaldas. Esta abreviacion de las dos últimas vértebras del cuello significa, en correspondencia con las medias vértebras muy largas, que el cuello de la *Macrauchenia* se ha sostenido muy derecho en el medio, pero al fin donde se une con el espinazo de las espaldas muy encorvado, mas aun de lo que es generalmente en el caballo y muy semejante á la posicion del cuello de los camellos y de las llamas. La figura de la parte fundamental del cráneo posterior prueba lo mismo, como tambien su tamaño que no es muy grande; el animal llevaba la cabeza horizontal, colocada sobre un cuello perpendicular.

De las vértebras de las espaldas, el Sr. Bravard ha dibujado tres (fig. 17) que probablemente son la sesta, séptima y la octava. Tengo en el Museo Público tres vértebras de la *Macrauchenia*, que yo tomo por la décimatercera, la décimasesta y la primera del lomo. Del exámen de ellas y de las figuras de Owen puede restaurarse todo el espinazo con bastante seguridad. Se deduce de la comparacion de dichas vértebras con las del caballo que la forma general es muy parecida en los dos animales, con escepcion del tamaño que es mas grande en la Macrauchenia que en el caballo. Probablemente las vértebras de la *Macrauchenia* son mas parecidas á las de la Anta (*Tapirus*) pero faltándonos acá un esqueleto de este animal, no puedo entrar en una comparacion entre ellas. Por esta razon debo limitarme á la descripcion de las vértebras.

La primera de las tres vértebras dibujada por Bravard (fig. 17) tiene en su cuerpo una longitud como de 6, 9 hasta 7 cent. y 6, 6 de ancho; la altura media del cuerpo es de 6 cent., y el todo con el processus espinoso en línea recta 50 cent. Las dos siguientes son un poco mas pequeñas, la primera como 7 milim., la segunda como 14 mil.; sus apofisis espinosas son mas inclinados, pero su longitud es casi la misma. Cada una de las tres vértebras tiene en la parte anterior como en la parte posterior de su cuerpo á cada lado una escavacion articularia de figura oblonga para la insercion de la costilla, y sobre estas escavaciones al lado del arco una apofisis transversal con otra escavacion articularia para la recepcion del *tuberculum costae,* es decir de la protuberancia en el arco de la costilla. La escavacion anterior del cuerpo es poco mas larga que la posterior y cada una elevada como una giba pequeña, cóncava al fin. El arco vertebral que se levanta sobre estas escavaciones es angosto al principio y lleva en esta parte la apofisis transversal bastante gruesa, de 5, 7 cent. de largo, terminada por la tercera escavacion articular mas pequeña y de figura mas ó menos circular. Sobre esta apofisis el arco se estiende adelante, como detrás, formando un plano horizontal circular que declina adelante y asciende un poco por detrás; asi es que cuando las vértebras están unidas, la estension posterior se sobrepone á la estension anterior de la siguiente vértebra. Cada una de estas dos estensiones horizontales tiene dos superficies articularias, la de adelante en la superficie superior, la de atras en la superficie inferior, que forman otras articulaciones con las cuales se unen las vértebras entre sí. Estas articulaciones del arco representan las apofisis oblicuas de las vértebras del cuello y toman el mismo nombre científico que ellas. En fin, en la linea media longitudinal del arco se levanta una prolongacion bastante alta, mas ó menos inclinada para atras é hinchada al punto que los anatomistas llaman la apofisis espinosa *(processus spinosus).* Esta prolongacion es generalmente baja en la primera vértebra de las espaldas, aumentando su estension con las vértebras hasta la sesta, y disminuyendo despues hasta la duodécima en donde toman estas prolongaciones una altura igual, cambiando su direccion mas en la perpendicular, é inclinándose despues de adelante en cierto punto de esta parte del espinazo. Asi es que entre ellas hay una vértebra con apofisis mas pequeña y puramente perpendicular, á que llamo la *vértebra anticlínica,* y la cual es generalmente la mas chica de todas. Anticlínica, es decir, la inclinacion de la apofisis espinosa es al adelante como de las vértebras del lomo. La fig. 18 de Bravard ya indica esta posicion.

• Comparando las vértebras de las espaldas entre sí, respecto á la posicion de las escavaciones articularias para las costillas, y la posicion de las apofisis transversales, se encuentra una ley general para todos, es decir, que estas escavaciones se levantan poco á poco á una posicion mas alta en cada una, cuando la vértebra está colocada mas posteriormente. Esta ley unida con las otras diferencias de las vértebras entre sí, proporciona al observador una medida para calcular su posicion relativa en el espinazo. Hay los cinco puntos siguientes para calcular la posicion natural de la vértebra.

1° Las vértebras de las espaldas disminuyen su tamaño natural hasta la mas chica, que es generalmente la anticlínica. Se calcula entonces que las vertebras anteriores son poco mas grandes que las posteriores.

2º Las escavaciones articularias para las costillas al lado del cuerpo de la vértebra se levantan mas arriba con la posicion mas atrás, y cambian su tamaño relativo, siendo en la parte anterior de las espaldas, la articulacion anterior poco mas grande que en la parte posterior de este ramo del espinazo.

3º La apófisis transversal se levanta del mismo modo al lado del arco vertebral, saliendo en las vértebras anteriores de la base de este arco, y en las vértebras posteriores del márgen superior, aumentando del mismo modo su tamaño.

4º La apófisis espinosa es mas inclinada hácia atrás en la parte anterior del espinazo y mas perpendicular en la parte posterior, inclinándose en la parte lumbar del espinazo generalmente para adelante. Tambien cambia su tamaño, siendo mas ancho y menos alto en la parte posterior y mas angosto y mas alto en la parte anterior del espinazo.

5º Las articulaciones anteriores y posteriores en el arco vertebral, llamadas *processus obliqui*, son mas llanas en la vértebra de adelante y mas encorvadas en las de atrás, de modo que las escavaciones anteriores de las vértebras posteriores son poco concavas, y las de atrás poco convexas, cambiando en relacion con la diferencia sucesiva de la figura, su posicion horizontal en una posicion mas ó menos perpendicular.

La seguridad de estas cinco leyes está fundada no solamente en la comparacion de los animales parecidos vivientes, como el caballo, la Anta, el Rhinoceronte, sino tambien en el estudio de tres vértebras posteriores de la Macrauchenia, que están en el Museo Público de Buenos Aires. Ya antes he hablado de estas tres vértebras que son probablemente la décima tercia y décima sexta de las espaldas y la primera de las del lomo.

Esta última vértebra ó la primera del lomo (Pl. iv. fig. 8. 9.), es diferente de las otras dos por la falta de las escavaciones articularias para las costillas del cuerpo de la vértebra, lo que prueba que es una vértebra lumbal, porque estas vértebras no llevan costillas; pero como tiene en su apófisis transversal una superficie articularia, es claro que la vértebra es la primera del lomo, porque esta es la única con tal superficie de la apófisis transversal. Es poco mas grande que las otras dos, pero no tan grande como la cuarta vértebra del lomo dibujada por Owen, teniendo 7, 2 cent., estension de cuerpo la mia, y la de Owen 8 cent. Su cuerpo es mas grueso que el de las otras dos y las orillas de la superficie anterior y posterior son mas elevadas; tiene una cresta mas fuerte al lado inferior del cuerpo, y las apófisis oblicuas del arco vertebral en su parte anterior y posterior mas pronunciadas; las anteriores (fig. 9.) mas separadas de la apófisis transversal y concavas, las posteriores convexas. En fin la apófisis espinosa es mas ancho al fondo y poco inclinado hácia adelante (fig. 8.).

La comparacion de esta vértebra con la cuarta del lomo dibujada por Owen (*Zool. of the Beagle pl.* 8. *fig.* 2, 4) y las cuatro dibujadas por Bravard (fig. 18.) demuestra que el tamaño de las primeras cuatro se aumenta muy poco y de las tres posteriores se disminuye del mismo modo, siendo la séptima y última vértebra la mas corta de todas las del lomo. Las apófisis transversales estan en relacion del tamaño de la vértebra, es decir, las de las medias vértebras mas fuertes, siendo lo mismo las apófisis espinosas encima del arco. En fin las apófisis oblicuas articularias toman una extension poco mayor en todas las vértebras del lomo, que en las últimas de las espaldas, siendo mas distantes y mas gruesas, pero casi iguales entre sí, como se esplica por la fig. 18 de BRAVARD, en la que estan dibujadas, segun parece, la primera hasta la cuarta de las vértebras del lomo.

La vértebra séptima, que es la última de las del lomo tiene una construccion particular, como ya se ha demostrado por la descripcion de OWEN. Comparando las figuras de su obra con las de BRAVARD, (fig. 19 de atras, fig. 20 de adelante y fig. 21 de arriba) se vé claramente que el cuerpo de la vertebra es mas corto y mas bajo que el de las de adelante, pero las apófisis transversales son de una estension muy sorprendente y que falta la apófisis espinosa de encima del arco, siendo sostituida por una cresta muy baja. El arco de la vertebra tiene una figura cuadrangular transversal y en cada esquina una de las cuatro articulaciones oblicuas, dos cóncavas adelante (fig. 20 y 21) y dos convexas atras (fig. 19). El cuerpo es llano abajo y mas convexo arriba y disminuye mucho su tamaño de adelante para atrás, como lo prueban las dos superficies que se unen con las vértebras próximas, siendo la parte anterior del cuerpo (fig. 20) casi el doble de la parte posterior (fig. 19). Pero la parte mas sorprendente es la apófisis transversal. Sale del cuerpo á cada lado muy gruesa y disminuye poco á poco su grosor hasta la punta bastante aguda en que termina. En el lado anterior de esta parte gruesa tiene una protuberancia transversal (fig. 20), que se toca con una igual del lado posterior de la vértebra precedente, y en el lado posterior una larga escavacion articularia de figura elíptica transversal (fig. 19) que se une con una protuberancia articularia de la misma figura en las apófisis laterales del hueso sacro. Esta articulacion de la última vértebra del lomo se encuentra tambien en el caballo, la Anta y el Rhinoceronte, pero no tan fuerte como en la *Macrauchenia*. La vértebra descrita ultimamente tiene una estension transversal de 25 cent.; el cuerpo es de 4,5 cent. de largo y desde la altura del lado inferior del cuérpo hasta la cresta del arco son 9,8 cent.

La figura particular de esta última vértebra del lomo tan claramente expresada en los dibujos de OWEN y de BRAVARD, prueba indudablemente que los dos autores han dibujado el mismo animal. Aunque el caballo, la Anta y el Rhinoceronte tienen las mismas articulaciones entre las apófisis transversales de esta vértebra y las del hueso sacro, la forma especial de la vértebra de la *Macrauchenia* es bastante diferente, porque la apófisis espinosa en el arco no es tan baja y el cuerpo de la vértebra no es tan corto en comparacion de las vértebras precedentes. Los Rumiantes que tienen generalmente la vértebra última del lomo mas chica que las otras, no tienen la articulacion entre la apófisis transversal de esta vértebra y el hueso sacro. Con excepcion de dichas diferencias de la última vértebra, la configuracion general del espinazo de la *Macrauchenia* se parece mucho al del caballo, de la Anta y del Rhinoceronte, principalmente en la posicion y figura de las apófisis y en la diferencia de las vértebras del lomo con las de las espaldas, que salen de la figura de estas apófisis. Como en la *Macrauchenia* tiene en el caballo la apófisis transversal de las vértebras de las espaldas, una cresta baja encima, que se levanta mas en las tres últimas vértebras para separarse de la apófisis transversal de las vértebras del lomo y cambiarse en la alta apófisis anterior oblícua que distingue fácilmente las vértebras del lomo de las de las espaldas. Hasta este lugar las apófisis oblícuas están horizontalmente colocadas y llanas, despues perpendicularmente y esféricas; las anteriores cóncavas, las posteriores convexas. Lo mismo es en cuanto al tamaño, que disminuye sucesivamente, aumentando las vértebras despues de la mas pequeña anticlínica. Probablemente sucede lo mismo en el espinazo de la Anta y del Rhinoceronte; pero como no tengo estos esqueletos á la mano, y sí solamente sus dibujos, no puedo entrar en otra comparacion que con el caballo y algunos Rumiantes, de los cuales tambien falta el esqueleto del camello y de la llama en Buenos Aires.

IV.

DE LOS MIEMBROS

(Lámina III.)

19

El miembro anterior ya es casi completamente conocido por la descripcion de Owen, faltándole solo la parte llana del omoplato, el humero, la orilla inferior del antebrazo con los pequeños huesos del carpo y algunas falanges de los dedos. Desgraciadamente nada se encuentra de este miembro, ni entre los dibujos de Bravard, ni en el Museo Público, y por esta razon no puedo completar sus lacunas. Sin embargo la descripcion de Owen demuestra claramente que no hay afinidad alguna con el tipo de los Rumiantes en este miembro, y que es mas parecido al miembro anterior de la Anta y del Rhinoceronte, que al del caballo. Esta afinidad ¿con estos dos animales se conoce por la relacion del rádio con el cúbito en la articulacion de la coda. En el caballo el rádio es mucho mas fuerte que el cúbito, que participa principalmente de la formacion del olécrano, reducido á un listelo fino en su parte inferior unido con el rádio por detrás; y del mismo modo pero no tan chico, está construido el cúbito de los Rumiantes. La *Macrauchenia* al contrario tiene un cúbito muy fuerte, con el cual está unido el radio, mucho mas débil en su principio que aquel. Probablemente se ha aumentado su estension poco á poco hasta la estremidad inferior, superando en este mismo punto el cúbito, pero como la mitad inferior del antebrazo no es conocida, nada puedo afirmar con seguridad en esta cuestion. Sin embargo la afinidad del antebrazo de la Anta con la parte presente de la *Macrauchenia*, permite suponer lo mismo de la parte que falta, siendo la única diferencia de algun valor, que no estan unidos tan intimamente estos dos huesos, en la Anta como en la *Macrauchenia*. Esta analogía se deduce claramente de la forma del pié de adelante, que tiene la misma configuracion general que el pié de la Anta, con escepcion del número de dedos, que es de cuatro en la Anta y de tres en la *Macrauchenia*, imitando así el número de los del Rhinoceronte. Pero la construccion tan fina de los huesos del pié en la *Macrauchenia*, superando aun los de la Anta en esta cualidad, prueba que el animal fósil ha tenido un pié mas grácil que la Anta y los otros animales parecidos, vivientes, lo que esplica igualmente el tamaño mas pequeño de los huesos de la uña.

En la parte superior del hueso del metacarpo interior ha observado Owen una pequeña superficie articularia para el metacarpo del pulgar que está tambien en el Rhinoceronte en el lugar del pulgar completo de la Anta. Probablemente ha tenido tambien un rudimento del dedo quinto al lado esterior del hueso metacarpo tercero, porque ese mismo rudimento se encuentra en la Anta como en el Rhinoceronte, lo mismo que en el caballo fósil con tres dedos ó el *Hipparion*.

20

Del miembro posterior solamente se ha conocido antes los huesos del muslo y de la tibia; hoy describiré todo el pié dibujado por Bravard, y la cadera, en su lado derecho preservada en el Museo de Buenos Aires.

Principiando por la cadera, tal como está dibujada en la lámina cuarta (fig. 1 y 2), se vé que su figura general es mas parecida á la de la Anta, y en mucha parte tambien á la del caballo, con respecto á su tamaño mas grande y su configuracion poco mas gruesa.

Sus diferentes dimensiones son las siguientes:

Diámetro mas largo de adelante hácia atrás del hueso iliaco	44	cent.
Anchura total del mismo sobre el acetábulo	40, 5	—
Altura del hueso iliaco del acetábulo hasta la cresta superior.	21	—
Diámetro mayor del acetábulo	40	—
Diámetro menor del mismo	8, 6	—
Longitud del márgen puberal	45, 8	—
Longitud de la simfise puberal	47	—
Diámetro mayor de la abertura obturatoria	42	—
Diámetro menor de la misma	40	—
Altura del hueso isquion	45	—
Anchura del mismo de la simfise hasta la esquina posterior.	21	—

Longitud de la cresta superior del hueso iliaco 20   cent.
Longitud de la cresta posterior del mismo 12   —
Diámetro máximo de la simfise entre el hueso iliaco y hueso sacro. . 20   ---
Diámetro transversal de la misma 11   —
Diámetro transversal de la cadera completa entre las esquinas de los
   huesos iliacos 50   —
Diámetro de la entrada de la bacineta de adelante hácia atrás 25   —
Diámetro de la misma del lado izquierdo hácia el derecho 20   —
Distancia de la simfise puberal hasta la protuberancia isquiádica. . . 29   —
Distancia de la esquina anterior del hueso iliaco hasta la protuberancia
   isquiádica 44   —

Estas medidas prueban que la cadera de la Macrauchenia es muy poco mayor que la de la Anta indica *(Tapirus indicus.* Cuvier, *Ossem. foss. II.* 1, 160) y bastante mayor que la del caballo. El esqueleto de este animal en el Museo Público dá las medidas siguientes:

	Caballo.	Macrauchenia
Diámetro mas largo del hueso iliaco de adelante hácia atrás. .	28	44
Distancia de la esquina superior del hueso iliaco hasta la protuberancia isquiádica	41	44
Anchura entre las esquinas superiores de los huesos iliacos . .	45	50
Abertura de la bacineta de adelante hácia atrás	21	25
Abertura de la misma del lado izquierdo al lado derecho . . .	18	20

Estas medidas son suficientes para demostrar el tamaño correspondiente de los huesos; la figura general es muy semejante con escepcion de la parte superior del hueso iliaco, que relativamente es mucho mayor que la misma parte del caballo, imitando mas el tamaño relativo de la misma parte de la Anta.

Observando los tres huesos que constituyen la cadera separadamente, el hueso iliaco ó superior es el mayor, imitando en su figura á la de un triángulo con lados arqueados al interior y ángulos mas prominentes; siendo así mismo su superficie exterior bastante cóncava y la interior un poco convexa. De los dos ángulos superiores el de adelante es agudo con un márgen encorvado muy grueso á su lado superior, el de atrás es menos agudo pero del mismo modo engrosado para formar por debajo un plano inclinado desigual con el cual se une la gruesa apofisis transversal del hueso sacro. Este plano es de una figura elíptica transversal y ribeteado de un márgen elevado y agudo que se une esactamente con dicha apofisis del hueso sacro. De la parte anterior de este márgen del plano sale una elevacion obtusa, que se prolonga sobre el lado interior del hueso iliaco hasta su conjuncion con el hueso pubes, terminando así la parte superior del contenido de la cadera, que se llama la bacia grande de la parte inferior ó bacineta. El ángulo tercero del hueso iliaco es el inferior, que se une en el acetábulo con el hueso pubes y el hueso isquion, y es por esta razon que no es tan bien pronunciado como los otros dos, pero una parte bastante ancha, que pasa sin ser interrumpida hasta la circunferencia del acetábulo.

La gran escavacion hemisférica al lado exterior de la cadera, que los anatomistas llaman el *acetabulum*, tiene una figura elíptica ancha, poco inclinado con su diámetro mas largo de atrás hácia adelante y terminado por una orilla prominente en la circunferencia, con escepcion de un lugar de adelante donde se une esta orilla con el hueso pubes. Cerca de esta interrupcion el lado superior de la orilla se levanta en una giba y en el centro del acetábulo hay un hoyito, para la recepcion del *ligamentum teres*, que está unido con la interrupcion de la orilla por un sulco.

El hueso pubes se presenta con una figura angular de dos lados, un ramo inferior horizontal y otro perpendicular ascendente. Los dos son mas gruesos al exterior y mas delgados al interior, formando en este punto un márgen redondo, que es una parte del *foramen obturatorium*. Este foramen tiene una figura elíptica corta, pero mas chica que la circunferencia del acetábulo. El lado perpendicular del hueso pubes es bastante grueso al rededor, para formar con su correspondiente la simfise del pubes. En el punto mas prominente de este simfise adelante, cada hueso pubes forma una verdadera esquina inclinada hácia afuera de la simfise.

El hueso isquion tiene tambien la figura de un ángulo, pero menos agudo que el del hueso pubes y verdaderamente obtuso. Por esta razon los lados opuestos de los dos huesos son casi paralelos, imitando la misma configuracion de ser grueso en la parte exterior y delgado en la interior, donde se incluye el *foramen obturatorium*. De su punta posterior sale una larga protuberancia gruesa, poco aplanada y redonda al fin. Esta protuberancia tiene la misma figura que la correspondiente á la cadera de la Anta y es menos parecida á la del caballo. El ramo posterior del hueso isquion, que se une en el acetábulo con el hueso iliaco y hueso del pubes es un poco mas angosto que el inferior, cambiando por arriba su orilla posterior en una cresta bastante aguda, que se une con el márgen posterior del hueso iliaco por detrás del acetábulo, inclinándose desde acá un poco encorbado al exterior.

El hueso sacro de la *Macrauchenia* no es conocido hasta hoy, pero la gran similitud de los otros huesos de la cadera con los huesos correspondientes de la Anta, no permite dudar que el hueso sacro ha tenido la misma configuracion general; sin embargo, de la figura del plano de la union entre el hueso iliaco y las apofisis transversales del hueso sacro, se concluye que este hueso era bastante grueso. El caballo tiene en el hueso sacro seis vértebras unidas, la Anta siete, de las cuales solamente la primera se une con el hueso iliaco por su gruesa apofisis transversal. Probablemente el hueso sacro ha tenido la misma construccion con el mismo número de las vértebras unidas de la Anta.

21

El hueso femoral ya ha sido descripto por el Sr. OWEN y dibujada su figura por BRAVARD (Pl. III, fig. 1-4). Tiene este hueso la configuracion del de la Anta, con la única diferencia que la protuberancia en el medio del lado externo., que los anatomistas llaman el *trochanter tercero*, está colocado poco mas abajo y corresponde mas al tipo del Rinoceronte. Tiene este hueso una extension de 70-74 cent. (27 pulg. ingl.) en la *Macrauchenia* y solamente 55 cent. en el Tapiro índico, la especie mas grande de los Antas actuales. El del caballo se dá como mas grande que el de dicho Tapiro, de 43-45 cent.. No proseguiré en la descripcion detallada de este hueso, porque ya lo ha hecho el Sr. OWEN, advirtiendo solamente al lector, que de las cuatro figuras de BRAVARD la primera enseña el hueso femoral derecho de adelante, la segunda su parte superior de arriba, la tercera su parte inferior de abajo, y la cuarta todo el hueso de atrás. Comparando estas figuras con las correspondientes en la obra de OWEN se demuestra claramente, que los dos autores han tenido á la vista el mismo hueso del mismo animal, siendo el individuo dibujado por OWEN poco mas chico que el dibujado por BRAVARD.

22

Lo mismo sucede en el hueso tibial, que BRAVARD ha dibujado en cuatro láminas respectivas (Pl. III, fig. 5-8). Los dos huesos que hay en esta parte del esqueleto son muy desiguales y unidos casi en un solo hueso, con escepcion de una pequeña distancia de la parte superior que falta en las figuras de BRAVARD. El hueso mayor la tibia es muy fuerte en la *Macrauchenia*, y el menor el perone bastante delgado pero completo, con sus dos puntas terminales arriba y abajo. El caballo tiene el mismo hueso incompleto, faltándole la parte inferior, pero mas distante de la tibia en la parte superior. Es una similitud de este animal con los Rumiantes de que carece la *Macrauchenia*; ella se toca en su configuracion mas con la Anta, el Rinoceronte y los otros Pachydermos, pero se distingue al mismo tiempo de todos por la fineza estrema de su perone. No hay otro animal de uñas en esta parte de su esqueleto, igual á la *Macrauchenia*. El hueso descripto es bastante largo, tiene una estension de 44 cent. (18 pulg. ingl.) superándolo mucho la tibia de la Anta indica, que es de 28 cent. y la del caballo que es de 55 cent. Comparando la longitud de las dos partes de la pierna entre si, se encuentra que en la *Macrauchenia* la relacion del hueso femoral al tibial es como de 7 á 4, en la Anta indica como de 8 á 7 en el caballo como de 8 á 6, lo que prueba que la *Macrauchenia* tiene un muslo mucho mas largo que los animales parecidos á ella bajo otros respectos.

23

Del pié mismo el Sr. Owen no ha conocido mas que el astrágalo, pero Bravard lo ha figurado casi completamente (fig. 9, 10, 11) con escepcion del calcáneo y algunas falanges de los dedos. Tiene esta parte como se presenta en dichas figuras, toda la configuracion del pié de la Anta y del Rinoceronte, compuesto de tres dedos, de los cuales el del medio es poco mas largo que los otros. Por la igualdad de sus tres dedos el pié de la *Macrauchenia* es muy diferente del pié del caballo, que tiene solamente un dedo completo, el medio y los dos laterales incompletos. Pero en la época terciaria han existido dos animales parecidos, el *Hipparion* y el *Palaeotherium* con tres dedos completos, de los cuales el medio es mayor que los dos laterales. Por estos dos animales el caballo con su único dedo se une en la clasificacion con los otros Pachydermos de tres dedos.

Respecto á su configuracion particular, el pié de los cuadrúpedos se compone de tres partes, á saber: del tarso, del metatatarso y de las falanges. En el tarso hay cinco, seis y hasta siete pequeños huesos; en el metatarso tantos huesos como dedos; el número de las falanges es de tres por cada dedo, con escepcion del pulgar que tiene dos. Pero este dedo falta casi siempre en los cuadrúpedos de uñas, como tambien el pequeño dedo exterior, cuando el animal tiene solo tres dedos. Así sucede en la *Macrauchenia*, como en los otros animales anteriormente indicados.

24

La *Macrauchenia* ha tenido probablemente en su tarso siete huesos, pero en las figuras de Bravard no aparecen mas que cinco, faltando el mas grande, llamado calcáneo, y el mas chico. Los otros son el astragalo, el navicular, el cuboides y dos cuneiformes.

El calcáneo que constituye en todos los cuadrúpedos la protuberancia del calcañar, no se ha conservado en el pié dibujado por Bravard y por esta razon no podemos hablar de él.

El astrálogo ó la taba está ya descrito por Owen muy menudamente. Es el hueso mas grande, que ocupa la posicion mas alta en las tres figuras de Bravard. La parte superior de figura de un rollo medio se liga con la tibia, y la parte inferior mas pequeña tiene tres superficies articulares, dos chicos atrás para unirse con el calcáneo y una grande debajo que se apoya en el hueso navicular.

En esta conjuncion se nota una particularidad de los cuadrúpedos de uñas con dedos impares (tres ó cinco), de los con dedos pares (dos ó cuatro) como en los Rumiantes, los chanchos, el Hippopótamo y el *Anoplotherium*, y es que el hueso astrágolo se une por debajo no solamente con el hueso navicular, sino tambien con el hueso cuboides y tiene por esta razon en este punto dos superficies de articulacion separados por un canto mas ó menos prominente; los otros solamente tienen una superficie grande indivisa, como el caballo, el Hipparion, el Paléotherium, la Anta, el Rinoceronte y la Macrauchenia.

El célebre Cuvier fué el primer autor que se fijó en esta diferencia tan importante del astrágalo de los cuadrúpedos de uñas *(Ossem. fossil.*, iii, 72*)*, pero sin aprovecharse de ella para la clasificacion; es invencion propia de Owen clasificar los cuadrúpedos de uñas con relacion á la figura del astrágalo, formando las dos secciones de *Artiodactyla* ó *Isodactyla* con dedos en pares y astrágalo con dos superficies de articulacion al fin, y de *Perissodactyla* ó *Anisodactyla* con dedos impares y astrágolo con un plano de articulacion al fin.

El hueso navicular es como en el caballo un hueso delgado y cóncavo, de figura triangular con una gruesa apófisis por detrás. Esta apófisis se une por arriba con el calcáneo. La parte triangular delgada tiene una superficie articular por arriba para unirse con el astrágalo, otra superficie articular al lado exterior para la conjuncion con el hueso cuboides y dos mas pequeños al lado inferior para los dos huesos cuneiformes. Probablemente hay otra superficie articular muy chica en la esquina interior para el hueso cuneiforme tercero que falta en la figura de Bravard (fig. 10), pero como el autor ha dibujado una otra superficie articular al lado interior del medio, no es dudoso que el tercer cuneiforme mas chico estuviese antes acá. Para este tercer cuneiforme el hueso navicular debe hacer tambien su superficie articular en la esquina interior.

El hueso cuboideo tiene su posicion al lado esterior del hueso navicular y es de la figura de un dado, como lo indica su nombre griego. Tiene arriba una superficie articular bastante grande, que se une con el calcáneo, una otra al lado interior para unirse con el hueso navicular y una tercera debajo para el hueso metatarsal externo. Del márgen interno de la superficie articular superior se levanta una prolongacion angosta, para tocarse con el márgen inferior del astrágalo. En los cuadrúpedos de uñas con dedos pares esta prolongacion se estiende en una superficie articular, que se une con la mitad exterior de la superficie articular inferior del astrágalo. No hay tal superficie articular en la *Macrauchenia* ni en los otros Pachydermos de dedos impares. Pero se presenta en este hueso cuboideo de la *Macrauchenia* otra superficie articular pequeña al lado esterior, que Bravard ha dibujado muy bien en su fig. 11. *c*. Esta superficie articular indica la presencia de un hueso metatarsal de rudimento del dedo quinto que se ha aplicado por acá al hueso cuboideo.

De los huesos cuneiformes el caballo tiene solamente uno, el Rinoceronte, la Anta y el Paléotherium dos, y la *Macrauchenia* habia tenido probablemente tres. En la figura 9 de Bravard no hay dibujado mas que dos, pero la superficie articular al lado interno del hueso cuneiforme interior (fig. 10) indica, que estaba aqui un hueso cuneiforme tercero mas chico á su lado. Los tres se tocan al lado superior por una superficie articular triangular con el hueso navicular, y al lado opuesto inferior con los huesos del metatarso. El exterior de los tres es el mas grande y se une tambien con el hueso cuboideo. Por debajo tienen estos huesos cuneiformes otras superficies articulares para la union con los huesos del metatarso; el primer cuneiforme dos superficies, el segundo y tercero una sola. Este segundo cuneiforme me parece por las figuras de Bravrad de un tamaño comparativamente poco mas grande que el mismo hueso de la Anta y del Rinoceronte, lo que es un nuevo argumento para deducir la existencia de un tercer hueso cuboideo en la *Macrauchenia*. Si ella tenia en el pié semejante hueso, es este animal el único con tantos huesos cuneiformes entre los Pachydermos de dedos impares, todos los otros no tienen mas que dos.

25

Los tres huesos del metatarso son parecidos á los huesos correspondientes al metacarpo en su figura y proporcion, pero cada uno es poco mas grueso, y los dos laterales son mas encorvados al lado. El del medio es un poco mas largo, siendo su longitud de 20 cent; el del interior como de 16,5 cent; el del exterior 16 cent. El Sr. Owen da al medio del metacarpo 8 pulg. ingl. al interior 7 $\frac{1}{2}$ pulg., al exterior 7 pulg., lo que prueba una igualdad casi completa con las del metatarso. Cada uno de ellos es un poco encorvado hácia atrás y mas grueso á la estremidad inferior, donde se forma un acrecimiento con el rollo semicircular para la articulacion de los dedos. Sale de este rollo una cresta prominente de la misma figura que está mas abajo del hueso medio que de los dos laterales. En el hueso medio del metacarpo falta una cresta correspondiente y las de las dos laterales estan tambien menos pronunciadas que en el metatarso. Por esta diferencia se distinguen fácilmente los huesos correspondientes de los piés de adelante y los de atrás. El término superior de cada hueso metatarsal es aplanado para unirse por medio de una superficie articular con los dos huesos cuneiformes y el gran hueso cuboideo.

El hueso metatarsal del medio se toca al principio solamente con la parte central del gran hueso cuneiforme que es en el hombre el tercero, dejando libre á cada lado una parte de la superficie inferior de dicho hueso, con la cual se tocan los otros dos huesos metatarsales. Por esta razon el gran hueso cuneiforme tiene debajo tres facetas articulares para los tres huesos metatarsales. La faceta exterior es la mas pequeña y se toca con el hueso metatarsal exterior, la del medio que es la mas grande se toca con el hueso metatarsal medio y la interior bastante chica con el hueso metatarsal interior. El mismo hueso se toca tambien con el hueso cuneiforme menor, y el hueso metatarsal exterior con el hueso cuboideo. En fin los tres huesos metatarsales se tocan tambien entre sí por una faceta articular, lo que sucede es, que cada uno de ellos tiene tres facetas articulares á su principio basilar. Aparece de la fig. 9 de Bravard que la faceta articular exterior del hueso metatarsal medio es el doble mas grande que la interior, y el hueso metatarsal exterior poco mas encorvado al fin que el interior. Sabemos ya por la medida anteriormente enunciada que es tambien un poco mas largo; sin que haya que notarse entre ellos otras diferencias.

Los huesos metatarsales accesorios para el dedo primero y quinto no se han conservado en el pié, dibujado por Bravard, pero su existencia no es dudosa, como lo prueban las facetas articulares, con las cuales se han tocado estos huesos. La una está al principio del hueso metatarsal interior (fig. 10, *b.*) para el resto del dedo primero, la otra el lado exterior del hueso cuboideo (fig. 11, *c.*) para el dedo quinto. Sin duda el hueso metatarsal incompleto del dedo primero se ha tocado no solamente con la faceta articular del hueso metatarsal próximo, sino tambien con el pequeño hueso cuneiforme tercero, que ha desaparecido del pié, probando su existencia por la faceta articular al lado del hueso cuneiforme segundo (fig. 10, *a.*). Iguales huesos metatarsales accesorios del dedo primero y quinto tiene el Rinoceronte y la Anta.

De las falanges no se ha conservado mas que dos del dedo interior (fig. 9). La primera falange tiene una extension como de 6, 5 cent. y la segunda como de 4, 5 cent. Cada una es encorbada al principio y poco ensanchada al fin, con una faceta articular, que corresponde en su figura á las facetas articulares con las cuales se tocan. Por la analogía del pié de adelante sabemos, que las falanges correspondientes al dedo segundo y tercero han tenido la misma figura, pero los del dedo segundo un tamaño mayor y los del tercero un grosor poco mas considerable.

Los huesos de las uñas del pié de atrás no son conocidos hasta hoy, pero no hay duda de que hayan tenido la misma figura que los del pié de adelante, sobrepasándolos probablemente poco en anchura.

De los huesos del pié el señor Owen ha dibujado un hueso metatarsal (pl. xv, fig. 1 de su obra) que él toma con razon por uno del lado, dejando indeterminada su posicion particular por el lado externo ó lado interno del pié. A mi modo de ver, parece que es el interior del pié izquierdo por la figura de las facetas articulares en su principio. Tiene una longitud de 7 1/5 pulg. ingl. que equivalen á 16,5 cent. que es la misma medida calculada por mi de la figura de Bravard.

Para la comparacion del pié descrito de la *Macrauchenia* con los animales mas aproximados, es decir, la Anta y el Rinoceronte, me faltan los esqueletos de estos en el Museo Público. Pero tengo una magnífica coleccion de huesos del pié de tres especies de *Palaeotherium*, depositados en nuestro Museo por Bravard. La figura general de los huesos correspondientes de este animal á los de la *Macrauchenia*, es muy parecida, pero los del *Palaeotherium* son relativamente mas cortos. El astrágalo del *Palaeotherium* ya Owen lo consideraba por un molde. Es relativamente mas bajo que el mismo hueso de la *Macrauchenia*, y por esta razon la faceta articular con el hueso navicular de un tamaño la mitad menos alta y prolongada en una punta prominente á las dos esquinas laterales. Al lado de la esquina exterior hay una faceta articular angosta, que se toca con el hueso cuboideo, é inmediatamente detrás de ella otra pequeña faceta que se toca con el calcáneo. Estas dos facetas articulares faltan en el astrágalo de la *Macrauchenia* como lo prueban los dibujos de Owen (pl. xiv de su obra); su astrágalo se toca con el calcáneo solamente por dos facetas articulares mas grandes al lado posterior, que están tambien en el astrágalo del *Palaeotherium*.

Sin embargo, los huesos metatarsales del *Palaeotherium* se distinguen bastante de los de la *Macrauchenia* por la gran diferencia del tamaño, siendo los del lado mucho mas chicos que los del medio. Por esta razon el hueso metatarsal medio del *Palaeotherium* tiene al principio una faceta articular mas grande, que se toca no solamente con el hueso cuneiforme grande, sino tambien con los dos huesos próximos: el cuboideo y el cuneiforme menor, como al contrario el hueso cuneiforme mayor no tienen mas que una sola faceta articular por debajo. En fin los *Palaeotherium* no tienen huesos metatarsales accesorios para el dedo primo y quinto, faltando completamente estos dedos al pié posterior, como en el *Hipparion* y en el caballo, pero no al pié de adelante, donde estos tres animales tan parecidos tienen dichos huesos accesorios.

V.

CLASIFICACION.

2 6

Admitiendo la clasificacion de los animales de uña en dos secciones segun la configuracion del pié con dedos pares *(Paridigitata s. Artiodactyla)* ó con dedos impares *(Imparidigitata s. Perissodactyla)* como una distribucion natural, no cabe duda de que los Rumiantes *(Pecora)* ocupan un estremo, y el Elefante *(Proboscidea)* ocupa el otro. El órden natural dispone que inmediatamente despues de los Rumiantes sigue el *Anoplotherium*, este animal particular de la época terciaria, que reune en su construccion los carácteres de los animales de uñas mas diversos, agregándose á esto los chanchos *(Suina)* con el Hippopótamo que es el último de los *Paridigitata*. La transicion á los *Imparidigitata* parece que se facilita por otro animal estinto, el gran *Toxodon*, uno de los mas maravillosos representantes del suelo antidiluviano de la Provincia de Buenos Aires. Hasta hoy no se conoce suficientemente la configuracion de este animal, para poder fundar un juicio seguro sobre sus relaciones naturales; pero los preciosísimos restos, depositados en nuestro Museo Público, parecen probar que su verdadera posicion en la clasificacion de los animales de uña, es entre el Hippopótamo y el Rinoceronte. Con el Rinoceronte principian los *Imparidigitata* de la época actual, uniéndose de este modo los mayores representantes de esta seccion con los mas pequeños, que es el género particular *Hyrax*, que tiene cuatro dedos en el pié de adelante. Por la configuracion de los dientes se une con el Rinoceronte el extincto *Palaeotherium*, pero su cuello largo y la construccion de los pies sigue mas al tipo del caballo, que se une intimamente bajo un aspecto por el *Hipparion* con el *Palaeotherium*, bajo el otro con la *Macrauchenia* y probablemente tambien con el *Nesodon*. En la *Macrauchenia* están unidos los carácteres del cráneo del caballo con la nariz en figura de trompa de la Anta *(Tapirus)*, pero la configuracion mas gruesa del tronco y de los miembros distingue la *Macrauchenia* del caballo y la une con la Anta, que es bajo otro respecto, por su cuello corto, muy diferente de la *Macrauchenia* que tiene un cuello el mas largo de todos los *Inparidigitata*. La Anta ya indica el tipo del Elefante, sea por su nariz en figura de trompa, sea por el pulgar completo en los pies de adelante; se prepara en este animal la misma divergencia del tipo de los *Imparidigitata*, que se ha enseñado ya en el *Hyrax* al lado del Rinoceronte.

27

Por este análisis se demuestra que la clasificacion de la *Macrauchenia* no puede ser de otro modo, que entre el caballo y la Anta. Pero no es ni de una ni de otra tribu, porque el tipo de sus dientes es muy particular y diferente de los otros animales de uñas. Por este tipo se une la *Macrauchenia* con el *Nesodon*, formando una tribu particular entre los animales de uñas. El cuello largo y la construccion de las vértebras en él, dá algunas analogías á los Rumiantes y principalmente á los camellas, pero no es posible fundar sobre esta analogía una clasificacion, ni con los Rumiantes, ni con los *Paridigitata*, porque la construccion de los pies no lo permite. En ellos la afinidad con las Antas es la mas pronunciada, y lo mismo prueba la configuracion muy gruesa de todo su tronco.

Luego·podremos formular los caracteres científicos de la *Macrauchenia* del modo siguiente:

MACRAUCHENIA. *Genus Ungulatorum imparidigitatorum, inter genera* EQUUS *et* TAPIRUS *ponendum.*

Dentes 46 serie continua.

Primores utrinque sex.

Laniarii parvi, conici; inferiores majores.

Molares supra utrinque 8, inaequales; anteriores compressi, posteriores quadrati; infra 7 bilunati.

Nasus elongatus proboscideus.

Cranium figura cranio caballi proximum.

Palmae et plantae tridactylae, digitis aequalibus; astragalus superficie articulatoria unica suborbiculari cum osse scaphoideo conjunctus; digitis accessoriis obsoletis sed persistentibus.

Species duae hucusque cognitae.

1 M. PATACHONICA: *Statura majori, Equo caballo plus dimidue superante.*

2 M. BOLIVIENSIS: *Statura minori, Equo caballo subadaequante.*

ESPLICACION DE LAS LÁMINAS

Plancha I.

1. El cráneo visto del lado superior.
   n. Hueso de la nariz.
2. El cráneo visto del lado inferior.
   a. Cuarta muela; b. tercera muela; c. segunda muela; d. incisivo esterior.
3. El cráneo visto del lado derecho.
   e. El cormillo roto; n. hueso de la nariz.
4. Las muelas inferiores vistas del lado esterior.
5. Las muelas inferiores vistas del lado superior; e. cormillo.
6. Las muelas inferióres del lado interior.

Plancha II.

1. El cráneo por atrás.
2. Las muelas superiores vistas del lado interior.
3. El diente incisivo visto de lado.
4. El mismo por atrás.
5. La última muela inferior.
6. La axis de abajo.
7. La axis del lado.
8. La cuarta vértebra cervical de abajo.
9. La misma del lado.
10. La misma de arriba.
11. La misma por atrás.
12, 13, 14. La misma vértebra de la *Macrauchenia Boliviana;* 12 de abajo; 13 de arriba; 14 del lado.
15. La sesta vértebra cervical de la *Macrauchenia Patachonica* de arriba.
16. La misma por atrás.
17. Tres vértebras dorsales, probablemente la sexta, séptima y octava.
18. Cuatro vértebras lumbares, probablemente la primera, segunda, tercera y cuarta.

9

19. Última vértebra lumbar, por atrás.
20. La misma por delante.
21. La misma de arriba.

1. Hueso del muslo *(femur)* por delante.
2. El mismo de arriba.
3. Articulacion inferior del mismo.
4. El mismo por atrás.
5. La canilla *(tibia)* por delante.
6. Articulacion superior de la misma.
7. Articulacion inferior de la misma.
8. La canilla por atras.
9. El pié visto de arriba.
10. El mismo visto del lado interior; a. articulacion para el hueso cuneiforme primero; b. articulacion para el hueso metatarso del pulgar.
11. Parte superior del pié, visto del lado exterior.
    c. Articulacion para el hueso metatarso del dedo quinto ó exterior.

1. La cadera *(pelvis)* por delante.
2. La misma del lado izquierdo.
3. El atlas (primera vértebra) del lado inferior.
4. El mismo del lado superior.
5. El mismo por delante.
6. El mismo por atras.
7. El mismo del lado izquierdo.
8. La primera vértebra lumbar del lado derecho.
9. La misma por delante.

IV.

SOBRE LOS PICAFLORES DESCRIPTOS POR D. FELIX DE AZARA.

En la obra muy meritoria de D. FELIX DE AZARA, publicada en Madrid entre los años 1802 y 1805 en 5 vol. en 8°, con el título: Apuntamientos para la historia natural de los pájaros del Paraguay y Rio de la Plata, aquella parte que trata de los Picaflores (T. 2° pág. 468 y siguientes) es la menos bien ejecutada, como el mismo autor lo confiesa, cuando en la pág.475, se manifiesta temeroso de haber multiplicado las especies sin suficiente razon para hacerlo. Y así es la verdad. Sinembargo su descripcion general de estos hermosos animalitos, contiene bastantes observaciones nuevas que habrían desde luego llamado la atencion de los sábios ornitologistas, si la obra del autor no hubiese aparecido en España, en una época en que las guerras perpétuas absorvian esclusivamente la atencion de la Europa. Por esta razon fué que pasó desconocida en el mundo científico y le ganaron de mano otros autores modernos que publicaron despues sus propias observaciones. Ya habia dicho el Sr. AZARA que los Picaflores comen insectos, que son muy aficionados á las arañas chicas, que sacan á estos animalillos de entre sus telas y crían con ellos los polluelos: observaciones muy exactas que yo mismo he tenido ocasion de comprobar en el Brasil, durante mi viaje por las provincias de Rio Janeiro y de Minas Geraes en 1850.

Por largo tiempo se creyó que los Picaflores solo se alimentaban con la miel de las flores, libando este fluido en los cálices, á favor de su lengua prolongada en forma de dos hilos algo aplanados. Pero hoy, gracias á las repetidas publicaciones del PRINCIPE MAXIMILIANO DE WIED *(Reise durch Brasilien*, II 123 — *Isis*, 1822. 470 — *Beitraege zur Naturg. Brasiliens*. IV. 34), sabemos, y yo mismo lo he afirmado en mi obra sobre los animales del Brasil (vol. II pág. 513), que los insectos pequeños que viven en los cálices de las flores, es la substancia principal que buscan en ellos los Picaflores, y que la miel no es mas que un accidente, y no la parte principal del alimento con que se nutren.

Pero las observaciones de AZARA prueban tambien que es un error creer que los Picaflores no chupan la miel y que no buscan en las flores mas que insectos. Refiere el autor, que D. PEDRO MELO DE PORTUGAL, gobernador del Paraguay, cuando AZARA visitaba este pais, (1782 y siguientes) y despues Virrey de Buenos Aires; en cuyo empleo murió en 1797, (*) mantuvo por cuatro meses, dentro de una de sus habita-

(*) Su retrato se encuentra en el Museo Público de Buenos-Aires.

ciones, á un Picaflor sin mas alimento que almíbar claro, la cual se la daba en una copa cuando esta avecita se acercaba á su dueño indicándole claramente que queria comer.

Es indudable que este Picaflor comia al mismo tiempo insectos pequeños de los que viven en las paredes de las habitaciones, como arañas por ejemplo, que no faltan ni siquiera en los gabinetes de los gobernadores. Y, como dice Azara que de tiempo en tiempo habia flores en el gabinete del Sr. Melo, es probable que en el cáliz de ellas encontraba tambien insectos que chupar el Picaflor, y por esto vivió allí tan á su gusto como en el campo.

Once Picaflores describe Azara en su obra; pero lo hace en términos tan limitados que es muy difícil conocerlos, si no se saben cuales son las especies que se encuentran en el Paraguay y en las provincias Argentinas. Es por esta razon que ninguno de los autores modernos que han tratado de los Picaflores los han denominado acertadamente, y el mismo Vieillot, que tanto ha manejado la obra de Azara, ha dado á todos los Picaflores del autor nuevos nombres científicos creyéndolos desconocidos en la ciencia. Aun el célebre ornitologista aleman Hartlaub que ha publicado un índice sistemado de la obra de Azara (Bremen 1847 4°) solo ha determinado con seguridad dos de entre las once especies, dejando las otras nueve en estado problemático.

Y de cierto; no se pueden clasificar científicamente los Picaflores de Azara, sino estudiándolo en el mismo pais en que el autor redactó su obra. Yo he vivido por mas de seis años en diferentes lugares de la República Argentina; y si hasta ahora no he visitado el Paraguay, he residido en Provincias que tienen la misma posicion geográfica que aquel pais, como Tucuman, por ejemplo. .Durante aquel tiempo he recogido los Picaflores del pais, á par de otros animales, y he hallado no solo las especies mencionadas por Azara sino tambien algunas que este no conoció, porque viven en las comarcas del Poniente por donde no anduvo Azara. Asi es que puedo determinar científicamente á casi todos los Picaflores de que habla Azara con seguridad.

N. 298. Sienes blancas.

Vieillot ha llamado á este Picaflor *Trochilus leucotis*, tomando la especie por desconocida; y así es la verdad. Este es un Picaflor muy parecido al *Troch albicollis*, que forma hoy el tipo del género *Agyrtria;* pero enteramente blanco por debajo y un poco mas chico; Picaflor que es bastante abundante en Tucuman, como yo mismo he tenido ocasion de observar.

El Dr. Hartlaub ha creido que el sienes blancas de Azara es idéntico al *Troch. auritus;* que hoy constituye el género *Heliothrix;* pero como este Picaflor tiene las tres plumas exteriores de la cola enteramente blancas, y Azara dice que solamente las dos exteriores tienen una mancha blanca en la punta, no puede ser el mismo pájaro. Por consiguiente es una diferente especie la que Azara describió por primera vez, y la cual se denomina hoy en los catálogos científicos con los nombres: *Agyrtria albiventris* Reichb.—Bonap. *Consp. I.* 78, 181, 1—*Trochilus tephrocephalus* Vieill. *Enc. 560. 46.—Ornismya tephrocephala* y *albiventris* Lesson, *Ois. mouch. pl.* 62 y 76.

Antes que yo hubiese visto en Tucuman al Picaflor sienes blancas, creia que debia ser idéntico al *Troch. albicollis*, como lo asenté en mi obra sobre los pájaros del Brásil (Tom. II, pág. 343); pero hoy sé que es diferente.

Núm. 290. Pecho de canela.

Es la especie siguiente, en la edad juvenil, como lo sospechaba ya el mismo AZARA.

Núm. 291. Cola de topacio.

Este Picaflor es muy parecido al *Troch. saphirinus* y probablemente una mera variedad de este. VIEILLOT ha fundado en él su *Troch. ruficollis*, denominacion adoptada por LAFRESNAYE en su sinopsis de los pájaros colectados por D'ORBIGNY en su viaje por las provincias Argentinas y Bolivianas pág. 30. Por consiguiente esta especie se llama hoy *Hylocharis ruficollis*.

Núm. 292 Cola azul con seno.

» 293 Mas bello; y

» 294 Ceniciento obscuro debajo.

Estos tres Picaflores pertenecen á la misma especie, es decir al *Trochilus bicolor* LINN. GMEL., que hoy se llama *Hylocharis bicolor*. El primero es la hembra, el segundo el macho, y el tercero el pollo, como ya he dicho en mi viaje por las Provincias Argentinas Tom. II 448 n. 44.—VIEILLOT ha fundado sobre el núm. 292 su *Troch. cyanurus*, sobre el núm. 293 su *Troch. splendidus* y sobre el núm. 294 su *Troch cinereicollis;* pero ya el Dr. HARTLAUB ha sospechado con razon, que el núm. 293 fuese el *Troch. bicolor*. Es la especie mas ordinaria de todas las Picaflores del pais que se encuentra tanto en Buenos Aires, como en Mendoza, Paraná, Córdoba y Tucuman.

Núm. 295 Faxa negra á lo largo, y

» 296 Turqui debaxo.

Son dos Picaflores idénticas bien conocidas, que hoy se llaman *Lampornis Mango*, BONAP. *Consp. I.* 74, 160, 4.—VIEILLOT los ha llamado de nuevo, al primero *Troch. atricapillus*, al segundo *Troch quadricolor, Encycl. meth v.* 335 y 335. Abunda esta especie en el Brasil, como en el Paraguay, pero no se vé en las Provincias Argentinas, sino en las Misiones de la Provincia de Corrientes.

N. 297. Blanco debajo; y

N. 299. Cola de Tixera.

Tambien pertenecen á la misma especie estos dos Picaflores de AZARA, y son idénticos con el *Trochilus Angelae* LESSON, *Illustr. zool. pl.* 5 *et addic. pl.* 46, una de las mas lindas especies de los Picaflores que se encuentra no solamente en Chile, en donde LESSON la descubrió, sino tambien en la República Argentina, donde la he recogido, tanto en Tucuman como aquí, en Palermo, cérca de Buenos Aires. AZARA describe en el número 297 un pájaro muy jóven, y sobre esta descripcion fundó VIEILLOT su *Trochilus Azarae* (Encycl. meth. V. 549). LESSON no ha conocido esta edad del pájaro, pero solamente la edad mas provecta (fig. 46) que AZARA describe en su número 299 y que VIEILLOT llamaba *Troch. caudacutus* (Encycl. meth. V. 549); pero AZARA no ha conocido la edad perfecta del pájaro, en que este se muestra con todo su esplendor, como se representa en la fig. 5 de la obra *Illustracions de Zoologie*

(Paris 1832 seq.)—Este lindo Picaflor nidifica entre nosotros; he visto pajaritos recien nacidos en Palermo en abundancia, pero los pájaros viejos son muy escasos,. lo que esplica la razon porque AZARA no los conoció. Uno de los individuos de la coleccion del Museo de Buenos Aires correspondiente al cola de tixera de AZARA, ya tiene algunas plumas de rubí bajo las plumas blancas de la garganta, lo que prueba que es un macho jóven el que ha descripto AZARA y que la hembra probablemente es mas parecida al núm. 297. En esta edad jóven 297, las plumas de la cola son mas anchas y mas cortas, y la figura entera de la cola de ningun modo como de la tixera, tan pronunciada en la edad perfecta del animal.

N. 298. Pintado.

Este Picaflor de AZARA hasta hoy no le he visto en las Provincias Argentinas y por esta razon no puedo determinarle cientificamente. Es sin duda un pájaro muy jóven pero de ningun modo el *Troch. gramineus* GMEL, como lo sospecha el Dr. HARTLAUB, y BONAPARTE *(Conspet.* I. 71. 160 2*)*. VIEILLOT lo ha llamado *Troch. marmoratus* (Encycl. meth. V. 567.)

Entonces pues, AZARA solo ha descripto verdaderamente seis especies de picaflores, que son las siguientes en la nomenclatura científica moderna.

1. *Agyrtria albiventris*, N. 289.
2. *Hylocharis ruficollis*, N. 290 y 291.
3. *Hylocharis bicolor*, N. 292, 293 y 294.
4. *Lampornis Mango*, N. 295 y 296.
5. *Heliomaster Angelae*, N. 297 y 299.
6. N. 298. Especie dudosa.

V.

NOTICIAS PRELIMINARES

SOBRE LAS DIFERENTES ESPECIES DE GLYPTODON EN EL MUSEO PÚBLICO DE BUENOS AIRES.

Entre los numerosos huesos fósiles de la Provincia de Buenos Aires son los de los Gliptodontes sin duda los mas abundantes; en cada lugar en donde se han encontrado huesos antidiluvianos prevalen pedazos de la cáscara de este animal maravilloso, tan parecido por sus carácteres zoológicos á los Armadillos de la época actual, pero diferente por su tamaño colosal y la falta de los anillos móviles de la cáscara, que significan los Armadillos de la actualidad.

Por esta razon el Museo Público de Buenos Aires es muy rico en objetos pertene-cientes á los dichos animales antidiluvianos; en ningun otro Museo pueden estudiarse las diferentes especies de ellos con mayor suceso, que en el nuestro. Ocupado inmediatamente despues de mi entrada en la direccion del Museo Público, en armar y componer el indivíduo magnífico y casi completo, que el señor D. DAVID LANATA ha regalado al Museo, y que hoy es uno de los adornos mas prevalentes del Estableci-miento, he conocido pronto su organizacion particular mejor que los autores que se han ocupado anteriormente con el estudio de los Gliptodontes, y por esta razon me permito comunicar al público científico acá sumariamente los resultados obtenidos, reservando la descripcion detallada para una obra mas estendida, que publicaré en estos Anales, cuando mis otros estudios ya preparados para la publicacion serán en-tregados en manos de los lectores.

Para esplicar mejor todo lo que ya es conocido de la organizacion del Gliptodonte, transmitiré algunas noticias históricas sobre las publicaciones anteriores del mismo objeto.

La primera noticia sobre el animal se encuentra en la obra del célebre CUVIER (*Recherches sur les ossements fossiles*, etc., Tom. V, part. I, pág. 191. Ed. 1825), donde el autor dice en una anotacion, que el señor DÁMASO LARRAÑAGA, de Montevideo, en-contró en la Banda Oriental la cáscara de un animal gigantesco, que es probablemente parecida al *Megatherium*. El viagero prusiano SELLOW fué el primero que en el año de 1825 mandó pedazos de esta concha á Europa, los que describió el célebre mine-ralogista WEISS en las obras de la Academia de Berlin del año 1827, sin conocer la afinidad zoológica del animal á quien pertenecían, siéndole dispuesto tambien dedicar la cáscara al *Megatherium;* juicio que algunos años despues el autor inglés CLIFT (*Notice of the Megatherium. Transactions Géol. Soc.* 1855) aceptaba directamente y publicaba en su obra. De la misma opinion era BUCKLAND en su geología (*Bridgewater Treatise,* etc. Lond. 1857. 8°). Con los pedazos de la concha que obtuvieron, mandaron á Berlin algunas partes del esqueleto, y con ellas se ocupaba mi amigo y cólega en la Universidad de Halle, el Doctor D'ALTON, célebre artista anatómico, publicando en las obras de la Academia de Berlin en 1833, la descripcion del brazo incompleto del animal y algunos huesos del pié, calculando que tuviese afinidad con el Armadillo, pero sin conocer la figura entera, por cuya causa no le daba un nombre particular. Este deber cumplió el célebre anatomista inglés OWEN cinco años despues, describiendo la concha y algunos pedazos del esqueleto, recien enviados á Lóndres por CHARLES DARWIN y el ministro inglés en Buenos Aires señor WOODBINE PARISH (*Transact. Geolog. Society,* Tom. VI, pág. 81 — *Zoology of the Beagle,* Tom. I, pág. 106), poniéndole el nuevo nombre de *Glyptodon clavipes,* derivado de la figura surcada de los dientes y forma gruesa de los piés. A la descripcion de estas partes el autor ha dado algunos suplementos en su obra sobre los huesos fósiles de la coleccion del Colegio quirúrgico de Lóndres (*Descript. Catal. of the Colect. of the Royal College of Surgeons,* Vol. I, Lond. 1845), introduciendo tambien tres nuevas especies que llama: *Glyptodon ornatus, G. tuberculatus et G. reticulatus,* fundando las diferencias específicas sobre la figura diferente de las placas de la concha en su superficie. Pero como el pié del animal era incompleto en la última publicacion de OWEN, el célebre fisiologista de Berlin J. MULLER publicó una nueva descripcion del pié entero en las obras de la Academia de Berlin en el año de 1846.

Todas estas descripciones fueron fundadas sobre objetos encontrados en la provincia de Buenos Aires ó en la Banda Oriental. Sin embargo hay restos del mismo animal en otras partes de la América del Sud, pero en ninguna otra parte del mundo. En el Brasil un naturalista dinamarqués, el sabio Dr. LUND, se ocupó largo tiempo en el estudio de los huesos fósiles encontrados en las cuevas naturales de Minas Geraes. Entre ellos ha encontrado restos del Glyptodon, pero no conocia las obras ultimamente publicadas en Europa y describió el animal con un nuevo nombre, llamándolo *Hoplophorus,* de la concha fuerte, y distinguiendo tres especies *H. Sellowii, H. euphractus* y *H. minor* (Obras de la Academia Real de Copenhague, Tom. VIII, 1841). Un año despues publicó en las mismas obras (Tom. IX, 1842) la descripcion de nuevos pedazos, y entre ellos los dientes y las cinco vértebras del cuello en una pieza.

Tales fueron nuestros conocimientos científicos del Glyptodon hasta la publicacion de la obra del señor NODOT, director del Museo Público de Dijon, en Francia, al cual un residente francés ha mandado de Buenos Aires muchas partes de Glyptodon con una concha casi completa. Esta obra no ha llegado á mis manos hasta ahora, y por esta razon no conozco aun su contenido, sino por publicaciones en diarios científicos que dicen que el autor reconoció catorce especies de *Glyptodon,* dividiéndolos en dos clases *Glyptodon* y *Schistopleurum,* fundados sobre el *Glyptodon clavipes* y el *Glyptodon tuberculatus* de OWEN. Al *Glyptodon* pertenecen doce especies, distinguidos de nuevo en dos grupos por la figura de la cola, siendo en algunos corta y cónica y en los otros larga y cilíndrica.

Al fin el profesor inglés HUXLEY, del Colegio quirúrgico de Lóndres, publicó (*Medical Times*, etc., Febr. 1863, 203) algunas noticias sobre un esqueleto incompleto regalado al Museo quirúrgico por el señor D. JUAN NEPOMUCENO TERRERO de Buenos Aires; y el hermano de dicho señor, D. FEDERICO TERRERO publicó una traduccion de la descripcion de HUXLEY en la *Nacion Argentina* del 1' de Julio del año pasado (1863), á la cual he dado algunos suplementos en el mismo diario en 23 de Julio, refiriéndome á la descripcion general del individuo de nuestro Museo, publicado por mí en el *Nacional* del año 1862, número 3140.

Entrando entonces en la descripcion de los objetos del Museo Público de Buenos Aires, me parece necesario tener presente que el número de las especies hasta hoy bien fundadas de nuestro suelo es á c u a t r o, entre cuales figuran tres ya bien conocidas, es decir el *Glyptodon clavipes* OWEN, el *Gl. spinicaudus* NOB. y el *Gl. tuberculatus* OWEN, distinguiéndose por la estructura de las placas de la concha en su superficie, ó sea por la forma general de la concha misma. Estas placas son regularmente hexágonas en el centro de la cáscara, cambiándose á los lados en hexágonos prolongados y en la orilla muchas veces en pentágonos. Las dos primeras especies mencionadas tienen en cada placa de la cáscara otras figuras hexágonas, que cambian en su relaci n entre sí del mismo modo. Hay siete en cada placa, una mas grande en el centro y seis á los seis lados donde se tocan con las placas contiguas, para formar otros hexágonos sobre las coyunturas entre ellas. Estas figuras están separadas por surcos, y en estos se ven, en las esquinas del hexágono central, agujeritos para recibir las raices de los pelos largos que sobrepasaban la concha del animal en estado vivo. La superficie de cada hexágono es áspera como una lima y sobre esta aspereza existe un escudo córneo liso, como en los Armadillos de la época actual. Pero el tamaño de los dichos hexágonos de cada placa es diferente en las diferentes partes de la concha, siendo los del centro mas iguales entre ellos y los de las orillas mas desiguales; de este modo que el hexágeno central de las placas toma mayor tamaño con la distancia del centro de la concha mientras que los hexágonos periféricos de la placa disminuyen. Así sucede que las placas últimas de la orilla de la concha tienen un grande hexágono casi circular y en la circunferencia solamente algunas figuras muy chicas que forman la mitad de los hexágonos periféricos. De este modo se puede calcular la colocacion de las placas sueltas en la concha entera, pero de ningun modo pueden fundarse diferencias especificas sobre la figura de las placas enteras y las figuras de su superficie.

La misma diferencia entre el tamaño de la figura central y las de la periferia de cada placa se ve tambien en algunos Armadillos vivientes, como la Mulita que tiene la misma estructura de concha, lo que prueban claramente los escudos córneos lisos que cubren las figuras hexágonas de las placas.

Estos animales de la época actual se encuentran solo en la América del Sud, como en otro tiempo el antidiluviano *Glyptodon* y se dividen en dos clases principales. Unos que los naturalistas llaman *Dasypus*, tienen como el Peludo (*D. setosus*), el Mataco

(*D. conurus*) y el Pichy (*D. minutus*) placas casi iguales en todas las partes de la concha cubiertas con un escudo córneo liso de la misma figura y tamaño. Si algunos, como el Peludo, tienen pelos largos sobre la cáscara, estos pelos salen de las junturas de las placas. Los otros llamados *Praopus* tienen como la Mulita (*P. hybridus*) placas mas ó menos desiguales, cubiertas de dos clases de escudos córneos, uno grande en el centro de cada una y seis chicos en las junturas de las placas. Los pelos de estos que salen de la cáscara, no salen de las coyunturas, sino de la misma placa en la circunferencia del escudo central. (Se vé mi obra sobre los Animales del Brasil, Tom. l. 276 y 295.)

La descripcion de la cáscara del *Glyptodon* demuestra que este animal antidiluviano tiene la misma construccion, siéndolo mas parecida al *Praopus* que al *Dasypus;* pero diferente de los dos por la falta de los anillos móviles en el medio de la concha, que tienen los Armadillos vivientes en diferente número segun las diferencias especificas.

Hay una diferencia importante en la superficie de las placas de la cáscara entre la tercera especie: *Glyptodon tuberculatus* y las otras, faltando á ella las figuras grandes hexágonas en las placas. En esta especie la superficie de cada placa es igualmente cubierta de figuras chicas irregulares, sobre las que sin duda hay colocados escudos córneos iguales, de modo que la superficie de la cáscara toma la misma aparencia. Algunos agujeritos entre las figuras chicas demuestran tambien la existencia de pelos en la cáscara, pero son mas escasos, aunque tambien cada placa al formarse parece haber tenido seis agujeritos en su superficie.

En la orilla de la cáscara del *Glyptodon clavipes* y *Glyptodon spinicaudus* se ven grandes berrugas hemisféricas ó cónicas, muy ásperas esteriormente y cubiertas de un escudo córneo liso de la misma forma. El tamaño de estas berrugas es variable segun su posicion en las diferentes partes de la orilla, estando las mas grandes á la parte posterior. Principalmente sobre los pies posteriores estas berrugas son mas cónicas y agudas que las sobre la cabeza y en los lados; aun hay me parece algunas otras berrugas móviles mas chicas y mas cónicas abajo de la orilla de la cáscara sobre las piernas. Tengo muchas tales berrugas en el Museo, pero no sé exactamente su colocacion en el cuerpo del animal. Sinembargo, el señor Nodot, dice de su *Schistopleurum*, que tiene anillos móviles al lado de la cáscara, que no he visto hasta ahora en ninguno de los Glyptodontes del Museo, si no son las dichas berrugas chicas, que por la figura de su parte basal prueban que estan colocadas en el mismo cutis sin unirse con otras partes de la cáscara.

Como carácter general de la concha entera, puede notarse que las placas del centro con el tiempo se unen en una pieza entera, mientras las de los lados estan separadas y aplicadas una á la otra por suturas. Esta separacion de las placas dura hasta la mayor edad del animal, y por esta razon las conchas generalmente son quebradas ó rotas en las orillas. Conchas completas con todas las placas y berrugas en las orillas son muy escasas y tanto mas raras cuanto mas jóven es el animal.

Respecto á la diferencia específica de los Glyptodontes del pais, no puedo distinguir entre nuestra rica coleccion de Buenos Aires mas que las dichas tres, y probablemente una cuarta mas chica, de la cual tengo no mas que la mandíbula inferior.

1.—GLYPTODON SPINICAUDUS.

Principiamos con esta especie, porque es la mas abundante y la mas bien conocida por el individuo casi perfecto de nuestro Museo. He dado á ella un nuevo nombre específico, porque no he encontrado una descripcion completa del animal en las obras científicas que son en mi poder; pero sospecho, que es la misma especie, que OWEN ha llamado *Glyptodon ornatus*.

Como la figura de la cola es el carácter mas significante, he tomado la distincion específica de esta parte, de la cual hablaré primeramente.

Tiene de largo como veinte y dos pulgadas, como catorce de ancho en la base y cuatro en la punta que es obtusa y redonda. En la superficie se encuentran seis anillos de berrugas cónicas poco á poco mas angostas. Cada anillo está compuesto de tres filos de placas, de las que la última se compone de las grandes berrugas, mientras que las dos precedentes son llanas y casi todas cubiertas por los anillos anteriores. El primer anillo basal es el mas grande de figura elíptica transversal, teniendo veinte y tres berrugas á la orilla posterior, de las que las nueve inferiores son llanas y las superiores tanto mas elevadas en una punta cónica cuanto mas se acercan al medio de la superficie dorsal. El segundo anillo tiene una figura casi circular y diez y ocho berrugas á la orilla, de las que tambien como en todos los anillos siguientes, los de la superficie inferior son llanos. Del mismo modo el tercer anillo tiene quince, el cuarto once, el quinto nueve, el sesto siete berrugas y la parte de la punta tambien está formada con un anillo de cinco, incluyendo entre ellos tres á la punta misma. De todas estas berrugas las del medio de la superficie dorsal son siempre las mas grandes y prolongadas en un cono agudo. La cáscara de esta especie es en su forma general mas esférica que en algunas de las otras, su largo es como de tres varas y media y su ancho como de dos y media en su circunferencia y solamente la parte posterior sobre la cola es un poco achatada; el diámetro longitudinal tiene $5^{1}|_{3}$ y el diámetro transversal como $5^{1}|_{4}$ piés. La superficie de las placas es muy áspera y mucho mas que en las otras especies y el tamaño de cada placa mas chico. El hexágono central de las placas dorsales de la cáscara es mas pequeño que en Gl. *clavipes* y por esta razon la diferencia de la figura central y las de la periferia es casi ninguna; todos los hexágonos de esta parte central de la concha son de igual tamaño.

Tambien las berrugas de la orilla de la cáscara son mas pequeñas y su forma es diferente; tienen estas berrugas en el Gl. *clavipes* una elevacion baja cónica en la superficie esterna, que falta al Gl. *spinicaudus*. En esta especie se ven como diez y seis berrugas á la orilla posterior de la concha sobre la cola, y como doce á la orilla anterior sobre la cabeza. Las berrugas de los lados faltan casi todos y por esta razon no conozco su figura exacta; solamente sobre los piés posteriores y á detras de ellos se ven estas berrugas largas cónicas un poco encorvadas arriba, de las que hablamos anteriormente.

La cabeza tuvo tambien sobre la parte superior concha de placas mucho mas chicas é irregulares, pero de la misma construccion como las de la concha, no pudiendo describirla por estenso por estar rota la que tenemos en el Museo. Lo mismo sucede con los piés, sin duda tambien armados con placas como los de los Armadillos vivientes y teniendo al fin de los dedos grandes uñas, donde hay cuatro prolongadas en los piés de adelante y cinco anchas en los de atras.· Se conserva en el Museo una gran cantidad de placas chicas muy diferentes en su forma y tamaño que muestran por su construccion que estuvieron en el cuero mismo. Probablemente estas placas son de los piés y algunas de los carrillos, donde los Armadillos de la época actual tienen iguales placas chicas de concha incompleta.

2.—GLYPTODON CLAVIPES.

La segunda especie del suelo de Buenos Aires es el Gl. *clavipes*, de la cual existe en el Museo una cáscara imperfecta y dos colas. Sin duda es mas grande que la primera, pero como está rota no sé exactamente sus dimensiones: Sin embargo el tamaño mayor del animal se demuestra no solamente en las placas sueltas mas grandes de la concha, sino tambien en los huesos del esqueleto que tenemos en el Museo. Al mismo tiempo me parece la concha mas estrecha y prolongada que la del Gl. *spinicaudus*. La diferencia específica es muy clara en cada placa de la concha, siendo el hexagono central mayor comparándole con los hexágonos de la periferia, y tambien la estructura de la superficie mas fina, menos elevada y menos áspera. Las berrugas de la orilla de la cáscara parecen menos convexas y el centro de la superficie esterior es un poco elevado como he dicho antes comparándolos con las berrugas del Gl. *spinicaudus*.

Pero el carácter mas distinguido de esta especie es la existencia de un bordado particular semicilíndrico bajo las dichas berrugas de la orilla del lado, cubierto con figuras romboidas. Tal bordado no tiene el Gl. *spinicaudus*. En fin muy diferente es la cola siendo mas larga y angosta, casi cilíndrica, con algunos anillos en su base y un tubo corbo en la parte posterior. Cuántos anillos son? no sé, porque todas las colas encontradas hasta ahora estan rotas; pero es muy probable que el número de los anillos de la cola sea igual en todas las especies, es decir s e i s. Cada anillo tiene dos ó tres filas de placas mucho mas finas que las de la cáscara y de forma oblonga, cada una figurando un escudo elíptico central y otros angulares en la periferia. Estas figuras son casi lisas faltándoles la estructura superficial áspera de la cascara. La parte posterior de la cola forma un tubo casi cilíndrico poco corbo y mas grueso en la base que en la punta obtuso. La superficie de este tubo tiene las mismas figuras elípticas como los anillos de la base y entre ellos una fila de otras figuras angulares mucho mas chicas. A los lados de este tubo las elipsas se cambian mas ó menos en círculos y al lado mismo se forma otra fila de elipsas mucho mas grandes, que se aumentan en tamaño poco á poco hasta la punta de la cola, donde estan las dos mayores inmediatas al fin.

3.—GLYPTODON TUBERCULATUS.

La tercera especie de Buenos Aires es el Gl. *tuberculatus*, la cual el Señor Nodot ha cambiado en un género particular *Schistopleurum*. Sinembargo la figura diferente de las placas de la concha en su superficie, ya antes descrita, distingue facilmente esta clase de las otras. Es la mas grande de todas y sobrepasa al Gl. *spinicaudus* en doble tamaño. Nosotros tenemos en el Museo Público solo algunos pedazos de la concha y la parte posterior de la cola, por esta razon no conozco la forma general de ella. Dice el Sr. Nodot que á la orilla de la concha habian algunas filas de placas movibles y por esta razon ha separado esta especie de las otras en una clase particular. Hay en el Museo algunas placas de forma oblonga con una verruga grande elíptica en su superficie y otras chicas irregulares en la periferia. Forman estas placas una especie de anillo grande que probablemente es una de estas partes móviles del lado de la cáscara. Pero á mi me parece que pertenece á la orilla posterior de la concha de donde sale la cola, formando entre la parte posterior cilíndrica de la cola y la concha tambien algunos anillos móviles como en las otras especies. Cuántos anillos son? no sé, pero es permitido tambien creer que son seis. La parte posterior de la cola del animal que tenemos en el Museo es completa, y tiene como una vara de largo por cinco pulgadas de ancho; su superficie está cubierta con las mismas figuras irregulares chicas de la concha, pero entre ellas se ven grandes verrugas como en los dichos anillos. Estas verrugas son muy diferentes en figura y tamaño, formando en el principio del tubo dos círculos de ocho elipsos chicos en cada uno y á los lados despues tres filas de otras mas grandes; los elipsos de la fila media son mucho mas grandes y estendidos hasta la punta de la cola, donde se ven dos de un diametro longitudinal de ocho pulgadas. Pero una gran parte de la cola de la misma especie en el Museo, recien recojida por mí en la costa del rio Salado, tiene la doble estension, lo que prueba que este animal puede tener un tamaño verdaderamente gigantesco.

4.—GLYPTODON PUMILIO.

Hay en el Museo Público la mitad de la mandíbula inferior de un Gliptodonte, traido por el Sr. Bravard de Bahia Blanca, que se distingue por su tamaño chico de todas las otras y me parece pertenecer á una especie particular inédita, que propongo llamar con el nombre arriba firmado. Para conocer mejor el valor específico de ella, pongo acá las medidas de las otras especies tambien, principiando con la mas grande, y concluyendo con la mas chica.

Medidas en centímetros franc.	Tuberculatus.	Clavipes.	Spinicaudus.	Pumilio.
Ramo horizontal de la mandíbula	56	28	26	20
Extension de la parte dental	28	20	19	16
Un diente suelto	5, 5	2, 4	2, 2	1, 9
La punta de la mandíbula	?	5, 4	5, 8	?
Longitud de la sutura mental	?	15	15	?

Como no conozco ninguna otra parte de esta especie chica, no puedo describirla detalladamente, añadiendo pues que las láminas de los dientes son en comparacion mas gruesas y menos anchas que las de las otras especies.

La distincion de estas cuatro especies es fácil, como prueba la descripcion antecedente, pero no es fácil saber si son igualmente bien fundadas las otras ya descritas. El Sr. Owen ha aceptado ademas dos especies que llama Gl. *ornatus* y Gl. *reticulatus*. Del primero dice que es mas chico que el *clavipes*, carácter que parece indicar su identidad con el Gl. *spinicaudus*; pero sin conocer la figura de la cola del Gl. *ornatus* no es posible saber, si son en verdad idénticos los dos ó diferentes. Del Gl. *reticulatus* dice el autor que es del mismo tamaño del Gl. *clavipes*, pero diferente por su estructura reticular en la superficie de las placas de la concha, carácter que puede aplicarse á las placas del Gl. *tuberculatus*, como son en el centro de la concha.

Las tres especies de *Hoplophorus*, fundadas por el Dr. Lund, no las conozco sino por la descripcion de algunas partes que el autor ha dado en su obra ya citada. Prueban una gran similitud con los Glyptodontes de Buenos Aires, pero sin la comparacion exacta de los objetos mismos, no es posible saber si son diferentes ó iguales.

Las relaciones que he visto sobre la obra del señor Nodot, dicen que el autor ha establecido catorce especies, sin especificar sus diferencias, y por esta razon no puedo formar juicio si son realmente bien fundadas. Parece que ha aceptado todas las especies ya nombradas de los diferentes autores, pero en este caso el número de los catorce parece exagerado, como lo prueba el exámen de las cuatro especies diferentes de Buenos Aires.

DEL ESQUELETO

Pasemos ahora al exámen del esqueleto.

Hace tiempo que se conocen aunque incompletos los pies, la cola y la cabeza del Glyptodon. Lo mismo sucede con la columna vertebral y la cadera, recien descriptas por el señor Huxley, pues el esqueleto que tuvo en sus manos tenia tantos defectos, que su descripcion ha debido ser necesariamente muy incompleta.

En el Museo de Buenos Aires hay un esqueleto casi completo, conocido ya por medio de una figura fotográfica sacada por el hábil artista el señor Aldanondo (calle Florida, 129) y los restos mas ó menos importantes de cinco individuos mas, entre los cuales hemos encontrado algunas diferencias específicas de las dos especies principales del suelo de Buenos Aires. Describiremos primeramente el esqueleto en general.

El cráneo es muy grueso y comparado con los cráneos agudos de los Armadillos existentes hoy dia, muy corto y obtuso. La nariz, la frente y el vértice están en la misma planicie con el colodrillo, formando una llanura de 11 pulgadas de largo por 3 $\frac{1}{2}$ de ancho entre los ojos. Esta figura corta depende principalmente de la nariz, que es tan corta que la punta de la mandíbula inferior sobrepasa en mucho á la superior, siendo mas largo en el estado vivo del animal por la presencia de un cartílago ancho y fuerte en este órgano algo prominente de la cabeza. Es probable que el animal vivo habrá tenido una nariz gruesa y fuerte, para cavar la tierra, buscando en esta sus alimentos, como hacen los Armadillos. No es bien claro, hasta donde se estienden los huesos del cráneo, por la falta de suturas en la cabeza, pues es una pieza enteramente compuesta, sin vestigio ninguno de las coyunturas primitivas del animal jóven. Tampoco pueden distinguirse los huesos de la frente del vértice, ni del colodrillo, pues todos están unidos en una cápsula entera. La parte perpendicular del colodrillo es muy baja, y el forámen occipital de una figura elíptica transversa, que no se encuentra en ningun otro mamífero. Por eso la cavidad interior del cráneo es de una pequeñez sorprendente, como lo es tambien el seso, y estas indican que era un animal muy bruto é indiferente, cualidades que se demuestran tambien por lo grande de la mandíbula inferior y la gran estension de la parte manducante de ella.

No hay ningun otro animal, que tenga un paladar tan descendente ni dientes tan salientes, como los tiene el Glyptodon. Sobre todo el ramo ascendente de la mandíbula inferior es muy alto, tanto que ningun otro animal puede compararse, en este, con él. La inclinacion del mismo ramo por delante, que forma con el ramo horizontal un ángulo menor que un recto, es un carácter particular del Glyptodon, y esta inclinacion indica una fuerza manducante, que sobrepasa á la de los demas mamíferos, aun la del elefante. Al fin la mandíbula inferior se estiende en una prominencia, como la boca de un cántaro, y esta parte es sin dentadura; luego hay ocho dientes á cada lado de las mandíbulas inferior y superior, mas ó menos iguales en su forma, pero los de la mand bula superior un poco mas anchos, y los de adelante de cada mandíbula un poco mas angostos. Cada diente es una conjuncion de tres prismas rómbicas, habiendo á cada lado dos surcos profundos entre los puntos prominentes de las tres prismas. Esta forma puede compararse con la de los dientes del Carpincho; es peculiar al Glyptodon, pues ningun otro animal tan grande tiene los dientes de esta forma. El arco zigomático del animal, que es no solamente grueso sino tambien armado con una prolongacion perpendicular descendente de debajo del ojo, nos dá una prueba de que cavaba la tierra. No se encuentra dicha prolongacion sino en los animales antidiluvianos, como el Megaterio, el Milodon, ó el Scelidoterio.

Como no pensamos describir sino las partes principales, concluiré con el cráneo, dando una descripcion de las diferencias de los dientes de las varias especies del animal, pues son las únicas partes que se pueden comparar unas con otras.

Tengo en mi poder partes de tres mandíbulas inferiores, dos de las cuales pertenecen al *G. clavipes*, y la otra que es completa al *G. spinicaudus*. La forma general y la relacion de los dientes es la misma, pero la forma de las prismas en cada diente es muy poco diferente. Los lados de cada prisma rómbica del *G. clavipes* son un poco incorvos al interior de la prisma, pero los del *G. spinicaudus* son un poco elevados al esterior, y por esta razon las prismas de los dientes de la primera especie parecen ser mas delgadas y mas agudas en las esquinas, y las de la segunda mas gruesas y mas obtusas. En la obra del Dr. Lund (segunda parte, tab. 35, fig. 2, 3 y 4) hay figuras de dos dientes, que parecen tener un poco de diferencia, en cuanto á la forma de las prismas, de los de mis dos especies, demostrando que hay una pequeña diferencia entre la especie brasilera y las de Buenos Aires. Los dos son de la mandíbula superior, el primero siendo la fig. 2, y la fig. 3 el último diente del lado izquierdo. Los dientes del *G. pumilio* parecen mas á los del *G. clavipes* por la forma recta de los lados de cada prisma, pero como estos prismas son mas gruesos, las esquinas de ellos son menos agudas y mas redondeadas y el diente entero mas chico.

El cuello del Glyptodon tiene siete vértebras, como los mamíferos, pero solamente la primera y la última son móviles, las otras cinco unidas en una sola pieza, dando lugar á que el cuello sea muy corto, pero muy fuerte. La primera, el atlas, es bastante grande y de la forma general de la de los mamíferos; tiene dos alas comprimidas á los lados, ascendentes posteriormente, y tres llanas un poco cóncavas, para la articulacion con la segunda vértebra. Esta, que se llama axis, es corta y con los cuatro siguientes unidos en una sola pieza, que forma por delante una pequeña tuberosidad, para la articulacion con el atlas. A cada lado de este hueso hay una fuerte prolongacion inclinada hácia atras, y ante ella cuatro agujeros para la salida de los nervios, que indican las cinco vértebras unidas. Hay otra prolongacion encima del arco sobre el canal vertebral, tambien inclinada hácia atras y terminada con tres puntas. Ya se conocia este hueso particular por una descripcion y una figura en la segunda parte de la obra del Dr. Lund (tab. 35, fig. 1).

La séptima vértebra es móvil y libre, pero tiene casi la misma forma de una de las cuatro, que están unidas con el axis. Es un hueso finito, de una forma transversal, con

una gran perforacion casi trigona en el centro y tres prolongaciones; la una corta encima, y las otras dos fuertes á los lados. La parte inferior, que en los otros mamíferos constituye el cuerpo bastante grueso de la vértebra, es un plano muy fino, sin ninguna espesura en el medio y de media pulgada de ancho.

La columna vertebral ó el espinazo me parece ser la parte mas notable del animal,
pues es un tubo sólido, arqueado sin la division en vértebras sueltas, como es la regla
en los demas mamíferos. Este tubo vertebral es corvo como lo demanda la forma
del animal, y está armado, en su parte superior, con tres crestas, de las cuales la del
medio corresponde al *processus spinosus*, y las de los lados al *processus transversus*
de cada vértebra de los otros mamíferos, pero del cuerpo de la vértebra, que en los
mamíferos es generalmente muy grueso, no se vé nada, y la parte inferior del tubo que
corresponde al cuerpo de las vértebras siendo la mas fina y delgada de toda su circunferencia. El tubo cambia de forma un poco, hácia adelante es ancho y bajo, y hácia
atras poco á poco mas angosto pero mas alto, y del mismo modo se encuentran las
tres crestas. Se divide todo el tubo vertebral en tres partes, de las cuales las dos anteriores corresponden á las vértebras dorsales y la tercera á las vértebras lumbares.

La primera parte del tubo es la mas chica; abajo tiene como 2 $\frac{1}{2}$ pulgadas de largo,
y cuatro pulgadas arriba; su ancho, en el medio, es como de siete pulgadas. Se compone de tres vértebras unidas, la primera chica, que tiene mas ó menos el mismo tamaño que la última vértebra del cuello, y las otras dos mas grandes, probadas por los
agujeros en los lados, de donde salen los nervios de la médula espinal. La superficie
superior es llana, y tiene una prolongacion alta y gruesa hácia atras, que se levanta
mucho sobre los lados del hueso. Aquí vemos dos otras prolongaciones, que corresponden á los *processus transversi* de las tres vértebras, la primera es muy fuerte,
largamente prolongada hácia atras, y corresponde á las dos primeras vértebras, la segunda es muy corta y delgada, pero tambien ancha. Con estas prolongaciones vemos
las articulaciones para las tres primeras costillas, la primera en la parte anterior de la
primera pr·longacion, la segunda en la parte posterior, y la tercera á la parte esterior
de la segunda prolongacion. Esta primera parte trivertebrada está unida con la siguiente del tubo vertebral por medio de una articulacion muy móvil, para levantarse
y retraerse con el cuello. Del mismo modo la cabeza se mueve por la operacion de
este hueso trivertebrado para entrar mas ó menos en la apertura anterior de la concha, y salvarse en su posicion retirada de los ataques de los otros animales, como es
costumbre en los Armadillos de ahora. Si no fuere por la presencia de este hueso la
cabeza del animal no podria moverse fuera de la concha ó retirarse adentro, cuando
queria.

El señor HUXLEY, que describe muy bien este hueso, como una pieza compuesta de
tres vértebras, supone que la gran movilidad de este hueso era necesaria para el movimiento respiratorio del thorax, por no ser las costillas bastante móviles en sus articulaciones con el tubo vertebral.

No puedo participar de esta opinion; al contrario, la funcion verdadera de este hueso
trivertebrado es el facilitar el movimiento de la cabeza hácia adelante y atras, como

he esplicado ya; y el movimiento de las costillas no tiene dificultad en sus articulaciones, no obstante ser bastante diferente de la conformacion ordinaria de los demas mamíferos, como lo prueba la forma de las escavaciones articulares en el lado del tubo
vertebral.

La segunda parte del tubo vertebral es la mas grande; tiene 17 pulgadas de largo
en su corvacion, y como 5 ¹/₂ pulgadas de ancho hácia adelante, que gradualmente se
disminuye á dos pulgadas. La parte anterior es llana, con el principio inferior de las
tres crestas que se levantan, poco á poco mas altas en el lado superior, habiendo diez
agujeros redondos á cada lado del tubo, para la salida de los nervios de la médula espinal, que prueban que esta parte del tubo está compuesta de once vértebras unidas;
pero no hay ningun vestigio de la separacion esterior en la superficie. Ademas vemos
á cada lado esterior de las crestas laterales, once impresiones articulares, de una forma
particular, como un ∞, para las costillas que se unen en ellas con el tubo vertebral.

La tercera parte del tubo vértebral se une con el fin del segundo, no por una articulacion sino por una juntura cartilaginosa y móvil, que los anatomistas llaman *syn-
chondrosis*. Es por esto que las orillas de los tubos, que se tocan, se estienden poco
á los lados. La parte del tubo vertebral, que sigue, tambien es diferente en su forma,
siendo un poco mas ancho y en la superficie dorsal armada solamente con una cresta
muy alta en el medio, faltándole las dos del lado, en consecuencia de la falta de las
costillas.

Pero hay en el principio del tubo y á cada lado de esta cresta dorsal alta, una protuberancia que sale hácia adelante y se toca con el fin de cada cresta lateral de la segunda parte. En esta protuberancia hay tambien la mitad de la escavacion articularia para la última costilla. Mas abajo el tubo de las vértebras lumbares tiene á cada
lado algunos agujeros bastante grandes para los nervios, que salen de esta parte de la
médula espinal. He contado en los dos tubos del lomo, que tenemos en el Museo, que
pertenecen al Gl. *clavipes*, seis de estos agujeros, y en el mismo tubo del Gl. *spinicaudus* siete, que prueba que el número de vértebras unidas en este tubo son seis en
la primera especie y siete en la segunda. Hay probablemente diferencias correspondientes en la parte anterior del tubo vertebral de las dos especies, siendo el del Gl. *clavipes* mas largo y consecuentemente mas numeroso en vértebras. La última parte del
tubo lumbar se une inmediatamente con el hueso sacro, sin ninguna articulacion; los
dos parecen ser el mismo hueso.

El hueso sacro está formado de nueve vértebras unidas en una sola pieza, que es
ancha y gruesa al principio, delgada, larga y alta en el medio, y gruesa con dos largas
prolongaciones, una de cada lado, al fin. La primera parte se compone de tres vértebras bastante cortas, que se unen con la cadera hícia adelante, y constituyen con ella
una cresta muy alta, sobre la cual está puesta la concha del animal. La segunda parte
se compone de cinco vértebras bastante elongadas y tiene la figura de un tubo cor-
bado, con una cresta alta en su parte superior. Cinco agujeros de cada lado del tubo,
para los nervios de la médula espinal, indican el número de las vértebras en esta parte
del hueso sacral. Al fin se estiende á su base en una masa sólida y gruesa, que toma

la forma del cuerpo de una vértebra, que en verdad es la última vértebra del hueso sacro. A cada lado de ella sale una prolongacion horizontal, llana y ancha, que corresponde al *processus transversus* de la vértebra, y con esta prolongacion el hueso sacro se une por segunda vez con la cadera. Otra prolongacion chica de la penúltima vértebra se une tambien con este ramo horizontal. El hueso sacro de los Armadillos está formado del mismo modo, principalmente el del Mataco.

La cadera es la parte mas grande del esqueleto, y es de una forma muy particular. Su grueso depende de que todo el peso de la concha del animal cae sobre ella, pues es el único hueso, con el cual la concha se une inmediatamente. Por esta razon la cadera se estiende hícia adelante y atras en dos grandes alas perpendiculares, que se aumentan poco á poco en crestas muy anchas y fuertes, armadas con muchas tuberosidades obtusas, que se tocan con otras iguales de la superficie inferior de la concha, y entre las cuales fueron depositadas grandes moles de una sustancia cartilaginosa y elástica, para sostener el peso de la concha mas cómodamente y llevarla mas fácilmente durante el movimiento de su cuerpo. Las prolongaciones anteriores son puestas á través del espinazo y pertenecen á la parte de la cadera conocida por el nombre de hueso iliaco; las de atras son puestas longitudinalmente y paralelas á la cresta media del hueso sacro, pertenecientes al hueso isquion de la cadera, y levantándose sobre el lugar adonde se juntan las prolongaciones laterales de la última vértebra sacral con ella. Las dos alas posteriores son distantes entre si, pero las anteriores se unen en el centro del animal y con la cresta alta de las tres primeras vértebras del hueso sacro, formando con ella una figura cruzada debajo del centro de la parte posterior y mas pesante de la concha. El hueso iliaco desciende de aquí inclinado un poco hícia abajo, formando á su fin inferior la articulacion para la pierna, llamada el *acetabulum*, al cual entra la cabeza hemisférica del hueso femoral. La direccion de esta parte del ramo principal posterior de la cadera, llamado el hueso isquion, corre casi horizontalmente hasta el lugar de la ala posterior ascendente, que es un hueso casi cilíndrico y muy grueso, que se estiende abajo en una lámina larga, perpendicular y poco inclinada. El hueso pubes, al contrario es muy fino, pues es parecido á un palito, como un lapis regular, que poco se estiende al fin inferior, uniéndose con el hueso isquion, y formando la *symphysis pubis*, que hasta ahora no se ha conocido en el Glyptodon, pues falta en todas las caderas encontradas. Por esta razon debemos calc lar, que era muy fino y delgado, siendo talvez abierto en el medio y unido solamente por la sustancia cartilaginosa, como sucede tambien en los Peludos y en los Matacos de nuestra época.

Vemos detras de la cadera la columna vertebral de la cola, que es bastante fuerte y compuesta de vértebras sueltas de número diferente en las diversas especies. Cada vértebra tiene una parte cilíndrica gruesa abajo, y un arco vertebral encima, de donde salen tres prolongaciones perpendiculares anteriormente, y una horizontal con dos puntas obtusas posteriormente. De estas tres el medio es el *processus spinosus*, las otras cuatro los *processus obliqui*. Salen de cada lado del cuerpo de la vértebra, y entre estos processus un *processus transversus* con una elevacion al fin de él. Todas estas partes se disminuyen poco á poco posteriormente, siendo la última vértebra un cuerpo cónico sin ningun proceso ni arco en su superficie. Generalmente las tres vértebras al principio de la cola son no solamente las mas grandes, sino tambien diferentes por los *processus transversi* mas estendidos; en las siguientes este processus es mas corto y al fin mas reclinado, porque estas vértebras entran en los anillos de la cola, y las tres primeras no.

Conozco con exactitud solamente el número de las vértebras de la cola del Gl. *spinicaudus*, y son diez, de las cuales se encuentran seis en los anillos de la cola. Segun las muestras en el Museo podemos calcular con certitud, que el Gl. *clavipes* tenia cuando menos veinte y una sino veintitres, y que el Gl. *tuberculatus* tenia probablemente aun algunas vértebras mas.

Las costillas del Glyptodon son muy finas y mas anchas que gruesas. Cada una tiene una cabeza poco elongada en los dos lados, que entran con sus dos articulaciones casi unidas, como un ∞ en las escavaciones del lado esterior de las crestas laterales del tubo vertebral. Inmediatamente despues de la cabeza son delgadas, pero engrosan poco á poco y toman una forma cilíndrica. Por el esternon se unen por medio de fuertes huesos sternocostales, de los cuales tengo cinco pares y algunos sueltos, pero como me falta el esternon, no puedo describir exactamente esta parte del esqueleto. Probablemente era muy fino y por eso se habrá roto. Tampoco he visto hasta ahora la clavícula del animal, que debe de haber, como demuestra la analogía de los Armadillos vivientes. El número general de las costillas del Gl. *spinicaudus* es de catorce pares, de las cuales tres pares se unen con la primera parte trivertebrada del tubo vértebral, y once pares con la segunda.

La forma del omoplato es muy particular, pues es una lámina muy delgada y larga de una circunferencia casi rombóica, bastante corto y redondo anteriormente, pero muy largo y agudo posteriormente. Se levanta de la superficie esterior, un poco antes del medio, una cresta en el inicio bajo, que desciende hasta la cavidad articulatoria del brazo, á donde se prolonga en un proceso muy fuerte, aplanado y corvado como un garavato, el cual es el *acromion*. Detras de esta se encuentra la cavidad articulatoria del brazo, bastante angosta, poco cóncava y elongada y al lado interior de la parte anterior de ella otra corta protuberancia, que se llama el *processus coracoideus*.

Los huesos del brazo y de la pierna son muy robustos, principalmente los de la segunda. El hueso del sobrebrazo llamado el *humerus*, tiene la forma de una mazorca, poco corvado inferiormente, y los dos huesos del ante brazo son unidos de tal modo que la pronacion y la supinacion de la mano es imposible; la mano parece haber tenido poca versatilidad. Esta parte tiene siete huesos chicos en el inicio faltándole el *os hamatum s. unciforme* de la mano del hombre. La forma del *os pisiforme* es muy particular, pues es un hueso largo y ancho de la forma de una lengua chica, uniéndose tambien por articulacion con la *ulna*. Los huesos mayores del interior de la mano son los del metacarpo, con excepcion del pulgar, que es chico y prolongado hácia abajo en una cabecita redonda. El pulgar no tiene falanges, pero un hueso de la uña chica, que se toca con el metacarpo. Los otros tres dedos tienen dos falanges muy cortas cada uno, y un hueso muy largo para la uña.

Los Sres. D'Alton y Huxley han descrito la mano del Glyptodon con cinco dedos, el primero tomando el cuarto dedo para el quinto, y el segundo poniendo el pulgar en lugar del quinto dedo, calculando que el animal sea mas parecido al *Dasypus*, que tiene cinco dedos en la mano, y no al *Praopus* (*), que solamente tiene cuatro. Pero la construccion de la cáscara y principalmente del cubierto corneo, demuestra que el Glyptodon era mas parecido en su construccion al segundo que al primero.

La pierna es muy robusta é indudablemente el hueso femoral es el mas robusto de todos los del esqueleto. No tiene en la cabeza ninguna escavacion para el *ligamentum teres*, y al lado exterior de la cabeza un *trochanter major* muy prominente encima. Tambien se vé una prolongacion correspondiente al lado exterior del condilo externo inferior.

La *tibia* y la *fibula* son unidas en un hueso perforado grandemente en el medio, y el pié es muy grueso, alto y corto, con un calcáneo bastante prominente hácia atrás, que prueba que el animal fué plantigrado como lo son tambien los Armadillos. Los huesos del tarso son completos, pero los de la fila última muy cortos, como los metatarsos de los cinco dedos. Estos tienen la configuracion general, pero los huesos de la uña son muy anchos y robustos, parecidos á los de los *Animalia ungulata*. Al fin concluimos la descripcion con la noticia, de que en la mano como en el pié hay huesos particulares, que se llaman *Ossa sesamoidea*. Hay tres huesos tales en la mano, para los tres dedos despues del pulgar, que son puestos debajo de las falanges delante del hueso de la uña. Pero en el pié hay diez huesos sesamoides, uno en cada dedo detras del pulgar y debajo de la segunda falange anterior de la uña, y dos á la parte inferior de los huesos del metatarso de los tres dedos del medio. Estos últimos tienen una forma muy particular, pues están puestos en una posicion distante, para dejar pasar entre ellos el tendon principal de los dedos. Ademas hay otro hueso de una figura muy estraña, en el centro de la mano, con el cual se toca el tendon de los dedos. Un hueso parecido existe tambien en algunos Armadillos vivientes, como lo describe Cuvier en su obra « *Recherches sur les ossemens fossiles,* » *T.* 5. *pag.* 128, *tab.* 2. *fig.* 12 *y* 13.

(*) Sobre la estractura del esqueleto de este género y del *Dasypus* se vé la descripcion en mi obra ya mencionada: *Systemat. Uebersicht d. Thiere Brasiliens.* I. p. 270. seq.

SUPLEMENTO

á las noticias sobre los Picaflores de

D. FÉLIX DE AZARA.

Despues de la publicacion de las dichas noticias he recibido de Europa algunas publicaciones nuevas que me han informado, que el Picaflor, descrito por AZARA bajo los números 292, 293 y 294 no es el verdadero *Hylocharis bicolor*, pero una especie diferente, que GOULD y los autores modernos han llamado:

> *Chlorostilbon Phaëthon;* Monogr. Troch. V. pl. 351. HEINE *en Cabanis. Journ. d. Ornithol.* 1863. 107. *Trochilus flavifrons* LICHT. GOULD, *the Zoology of the voyage of the Beagle.*III. 110.

Otra rectificacion puedo dar al *Trochilus Angelae* LESS. AZARA número 297 y 299. AZARA no ha descrito bajo el número 299 un macho jóven, como he creido antes, sino un macho viejo con el plumaje de invierno, cuando este picaflor pierde sus plumas de rubí en la garganta, como tambien las largas plumas azuladas de las mejillas, cambiando las primeras en blancas. Es un fenómeno muy singular entre los picaflores y digno de notarse. El pajarito jóven, que AZARA describió bajo el número 297, lo he visto muchas veces volando en el Paraná, pero no pude conseguir ningun individuo, y por esta razon he descrito el pajarito de nuevo, bajo el nombre erróneo: *Campylopterus inornatus,* en mi viaje por los Estados del Rio de la Plata, II, pág. 447, No 40

VI

FAUNA ARGENTINA.

PRIMERA PARTE.

MAMÍFEROS FOSILES

INTRODUCCION.

DESCRIPCION DEL TERRENO FOSILÍFERO.

El terreno de la República Argentina es en su parte principal una llanura, que cae del nordoeste el sudeste, y tiene su elevacion mas baja al nivel de los rios Paraná y Paraguay. Se ha calculado por observaciones hechas por diferentes geómetros, que la altura del Rio de la Plata cerca de Buenos-Aires sobre el nivel del mar es de diez piés franceses, y que los dichos rios suben hasta el Rosario á 53 piés, hasta Paraná á 90 piés, hasta Corrientes á 200 piés, hasta Asuncion á 265 piés y hasta la Frontera Argentina bajo el 22º latitud sud á 300 piés sobre dicho nivel.—La llanura que del lado occidental de los rios se extiende hasta el pié de la Cordillera, sube poco á poco cada vez mas, levantándose hasta el dicho punto á 2000 y 3000 piés franceses. La ciudad Mendoza tiene segun mis propias observaciones una altura de 2354 piés franceses sobre el nivel del mar, y la villa de Copacavana, en el nordoeste de la provincia de Catamarca una altura de 3597. Síguese de estas dos observaciones, que la elevacion del llano Argentino es

mayor en la parte boreal que en la parte austral y que al fin se cambia esta llanura en un terreno montañoso en el norte de las provincias de Tucuman, Catamarca, Salta y Jujuí, uniéndose de este modo con la gran meseta Boliviana, que
forma la parte principal de esta República, extendiéndose como un triángulo colosal
de montañas entre el grado 15 y 25 del sud al este y dando de este modo con sus
continuaciones bajas al Brasil la razon principal del curso de los rios sud-americanos al norte y al sud. Los que descienden del lado norte de esta meseta triangular
corren al rio Amazonas, los del lado sud al rio Paraguay y al rio Paraná, signifi-
cando por su curso principal del nordoeste al sudeste la mismá declinacion del terreno que atraviesan. El rio Pilcomayo, rio Vermejo y rio Salado son por su direccion los testigos claros é irresistibles de la declinacion del Terreno Argentino del
nordoeste al sudeste.

2.

No hablando de la parte montañosa en el nordoeste de la República principiamos
la llanura con la parte baja de la Provincia de Tucuman, en donde el terreno se
levanta de 1600 á 1800 piés sobre el nivel del mar. De acá hasta la Provincia de
Santiago del Estero desciende el nivel rápidamente, no siendo la capital de esta
provincia mas elevada que poco menos de 500 piés franceses. Pero las elevaciones
de las serranías de Córdova, que interrumpen la llanura Argentina casi en el centro
de su extension, cambian el progreso regular declinado en un irregular, dando de
nuevo una altura casi triple á las partes vecinas de las dichas montañas. La ciudad de Córdova tiene una altura de 1178 piés sobre el nivel del mar, y el valle
de la Punilla entre las dos cadenas principales de la Sierra de Córdova, en la estancia de Quimbaletes, en donde he hecho mi observacion, 2616 piés. De aqui
hasta el Rosario y Buenos-Aires, no hay otra parte elevada del terreno; la llanura
inmensa, que principia de las últimas prolongaciones y serranías sueltas dependientes del sistema sublevatorio de la Sierra de Córdova al sud, es decir de las montañas
cerca de Achiras y S. José del Morro, no es interrumpida en adelante hasta el estrecho Magallánico, que por las serranías pequeñas en el sud de Buenos-Aires, la
sierrra de Tapalquen, de Tandil, de Volcan y mas al sud de la sierra de la Ventana,
de las cuales las primeras no suben hasta mil piés y la última sobrepasa apenas la
altura de 3000 piés.

3.

Por el sistema de la sierra de Córdova, que no se levanta mas que á una altura
de 5000 piés franceses mas ó menos, las aguas, que corren en la parte occidental y

austral de la llanura Argentina, son desviadas en su curso natural; las unas, que vienen de la sierra de Córdova y sus dependencias, corren al oriente; las otras que vienen de la Cordillera, al sud. Todas forman rios muy pequeños, que con la única escepcion del rio Tercero, no continúan el curso de sus aguas hasta el Océano, sino que se pierden al fin en el terreno mismo. Desde el grado 25 hasta el grado 35 en donde principian á formarse los dos rios mayores, el rio Colorado y el rio Negro, ni una sola gota de agua caida del cielo en la parte occidental de la República, sigue su camino hasta el Océano. Los dichos rios son los únicos bastante caudalosos para continuar desde su nacimiento en la Cordillera hasta el mar Atlántico.

Forman estos rios pequeños del interior de la República Argentina diferentes grupos segun su origen y su direccion, que son los siguientes:

1. **Sistema del rio Dulce.** Recibe su agua de la falda sudeste de la sierra Aconquija, por muchísimos rios pequeños caudalosos, y sigue su curso al sudeste, por el declive del suelo hácia este lado, hasta la Laguna Porongos, en donde se termina el rio Dulce, recorriendo las provincias de Tucuman y Santiago del Estero al lado oriental de la sierra de Córdova. Es el mas grande de todos los rios Argentinos, independientes del sistema del Rio de la Plata.

2. **Sistema Cordovés.** Se forma de los cinco rios separados, que nacen en la sierra de Córdova y sus dependencias, tomando su direccion principal al este. El rio Primero y rio Segundo se pierden en lagunillas, el rio Tercero entra en el rio Paraná, el rio Cuarto en el rio Tercero bajo el nombre de rio Saladillo, el rio Quinto, que nace en la sierra del S. Luis, se pierde en pantanos en la frontera austral de la Provincia de Córdova.

3. **Sistema Catamarqueño.** Se forma por el rio del Valle de Catamarca, que es uno de los mas pequeños; viene de la sierra al norte de Catamarca y se pierde al principio de la gran salina central Argentina.

4. **Sistema del rio Colorado.** Principia en la parte oriental de la Cordillera cerca del grado 26 50' al pié del cerro alto con nieve perpetua, llamado Cerro de S. Francisco, toma su curso al sud, pasando por el valle de Tinogasta; despues cambia su direccion en la punta del Cerro Negro al nordeste, recibe del sud algunos rios pequeños subalternos y se vuelve de nuevo al sud, para perderse tambien bajo el nombre de Arroyo Salado en la gran salina central Argentina.

5. **Sistema del rio Jachal.** Toma su nacimiento en la Cordillera, cerca del grado 27 10' de latitud con dos brazos, de dos cerros con nieve perpetua; el brazo oriental, llamado rio Jagué, viene del cerro Bonete, el brazo occidental, llamado rio Salado, del volcan de Copiapó. Los dos corren al sud, el primero por el valle de Famatina bajo el nombre del rio Vermejo, el segundo por la Cordillera misma entre las dos cadenas de ella hasta Jachal, en donde se une, poco mas al sud, con el rio Vermejo, para perderse poco á poco, en la frontera entre las provincias de S. Juan y La Rioja.

6. Sistema de la Laguna Bevedero. Se forma de tres diferentes ríos, que vienen de la alta Cordillera, entre los grados 30 y 34 latitud de los cerros vecinos con nieve perpetua. El mas al norte es el rio de S. Juan, que viene de la Ligua y Limari; el segundo, el rio de Mendoza, viene del norte del Tupungato, el tercero el rio Tunuyan, viene del sud del mismo cerro. Los dos primeros entran en la Laguna Guanacache, en donde salen por el Desaguadero al sud en los pantanos cerca de la Laguna Bevedero; el tercero entra directamente en estos pantanos, uniéndose por un brazo al sud con el rio Diamante.

7. Sistema de la Laguna Urre Lauquen. El rio Diamante, que sigue al rio Tunuyan al sud, sale de la parte oriental de la Cordillera cerca del volcan Maypú y corre, como su vecino, el Chadileubu, al sudeste; los dos se unen despues en un mismo tronco, que se pierde en la Laguna Urre Lauquen en el medio de la Pampa, entre el grado 37 y 38 de latitud.

He visto en mis diferentes viages por las provincias de la República casi todos estos ríos en algun punto de su curso, y hablo aquí de ellos segun mis propias observaciones; el nacimiento del rio Colorado así como su curso general no fueron conocidos en los mapas geográficos antes de los diferentes mapas publicados por mí en *Peterman's geograph. Mittheilungen*, y lo mismo sucede con el rio Jachal, que hasta hoy no está bien trazado en ningun mapa geográfico. Hay tambien muchos errores en el curso de los rios del sistema Cordovés en los mapas; aun el mio, fundàndose en la autoridad del mapa del señor PAGE, ha representado el curso superior de estos rios con bastante inesactitud, careciendo hasta hoy la geografia científica de una base segura para conocerla; lo que he sentido mucho en la época en que me ocupé en el dibujo del mapa publicado por mí en mi viage.

4.

La sierra de Córdova con sus serranías dependientes forma como en la configuracion sólida del país tambien en la constitucion meteorológica y vegetal una frontera muy señalada, dividiendo la parte occidental y boreal de la parte austral y oriental de la República, como dos lados bastante diferentes. La parte del llano Argentino al oriente y sud de la dicha sierra, es generalmente en su superficie un campo de pastoreo, cubierto con un cesped verde de diferentes plantas gramíneas, que dan bastante nutrimento á los animales domésticos, para sostener grandes tropas de ganado, ovejas y caballos, que pueblan hoy la pampa inmensa de dicho lado de la República. En este lado cae lluvia copiosa y suficiente para sustentar la vegetacion sinó rica al menos suficiente, para asegurar en los años regulares la vida de dichos animales, que hoy forman la riqueza de sus proprietarios y el fundamento del comercio que poco á poco va enriquecer progresivamente la patria adoptiva.—Pero la parte al occidente y al norte es, con algunas escepciones locales, un terreno estéril, sin pasto natural, cubierto de arena fina ó salinas, en donde no crecen otras plantas sinó arbustos con largas espinas y hojas pequeñas, pertenecientes principalmente á la grande família vegetal de las Leguminosas, ó á la de las Tunas (Opuntiaceas) que no tienen hoja alguna, pero si troncos columnarios ó esféricos, de figura particular y grotesca. Es una vegetacion exclusiva Sud-Americana, y muy rica en especies en esta parte del país Argentino. No abundan las Tunas adonde caen lluvias còpiosas, y por falta de este fluido fertilizante en la atmósfera de esa parte de la República no es rica la vegetacion en ella (*). Toda la agricultura y el cultivo pastoril allí está fundado sobre el riego artificial; en donde falta este medio y no se forman asequias, que traigan el agua de los rios sobre los terrenos, no hay ninguna esperanza de fundar poblaciones fijas, ni agricultura para su mantenimiento.

Es una escepcion digna de notarse que la provincia de Tucuman, al norte de la sierra Córdova, no es de la misma constitucion atmosférica y vegetal; al contrario, es la mas rica en lluvia y vegetacion entre todas las de la República. Pero este fenómeno es fácil de esplicar por la presencia de la sierra alta del Aconquija con nieve perpetua en sus eminencias. Estas nevadas condensan la humedad de la atmósfera y efectúan la caida de la lluvia copiosa que hace tan fértil el suelo al sudeste de la dicha sierra. Es este lugar, en donde selvas densas de laureles, nogales, cedros y muchos otros árboles grandes cubren la falda de la sierra, adornadas con muchísimas plantas parasíticas y lianas, que por el esplendor de sus flores, con razon, han dado á la provincia de Tucuman el nombre de Jardin Argentino.

No he hablado del terreno mas bajo à la orilla occidental del rio Paraguay y rio Paraná, que es conocido bajo el nombre general del gran Chaco, porque no ha sida examinado hasta hoy por ninguna persona científicamente, pero es bien conocido que es una llanura sin rios y grandes arroyos, cubierta de una vegetacion particular de árboles y arbustos, que dan el aspecto general de un bosque grandioso, formado de diferentes plantas, entre las cuales el quebracho y las tunas de figura de candelabro son las principales y las mas particulares. En muchas partes se ven tambien palmas de altura considerable, que no crecen en la parte occidental y boreal de la República, afuera del gran Chaco, pero solamente en un distrito bastante estendido del nordeste de la sierra de Córdova, entre Intiguasi y Chañar y al norte del rio Carcarañal. Así he visto este bosque, que no merece el nombre de una selva, porque no es densa y sombría, en su parte mas al poniente, que se toca con el camino de Córdova á Santiago del Estero, entre las postas de Chilque al sud y Tapera al norte, pero no sé si la parte central del gran Chaco, entre el rio Salado y rio Paraná, tiene la misma configuracion. Sin embargo no siendo conocido por su naturaleza, no puedo hablar de él ni de la constitucion de su terreno, el cual, muy probablemente, es el mismo que en las partes adyacentes de las provincias vecinas.

(*) He dado un pequeño ensayo de las diferencias principales de lluvia caida en el año en ambos lados de la República en PETERMAN's geograph. Mittheil. 1864, I. pag. 9. El término medio del clima de Buenos-Aires es 34 pulgadas, el del clima de Mendoza no es mas que 8-10 pulgadas altura del agua caída en el año.

5.

Independiente por la configuracion natural del terreno hasta aquí mencionada es, al fin, esa parte de la República Argentina, que se encuentra del lado oriental del rio Paraná, entre este y el rio Uruguay, incluyendo las dos provincias de Entre-rios y Corrientes con las Misiones de los Jesuitas al norte. Esta parte, que los autores sistemáticos han llamado la Mesopotamia Argentina, no es una llanura, sino un terreno undulado de poca elevacion en el centro, cubierto con pasto verde en las eminencias y con bosques en las hondonadas, en donde corren muchos riachuelos y arroyos, que sostienen la frondosidad de la vegetacion con su frescura. Aquí hay tunas (*Cactus*) de diferentes layas en los bosques y palmitas que dan á la vegetacion un carácter particular. Principalmente al lado oriental del terreno cerca del rio Uruguay se forma una altura de los árboles y una umbrosidad de las hojas, que no se vé en ninguna otra parte de la República, sino solamente en Tucuman, en donde crecen las selvas magníficas de laureles, que son superiores á todas las otras producciones vegetales del terreno Argentino.

6.

Tal es la conformacion de la superficie de la República contemplada bajo un aspecto muy general. Miremos ahora el mismo suelo en su formacion interior.

Las perforaciones hechas en Buenos-Aires y Barracas, para encontrar pozos artesianos, han mostrado que el suelo, bajo la capital, es compuesto de cinco diferentes formaciones, que son:

    I. La formacion aluviana.
    II. La formacion diluviana.
    III. La formacion terciaria superior.
    IV. La formacion terciaria inferior.
    V. La formacion de las rocas metamórficas.

Examinemos ahora estas cinco formaciones geognósticas segun sus caractéres generales y diagnósticos y su extension en el suelo Argentino, en cuanto lo permitan las observaciones ya ejecutadas en diferentes lugares de la República.

I. FORMACION ALUVIANA.

7.

Ya he dicho, que la capa superficial de la tierra en todo el lado occidental del terreno Argentino es una arena fina, que no alimenta, por la falta del agua suficiente en la atmósfera, una vegetacion herbácea y por esta razon falta en todo este lado una cápa de tierra vegetal encima. Esta tierra la hay solamente en las partes orientales y australes, en donde el pasto cubre el campo, ó selvas y bosques extendidos crecen en ella. La tierra vegetal es, como la arena fina, la última produccion del proceso geólogo de nuestro planeta, correspondiente á la época mas moderna de los aluviones, y merece entónces el nombre científico del aluvio, con el cual los geólogos significan todos los productos terrestres de la época actual ó histórica, durante la existencia del género humano actual sobre la tierra. No es generalmente mas alta esta capa de color pardo como ceniza, que de uno hasta dos piés; solamente en hondonadas y en las álveas de los rios alcanza á una profundidad mas considerable de 10 á 15 piés franceses (*) y falta absolutamente en todas las partes mas elevadas, donde las capas inferiores suben hasta la superficie del campo. La he examinado escrupulosamente con el microscopio y he encontrado, como pàrtes preponderantes, granitos muy pequeños de cuarzo mezclado con polvo fino de arcilla y de cal, conteniendo algunos restos de organismos microscópicos, entre los cuales las espinillas de las esponjas y las conchitas silíceas de los Diatómeos, fueron los mas notables. Pero como no tengo aquí, en mi poder, ninguno de los libros científicos, propios para estudiar estos organismos microscópicos, no puedo entrar mas en la determinacion científica de los pocos restos que he visto. Sin embargo, no hay duda para mí, que todos estos organismos fueron habitantes del agua dulce, y no del mar; porque faltaban completamente entre ellos, restos de los Foraminíferos, que designan tan claramente su descendencia del océano.

Hay tambien en muchas partes, y principalmente en la vecindad de los ríos y arroyos actuales, una grande cantidad de conchas de caracoles fluviales en esta capa, y casi siempre en la parte mas inferior de ella. No se ven, por esta razon, estas conchas en la superficie, pero donde hay vizcacherales, que perforan la capa aluviana y entran mas bajo en la capa diluviana, estos animales arrojan fuera de sus cuevas, con la tierra, muchísimas de estas conchas de caracoles, que rodean las entradas de sus edificios subterráneos. El exámen de estas conchas fluviales, muestra claramente, que son idénticas á las mismas que hoy viven en nuestras aguas. He visto algunas veces la grande *Ampullaria australis* (D'ORBIGNY, *Voyag. etc. Moll. pl. 51, f. 3. 4.)* muy bien conservada en esta capa y tan fresca como recien enterrada; tambien el *Planorbis montanus* (D'ORB. *ibid. pl. 44, f. 5.8.)* y muchísimos pequeños *Paludinellas Perchappii* (D'ORB. *ibid. pl. 48, f. 1.4.)* que abundan ante todas otras conchitas. (**)

(*) Es una escepcion digna de notar, que en la perforacion del pozo artesiano de Barracas esta capa aluvial se ha encontrado hasta 12,35 metros de profundidad, lo que prueba el corte geológico, publicado por los empresarios.

(**) Véase la relacion sobre mi viage al rio Salado del sud, en el periódico geográfico de Berlin *(Zeistsch. f. allgem. Erdkunde, Tm. XV. pag. 237.)*

13.

Es claro, que por la presencia de estas conchitas en la capa aluviana, ella debe ser bastante rica en cal que se ha formada de la descomposicion de las conchas, principalmente de las chicas; y por esta razon se forman efervescencias, cuando la dicha tierra es tocado con un ácido.

La misma capa arenosa aluviana, se encuentra hoy en el fondo del Rio de la Plata y de los grandes rios que entran en él. No hay en esta arena, que los albañiles usan generalmente en Buenos Aires para mezclar con la cal de los edificios, cerca de la capital, otras conchas, que algunas muestras de la *Azara labiata* y pocas vivas Uniones y Anodontes, que pueblan estos rios en diferentes lugares en abundancia; pero ningun guijarro grueso de que carece tambien toda la capa aluvial de nuestro suelo. Solamente los rios y arroyos que salen de las sierras, en el interior, trasportan piedras arrolladas ú cascajos en sus álveos, pero ninguno de ellos es capaz arrastrarlos hasta el Rio Paraná ó el Rio de la Plata, que no tienen en el fondo de su álveo nada mas que esta arena parda, fina, mezclada con algunas conchillas que habitan en sus aguas.

8.

Los guijarros, que faltan generalmente en los grandes rios argentinos, como en los depósitos del terreno bajo, se encuentran en abundancia cerca del pié de la Cordillera y de las serranías del interior, en donde cubren grandes partes de la superficie del suelo, mezclados con la arena parda aluviana y entrando con ella en el depósito aluviano, que rodea el pié de nuestras montañas. He estudiado esta formacion local de los guijarros principalmente cerca de Mendoza, donde cubren toda la parte mas elevada al oeste de la ciudad, entre ella y el pié de la sierra vecina de Uspallata; y la segunda vez en Catamarca, en donde constituye la misma formacion una capa muy gruesa al pié de la sierra del Ambato, sobre la cual esta fundada la ciudad misma. (*)

Cerca de Mendoza la formacion es muy gruesa y cubre todo el terreno al pié de la Cordillera. Grandes pedazos de piedras forman la capa superior, generalmente angulosas, porque no han sido traidas por largos trechos, y por esta razon solamente han perdido sus esquinas mas prominentes. Todas pertenecen á las piedras de la sierra vecina; algunas son pórfidas, pero muchas otras pertenecen á las formaciones primarias depositarias de la época paléozoia, que forman la sierra. Poco mas abajo del declive, se encuentran otros guijarros mas chicos y mas rodados de figura esférica ú oval, mezclada con mucho mas arena, y entrando en el suelo hasta una profundidad considerable, siendo que no ha sido ahondado hasta el fondo, por los arroyos que

(*) Véase mi viage por las Provincias Argentinas, Tom. I. pág. 220 y Tom. II. pág. 213 y 223.

pasan por este terreno. Lo mismo se presenta en el valle de Catamarca; el terreno bastante elevado sobre el nivel del rio del valle, sobre el cual está construida la ciudad, es formado de guijarros desde el grosor de zapallos, melones y huevos de avestruces, hasta el tamaño de huevos de gallina, mezclados con arena fina y gruesa, que forman el suelo del dicho lugar; son capas de los escombros de la sierra vecina traídos por las aguas corrientes y depositados en la parte de menor declive del suelo. Durante este trasporte, los pedazos de la roca rota, han perdido sus esquinas ó puntas prominentes por el choque y la friccion de uno contra el otro, y estos golpes han formado la arena y el polvo fino arcilloso mezclado con ella, que incluye los grandes guijarros; toda la formacion ha sido trabajada por la única fuerza motriz de las aguas corrientes sobre un suelo inclinado, es decir, de las aguas descendientes de los valles elevados de la sierra hasta el suelo bajo de la pampa.

Como esta formacion moderna de los guijarros se presenta solamente en los contornos de las montañas, en donde el agua corre en intérvalos diferentes, de arriba hasta abajo, una otra formacion local de los médanos se encuentra solamente á la costa de las aguas muertas, sin movimiento, es decir, á la orilla de grandes lagunas y del océano. Acá la arena depositada es trasportada por el movimiento repetido undulatório de las olas á la costa, y poco á poco secada por el aire y el sol. En este estado seco, los vientos fuertes levantan la superficie seca del depósito y llevan la arena á lugares distantes, donde la depositan por falta de la fuerza motriz con la disminucion de su vehemencia. Generalmente corren estos vientos repetidos y violentos siempre con la misma direccion y forman por la misma causa el mismo producto, es decir, el médano. Hay grandes filas de médanos bastante elevados en toda la costa del Atlántico, donde forman una série de colinas muy iguales á los grupos de colinas de guijarros, que rodean el pié de la Cordillera, delante de las bocas de los valles con agua corriente. Pero hay tambien médanos en el interior de la pampa, al lado oriental de algunas lagunas grandes, como la laguna de Tambito en el camino del Rosario á Mendoza, entre el rio Cabral y el pueblito de Rio Cuarto. He estudiado este médano en mi viage (Tom. I., pág. 147), comparándole con los médanos de la costa del mar Báltico, que conozco muy bien desde mi juventud. Son enteramente iguales, los unos y los otros cubiertos con plantas de arenales del género *Elymus,* que crecen en abundancia en lugares de esta especie. BRAVARD los ha comparado con los médanos de Francia (Regist. estad. I., pág, 16) y dice lo mismo, que él fué muy sorprendido de verlos enteramente parecidos; habla largamente de ellos y deduce del fenómeno conclusiones generales sobre la formacion de la pampa, que me parecen un poco exageradas; porque los médanos no son formaciones primarias universales, sinó secundarias y locales.

9:.

Hay en algunos lugares, principalmente en las orillas de la boca de los grándes ríos y ensenadas, capas particulares, compuestas generalmente de conchas y caracoles innumerables, y muchisimos en un estado roto ó descompuesto; forman estas capas un depósito bastante duro, con capas interpuestas de arena parda, igual al depósito aluviano, un poco de cal y guijarros de conchas, que los vecinos usan para dar mas consistencia á los caminos de sus jardines ó paseos públicos, trayendo los guijarros de las capas sobre ellas y mezclándolos con el barro blando de la superficie del camino. Así se encuentra esta capa cerca de Buenos Aires en el pueblo de Belgrano, y otra mas al Sur, cerca de Quilmes. La primera, que es como 10 á 12 piés bajo el nivel de la barranca, está situada casi al nivel del rio actual, y no contiene ninguna otra conchilla (*), que la *Azara labiata*, que hasta hoy vive en la boca del Rio de la Plata. La otra capa mas al sud de Buenos Aires, del Puente chico, en el camino de Quilmes, es compuesta de conchas y caracoles marinos, pero de la misma clase que los que hoy viven en el Atlántico, cerca de la boca del Rio de la Plata. En los dos las conchas son depositadas en capas, alternando con otras capas de arena, y mezclados con ella en todas partes, mas ó menos, formando una capa entera de dos á cuatro piés de espesor, con una extension horizontal de algunos cien pasos.

Iguales capas marinas se han encontrado al otro lado del Norte de la boca del Rio de la Plata, cerca de la Colonia del Sacramento y de Montevideo, de donde Sellow, D'Orbigny y Darwin (**) las han descrito, y tambien mas al sud, en la costa de Bahia Blanca, donde Darwin y A. D'Orbigny la han examinado, como mas rio arriba cerca de San Pedro, en donde D'Orbigny habla de una capa de *Azara labiata*, igual al depósito de la misma concha cerca de Belgrano. (Viage á la Amér. del Sud, Tom. III, ps. 3, págs. 13 y 259.—ps. 4, págs. 161 á 172). La dicha capa se halla hoy como 60 piés frs. (20 met.) sobre el nivel del Rio Paraná en la barranca, miéntras que la capa inmediata á Belgrano no tiene ninguna altura sobre el nivel del Rio de la Plata, lo que prueba, que ha cambiado mucho aun en la época actual la relacion del rio y de la tierra vecina, y que los terrenos al interior rio arriba se han sublevado mas que los del rio abajo cerca de la boca actual.

Los depósitos marinos con las conchas del mar siendo todos muy cerca de la costa actual, sin embargo prueban que el mar ha entrado en los primeros siglos de nuestra época mas en la tierra que hoy, y que los lugares como Puente Chico cerca de Quilmes y Colonia del Sacramento no estuvieron entónces á la costa del Rio, sino del mar mismo. Por cierto que estas capas no se han formado en el mar hondo, pero sí á la costa, donde el mar se tocaba con la tierra, lo que prueba la arena parda fina entre las conchas, idéntica con la arena de la capa actual aluviana. Probablemente las conchas y caracoles no fueron vivos en el lugar, donde hoy se encuentran depositados; el estado muy destruído de muchas y principalmente de las

---

(*) Rara vez se encuentran pedazos de ostras en esta capa, pero no he visto hasta hoy una ostra completa en ella. Estos restos son partes de conchas rotas, traídas por la marea hasta acá, pero no prueban la existencia de ostras vivas y del mar pura con agua salada en este lugar.

(**) Conf. mi Viage por los Estados del Rio de la Plata. I. pag. 83.

grandes, prueba que fueron removidas de las olas á la costa y expuestas largo tiempo á la influencia del aire cerca de la marea baja, siendo tapadas poco á poco por la arena que el rio vecino y el movimiento contrario de las olas ha traído y depositado sobre ellas.

Sin embargo hay una diferencia en la opinion de los autores sobre el tiempo de su formacion, y sobre la relacion con las capas inferiores y superiores. Algunos, como DARWIN, creen que las capas son coetáneas con la formacion mas antigua diluviana, que incluye los restos de los grandes animales terrestres; otros, como D'ORBIGNY y BRAVARD, suponen que forman un depósito particular bajo las aluviones, que los mismos autores llaman diluvium y lo anteponen á la época actual. No puedo participar ni de la una ni de la otra opinion: para mí son estos depósitos verdaderas aluviones, pero las mas antiguas de la época actual. Observando los depósitos de Belgrano, se vé claramente, como las capas mas inferiores están mezcladas con el barro rojo de la formacion diluviana, y las superiores completamente impuestas en la arena parda fina del aluvium. Por esta observacion es evidente que el rio, en el primer tiempo de su curso, há depositado tan poca arena que el barro abajo fué cavado por sus aguas y mezclado con las conchas que depositaba en este lugar; pero una vez cubierto el barro del diluvium, el rio no pudo cavar mas su terreno, y depositaba las conchas mezcladas con la arena que el mismo ha traido de arriba. Dice DARWIN lo mismo de los depósitos de la Punta Alta en Bahía Blanca *(Geol, Observ. pag. 83)*, que los guijarros del depósito aluviano (C) entran en hendeduras del barro diluviano rojo (B) y que las dos capas pasan insensiblemente la una en la otra.

La contemporaneidad de la dicha capa bajo del aluvium con la época actual se prueba principalmente por la identidad de los objetos orgánicos; todas las conchas y caracoles viven hasta hoy en las aguas vecinas. Estas capas con conchas marinas de la costa oriental de la América del Sud son tambien contemporáneas con los depósitos parecidos á la costa occidental de Chile, donde las he visto y examinado cerca del nuevo puerto de Copiapó, es decir, cerca de Caldera (Véase mi viage. Tom. II. pág. 304). Toda la conservacion de estas conchas es igual, como tambien el modo del depósito; si las capas Chilenas son productos de los siglos pasados de la época actual, sobre lo que ningun observador exacto duda, las ·de la costa Argentina son tambien modernas. Parece que la mitad austral de la América del Sud se ha levantado en toda su extension mas ó menos sobre el nivel antiguo, en diferentes lugares, y que por esta razon los fondos del mar cerca de la costa antigua forman hoy bancos secos sobre el océano, que entónces fueron sumerjidos bajos sus olas.

El señor BRAVARD, que últimamente ha estudiado científicamente los contornos de Bahía Blanca y publicado aquí (1857) un mapa geológico del terreno, ha depositado en el Museo público una coleccion completa de muestras del terreno, como de todas las conchas y caracoles, encontradas en él. He comparado estas muestras con las mias, traídas de las costas del rio Salado, y no he visto ninguna diferencia.— Distingue este hábil observador en su mapa geológico, inmediatamente bajo el terreno actual de los médanos, que acompañan casi toda la costa Argentina del Océano Atlántico, cinco capas diferentes, que componen unidas de dos hasta cinco metr.

14.

(6,1-15, 8 piés fr.). La primera capa, pintada en su mapa con color amarillo, es una capa de agua dulce (la capa D. de DARWIN, l. l.), en la cual se encuentran conchas fluviatiles, como *Planorbis montanus, Paludinella Perchappii* y otras; corresponde á la capa baja, con los mismos caracoles del terreno del rio Salado, como á la capa segunda de 8,02 metr. de espesor en el corte geológico del Pozo artesiano de Barracas, y es en todo idéntico con el depósito actual del rio de la Plata, sino es un poco mas arcillosa y menos arenosa, porque las aguas corrientes, que entran en la Bahía Blanca son mucho mas débiles, que las aguas copiosas del rio de la Plata actual. Su espesor sorprendente en el pozo de Barracas prueba que este terreno fué ya en el principio de la época actual una excavacion natural del suelo, que el rio de la Plata ha aplanado poco á poco con sus depósitos en los siglos pasados. El suelo de Barracas, al lado de la boca del riachuelo, se ha formado del mismo modo, como se forman hoy bancos en el rio ó islas delante las bocas de los rios chicos, que entran en el grande, como las de S. Fernando y de las Conchas en el Norte de Buenos-Aires. Los restos de una ballena, que recien se han encontrado en una de estas islas como 1 y 1/2 pié. fr. bajo la superficie, cubiertos de árboles grandes de sauce (*) prueban, que en el tiempo de su depósito la boca del rio fué mas franca y que en lugar de la isla se presentaba un banco bajo la superficie del agua en el cual encalló entónces la ballena. Asi ha sucedido tambien con los terrenos bajos á la boca del riachuelo, y al fin va á suceder lo mismo con la playa de Buenos-Aires. El banco del rio, cerca del muelle, es el principio de una isla, que va á formarse poco á poco mas alta, hasta que se haya elevado sobre el nivel del rio. ¿Quién sabe si Buenos-Aires, dentro de diez siglos, no aparecerá colocado á orilla de un canal entre una isla y la barranca, separado por la isla del resto del rio?

Las cuatro capas siguientes, que BRAVARD ha pintado con color verde, son capas marinas, lo que se prueba por la presencia de las conchas y caracoles marinos en ellas. La primera es una arena gruesa conglutinada con cimiento calcáreo, que se ha formado por la descomposicion de las conchas. La segunda mas arcillosa contiene restos de animales terrestres, como *Megatherium, ó Mylodon* y *Scelidotherium*, que parecen muy removidos y traídos por aguas corrientes de la tierra vecina, sacados de la formacion diluviana, á que pertenecían estos huesos primitivamente. La tercera y cuarta son otros depósitos marinos, la tercera casi nada mas que conchas amontonadas, la cuarta una mezcla de cal y arcilla arenosa que parece ser formada inmediatamente sobre el terreno diluviano por la accion del mar, que se tocaba con este depósito.—Ella corresponde á las capas inferiores de los depósitos cerca de Belgrano ya mencionadas arriba.

(*) Véase sobre este fenómeno mi relacion en las Actas de la Sociedad Paleontológica, de la primera reunion de 17 de Julio. Para calcular la edad del depósito en cuestion conviene hacer presente lo que dice LYELL sobre la edad del delta del Missisippi en su obra: *Antiquity of men, pag. 43,* porque no hay razon para estimar las islas de la boca del Rio Paraná de edad menor que ese delta.

No hay ninguna duda para mí sobre esta contemporaneidad; las capas marinas de la costa, y las capas antiguas del rio pertenecen á la misma época y se corresponden en su edad. Bravard dice de ellas: « Hemos recogido en abundancia en « todas las capas diluvianas 53 especies (*) de conchas marinas, fluviatiles y terrestres « que pertenece la mayor parte á géneros que viven actualmente en el país »; pero dice el autor tambien, que los huesos de los grandes animales terrestres, que se encuentran en estas capas, son anteriores á su formacion y arrancados de depósitos mas viejos. Darwin se opone á esta asercion, asegurando que las conchas marinas y los grandes animales terrestres pertenecen á la misma época. (Geol. Obs. pag. 86), y desechando la opinion contraria de D'Orbigny, acceptada por Bravard.—No habiendo examinado los depositos de Bahía Blanca en su estado natural, no puedo dar una decision categórica entre estas dos opiniones opuestas; pero si estos depósitos de Bahía Blanca son contemporáneos con las parecidas rio arriba de la Azara labiata, lo que cree tambien Darwin, me hallo mas dispuesto á inclinarme á la opinion de D'Orbigny y Bravard.—No digo lo mismo respecto al nombre dado por ellos à estos depósitos; porque el diluvium no es una formacion local circunscripta, sino una general y muy estensa, que ha cubierto casi toda la superficie baja de la tierra. Son depósitos locales de aluviones antiguas, como los de los guijarros y médanos, de los cuales hemos hablado anteriormente.

(*) La coleccion de las conchas de esta localidad depositada por Bravard en el Museo público contiene mas de la mitad nuevas especies, hasta hoy no descriptas. Entre las otras, ya antes conocidas son las siguientes:

Chemnitzia americana, D'Orb. Voy. Moll. pl. 53, fig. 17, 19.
Natica Isabellina, D'Orb. ibid. pl. 76, f. 12. 13.
Trochus patachonicus, D'Orb. ibid. pl. 55, fig. 1, 4.
Buccinum globosum, D'Orb. ibid. pl. 61, fig. 24.
— Isabellei, D'Orb. ibid. pl. 61, fig. 18, 21.
Murex varians, D'Orb. ibid. pl. 62, fig. 45.
Olivancillaria brasiliensis aut, D'Orb. Voy. Texte. Tom. III, ps. 4. pag. 155.
— auricularia aut, ibid. 156.
Oliva tehuelchana, D'Orb. Voy. Moll. pl. 59, fig. 7, 12.
Voluta angulata, Swains, D'Orb. ibid. pl. 60, fig. 12.
— Colocynthis, D'Orb. ibid. pl. 60, fig. 4, 5.
Crepidula muricata, Lam.
Ostrea puelchana, D'Orb. Voy. Texte III, 4, 162.
Mytilus Rodriguezii, D'Orb. ibid. Moll. pl. 85 fig. 1, 11.
Mactra Isabellei, D'Orb. Voy. Moll. pl. 77, fig. 25, 26.
Solecurtus platensis, D'Orb. ibid. pl. 81, fig. 23.

FORMACION DILUVIANA.

10

Bajo la arena arcillosa cenicienta se encuentra en toda la República Argentina otra capa de arcilla arenosa roja, que es de mucho mas espesor y de una consistencia mayor, mas dura y compacta. Esta formacion, que tiene generalmente una altura de 10 hasta 60 piés frs., segun las diferentes localidades, se ha llamado la F o r m a c i o n   d e   l a   p a m p a *(Formacion pampéenne* de D'ORBIGNY; *pampean mud* de DARWIN), pero corresponde, tanto por su composicion como tambien por su estension general sobre el suelo todo de la República, al D i l u v i u m de los antiguos geólogos. Mas modernamente algunos autores han introducido la denominacion nueva de la Formacion postpliocena, y BRAVARD ha aplicado en lugar de esta denominacion una otra para la formacion diluviana del país, llamándola *Terreno cuaternario.* Todas estas palabras significan la misma época geológica de nuestro planeta.

Respecto á la sustancia que constituye esta formacion es tambien una mezcla de arena, arcilla y cal; pero cuyo color es generalmente rojizo mas ó menos, ó rara vez pardo amarillo. Estas tres materias están mezcladas en diferentes relaciones, sin formar capas distintas ó bien separadas, pero sí generalmente de modo que la arena y la arcilla están en igual cantidad mas ó menos y la cal es muy inferior á las otras dos. Dice DARWIN que no ha observado ningun vestigio de la cal en la mezcla *(Geolog. Observ. 77),* solamente nódulos de diferente estension de cal mezclado con arcilla, es decir, marga; pero yo he visto casi siempre efervescer un poco la sustancia diluvial, cuando la he tocado con ácido sulfúrico; lo que prueba la existencia de la cal en su mezcla. BRAVARD, ha calculado la relacion de las dos substancias predominantes, y dice que alternativamente predominan ya la arena, ya la arcilla; él ha examinado muestras de la misma localidad, donde tres partes de la masa eran arena y una parte solamente arcilla, y otras en donde predomina la arcilla casi dos partes y solamente una parte de arena.

Tales diferencias se demuestran generalmente en diferentes niveles sobrepuestos; el uno es mas arenoso, el otro mas arcilloso; pero estas diferencias nunca son de repente arrancadas, sinó poco á poco trasladadas de la una á la otra.

La cal se encuentra en ellas en cantidades muy inferiores, y por esta razon es dificil probar su presencia con otros medios que con agentes químicos; pero hay tambien partes en el depósito general, que se llaman aquí T o s c a, en la que la cal es bastante poderosa. Esta tosca es una verdadera marga, mezclada con arcilla y cal, con mas ó menos partes de arena. Forma nódulas ó ramificaciones en la masa general, que en algunos lugares se extienden en grandes rocas, como en el muelle de Buenos-Aires en el rio mismo. Acá las aguas han lavado las partes mas blandas móbiles encima, y la tosca dura se muestra como una acumulacion de rocas en el fondo del rio.

El exámen con el lente demuestra ya que los granitos de la arena son de diferente tamaño, pero generalmente muy pequeños y que la arcilla como un polvo fino se dispersa entre los granillos, uniéndolos á una masa homogénea. Esta masa, por estar así compuesta es generalmente blanda, y solamente en la tosca bastante dura, que no puede ser trabajada facilmente con la pala; pero supera en su consistencia bastante sobre la masa aluvial y se aumenta su dureza en el sol, como lo prueban los ladrillos no quemados, que se llaman adobes.

He examinado tambien la substancia con el microscopio, para reconocer, si hay restos orgánicos, en ella pero nunca he visto muestra alguna de objetos orgánicos. Bajo una extencion lineal de 90 no he visto mas que el polvo fino de la arcilla roja, mezclado con granillos pequeños transparentes de cuarzo, algunas astillas de una substancia igualmente transparente, que me parece de la misma clase, y dos clases de granillos menos numerosos opacos, los unos de color amarillo rojizo, los otros negros. Los primeros son de Felspato, los segundos me han parecido una substancia augítica, si no son el fierro oxidulado titáneo, que BRAVARD menciona en la composicion de la masa.

DARWIN dice, que el célebre microscopista EHRENBERG de Berlin, ha encontrado en las muestras del «*pampean mud*,» mandadas á él, como veinte especies diferentes de organismos microscópicos *(Geol. Observ. 88)*, de las cuales 17 fueron habitantes del agua dulce y 3 del mar. Concluye el autor de esta observacion, que la masa es un depósito hecho en un lugar, en donde se han mezclado agua dulce y agua salada, como hoy en la boca del Rio de la Plata cerca de Montevideo. Pero como las muestras de DARWIN que ha mandado á EHRENBERG, fueron recojidas unas cerca de la costa del mar, en Bahía Blanca, las otras en las barrancas del Rio Paraná cerca de la Bajada, parece muy probable que en esa época remota de su formacion el mar entraba mas al interior del continente, mezclándose por la marea con el agua dulce del Rio, y que estos organismos faltan en otros lugares mas internos, porque están mas distantes de las costas antiguas de dicho terreno.

El exámen microscópico de la tosca tampoco me ha mostrado ningun organismo microscópico en ella; es una mezcla de polvo fino de arcilla y cal, con granillos transparentes de cuarzo, pero en una cantidad mucho mas inferior; mismo algunos de los granillos negros y rojos se han en la tosca. La masa esta mecánicamente mezclada y de ningun modo cristalizada; es una concrecion de cal y arcilla en la masa general, formada sin duda despues de su depósito, y de ningun modo una formacion anterior, que por el transporte haya sido traido á su lugar. La tosca es una formacion epigenética, ó como se trata solamente de una diferencia pequeña en tiempo, mas congénita, pero de ningun modo anterior á la formacion del terreno diluvial.

Algunas veces, aunque raras se veen en las toscas pequeñas cavidades ó grietas cubiertas en la superficie con cristales pequeñas del carbonato de cal, que se han formado poco á poco de la solucion de la cal en el agua de la mezcla.

Dice DARWIN, que el hábil microscopista de Londres, Dr. CARPENTER, ha visto vestigios de conchas rotas, de corales y de Foraminíferos en la tosca, *(Geol. Observ. 77)*, y deduce el autor de esta observacion que toda la cal en la formacion depende de la presencia de esos animales en el agua, de cual se ha formado la tosca y la masa diluvial en el universo. Estas producciones calcáreas de los animalitos, que contemporáneamente con la formacion del depósito han vivido en el agua, son rotos despues de la muerte del habitante y descompuestos por el movimiento del agua y de las olas mecánicamente, y se han acumulado aquí y allí por la atraccion de las substancias iguales en el depósito, formando la base de la tosca actual.

11

La descripcion que he dado de la composicion del depósito diluviano, se toca solamente con las cualidades generales de esta substancia; hay algunas diferencias locales, que merecen tambien un exámen y una relacion al lector.

Los objetos de que hemos de ocuparnos, son :

1o—La presencia de capas particulares de guijarros y de cascajos en la masa.

2o—La formacion de salinas ó lagunas con agua salada en la superficie.

3o—La presencia de muchos huesos de grandes animales terrestres en el depósito.

12

Respecto á la presencia de capas de guijarros y cascajos en la formacion, no hay ninguna duda, de que tales depósitos son en ella, pero tampoco no hay duda que no son generales, sinó únicamente locales, circunscriptos en ciertos lugares de pequeña estencion, en comparacion con todo el depósito arcilloso arenisco.—No hay tales depósitos de cascajo cerca de Buenos-Aires y en toda la provincia entre el Rio de la Plata y Rio Salado, y por esta razon BRAVARD no ha visto ninguna capa guijarrosa.

Lo mismo sucede en la barranca del Rio Paraná hasta Corrientes, y en las del Rio Dulce y Rio Salado del Norte; en ninguna de estas barrancas, en cuanto pertenecen á la época diluviana, he visto algun guijarro; todos son pura marga arenosa. Pero en el interior, y principalmente en las barrancas de los Rios, que salen del sistema Cordovés, hay de esas capas guijarrosas evidentemente. He visto la primera vez una capa semejante en la costa del Rio Segundo, cerca del paso del camino del Rosario á Córdova, y he dado una noticia corta del fenómeno en mi viage (Tomo II, pág. 52). Eran algunas capas una sobre la otra en poca distancia, formadas de cascajos diferentes de un tamaño como desde una nuez hasta un huevo de gallina; algunos blancos de cuarzo puro, otros de diferentes rocas plutónicas. La segunda vez he visto el mismo fenómeno en la Punilla, entre las dos serranias de la sierra en la barranca de una cometierra, por donde pasaba el camino. Allí estaba depositada la coraza de un Gliptodon y para sacarla, me preparaba estudiar el terreno, encontrando en la barranca sobre ella diferentes capas de guijarro, mezclados con cascajos pequeños, que evidentemente han salido de las rocas de las serranias inmediatas. No fueron largo tiempo arrastrados, porque la figura de muchísimos de ellos no era enteramente esférica ú oval, sinó irregularmente nudosa, como una papa; lo que prueba, que no han sido transportados de lejos, porque no tenían apariencia de haber sido frotados por mucho tiempo (Véase mi viage, Tom. II. pág. 87).

Sigue de esta observacion con evidencia, que el depósito de la formacion ha sido traido á estos lugares por aguas corrientes, y que las substancias primitivas del depósito son las rocas deshechas de la sierra vecina. Contemplando, que el depósito en las provincias mas bajas al lado del mar, como la de Buenos-Aires, es enteramente el mismo respecto á las substancias constituyentes, con la única escepcion de la falta de las capas guijarrosas, podemos concluir con fundamento, que este depósito es hecho del mismo modo, y que faltan en él los cascajos, porque el largo camino del transporte y el declive menos fuerte del suelo no han permitido, al agua transportarlos hasta una distancia tan apartada lejos de su nacimiento.

Pero no solamente la presencia de tales capas guijarrosas prueba la formacion, del depósito por el agua, lo prueban tambien las capas diferentes en consistencia que se encuentran en el depósito general, como he dicho antes; prueban que es un depósito de transporte traido por el agua, que ya ha contenido mas arcilla, ya mas cal. A mi modo de ver, depende esta diferencia del flujo mas ó menos rápido del agua. La arena, que pesa mas, à causa del tamaño mas grande de sus granillos, ha traido de preferencia, cuando lluvias fuertes han aumentado la cantidad del agua y por este acrecentamiento han dado á él mas fuerza motriz; la arcilla, cuando el agua fué baja y su cantidad menor, y los cascajos solamente en caso de grandes avenidas, que en esa época, como en la actual, solamente en intérvalos irregulares se han repetido.

13

En toda la parte baja de la República Argentina se encuentran Lagunas ó Rios con agua salada, que dan un carácter particular á estos paises. Las lagunas están siempre en los lugares mas bajos, como pequeñas hondonadas y tienen, por su base, la arcilla arenosa roja diluviana; los Ríos profundizan mas ó menos en esta formacion, formando escavaciones con barrancas perpendiculares de seis hasta veinte piés, poco mas ó menos, y tienen su alveo tambien en el terreno diluviano sin perforar enteramente su espesor.

En la parte boreal y occidental de la República las lagunas son casi todas secas, llenándose solamente en años lluviosos, transitoriamente acá y allá con agua salada; pero la corteza salina que cubre la superficie baja de la laguna, como tambien muchos lugares de la llanura estéril del país con eflorescencia salina de forma de nieve, cuando el terreno está todo seco y no húmedo por lluvias ó rocios fuertes, ya indica la presencia de la sal en la tierra y en el barro desecado de la laguna. Los habitantes llaman estas lagunas saladas secas S a l i n a s, y los llanos secos con eflorescencia salina S a l i t r a l e s, porque creen que la sustancia eflorescente es salitre. De este modo se presenta la Salina grande central Argentina, al norte de la Sierra de Córdova, entre las Provincias de Catamarca, La Rioja, Córdova y Santiago del Estero, y otra menos estensa en la Provincia de Catamarca al pié nordoeste de la Sierra del Ambato. Pero hay muchos otros lugares en toda la parte occidental de la República, al pié de la Cordillera, en las Provincias de Catamarca, La Rioja, San Juan y Mendoza, en donde se encuentra el fenómeno de la eflorescencia salina.

Al otro lado, en la parte oriental y austral, y principalmente en esta parte de la Provincia de Buenos-Aires, al Sud del Rio Salado hasta Patagones, las lagunas son mas persistentes con agua permanente y solo se agotan en años muy secos. La cantidad mayor de la lluvia, que cae en estos lugares del oriente es la causa del fenómeno; la lluvia caída en la superficie del campo se reune en las hondonadas, formando las lagunas, y el suelo de la laguna, siendo de arcilla arenosa roja del diluvium, que es impermeable por el agua, no permite entrar á esta en el fondo, conservándola en la superficie como una laguna, que se disminuye poco á poco por la evaporacion, hasta que una nueva lluvia aumenta el agua en ella. Como el país, en general, es muy seco y la cantidad del agua caida en los años regulares, no es muy copiosa, las lagunas no pueden formar desaguaderos; la evaporacion las obliga á conservar para siempre su contorno. En paises mas húmedos las lagunas poco á poco hubiesen subido, hasta poder derramarse por medio de arroyos perpétuos en los ríos vecinos ó en el mar; pero en nuestro país seco nunca se han formado estos desaguaderos por falta de agua suficiente en la laguna; aun las lagunas mas grandes, como la laguna Bevedero, y la Laguna Poróngos, no tienen comunicacion con los rios vecinos ó con el mar. Pero en la parte occidental y boreal, en donde la cantidad de la lluvia apenas es la cuarta parte de la cantidad caída anualmente en la parte oriental, las lagunas se han desecado completamente, dejando su vestigio en el suelo en forma de las salinas mencionadas. Ni aun en las épocas pasadas han tenido estas lagunas secas desaguaderos; sus orillas son completamente circunscriptas sin alguna interrupcion que pudiese indicar un flujo antiguo de agua en regiones inmediatas, pues el fondo de la laguna es siempre el lugar mas bajo de toda la campaña adyacente.

Las sales, que se encuentran en estas lagunas y rios salados, son generalmente sulfatos, es decir sulfato de cal (yeso) y sulfato de soda *(Sal Glauberi);* pero algunas lagunas en el Sud, cerca del Rio Colorado, tienen preponderante clorido de soda (sal comun). No he visto una sola laguna de esta especie en las partes de la República, visitadas por mí, y me refiero á la descripcion de DARWIN, dada en la relacion de sus viages científicos (Tom. I, cap. 4.), en dónde dice el autor, que hay una tal laguna grande cerca del pueblito de El Carmen, de la cual los habitantes recogen anualmente grandes cantidades de sal comun para el uso doméstico. Esta sal es bien cristalizada, pero no tan fuerte como la sal traida de las islas del Cabo Verde, donde hay tambien grandes depósitos. Cuando en el verano la laguna se seca, forma la sal una capa gruesa en la superficie del barro, cambiándose en las orillas de la laguna en los dichos sulfatos. Creen los gauchos vecinos que los cristales del yeso y de la soda, son los parientes de la sal comun, llamando al yeso el padre y al sulfato de soda la madre de ella. Esta opinion espresada de manera, que la sal comun sea la madre y las dos otras sales descendientes de ella, es muy probable; porque los sulfatos parecen ser formados por la descomposicion de la sal comun de este modo, que el ácido sulfúrico se ha unido con la cal del suelo de la laguna al yeso, y con la soda de sal comun al *Sal Glauberi.* La dificultad consiste entónces en saber, de dónde ha venido el ácido sulfúrico, y esta cuestion parece menos fácil de explicar. Probablemente la descomposicion de substancias orgánicas en el suelo lo ha formado. Cristales de yeso hay en la orilla de muchas otras lagunas, como tambien en el suelo de la Provincia de Buenos-Aires, cerca del Rio de la Matanza, donde forman grupos ó cristales sueltos de gemelos hemitrópicos de forma, que los mineralogistas han llamado « fierro de lanza ». Son tan copiosos, que ya los habitantes hacen un uso técnico de ellos, para la edificacion de sus casas y traen grandes cantidades del yeso hasta Buenos-Aires.

La ciencia desea saber, de dónde ha salido esta grande cantidad de sal en el Suelo Argentino, y no sabe explicarlo sinó por la suposicion, que todo el llano de la República estuvo cubierto del mar en una época no muy remota. Sublevado el suelo por la fuerza geológica, poco á poco hasta su nivel actual, el agua del mar se conservaba encerrada en los lugares mas bajos, donde existieron hondonadas naturales, y formaba entónces grandes lagunas de agua

15

salada, donde hoy se encuentran las Salinas. Esta agua se evaporó con el curso de los siglos, porque las lluvias caidas durante la época histórica no fueron suficientes, para sustentar al fluido en su cantidad originaria; la laguna se ha convertido poco á poco en la Salina seca actual.—Pero los rios, que corren por el suelo hoy seco, que antes fué fondo del mar, disuelven las substancias solubles del terreno que tocan, y como todas estas sales son solubles en el agua, el agua dulce del rio, caida como lluvia del cielo, se cambia en agua salada. Los rios sacan del suelo las sales, que antes en la época en que el suelo fué fondo del mar, han entrado en él con el agua salada, cambiándolas por otras influencias jémicas, durante su curso en nuevas substancias salinas, que se depositan de nuevo en el suelo, de donde las sacaron al principio. Así sucede, que muchos ríos y arroyos salados no son salados en todo su curso, sinó dulces al principio y salados en la parte mas baja, donde corren por el llano salado. Pero la laguna, que tiene su agua inmoble y no corriente, saca del fondo igualmente las sales solubles, y es por esta razon tambien salada ó dulce, segun que se ha formado en un terreno salado ó no. Hay lugares de esta naturaleza tambien en el suelo Argentino, porque no toda la super- ficie de él fué fondo del mar, ó no todo el suelo igualmente salado, por estar ya lavado un tanto por el agua dulce en las épocas pasadas.

14

En. el interior del depósito diluviano no se encuentra nada de substancias heterogéneas, con escepcion de las pocas capas de guijarro, ya mencionadas, y la tosca dura epigenética; pero ningun fenómeno es mas frecuente y abundante, que la presencia de huesos fósiles de animales gigantescos terrestres, que han vivido en la época de su formacion. Estos huesos, comparados con los de los animales vivientes del país, son casi siempre de diferentes especies y en muchísimos casos de animales tan colosales, que superan en tamaño á casi todos los animales terrestres vivientes del globo. Los habitantes por esta razon, los atribuyen generalmente á gigantes, y muchos creen que el tamaño de los huesos ha crecido bajo la tierra, despues de depositados en ella.

Nada es mas erróneo que esta suposicion; el hueso no puede crecer despues de la muerte del animal, al contrario, él ha perdido, sinó en tamaño, al menos en peso, por la extraccion de toda la substancia orgánica, durante la vida del animal unida con el fosfato de cal, que es la substancia principal constituyente del hueso de los animales vertebrados. Un hueso petrificado no es otra cosa, que el fosfato de cal, desligado de la masa orgánica, que ha formado la matriz de la cal y dádole su figura orgánica : muerto el animal á quien perteneció el hueso, la substancia orgánica se descompone, pero deja la substancia inorgánica intacta. Esta substancia conserva entónces su figura, si no es destruida por fuerzas que la ataquen, y porque un hueso de esta clase diluviana generalmente está bien cubierta por el terreno, que lo contiene, ha conservado su figura primitiva. Estando en la tierra húmeda y penetrado por el agua, el hueso aparece blando y facil de romper; pero desecado al aire por el sol, pronto se endurece y toma una consistencia no muy inferior á la que tuvo en el cuerpo mismo del animal durante su vida. De modo que los huesos que nosotros llamamos petrificados, no se han convertido en realidad en piedra nueva, sinó solamente se han desprendido de su substancia orgánica, conservando la substancia inorgánica, que por su naturaleza es substancia pétrea.

De estos huesos fósiles se encuentran muchísimos en el terreno diluvial Argentino, pero nó en todos los lugares en igual número, ni tampoco en todos niveles del depósito diluviano. Tratemos ahora de estas dos cuestiones primeramente.

15

Respecto á la segunda cuestion, sin embargo los huesos fósiles se encuentran en diferentes niveles, pero mucho mas en niveles bajos que en los altos del terreno diluviano, y por esta razon no se ven los huesos en la superficie, sinó solamente en las barrancas de los ríos y de los arroyos, donde ocupan siempre los niveles inferiores al lado del agua, ó en el agua misma. Para hallarlos es preciso entónces, buscarlos en las bajantes de los rios y de los arroyos, en las estaciones en que hay poca agua en ellas, y el fondo se descubre á trechos. Algunas veces aunque no generalmente, se encuentran allí los esqueletos enteros, ó grandes partes del esqueleto unidas y en tal caso las partes del esqueleto, que faltan, son las mas esteriores, mas fáciles de quebrarse, romper y desligarse, como el cráneo, los miembros de adelante ó de atras, principalmente el pié propiamente dicho y ante todo, la cola. Muchas veces se encuentran estas partes sueltas no muy lejos del esqueleto principal, como á cien pasos mas arriba ó mas abajo de la corriente.

De estas circunstancias particulares se deducen algunas consecuencias de mucho valor, para el tiempo y el modo en que se han enterrado y transportado estos huesos.

De la primera observacion, que los huesos son mas abundantes en la parte inferior del depósito diluviano, se deduce con razon, que el tiempo de su existencia corresponde á la parte mas remota de la época diluviana, en la cual han vivido estos animales. Prueba esta conclusion, que los animales estaban estinguidos ya durante la formacion del diluvium mismo, poco á poco, y sin duda no por un cataclismo repentinamente ocurrido, sinó por la muerte natural. Si fuese un cataclismo la causa de la muerte de esos animales, sus cadáveres estarian acumulados todos en el mismo nivel del depósito, y no el uno aquí mas bajo, el otro acullá mas alto; el uno bien conservado y entero, el otro roto y diseminado en diferentes lugares. Depende esta diferencia del modo como el cadáver fué envuelto por el suelo, durante la formacion de este. Si el cadáver fué repentinamente cubierto por depósitos arcillo-arenosos en toda su estension, ninguna parte pudo separarse del esqueleto; pero si al contrario el envolvimiento fué mas lento y mas incompleto, algunas de las partes mas exteriores se desprendieron del cadáver y pasaron con las olas á lugares distantes. Al fin si el cadáver fué enteramente roto y los huesos dislocados uno del otro, es evidente, que todos pasaron poco á poco con las aguas corrientes á lugares distantes, rompiéndose en el camino por las esquinas y partes prominentes, y tomando un aspecto ruinoso; sean los huesos enteros, ó sean las partes rotas, como los pedazos de la roca, que se han transformado, por el mismo transporte, en guijarros y cascajos de piedra.

Asi se deducen de la manera particular, en que se encuentran los huesos fósiles, algunas conclusiones muy importantes; la disolucion de los cadáveres prueba que son transportados por aguas corrientes, y la parte exterior estropeada de muchos de ellos, prueba tambien que se han arrastrado largos trechos con la corriente de los rios y de los arroyos. Pero si los huesos sueltos y rotos de animales se encuentran en esos depósitos, es evidente que el depósito entero es tambien un producto del transporte del agua y puesto que el animal es un animal terrestre, la conclusion es forzosa de que el depósito es traido por aguas dulces, y no por el mar; ó que si es en verdad un depósito marino, que corrientes de agua dulce han entrado en el mar y transportado los huesos de los animales terrestres con sus olas. Pero donde haya un esqueleto entero depositado, puede asegurarse que por allí no ha pasado una corriente fuerte, porque una corriente semejante lo hubiera destrozado: en tal caso concluimos, que el animal ha muerto en el mismo lugar, en que se encuentra su esqueleto, y que probablemente fué un pantano ó una laguna pantanosa, en la cual se ha entrado la bestia por falta de prevision, y se ha sepultado por el gran peso de todo su cuerpo.

Dice Bravard, en su descripcion del terreno del cual tratamos (Registro estadístico del Estado de Buenos Aires, 1857, Tomo 1. página 11.) que ha observado con frecuencia, en contacto con los huesos y en el terreno que los incluye, una cantidad considerable de celdillas cilíndricas, que se ha probado al exámen escrupuloso, ser como las cáscaras de los gusanos de moscas, y que él no ha visto estas celdillas nunca, sinó en la inmediacion de los esqueletos enteros. Concluye el autor de esta observacion, en verdad muy curiosa, que el cadáver no fué cubierto por el agua, sino abierto en el aire, y que su carne fué comida por innumerables gusanos de moscas, durante la putrefaccion, y el esqueleto despues cubierto por arena movediza. Esta observacion es muy notable, así como muy ingeniosa la conclusion derivada, para probar el hecho mencionado. Pero puedo afirmar, por mis propias observaciones, que no todos los esqueletos enteros son acompañados de tales celdillas de gusanos de moscas, y que la conclusion general, deducida por el autor de su observacion, que toda la formacion diluviana sea un producto atmosférico, acumulado por vientos fuertes y no por lluvias copiosas, es una exajeracion de aquellos hechos locales. Estos esqueletos enteros, con celdillas de gusanos, no prueban mas que grandes tempestades han tambien contribuido por el trasporte de la arena arcillosa en la superficie del terreno diluviano á su depósito, y que en aquellos tiempos, cuando ha caido muerto el animal en cuestion con las celdillas de gusanos en sus contornos, ya ha estado seca aquella parte del terreno en donde se ha encontrado el esqueleto.

Puedo oponer á esta observacion de BRAVARD otra, hecha por mí, que prueba claramente que la formacion es por su parte principal un transporte del agua, y como yo creo de avenidas fuertes repetidas. Siempre he visto los grandes huesos sueltos, como caderas (pelvis) y troncos enteros de los cadáveres envueltos en arena, de manera que casi formaban un montoncillo en el depósito vecino, en su mayor parte arcilloso. Fué casi un pozo en el terreno lleno de arena, que incluia los huesos, y no el terreno general vecino mismo. Este hecho me lo esplico suponiendo que los huesos han sido traídos por agua corriente mezclada con mucha arena y barro. En el lugar en donde la parte del esqueleto se fijo por falta de fuerza motriz suficiente, esta parte formaba en el agua un obstáculo, que la obligaba á dejar caer ante él las partes arenosas mas pesadas de su contenido, dejando pasar solamente las partes finas arcillosas. De este modo el esqueleto fué poco á poco, así que el terreno en su contorno se levantaba por los depósitos regulares, envuelto en arena casí pura, y los contornos se formaban de la arcilla arenosa, que el agua depositaba constantemente en todo su fondo.

16

Pasamos al exámen de la cuestion, en donde se encuentran los huesos fósiles en mayor cantidad, respecto á la extension horizontal del depósito fosilífero en la República Argentina. No hay duda, que el· lado bajo al Sud del terreno es mucho mas rico en huesos fósiles que el lado mas elevado en el interior, y que la provincia de Buenos-Aires es el depósito mas rico de todos. El suelo mismo sobre el cual está construida la capital es muy rico en dichos fósiles, y rara vez se excavan pozos, sin encontrar en la parte mas baja de la perforacion huesos diluvianos. La playa de Buenos-Aires no es menos rica: yo conozco dos lugares, en donde hay un esqueleto mas ó menos completo en el rio, pero la altura del agua, que solo algunas veces se baja lo suficiente para trabajar en el fondo del rio, me ha impedido sacarlos hasta ahora sin destruirlos. En toda la provincia, en donde corren rios ó arroyos, se encuentran en las barrancas huesos fósiles. El terreno entre Lujan y Mercedes es especialmente riquísimo; todos los esqueletos enteros han sido encontrados cerca de estas dos poblaciones. El Rio de Arrecifes no es menos célebre entre nosotros por la grande cantidad de huesos fósiles de su alveo; de acá, cerca del pueblito del Salto, se ha traido el esqueleto entero con la càscara completa del *Glyptodon*, que adorna la coleccion de nuestro Museo público. En una corta extension del Rio Salado he encontrado en el espacio de ocho dias mas de doscientos huesos fósiles de diferentes animales, y entre ellos tres caderas con las partes próximas del esqueleto. Donde quiera se han practicado excavaciones bastante hondas en la provincia de Buenos-Aires, siempre se han encontrado huesos fósiles.

Lo mismo puede decirse de la Banda Oriental, allí tambien el terreno bajo hácia el lado del Rio Uruguay es el mas rico. Las hondonadas de la costa del Rio Negro, con los arroyos de Sarandy y Coquimbo son conocidos como lugares muy ricos en huesos fósiles; pero todos los valles entre las cuchillas elevadas, que corren al Oeste y al Sud, están llenos de los mismos.

Ascendiendo rio arriba al interior de la República, encontramos huesos fósiles de las mismas especies, en toda la barranca del Rio Paraná, pero no con tanta profusion, como en las cercanias de Buenos-Aires. Los viageros D'ORBIGNY y DARWIN mencionan á S. Pedro, S. Nicolás, Rosario, Santa-Fe y la Bajada del Paraná, como lugares de donde se han estraidos tales huesos. Lo mismo sucede en el Paraguay; tambien su suelo es un cementerio de animales diluvianos, como lo prueban algunas muestras largo tiempo ha extraídas de allí.

Sin embargo ya mas distante de la parte baja al lado del rio se hallan ya testimonios de la existencia de huesos fósiles en el suelo. Yo mismo he visto en el valle alto de la Punilla, entre las dos cadenas de la Sierra de Córdova, dos corazas del *Glyptodon* muy bien conservadas, la una mas arriba de Quimbaletes, en una altura como de 3,000 ps. fr. sobre el nivel del mar, la otra cerca de las Chacras, en una altura como 2,400 ps. fr. Durante mi viage á Mendoza he recibido la noticia, por un habitante de S. Luis, que cerca del pueblo poco mas al norte, se encuentra el esqueleto de un animal gigantesco en el suelo, que no puede ser de otro, que del Megaterio ó del Mastodonte. El pueblo de S. Luis está situado 2,328 ps. fr. sobre el nivel del mar y el lugar, donde está enterrado el esqueleto, al pié de la Sierra, es probablemente mas elevado. He recibido hace algunos meses la noticia, de que al norte de la capital en la provincia de Catamarca, cerca de Belen, en una barranca perteneciente al terreno de la estancia Granadillos se ha encontrado tambien la coraza de un *Glyptodon*. Por medidas exactas, hechas en las cercanías, se calcula que este lugar es como 5,000 ps. fr. sobre el nivel del mar. D'Orbigny dice en la obra de su viage (Tm. III, pt. 3, pág. 250) que el mismo terreno fosilífero con los huesos de los grandes animales diluvianos se encuentran en todo Bolivia, como el depósito de los valles, en una altura de 4,000 metr. (casi 13,000 ps. fr.) y que las hoyas de Tarija y Cochabamba, en una altura de 2,575 met. (como 7,900 ps. fr.) son muy ricas en muestras de estos huesos. Sabemos de los estudios escrupulosos del Dr. Lund, que en el interior del Brasil la misma formacion fosilífera es muy estensa y que ella cubre todo el vasto terreno, que es conocido bajo el nombre general de la tierra de los campos. Aun en las partes mas elevadas, al pié de la Cordillera peruana hasta el valle del Rio de la Magdalena, se han encontrado huesos fósiles de la época á que pertenece el suelo Argentino; toda la superficie de la América del Sud, en donde no se levantan las piedras duras del hondo sobre el nivel general, está cubierta con este terreno fosilífero; es la formacion la mas estendida que se ha encontrado en la superficie de la tierra.

17

Pasemos ahora al exámen de las conclusiones importantes que pueden derivarse de los hechos mencionados antes.

Es evidente que una formacioñ, que cubre en un punto valles elevados hasta una altura de 12,000 ps., y en un otro se presenta bajo el nivel del mar actual, no puede ser formada repentinamente por un cataclismo, como ha creído D'Orbigny *(Voyage. Tm. III, pt. 3, pag. 84)*, que deduce de la elevacion súbita de las Cordilleras el principio de la época geológica, que ha causado el depósito de las pampas. Tal sublevacion súbita es muy dudosa y segun la marcha actual de la ciencia geológica es mucho mas probable, que la elevacion de las Cordilleras, como de todas las Serranias, no fué una accion súbita, sinó una operacion repetida de las fuerzas sublevantes del interior de nuestra planeta.

Pero tampoco la ópinion de Darwin, que la formacion diluviana de la República Argentina es el depósito marino del grande estuario en la antigua boca del Rio de la Plata *(Geolog. Observ. pag. 99)*, no es de aceptarse, cuando se observan en las puntas mas remotas de nuestro suelo, los mismos depósitos; el estuario de la boca del Rio de la Plata no puede considerarse estendido hasta los valles elevados de Bolivia, cuando se encuentran los esqueletos de los animales estinguidos terrestres muy cerca de la boca actual, en un estado que prueba que el animal ha vivido en el mismo lugar, donde fué depositado su cadáver; lo que deducimos con razon de la observacion hecha por BRAVARD, que muchísimas cáscaras de los guzanos, que han comido su carne pútrida, acompañan el esqueleto.

Ha fundado este hábil observador sobre la última observacion su teoría tampoco admisible, que los cadavéres están sepultados por arena movediza y que toda la formacion, que incluye tales cadavéres, es «el resultado de causas atmosféricas y terrestres» (Registr. estad. I, 22. 1857). Concedemos que uno y otro de estos esqueletos con cáscaras de guzanos sea enterrado por semejantes causas, pero de ningun modo, que toda la formacion sea un depósito atmosférico, traido por los vientos, porque la arena de los médanos no es mas que transportada por los vientos de un lugar á otro, la arena es traída anteriormente por las lluvias, los rios y las olas del Océano, y solamente acumulada en médanos por los vientos. ¿Cómo puede esplicarse la formacion de depósitos, con conchas y cascajos, por la accion de los vientos? Nunca han acumulado estos grandes depósitos de cascajos; esto es obra de aguas corrientes, y lo mismo sucede con las conchas. El viento fuerte puede levantar algunas conchas secas livianas y transportarlas sobre la superficie desnuda de los depósitos, con los cuales se toca la corriente; pero no puede acumular bancos de conchas estendidas sobre lugares vastos de larga distancia: esa es obra de los rios y arroyos y no de lós vientos.

Preguntamos entónces, si la formacion del depósito diluviano no es el resultado de un cataclismo, ni tampoco el depósito en un estuario, y de ningun modo, por último, de un depósito esclusivamente atmosférico ¿cuál es la verdadera causa de él, y qué fuerzas geológicas han acumulado tantas masas arenoso-arcillosas, que cubren hoy casi toda la superficie baja de la América del Sud hasta un espesor de 20 met. (60 ps. fr.) y mas?

La contestacion únicamente satisfactoria á todos los fenómenos observados es que la acumulacion de los terrenos diluvianos no es el producto de una causa sola, sinó de muchas sucesivamente activas, y que el grande espesor de los [depósitos no atestigua otra cosa sinó el largo período, durante el cual han obrado estas diferentes causas para la acumulacion de depósitos tan considerables.

Nosotros participamos en tanto de la opinion de D'ORBIGNY, que principia la época de la formacion pampeana diluviana con una elevacion en las Cordilleras, que ha causado una diferencia notable en el nivel del suelo Argentino, y somos partidarios tambien de la opinion de DARWIN, que inmediatamente despues de la elevacion del terreno mas alto en los contornos de las Cordilleras y Serranias del interior de la República, se han conservado lagunas considerables de agua salada en los lugares mas bajos y contemporáneos á ellos grandes ensenadas marinas, de las cuales una corresponde á la boca actual del Rio de la Plata y otra á la Bahía Blanca. Pero no participamos de la opinion de estos dos sábios, que el depósito pampeano sea un depósito marino. Nuestra opinion es, que en estas lagunas y ensenadas los ríos y arroyos, y principalmente lluvias fuertes de avenidas repetidas han traido los depósitos diluvianos sucesivamente de las montañas vecinas, deponiéndolos en los valles elevados, como en los llanos y levantando siempre mas el suelo, hasta la época de los aluviones, en la cual las avenidas cesaron y la constitucion actual atmosférica ha tomado lugar en el país. Es muy probable que algunas elevaciones repetidas en las Cordilleras, causadas por nuevas acciones volcánicas en el contorno de ellas, han aumentado el suelo ya exento de las inundaciones principales durante la época diluviana y han disminuido poco á poco las lagunas como las ensenadas de la misma época sensiblemente. El espesor del depósito pampeano, que aun en las partes mas elevadas al lado de la Cordillera y de las serranias interiores tiene un diámetro perpendicular de 30-40 ps. fr., lo que prueban los pozos artificiales, hechos en Mendoza-y Tucuman, donde los he estudiado (*), testifica que el tiempo pasado sobre la formacion del depósito ha sido muy largo, á lo menos como 20,000 años, cuando vemos, que el depósito que forman hoy los grandes rios en un siglo es muy delgado. Las lluvias y las avenidas grandes, que aun en nuestra época se repiten de tiempo en tiempo en las partes interiores de la República (**) prueban en mi sentir, que iguales circunstancias han tenido lugar en esos tiempos remotos tambien, y probablemente en escala mayor y espacios mas cortos, y que estas avenidas fueron la causa principal de la muerte de los animales gigantescos de la época, y han traído con los depósitos arrastrados los huesos de ellos de la parte interior mas elevada al Nordeste á las partes mas bajas en el Sud del suelo Argentino. Asi se explica naturalmente la riqueza del suelo de Buenos-Aires en huesos fósiles; su contorno fué entónces el sepulcro general de los animales, que han vivido en las partes mas elevadas de la República y han sido transportados por las olas turbulentas de las repetidas avenidas hasta el depósito tranquilo en la hoya del Plata. Uno ú otro de estos anima- les han entrado, es posible, desavertidamente en los pàntanos, que han rodeado las lagunas ·y ensenadas, y se han enterrado mismo en el suelo blando á sus orillas para conservar á nosotros su esqueleto entero. Al fin, es tambien posible,

(*) Hay cerca de Mendoza, en los establecimientos caleras, al Norte del pueblo, tres pozos artificiales con agua dulce. El uno, que he examinado, tiene una profundidad de 45 ps. con 6 ps. altura de agua, perforando el terreno arcillo-arenoso diluviano, que no tiene agua, y entrando en una capa de arena gruesa guijarrosa bajo el diluvium (véase mi Viage. Tom. I, pág. 273). El otro pozo, que he examinado en Tucuman, fué trabajado ante mis ojos en la casa del pueblo, en donde vivía, ha tenido 35 ps. de profundidad y ha dado agua, salida de una capa enteramente igual guijarrosa, (véase Tom. II, pág. 140). El espesor del diluvium bajo y cerca de Buenos-Aires es mucho mas grande, como lo determina la inclinacion del suelo de Nord-Este al Sud-Este consecutivamente. De la perforacion del pozo artesiano de Barracas, enseña el corte geológico, publicado por los empresarios, con las capas núm. 5 y núm. 6, que representan el diluvium, un espesor de 30, 9 metr. es decir de 94, 8 ps. fr.

(**) Véase sobre estas avenidas mi relacion en *Petermann's geograph. Mitheilungen, 1864 n° I, pág. 9*

que tal animal gigantesco ha caido muerto por circunstancias naturales en el suelo seco cerca de la ensenada, y se ha conservado intacto por su tamaño colosal durante algun tiempo, hasta que una tormenta formidable, como las que nosotros conocemos en nuestros dias (*), la tapaba con arena movediza y conservaba el esqueleto para su estudio científico actual. Todos estos fenómenos son naturales y no es preciso recurrir á causas anormales y estravagantes, para explicar la formacion del suelo actual de la tierra. La naturaleza de nuestro planeta ha trabajado, como lo prueban todos los estudios científicos mas escrupulosos, siempre con las mismas fuerzas, que hoy son activas en ella; la única diferencia que probablemente ha tenido lugar, es, que en las épocas pasadas las fuerzas internas geológicas han obrado mas vivas, porque los impedimentos fueron menores para ellas: con los siglos se han aumentado los depósitos del agua y las mismas fuerzas no han causado los mismos productos como antes, porque no pudieron sublevar tan fácil las capas sobrepuestas mas pesadas poco á poco mas aumentadas. Así ha sucedido, que al fin la reaccion del interior del planeta contra el exterior se ha calmado y la tierra ha entrado en esta estacion del equilibrio de sus fuerzas, que es el carácter principal tan satisfactorio de la época actual.

FORMACION TERCIARIA SUPERIOR

18

Esta formacion es bien conocida ya por los estudios de D'ORBIGNY bajo el titulo de la *Formation patagonienne*, como un depósito marino, que se ha formado, de una mezcla de barro y arena, pero preponderando la arena sobre el barro en lo general. Sin embargo las capas sobrepuestas no son de igual calidad, y algunas puramente arcillosas, de un barro fino por lo general pardoverdoso; pero estas capas se pierden casi en la masa general del depósito arenoso, que por otra parte casi nunca es de pura arena, sinó siempre mezclada mas ó menos con arcilla fina amarilla. En estas capas preponderantes se encuentran las válvulas de muchas conchas y caracoles marinos, como tambien restos de cangrejos, pescados y aun de mamíferos, ya terrestres ya marinos. Abundan entre las conchas las ostras, que forman en el nivel superior bancos enteros casi intactos, conservados en su posicion natural durante la vida de estos animales, y sobre estos bancos se presentan en algunos lugares otras capas de cal dura, que por la presencia de muchisimos moldes de caracoles, que han perdido su concha calcárea, prueban que toda la cal es formada por la descomposicion de esos caracoles, un producto de ellos, que los geòlogos llaman un *detritus* conchil. Los habitantes de lugares, en donde abundan estas capas

---

(*) Véase mi relacion sobre la tormenta particular del 19 de Marzo en el Periódico Geográfico de Berlin *(Zeitschr. für allgem. Erdkunde)* del año corriente (1866).

de la cal conchil, las usan para hacer cal para edificios en grandes caleras, que trabajan desde mucho tiempo atras con provecho.

La formacion se presenta abierta solamente en pocos lugares en la costa oriental del rio Paraná, del pueblito de Diamante arriba, hasta el rio Guayquiraró, en la frontera de la provincia de Entrerios, y en toda la costa oriental del Océano Atlántico, de Bahía Blanca al Sud. En el interior de la República no es conocida en ningun lugar; pero las perforaciones artesianas de Buenos-Aires y Barracas han probado, que la formacion se encuentra acá en lo hondo hasta una profundidad de 90-92 metr. (280 ps. fr.), lo que permite presumir, que se estiende bajo todo el llano Argentino y probablemente hasta el pié de las Cordilleras, al occidente.

19

Poseemos ya algunas obras científicas, que tratan de la formacion bastante menudamente, á las cuales me permito remitir al lector, que quisiere estudiar mas detalladamente sus cualidades, indicándole los autores, con algunas noticias sobre la utilidad que de ellos puede sacarse para el progreso de nuestros conocimientos.

La primera descripcion del terreno, de que tratamos, fué hecha por ALCIDE D'ORBIGNY, quien ha publicado sus observaciones en su viage por la América del Sud (Tom. III, 3 part., Paris 1842, 4. av. atlas). El autor ha recorrido toda la costa del rio Paraná hasta Corrientes y estudiado con mucho empeño los lugares, en donde se presenta la formacion en la barranca del rio. Se la manifiesta segun él en la dicha estension del pueblito de Diamante hasta el rio Guayquiraró, como la parte inferior de la barranca alta, tapada por encima por la formacion diluviana. Describe D'ORBIGNY, como fósiles de la formacion en su obra las siguientes:

Ostrea patagonica.	*Pecten Darwinianus.*
— *Ferrarisii.*	*Venus Münsteri.*
— *Alvarezii.*	*Arca Bonplandiana.*
Pecten paranensis.	*Cardium platense s. multiradiatum.*

Algunos años despues CARLOS DARWIN ha visitado los mismos lugares del rio Paraná hasta la Bajada del mismo nombre y ha encontrado en la barranca casi los mismos fósiles. Pero estendiendo su viaje por la costa del mar hasta el estrecho de Magallanes, ha aumentado mucho nuestros conocimientos sobre la estension de la formacion al Sud, que D'ORBIGNY ha conocido solamente hasta la boca del Rio Negro en el pueblito del Cármen. DARWIN ha publicado sus observaciones en la obra antes mencionada (Geological Observations on South América. Lond, 1846, 8.) en el capítulo quinto (pág. 108, seg.), en donde el describe muy bien todos los lugares estudiados, aumentando el número de los fósiles encontrados por muchas nuevas especies, que son:

Pecten actinoides.	*Nucula ornata.*
— *centralis.*	— *glabra.*
— *geminatus.*	*Fusus patagonicus.*
Cardium puelchum.	— *Noachianus.*
Cardita patagonica.	*Scalaria rugosa*
Mactra rugata.	*Turritella ambulacrum.*
— *Darwinii.*	— *patagonica.*
Tenebratula patagonica.	*Voluta alta.*
Cucullaea alta.	*Trochus collaris.*
	Crepidula gregaria.

Todos estos moluscos están descriptos en dicha obra y algunos tambien figurados. Largo tiempo fueron estas dos obras las únicas que daban razon sobre el depósito terciario, en el contorno de la República Argentina. Ejecutadas por sábios, que merecían por sus recomendables estudios una confianza general en la ciencia, no hay que dudar, que serian exactas y hechas con toda la circunspeccion propia de un verdadero sábio.

Tanto mas llamaba la atencion, que el Señor MARTIN DE MOUSSY, que viajaba en los años 1854-60 por órden del Gobierno Nacional por las Provincias de la República, para publicar una obra descriptiva sobre el país, que despues se ha publicado en lengua francesa *(Description géographique et statistique de la Confédération Argentine, Paris, 1860-65, 8, 3 Tom.)*, exhibió un cuadro general de la capital de la República, que era en ese tiempo la villa de Paraná, en el Diario del Gobierno, llamado « El Nacional Argentino » (Núm. 161, 162, 163 y 164 del año 1856), incluyendo tambien una descripcion del terreno fosilífero en la barranca vecina del rio Paraná y afirmando, que este terreno pertenecia á la época geológica secundaria, y especialmente á la formacion jurásica, identificando las conchas y caracoles fósiles con especies de esta formacion, figuradas en la obra de BEUDANT *(Cours élémentaire de Géologie, etc. Fig. 83 y 200-289)*.

Dos años despues el Señor AUG. BRAVARD, entretanto nombrado Director del nuevo Museo nacional, fué al Paraná para principiar la fundacion del establecimiento y pronto se ha ocupado del estudio de la formacion de la barranca del rio, tan interesante para un sábio geólogo. Publicó el autor en el año 1858 una « Monografia de los terrenos marinos terciarios de las cercanias del Paraná (Paraná 8), en la cual se ha restablecido completamente la exatitud de los primeros observadores del dicho terreno y amplificado su conocimiento por muchas nuevas observaciones, que hacen esta obra la mas importante de las tres anteriormente publicadas sobre el mismo asunto. Su autor es el que primero ha mostrado, que muchos de los fósiles encontrados en la formacion marina, no son habitantes del mar, sinó de agua dulce y aun de la tierra firme, y que sus restos han sido acarreados por aguas corrientes dulces al depósito marino, que se ha formado en un grande estuario del mar.

Fundándome en estas obras anteriores he dado una descripcion general del terreno terciario de la barranca del Paraná en mi viaje por las Provincias Argentinas *(Tom. I, pág. 419, seq. 1861)*, estudiándole durante mi residencia en la antigua capital de la República por un año entero, desde Junio de 1858 hasta Junio de 1859. No quiero repetir toda mi descripcion remitiendo al lector á la obra citada, me contento con estraer aqui los resultados sobre la manera como se ha formado el terreno, y enumerar los principales restos orgánicos encontrados en él por mí y mis antecesores.

No hay ninguna duda para mí, que el depósito terciario del Paraná se ha formado á la costa del mar, que rodeaba la parte antigua de la América del Sud, ya levantada en esta época sobre el nivel del Océano. Parece, que el lugar, en donde se formaba la barranca del Paraná, que hoy se levanta hasta 60 piés sobre el nivel del rio, no fué la costa misma, cuando principió la formacion del terreno, sinó una parte del fondo del Océano bastante distante de la costa antigua. Se deduce esta opinion por la escasez de restos orgánicos en las capas mas inferiores, que son generalmente de un grano muy fino y un color amarillo-verdoso. Nunca he visto en este depósito mas inferior de la formacion, restos de animal alguno; pero el Señor BRAVARD ha extraido de él, poco antes de mi llegada al Paraná, el cráneo de un Delfin con pico muy prolongado, que prueba por su conformacion que ha sido un animal oceánico. Despues se ha aumentado el depósito poco á poco y por esta razon el mar ha perdido mas cón los siglos pasados su profundidad del mismo modo que la tierra se ha extendido á la costa antigua. Durante toda esta época los rios y los arroyos que salian de la tierra, han introducido su barro en el mar vecino y asi se ha formado la substancia del terreno como una mezcla de arena y de barro; pero el barro no es la materia preponderante, al contrario es muy inferior á la cantidad de la arena. Sin embargo hay en la formacion tambien capas angostas de barro fino sin arena, en las cuales he visto restos de muchísimas conchas pequeñas fluviatiles, pero generalmente tan frágiles y ténues, que no ha sido posible dar una figura clara de ellas. Pero nunca se han encontrado en estas capas puramente arcillosas restos de animales marinos, lo que prueba, que son productos del agua dulce, que ha traido el barro de la tierra vecina.

Se deduce de la presencia de tales capas puramente arcillosas en el terreno, que de tiempo en tiempo los rios y los arroyos han aumentado mucho su depósito, probablemente á consecuencia de grandes cantidades de lluvia caidas en la tierra, formando avenidas fuertes con barro copioso; pero como estas capas no son gruesas, sinó muy bajas, de 1-3 centím. de espesor, se ve tambien claramente, que las causas, que las han formado, fueron transitorias y no duraron largo tiempo.

Entretanto continuaba la formacion general del terreno del mismo modo, deponiendo ya mas arena, ya mas barro mezclado con ella, y así se formaban diferencias en la mezcla sin órden y sin regularidad. Una que otra concha separada prueba, que ya vivian animales en el mar vecino, y restos de pescados del agua dulce, que son bastante abundantes, testifican tambien la presencia de los mismos en las aguas dulces de la tierra vecina. Generalmente no principian á presentarse las conchas en cantidad antes que en el medio del depósito, formando entónces grupos de muchos individuos y generalmente muy bien conservadas é intactas. Son los géneros: *Cardium, Arca* y *Venus* de la seccion de los Dimyarios la que forman tales grupos, miéntras que los Monomyarios, como *Pecten* nunca se encuentran en grupos, sinó siempre sueltos y generalmente una válvula sola, no las dos unidas. Se deduce de esta observacion, que las dichas conchas mas pelágicas han vivido lejos de la costa en el mar hondo, y que los Dimyarios han preferido el mar bajo cerca de la costa, en donde se han acumulado en sociedad de muchos individuos. Rara vez se encuentra en esta parte media del depósito una ostra, pero mas arriba, en la parte superior del terreno las ostras son muy copiosas. Sabemos muy bien, que las ostras actuales prefieren para su existencia un mar bajo, en donde forman sobre bancos naturales grandes sociedades de individuos innumerables. Lo mismo ha sucedido con las ostras de la época pasada terciaria, y por esta razon faltan en el tiempo de la formacion del terreno, cuando el mar, de donde se depositaba, fué bastante hondo. Pero al fin, cuando tanta arena y barro ha caido al fondo del mar, que se ha formado un banco natural en él, entónces las ostras han venido á este paraje, aumentándose prònto en grandísimas familias. Este banco antiguo en la parte superior de la formacion es hasta hoy tan fresco, que parece recien hecho por sus habitantes; las dos válvulas de la concha son casi siempre unidas y bien cerradas, y muchisimas pequeñas jóvenes mezcladas con las grandes y viejas. Hay algunas entre ellas de un tamaño verdaderamente espantoso. He visto individuos mas largos de un pié, y conchas mas gruesas cerca de la cerradura que dos pulgares. Hay lugares en donde casi todos los individuos son de este tamaño, lo que prueba un largo tiempo de su formacion tranquila.

En esta época de la formacion, el mar fué no solamente mucho mas bajo, sinó tambien mucho mas poblado por animales con conchas calcáreas, y por esta razon se formaba de los muchísimos restos destruidos por las olas y traidos á la playa un depósito calcáreo. Este depósito, que tiene un espesor de 3-12 piés, no es muy grueso, en comparacion con el espesor de la formacion arcillo-arenoso, que se estiende en el Paraná, hasta una altura de 90 piés, y en los pozos artesianos de Buenos-Aires hasta 280 ps. pero respiciendo à su origen de las conchas y caracoles siempre es un producto considerable, que se ha formado de millones de conchas en un largo curso de siglos. Comparándolo con los depósitos actuales en la costa del mar, es claro que la localidad, que hoy esta ocupada por el alveo del rio Paraná, fué entónces un estuario muy prolongado, en el cual estos animales han encontrado un mar mas tranquilo para vivir en él con comodidad. No se forman tales depósitos de conchas en costas del mar abiertas, sinó principalmente en ensenadas y bahías; y una tal bahia ha sido el lugar, en donde se formaba el depósito calcáreo de la formacion terciaria, que por este su modo de formarse no puede ser universal por toda la extension de la dicha formacion. En verdad testifican las observaciones en diferentes lugares, que el depósito calcáreo no es carácter general, sinó una produccion local bastante circunscripta.

21

Estos son los resultados de mis estudios sobre la Formacion terciaria del pais, reunidas en una vista general, sin entrar en las particularidades, que han dado motivo para la descripcion general precedente. Conclúyola con una revista sumaria de los principales restos de animales, encontrados en los mismos depósitos terciarios de la República Argentina.

1 *Gastropoda*, sive caracoles marinos, no hay de muchas especies, pero algunas de las pocas, que se encuentran, en cantidad innumerable. Es una *Turritella* y probablemente la *T. patagonica*, de la cual se ha formado en algunos lugares casi todo el depósito de la cal. Las otras especies son bastante raras.

2 *Cormopoda s. Acephala* forman la parte prevalente de los animales de la formacion y pertenecen á los géneros, *Solen, Venus, Cytherea, Lucinopsis, Cardium, Arca, Mytilus, Pecten, Ostrea, Lithodomus,* y algunas otras rara vez encontradas. Prevalen entre ellas los *Arca, Cardium, Cytherea* y *Venus,* de los cuales principalmente se ha formado el depósito de la cal. Dos especies de *Pecten (P. paranensis* y *P. Darwinianus)* son segun la edad de las capas las primeras, y dos especies de *Arca (A. Bonplandiana* y *A. obliqua)* los mas abundantes; tambien la *Cytherea Münsteri* abunda mucho entre las Arcas. El *Lithodomus* es raro y se encuentra talabrado en una ostra. De estas la *Ostrea patagonica* es la mas copiosa, pero no poco menos abundante son *O. Alvarezii* y *O. Ferrarisii.* BRAVARD distingue 10 especies de ostras en la formacion.

3. *Crustacea* hay poca; dos especies de *Balanus* son copiosas, la una en sociedad adherente á las ostras, la otra siempre soltera en un *Pecten.* De los verdaderos cangrejos he visto partes de la tijera, pertenecientes á una clase de los *Brachyuras.*

4 Hay tambien una estrella marina que BRAVARD llama *Asterias du Gratii;* pero no es un *Asterias,* sinó una *Ophiothrix.*

5 *Pisces:* Los restos de pescados son copiosos, pero siempre muy aislados. Son de dos categorias. Los unos, pertenecientes á pescados marinos, se presentan principalmente por los dientes de cinco diferentes especies de tiburones, que se encuentran en grande abundancia. Los otros son de pescados fluviatiles y traidos al depósito por los rios y los arroyos. Entre estos abundan restos de gianos *(Silurini)* y de algunas otras especies, que no puedo clasificar con seguridad.

Restos de *Amphibia* y *Mammifera* se han encontrado, pero siempre son muy escasos. Bravard menciona huesos de Cocrodilos y Tortugas, que jamás he visto y tambien excrementos de un animal rapaz (coprolitos). El único resto de un Mamífero, recojido por mí mismo, es el diente de un lobo marino, muy parecido á los dientes del género *Otaria*, del cual abundan actualmente especies diferentes en las costas Argentinas del mar Atlántico. Pero se conserva en nuestro Museo un pedazo de un hueso, estraido de la formacion, que sin duda ha pertenecido á una *Ballena*.

22

No hablaré mas de las dos formaciones bajo la formacion terciaria superior, conocidas en el suelo Argentino, porque ninguna de ellas incluye restos orgánicos, los cuales son el objeto principal de nuestros Anales y de mis estudios.

La Formacion terciaria inferior es la misma, que D'Orbigny en su viaje llama la *Formation guaranienne*. El autor es el único sábio que la ha estudiado hasta hoy cón algun suceso. La describe como un depósito principalmente arenoso de color rojo, que incluye capas de arcilla roja muy fina, y termina en las partes superiores con cal y arcilla, mezclada con yeso y arena. Pero ninguna de estas capas bastante gruesas incluye restos orgánicos. Se presenta esta formacion en toda la costa del rio Paraná del pueblito de La Paz al norte hasta Corrientes y en la Banda òriental á la costa del Rio Uruguay y Rio Negro, en donde la he estudiado y descripto en mi Viage (Tm. I, pág. 74).

En la perforacion del pozo Artesiano de Buenos-Aires, sin efecto favorable, se ha encontrado bajo la formacion terciaria superior una arcilla roja muy fina y plástica, que parece ser idéntica por su edad con esta formacion terciaria inferior. Su espesor es acá muy considerable, sin cambiar su naturaleza; pues el taladro en la perforacion cerca de la iglesia de la Piedad ha descendido en ella hasta la profundidad de 295 metr. (800 ps. fr.). Al fin se cambiaba la arcilla en arena arcillosa del mismo color, y esta arena fué sobrepuesta inmediatamente sobre la formacion metamórfica, que es la mas baja hasta hoy conocida de las capas estratificadas de nuestra tierra.

Esta Formacion de las piedras metamórficas parece ser tambien el fundamento del suelo Argentino, pues todas están representadas en las serranías del interior de la República aisladas de las Cordilleras, como tambien en las cuchillas de la Banda Oriental vecina. Deducimos de esta observacion en union con la otra, hecha por el taladro de las perforaciones en Buenos-Aires, que faltan en esta parte de la América del Sud todas las formaciones secundarias de la misma época geológica, y que no hay ni formacion cretácea, ni jurásica y tampoco triásica en nuestro suelo. No teniendo ningun motivo, por el destino de esta publicacion para entrar mas en la descripcion de las rocas metamórficas tan copiosas y variables concluimos la obra, reservando una descripcion geognóstica de las Serranias Argentinas para lo futuro.

LISTA (*)

DE LOS MAMIFEROS FOSILES DEL TERRENO DILUVIANO

———•••———

Classis 1. MAMMALIA.

ORDO 1. UNGUICULATA.

Familia 1. *Bimana.*

Pertenece á esta familia, como único representante de ella, el hombre (*Homo sapiens* LINN.) que hasta ahora no se ha encontrado fósil en este país, y si debemos creer al Sr. LYELL, tampoco se ha encontrado en toda la América. (**).

Pero algunas observaciones del Dr. LUND en las cuevas del Brasil, parecen probar lo contrario (*Blik paa Brasil. Dyreverd. fjerde Afhandl. pag.* 59. *Acta Acad. Reg. Dinam. Tm. IX.* 1842.)

Sin embargo, el autor no ha dicho positivamente, que los huesos humanos, encontrados con los huesos fósiles de *Platyonyx, Hoplophorus, Megatherium* y *Smilodon,* sean fósiles, reservado su juicio para lo futuro, pero sí dice, que esos huesos tenian todos los caractéres de huesos fósiles, y que el cráneo no era de la raza actual, sino de tamaño mas chico, con una frente mas inclinada, aproximándose al tipo del mono.

Lo mismo han probado las observaciones modernas del hombre fósil en Europa, y por esta razon me parece muy probable, que los huesos humanos

---

(*) Llamando esta enumeracion de los fósiles una lista, ya vé el lector, que no es la intencion describirlos detalladamente, reservando una tal descripcion entera de cada objeto para las entregas siguientes de nuestros Anales.

(**) LYELL, *the antiquity of men. pag.* 498. *London,* 1863. 8.

17

recojidos en las cuevas del Brasil, son tambien verdaderamente fósiles, es decir de la época diluviana.

No sucede lo mismo con los huesos humanos, encontrados en la América del Norte, en el valle de Mississippi, cerca de Natchez, porque estos se parecen en todo al tipo de la época actual. El Sr. Lyell, que ha examinado personalmente esos huesos y la localidad en donde se han encontrado, no los cree diluvianos, sino pertenecientes á la época actual de los aluviones antiguos (Vease *Antiquity of men, pag.* 200).

Familia 2. *Quadrumana.*

De esta familia de los Mamíferos, que contiene los monos, tampoco se han presentado hasta ahora muestras fósiles en este país. Pero no hay duda que han vivido monos en la época diluviana, porque el Dr. Lund ha recojido restos de ellos en los depósitos diluvianos de las cuevas de Minas Geraés, lo que prueba la existencia de monos en esta época.—Véase las descripciones del autor en los Actos de la Academia Real Dinamarquesa de Copenhaga. Secc. Mat—física. Tom. VIII, pag. 127, 1841, & IX. 59. 1843.

Familia 3. *Chiroptera.*

Pertenecen á esta familia los murciélagos, que tampoco se han mostrado entre los restos fósiles en este país hasta ahora. Pero el tamaño pequeño de todos y la fragilidad de sus huesos finos, hacen muy probable que no sea la falta de tales animales en la época diluviana, sino solamente la poca resistencia de sus huesos la causa de su completa ausencia.

Familia 4. *Ferae.*

Representantes de los mamíferos rapaces de la época diluviana no son copiosos en este país, pero los hay bastantes, para probar que fueron muy parecidos á los de la época actual.

Hay en la actualidad cuatro sub-familias de ellos en la América del Sud, que son: 1, los gatos; 2, los perros; 3, los hurones; y 4, los osos; de todos se presentan muestras en la época diluviana.

1. Gatos. *Felinae.*

Entre los fósiles del país hay dos clases de esta familia, la una es un animal muy grande, superior á los mayores gatos de la actualidad, por su tamaño y diferente por la dentadura; la otra no mucho mas chica, es un verdadero gato. Describiremos las dos.

1. Genus Machaerodus.

J. J. Kaup, *Ossem. fossiles. II. pag.* 24. *Darmstadt* 1833. 4,

Character genericus.

Los seis incisivos iguales de forma cónica, incurva, con una sola punta terminal y dos callos oblícuos basales. Los colmillos desiguales, los superiores muy largos, comprimidos, de figura de hoz con márgen crenulado al adelante y á detras; los inferiores cortos, cónicos, con márgen crenulado posterior, y callo crenulado al lado interior.

Machaerodus neogaeus.

Hyaena neogaea Lund. *L'Institut*, 1839. *Tom. VII. pag.* 125.—*Annal. des Scienc. natur. II. Ser. Tm. XI.* 224 & *Tm. XIII.* 312. *Acta Acad. Real Dinam. VIII. pag.* 94 & 134 *No.* 34 (1841).
Smilodon populator Lund *ibid. Tom IX.* 121. (1842). *IV* ͣ *l' Af handl. pag.* 55 & 62 *No.* 52. *tab.* 37—*et ibid. Supplem. tab.* 47.

GIEBEL *Fauna der Vorwelt. I.* 41 (1847).

Muñifelis bonaerensis Muñiz. La Gaceta Mercantil de Buenos Aires. No. 6603, 9 de Octubre de 1845.

Machaerodus neogaeus Pictet, *Traité element. de Paléontologie.. I.* 231 (1853).
Felis Smilodon Blainville *Ostéogr. descr. etc. genre Felis, pl. XX* (1850).
Smilodon Blainvillei Desmarest, *dans* Chenu, *Encyclop. d'hist. nat. Tm. III, Mammiféres* (1853).

En el año 1844, encontró el Sr. Dr. D. Francisco Javier Muñiz cerca de la Villa de Lujan, á 12 leguas al poniente de Buenos Aires, el esqueleto casi completo de este carnívoro maravilloso, y le describió en la Gaceta Mercantil de 9 de Octubre de 1845 (No. 6633) bajo el nombre *Muñifelis bonaerensis*. El hábil autor de la descripcion exacta, era entonces el único de los hijos del país que se ocupaba científicamente del estudio de los huesos fósiles de su suelo, pero no habiendo á la mano otros libros científicos que las *Recherches sur les ossemens fossiles* de G. Cuvier, no pudo saber que su animal ya era conocido bajo otro nombre en la ciencia.

Es este esqueleto el que, despues de 22 años de una conservacion cuidadosa, ha venido al Museo público de Buenos Aires, regalado generosamente al establecimiento por el Sr. D. Guillermo Wheelwright, Empresario del ferrocarril Central Argentino, á quien el Sr. Muñiz lo vendió bajo la condicion que no fuese extraido fuera de Buenos Aires. El Sr. Wheelwright, interesado en ser útil de todos modos al progreso del país, ha hecho este gran favor tambien á mí personalmente, suministrándome la ocasion de estudiar y describir cientí ficamente esta preciosidad, lo que yo reconozco con las gracias mas vivas que doy aquí públicamente á este benévolo amigo.

Despues de haberme ocupado en componer y armar este objeto para su exhi- bicion en el Museo público, tal como se presenta ahora, he estudiado bastante su naturaleza, para principiar la descripcion detallada, comparándole con los esqueletos de los animales mas parecidos de la época actual. Publicaré esta descripcion acompañada de muchas láminas en una de las siguientes entregas de los Anales del Museo Público de Buenos Aires, dando ahora solamente una relacion preliminar sobre las particularidades principales de su organizacion y una primera noticia corta geognóstica del lugar en donde se ha encontrado el esqueleto.

El terreno entre las dos villas de Lujan y de Mercedes, es probablemente el depósito mas rico de huesos fósiles en nuestra provincia; es el mismo lugar en donde se encontró en el año 1789, el esqueleto entero del Megaterio, hoy el objeto mas valioso del Museo de Madrid, que. ha llamado tanto la atencion de los sábios naturalistas, despues de su descubrimiento, hasta nuestros dias; como tambien el esqueleto completo del *Mylodon gracilis*, que se presenta en nuestro Museo. Forma aquí el suelo un bajío muy insensiblemente inclinado, en el centro del cual corre el Riachuelo del mismo nombre, en una.direccion general del Oeste al Este, cambiando bajo la villa de Lujan el curso directa- mente al Norte, para unirse al Rio Paraná, pero no le ancanza; la barranca alta del terreno mas elevado, que acompaña el Rio Paraná del lado Sudoeste, se retira de este punto mas al Sud, y dá lugar al Rio de Lujan para adquirir su camino propio hasta la boca ancha del Rio de la Plata, en la cual entra como .7 leguas al Norte de Buenos Aires.

Es alli donde se forman entre los dos Rios estas islas fértiles, provistas de una vegetacion rica de sauces de todo tamaño, que la fantasía poética de algu- nos escritores del país ha comparado con el célebre valle de Tempe en Tessalia.

Parece que la desviacion del Riachuelo de su curso en el paraje cerca de la villa de Lujan, indica un impedimento en la continuacion de su marcha direc- ta, algunos obstáculos naturales, y que estos obstáculos han causado antes una gran acumulacion de agua en la hondura de las villas de Lujan y Mercedes, en la que han muerto y han quedado sepultados animales innumerables, cu- yos esqueletos se encuentran hoy bajo las tierras depositadas por las mismas aguas.

Los restos de carnívoros son muy escasos entre los huesos fósiles de dicho terreno. Tenemos en el Museo público solaménte huesos fósiles de cuatro clases de carnívoros, que pronto describiremos, despues el *Machaerodus*.

Respecto al conocimiento primero del animal, del cual vamos á dar razon, no fué el Dr. Muñiz su primer descubridor, porque largo tiempo antes de su publicacion en la G a c e t a M e r c a n t i l, ya se habian encontrado restos de animales muy parecidos en otros paises. Fué el Dr. Kaup quien en el año 1833, fundó sobre el colmillo largo en forma de hoz, su género *Machaerodus*, y en este género debe entrar, por su naturaleza totalmente igual, tambien el *Muñifelis bonaerensis*. El célebre Cuvier ya habia conocido ese diente y dado una descripcion corta en su obra del año de 1824, pero como ese diente se ha encontrado con otros del oso, Cuvier ha identificado los dos diferentes animales, llamándoles *Ursus cultridens*. Bravard (1828) fué el primero que encontró 4 años despues, un cráneo completo que manifestaba una grande similitud del animal con los gatos, cambiándole entonces su nombre en *Felis cultridens*. Pero el Dr. Kaup, 5 años despues (1833), probaba que no es un verdadero gato aquel animal, sino un género particular, por la construccion diferente de su colmillo, llamándole *Machaerodus*. El autor ha conocido de este animal solamente tres dientes, el colmillo largo superior, otro colmillo mucho mas chico inferior y el diente molar inferior. No sospechando que estos dos dientes fueron del mismo animal, he fundado en ellos otro nuevo género, llamándole *Agnotherium*.

Algunos años despues (1846) el célebre Owen describió un colmillo muy semejante con el nombre *Machaerodus latidens* en su obra sobre los cuadrúpedos antediluvianos de Inglaterra, avisando al mismo tiempo al lector, que habia visto dientes de un animal semejante, tambien en la coleccion de huesos fósiles, mandado por los Sres. Falconer y Cautley de la grande India. Así ha sucedido, que casi contemporáneamente con la publicacion del Dr. Muñiz ya fueron conocidas 4 especies del género *Machaerodus*, del antiguo mundo. En el nuevo mundo, el primer descubridor de una especie del mismo género, fué el Dr. Lund, que ha examinado con tanto éxito las cuevas naturales de Minas Geraes en el Brasil, para encontrar en ellas huesos fósiles. Este hábil naturalista encontró algunos dientes chicos y huesos de pié, pertenecientes al *Machaerodus;* pero sin conocimiento del animal entero, los aplicó á una especie de *Hyaena*, llamando el animal H. *neogaea* (*L'Institut. VII.* 125, 1839). Sin embargo, despues, como ha encontrado tambien el colmillo largo en forma de hoz, ha comprendido fácilmente, que el animal no habia sido una *Hyaena*, llamándole entonces *Smilodon populator*, (*Act. Acad. Dinam. de Copenhague. Class. física. IX.* 1842). No hay que dudar que el autor fundando este nuevo

género, no conoció la obra de Kaup, (*Ossem. fossiles. Darmstadt.* 1833, 4 °)
en la cual se ven las formas del colmillo de *Machaerodus*, muy parecidas á las
del Dr. Lund en dichas actas de la Academia de Copenhague; pero como su
primera publicacion es seis años anterior á la descripcion del Dr. Muñiz, no
puede conservarse en la ciencia el nombre *Muñifelis bonaerensis*, con prefe-
rancia á la primera denominacion del Dr. Lund con el nombre del Dr. Kaup,
es decir: *Machaerodus neogaeus*. Se conocia de este animal, que aquí describiré
sumariamente, antes de la publicacion del Dr. Muñiz, solamente las partes descritas por el Dr. Lund, pero prueba su descripcion, como las figuras acompañadas, que es idéntica su especie con la nuestra. Mas tarde ha dado Blainville,
el sucesor de Cuvier en la cátedra del jardin de las plantas en Paris, una figura
de un cráneo casi completo, en su obra: *Ostéographie, genr. Felis*, pl. 20, bajo el
nombre de *F. Smilodon.* (*Smilodon Blainvilli*, Desmarest, *expl. d. l. planche.*)

Pasamos ahora al exámen del esqueleto mismo, advirtiendo antes á nuestro
lector, que no lo describimos detalladamente, porque toda su construccion
general es la misma que la del esqueleto de los gatos, indicando su diferencia solamente, por las relaciones diferentes de las partes del esqueleto entre
sí y la forma del cráneo. Así sucede, que si se hubiese encontrado este esqueleto sin cráneo, no habria sido posible distinguir el ánimal del género de los
gatos, pues toda la construccion de su tronco y miembros es enteramente la
misma. En oposicion con los grandes colmillos de la mandíbula superior, que
sobrepasan los del tigre y del leon actual cuatro veces, el animal fósil no fué
mucho mas grande en todo su cuerpo que el verdadero tigre de la grande
India, sino como una cuarta parte mas grande que la especie Felis del país,
llamada falsamente aquí Tigre, debiendo denominarse con mayor propiedad
Onza, porque es la *Felis Onca* de los naturalistas. Desgraciadamente faltan
en nuestro Museo esqueletos de los grandes gatos de la actualidad, y por esta
razon me veo obligado á fundar mi juicio sobre las reglas generales científicas
y algunas láminas de esqueletos que están en mi poder. Dice la regla, que el
cráneo de los grandes gatos es como la quinta parte de todo el esqueleto, con
esclusion de la cola. Tomando la medida, á este respecto, de los incisivos superiores hasta el fin del condilo occipital, y del mismo punto anterior hasta el
fin de la cadera, encontré las siguientes relaciones, en medida francesa:

	Cráneo	Tronco	Relacion del cráneo al tronco.
Felis Leo	0,327	1,727	5,30
Felis Tigris . .	0,305	1,570	5,14
Felis Onca . .	0,274	1,359	5,0
Machaerodus.	0,340	1,884	5,54

Prueba este cálculo que el cráneo de *Machaerodus* es el mas chico en relacion con su tronco, y que no supera mucho el cráneo del Leon, aunque el tronco de *Machaerodus* sea bastante mas largo. El Tigre ya tiene una relacion mas diferente entre el tronco y su cráneo, siendo el cráneo relativamente mas grande, y la Onza supera en esto al Tigre, teniendo el cráneo mas grande que todas las otras especies de gatos.

Sin embargo, las dichas relaciones se alteran mucho cuando se comparan estos cráneos respecto á su anchura y la relacion de la parte anterior con la parte posterior; bajo este punto de vista, el *Machaerodus* supera mucho las otras en la anchura del rostro y en el largo del occipital; pero no en las otras direcciones, como lo prueba la tabla siguiente:

	Ancho del rostro entre los colmillos.	Ancho de los arcos zigomáticos.	Longitud hasta la órbita posterior.	Longitud de acá hasta la fin de la cresta vertical
Felis Leo	0,090	0,260	0,200	0,175
Felis Tigris . .	0,086	0,253	0,176	0,183
Felis Onca . . .	0,085	0,220	0,162	0,180
Machaerodus .	0,110	9,200	0,185	0,190

Se sigue de esta tabla que la forma general del cráneo de *Machaerodus* es mas parecida á la del Tigre que á la del Leon; pero que no es igual á ninguno de los dos en el ancho del arco zigomático. Pero como supera el *Machaerodus* todos los gatos grandes en el ancho del rostro, tambien los supera en la longitud de la cresta vertical, así es, que la inmensa altura de esta cresta es casi el antídoto contra la angostura de los arcos zigomáticos. Tiene en este punto alguna relacion con la Hyena, que entre todos los carnívoros vivientes posee la cresta vertical mas alta, pero ni la forma de·los dientes, ni la anchura del rostro sostienen esta analogía; en todos los otros puntos el *Machaerodus* es mas parecido á los gatos. Lo que tiene de particular es la grande anchura del rostro, pues ningun gato tiene esta parte tan ancha; la especie mas parecida en este punto es la Onza de nuestro suelo, como lo prueban las medidas dadas arriba. Este animal tiene entre todos los gatos vivientes, el rostro relativamente mas ancho y los colmillos mas gruesos, pero no es lo grueso de los dientes lo que forma el carácter particular del *Machaerodus*, sino al contrario, su forma comprimida unida á su largo sorprendente. Nada igual se vé entre los gatos actuales.

Como en este punto de la anchura del rostro, *Machaerodus* corresponde mas al Leon que al Tigre, se unen los dos animales tambien en el tamaño relativamente chico de las órbitas y el ámbito mas grande del canalis infraorbitalis. El Leon tiene ojos relativamente mas chicos que los otros gatos, y lábios mas gruesos, lo que se prueba en su cráneo por los dichos caractéres osteológicos. El *Machaerodus* supera en ellos al Leon; sus órbitas son mas angostas, de forma elíptica, pero el canalis infraorbitalis es muy ancho, mucho mas ancho que el del Leon, lo que indica lábios muy gruesos y largos, para cubrir sus colmillos enormes, que probablemente sobrepasaban con su punta fuera de los lábios, no ocultándose bajo ellos, como en los grandes gatos de la actualidad. Otro carácter semejante á la organizacion del Leon, es la anchura de la nariz y la construccion de los huesos que la forman. El Leon grande tiene los huesos de la nariz cortos, redondeados y menos prominentes atras que el processus frontal de la mandíbula superior, lo que distingue este gran gato de todas las otras especies de su género. El *Machaerodus* sigue en esta configuracion al Leon, siendo los huesos de la nariz muy anchos y redondeados atrás; pero un poco mas alargados en la misma direccion que el processus frontal de la mandíbula superior, igualmente ancho y redondeado en la punta. En otros caractéres del cráneo los dos animales muestran mas diferencia. La escavacion fuerte en la frente de *Machaerodus* no se encuentra tanto en los grandes gatos de la actualidad, como tampoco el márgen elevado ántico de la órbita, á quien falta esta punta prominente sobre la entrada en el *canalis lacrymalis* que se llama espina lagrimal. Es particular que falte tambien al *Machaerodus* la elevacion alta al arco zigomático, en oposicion con la espina orbital posterior. Se reunen á estas cualidades negativas otras positivas, como el curso directo del arco zigomático, de lo cual depende la anchura pequeña del cráneo; la evolucion muy fuerte de la parte mastóidea en el hueso temporal, que se cambia en una prolongacion oblícua descendente, de doble tamaño que en los gatos de la actualidad; la forma de la parte occipital del cráneo, que es un triángulo mas alto que ancho, no mas ancho que alto, como en los gatos de nuestra época, y la prolongacion de los condilos occipitales, que sobrepasa mucho la de los gatos actuales. Todos estos caractéres dejan presumir una movilidad mas libre del cráneo, unida á una fuerza mas grande en este movimiento, que tiene la intencion de hacer mas enérgica la accion de los grandes colmillos de la boca, é indican un animal mas formidable y sanguinario que el Tigre actual de la grande India, hoy la bestia mas impetuosa de nuestra tierra.

Es curioso que la mandíbula inferior no indica la misma energía, porque es muy chica, mucho mas chica que la del Leon, y solamente un poco mas larga que la mandíbula inferior de la Onza; pero no mas ancha, al contrario mas angosta por detras; calidad que sorprende mucho, respecto á la anchura mucho mayor del paladar de *Machaerodus*. Muy claramente demuestran estas circunstancias las siguientes medidas:

	Felis spelaea.	Felis Leo.	Felis Tigris.	Felis Onza.	Machaerodus.
Longitud del condilo hasta los incisivos.	29 cet.	24 cent.	21 cent.	20 cent.	22 cent.
Anchura entre los dos condilos y con ellos.......	25 —	21 —	19 —	18 —	17 —

Tiene la mandíbula inferior en su construccion toda la configuracion de la de los gatos, y se acerca mas por su direccion directa del márgen inferior á la del Tigre y de la Onza, que á la un poco encorvada del Leon; sin embargo es diferente de todas por su prolongacion en figura de una cresta, al lado mental bajo el colmillo inferior, que no se encuentra en los verdaderos gatos. A esta cresta prominente se aplica el colmillo superior, cuando la boca se cierra y probablemente se ha formado sobre la cresta una clase de incision en el lábio inferior del animal vivo, para recibir la parte terminal del colmillo con la punta, que superaba bastante la márgen mental de la mandíbula de abajo.

La dentadura del *Machaerodus*, es bien conocida por los descubrimientos anteriores, y por esta razon no hablaré de ella detalladamente. (*) Nuestro cráneo tiene todos sus dientes completos, es decir, seis incisivos en cada mandíbula, los cuatro colmillos y tres muelas á cada lado en la mandíbula superior, pero solamente dos en la inferior, en todo veinte y seis dientes, el número mas pequeño que se ha encontrado entre los carnívoros. Las muelas son exactamente como las de los grandes gatos, y no mas grandes que las del Leon y del Tigre; tienen las mismas elevaciones para la manducacion y no difieren de ellas sino por la falta de la primera muela falsa chica en cada mandíbula que hay en los gatos; sin embargo, faltando generalmente en la mandíbula superior de los linces. Pero un gran vacío entre los colmillos y las muelas, parece indicar que la muela primera chica existió en la primera edad del animal, no obstante que ningun vestigio del alvéolo se encuentre en el vacío. La especie de *Machaerodus*, descrita por Bravard como *Felis Mengantereon*, tiene en verdad esta primera muela falsa chica abajo, lo que prueba su presencia tambien en la juventud, del *Machaerodus neogaeus* y lo que lo mismo es de la figura de nuestra especie, dada por Blainville. Como esta figura de Blanville, tiene colmillos é incisivos relativamente mas grandes que nuestro cráneo, supongo que el individuo figurado fué un macho y el nuestro una hembra con dentadura poco mas fina y pequeña, y que por esta razon se ha perdido la primera muela falsa muy chica. La muela superior última tiene su posicion transversal atras de la

---

(*) El primer descubridor del animal, el Dr. Lund, ya ha descripto y figurado casi toda la dentadura. El autor figuraba primeramente los dos dientes carniceros como los de un gato, [*Felis protopanther*] en el suplemento á la tercera parte de su obra sobre los fósiles del Brasil [*pl. 26. fig.* 10. 11]. Despues él ha recojido algunos incisivos con una parte del gran colmillo y figurado en la cuarta parte [*pag. 55, pl. 37*] de su obra, con el nombre *Smilodon populator*, revocando la primera denominacion de *Hyaena neogaea*. Al fin ha dado una figura del colmillo perfecto con la de la mandíbula inferior en un suplemento á esta parte [*pl. 47*] con otras figuras de dos incisivos.

penúltima como en los gatos, y dos raices chicas correspondientes á las dos elevaciones pequeñas para la masticacion.

Los dos colmillos grandes de la mandíbula superior de forma encorvada, como una hoz chica, son bastante comprimidas de los dos lados, y muy finamente serrados en sus dos márgenes agudos, pero no tienen los surcos finos en la superficie de la corona que se encuentran en los colmillos de los gatos. Cada uno es de 27,5 cent. de largo, incluyendo la corona 15 cent. y la raíz 11, quedando libre entre los dos una existencia de 3,5 cent. que cubría la encía prominente. La corona tiene 4,5 cent. de ancho en la base y 2 cent. de grueso, y se disminnye desde ahí hasta la punta poco á poco. Los mismos dientes parecen en la figura de BLAINVILLE, poco mas grande, y asi se consta que nuestra especie de *Machaerodus neogaeus* ha tenido los colmillos mas grandes de todos. Dice el Sr. OWEN, que el colmillo mas grande del *Machaerodus cultridens* de Italia, fué 22 cent. de largo y 3,8 cent. de ancho en la base de la corona, y el mismo diente del *Machaerodus latidens* de Inglaterra tiene 16 cent. de largo y 2,8 cent. de ancho.

Los dos colmillos de la mandíbula inferior son del todo diferentes de los de la mandíbula superior y por esta razon el Dr. KAUP no los ha reconocido, fundando en ellos su nuevo género *Agnotherium*. La corona no es comprimida, sino cónica, y como es la regla en los colmillos, mas corta que la raiz, siendo la relacion diferente de los colmillos superiores de *Machaerodus* una escepcion particular de la regla general. Tiene el colmillo inferior dos crestas prominentes poco serradas en su superficie, la una al lado interior, la otra al posterior en el mismo lugar á donde se ven iguales crestas finas en los colmillos inferiores de los gatos; pero la forma de su corona es mucho mas corta, un poco mas alta que el diente incisivo vecino. Este tamaño chico de los colmillos inferiores, es un carácter particular del *Machaerodus* en comparacion con el tamaño grande de los superiores; ningun otro carnívoro muestra una cosa parecida. Tiene la corona de este colmillo, comparada con la del superior, relaciones mas iguales entre sí en todos los grandes gatos, como lo prueba la tabla siguiente:

	Leon.	Tigre.	Onza.	Machaerodus.
Altura de la corona del colmillo superior	5 cent.	6 cent.	4,5 cent.	13 cent.
La del inferior	4 —	4,3 —	3,6 —	2,6 —

Así sucede, que el colmillo inferior del Tigre es casi de doble tamaño del colmillo inferior de *Machaerodus*, pero el superior del Tigre es solamente la mitad del mismo diente de *Machaerodus*.

Si esta relacion particular del colmillo inferior al superior y la forma no menos particular de la corona de los dos, no fuera suficiente para fundar un

género separado de los gatos con este animal, probaría lo mismo mas claramente la diferencia completa del tipo de los dientes incisivos. Estos dientes
son parecidos en su configuracion al colmillo inferior, es decir, cónicos y un
poco encorvados al interior con la punta, no en forma de cincel con su márgen
superior tripartido como los incisivos de los gatos. Se agrega á esta diferen-
bia de forma otra no menos significativa de tamaño. En los gatos el diente
incisivo exterior de cada lado es mucho mas grande que los otros cuatro del
medio, siendo los de la mandíbula superior casi iguales en tamaño entre sí y
en la mandíbula inferior los dos internos un poco mas chicos que los otros y
los exteriores. En el *Machaerodus* la diferencia de tamaño es mucho menos
pronunciada y mas gradualmente, siendo cada incisivo de la mandíbula superior un poco mas grande que el diente correspondiente al inferior. Del interior
incisivo de la mandíbula inferior, que es el mas chico, se aumenta el tamaño
poco á poco por los laterales y los internos superiores del modo que lo indica
la tabla siguiente de las medidas de la corona de todos estos dientes, principiando por el mas chico y terminando por el mas grande.

Diente incisivo interno inferior........	8	milím.
Diente inferior medio de cada lado.	10	"
Diente interno superior...........................	16	"
Diente superior medio de cada lado.......	20	"
Diente incisivo esterno inferior..............	21	"
Diente incisivo esterno superior.............	25	"
Colmillo inferior.....................................	26	"

Prueban estas medidas, que los incisivos del *Machaerodus* tienen entre sí
una relacion muy diferente de los incisivos de los gatos actuales: lo que justifica la separacion de estos dos géneros en la clasificacion.

Respecto á la forma de la corona, esta diferencia entre *Machaerodus* y *Felis* es todavia mas pronunciada. Ya he dicho, que los incisivos de *Machaerodus* son cónicos puntiagudos, y los de *Felis* en forma de cincel, con márgen
superior obtusa y tripartida. Cada incisivo es un cono un poco encorvado detras, con una punta mas ó menos gastada por el uso perpetuo. A cada lado
de esta punta principian dos listas elevadas, que descienden hasta la base de
la corona, aumentándose en grosor y altura, hasta la parte basilar, donde se
disminuyen de nuevo. Cada lista tiene algunos pliegues trasversales muy finos,
como las mismas listas del colmillo inferior. A la base de la corona las dos
listas se doblan al interior y se tocan con las puntas, formando de este modo
un ángulo agudo, que incluye una prominencia mas ó menos pronunciada.
Igual prominencia, pero mas fuerte, tienen tambien los incisivos de los gatos,
pero las listas dentelladas les faltan, como los tubérculos chicos laterales del

márgen superior de la corona de los gatos al *Machaerodus*; son estas tubérculos chicos casi los representantes de sus listas dentelladas.

De la forma cónica puntiaguda de los incisivos de *Machaerodus*, como tambien de la corona alta y muy capaz para perforar con facilidad el cuerpo de
su víctima puede calcularse, que este animal fué muy sanguinario y que ha
comido menos la carne de sus presas, que chupado su sangre. Parece que la
parte occipital fuerte de su cráneo, está en relacion con esta presuncion, probando que el movimiento de la cabeza fué muy violento y muy á propósito
para sostener largo tiempo el ataque feroz del animal. Si los objetos de su
asalto fueran principalmente los grandes Edentates contemporáneos, como el
Megatherium, Mylodon, Scelidotherium y *Glyptodon,* que han tenido todos una
superficie dura, cubierta con huesos tuberosos, ó corazas completas, no es
sorprendente encontrar en el *Machaerodus* estos largos colmillos puntiagudos,
porque solamente un diente semejante ha sido capaz de perforar los tejadas
de estos animales. Sin duda fueron los mismos animales la comida del *Machaerodus*, porque un animal tan feroz y tan grande no ha vivido solo de animales chicos, sino tambien de los mas grandes. El Tigre actual ataca al
Elefante y al Rinoceronte, como ha atacado el *Machaerodus* al *Megatherium* y
Mylodon de su época.

Es particular y muy favorable para esta argumentacion, que el colmillo de
Machaerodus neogaeüs de la América del Sud, es el mas grande de todos, como
se ha probado por las medidas antes señaladas. No han existido tales animales grandes con superficie dura, en el hemisferio oriental durante la época
antediluviana, siendo nuestro pais como toda la América central, la única patria de dichas bestias encorazadas.

En los caractéres particulares del cráneo y de la dentadura, ya suficientemente examinados, están fundadas las principales diferencias genéricas entre
Machaerodus y *Felis,* y por esta razon los he esplicado mas detalladamente:
pasemos ahora al exámen comparativo de las otras partes del esqueleto, el
que puede hacerse mas corto, porque no son tan grandes las diferencias.

El cuello es bastante fuerte y probablemente un poco mas largo que en los
grandes gatos de la actualidad, pasando un poco la longitud del cráneo, que
fué 0,34 y la del cuello es 0,40. Pero en este cálculo he tenido en cuenta los
cartílagos intervertebrales; sin ellos la longitud de las siete vertebras es solamente 0,37. El Atlas, la primera vértebra, tiene 0,03; la segunda llamada
Axis, 0,08, tercera 0,051, la cuarta 0,050; la quinta 0,050, la sesta 0,049, y la
séptima 0,048 longitud en el medio del cuerpo en la superficie inferior. El
Atlas parece un poco mas grande que la misma vértebra del Tigre, y tiene
las alas laterales mas prolongadas por detras, imitando por esta figura un

poco al Atlas de la *Hyaena*. Comparado con el Atlas de *Felis spelaea*, dibujado en la obra bien conocida de SCHMERLING sobre las cuevas naturales Bélgicas, sale bastante mas chica en la parte media; pero como faltan las alas, no puede compararse bien el tamaño relativo. El Atlas del Tigre actual tiene 0,15 distancia entre las partes mas prominentes de las alas, el de *Machaerodus* 0,18 en la misma direccion. El Axis, (eje) se levanta en una cresta gruesa, no muy alta, horizontalmente terminada, pero prolongada tanto adelante como atras en una prolongacion redondeada; de sus lados salen dos apófisis trasversales bastante delgadas. Estas mismas apófisis se aumentan en tamaño y grosor sucesivamente con las vértebras, terminando en dos puntas distantes, de las cuales la inferior es mas puntiaguda y mas prolongada. En la vértebra sesta, esta prolongacion inferior se cambia en una lámina perpendicular descendente, con una cresta en la superficie, pero en la séptima vértebra no se vé nada de esta prolongacion, siendo la apófisis delgada de figura casi cilíndrica. Las apófisis superiores espinosas de estas cinco vértebras posteriores del cuello, son desiguales en forma y tamaño, pero mas altas las últimas; la primera de ellas, perteneciente á la tercera vértebra, es la mas chica é inclinada atrás, ocultándose bajo la prolongacion posterior de la cresta del Axis; la siguiente de la cuarta vértebra es perpendicularmente puesta y un poco mas alta, la de la quinta vértebra se levanta del mismo modo, pero es mas puntiaguda; la de la sesta y séptima vértebra se inclina adelante, tienen una punta mas prolongada y son casi de la misma altura, pero un poco mas alta que las otras. La apófisis espinosa de la primera vértebra dorsal supera las de las dos últimas vértebras del cuello casi en una tercera parte de su altura, pero tiene casi la misma figura puntiaguda, como tambien la de la segunda vértebra dorsal, que es igualmente perpendicularmente puesta. Con la tercera las apófisis espinosas dorsales se inclinan atras, aumentando esta inclinacion con el progreso hasta la undécima y disminuyendo poco á poco su altura. Las primeras cuatro de entre ellas son puntiagudas como las dos antecedentes, las otras obtusas y al fin un poco mas gruesas. La apófisis espinosa de la duodécima vértebra, es la mas chica y perpendicularmente puesta, porque en esta vértebra se presenta la anticlinia del espinazo; las dos siguientes se inclinan un poco adelante, y con ellas se termina el número de las vértebras dorsales que son catorce. Siguen las seis vértebras lumbares, todas con apófisis espinosas inclinadas atras de igual altura pero de un ancho desigual, siendo las posteriores poco á poco mas anchas, con escepcion de la cuarta, que és la mas ancha de todas. Tienen estas vértebras lumbares apófisis laterales transversales de forma puntiaguda, un poco encorvada adelante y descendientes en su direccion; todos iguales á las mismas apófisis de los gatos, y entre ellas la primera la mas corta y la quinta la mas ancha. La forma particular de todas estas vértebras es igual á la de los gatos, y por esta razon no las describiré detalladamente. Para conocer su relacion con las vértebras de los grandes gatos de la actualidad, es suficiente saber la longitud de sus cuerpos, que es la siguiente:

Primera vértebra dorsal 0,0400
Segunda " " 0,0380
Tercera " " 0,0370
Cuarta " " 0,0365
Quinta " " 0,0360
Sesta 0,0370
Sétima " " 0,0380
Octava " " 0,0382
Nona " " 0,0390
Décima, undécima y duodécima, cada una 0,0400
Décima tercia y décima cuarta, cada una 0,0420
De la primera y segunda vértebra lumbar, cada una . 0,0430
Tercera 0,0450
Cuarta y quinta, cada una 0,0500
Sesta vértebra lumbar 0,0450

De las tres vértebras sacrales.

La primera 0,0440
La segunda 0,0350
La tercera 0,0300

Nuestro esqueleto carece de cola, pero la pequeñez de la cara articularia de la última vértebra sacral prueba que fué bastante chica y no tan grande como la de los grandes gatos de la actualidad. Parece que su relacion con el cuerpo fué mas igual con relacion á la cola de los linces. En la actualidad, los grandes gatos, cómo el Leon, el Tigre, la Onza, etc., tienen hasta 29 vértebras caudales; los meneros gatos con cola larga tienen 20 hasta 23, y los linces solamente 15 hasta 18 vértebras. De este modo puede calcularse tambien el número de las vértebras caudales del *Machaerodus*.

El número de las vértebras antes de la cola del *Machaerodus*, es el mismo, que presentan casi todos los gatos de la actualidad. Si algunos autores cuentan solamente 13 vértebras dorsales, el número de las lumbares se aumenta á siete, porque en la última vértebra dorsal la costilla mas chica se ha perdido, y esta vértebra en consecuencia se ha cambiado en vértebra lumbar. Tres vértebras tienen en el hueso sacro generalmente las grandes especies de los gatos, y solamente dos las chicas; pero siempre se une con el hueso ileo de la cadera una sola vértebra, la primera. En este punto de su organizacion, el *Machaerodus* es diferente de los gatos, porque las dos vértebras primeras se uuen con el hueso ileo de la cadera, lo que sucede tambien en la *Hyaena*. Tenemos entonces otra analogía con esta bestia feroz de la actualidad que se echa no menos en América en las épocas pasadas, como en la nuestra.

El esternon y las costillas son completamente como las de los gatos. El primero tiene una punta cónica encorvada al estremo anterior del manubrio, que forma un pedazo particular separado, y atras siete pedazos cúbicos, con lados poco encorvados, que disminuyen en anchura poco á poco por detras, siendo el último mas largo pero mucho mas delgado que los otros y provisto de un cartilago llano suborbicular, como en los gatos. En todo tiene consiguiente nueve partes huesosas el esternon, entre las cuales la segunda llamada *manubrium*, es la mas grande.

Las costillas son catorce pares. La primera es una de las mas cortas, de 0,160 longitud, casi de igual anchura en toda su estension, pero poco comprimida de adelante hácia atras. La segunda costilla es arriba poco mas delgada y de 0,175 largo; de la tercera todas las siguientes son delgadas arriba y gruesas abajo, como una clava invertida; la tercera es de 0,206, la cuarta 0,240, la quinta 0,260, la sesta 0,280 de largo; de la séptima los cuatro que siguen tienen la misma longitud, es decir 0,290, la undécima 0,270, la duodécima 0,260, la décimatercia 0,230, y la décimacuarta 0,160 de largo. Está y la penúltima se unen solamente con la cabeza al cuerpo de la vértebra, son mas delgadas y la última sin clava al fin; las otras dos tienen un tubérculo bastante pronunciado que se une con la apófisis trasversal de la vértebra y la cara articularia al principio de la costilla con el cuerpo de la vértebra misma, formando de este modo una articulacion que permite el movimiento respiratorio á las costillas. Hay abajo de la apófisis trasversal de la primera vértebra dorsal una cavidad muy considerable en la cual entra el tubérculo de la primera costilla, para formar la articulacion: en las otras apófisis esta articulacion es llana, y solamente en la apófisis de la segunda vértebra un tanto escavada.

No puede decirse con exactitud, cuantos de los catorce pares de costillas se unen directamente con el esternon, pero como las nueve partes del esternon tienen ocho intérvalos, no pueden ser menos que ocho. Si fuese esta juntura como en los gatos, no solamente ocho pares de costillas, sino nueve, se habrían atado al esternon, uniéndose en el intérvalo último dos pares con este órgano. La completa analogía de las otras partes principales, obliga á presumir, que fué lo mismo con el *Machaerodus*, y que este animal ha tenido, como los grandes gatos de la actualidad, nueve pares de costillas verdaderas, y cinco pares de costillas falsas con cartílagos libres en la punta. Estos cartílagos esternocostales, faltan por causa de su descomposicion en la tierra á nuestro esqueleto, como todas las otras partes cartilaginosas del animal.

Por último, los huesos de los miembros del *Machaerodus* no son de menor similitud con las mismas partes de los gatos, respecto á la forma de los huesos separados; pero unidos en un órgano completo, se presenta una diferencia bastante · grande, siendo el antebrazo mucho mas corto que el humero y la pierna todavia mas corta que el muslo (1). En los gatos de la actualidad, es la diferencia entre estas dos partes de los miembros, mucha mas pequeña, como se vé claramente por medio de la medida en centímetros de algunas especies, que en la tabla siguiente presentamos al lector:

Partes de los miembros.	*Machaerodus.*	*Felis spelaea.*	*F. Tigris.*	*F. doméstica.*
Omoplato.......	0,33	?	0,25	0,08
Húmero	0,38	0,38	0,08	0,102
Radio..........	0,27	0,35	0,28	0,100
Mano	0,27	?	0,28	0,09
Metacarpo medio	0,090	0,137	0,108	0,032
Cadera	0,35	?	0,32	0,11
Hueso sacro....	0,19	0,128	0,07	0,02
Femur ...….....	0,38	0,428	0,36	0,12
Tibia .…... .…......	0,25	?	0,32	0,12
Calcaneo ...….....	0,110	0,138	0,105	0,050
Metatarso medio.	0,100	0,141	0,126	0,050

Esta tabla prueba, que los miembros del *Machaerodus* tienen su tipo particular, comparado con las partes análogas de los gatos, y que la abreviacion hácia abajo se estiende hasta la mano y el pié, no solamente al antebrazo y á la pierna. Pero no corresponde á esta abreviacion una debilidad progresiva de los huesos correspondientes, al contrario, los huesos sueltos, y principalmente los de los miembros de adelante son mas fuertes que los de los grandes gatos de la actualidad, y casi iguales en grosor á los de la *Felis spelaea*, el gato mas grande y robusto que jamas haya vivido en el mundo. Es verdad que los huesos correspondientes de este gato gigantesco y los del *Machaerodus*, son muy diferentes en longitud, siendo los de *Felis spelaea* bajo del húmero casi una quinta parte mas largo, pero no son mayores en anchura, á lo menos las caras articularias Prueban estas fuertes caras articularias, una fuerza del brazo superior á todos los gatos de la actualidad, é igual, sino tambien superior, á la fuerza de la *Felis spelaea*. Un animal que debe matar con sus lar-

---

(1) La abreviacion particular de la pierna en comparacion con el muslo, se podria aceptar como una analogía con el tipo de las de la hyena, si las partes correspondientes de los pies de adelante fuesen de la misma relacion entre sí. Pero en la hyena, el antebrazo es bastante mas largo que el húmero, en oposicion con el tipo de Machaerodus.

gos colmillos las mayores bestias, que jamás han vivido en la superficie de la tierra, debia tener fuertes patas para acogotar y sustentar bajo ellas su presa, y por esta razon la mano del *Machaerodus* es menos larga que ancha, y el antebrazo menos prolongado que grueso; cualidades, que prevalecen mas en este miembro de adelante que en el pié del *Machaerodus.*

Considerando el omóplato del *Machaerodus*, y comparándole con el del Tigre, esperamos con razon un miembro mas largo en aquel que en este, y asi es en verdad; los huesos unidos del miembro de adelante del Tigre, dan 1,13 y los del *Machaerodus* 1,25. Pero esta extension mayor es causada solamente por el omóplato y el húmero mas largo, el antebrazo y la mano son mas cortas, y todos los huesos del miembro anterior de *Machaerodus* mas gruesos y aun los mas cortos. Síguese de esta diferencia de la longitud y del grosor, que el *Machaerodus* ha tenido mas fuerza en su miembro que el Tigre, pero que el Tigre probablemente es mas agil y mas ligero en sus movimientos que lo que ha sido el *Machaerodus.*

Los miembros de atras no son tan diferentes en sus partes correspondientes entre ambos animales, pero la relacien general de ellas es la misma. Primeramente es importante notar, que el grosor de los huesos no es tan grande, como en los mismos huesos del miembro anterior; lo que prueba que la fuerza muscular de las piernas no fué igual á la de los brazos, porque en el grosor de sus huesos se espresa muy bien la fuerza de los miembros. Ningun gato grande de la actualidad muestra una diferencia parecida entre los huesos correspondientes de adelante y de atras; todos ellos los tienen mas ó menos iguales en grosor. Sin embargo, la diferencia de la longitud del muslo de *Machaerodus* y de la pierna, parece todavia mas grande, siéndole 0,13, y la diferencia del húmero y radio solamente, 0,11. En el Tigre actual esta diferencia es en los dos miembros igual y solamente 0,04. Al fin, el pié de los dos animales es casi igual en longitud, pero no son iguales las partes sueltas. El *Machaerodus* tiene un calcaneo mucho mas largo, pero dedos mas cortos; el Tigre un calcaneo mas corto y dedos mas largos. Prueba esta diferencia, que el Tigre tiene mas aptitud para saltar que el *Machaerodus,* pero este mas fuerza en insistir firme en sus piés.

No he dicho hasta ahora, que el número y la forma de los huesecillos de la mano y del pié del *Machaerodus* son iguales con los de los gatos, y que no hay otra diferencia que la del tamaño, siendo los del *Machaerodus* relativamente mas cortos y mas gruesos. En el carpo el *os lunatum* está unido con el *os naviculare* en un mismo hueso, que es el mas grande de todos, y por esta razon el número de los huesos del carpo es solamente de siete. El hueso que le sigue

19

en tamaño es el *os hamatum*, pero se ha perdido en los dos carpos de nuestro esqueleto. Muy chico es el *os capitatum*, y bastante grande el *os pisiforme*, que tiene la figura de una mano de mortero corta. Los siete huesos del tarso son completos y bastante fuertes, pero de los dedos del pié falta el pulgar ó dedo interno, como tambien en los gatos; solamente su metatarso chico es presente. Todos los dedos de la mano como del pié, tienen dos huesecillos sesamoideos bajo la articulacion de la primera falange con el metacarpo y metatarso de figura semilunar en los dedos, pero hemisférica en el pulgar. Con estos el número de todos los huesos de la mano es 36, y del pié 32.

No hay posibilidad de esplicar la forma particular de todos estos huesecillos mas detalladamente sin láminas que las espliquen, y por esta razon no entro en la descripcion. Las personas que quieran conocer mejor la forma del esqueleto, como la de los huesos, encontrarán una buena fotografía de él en el laboratorio del hábil artista Sr. GALLIARD, calle de 25 de Mayo No. 25, esquina de la calle Piedad, que la ha tomado del esqueleto asi que fué concluido su armazon en nuestro Museo.

El grosor sorprendente de los huesos de los miembros del *Machaerodus*, ha inducido á algunos autores tomarlos para huesos de otros animales mas robustos. Asi describe el Sr. NODOT en su obra sobre los Gliptodontes, que él ha llamado *Schistopleurum*, el radio del *Machaerodus* como un hueso de este animal (*pag.* 55, *pl.* 7. *fig.* 7); y el Sr. GERVAIS ha tomado en su obra sobre los Mamíferos fósiles de Sud América (*Paris* 1855. 4) el astragalo y los huesos del metatarso para los de un oso.

2 Genus *Felis* LINN.

Character genericus.

Los incisivos de forma desigual, los dos exteriores grandes, cónicos; los cuatro interiores chicos, obtusos; cada uno con un callo postizo agudo muy elevado.

Los colmillos de arriba y abajo, casi iguales de tamaño y figura cónica, con dos esquinas agudas prominentes y dos líneas impresas entre ellos á cada lado esterno de los superiores, pero una tal línea sola en los inferiores.

Felis longifrons. NOB.

He tenido mas de tres años há en el Museo público, la parte inferior del hueso del brazo (*humerus*) de un gran gato, que se reconoce fácilmente por la perforacion particular sobre el condilo interno de la figura de un puente, por el cual pasan la *arteria brachialis* y el *nervus medianus*. La misma configura cion tiene tambien el húmero del Machaerodus, pero su hueso humeral es de doble tamaño, y el puente relativamente mas chico. Tampoco se presenta en el Machaerodus una escavacion tan considerable del hueso sobre el condilo, y la cresta elevada al lado externo sobre el condilo es mucho mas alta y mas reclinada atras que la misma cresta de Machaerodus, lo que sucede tambien en la Onza actual.

No existiendo en mi poder esqueletos de los grandes gatos de la actualidad, he comparado esta parte del húmero con las figuras de Schmerling de la *Felis spelaea* (*Ossem. fossil. II. Atl. pl. XV. fig.* 2) y de Blainville de la *Felis Tigris* (*Ostéogr. Atl. Felis pl. XII*) y he visto que mi hueso es igual en tamaño al mismo del Tigre, pero mucho mas chico que el húmero de la *Felis spelaea*. En el húmero del Tigre el puente es menos prominente, como tambien la tuberosidad al lado del condilo interno y la cresta elevada sobre el interno; el húmero de la *Felis spelaea* tiene el puente mucho mas afuera del centro del hueso, y en consecuencia la parte del hueso sobre el puente relativamente mas ancha. Está fuera de duda, pues, que el gato fósil, de que hablamos, ha sido una especie particular del tamaño del Tigre oriental actual.

Esta opinion se confirma completamente por el cráneo, que pocas semanas antes ha encontrado el Sr. D. Manuel Eguia cerca de la plaza de San Nicolas, en el pueblo mismo, en una profundidad de diez piés.

Este cráneo se distingue del cráneo de todos los gatos hasta ahora conocídos, y prueba tambien que el animal ha tenido dicho tamaño. Desgraciadamente no es perfecto, faltándole toda la parte occipital con los arcos zigomáticos y la mandíbula inferior. El rostro hasta los *foramina infraorbitalia* es bastante corto y muy grueso, parecido al rostro de la Onza (*Felis Onca* Linn) del pais, pero la abertura de la nariz es mas ancha, y el márgen anterior de los huesos de la nariz es mas retirada atras. La línea imprimida que corre en el medio de los huesos nasales, es muy honda, pero tambien muy córta. En los grandes gatos de la actualidad, corre esta línea impresa hasta el medio de la frente, mas atras que el márgen anterior de las órbitas del ojo, pero en esta especie corre esta línea no tan atras que la altura de los *foramina infraorbitalia*, lo que dá á la parte anterior de la frente una elevacion particular. Siendo el rostro este en el principio de los *foramina infraorbitalia* de una anchura de 9,0 cent. y el de la Onza actual solamente 7,3; tiene la misma Onza hasta el fin posterior de la línea mediana imprimida de la nariz y de la frente, principiando del márgen dental de los incisivos, en línea recta horizontal 9,8 cent. distancia, y la *Felis longifrons* solamente 9,5. De acá principia la frente á elevarse un poquito, pero muy insensiblemente, y á estenderse á cada lado hasta el fin de las órbitas, en aquella apófisis aguda descendente que concluye la circunferencia del ojo. En todos los grandes gatos de la actualidad, sale del márgen posterior de esta apófisis una línea elevada que se encorva al interior y detras hasta que se unen las dos en una cresta longitudinal elevada, que continúase á la cresta occipital. Pero en la *Felis longifrons*, estas dos líneas elevadas son al principio paralelas, y despues al esterior curvas como la latra S, uniéndose mucho mas en el medio de la cavidad cerebral en una cresta longitudinal bastante ancha y menos elevada, lo que dá á la parte posterior de la frente una anchura de doble estension; igual á la figura que se encuentra solamente en algunos gatos chicos actuales.

Para mostrar mas clara esta diferencia en la figura de la parte superior y posterior de la frente, he tomado algunas medidas comparativas de la Onza y esta *Felis longifrons*, que son las siguientes:

	Felis Onca	*Felis longifrons*
Anchura de la frente atras de las apófisis orbitales...	5,5 cent.	8,0 cent.
Longitud del márgen anterior de los huesos de la nariz hasta el principio de la cresta sagital...............	11,0 "	20,0 "
Longitud de la línea impresa sobre la nariz hasta la frente	5,8 "	4,0 "
Longitud de la frente, de acá hasta la cresta sagital..	5,2 "	16, "

Comparando el cráneo con el del Leon actual del pais (*Felis concolor*), se presenta el del gato diluviano mucho mas grueso y casi de doble tamaño. El cráneo del Leon tiene una frente mas convexa y de ningun modo escavada, como es la de la *Felis longifrons*. Sin embargo, los arcos elevados que salen de la espina orbital, no se unen tan pronto en una cresta en el cráneo del Leon, como en el cráneo de la Onza, pero la curva de ellos va tambien al interior, no al exterior, como la de la *Felis longifrons*. Al fin, la cresta sagital del Leon es mucho mas ancha y baja que la misma de la *Felis longifrons*; caractéres que unen el Leon Argentino mas con los gatos chicos de la actualidad, que con la *Felis longifrons* del diluvio. El cráneo del Leon es en todo su tipo un modelo de valor inferior entre los gatos y de ningun modo parecido al cráneo grueso y valiente de la *Felis longifrons*.

La dentadura se ha conservado casi completa en la mandíbula superior, y prueba que la especie diluviana no fué solamente superior en fuerza á la de la Onza, sino tambien casi igual al Leon actual del mundo antiguo (*Felis Leo*). No describiré los dientes, porque son iguales en todo á los de los gatos grandes, dando aquí solamente las medidas que prueban su tamaño y la fuerza del animal. (*)

Los seis incisivos unidos tienen una anchura de 3,5 cent., poco menos que los de la *Felis Leo* que tienen 3,8; de la Onza 3,3.

Los colmillos tienen una altura de la corona de 5,0 cent., del Leon Africano 5,5, de la Onza 4,8.

La primera muela falsa falta.

La segunda tiene 2,3 cent. de largo; la misma del Leon Africano 2,2; de la Onza 1,9.

La tercera muela llamada diente carnicero, 3,0; del Leon Africano 3,4; de la Onza 2,7.

La cuarta muela chica transversal falta.

Distancia de los colmillos entre sí, 4,5.

Longitud de la dentadura, del márgen anterior del colmillo hasta el fin del carnicero, 9,7.

Distancia de los dos carniceros entre sí al fin posterior 10,0; en la Onza actual 9,0.

Distancia de la base del colmillo del *foramen infraorbitale* 9,0; en la Onza 6,0.

2. Perros. *Caninae.*

Genus *Canis* LINN.

Conservamos en el Museo público huesos de dos especies de Perros diluvianos, correspondientes en tamaño y construccion, á dos especies vivientes de nuestro pais, pero diferentes por una organizacion algo mas robusta. La una corresponde al Zorro del campo, la otra al Culpeus de la Cordillera.

1. *Canis protalopex* LUND.

Blik paa Brasil. Dyreverden, II. Af handl. pag. 92. *tb.* 18. *fig.* 9,10.

Tenemos en el Museo los dos dientes carniceros, el uno de arriba, el otro de abajo, de un Zorro, que el Sr. D. FR. X. MUÑIZ ha regalado al establecimiento, encontrado cerca de la Villa de Lujan, en un pedazo de cráneo, que prue- ·

(*) El Sr. P. GERVAIS describe en su obra sobre los Mamíferos fósiles de Sud-América, [*Paris* 1855, 4] algunos huesos de un gran gato fósil, sin designar la especie con un apelativo propio. Son un atlas, la parte superior del cubito, el calcaneo y algunos huesos de los piés. Estos huesos tienen muy buena relacion con el cráneo y la parte inferior del cubito acá descriptos, y me parecen ser de la misma especie.

ba claramente él estado fósil del objeto. Estos dos dientes tienen el tamaño completo de los dientes correspondientes del *Canis Azarae* actual del pais, y solo se diferencian en que son relativamente un poco mas gruesas, las esquinas de la corona menos altas, y principalmente el tubérculo interno separado de la corona un poco mas grande.

Por esta razon he tomado esta especie como idéntica con la del Dr. LUND, arriba mencionada, del interior del Brasil.

Describe D'ORBIGNY en su viage, una especie de zorro jóven, que es idéntica á la mia, bajo el nombre :

Canis incertus, Voyage Am. mer. Tom. III. part. 4. Paléont.

pag. 141. pl. 9. fig. 5.

El autor ha encontrado un pedazo de la mandíbula inferior con tres dientes de la dentadura juvenil, que los naturalistas llaman dentadura de la leche, cerca de San Nicolas, en la barranca del Rio Paraná, y BLAINVILLE ha figurado la misma pieza otra vez bajo el nombre erroneo de *Procyon cancrivorus* (*Osteogr. déscr. Subours. pl. XII.*)

2. *Canis avus* NOB.

El cráneo de esta especie nueva, que tenemos en nuestro Museo, tiene toda la figura del cráneo del Culpeus (*Canis magellanicus* GRAY. *) pero perteneciendo á un individuo mas viejo que el del cráneo figurado por mí, parece mas robusto, siendo todas las crestas elevadas mas altas y mas agudas.

No encontré otra diferencia específica, que un rostro mas ancho en la especie diluviana, y dientes relativamente mas gruesos. Este grosor mas considerable, se presenta principalmente en el diente carnicero superior, que tiene un tubérculo anterior interno mucho mas grueso, siendo el mismo de la especie actual del todo casi evanescido, y en la primera de las dos muelas verdaderas, que es mucho mas robusta, como lo prueban las siguientes medidas :

	Canis avus.	Canis magellanicus
Longitud del diente carnicero superior.....	1,85 cent.	1,70
Longitud de las dos muelas unidas.........	2,0 "	1,5
Longitud de la primera muela.............	1,2 "	0,9
Anchura de la misma muela...............	1,7 "	1,3

(*) Véase la figura del animal en la *Zoology of the Beagle, I. Mammalia pl.* 5 y la del cráneo en mi obra *Erlaeuterungen zur Fauna Brasiliens, pag.* 52. *tab. XXVI. fig.* 3.

La mandíbula inferior falta.

Longitud del cráneo entero de los incisivos hasta el fin de los condilos occipitales, 18 cent.

Longitud del paladar, 9,5 cent.

Distancia de las segundas molares falsas entre ellas............ 3,3 cent.

   — del fin de los dos dientes carniceros................. 6,0   "

   — del fin posterior de las dos últimas muelas............ 5,0

   — interna de las dos superficies articularias para la mandíbula inferior................................ 4,0

   — de las crestas sobre la abertura auditiva atras......... 6,3

Longitud de los huesos nasales........................... 6,3   ··

La prolongacion frontal del hueso de la mandíbula superior, es exactamente de la misma longitud que el hueso nasal por detras, lo que se vé tambien en el cráneo del Culpeus actual.

3. Hurones. *Mustelinae.*

En nuestro pais hay actualmente tres clases de hurones; dos viven en la tierra y una en el agua.

Los de tierra se distinguen por el tamaño de la última muela verdadera, que es mas corta y angosta en los verdaderos hurones: *Galictis* Bell; pero muy larga y mas ancha en los *Mephitis* Cuv. El tercer grupo tiene la misma muela ancha, y á mas, entre los dedos membranas para nadar, y forma la clase de las Nutrias (*Lutra* Linn). (*)

En el estado fósil se han encontrado hasta hoy solamente la clase de los Zorrinos ó Chinchas.

Genus *Mephitis* Cuv.

El cráneo del Zorrino fósil que tenemos en el Museo, es un regalo del Señor D. Mariano Fragueiro, y se ha encontrado en los contornos del pueblo mismo,

---

(*) El animal que llaman en este pais nutria, es un grande raton acuático [*Myopotamus* Commers], pero de ningun modo una nutria. La verdadera nutria es pescivora [*Lutra* Linn] y se llama acá lobo acuático, distinguiéndose de los lobos marinos [*Phoca*, Linn] por la cola larga, de que carecen los verdaderos lobos marinos.

en la quinta del Sr. Alzaga, en Barracas, en una profundidad de 8 varas, (20 piés fr.) en tosca dura, á la que estaban tan adheridos los huesos frágiles, que no fué posible limpiarlos completamente. Pero siendo este cráneo de doble tamaño del de la especie actual del pais, es indudable que pertenece á una especie distinta, que propongo llamar:

Mephitis primaeva.

Para mostrar mas clara la diferencia del tamaño, indicaré que la longitud de la dentadura entera de la mandíbula superior, es de 3,5 cent., y del Zorrino actual no es mas que 2,5.

4 Osos. *Ursinae.*

En la América del Sud viven actualmente tres clases de este grupo de los carnívoros; un verdadero Oso sin cola (*Ursus ornatus*), en las Cordilleras del Ecuador, y dos géneros mucho mas chicos, que habitan los bosques primitivos del terreno bajo, la una con cola no muy larga (*Prócyon cancrivorus*), la otra con cola muy larga (*Nasua socialis*), y nariz en figura de puerco.

De la época diluviana no se ha presentado hasta hoy mas que un Oso, pero animal gigantezco, que superaba mucho en tamaño al Oso actual de la Cordillera.

Genus *Ursus.*

Species: U. bonaerensis Gerv. *Annales des scienc natur. IV. Serie. Zool. Tom. III. pag.* 337. *pl.* 5. *fig.* 1. (*)

Idem: Zoologie & Paléontologie franc. I. pag. 188 *& Recherch. sur les Mammif. foss. de l'Am. mer. pag.* 7.

Tenemos en el Museo público, la mitad derecha de la mandíbula inferior, regalada por el Dr. D. Francisco Javier Muñiz, que supera en tamaño á la misma del *Ursus maritimus*, la especie mas grande de la actualidad. Fáltale á esa mandíbula la parte inferior con la punta posterior, como la parte anterior con los incisivos, pero las tres muelas posteriores y el colmillo están bien preservados, lo que permite una comparacion completa.

(*) La figura de la dentadura inferior dada acá por el Sr. Gervais, es menos completa que la nuestra, faltándole la última muela; pero la presencia de los dos alvéolos para la muela falsa que precede á la primera verdadera mas grande, prueba que este diente fué bastante pequeño, de 0,018 de largo.

Comparando la dentadura con las figuras, dadas por Blainville en su *Ostéographie* (*Ursus*. *pl*. *XII.*) se encuentra una diferencia notable en todas. Por el tamaño chico de la última muela, la dentadura del *Ursus bonaerensis* es parecida á la del *Ursus ornatus* y *U. malayanus*, pero el grosor de la muela penúltima en su parte anterior de nuestra especie, es muy diferente del tipo de las dos; en éste grosor supera el *U. bonaerensis* todas las especies conocidas.

Tiene la primera muela de las tres (la antepenúltima) una longitud de 4,0 cent. y una anchura de 2,25 en el medio de la parte anterior.

La segunda muela, (la penúltima) es tres cent. de largo y 2,5 de ancho en la parte anterior, pero solamente 2,2 en la parte posterior; lo que distingue esta especie de todas las conocidas.

La última muela es de figura circular, y solamente 1,95 cént. ancho y largo.

El colmillo participa del grosor de las muelas; tiene con la raiz una altura de 10,5—11 cent. estando rota la punta; la corona es alta 4,5, la raiz 6,2. Esta parte no se disminuye tanto en grosor abajo, como en los colmillos de las otras especies; su punta basal es obtusa, 2,9 cent. ancha, y la anchura del medio de la raiz 3,7, es decir igual al colmillo del *Ursus spelaeus*. Comparando este colmillo con las figuras dadas por Schmerling, lo encuentro exactamente igual á la figura 2, pl. XIII de este autor.

Del esqueleto tenemos en el Museo público nada mas que la parte superior del cubito y un calcaneo, que probablemente ha pertenecido á este animal. El astragalo y los cuatro huesos del metatarso, figurados por Gervais en su obra mencionada [*pl.* 4. *fig.* 2. 3.] como las del *Ursus bonaerensis* no son de él, pero sí del *Machaerodus*.

El autor se ha equivocado, porque los huesos de este animal son relativamente no menos robustos que las de un gran Oso.

Familia 5. *Marsupialia.*

De esta familia particular por el nacimiento prematuro de su prole, hay en la América del Sud el grupo de las Comadrejas (*Didelphys*), que tiene dos representantes bantante comunes (*D. Azarae* y *D. crassicaudata*) en los contornos de Buenos Aires. Pero ningun resto fósil de animales parecidos se ha encontrado hasta ahora en el diluvio del pais.

Familia 6. *Glires.*

Esta familia de los roedores, la mas numerosa entre los Mamíferos de la actualidad se distingue fácilmente por la falta de los colmillos y la presencia de dos grandes incisivos en figura de cincel en cada mandíbula. Las muelas son chicas y varian en número de dos hasta seis, pero generalmente tienen tres ó cuatro.

Hay en la América del Sud actualmente cuatro clases principales, que son : 1, Las Ardillas; 2, los Ratones con tres muelas; 3, los Muriformes de figura de los ratones, pero mas grandes y con cuatro muelas; y 4, los Subungulatos, que no tienen cola, siendo este órgano muy largo generalmente en las otras clases.

De entre estas cuatro clases solo las tres últimas se han encontrado hasta hoy fósiles en este pais.

1. Ratones. *Murini.*

Tres muelas desiguales, la primera bastante grande, la segunda mas chica. y la tercera muy chica, significan las representantes tipicos de este grupo.

Hay muchas especies vivientes en este país, y sin duda han vivido otras en no menor número en la época diluviana, pero como todos son animalitos muy pequeños, no se han conservado restos de ellos en los depósitos diluvianos. Sin embargo hay en el Museo público la mandíbula inferior de una especie fósil, 1,8 cent. de largo, que BRAVARD ha nombrado *Mus fossilis* en su catálogo (Registr. estad. I. 8. 1857.) y con este nombre significamos la misma especie aqui tambien.

2. *Muriformes.*

He fundado este grupo particular en mi libro, sobre los animales del Brasil (*System Ubers. etc. Tom. I. pag.* 186.) y remito al lector que quiera estudiar mas estensamente su naturaleza, á dicha obra.

Tenemos en este pais, como representantes vivientes, el Coypo (*Myopotamus*) que los Argentinos llaman erróneamente la Nutria, la Vizcacha (*Lagostomus*) y el Tulduco ó Tucotuco (*Ctenomys*).

1. Genus *Myopotamus* COMMERS.

El Coypo (*Myopotamus bonaerensis*) hasta hoy no se ha mostrado fósil en el diluvio argentino, pero el Dr. LUND ha descripto una especie muy parecida á la viviente, hallada en las cuevas del Brasil, llamándola :

Myopotamus antiquus. *Blik paa Brasil. Dyrev. III. Afh.* 249.
pl. XXI. fig. 1–5.

Es muy probable que la misma especie ha de encontrarse tambien en nuestros depósitos diluvianos.

2. Genus. *Ctenomys.* BLAINV.

Los habitantes de las provincias occidentales y boreales de la República Argentina, conocen muy bien un animal subterráneo, que sale solamente en la noche de sus cuevas, bajo el nombre *Tucotuco* ó *Tulduco* y *Oculto.* Con este animal, del cual AZARA en su libro sobre los Mamíferos del Paraguay ha dado la primera descripcion (*II.* 69. 42.) BLAINVILLE ha fundado en el año 1826 su género *Ctenomys,* y D'ORBIGNY ha recojido un pedazo fósil de la mandíbula inferior cerca de San Nicolas, en la barranca del Rio Paraná, que describe en su Viage con el nombre de:

Ctenomys bonaerensis.

Voq. Am. mer- Tom. III. ps. 4. *Palént. pag.* 142. *pl. IX. fig.* 7–8.

No he visto de este animal hasta hoy restos fósiles, y por esta razon no hablo mas de él.

3. Genus *Lagostomus* BROK.

La vizcacha, que es el único representante de este género en la época actual, ha vivido ya en la época diluviana. Tenemos en el Museo público la mandíbula inferior izquierda, casi completa, que se distingue de la especie actual por un tamaño poco mas pequeño, por sus incisivos mucho mas angostos y por la relacion diferente de las cuatro muelas entre sí, siendo la primera mucho mas angosta y relativamente mas larga que las siguientes. Por esta razon propongo llamar la especie fósil:

Lagostomus angustidens.

BRAVARD distingue en su lista de los fósiles del país, dos especies de Vizcachas; yo no he visto mas que una

3. *Subungulati.*

Al grupo, que asi se llama, pertenece el animal mas grande de los Mamíferos roedores; el Carpincho (*Hydrochoerus Capybara*) que es hoy muy comun
en el pais. Es sorprente que hasta ahora no se hayan encontrado huesos fósiles de este animal en nuestros depósitos, (*) cuando otros mas chicos del mismo grupo ya son conocidos. Son los que se llaman acá conejos.

Genus *Cavia.*

Las especies del género *Cavia* forman dos grupos segun la forma diferente
de las muelas.

Las unas tienen muelas de dos partes prismáticas desiguales, de las cuales
la parte posterior mas ancha tiene un pliegue en el lado ancho, que es en la
mandíbula superior el externo, en la mandíbula inferior el interno.

Las otras tienen muelas de dos partes prismáticas casi iguales sin pliegue
ninguno en la parte posterior. A este grupo llaman los naturalistas *Cerodon.*

Tenemos en el Museo público la parte anterior de la mandíbula inferior
izquierda de una especie fósil del grupo primero, que llamo :

Cavia breviplicata.

porque el pliegue en la parte posterior de las muelas es mucho mas corta y
menos aguda, que en la especie viviente del pais.

Del otro grupo D'ORBIGNY ha recojido una especie fósil cerca de San Nicolas, en la barranca del Rio Paraná, llamándola :

Cerodon antiquum.

Voyage de l'Am. mer. III. ps. 4. Paléont. pag. 124 pl. IX. fig. 9–10.

Familia 7. *Edentata.*

El célebre CUVIER ha llamado asi este grupo, no por falta de todos los dientes, sino porque carece siempre de los incisivos y colmillos, y en un grupo

---

(*) El Sr. P. GERVAIS describe en sus *Recherches sur les Mammif. foss. de l'Am. mer. pag.* 12,
un Carpincho fósil de Tarija en Bolivia, que él cree idéntico con la especie actual; tambien el Dr.
LUND ha encontrado dos especies de Carpinchos fósiles en las cuevas de Minas geraes, la una idéntica con la actual, la otra (*Hydrochoerus sulcidens*) diferente.

(de los Osos hormigueros) tambien de las muelas. Corresponden por su parte principal á los *Bruta* de LINNEO, y viven solamente en la parte austral de nuestro globo.

La América del Sud es el país mas rico en especies de esta familia, tanto en la actualidad como en la época diluviana; las bestias mas maravillosas que jamas han vivido en la tierra son de este pais, pues los huesos que de ellos se conocen se han estraido de las cercanias de Buenos Aires ó del territorio de su provincia.

Se dividen los Edentates hoy en tres clases :

Los P e r e z o s o s no tienen cola, pero sí cinco muelas arriba y cuatro abajo; viven en los árboles, y son muy conocidos por su marcha muy lenta.

Los A r m a d i l l o s tienen larga cola, ocho muelas ó mas en cada mandíbula, y los que viven en América una cáscara dura.

Los O s o s h o r m i g u e r o s tienen tambien cola larga, pero ningun diente en la boca,

De la época diluviana no se conocen hasta hoy Osos hormigueros fósiles de este pais, pero sí Armadillos y Perezosos; pero los Perezosos diluvianos tienen una cola larga y un esqueleto de construccion tan maciza, que no pueden unirse en su clasificacion con los Perezosos de la actualidad, de la misma familia, porque estos son muy débiles y delgados. Por esta razon el Sr. OWEN lo ha separado, llemándolos con el nombre muy significante : *Gravigrada*, es decir, animales de marcha muy pesada.

1. *Gravigrada*, OWEN.

Entre los fósiles del pais, los individuos pertenecientes á este grupo son los que tienen huesos mas pesados y macizos; no hay un pais en toda la superficie de la tierra, que pueda rivalizar con éste en productos fósiles tan maravillosos y sorprendentes.

Estos animales, que todos han tenido, como los Perezosos de la actualidad, cinco muelas arriba y cuatro abajo, se dividen en cuatro géneros, que son : el M e g a t e r i o, el S c e l i d o t e r i o, el M e g a l o n i x y el M i l o d o n; y se distinguen entre todos los otros caractéres, por la figura diferente de las muelas. Describiremos cada uno por sus cualidades diagnósticas.

1. Genus. *Megatherium* Cuv.

Character genericus.

Las muelas son cuadrangular prismáticas, cada una con dos carinas transversales agudas en la superficie de la corona. Los miembros de adelante con cuatro dedos, de los cuales los tres internos tienen grandes uñas; los de atras con tres dedos, y solamente el dedo interior con uña grande.

Megatherium americanum Cuv. Blumb. *Handb. d. Naturgesch. pag.* 731.

Megatherium Cuvieri Desmarest, *Mammalogie pag.* 365.

Be las obras numerosas que tratan de este gigante de la creacion, citaremos solamente algunos de las principales, que dan una descripcion del objeto fundado en estudios propios, hechos sobre los huesos fósiles mismos.

Es bien sabido que el primer individuo fué encontrado el año 1789 en la barranca del Rio de L u j a n, á legua y media al Sudoeste de la Villa, bajo el vireinato del Marques de Loreto, que tomó mucho interés en su descubrimiento, custodiando el lugar de su depósito, hasta que se sacaron todos los huesos, con gente de caballeria para que no los estropiasen los curiosos y los animales. El esqueleto casi completo fué mandado á Madrid, á donde llegó en Setiembre de 1789, y se depositó en el Museo Real de historia natural, donde se conserva hasta ahora.

La primera descripcion publicaron en el año 1796 los señores Jose Garriga y Juan Bautista Bru, con láminas (*) comunicadas al Instituto de Francia un año antes. Cuvier entonces invitado á dar una relacion sobre estas láminas á la Academia de las Ciencias, se decidió á llamar á este animal, *Megatherium americanum*, esplicando su afinidad con los Perezosos actuales

El célebre autor de las *Recherches sur les ossemens fossiles*, jamás vió este esqueleto, pero él ha esplicado su configuracion particular mejor que todos los otros sábios, en una noticia preliminar, publicada en los *Annales du Museum d'hist. natur.* Tom. V. (1804) y despues en la obra citada Tom. V. ps. I. pag. 174 (1823), dando entonces una historia suscinta del descubrimiento y

(*) Descripcion del esqueleto de un cuadrúpedo muy corpulento y raro, que se conserva en el Real gabinete de Historia Natural de Madrid, con 5 láminas. Madrid 1796, fol. Joaq. Ibarra.

de las obras en que se habla de él, á la cual remitimos á nuetros lectores, para
no repetir aqui resultados bastante conocidos. (*)

Hay en este tiempo solamente otra publicacion, que merezca mencion; es
esta la obra de los señores Cн. H. PANDER y E. D'ALTON: *Das Riesenfaulthier*,
abgeb. ú. beschrieb. Bonn. 1821. *fol*. (con 7 láminas). Los autores han pasado
en el año 1818 á Madrid, para estudiar personalmente el esqueleto y publicar
las figuras mas exactas y mas hermosas que haya hasta hoy del Megaterio. (**)

Pero, respecto al valor científico, la última obra de RIC. OWEN. de Lóndres,
(*Memoir on the Megatherium or Giant-ground-Sloth of America* 1860. 4. c.
27 láminas), sobrepasa á todas las anteriores, y no ha dejado ningun lugar
para estudios nuevos, sino solamente para algunas particularidades insignificantes, de las cuales hablaremos despues, cuando espliquemos los restos del
animal depositados en nuestro Museo.

Tenemos en el establecimiento un esqueleto imperfecto que el Sr. Doctor
D. FRANCISCO JAVIER MUÑIZ ha recojido en el año 1837 cerca de la Villa de
Lujan, y regalado al Museo. Desgraciadamente faltan algunas partes muy
necesarias para su reconstruccion, y por esta razon no se puede ejecutar su
exhibicion. Esperamos que nuevos descubrimientos vengan á completar pronto los restos ya obtenidos para dar al público la vista sorprendente del esqueleto de este animal maravilloso.

De la cabeza tenemos en el Museo la mandíbula inferior, y el hueso incisivo
superior con algunos otros pedazos del cráneo.

Las siete vértebras del cuello, aunque muy rotas, tambien se poseen.

De las diez y seis vértebras dorsales tenemos once, y entre ellas la primera
y la última. Es muy digno de notar que la diferencia en el tamaño del cuerpo vertebral de la primera y la última vértebra dorsal es muy grande y mayor que en ningun otro animal conocido, como lo prueba la siguiente tabla:

	Primera dorsal.	Ultima dorsal.
Diámetro perpendicular en adelante	6,4 cent.	10,5 cent.
— horizontal en el adelante	7,6 —	14,0 —
— longitudinal	7,0 —	11,0 —

(*) La armadura del esqueleto en Madrid ha sido errónea; el preparador ha puesto el femur
derecho al lado izquierdo y el izquierdo al lado derecho, resultando que la superficie inferior del
femur se presenta como la superior y vice-versa. En las figuras de CUVIER y aun en las de PAN-
DER y D'ALTON, se ha repetido y conservado este error. Tambien faltaba la parte inferior de la
cadera y el esternon al esqueleto de Madrid.

(**) Muy buenas figuras de muchas partes del esqueleto se presentan tambien en la obra de
BLAINVILLE, *Ostéographie etc. Tom. IV*, publicadas sin descripcion despues de la muerte del
autor.

Esta diferencia de las dos vértebras, testifica claramente que la parte anterior del tronco del animal, es mucho mas delgado y débil en su construccion, que la parte posterior, en la cual la inmensa anchura de la cadera dá una preponderancia muy sorprendente á esta parte del cuerpo. Se esprime en ella muy claramente, que el animal está constituido á propósito para sentarse sobre los piés de atrás, con ayuda de la cola, y para levantar la parte anterior de su cuerpo de los miembros mas delgados y provistos con largas uñas, para arrancar de arriba abajo los ramos de los árboles en su follaje, que formaban el alimento de este coloso de la creacion.

Vértebras lumbares ha tenido el Megaterio t r e s de tamaño bastante grande, pero casi igual á la última vértebra dorsal, de la cual son diferentes por la figura mas cilíndrica de su cuerpo y la falta de superficies articularias para las costillas.

El hueso sacro está compuesto de c i n c o vértebras, y la cola que es muy gruesa pero no muy larga, contiene d i e z y o c h o, de las cuales once llevan espinas inferiores libres, siendo las dos partes de la primera espina inferior enteramente separadas.

El número de las costillas es d i e z y s e i s pares, de los cuales siete pares se unen directamente con el esternon.

El esternon está compuesto tambien de s i e t e vértebras, con una parte anexoria entre la primera y la segunda. La clavícula muy grande y fuerte se une con la vértebra primera muy ancha, llamada *manubrium sterni*, en el lado interior de ella. Como esta parte del esqueleto no está exactamente descripta hasta ahora, he dado una figura del esternon que describiré al fin detalladamente.

Los huesos esternocostales son muy fuertes, y tan duros, como los otros huesos. Conosco los de las once primeras costillas, como tambien las costillas, y las describiré con el esternon.

La cadera no se ha conservado completa; tenemos dos bastante rotas en el Museo, la una recojida por mí en la barranca del Rio Salado, la otra regalada por el Sr. D. J. M. Cantilo.

De los miembros tenemos en el Museo el lado derecho completo, y del lado izquierdo muchos huesos de los dos piés.

El omoplato es muy ancho, pero no alto, de figura triangular transversal, y el húmero muy ancho abajo, sin la perforacion sobre el condilo interno, que se encuentra en los dos géneros *Scelidotherium* y *Megalonyx*, pero con una escision redonda mucho mas arriba de la cresta condilar interna. Del cubito es digno de notar la inmensa estension de la parte superior con el olecrano, y la debilidad de la parte inferior. Mas regular es la figura del radio.

Hay s i e t e huesos del carpo; los cuatro de la primera fila son completos, y el último de ellos, el *os pisiforme*, es grande, con una cresta bastante elevada atrás, pero de la segunda fila falta el primer huesecillo, siendo los d os multangulos unidos en uno. A este único se aplica el primer hueso del metacarpo como el único resto del pulgar, y tambien el metacarpo del índice ó dedo segundo.

De los cuatro dedos presentes, los tres internos tienen grandes uñas, el cuarto solamente dos falanges pequeñas, sin hueso de uña. En el segundo dedo con la uña mas grande, las dos falanges ante la uña son unidas en un hueso; y en el centro de la mano se presenta un gran hueso llano de figura subelíptica, al cual se aplican los tendones comunes de los cuatro dedos.

En los miembros posteriores el femur es muy colosal, pero la rotula muy chica en comparacion con la anchura de la rodilla; se articula solamente con el condilo externo del femur. Hay otros dos huesecillos articulares, llamados fabellas, en la parte posterior de la articulacion de la rodilla, que conservamos tambien en el Museo público. La tibia y la fibula están unidas en las dos puntas, y la punta inferior de la fibula se prolonga bastante abajo.

El pié es muy colosal en su parte posterior, el calcaneo, lo que prueba repetidamente la grande fuerza posterior del animal para sentarse sobre los piés, la cola y la cadera, y levantar la parte anterior del cuerpo en el aire; ningun otro animal tiene un calcaneo tan grande, relativamente como absolutamente, como el Megaterio.

Su tarso se compone de s e i s huesos, es decir, el calcaneo, el astragalo, el cuboideo, el naviculare y dos huesos cuneiformes, siendo unidos los dos internos del hombre en uno. No tiene mas que tres dedos en el pié, y cada uno solamente con tres huesos, faltando el hueso de la uña en los dos dedos esternos, (*) y siendo unidas las dos falanges ante la uña del dedo interno en un hueso, como ha sucedido igualmente en el mismo dedo de la mano.

El esternon.—Pl. V. Fig. 1.

El esternon compléto de nuestro Museo, se compone de s i e t e piezas ó

(*) La figura de los dos dedos esternos dado en la obra de Owen [pl. XXVI.] no es completa, faltando las dos falanges pequeñas de estos dos dedos. En el pié de nuestro individuo son presentes, como en el de Madrid.

vértebras esternales, de las cuales la primera corresponde al manubrio del esternon humano, y la última al apéndice xifoideo. Tengo á la vista otros dos esternones no tán completos, que son bastante diferentes en la figura de la segunda vértebra, y parecen indicar, sino diferencias específicas, grandes diferencias individuales en esta parte del esqueleto.

El m a n u h r i o (I) es bien conocido hace ya largo tiempo, siendo la única pieza del esternon presente en el esqueleto de Madrid. Pero su descripcion exacta la debemos al Señor Owen, que lo ha figurado en su obra pl. XI. fig. 1-3, de tres lados. El mio tiene la misma figura de corazon, pero es relativamente mucho mas ancha, como lo indica nuestra figura claramente; siendo su anchura en el medio de la. parte ancha 18 cent., y el largo medio 19 cent., no respecto á la corvatura de él. La superficie esterior de abajo es algo aplanada y encorvada á cada lado, con una cresta longitudinal obtusa en el medio, que se prolonga detras en una parte triangular descendente con punta redonda, que tiene en su lado posterior una superficie articularia convexa de figura elíptica de 6 cent. de largo, 5,2 cent. de ancho. Por medio de esta superficie se une el manubrio con la segunda vértebra esternal. En donde la prolongacion descendente articular del manubrio se une con la parte ancha, bajo un ángulo casi recto, la superficie del manubrio en el fin posterior se eleva en tres tubérculos pequeños, de los cuales el del medio en el manubrio de nuestra coleccion, se levanta mas. que los dos laterales. No parece suceder lo mismo en el manubrio figurado por Owen, siendo el centro de su figura entre los dos tubérculos laterales mas declinada que ellas. Al lado de los tubérculos laterales se presenta poco mas arriba una superficie articularia de figura de riñon, con la cual se une el hueso esternocostal de la primera costilla. De acá al adelante la. parte ancha del manubrio declina de su posicion natural, y presenta notables escavaciones á cada lado, para la recepcion de la cara ancha de la clavícula. Pero no es en esta escavacion una verdadera superficie articularia, como se ha presentado una tal superficie para el primer hueso esternocostal, lo que prueba que la clavícula está mas exactamente unida con el esternon que las costillas. Se levanta poco entre las dos escavaciones, para la recepcion de la clavícula, la superficie superior del manubrio, formando un tubérculo fuerte central, que se estiende poco mas rebajado hasta la orilla anterior del manubrio.

El manubrio del segundo esternon que tengo á la vista, es de la misma figura, pero un poco mas grande, siendo su diámetro longitudinal de 20 cent. y transversalmente de 19; tiene una prolongacion articularia posterior algo mas ancha, con la indicacion de una superficie articularia mas chica sobre la grande superficie elíptica, que se une con la segunda vértebra esternal. Al tercero esternon le falta el manubrio.

La segunda vértebra esternal [II] es la mas pequeña de todas, y principalmente en su parte interior, que es.en la posicion natural la superior, la que tiene una altura de 11 cent. y una anchura de 8 cent. Para mostrar mejor su figura particular, doy un dibujo de ella de la parte inferior en Fig. 1. A. Se vé que la parte superior de la figura que es en la posicion natural la inferior, es mucho mas ancha que la otra, y tiene una orilla redondeada, con dos tubérculos prominentes, uno á cada lado. Esta superficie es bien visible en la figura principal del esternon. En el centro de la superficie anterior se presenta la grande superficie articularia, que se une con la prolongacion del manubrio, y abajo de ella cinco otras superficies articularias; dos mas grandes escavadas inmediatamente al lado de la central, dos otras muy pequeñas poco distantes, sobre ellas en posicion natural, y una quinta triangular entre ellas mas arriba. Con las dos de pares se une el hueso esternocostal del segundo par de las las costillas.

Al otro lado posterior la misma vértebra tiene no seis, sino solamente cinco caras articularias, dos redondas bastante grandes que corresponden al tubérculo lateral en su posicion; dos otras muy chicas que corresponden á las esquinas de la parte superior (en la figura inferior) de la vértebra, y una casi pentagonal mas alta que ancha entre ellas, por la cual la vérbra se une con la tercera. Es un carácter particular y muy significativo en la segunda vértebra esternocostal, que el lado anterior tiene seis superficies articulares, y el lado posterior solamente cinco, como las vértebras esternales que siguen á ella. Deja presumir esta diferencia, que á la superficie articular sesta, que no se toca con ninguna parte del manubrio, estuvo ligado un huesecillo particular anexorio entre el manubrio y la vértebra, que falta hasta ahora en las colecciones, y que fué problamente insertado en un cartílago, que le ha unido con el tubérculo central posterior del manubrio.

Esta opinion, que emito solamente como una hipótesis, se ha confirmado en mí por el estudio de dos otras vértebras segundas esternales, que tengo á la vista, en las cuales esta superficie articularia sexta es mucho mas grande, y que son en toda su forma tan notablemente diferentns, que me ha parecido necesario figurarlas tambien.

La una (Fig. 1. B.) pertenece al esternon mas grande que el mio, y parece por esta razon mas ancha, conservando la misma configuracion general, pero las dos superficies articulares para los huesos esternocostales de la segunda costilla, son mas grandes y mas distantes entre ellas. Asi sucede, que la superficie articular sexta es tambien mucho mas grande, tocándose inmediatamente con las superficies articulares inmediatas.

La otra (Fig. 1. C.) pertenece á un esternon poco mas pequeño, que el mio, al cual faltan el manubrio, la vértebra cuarta y el apéndice xifoideo. De las presentes la segunda vértebra es mucho mas angosta, y por esta razon la superficie articularia media inferior, que se toca con la prolongacion del manubrio, es mas larga que ancha. A cada lado tiene ella una superficie articularia bastante grande de figura semilunar, que corre hasta el márgen de la vértebra, tocándose con la superficie articularia del otro lado posterior inmediatamente. Sin embargo, la superficie articularia central sexta es tambien mucho mas grande que en la misma vértebra del esternon primero, tocandose en el medio con la otra central de abajo, que no ha sucedido ni en la una ni en la otra de las dos vértebras antes descriptas; pero las dos superficies articulares de los huesos esternocostales al lado de ella, son tan pequeñas, como en la misma vértebra del primer esternon, y poco distantes de ella. Asi sucede, que la parte interior de la vértebra es de la misma anchura que la parte esterior, lo que no se presenta en las otras dos vértebras del mismo número, de las cuales esta última parte es mucho mas ancha que la interna.

Las cuatro vértebras esternocostales que siguen á la segunda, son de figura mas ó menos igual, pero no igualmente altas y anchas, siendo la tercera menos alta que la segunda, y la cuarta la mas baja de todas. En nuestro esternon la tercera es de 8,5; la cuarta de 8,0; la quinta de 8,5; la sexta de 9,0, pero el apéndice xifoideo solamente de 5, en su parte mas gruesa. La anchura de estas vértebras es, de la tercera 9 cent., de la cuarta 9,5, de la quinta 10, de la sesta 8, del apéndice xifoideo 7. La longitud de todo el esternon es 60 cent., del manubrio 19, del apéndice xifoideo 12, y de las otras vértebras tienen las del medio casi 6, las otras 5,5 cent. de largo.

Respecto á la figura general, son bastante iguales á la segunda vértebra, con la única escepcion que el número de las superficies articularias es solamente c i n c o en cada lado, tanto de adelante como de atras. De estas cinco superficies articulares, la una media está arriba, en la parte superior é interna de la vértebra, y con estas superficies se tocan entre ellas. Tiene esta superficie articularia impar, dos pequeñas inmediatamente á su lado que se tocan con la cara articularia superior é interior del hueso esternocostal. Las otras dos son mucho mas grandes é imprimidas como escavaciones de figura esférica en la parte inferior de la vértebra, siendo las dos del lado anterior poco mas grandes que las del lado posterior. Con estas se tocan las caras articularias inferiores y externas de los huesos esternocostales. La sexta vértebra ésternal es diferente de las otras en cuanto tiene al lado posterior solamente dos caras articularias muy grandes; y lo mismo digo del apéndice xifoideo en su parte delantera (VII), siendo esta última vértebra esternal de figura cónica poco encorvada, con la punta hácia abajo é hinchado á cada lado tras de las dos escavaciones articulares en un tubérculo mas ó menos pronunciado. El se toca con la vértebra sexta no inmediatamente por superficies articulares, sino solamente por una substancia cartilaginosa, que une tambien la parte inferior de las otras vértebras. Tienen entre ellas abajo una distancia mas ó menos abierta, que se vé claramente dibujada en nuestra figura, 1.

Las vértebras posteriores de los dos otros esternones que tengo á la vista, son completamente iguales en su configuracion general, y por esta razon no hablaré de ellas. Las del uno son mas grandes y principalmente mas anchas que las del descripto, las del otro mucho mas delgadas y pequeñas; faltaba á este esternon la primera, la cuarta y la última vértebra.

Por la comparacion de estos tres esternones, puedo confirmar que el número de las vértebras en cada uno no es mas que s i e t e, y que el huesecillo pequeño, que parece ser presente entre el manubrio y la segunda vértebra, no es verdadera vértebra esternal, porque faltan á él los huesos esternocostales, siendo el número de tales h·esos, que se tocan inmediatamente con el esternon, no mas que siete en cada lado. Debe entonces concluirse, que en la numeracion del Sr. Owen, publicada en su descripcion del Megaterio, se ha introducido un error tipográfico, llamando la una la sexta, (pl. XI. fig. 4–7) y la otra la octava (fig. 8–12); porque la figurada como la sexta corresponde completamente á la cuarta de las mias, y la octava es como la sexta. Sin embargo las figuras son muy exactas, representando los objetos en medio tamaño del diámetro lineal (cuarta parte de la superficie) y por esta razon no he descripto y dibujado las mismas vértebras mas detalladamente.

De los huesos esternocostales ya son muy bien conocidos, los primeros por las figuras en la obra de Owen, pl. IX. Tengo á la vista, no solamente los mismos, sino tambien los siguientes hasta el undecimo, que describiré pronto detalladamente.

El primer hueso esternocostal, es muy grueso, pero muy corto y unido con la costilla como parte de ella. Tiene como 10 cent. de largo abajo, y como 10 de ancho en el principio, en donde está unido con la costilla. Esta parte es comprimida, pero mas abajo se engruesa mas y termina con una grande superficie articularia de figura subtriangular, que se une con la superficie correspondiente al lado del manubrio.

El segundo esternocostal no está unido con la costilla, sino separado de ella, en los tres esternones que tengo á la vista, y lo mismo sucede con todos los siguientes. Probablemente se unen con ella mas tarde, en la edad mas adelantada del animal, como las ha figurado OWEN en su obra.

La segunda es muy comprimida al principio, en donde se une con la costilla, y poco mas gruesa al otro estremo, que se toca con la segunda vértebra esternal. Tiene ahí dos superficies articulares, una mas grande inmediatamente en la punta y otra muy pequeña antes de ella, al lado superior mas grueso de su parte terminal. Las dos se tocan con las superficies correspondíentes de la segunda vértebra esternal. El hueso entero es como de 15 cent. de largo y 8 de ancho en su parte superior, que se toca con la costilla.

El tercero hasta el sexto hueso esternocostal son muy parecidos en su figura, y principalmente diferentes por su tamaño. En el esternon de nuestro Museo el tercero tiene 17 cent., el cuarto 19,5, el quinto 24,5, y el sexto 29,8 cent de largo; pero en el otro esternon mas robusto de la coleccion del Señor D. MANUEL EGUIA, cada hueso es como de 3,5 cent. mas largo. Cada hueso tiene una figura bastante comprimida, con dos esquinas prominentes, de las cuales la superior es la mas alta y algo inclinada hácia atras. Al fin superior que se toca con la costilla, se estiende el hueso en una superficie elíptica granulada, que se une con la igual de la costilla por medio de una substancia cartilaginosa. Al otro estremo se ven tres caras articulares prominentes; una transversal inclinada con sus dos puntas hácia arriba, que se toca con la parte interna de las vértebras esternales, y dos redondas, que se tocan con los dos lados oppositos de las partes esternas de las mismas vértebras. De estas caras se ven las márgenes en nuestra figura, (pl. V. fig. 1.) del esternon completo.

El sexto hueso esternocossal, es no solamente mucho mas largo, sino tambien mas ancho en el estremo superior que se toca con la costilla, y la superficie terminal es de figura menos elíptica. El tiene como carácter particular, una larga superficie articularia, oblonga, prominente, que se une por medio de una substancia cartilaginosa con una de figura igual al márgen anterior del hueso esternal septimo, por cuya union esta parte del esternon adquiere una solidez muy notable.

El septimo hueso esternocostal, es el mas grande de todos y de figura particular. Tiene en su estremo inferior, que se toca con el esternon, una cara articular muy alta, con larga superficie articularia semicilíndrica, que entra en la cavidad articularia entre las dos últimas vértebras del esternon; tiene esta cara articular una altura de 7-8 cent. segun el tamaño general del hueso, que es de 35 cént. de largo en el esternon pequeño, y de 45 en el esternon grande. De la cara articular el hueso es bastante delgado, pero pronto se estiende hasta el otro estremo exterior en una lámina ancha, con dos esquinas agudas, que en su parte mas ancha tiene una anchura de 12 hasta 14 cent. Acá se forman al lado de la esquina prominente dos superficies articularias, una mas grande y mas pronunciada á la esquina anterior, de figura oblonga que se une con la superficie correspondiente del hueso esternocostal sexto: la otra menos pronunciada é imprimida en la superficie del hueso como una escavacion bastante débil, en la cual entra la punta del hueso esternocostal octavo. De acá hasta el fin exterior del hueso, se disminuye en anchura encorvándose un tanto hácia adelante y terminando en una superficie aspera y granulada, bastante angosta, que se toca con la costilla septica.

El hueso esternocostal octavo tiene casi la misma figura, pero es bastante mas chico, siendo de 30–35 cent. de largo, y no tiene al fin interior una cara articularia, sino una punta triangular, que se une con su superficie interior mas convexa con la escavacion articularia al márgen posterior del hueso esternocostal septimo. Una escavacion casi igual en el medio de su superficie externa recibe la punta redondeada del hueso esterno-costal noveno, que imita en su figura general al octavo, siendo mas angosto y mas corto que este, es decir de 20–24 cent. de largo. Con él se une el décimo, muy angosto, del mismo modo; es un hueso algo encorvado de 15–18 cent. de largo, con una punta redonda al fin anterior, y superficie áspera mas ancha á su término posterior. Tiene tambien una escavacion pequeña en su lado exterior, que se estiende por detras como un sulco prolongado, con el cual se une el hueso esternocostal undécimo, que es el último hasta ahora conocido. No tiene mas que 10–15 cent. de largo y una figura un tanto encorvada menos ancha que las otras; lo que prueba mejor, que una larga descripcion, nuestra figura del esternon completo.

Al fin es digno de notar, que la grande diferencia de longitud entre los primeros y los últimos huesos esternocostales, prueba lo mismo que ya ha probado la grande diferencia de tamaño entre las primeras y las últimas vértebras dorsales; es decir, que la parte anterior del tronco del Megaterio fué muy delgado en comparacion con la parte posterior, terminando por la cadera inmensa, la mas grande de todos los Mamíferos. Sigue de esta diferencia de tamaño, que la cavidad pectoral fué bastante pequeña y la del empeine muy grande, lo que indica para el animal vivo una grande superioridad de las funciones gástricas sobre la de los pulmones que fueron sin duda pequeños.

He visto lo mismo con sorpresa en los Perezosos actuales del Brasil. Disecando de estos animales durante mis viages en el pais, les he encontrado una barriga inmensa en comparacion con el pulmon chico, y no es para mí dudoso que el Megaterio ha tenido la misma relacion en estas dos partes principales de los órganos vegetativos. Testifica esta organizacion muy parecida, funciones iguales tambien en los dos animales; la accion muscular que depende principalmente de la fuerza respiratoria, fué muy débil, y la marcha del Megaterio en consecuencia tan lenta, como la de los Perezosos actuales. Su inmensa barriga obligaba al animal á comer casi todo el dia, sin moverse mucho. Sentado bajo los árboles de aquella época sobre su ancha cadera, con ayuda de la cola gruesa y de las piernas robustas, arrancaba de arriba con sus largos brazos los ramos, para comer las hojas, y no ha cambiado su posicion cómoda, hasta que no ha comido la última hoja que pudiese conseguir en sus contornos sin moverse. Entonces se levanta, para marchar lentamente al lugar mas vecino, en donde ha encontrado las circunstancias necesarias de su existencia. Así fué la vida uniforme y triste del animal mas grande y mas pesante que jamás ha vivido en el suelo Argentino y Americano en general.

Hasta ahora no he visto otra especie de *Megatherium* en este pais, que la única descripta, pero no parece ser la única que haya existido en América en la época diluviana. Ha descripto el Dr. Lund el diente de una especie mas pequeña, bajo el título *M. Laurillardi* (Acta Acad. Dinam. Vol. IX. 143. pl. 35. fig. 5–6), y en la *Ostéographie* de Blainville se vé la figura de un calcáneo (*Megatherium pl. IV. fig.* 21), que pertenece á un Megaterio pequeño, y probablemente á la misma especie menor. Véase tambien P. Gervais *Recherch. etc. pag.* 52. *pl.* 12. *fig.* 6.

2. Genus *Mylodon* Owen.

Description of the skeleton of an extinct gigantic Sloth, etc. London 1842. 4.

Character genericus.

Las muelas de figura diforme, las anteriores cilíndricas, las posteriores mas ó menos triangular-prismáticas, la última de la mandíbula inferior mas grande, compuesta de dos partes desiguales. Los piés de adelante con cinco dedos, de los cuales los tres interiores tienen largas uñas; los piés de atrás con cuatro dedos, los dos internos con uñas.

En la obra arriba mencionada de Owen, el célebre autor ha dado una descripcion detallada y tan completa de la configuracion del esqueleto de este segundo género de los Gravigrados, que poco tendrán que agregar para llenar los pequeños vacíos que se le vió obligado á dejar por imperfeccion del ejemplar que describía, los observadores futuros mas afortunados que él.

Circunstancias muy favorables han traido á mis manos todas las partes que faltaban al esqueleto primero; siendo estas, el hueso incisivo de la mandíbula superior, la punta del esternon, el aparato huesoso de la lengua con una parte del larinx, y por último, la cubierta exterior del animal en forma de huesecillos innumerables, implantados en el cutis mismo. Con este descubrimiento, la hipótesis de que tambien el Megaterio estuvo cubierto de escudos huesosos, opinion que han emitido ya Cuvier, Weiss, Buckland y principalmente Blainville, ha recibido un nuevo fundamento, y si hasta hoy no fué posible demostrar á los sábios curiosos los escudos del Megaterio mismo, la opinion de que en verdad han existido, ha recibido un gran apoyo por mi descubrimiento en el género Milodon (*)

Pero no solamente estas nuevas partes de la configuracion del presente género tenemos en nuestro Museo público, se ven tambien en él algunas especies hasta ahora no conocidas con exactitud en la ciencia. Asi ha sucedido que el número de las especies se ha aumentado de tres á cinco, de las cuales cuatro fueron habitantes del antiguo suelo Argentino.

Hablaremos de ellas sucesivamente, fijándonos solamente en las partes nuevas que tenemos en el Museo, sin describir las otras ya antes conocidas.

Primeramente es preciso advertir al lector, que no admitimos el género *Lestodon* fundado por P. Gervais (**) por no ser suficientemente diferente del *Mylodon*. La única diferencia que se presenta en la superficie masticatoria inclinada de los primeros dientes, y que corresponde al mismo carácter del género actual de los Perezosos, llamado *Choloepus*, no es de tanto valor como ha creido el autor frances, porque las otras partes del esqueleto no muestran iguales diferencias como las de los *Choloepus* y *Bradypus* actuales; lo que probará la descricion de los restos, conservados en nuestro Museo, y que fueron desconocidos al Sr. Gervais. Fijándose mas en estas partes, que en los dientes de adelante, no hay razon para separar los *Lestodontes* de los *Mylodontes*, y con este motivo trataremos los dos en el mismo género.

Pero si alguien quisiera separarlos como grupos subordinados del género *Mylodon*, tomando la inclinacion de la superficie masticatoria por carácter decisivo, la relacion de las especies acá descriptas seria la siguiente:

(*) Véase sobre la posibilidad de una cubierta huesosa del Megaterio la obra de Owen sobre este género pag. 8, en donde el autor ha combatido mucho esta opinion. Pero en una carta de Junio de 1863, dirijida á mí en contestacion de mi comunicacion de los huesecillos del cuero del *Mylodon* al Sr. Owen, ya ha asentido casi á lo contrario, diciendo:
It is still, then, possible that Megatherium may have had, in some measure, an exoskeleton.

(**) *Annales des sciences naturelles, IV. Serie Tom. III. pag. 336.— Vayage dans l'Amer. meriad. par M. de Castelnau,* etc., y separadamente bajo el título: *Recherches sur les Mammiferes fossiles de l'Amerique meridionale pag.* 46. *seq. Paris* 1855. 4.

I. Grupo. Superficie masticatoria del primer diente de cada mandíbula oblícua inclinada. *Lestodon* GERVAIS.

> 1. *M. giganteus* NOB.
> *Lestodon armatus* GERVAIS.
> 2. *M. .gracilis* NOB.
> *Lestodon myloides* GERVAIS.

II. Grupo. Superficie masticatoria de todos los dientes horizontal. *Mylodon* OWEN.

> 3. *M. robustus* OWEN y NOB.
> 4. M. *Darwinii* OWEN.

1. *Mylodon giganteus* NOB.

He hablado de esta especie mas grande del género Mylodon, en diferentes publicaciones mandadas á mis antiguos colegas de la Universidad de Halle, que las han introducido en los periódicos científicos publicados por ellos (*). Su tamaño general no es muy inferior al tamaño del Megaterio, pero su figura fué menos robusta y mas proporcionada por la relacion de los miembros no tan gruesos con el trunco.

Tenemos en el Museo público una cadera completa con las once vértebras precedentes á ella, dos femures con las rótulas, tres tibias, el húmero, el radio, el cubito, el astragalo, algunos huesos de los dedos del pié y algunas vértebras del cuello con el axis entre ellas. Todos estos huesos prueban que el tamaño general fué doble del *Mylodon robustus*, descripto por OWEN. Probamos esta asercion primeramente por la descripcion de la pelvis.

Esta parte del esqueleto es bastante diferente de la pelvis del *Mylodon robustus*, siendo no solamente mucho mas grande, sino relativamente mas alta y menos ancha. Dando al fin de la descripcion las medidas diferentes de las tres pelvis que tenemos en el Museo de Milodontes, comparándolas con las medidas publcadas por OWEN de *Mylodon robustus*; no hablaré mas de ellas aquí, fijándome solamente en la configuracion general, que es tambien considerablemente diferente. Los huesos iliacos son relativamente menos anchos del exterior al interior, pero mas anchos de arriba abajo. El agujero ciático es de figura transversal elíptica, no circular, como en las otras pelvis. El agujero obturador es muy largo, y cada uno dividido por un puente huesoso en dos agujeros

---

(*) *Abhandlungen der naturforschenden Gesellsch. &c. Halle. Bd. IX—Zeitschrift fur die gesammten Naturwissenschaften, heraugegeb. v.* GIEBEL *u.* HEINZ. *Bd. XXV.*

casi iguales. El hueso isquion es mucho mas prolongado abajo, y su parte bajo el agujero ciático mucho mas ancha que en las otras especies. Al fin el hueso pubis se estiende mas abajo, dando á la abertura anterior de la cavidad cotiloydea una figura elíptica muy prolongada, siendo el diámetro transversal de la dicha abertura, solamente de la mitad del diámetro longitudinal, y no de dos terceras partes del otro, como en las especies menores.

Pero mas que estas diferencias de figura, distingue el número de las vértebras, unidas con la cadera, esta especie de las otras; siendo el número de las vértebras sacrales, de solo c i n c o, y el de las vértebras lumbares unidas con el sacro de d o s. Por esta razon el hueso sacro unido, es relativamente mas corto que en las otras especies; pero tambien sus vértebras singulas en su construccion mas gruesas y mas robustas.

De las once vértebras libres antes de la pelvis que tenemos en el Museo público, solamente una, la última, no tiene superficies articularias de costillas; lo que prueba que ella es vértebra lumbar, y que el número completo de tales vértebras fué tres, no cuatro, como en las especies menores. Las otras son sucesivamente mas pequeñas, y prueban que el tronco del Milodonte se disminuye adelante, como en el Megaterio, pero de un modo menos rápido y menos pronunciado.

Tenemos de costillas cinco pares bastantes gruesas, pero mas ó menos rotas. Nada tienen de particular en su figura.

El femur, la rótula, la tibia y el astragalo, ya los ha figurado Blainville en su *Ostéographie* (*Magatherium pl. IV. fig.* 3 (*) *fig.* 12. *fig.* 15. *fig.* 18) sin otra noticia en la descripcion de las figuras, Tom. IV. pag. 44; que son de una especie mas grande que el *Mylodon robustus*. Tienen en verdad la misma figura general, pero el tamaño es considerablemente diverso, superando los mismos huesos de las otras especies casi con la tercera parte en longitud entera. No describiré estos huesos para conservar la esplicacion detallada de las diferencias específicas al exámen futuro, cuando publique las figuras exactas en las siguientes entregas de nuestros Anales, dando la medida de ellas al fin de esta noticia preliminar.

Lo mismo sucede con los huesos del miembro anterior, de los cuales tenemos el húmero, radio, cubito y el omoplato; cada uno es muy parecido á los del *M. robustus*, pero siempre como la cuarta parte mas grande. El húmero no tiene la cresta prominente del medio tan fuerte, como el húmero del *M. robustus*, y tan poco las crestas laterales sobre los condilos tan prolongadas

(*) En la descripcion, esta figura es adscripta erróneamente al Megaterio; pertenece la rótula figurada al *Mylodon giganteus*; la fig. 14 es del Megaterio.

arriba. Parece que el brazo de esta especie fué relativamente menos fuerte que en las otras.

Del cráneo no he visto hasta hoy mas que dos dientes de la mandíbula inferior, implantados en el hueso que los incluye. Son de figura muy elíptica prolongada, y los dos enteramente iguales; cada uno la quinta parte mas grande que un diente de la misma figura de las otras especies. Deduzco de este tamaño que han pertenecido al *Mylodon giganteus.*

Entre las figuras publicadas por BLAINVILLE en su *Ostéographie, Megatherium pl. I,* hay tres (10. 11. 12.) que me parecen representar partes del cráneo de la misma especie; fig. 10. es la punta de la mandíbula superior, y las otras dos son de la inferior. La figura de las dos muelas primeras es completamente igual á las que he dedicado á esta especie. Si esta opinion es bien fundada, la tercera muela de la mandíbula inferior se componía de dos partes desiguales en tamaño, pero iguales en la figura, y tras de esta muela se vé otra mas pequeña, que falta á las otras especies. Un carácter no menos singular se presenta tambien en la posicion inclinada hácia el exterior, y la distancia muy larga que separa el primer diente correspondiente al colmillo del Unau (*Choloepus didatylus*) de los otros. En este carácter, el Sr. GERVAIS, como hemos dicho en el principio, ha fundado su género *Lestodon,* dibujando en su obra mencionada las mismas partes ya figuradas por BLAINVILLE en escala mayor (*pl. 12. fig.* 1–2. *pag.* 47). Parece que la boca de esta especie gigantesca fué relativamente mas ancha, y la dentadura de adelante mas robusta, para defender mejor el animal, que en las otras especies.

2. *Mylodon robustus* OWEN.

Entre los objetos de nuestro Museo, pertenecientes á la especie primeramente descripta, existen casi todas las partes principales del esqueleto, y siempre muy parecidas á las figuras de OWEN, pero generalmente un tanto mas pequeñas. Parece que el individuo descripto fué un animal muy viejo y bastante grande, lo que prueba entre otros caractéres, la union fija de los huesos esternocostales con las costillas correspondientes.

De las partes del esqueleto que no ha visto el Sr. OWEN, se conserva en el Museo la punta posterior del esternon, y solo hablaré de esta.

El esternon del *Mylodon* es compuesto lo mismo que el del Megaterio, de siete vértebras esternales, de las cuales ya son conocidas las seis primeras, faltando la última, llamada apéndice xifoideo, en la figura de OWEN pl. IX de su obra. Esta última (pl. V. fig. 2. VII, de nuestros Anales), es al principio de la misma figura como la penúltima; es decir, tiene una márgen anterior dere-, cha gruesa, que se toca con la márgen posterior de la vértebra sexta, forman- do con ella en cada esquina una superficie articularia escavada, en la cual entra la cara articularia superior del hueso esternocostal septimo (pl. V. fig. 2.7). Inmediatamente atras de esta superficie articularia, poco elevada sobre el nivel de la parte vecina del hueso, él mismo se rebaja mucho, formando en toda su circunferencia lateral y posterior, una márgen aguda delgada, que se estiende un poco hácia los dos lados, en figura de una lámina subcircular con la cual concluye el esternon por detras. El centro de este lámina es poco ele- vado, formando un tubérculo elíptico obtuso en la superficie inferior y exter- na, pero completamente plano en la superficie superior interna, como las otras vértebras esternales.

De los huesos esternocostales tenemos los ocho posteriores de cada lado, careciendo nuestro individuo de los dos primeros con el manubrio del ester- non. Ninguno de ellos está unido á su costilla íntimamente; todos son libres, y estuvieron unidos con la costilla durante la vida, por medio de una substan- cia cartilaginosa. En la figura de Owen se vé lo contrario en algunos, lo que prueba una edad bastante adelantada en el individuo figurado. El modo de los primeros seis huesos esternocostales de unirse con el esternon, ya está bien esplicado por las figuras y la descripcion de Owen, y por esta razon no ha- blaré mas de ellos. El sexto hueso esternocostal es de 24 cent. de largo y poco mas ancho que los anteriores; tiene una esquina obtusa elevada al lado exte- rior, y otras dos bastante agudas al lado de adelante y de atras; en esta última esquína se forma, ante la punta, una cara articularia oblonga prominente, que se une con el hueso esternocostal septimo. Otras dos caras articularias se presentan al principio del hueso, en donde se une con el esternon. La una mas hácia la punta es hemisférica y se toca con las eminencias externas de la quinta y la sexta vértebra esternal; la otra está situada ante la punta, al lado superior del hueso, de figura semicilíndrica y tocandose con las superficies articularias á las esquinas adyacentes de las mismas vértebras.

Sigue á este hueso esternocostal, otro de figura bastante parecida, pero poco mas grande, 30 cent. de largo. En el principio interno tiene este hueso las mismas dos caras articularias, que se unen del mismo modo con las super- ficies articularias de la vértebra sexta y septima; pero en su parte exterior es poco diferente, mas ancho, y provecho con tres superficies articularias, una oblonga en la esquina prominente anterior, que se toca con la superficie arti- cularia correspondiente al hueso sexto, y dos en la esquina posterior, la una circular en el medio sobre una lámina muy prominente, la otra al fin de figura oblonga angosta. Las dos se tocan con las caras articularias correspondientes del hueso esternocostal octavo.

Este hueso es una repeticion en su figura del anterior, pero considerablemente mas chico, de 24 cent. de largo. Tiene una cara articularia aplanada de figura circular en el principio, y otra oblonga angosta en el medio de la márgen anterior. Las dos se tocan con el hueso esternocostal septimo. Al lado de la segunda cara articularia se ve en la superficie externa una impresion articularia redonda, en la cual entra la cara articularia del noveno hueso esternocostal. Atras de esta escavacion articularia, el hueso está rápidamente escavado, formando en su parte posterior un alveo oblongo con esquina aguda posterior prominente.

Los huesos esternocostales que siguen al octavo, son de figura algo arqueada, con punta obtusa interior y una superficie granulada angosta al otro estremo, que se une con la costilla, y que se encuentra en la misma disposicion tambien en los huesos esternocostales precedentes. Cada uno tiene una márgen poco mas grueso anterior, otra mas agudo y delgado posterior, y una escavacion longitudinal á la mitad exterior de la superficie inferior. Al principio de esta escavacion hay una impresion articular para la punta del hueso esternocostal que sigue. El noveno es 20 cent. de largo, el décimo de 15.

La descricion dada testifica, con la asistencia de las figuras en pl. V. que el esternon del Milodonte es una repeticion pequeña del esternon del Megaterio, con algunas diferencias que dependen de la construccion mas fina y mas endeble del primero. No se han prolongado tanto los huesos esternocostales posteriores, en comparacion con las anteriores, en el Milodonte como en el Megaterio, lo que prueba que su vientre no fué tan abultado como el del Megaterio, y por esta razon el animal debió ser mas proporcionado en su cuerpo, y sin duda menos lento en sus movimientos.

3. *Mylodon gracilis* Nob.

Tenemos de esta especie, que ya he indicado antes en diferentes publicaciones (*) tres individuos mas ó menos completos en nuestro Museo, un macho jóven, una hembra vieja y el hijuelo encontrado entero con la madre; pero la persona que ha tenido la gran suerte de descubrirlos en la barranca

(*) Anales del Mus. púb. de B. A. I. pag. 8.—Almanaque agric. past. é indust. de la Rep. Arg. 1865. pag. 53.

del Rio de Lujan, cerca de la Villa de Mercedes, no fué bastante cuidadosa é inteligente para conservar los esqueletos completos, y asi ha sucedido, que solamente los pedazos rotos han llegado á mis manos. Los de la madre los he reconstruido en un esqueleto casi completo, pero se ha perdido la parte mayor y mas valiosa de la cria.

La figura general y el tamaño son casi los mismos que los del *Mylodon robustus*, pero la comparacion de las partes del esqueleto demuestra una diferencia completa con todas las demas. No es mi intencion entrar aqui en la descripcion detallada de ellas; me contento con señalar al lector las diferencias específicas principales, reservando la esplicacion completa del esqueleto para lo futuro, cuando publique las figuras del todo y de las partes aisladas.

En general la dicha especie es menos ancha y mas delgada que la otra; y por esta razon he elejido su nombre específico : *gracilis*, que debe entenderse relativamente, no siendo en verdad un animal endeble sino tambien bastante robusto.

Las diferencias específicas principales son las siguientes :

Los dientes primeros ó colmillos de cada mandíbula, son oblícuos cortados al fin, no horizontalmente como los del *Mylodon robustus*; siendo la superficie masticatoria inclinada hácia atras en los superiores, y hácia adelante en los inferiores.

La prolongacion superior del arco zigomático del *Mylodon gracilis* no es mas larga que la media, siendo la misma del *Mylodon robustus* casi el doble de largo.

Las uñas del dedo segundo y tercero del pié anteríor, son de tamaño igual, no como las del *Mylodon robustus*, muy diferentes, siendo la segunda uña casi la mitad de la tercera.

El hueso esternocostal octavo se une con la última (septima) vértebra esternal directamente, y no con el septimo hueso esternocostal como en el *Mylodon robustus*.

El hueso sacro se compone de seis vértebras; en el *Mylodon robustus* de siete.

La esquina externa del femur, que es casi en línea recta en el *Mylodon robustus*, es de línea muy corva hácia atras en el *Mylodon gracilis*, y mas engrosado en el medio.

El calcáneo tiene al lado esterno cerca de la superficie articularia con el astragalo, un tubérculo angosto comprimido, separado de la esquina en lugar del tubérculo grueso confluente con la esquina, que tiene el calcáneo del *Mylodon robustus*.

Partes de esta especie, y no del verdadero *Mylodon robustus*, representan algunas figuras muy exactas de la *Ostéographie* de BLAINVILLE, que el autor de la descripcion ha adscrito á la otra. Tales son de las láminas del Megaterio.

Pl. I. fig. 8 el cráneo; fig. 9 y fig. 18 la mandíbula inferior.

Pl. II. fig. 26 el manubrio del esternon, y probablemente tambien el atlas fig. 18 como el hueso hioideo fig. 28, 29 y 30.

Pl. III. fig. 20 el húmero.

Comparándolas con las figuras dadas en la obra de OWEN, se ven claramente muchas de las diferencias específicas antes mencionadas. Pero para no estender mas estas noticias preliminares, hablaré solamente de algunas partes desconocidas, que aparecen figuradas en la lámina adjunta V.

Principiamos con el esternon (pl. V. fig. 3), del cual tengo dos ejemplares en el Museo, el uno completo de la hembra, que es el figurado, el otro del macho, al cual faltan las tres primeras vértebras.

Tiene este esternon, como el de la otra especie, siete vértebras esternales, pero entre la primera (el manubrio) y la segunda se interpone un huesecillo, que en el esternon de *Mylodon robustus* está unido con el manubrio en una pieza. Probablemente esta diferencia es solamente individual, porque en la figura de BLAINVILLE (Megatherium pl. I. fig. 26) no se vé tal huesecillo, estando las dos caras articularias pequeñas al fin del manubrio destinadas para la articulacion con las caras articulares inferiores del primer hueso esternocostal.

El manubrio es diferente de el de la otra especie tambien por su figura, siendo la punta anterior mas delgada, y la parte posterior poco mas corta. Sin embargo, la configuracion general es casi la misma. Tiene á cada lado en la parte posterior de la márgen, una escavacion semicircular para la cara articularia de la clavícula, atras del medio otra superficie articularia prolongada mas pronunciada para el primer hueso esternocostal, dos pequeñas al márgen posterior, que se tocan con la segunda vértebra esternal, y una transversal en el medio de la márgen posterior, bajo las dos pequeñas, que se une con el huesecillo accesorio entre el manubrio y la segunda vértebra esternal. Este huesecillo es de figura de media luna, con cuatro superficies articularias; la anterior que se toca con el manubrio, de figura transversa semilunar; la posterior, que se toca con la segunda vértebra esternal, de figura transversa elíptica; y dos pequeñas redondas en las esquinas laterales, que se tocan con el hueso esternocostal primero.

Este hueso está unido íntimamente con la primera costilla, y no puede ser separado de ella sino con violencia. Es bastante ancho, pero no grueso, y

prolongado abajo en una apófisis apuntada que lleva las superficies articularias, por las cuales el hueso se une con el esternon. La fig. 4. muestra esta
parte del hueso de adelante, con las tres superficies articulares en ella. La
superficie larga superior (*b.*) se une con la superficie articularia lateral del
manubrio; la superficie *a*, que está en la posicion natural la interior, se une
con la segunda vértebra esternal; y la superficie *c.*, que es la exterior, con el
huesecillo accesorio entre el manubrio y la segunda vértebra.

Esta descripcion del principio del esternon manifiesta, que hay algunas diferencias entre la configuracion del *Mylodon gracilis* y del *Mylodon robustus*.
Segun las figuras de OWEN (pl. IX.) el manubrio de esta especie está unido con
el primer hueso esternocostal por dos superficies articulares (fig. 1. a. b.),
de las cuales la segunda (b.) corresponde á la superficie pequeña del huesesillo
accesorio del *Mylodon gracilis*. Pero este hueso esternocostal primero del
Mylodon robustus, no se toca con la segunda vértebra esternal, como se vé en
el *Mylodon gracilis*, pues se interpone entre el manubrio y la segunda vértebra
esternal el segundo hueso esternocostal, que se toca tambien con el manubrio
en una superficie articularia pequeña (OWEN fig. 2. c.). Asi tiene el *Mylodon
robustus* dos pares de huesos esternocostales, en donde el *Mylodon gracilis*
tiene solamente uno. Sin embargo, el número general de los pares de huesos
esternocostales, es en las dos especies el mismo, estando atados á la última
vértebra esternocostal del *Mylodon gracilis*, dos pares de huesos esternocostales, y á la del *Mylodon robustus* rolamente un par.

Las vértebras esternales con los huesos esternocostales que siguen al manubrio, son muy parecidas á las correspondientes del *Mylodon robustus*, pero
generalmente un poco mas anchas, y las prominencias esteriores que se unen
con las caras articularias hemisféricas al fin inferior de los huesos esternocostales, mas grandes que en la dicha especie. No describiré las síngulas, porque
nuestra figura demuestra claramente su configuracion, y solamente daré las
medidas de ellas. De largo tienen las vértebras á la superficie interior: el
manubrio 12 cent., la vértebra segunda 5,7, la tercera 6, la cuarta 6, la quinta 5,6, la sexta 5, la septima 8,5: de los huesos esternocostales el primero 10,
el segundo 12, el tercero 14, el cuarto 16,5, el quinto 20, el sexto 24, el septimo 32, el octavo 20, el noveno 15, el décimo 10.

La diferencia específica se muestra claramente de nuevo en la figura de la
última vértebra esternal, llamado el apéndice xifoideo, y los huesos esternocostales fijados á ella.

Es un carácter muy particular, que esta última vértebra esternal se toque
con dos, y no con un par de huesos esternocostales, como en el *Mylodon ro-*

23

bustus. Por esta razon la última vértebra esternal del *Mylodon gracilis* no es
mas larga, sino mucho mas gruesa que la misma de la otra especie, principalmente en su circunferencia externa, que es redondeada, no aguda, como en el
Mylodon robustus, y tiene á cada lado dos caras articularias en su superficie
inferior; la una inmediatamente en la esquina anterior, la otra en el medio del
lado. Con la primera se une la cara articularia superior del hueso esternocostal sexto, y con la segunda la misma cara del septimo. Pero para la articulacion de las otras caras articularias inferiores de los mismos huesos existe,
atado á la vértebra esternal septima, un huesecillo particular cuadrangular,
que se une con sus cuatro lados poco escavados con las dichas caras articularias. Este huesecillo tiene la figura de la prominencia inferior externa de las
otras vértebras esternales, pero está enteramente separado de la vértebra
septima y unido con ella únicamente por una substancia cartilaginosa. Tambien es mucho mas pequeño que las prominencias de las vértebras esternales
precedentes.

Los huesos esternocostales que se unen con esta última vértebra esternal,
son los mas grandes y los mas robustos de todos, y atados á ellos por caras
articularias, que salen de las esquinas prominentes adelante y detras, fijándose el sexto del mismo modo al quinto. El septimo es muy escavado en su superficie inferior á la mitad externa, y tiene al principio de esta escavacion
una impresion articularia redonda pequeña, con la cual se une la cara articularia del octavo hueso esternocostal. Del mismo modo se une con este el noveno, y con el noveno el décimo, que es el último conservado de los dos esternones en nuestro Museo.

La descripcion dada de los esternones de las dos especies de *Mylodon*, como la del
esternon de *Megatherium*, prueba que el número de las vértebras esternales es igual á
s i e t e, lo que permite sospechar, que todos los Gravigrados han tenido el mismo número. Es digno de notarse que este número es casi igual al número de las vértebras
esternales de los Perezosos actuales con tres uñas, [*Bradypus*], pero no al número del
género con dos uñas [*Choloepus*] con el cual se toca el *M. gracilis* por la figura de los
dientes primeros. Por esta razon no me parece conveniente separar las especies de
Mylodon por la figura de estos dientes en dos géneros, como ha hecho el Sr. GERVAIS.

Entre las otras partes del esqueleto, de las cuales pienso hablar, como partes hasta hoy desconocidas del género *Mylodon*, se presenta al primer lugar
el h u e s o i n c i s i v o de la mandíbula superior. En los cráneos antes figurados ha faltado este hueso, pero en el nuestro existe. Su figura es completamente igual al mismo hueso del Perezoso con dos uñas (*Choloepus didactylus*)
como se vé claramente de la figura 5. de nuestra lámina V. Está compuesto
de dos partes unidas por la línea media recta, tocándose con una superficie

plana en toda su estension. De esta parte del hueso se vé en la superficie anterior del paladar, (fig. 5.) solamente la mitad anterior, que sobresale entre las puntas divergentes de las láminas paladares de la mandíbula superior en la parte de adelante; en la parte posterior es mas delgado, puntiagudo y mas elevado arriba, para ponerse sobre la sutura paladial de la mandíbula, uniéndose con el hueso vomer, que se fija en ellos. La figura 7 de nuestra lámina demuestra esta parte posterior del lado, como una asta poco corvada descendente. La otra parte sobresaliente entre los dos huesos de la mandíbula superior, se estiende á la márgen anterior mas saliente en dos láminas distantes que forman la márgen de la mandíbula. De este modo cada mitad del hueso incisivo tiene la figura casi de un martillo, ó de un ángulo poco menor que un recto, como lo muestra la figura 6., que representa el hueso incisivo, sacado de su lugar y cortado por el lado derecho. Esta parte del hueso es plano abajo, elevado arriba, con una márgen engrosada obtusa en la parte de adelante. Su parte media, en el interior del ángulo que forma el hueso, es escavada y aplanada, dejando de este modo los dos huesos incisivos en su posicion natural entre ellos y la parte vecina de la mandíbula dos agujeritos redondos que son los *foramina incisiva*. Hácia estos agujeritos corren los surcos ramosos, que presenta el paladar de la mandíbula de su parte anterior, pero al lado exterior de ellos se unen los huesos incisivos íntimamente con la mandíbula misma por la sutura granulada, que termina en esta parte su contorno.

Otro aparato huesoso que no fué bien conocido hasta ahora, es el de la lengua. BLAINVILLE ha dibujado en su *Ostéographie* (*Megatherium, pl. II. fig.* 28. 29. 30.) dos partes de este aparato, la apófisis estiloides (fig. 28.) y las astas menores del hueso hioides; nosotros damos la figura de todo el aparato, unido con la parte anterior de la laringe que los anatómicos llaman cartílago tiroides.

Se compone este aparato (pl. V. fig. 9. 10. I1.) de ocho huesecillos, de los cuales seis son pares y dos impares, pero de figura simétrica; los impares son el cartílago tiroides (C), y la asta inferior hioides (A); los de pares: las astas superiores hioides (B) y las apófisis estiloides (D).

Principiamos la descripcion por la asta inferior hioides (Fig. 9 y 10. A.) que es un arco huesoso de 9 cent. de ancho atras, y 6 cent. de largo, que tiene una esquina superior mas aguda, y una inferior obtusa redondeada, que se pone en su posicion natural sobre la laringe. La parte anterior es poco mas gruesa y sobrepasa á las dos esquinas, donde se cambia la direccion del arco detras, con dos caras articularias prominentes arriba, que se unen con la asta hioides superior. Otras dos superficies articularias elípticas se ven al fin posterior de cada asta del arco, y con estas se une el cartílago tiroides (C).

Este cartílago (fig. 9. C.) es tambien un arco huesoso, pero poco mas corto, y se estiende hácia abajo en una lámina huesosa muy fina. La parte anterior de esta lámina es mas gruesa, y tiene al exterior una esquina prominente longitudinal en la parte delantera, que corre desde arriba hasta abajo. En la parte posterior es mas ancho atras, redondeado abajo, y termina con una superficie articularia elíptica al fin, que se une con la superficie articularia correspondiente de la asta inferior hioides.

A las caras articularias superiores de la asta inferior hioides, que corresponde al hueso hioides central del hombro, unido con las astas inferiores en una pieza arqueada, se aplican dos huesecillos pequeños de figura trapezoidita (Fig. 9. b.) que corresponden á la parte primera de las astas hioides superiores. Generalmente estas astas se componen de tres huesecillos, de los cuales el primero representa este huesecillo trapezoidal (b.) Los otros dos están unidos en el Milodonte en un hueso de figura muy particular (B.) que tiene por adelante una cara articularia prominente, que se une con el huesecillo trapezoides, y una parte posterior arqueada, que se estiende en la parte inferior en una lámina muy fina descendente. A la punta posterior ascendente de esta lámina, se presenta una cara articularia pequeña, que se toca con la correspondiente de la apófisis estiloides.

Esta apófisis (Fig. 11.) es de figura cilíndrica, como 9–10 cent. de largo, con una prolongacion transversal á su estremo superior. Esta prolongacion que tiene la figura de un martillo pequeño, es convexa al lado exterior y concava al lado interior, y provisto con una superficie articularia transversal de figura oblonga, que se une con la parte petrosa del hueso temporal, fijándose de este modo todo el aparato hioides al cráneo del animal. Al estremo inferior la apófisis estiloides es algo engrosada y terminada en una superficie articularia redonda, que se une con la cara articularia posterior de la asta hioides superior. De este modo todo el aparato es suspendido entre las prolongaciones posteriores de la mandíbula inferior, conservando por su movilidad la de la lengua y de la laringe, que están ligadas á este aparato, por las muchas articulaciones entre los huesecillos que le componen.

En la *Ostéographie* de BLAINVILLE se vé la figura del mismo aparato hioides del Perezoso de dos uñas (*Choloepus didactylus. Bradypus* pl. IV. en la esquina derecha inferior, sin número) que es enteramente parecido al descripto del *Mylodon*, siendo diferente únicamente por la figura particular de las partes componentes y de la relacion diferente entre ellas. Los Perezosos con tres uñas (*Bradypus*) son mas diferentes, y principalmente en este momento, que la asta hioides superior se une con la inferior en su fin posterior en una sola asta mas elongada, que se toca por su punta posterior ascendente con la parte petrosa del hueso temporal, faltando á los Perezosos la apófisis estiloides, que es representada por esta punta ascendente de la asta.

Al fin describiré la cubierta general externa del *Mylodon*, que no fué un pelo denso y largo, como en los Perezosos actuales, sino una superficie córnea sobrepuesta sobre huesecillos bastante gruesos, implantados en el cutis mismo. Descubriré esta cubierta en el macho jóven, encontrado en la barranca del Rio Salado, cerca del paso de Ponce en el terreno de D. Pascual Peredo, y he visto toda la parte externa del hueso ilaco cubierto con tales huesecillos, de los cuales tengo algunos miles en la coleccion del Museo público.

Los huesecillos (Pl. V. fig. 8) tienen la figura y el tamaño de la mitad de la cáscara de nueces avellanas, y son mas convexas al lado interno, y mas llanas al lado externo. Su circunferencia es generalmente irregular, cuadrangular ó pentagonal, con las esquinas romas y la márgen mas ó menos filosa. La superficie externa tiene impresiones pequeñas redondas de igual tamaño, mas ó menos distribuidas sobre la superficie con regularidad, dejando siempre un vacío libre entre las inmediatas; cada uno es de 2 hasta 2,5 milím. de diámetro. Las márgenes agudas de los huesecillos están sobrepuestas una sobre la otra del huesecillo vecino, y generalmente un lado de cada huesecillo cubre el opósito del otro huesecillo de arriba, ocultando este opósito su verdadera márgen bajo las márgenes prominentes de los huesecillos adyacentes. Pero hay tambien, como se vé en la figura 8. B, que representa una fila de huesecillos en su posicion natural, algunos que son cubiertos de los inmediatos por todos lados, y otros que cubren siempre los vecinos; pero generalmente es así, como he dicho antes, que la una márgen es la que cubre, y la otra la cubierta. El tamaño tambien es muy diferente, algunos tienen como 2 cent. de diámetro, pero muy rara vez se vé uno de mayor tamaño; uno solo he visto de 3 cent. de largo; los mas numerosos son de 1,2–1,5 cent. de diámetro. Los menores son mas numerosos que los mayores; tengo muchos de 3,5 mil. de diámetro, y algunos pocos de 2 mil. Que todo el animal estuvo asi cubierto del mismo modo, me parece muy probable; porque aun sobre los dedos de la mano he encontrado los mismos huesecillos, pero estos generalmente muy chicos y mas esféricos.

Es claro que durante la vida del animal, los huesecillos no estuvieron desnudos en la superficie del cuerpo, sino implantados en el cutis, como en los cocodrilos y lagartos, y cubiertos por afuera por una epidermis corea, que se renovaba sucesivamente por capas nuevas de abajo, cuando se gastaban por la friccion del animal con los objetos que se tocaban con él durante su vida.

Parece indicar esta cubierta bastante dura del Milodonte, una vegetacion muy áspera y provista con espinas fuertes herientes, tambien en la época diluviana, como se encuentra semejante vegetacion en la época actual del suelo

Argentino, en donde hay bosques, como en la parte occidental y boreal del pais.

No puedo concluir mis noticias preliminares sobre esta especie particular de *Mylodon*, sin decir algunas palabras sobre la construccion de la pelvis del macho jóven que tenemos en el Museo. Respecto á la composicion de las partes constituyentes, no hay ninguna diferencia, siendo el número de las vértebras sacrales de seis, como el de la hembra, no de siete, como en el *Mylodon robustus*. Peró lo que me parece muy digno de notar, es el modo como estas seis vértebras están unidas en una pieza entre sí y con las tres vértebras lumbares precedentes. Se ha efectuado esta union por epífisis sueltas interpuestas entre las vértebras, que se juntan despues íntimamente con las vértebras mismas. Es bien sabido que las vértebras separadas de la columna vertebral, tienen en la primera juventud del animal dos epífisis, una á cada lado, que se juntan despues con el cuerpo central de la vértebra, y dan lugar á la aplicacion del cartílago intervertebral fibroso que une las vértebras para formar la columna vertebral. Pero en esta parte sacral de la dicha columna no se forman dos epífisis entre las vértebras, sino una sola, y por esta razon las vértebras se juntan despues en una pieza inmóvil que se llama el hueso sacro. Nuestro individuo macho muestra todas las epífisis separadas de las vértebras, y una á cada estremo, es decir, diez en todo, ocho entre las nueve vértebras, (tres lumbares, seis sacrales), la novena al principio de la primera vértebra lumbar, y la décima al fin de la última vértebra sacral. La vértebra lumbar que antecede á la primera de las tres unidas con el hueso sacro, es tambien presente en nuestro individuo, y tiene sus dos epífisis una á cada estremo. Lo mismo sucede con las vértebras de la cola. Existen tambien esas epífisis entre el hueso sacro y los huesos iliosos en la parte de la juncion entre ellas, como una otra epífisis muy ancha en toda la circunferencia superior del hueso iliaco, que corresponde al márgen esplanado superior de la pelvis, (OWEN, pl. X. fig. 1. 1. 1.)

Tambien la orilla prominente del hueso isquion atras del agujero obturador, es provista con una epífisis angosta semicircular, que corresponde á la tuberosidad ciatica de la pelvis humana.

Respecto á la figura general de la pelvis del macho, comparándola con la pelvis de la hembra, no se presenta ninguna diferencia notable de figura entre el hueso sacro y los huesos iliacos, siendo los de la hembra poco mas anchos en la base cerca del hueso sacro. Pero la figura de los huesos del isquion y del pubis es muy diferente. En este punto se distingue la hembra del macho por una figura mas delgada, y la estension de los dos huesos mas grande

abajo, de donde resulta que la abertura anterior de la pelvis pequeña es elíptica en la hembra, y casi circular en el macho, siendo el diámetro perpendicular de la pelvis pequeña del macho de 42 cent., de la hembra 47 cent.; y el
diámetro transversal de este 36 y del macho 34 cent. Aun mas diferente es
la figura de la abertura posterior en los dos sexos; la de la hembra es un círculo, la del macho de figura como una pera. Depende esta figura singular de
la reclinacion de las tuberosidades ciáticas al lado interior en el macho, y
al lado exterior en la hembra, como las representa la figura de Owen (pl. X.)
que me parece representar por esta razon tambien un individuo femenino.

Pero la observacion mas particular hecha en esta pelvis del macho jóven,
es la presencia de un hueso bastante grande en la simfisis de los huesos del
pubis. Tiene este hueso un cuerpo de figura cuadrangular, interpuesto entre
las dos puntas internas del os pubis, y prolongado hácia abajo á cada lado en
un ramo horizontal puntiagudo, que se pone bajo la márgen inferior de cada
pubis. Estos dos ramos tienen una márgen aguda abajo, y se unen con una márgen gruesa con el pubis. Pero no directamente, sino por una epífisis que se
interpone entre este hueso y la punta del pubis, del mismo modo que las epífisis entre los cuerpos de las vértebras sacrales. Se deduce de esta observacion, que es un hueso enteramente particular, lo que prueba tambien su tamaño, siendo su cuerpo en el principio 8 cent. de ancho, 8 cent. alto en el medio
y las puntas de los ramos de 18 cent. distantes entre ellas. En su superficie
exterior tiene el cuerpo una tuberosidad elíptica bastante fuerte, de 5 cent.
de largo y 3 cent. de ancho, al cual estuvo atado el miembro sexual del macho durante la vida. No sé si el mismo hueso interpuesto en la simfisis del
pubis se hallará tambien en la hembra, estando lastimada la pelvis en esta parte; pero la pelvis completa de *Mylodon giganteus*, perteneciente á un individuo
muy viejo, no tiene nada semejante, ni el tubérculo medio de la simfisis, ni el
vestigio de un hueso separado en ella.

En un individuo jóven de *Darypus villosus* (el Peludo del pais), he visto un hueso
correspondiente, interpuesto entre las dos puntas del pubis en la simfisis, pero este
huesecillo es mas ancho en la parte de adelante que detras, y no sobresale con ramos
diverjentes bajo la márgen del pubis. Mi sucesor en la cátedra de Zoología de la Universidad de Halle, el Dr. Giebel, ha descripto recientemente este huesecillo de los objetos llevados por mí al Museo de aquella Universidad despues de mis viages. (Véase:
Zeitschr. f. d. gesamt. Naturwiss. 1865. Tom. XVIII. pag. 105). El *Dasypus conurus*
[el Mataco del pais] tiene esta parte de la pelvis no cerrada, sino apartada y abierta,
lo que corresponde al tipo de los Gliptodontes, á los cuales este Armadillo es el mas
parecido de todos los de la actualidad. Véase mi descripcion del género *Glyptodon*.

Tabla de las medidas de las partes principales del esqueleto de los tres Mylodontes.

(Las medidas son de pulgadas inglesas, para la comparacion con las de OWEN)

	M. giganteus.	M. robustus.	M. graciles.	Idem macho.
Longitud del húmero	20	15 ½	14 ½	15 ½
— del cubito	18	14 ½	13	14
— del radio	13 ½	11	10	10 ½
— del femur	29	19	19	?
— de la tibia	15	8 ½	9	"
— da la fíbula	13	8	7	"
Distancia de las esquinas prominentes de los huesos iliacos	45	41	42	41
Anchura del hueso iliaco, del acetábulo hasta la márgen superior	20	17 ½	18	16
Distancia de las esquinas exteriores de los acetábulos	27 ½	25	26	24
Diámetro transversal de la cavidad cotyloidea en el medio	16	18 ½	14	13
Diámetro perpendicular de la apertura posterior	24	16 ½	17	15
Diámetro transversal de la misma	19	15 ¾	16	14 ½
Longitud del agujero obturador	8	6 ½	6	5
— externo del hueso sacro con las vértebras lumbares atadas	24	25	26	25
Diámetro del acetábulo	6	5 ¼	5	4 ½
— del agujero ciatico	7	4 ½	5	4 ½
Número de las vértebras sacrales	5	7	6	6
Id. id. id. lumbares unidas con ellas	2	3	3	3

(Medidas de la pelbis.)

4. Mylodon Darwinii Owen.

The Zoology of the voyage et H. B. M. S. Beagle Tom. I. pag. 68. pl. 18. [1840].

La cuarta especie de *Mylodon* encontrada en los depósitos diluvianos del suelo Argentino, es solamente conoçida hasta hoy, por la descripcion de Owen arríba mencionada, y fundada sobre una mandíbula inferior casi completa, encontrada por Darwin en la barranca á la Punta alta de la Bahia Blanca. Por la forma mas prolongada de la punta de esta mandíbula, me parece muy probable que el animal entero haya tenido una configuracion mas delgado y fina que las otras especies, siendo es verdad en todo su tamaño, no mas pequeño que los dos precedentes, el *Mylodon robustus* y el *M. gracilis*. Tenemos en el Museo público dos tibias de una figura poco particular y tamaño inferior á las de *Mylodon robustus* y *M. gracilis,* y por esta razon he creído posible que hayan pertenecido al *Mylodon Darwinii.* No habiendo mas de esta especie en mi poder, no puedo hablar de ella, esperando que pronto, por nuevos descubrimientos se completará la historia de ella.

Hay tambien del mismo género Mylodon una especie fósil en Norte- América, que el Sr. Owen ha fundado bajo el título de *Mylodon Harlani* en la obra arriba citada. Ha tenido casi el tamaño de *Mylodon giganteus,* siendo bastante mas grande que *Mylodon robustus* y *M. gracilis.* Se conocen de ella la mandíbula inferior [I. l. pl. 17.] y algunos huesos de los miembros, como el húmero, que Blainville ha figurado en su *Ostéographie* [Megatherium, pl. III. fig. 13] erroneamente como el de *Megalonyx.* El húmero de Megalonyx tiene la perforacion sobre la cara articularia interna inferior, que se encuentra tambien en el *Scelidotherium,* pero ni en *Mylodon* ni en *Megatherium.*

3. Genus *Scelidotherium* Owen.

Platyonyx Lund.   *Glossotherium* Owen.

Character genericus.

Las muelas de figura angular-prismática, mas ó menos iguales, la última de la mandíbula inferior mas grande, compuesta de dos partes casi' iguales.

Los piés de adelante con cinco dedos, de los cuales los tres internos tienen largas uñas; los piés de atras con tres dedos, el interno con uña.

El género particular de los *Gravigrada* arriba mencionado, fué descubierto casi contemporáneamente por el Dr. Lund en las cuevas naturales del Brasil, y por Darwin en la Banda Oriental y en las barrancas de la Bahía Blanca. Lund no conoció al principio las partes encontradas, describiendo los dientes y los huesos como los del género *Megalonyx* (*Blik paa Bras. Dyrcv. II. Afh.* 85. *pl.* 3–7. 1837.); pero mas tarde ha mejorado su error y fundado sobre los dichos restos su nuevo género *Platyonyx* (*Forts. Bemerk. etc. pag.* 5. 1840.) Owen, que describió los restos encontrados por Darwin, ha corrido la misma suerte, describiendo primeramente la parte posterior del cráneo bajo el título *Glossotherium* (*The Zoology of the Voyage of H. M. S. Beagle, etc. Tom. I. pag.* 57. *pl.* 16. 1840.) y despues el esqueleto completo bajo el título *Scelidotherium leptocephalum* (*ibidem, pag.* 73. *pl.* 20–23.) Al principio no fué muy fácil saber que todas estas partes pertenecían al mismo género, pero hoy ya no hay lugar á dudar que son idénticas, y que el apelativo último dado por Owen, es de preferirse, porque el nombre *Platyonyx* de Lund no significa en verdad un carácter particular del género, no siendo sus uñas mas llanas que las del *My-lodon* y de *Megalonyx.*

24

En nuestro Museo se conserva muy poco de este género, pero el Sr. D. Manuel Eguia ha recojido la parte posterior casi completa de un esqueleto, y
por esta razon conozco muy bien su estructura; pero como no es propiedad
del Museo, no quiero hablar acá mas de ella, reservando su descripcion para
lo futuro.

Scelidotherium es por su configuracion casi intermedio entre *Megatherium* y
Mylodon, pero tiene tambien algunos caractéres de *Megalonyx*. Al Megaterio
se acerca por la figura prolongada de la nariz, siendo su hueso intermaxillar
como la punta de la mandíbula inferior, mucho mas prominente adelante que
los huesos de la nariz, lo que no tiene lugar, ni con mucho, en el Milodonte.
El arco zigomático fué de la misma figura que el del Milodonte, pero no enteramente cerrado, dejando un vacío entre la apófisis zigomática del hueso
temporal y el hueso zigomático de atras. Los dientes son mucho mas finos:
las cinco muelas superiores casi iguales en figura y tamaño, siendo la última
un poco mas pequeña que las otras; pero de las cuatro de la mandíbula inferior, la última es poco mas grande y mas prolongada detras.

La columna vertebral es mas fina que la del Milodonte, pero la figura de
las vértebras sueltas mas parecida á las del Megaterio. La pelvis no es bien
conocida hasta hoy, y la cola, de que carece el esqueleto descripto por Owen,
pero existente en el del D. Manuel Eguia, tiene la misma figura de la del Milodonte, aunque es mas puntiaguda por detras. Son 18 vértebras presentes,
faltando solamente la última ó las dos últimas.

De los miembros, el anterior es por la configuracion de la mano, igual al
mismo del Milodonte, pero las uñas son relativamente mas largas y algo mas
aplanadas. El antebrazo es tambien bastante parecido al mismo del Milodonte, pero el húmero tiene la perforacion de la cresta interna inferior sobre el
condilo que falta al Milodonte. Esta perforacion tiene tambien el Megalonyx,
pero su húmero es mas delgado y relativamente mas largo, como todo el
miembro anterior.

El miembro posterior es muy parecido al mismo del Megaterio, principalmente el femur, que es de configuracion igualmente robusta, pero la superfi
cie articularia para la rótula se toca con las dos caras articularias de los dos
condilos, no solamente con la externa como en el Megaterio. La tibia y la
fíbula son enteramente separados como los del Mylodon, y el calcaneo no tiene la prolongacion larga detras del Megaterio, siendo lo bastante engrosado
en la punta, no cónico como el calcáneo del Megaterio. Pero la configuracion
de los dedos es casi la misma que la del dicho género.

Entre las especies ya bien conocidas, hay dos que se encuentran en este pais; mas no son probadas acá con seguridad.

1. *Scelidotherium leptocephalum* Owen.

Descripto por Owen en: *The Zoology of the Beagle, l. l.* y con adiciones importantes en: *The Annals and Magazin of natural history etc.* 1857. *Mars.* 249.—Blainville *Ostéographie, Megatherium pl.* 1. *fig.* 20.—P. Gervais, *Recherch. sur les Mammifer. de l' Am. mer. pl.* 11. *fig* 1.

2. *Scelidotherium Cuvieri* Lund.

Megalonyx Cuvieri Lund, *Blik. paa Bras. Dyrev. II. Afh. pl.* 3.—Blainville *Ostéographie,* Megatherium pl. 1. fig. 19.—P. Gervais, Recherch. etc. pl. 11. fig. 2.

Los dos han sido de un tamaño poco inferior al mismo de los Milodontes, como *M. robustus*, y se distinguen entre ellos por la sutilidad diferente de su cuerpo, siendo la primera especie mucho mas delgada que la segunda basbante robusta.

4. Genus *Megalonyx* Jefferson.

Character genericus.

Las muelas de figura elíptico-cilíndrica, el lado interno poco mas prominente que el externo. Los miembros mas delgados, los de adelante prolongados; la cara articularia para la rodilla separada de los dos condilos inferiores del femur.

Este género fué fundado por el célebre presidente de los Estados Unidos Norte-Americanos, sobre restos de un animal que por su estructura bastante gracil se ha parecido mas á los Perezosos actuales que á los otros géneros antes mencionados. Hasta hoy no es conocido todo su esqueleto, faltando un individuo completo en las colecciones; pero ya la figura singular de las muelas, que fueron mas elíptico-cilíndricas y menos prismáticas que las de los otros géneros, prueban claramente su diferencia. El húmero ha tenido la perforacion al lado interior sobre el condilo en la cresta prominente, que se encuentra tambien en el Scelidoterio, y el radius como el cubitus son bastantes delgados y poco mas largos que el húmero. Tenemos en nuestro Museo la parte superior de este radio de 22 cent. de largo, que se distingue fácilmente por su forma gracil de el de los otros generos. Las manos han tenido tambien cinco dedos, los tres internos con grandes uñas, que fueron relativamente mas prolongadas que las de los otros géneros.

Muy diferente es la figura delgada cilíndrica del femur, que no es mucho mas grueso que el húmero y estendido á la estremidad inferior en una lámina oblícua ascendente al exterior, que concluye con las dos caras para la tibia. Es separada de las dos la superficie articularia para la rodilla, pero mas aproximada al condilo externo, que al interno. Segun este carácter el femur del *Megalonyx* se distingue fácilmente de el de los otros géneros. Tenemos un femur de esta clase en nuestro Museo, pero no es completo, faltándole la mitad supeperior, y por esta razon no conozco bien su tamaño. La mitad inferior es de 28 cent. de largo, y la lámina estendida abajo tiene 26 cent. de diámetro oblícuo. Los dos condilos inferiores unidos son de 15 cent. de ancho, y la superficie articularia de la rodilla, con un diámetro transversal de 6 cent., es de 3 cent. distante del condilo externo.

La tibia es bastante parecida al mismo hueso del *Scelidotherium*, pero menos comprimida y mas cilíndrica, y mucho mas fina que la del *Mylodon*. La fíbula está separada de ella, pero atada á la tibia del mismo modo que en el *Mylodon* y *Scelidotherium*. Se conoce el pié de adelante perfecto, que es parecido al pié del *Mylodon* y *Scelidotherium* por el número de los dedos, pero las uñas fueron relativamente mas largas y mas delgadas, como ya he dicho antes.

El pié de atras parece diferente de los dos géneros mencionados, y probablemente tambien provisto con cinco dedos y largas uñas en los tres internos.

La diferencia específica de las partes hasta hoy encontradas, es muy difícil de juzgar; por esta razon no sabemos con exactitud, si la especie de Norte América es diferente de la del Sud, ó identica. BRAVARD, en su lista de los animales fósiles del pais (Registro estadístico. Tom. 1. pag. 9. 1857) ha aceptado la segunda opinion, llamando la especie de nuestro pais:

Megalonyx meridionalis.

D'ORBIGNY al contrario la ha creido idéntica á la otra de Norte América, que es llamada por CUVIER:

Megalonyx Jeffersoni.

y descripta por él en los: *Recherches sur les Ossemens fossiles. Tom. V. ps.* 1. *pag.* 160. *pl.* 15., en donde el autor ha dado tambien la historia de su descubrimiento. Despues OWEN en la *Zoology of the Beagle, Tom. I.*, ha comparado la osteologia del *Megalonyx* con la del *Mylodon* y *Scelidotherium*, y por último J. Leidy ha aumentado mucho el conocimiento de *Megalonyx* con nuevos descubrimientos, que ha descripto en los: *Contrib. Smithson. Institutions, Tom. VIII;* pero como esta obra no está en mi poder, no puedo dar de sus resultados ningun resúmen satisfactorio.

5. Genus *Sphenodon* Lund.

Blik paa Brasil. Dyreverden et. III. Afh. pag. 234. pl. 17. fig. 5–10 (1838).

Bajo este título el Dr. Lund ha descripto algunos dientes de figura cónica, con un pliegue longitudinal al lado exterior, que el autor cree pertenecientes á un género particular de los *Gravigrada,* de tamaño de un puerco.

Tenemos en el Museo público un diente parecido por su figura general cónica, pero con dos pliegues á cada lado opuestos, que dan al diente casi la figura del diente de *Glyptodon.* Pero no siendo de este género por su figura cónica y su superficie de esmalte amarillo, con arrugas finas transversales, de que carecen enteramente los dientes del *Glyptodon,* he mencionado aquí este diente, sin saber si es en verdad del género *Spenoden* ó no. Tiene el diente sin la raiz, que está rota, una altura de 2 cent., siendo su anchura en la punta gastada por la masticacion de 7 mil., y en la base rota de 12 mil. de ancho.

Esplicacion de la lámina V.

Fig. 1. Esternon del Megaterio en la cuarta parte del tamaño natural.
    I.–VII. Las vértebras esternales.
    cs. 1. La costilla primera.
    stc. 1–11. Los once primeros huesos esternocostales.
— 1. A. Segunda vértebra esternal del lado anterior.
— 1. B. La misma de un otro individuo mas grande.
— 1. C. La misma de un individuo mas pequeño.
Fig. 2. La punta posterior del esternon del *Mylodon robustus,* de la cuarta parte del tamaño natural.
    V–VII. Las tres últimas vértebras esternales.
    6–10. Cinco huesos esternocostales.
Fig. 3. El esternon del *Mylodon gracilis,* en el mismo tamaño cuarto del Natural.
    Las signaturas significan los mismos objetos.

Fig. 4. La punta inferior del primer hueso esternocostal, tercera parte de tamaño natural.

    a. Superficie articularia con la segunda vértebra esternal.

    c. Superficie articularia con el huesecillo accesorio entre la primera y la segunda vértebra esternal.

    b. Superficie articularia con la primera vértebra esternal.

Fig. 5. La punta anterior de la mandíbula superior del *Mylodon gracilis* en el mismo tamaño.

Fig. 6. El hueso incisivo del mismo animal visto de abajo, en la cuarta parte del tamaño natural.

Fig. 7. El mismo vista de lado.

Fig. 8. A. Huesecillos del cutis de *Mylodon gracilis* en tamaño natural.

    B. Siete de los mismos vistos de lado.

Fig. 9. El aparato hioides del *Mylodon gracilis*, de la mitad del tamaño natural.

    A. Asta hioides inferior, B. asta hioides superior, C. huesecillo articular de la asta superior, D. punta inferior del hueso estiloides.

Fig. 10. Las dos astas hioides inferiores unidas, vistas de arriba, igual tamaño.

Fig. 11. Hueso estiloides (D.) del mismo animal, visto del lado interno, en la tercera parte del tamaño natural.

2. *Effodientia* Illig.

El grupo de los Armadillos actuales contiene no solamente estos animales Sud Americanos con coraza dura, sino tambien un animal de la Africa del Sud, que tiene pelos largos en la superficie (*Orycteropus*). No siendo entonces la coraza un carácter comun á todos Efodientes, el distinguido Illiger ha llamado asi á este grupo por la costumbre de sus habitantes de vivir en cuevas subterráneas, que cavan con las grandes uñas de sus piés anteriores.

En la época diluviana de nuestro suelo vivieron ya verdaderos Armadillos, y casi iguales á los de la época actual, pero contemporáneamente con ellos existian entonces otros grandes animales con coraza, parecidos á los Armadillos en general, pero diferentes por algunos carácteres muy significativos. Tales carácteres son :

1. El tamaño colosal en comparacion con el tamaño de los Armadillos actuales.

2. La construccion indivisa de la coraza dorsal, faltando en ella siempre los

anillos móviles, que tienen los Armadillos actuales, con la única escepcion del Pichy ciego (*Chlamyphorus*).

3. La presencia de una otra coraza ventral, que falta á los Armadillos actuales.

4. La diferencia de los dientes, que son compuestos de tres partes prismáticas cada uno en los animales gigantescos existentes, pero simplemente cilíndricos en los Armadillos actuales.

5. La grande diferencia en la configuracion del esqueleto.

Por estas razones no es permitido unir los animales, que el Sr. Owen á causa de la figura de sus dientes, ha llamado ingeniosamente *Glyptodon*, (es decir, dientes con surcos), con los Armadillos actuales en la misma subfamilia, estando entre sí en la relacion en que están los *Gravigrada* á los Perezosos actuales; lo que obliga al clasificador científico á separar los dos tipos mas ó menos diferentes, llamando á los gigantescos Efodientes diluvianos con un apelativo propio, que me parece bien fundado en la configuracon particular de su coraza.

a. *Biloricata*.

La coraza de los Glyptodontes se compone de d o s p a r t e s enteramente separadas, una parte dorsal y otra ventral, y por esta razon he llamado á este grupo: *Biloricata*. Hasta hoy y antes de mis noticias comunicadas á diferentes sábios de Europa, no fué conocida de esta coraza mas que la parte dorsal; yo mismo no he conocido mas de ella en la época, en que escribí mis Noticias preliminares (*) de la primera entrega, pero hoy conozco la parte ventral de dos especies, lo que me obliga á presumir, que todas las otras especies han tenido la misma construccion.

No hablaré mas de la parte dorsal; remitiendo al lector á la descripcion general ya dada en la primera entrega (pag. 75). Es una coraza mas ó menos esférica, oval ó de la forma de un escudo muy convexo, compuesta de placas mas ó menos hexagonales, que se unen íntimamente en la parte central de la coraza una con la otra, pero dejando suturas visibles entre ellas en la circunferencia de la coraza, y aun algo abiertas en algunas partes de los dos lados,

---

[*] Estas notícias fueron escritas en el principio del año 1863 para la R e v i s t a F a r m a c é u t i c a, publicada en Buenos Aires por la S o c i e d a d d e F a r m a c i a N a c i o n a l A r g e n t i n a, que las publicó en su Tom. III. pag. 271. 1. de Octubre de 1863. He mandado en el mismo año una versiou Alemana á Berlin, en donde fué impresa en REICHART's *Archiv fur Anat. & Physiol. del año* 1865. *ps.* 3.—Una traduccion inglesa de mi obra ha aparecido en: *The Annals and Magazin of Nat. History* de Agosto de 1864, que no he tenido ocasion de ver hasta hoy.

Cada placa tiene una escultura superficial externa, que es diferente, segun son diversas las especies. Hay tambien en toda la orilla libre de la coraza dorsal, grandes verrugas prominentes, de figura diferente segun el lugar del depósito, que son mas grandes en la circunferencia de la abertura posterior por donde sale la cola, que en la abertura anterior para la cabeza; pero en ambas de figura gruesa y redonda; en los lados se toman estas verrugas una figura mas cónica, de las cuales las mas grandes muy puntiagudas se forman á la esquina posterior, disminuyendo poco á poco su tamaño y su altura desde aquí hasta la esquina anterior. En donde hay hendiduras entre las placas al lado de la coraza, se tocan estas verrugas solamente con una placa, en toda la otra orilla con dos y aun con tres, fijándose íntimamente á ellas por suturas muy ásperas y seguras.

La coraza ventral está compuesta tambien de placas hexagonales, que se unen por suturas fijas una con la otra, formando un escudo grande un poco convexo, que ha cubierto la superficie ventral del cuerpo del animal, desde el pecho hasta el hipocondrio; pero estas placas no tienen ninguna escultura superficial, y no hay grandes verrugas á la orilla del escudo. Son poco mas delgadas que las placas de la coraza dorsal, pero no mas pequeñas y escavadas en su superficie de los dos lados; cada una tiene en su centro uno, dos y tres agujeros, que perforan la placa, para dejar pasar los nervios y los vasos sanguíneos del interior al exterior. Se prueba por esta estructura, y por la falta de la escultura superficial del lado exterior, que las placas no estuvieron cubiertas de escudillos córneos, como las de la coraza dorsal, sino implantadas en un tejido blando de los dos lados y cubiertas en la superficie externa por el cutis vivo del animal. No habiendo en nuestro Museo un escudo ventral completo, sino solamente pedazos mas ó menos grandes con la orilla natural del escudo, no puedo conocer su extension completa sobre el empeine del animal, pero la parte de la orilla conservada prueba que su figura fué orbicular ó elíptica, y que las placas de la orilla, que son un poco mas delgadas que las otras, tienen una márgen redonda poco engruesada, que se ha unida con el tejido del cutis inmediato del animal. Se deduce tambien de esta forma de la márgen del escudo ventral, que no estuvo unido en ningun punto con la coraza convexa dorsal, sino suspendido en libertad por su implantacion en el cutis del animal.

Su funcion principal era sin duda proteger el empeine del animal contra lastimaduras fuertes, causadas por los objetos duros de la superficie de la tierra, cuando este animal muy pesado y corpulento caminaba en su posicion poco levantada del suelo, ó se agachaba al suelo mismo, retirando la cabeza y los piés bajo la coraza dorsal, para no dejar libre ninguna parte vulnerable al ataque de sus enemigos, come hacen tambien los Armadillos actuales.

Esta coraza ventral, tal cual la he descripto brevemente, reservando la descripcion detallada para lo futuro, cuando pueda esplicar el objeto mas claramente por medio de láminas, no se encuentra en ningun Armadillo viviente, y por esta razon la separacion del género *Glyptodon* en una subfamilia particular me ha parecido precisa. Apoyan los otros caractéres distintivos ya antes mencionados esta separacion, y mas que todos los otros argumentos la diferencia completa entre los esqueletos de los dos grupos próximos. Ya he hablado de esta diferencia en mis Noticias preliminares, describiendo sumariamente al lector todas las partes principales del esqueleto del *Glyptodon* en su figura característica; hoy añadiré á ella una lámina (pl. VI), y nuevos hechos descubiertos despues de la publicacion de dichas noticias.

Genus *Glyptodon* OWEN.

Se ha aumentado tanto en los tres años últimos la coleccion de nuestro Museo, en objetos pertenecientes á estos animales estinctos, que hoy puedo distinguir claramente o c h o especies diferentes de Gliptodontes de nuestro suelo. En lugar de dos corazas tenemos hoy cuatro, y en lugar del único esqueleto que entonces describí, puedo hoy comparar entre sí las principales partes de cinco; es decir, el cuello de cuatro, las pelvis de cinco, las colas de cuatro y las piernas de tres. No entraré de nuevo en una descripcion general del géncro, estando ya suficientemente esplicada la historia de su descubrímiento, y la construccion general de su cuerpo; lo que quiero añadir á mi primer ensayo son las definiciones de las nuevas especies entradas en nuestro Museo, y la descripcion de las diferencias osteologicas del esqueleto que se han manifestado por el estudio de los objetos últimamente recibidos.

Ya sabe el lector, que en una obra del Sr. NODOT, de Francia, los Glyptodontes se dividen en dos géneros; es decir, *Glyptodon* y *Schistopleurum*. Hoy, eu posesion de la obra del autor (*), puedo juzgar mejor que en el momento de la concepcion de mis Noticias preliminares, los argumentos, en los cuales él ha fundado la separacion de los dos géneros, y de las diferentes especies

(*) *Description d'un nouveau genre d'Edenté fossile, refermant plusieurs espéces de Glyptodon,* etc. par L. NODOT. *Dijon* 1856. 8. *av. Atl. de* 12. *pl. en* 4.°

25

introducidas en ellos. Principiamos con este exámen nuestra nueva publicacion.

Son cinco las diferencias que NODOT ha aceptado para separar los dos géneros *Glyptodon* y *Schistopleurum* (*).

1. La figura general de la coraza que es menos convexa en el *Glyptodon* que en el *Schistopleurum*.

2. Los huesecillos que componen la coraza son pentagonales en el *Glyptodon* y hexagonales en el *Schistopleurum*.

3. Los tubérculos que terminan la.coraza de *Glyptodon*, son de figura igual entre sí, y todos atados á dos.huesecillos precedentes; los del *Schistopleurum* son de figura desigual, y algunos solamente atados á un solo huesecillo de la cáscara.

4. La coraza de *Glyptodon* no presenta ninguna separacion entre la parte anterior y la parte posterior; pero en el *Schistopleurum* esta separacion está indicada.

5. La cola de *Glyptodon* está cubierta con un tubo homogéneo, sin articulacion de las partes que la forman; la cola del *Schistopleurum* está cubierta de anillos separados que terminan en tubérculos cónicos arriba, y entre ellos hay algunos movibles, articulados con los otros.

Como ahora tenemos en nuestro Museo cuatro corazas, de las cuales una es de. *Glyptodon clavipes* y tres de diferentes especies de *Schistopleurum*, no es difícil juzgar el valor de las diferencias establecidas por NODOT. El resultado del exámen hecho en este sentido es, que ninguna de las diferencias espuestas es una verdad bien fundada, y que no es posible probar con ellas la necesidad de la separacion de los dos géneros.

1. Primeramente la figura general no es mas diferente entre *Schistopleurum* y *Glyptodon*, que la misma entre las especies actuales del género *Dasypus;* hay en él especies mas esféricas y otras mas cilíndricas, y tambien de figura de escudo, como es bien conocido entre los naturalistas.

2. Los huesecillos que componen la coraza, son de figura hexagonal en el *Glyptodon* como en el *Schistopleurum*; pero hay algunos de figura pentagonal tanto en el uno como en el otro género.

3. Es un error de la restauracion de la coraza del *Glyptodon clavípes*, si en la figura de OWEN todos los tubérculos de la orilla se presentan iguales; hay entre ellos las mismas diferencias de figura y correspondencias de tamaño, como entre los de *Schistopleurum*; lo que prueba la coraza de nuestro Museo.

(*) Véase la obra mencionada pag. 37.

4. La separacion de la coraza en dos partes diferentes, la anterior y la pos-terior, á la que Nodot ha dado tanta importancia, es una separacion hipoté-tica; no estando en verdad separada la coraza ni del *Schistopleurum* ni del *Glyptodon*, en semejantes divisiones; las hendiduras indicadas en el lado de la coraza del *Glyptodon*, no son otra cosa que aberturas de las suturas entre los huesecillos últimos del lado, como ya he dicho en mis Noticias prelimina-res (pag. 74), que se abren sucesivamente mas cuanto mas se acercan á la orilla de la coraza. Pero como el centro de la coraza no es dividido por igua-les hendiduras, no es permitido suponer que han sido movibles los lados en estas hendiduras. No sabemos si existieron ó nó las mismas suturas abiertas en la coraza del *Glyptodon clavipes*, porque la coraza figurada por Owen no es completa en esta parte de su contorno.

5. La cola del *Glyptodon clavipes*, tiene tambien anillos movibles en su prin-cipio, como ya he dicho en mis Noticias preliminares; y la movilidad de al-gunos de los tubérculos cónicos en la cola del *Schistopleurum*, tal como la ha figurado Nodot en su obra, no es un carácter normal, sino solamente una ca-sualidad artificial, causada por una fractura del tubérculo durante la vida del animal. Tenemos en nuestro Museo la misma especie, figurada por Nodot, sin vestigio alguno de la movilidad de los dichos tubérculos, y otra cola de una especie parecida, en la cual tambien las puntas de algunos tubérculos fueron rotas y reparadas durante la vida, por superficies artificiales de figu-ra anormal. (*)

Siendo entonces mal fundada la separacion de los Gliptodontes en dos gé-neros diferentes, me parece mejor dejar todas las especies en el mismo género *Glyptodon*, y establecer entre ellas secciones naturales con respecto á la figu-ra diferente de la cola, que es en verdad la parte mas preponderante en la configuracion especial del animal. Tenemos en nuestro Museo todas las colas ya figuradas fragmentariamente en las diferentes obras que las tratan; pero solamente cuatro son bastante completas para conocer exactamente su cons-truccion. Estos cuatro tienen anillos separados ante la punta, pero el número

[*] Muchos de estos animales extintos han estado enfermos durante la vida. Ya sabemos por la descripcion del *Mylodon robustus* de Owen, que este individuo ha tenido una ulceracion en los huesos del cráneo, y el *M. gracilis* de nuestro Museo fué lastimado durante la vida en la nariz, estando la parte huesosa izquierda de este órgano inclinada hácia el interior, y por esta razon la entrada muy desigual en los dos lados. Al fin tenemos en los diferentes esqueletos de nuestros Gliptodontes, muchos casos de huesos enfermos [exostosis]. En el uno el astragalo está, á causa de una escrescencia en la articulacion, unida con la tibia y la fíbula; en otro las tres primeras vérte-bras de la cola tienen grandes escrescencias á los lados, que las unen entre sí; el tercero tiene la parte inferior del hueso isquion roto y atado por una articulacion artificial á la parte superior. En-tre las especies con cola tuberculada, casi siempre hay algunos tubérculos lastimados, faltándoles la punta, que es substituida por una superficie enferma.

de los anillos es dudoso por faltar uno que otro de ellos. Sola la cola de la especie primeramente decripta como *Glyptodon spinicaudus* tiene su estado perfecto de nueve anillos. Sin embargo, la analogia de las especies vivientes de *Dasypus*, que tienen anillos en la cola, prueba, que este número ya es considerable; siendo solamente las especies de *Praopus* con cola muy larga, provistas con un número mas grande de ellos. Por esta razon he sospechado que el número de tales anillos sea el general, y que se ha encontrado un número igual de anillos entre la coraza del cuerpo y la punta de la cola en todas las especies.

Esta punta es diferente por su construccion, de dos modos; siendo en los verdaderos Gliptodontes un tubo cilíndrico bastante largo, el cual es un poco aplanado al fin y algo grueso al principio de arriba, de figura de un bulbo. En la figura dada por Owen de esta punta de la cola, falta el dicho principio de figura de bulbo, unido con la otra parte por una sutura que se abre fácilmente por la descomposicion despues de la muerte del animal. Las estremidades de la cola con el bulbo al principio, son muy escasas en las colecciones; entre las cinco del Museo solamente una lo ha conservado. Los anillos que preceden á este bulbo están compuestos de algunas filas de huesecillos llanos, decorados en cada placa con la misma figura elíptica que adorna la superficie del tubo terminal, pero de ningun modo elevado en tubérculos altos como en los anillos de la segunda clase de colas de *Glyptodon*.

Esta segunda clase tiene una punta muy corta de la cola, no mas larga que uno de los anillos ante ella, y compuesta como los anillos, de placas mas grandes de tres filas, de las cuales las de la última fila se levantan en la superficie superior ó dorsal en largos tubérculos cónicos mas ó menos puntiagudos. Toda la cola es por esta razon mucho mas corta, y de figura general mas cónica que en el grupo primero. Corresponde este grupo al género *Schistopleurum*, y el primero al género *Glytodon* de Nodot. Nosotros aceptaremos entonces estos dos géneros como grupos de las especies.

Primer grupo.

Especies con colas alongado-cónicas, que tienen en la punta de la cola un tubo cilíndrico y algunos anillos libres ante él al principio.

La presencia de tales anillos se prueba tambien por la abertura posterior de la coraza, que es mucho mas ancha que el bulbo del tubo de la cola. Estando este bulbo incluido en su principio por el anillo de la cola antecedente, y este anillo del mismo modo por el penúltimo, es claro que cada anillo anterior debe ser bastante mas ancho que el posterior, y que por esta causa la parte anterior de la cola con los anillos debe tomar tambien una figura general cónica. Probablemente no fué el diámetro transversal del primer anillo mucho menor que el diámetro de la abertura posterior de la coraza. Entonces la cola de este grupo se ha parecido por su forma general alongado-cónica, mas á la cola de los *Praopus* (*) que á la del *Dasypus*, á la cual, y principalmente á la cola del *Dasypus* (*Tolypeutes*) *conurus* y *D. tricinctus*, se acerca mucho por su figura general la cola de los Gliptodontes del segundo grupo. Si esta analogia es completa, el tubo cilíndrico fué por su estension poco menor que la mitad de la cola, siendo en los *Praopus* actuales siempre la parte de la cola con anillos un poco mas larga que la parte sin anillos. Pero como el número de los anillos del *Praopus* se aumenta con la edad del individuo de ocho hasta doce, no es muy segura la relacion de las partes entre sí.

Tienen los diferentes tubos de las diferentes especies de este grupo, algunos caractéres generales comunes, de los cuales hablaremos acá en el principio de nuestra descripcion. El carácter principal entre ellos, es la presencia de figuras elípticas, sea en toda la superficie, sea en los lados solamente, de las cuales estas últimas se aumentan en tamaño de adelante hácia atras. Generalmente la elipse mas grande está en la punta posterior del tubo, una á cada lado, y las que preceden son sucesivamente mas cortas. Los intérvalos entre los puntos opuestos de las grandes elipses, tienen otras mas pequeñas que forman una segunda fila al lado de la lateral, y en el caso del *Glyptodon clavipes* toda la superficie del tubo se cubre con esas elipsas pequeñas, separadas unas de otras por verrugas irregulares pequeñas interpuestas en una fila entre las elipses; pero en los otros tubos de esta clase faltan las elipses pequeñas en el medio de la superficie dorsal, como en toda la superficie ventral, estando el tubo solamente cubierto con esas verrugas mas pequeñas.

En las obras de BLAINVILLE y NODOT, aparecen ya representadas estas clases de colas. El primero ha dado figuras muy buenas en su *Ostéographie* (*Glyptodon, pl. I. fig.* 4–7) y NODOT ha repetido las mismas en su obra (*pl.* 8.) Pero ni uno ni otro de estos autores ha sabido á cual especie de los Gliptodontes pertenecían estas colas, y por esta razon no las han nombrado. Sin embargo, los objetos de nuestro Museo prueban evidentemente, que los pedazos del tubo de la cola figurados por BLAINVILLE en su obra sin número, (NODOT, pag. 102 y 103. pl. 8. fig. 4 y 5), pertenecían al *Glyptodon tuberculatus* OWEN.

(*) Véase mi obra sobre los animales del Brasil : *Systematische Übersicht etc.* Tom. I. pag. 295.

(*Schistopleurum tuberculatum* NODOT *pag.* 81. *pl.* 9. *fig.* 3–10), y el tubo entero
de la cola, que ha figurado BLAINVILLE en sus figuras 4 y 5 repetidas por NODOT
pl. 8. fig. 6–8, describiendo las pág. 100 de su obra, pertenecia á una especie no descripta por mí antes, pero mencionada como la cola de un individuo
gigantesco del *Gl. tuberculatus.* (Anales pag. 77).

Forman estas especies, no solamente por la construccion diferente del tubo
de la cola, sino tambien por la superficie de la coraza, un grupo particular
entre los Gliptodontes, al cual pertenecen las especies mas gigantezcas de
todas, y por esta razon se necesita para ellas un grupo particular, que fundaré
acá por medio de una descripcion mas detallada de la construccion de su coraza y su cola.

Primera seccion. 1. Panochthus (*).

Especies con placas de la coraza, igualmente verrugosas y solamente
con una fila de grandes rosetas elípticas en las placas de la orilla de la
coraza como en los anillos y el tubo de la cola.

La coraza de las especies de esa seccion está compuesta del mismo modo
que en la de los otros Gliptodontes, de escudos ó placas hexagonales, que se
unén por suturas, hasta que en la edad mayor del individuo las suturas se
pierden. Pero en el lado interior de la coraza se distingue fácilmente la antigua separacion por la construccion radial del hueso de cada placa y la elevacion de las suturas precedentes sobre la superficie central de ellas. La superficie externa está compuesta con verrugas pequeñas mas ó menos elevadas,
separadas por sulcos angostos; cada una de 5–8 milim. de diámetro. En donde estas verrugas son llanas, su figura es angular; es decir, hexangular, pen-
tangular, cuadrangular y de algunos triangular; donde ellas se levantan mas
como verdaderas verrugas, son mas ó menos elípticas ó circulares. Cada verruga está impresa de puntas finas, que son mas gruesas y mas grandes en las
verrugas altas, á donde se forman otras rugosidades en ellas. Varian de número en cada placa de 40–80, siendo las de la parte anterior de la cáscara,
mas grandes y menos numerosas, las de la parte posterior mas numerosas
pero menores.

A la orilla de la coraza hay una fila de placas oblongas, que llevan en su
superficie externa una figura elíptica, poco elevada en el centro y radical-
mente rayada de acá hasta la periferia. Al fin de estas placas se colocan los

[*] Considerando que será mas comodo para distinguir los grupos diferentes, si se les denomina
con una sola palabra, he dado á cada uno su apelativo propio.

grandes tubérculos, que terminan la cáscara, y que segun parece, llevan tambien la misma roseta elíptica en la superficie. Es muy probable que estos tubérculos de la orilla varíen su tamaño y su figura con los diferentes lugares de la coraza, siendo los de atras mas grandes que los de adelante, y los de los dos lados los mas pequeños y puntiagudos.

1. *Glyptodon clavicaudatus*, Owen.

Bajo este título habla (*) el Sr. R. Owen de un Gliptodonte gigantesco con cola de figura como la clava del gigante M a g o g, y decorada al fin con verrugas enormes. Me parece idéntica á la punta del tubo de la cola, que tenemos en nuestro Museo, figurada por Blainville (*Ostéographie, Glyptodon* pl. I. fig, 4.) y Nodot (pl. 8. fig. 6. pag. 106). Es un tubo muy grueso de 2 ps. de largo, de 7 pulg. de ancho en el principio, en donde está roto, pero casi de 1 pié de ancho al fin entre las grandes elipses que lo decoran. El contorno es cilíndrico aplanado, y la parte ante el fin mas plana y mas ancha, casi como la cola del *Chlamyphorus*. En esta parte tiene la cola ocho grandes escavaciones elípticas, de las cuales la mas grande de 7 pulg. de largo, está al lado ante la punta; atras de ella tiene otras dos á cada lado, una sobre la otra de 5 pulg. de diámetro, é inmediatamente al fin, pero mas abajo, otras dos de 5½ pulg. de diámetro. Sobre estas se vé una muy pequeña en la punta de la superficie superior, y ante ella un par mas grandes circulares de 3 pulg. de diámetro; mas adelante, otro par de 1½ pulg. de diámetro, y sobre la elipse mas grande de cada lado tres pares sucesivamente mas pequeños. Hay ademas una bastante grande de 2½ pulg. de diámetro ante la mas grande á cada lado del tubo. Todas estas escavaciones elípticas ó circulares, son siempre mas hondas hácia el centro, y tienen en toda su superficie sulcos y crestas radiales de diferente altura, que corren por la circunferencia en donde una orilla aguda elevada termina cada escavacion. La superficie del tubo entre estas escavaciones es áspera, verrugosa, siendo las verrugas irregulares y muchas bastante altas, y entre estas verrugas, pero principalmente en la circunferencia de las escavaciones, se presentan muchos agujeritos profundos, que parecen indicar la presencia de cerdas en ellos durante la vida del animal. La configuracion de las escavaciones con sulcos y crestas entre ellas, indica tambien una construccion particular, y hace muy probable que en las escavaciones hubo grandes verrugas huesosas, que se levantaban como nudos sobre la

(*) Véase *Report of the Britisch Association for the advancment of sciences en* 1846. II. pag. 67. Nodot, pag. 113.

superficie del tubo. Desgraciadamente faltan estas verrugas en los dos ejemplares que he examinado, pero Owen dice que existen en la cola de su *Glyptodon clavicaudatus.*

En la *Ostéographie* de Blainville se ve (*l. l. fig.* 5.—Nodot *pag.* 108. *pl.* 8. *fig.* 7. 8.) la figura de otro tubo muy parecido, que principalmente difiere por una configuracion poco mas fina, y por un márgen elevado ancho y grueso en la circunferencia de cada escavacion. No he visto tal tubo hasta hoy, pero sospecho que el animal, al cual perteció, es idéntico con la especie descripta, siendo solamente una variedad de su estructura.

2. *Glyptodon tuberculatus* Owen.

Descriptive catalogue of the collection of the Roy. Coll. of Surgeons. etc. Tom. I. Foss. Mammalia. No. 558-559. *London* 1845. 4.—Nodot, *l. l. pag.* 81. *pl.* 9.

He hablado ya de esta especie en mis Noticias preliminares, pag. 77. 3., pero sin tener en mi poder la obra de Nodot; hoy la conozco, y veo de la descripcion dada por él (pag. 81. pl. 9. fig. 6–7.), que el autor ha tomado las placas de los primeros anillos de la cola por partes de los lados de la coraza (pl. 9. fig. 9. de su obra), y por esta razon ha introducido la especie en su género *Schistopleurum*, creyendo que los anillos móvibles de la cola, estuvieron colocados al lado de la coraza.

Tenemos en el Museo público muchos pedazos de la coraza de esta especie, y entre ellos la parte posterior, en donde sale la cola, con restos de algunos anillos de esta y el tubo largo completo de la punta.

Prueban estas diferentes partes de la coraza, que la figura y el tamaño de las verrugas pequeñas en la superficie son muy variables, lo que ya ha esplicado bien Nodot en su obra. En la parte delantera de la cáscara, las verrugas son un poco mas llanas y mas grandes, y la coraza mucho mas delgada (Nodot, pl. 9. fig. 1.); despues en la parte posterior, la coraza es mucho mas gruesa, y las verrugas en ella son mas pequeñas y mas elevadas. En la parte anterior de la coraza, hay como 40 verrugas en cada placa, en la parte posterior como 80. De la orilla posterior tenemos nueve placas, cada una con una roseta circular en su superficie posterior, que tiene una márgen elevada en su contorno, y algunas impresiones irregulares en su superficie. Cada placa es de 6–6,5 cent. de largo, de 4 cent. gruesa y de 4–6 cent. de ancho, siendo la media de ellas la mas angosta, y aumentándose la anchura por ambos lados del arco constantemente y poco á poco. Todo el arco tiene un diámetro recto de 45 cent. Como las dos orillas de adelante y de atras de cada placa, son ásperas, de la figura de una sutura, es claro que han estado atadas á ellas otras placas que fueron en la parte de adelante las de la cáscara, y las grandes verrugas que han terminado la cáscara al lado hácia atras. No tengo presente ninguna de esas verrugas, pero la figura de las verrugas de los anillos que siguen, atestiguan que fueron verrugas gruesas, de figura casi circular, cada una con una roseta circular, parecidas á las de las placas precedentes, pero mas grandes en la superficie.

Los anillos de la cola que siguen atras, se componen de dos ó tres filas de placas cada uno ; la primera fila con márgen anterior delgado, para entrar en la cavidad del anillo antecedente; la última fila compuesta de placas gruesas, redondeadas al fin, que llevan una roseta circular en su superficie. Los primeros anillos de atras de la coraza, son muy cortos, y por esta razon tienen las placas que los componen, solamente la mitad del tamaño de las placas últimas de la coraza. Son estas las placas que Nodot ha figurado (pl. 9. fig. 9.) como placas del lado de la coraza. La figura del primer anillo es elíptica, y el diámetro transversal es muy grande, mas grande que en los anillos que siguen. Pronto aumentan esos anillos en anchura, y las placas de ellas toman un tamaño doble. Entonces se estiende la roseta circular de las placas de la fila marginal sobre toda la superficie de la placa. Tengo á la vista partes de tres anillos sucesivamente mas grandes, que esplican muy bien el aumento de cada anillo en su anchura, y la diminucion del diámetro del anillo en oposicion con la anchura, siendo los mas anchos los mas pequeños, que anteceden inmediatamente al tubo terminal de la cola.

El tubo es muy completo, 88 cent. de largo, 18 cent. de ancho al principio y 16 al fin de la punta. Es de figura aplanada cilíndrica, con un bulbo de circunferencia casí circular en el principio, siendo solamente en su parte inferior un poco aplanado. Este bulbo tiene una márgen delgada y aguda para entrar en el último anillo anterior á él. Se deduce de esta estructura, que el último anillo de la cola ha tenido como 20 cent. de diámetro, y una figura completamente circular. La superficie del tubo está cubierta con las mismas verrugas pequeñas, como la coraza en su parte posterior, pero entre estas verrugas se presentan rosetas grandes elípticas y pequeñas circulares, que imitan por su posicion en el principio del tubo, la figura de anillos. Cada roseta tiene, como las de los anillos precedentes, un centro elevado cónico, y una superficie escavada al lado de la circunferencia, quien es elevada á la altura de las verrugas inmediatas. Toda la superficie de la roseta es áspera, con impresiones é intérvalos elevados angostos, que imitan mas ó menos una estructura radical del centro hácia la periferia. Nodot ha figurado bien una

26

roseta de estas (pl. 8. fig. 3.), que pertenecía al principio del tubo de la cola, en donde se forma la orilla aguda, que entra en el último anillo antes del tubo. Tiene nuestro tubo en este principio ocho de esas rosetas, que forman un circulo en toda su circunferencia, con escepcion del lado inferior del tubo, en donde faltan rosetas; las dos rosetas del medio arriba y del fin abajo, son un poco mas pequeñas que las otras. Sigue á este círculo otro mas atras, de nueve rosetas mucho mas diferentes en tamaño, siendo las superiores é inferiores muy pequeñas, y las inmediatas á la inferior de cada lado, las mas grandes, de figura elíptica con 6,5 cent. de diámetro. A esta roseta siguen al lado del tubo cuatro otras elípticas sucesivamente mas grandes, de 10, 12, 13 y 11 cent. de diámetro, de- las cuales la última está inmediatamente en la punta del tubo. Alternan con ellas otras de tamaño menor en los intérvalos, tanto arriba como abajo, y las acompaña arriba una fila de rosetas pequeñas, de las cuales las cuatro últimas están colocadas en la parte superior de abajo. BLAIN-VILLE ha dado figuras de esta parte del tubo en su *Ostéographie*, en tamaño bastante reducido sin números, y NODOT ha repetido las mismas figuras (pl. 8. fig. 4. 5.) describiéndolas (pag. 102 y 103), sin apelativo, como de dos diferentes especies de *Glyptodon*.

1. Tengo á la vista tambien algunos huesos del esqueleto, y entre ellos la mitad de la cadera, que prueban una configuracion muy robusta del animal. La misma cadera [pelvis] se vé muy bien figurada baj > el título de *Glyptodon giganteus* SERRES (*Compt. rendus* etc. de 23. Oct. de 1865) en una obra del Sr. GEORGE POUCHET, [*Extrait du Journal de l'Anatomie* etc. de *Mr.* CH. ROBIN. *Mars.* 1866 6], que el autor ha tenido la bondad de comunicarme inmediatamente despues de la publicacion. En consecuencia de esta figura, la dicha especie del *Glyptodon giganteus* SERR., es idéntica con el *Gl. tuberculatus* OWEN.

2. En algunas "Noticias" sobre los Gliptodontes de nuestro Museo, mandadas últimamente á mis corresponsales en Alemania é Inglaterra, para que sean impresas en los periódicos científicos: *Zeitschrift fur die gesammten Naturwissenschaften* Bd. XXVIII. pag. 146. Halle 1866. 8. y: *The Annals and Magazin of natural history*, *London*, 1866. 8., he dicho que en consecuencia de las figuras dadas por NODOT, creia que la especie de *Glyptodon* descripta por mí en mis "noticias preliminares" como *Gl. tuberculatus* OWEN, no sea en verdad esta especie, sino otra, que me proponía llamar *Gl. verrucosus*, porque la creia idéntica con la de NODOT del mismo apelativo [en su obra pag. 100]—Hoy, examinando ótra vez el asunto con todo empeño, me creo convencido, que mi primera opinion, tal cual la he publicado antes en estos Anales [pag. 77.] fué bien fundada, y que la especie descripta es en verdad el *Gl. tuberculatus* OWEN, siendo el tubo de la cola mas grande acá mencionado, de nuestra coleccion, el mismo que OWEN ha llamado *Gl. clavicaudatus*.

Segunda seccion. 2. *Glyptodon.*

Especies con placas de la coraza, que tienen en el centro una gran verruga llana subcircular áspera, y cinco ó seis otras pentagonales de diferente
tamaño en su circunferencia; en el centro de la coraza la verruga central
de cada placa es casi igual en tamaño á las de la circunferencia, pero su
grandor se aumenta cada vez mas hasta la orilla de la coraza, en donde
la verruga central ocupa casi toda la superficie de la placa. Los anillos
y el tubo de la cola tienen verrugas elípticas, mas llanas y menos ásperas,
rodeadas por una fila de verrugas pequeñas angulosas.

La coraza de la especie única de esta seccion, es bien conocida por la figura y la descripcion de OWEN, y la repeticion de NODOT en su obra mencionada,
pag. 85. Es aquel quien primero llamó á esta especie:

3. *Glyptodon clavipes.*

y de la cual hablan casi todos los autores, que han tratado de los Gliptodontes. (Véase: PICTET, *Traité de Paléont. etc. Tom. I. pag.* 273.). Nosotros tenemos en el Museo público la mitad posterior de una coraza de la misma
especie, que corresponde en su construccion general á las figuras de OWEN y
NODOT (pl. 4 & 5), con una diferencia notable en la configuracion de la superficie, que no tiene verrugas tan desiguales en el centro de la coraza en cada
placa, ni tan iguales en toda la superficie de la coraza, como las dichas figuras, siendo el diámetro de la verruga central de las placas de la orilla de la
coraza de 3,5 cent., y el de las placas del centro de la coraza de 1,8–2,0 cent.
Otra diferencia se nota en la figura de los grandes tubérculos que rodean la
coraza, y que no son tampoco tan iguales como los han figurado los dichos autores. En el medio de la orilla de la abertura posterior, á donde sale la cola,
cada tubérculo es subcuadrangular redondo, de 6 cent. ancho y 7 cent. alto;
con una elevacion piramidal baja en su superficie exterior, pero en la parte
media de las orillas laterales de la coraza, estos tubérculos son de figura eliptica de 6 cent. de largo y 4,5 cent. de ancho, con una elevacion cónica bastante aguda de 3,5 cent. de altura. Como la forma general de ellas correponde
en todo á los tubérculos de la misma parte de las corazas de las otras especies,
que siguen, no dudo, que la configuracion general de la coraza sea tambien
la misma, siendo la del *Glyptodon clavipes* menos alta y menos esférica ú oval,
imitando en su forma general mas á un barril que á un huevo ó á una bala.

He dicho en mis Noticias preliminares (pag. 76.) que el carácter mas singular de esta especie sea un bordado semicilíndrico bajo los grandes tubérculos de la orilla, cubierto con figuras romboidas. Hoy sé que este bordado
se encuentra solamente bajo los tubérculos posteriores, á donde sale la cola,
y que no es un carácter singular del *Gl. clavipes*, pero comun de todas las
especies del género *Glyptodon*. Es un bordado compuesto no de placas, pero

de huesecillos de diferente figura y tamaño, que se unen con la superficie
inferior de los tubérculos, y forman un arco semicircular entre ellos, que se
presenta bastante grueso en el centro del arco, y se disminuye á los dos lados.
He hablado de este arco de huesecillos accesorios ya la primera vez, como he
dado noticia en mi viage (Tom. II. pag. 87.) de una coraza de *Glyptodon*, encontrada por mí en la Punilla, diciendo que los huesecillos son puestos encima
de los tubérculos de la orilla, que es una equivocacion; son puestos bajo ellos
en la márgen inferior de los tubérculos. Tambien habla Nodot de ellos en su
obra pag. 79. pl. 8. fig. 2.

El carácter particular del *Gl. clavipes*, es entonces, no la presencia de tales
huesecillos bajo la orilla posterior, pero la figura rombóides de ellos y la conjuncion íntima entre ellos, formando un arco enteramente perfecto muy grueso y mas completo que en las otras especies que siguen.

La cola, de la cual tenemos en el Museo tres tubos terminales y restos de
algunos anillos precedentes, ya está suficientemente descripta en las páginas
anteriores. Principia con unos seis ú ocho anillos, de los cuales el primero
corresponde en su figura casi á la abertura posterior de la coraza, y el último
á la circunferencia del bulbo, con el cual principia el tubo de la punta. Cada
anillo se compone de dos ó tres filas de placas, cada placa con verruga elíptica
en su superficie, y tiene una orilla superior mas angosta y aguda, que entra
en el anillo antecedente, como la misma orilla del bulbo en el último anillo.
El bulbo no es circular en su contorno, sino un tanto aplanado á los lados, de
figura trapezoidal de 12 cent. de ancho y 10,5 de alto; corresponde por su
tamaño casi á uno de los anillos precedentes; él está unido al tubo siguiente
por una sutura áspera, que se abre generalmente por la putrefaccion en la
tierra, y por esta razon falta el bulbo casi á todos los tubos. Este mismo tiene 40–41 cent. de lárgo y 10,5–11 cent. de ancho en el principio, en donde su
altura es de 9 cent., disminuyéndose hasta el fin á 7 cent. Tiene á cada lado
6 verrugas elipticas poco á poco mas grandes de adelante hácia atras, de las
cuales las dos últimas ocupan la punta misma; toda la superficie entre ellas
está cubierta en los dos lados de verrugas elípticas mas ó menos diferentes
en tamaño, separadas por una fila de verrugas pequeñas angulares, entre las
cuales se ven en las esquinas algunos agujeros para los pelos, que han cubierto la superficie del animal durante la vida. La superficie de las verrugas es
suavemente puntada pero no áspera.

Tenemos en el Museo público dos clases de tubos terminales de la cola, de igual tamaño, pero diversos en las relaciones correspondientes, la una mas aplanada y poco
mas ancha, con verrugas menos copiosas en la superficie, porque las centrales son un
poco mas grandes; la otra mas cilíndrica, mas delgada, con verrugas mas pequeñas en
el centro de la superficie dorsal. Parecen indicar, si no dos especies diferentes, probablemente la diferencia sexual, siendo el primero del macho mas robusto, y el segundo de
la hembra mas delgada.

Segundo grupo.

Especies con colas cónicas cortas, compuestas de nueve anillos con grandes tubérculos cónicos agudos en la parte dorsal de la circunferencia, y una punta corta obtusa igualmente compuesta de estos tubérculos menos elevados.

3. *Hoplophorus* Lund. *Schistopleurum* Nodot.

He dado una descripcion general de la cola de este grupo en la primera entrega de los Anales pag. 75, á la cual remito al lector. Despues de esta publicacion, el Museo se ha enriquecido con otras tres colas y corazas no tan completas de otras especies, que prueban por su figura, que la configuracion general es completamente la misma en todas. Pero un exámen nuevo de los restos de la especie antes descripta bajo el título. de *Glyptodon spinicaudus*, me ha convencido, que el número de los anillos no es s e i s, sino n u e v e, estando los dos primeros anillos compuestos de placas poco diferentes, que he tomado antes por placas de otra parte de la coraza. Conociendo mejor hoy toda la configuracion del animal por los muchos descubrimientos nuevos y objetos introducidos en el Museo público, repito mi descripcion de un modo mas suscinto y mas preciso, fijándome principalmente en estos puntos de la organizacion, que son los característicos del grupo de que nos ocupamos.

La coraza es bastánte convexa, de figura oval, imitando en alguna especie mas la de un globo. La superficie es mas ó menos áspera, pero la configuracion de las placas la misma que la del *Gl. clavipes*. En la parte anterior del lomo de la coraza, se vé una depresion sensible, que indica el vario, en donde se terminan los omóplatos, seperando de este modo la region de la coraza que cubre las espaldas, de la otra mas grande que cubre la cadera con el hueso sacro. La orilla de la coraza tiene en toda su circunferencia tubérculos grandes que bordan las placas. En la orilla de la entrada anterior, estos tubérculos son mas chicos que en la posterior, pero en los dos de figura subredonda, mas ó menos hemisférica; al lado de la coraza se cambian en tubérculos cónicos, de los cuales los últimos en la esquina posterior son los mas grandes y los mas puntiagudos. De aquí hácia adelante se disminuye su tamaño y altura, cambiándose poco á poco en tubérculos bajos, con punta cónica en el centro. Todos los tubérculos se tocan con dos, algunos de atras tambien con tres placas ó escudos de la coraza, con escepcion de los mas pequeños al lado anterior de la coraza, en donde salen los piés. Aquí las placas alongado-hexagonales de la coraza se arreglan mas en filas descendentes, dejando entre las filas una sutura tanto mas abierta, cuanto mas descienden las placas á la orilla. Asi sucede, que las últimas dos ó tres placas de cada fila, están poco distantes entre sí, cubriendo con su márgen posterior menos aguda la márgen anterior aguda de las placas que siguen detras. Con cada una de las últimas placas antes de la márgen, separadas unas de otras, tanto de adelante como de atras, se une un tubérculo pequeño, que no se estiende hasta las placas próximas.

Esta construccion de la coraza ha inducido al Sr. Nodot á creer, que la coraza fuese movible á los dos lados; pero como la parte mas grande del centro de la coraza, no tiene ninguna separacion correspondiente entre las placas que la constituyen, no es posible admitir una movilidad entre las filas de las placas de la orilla. La coraza del *Glyptodon* fué inmóvil en todo su contorno, porque ella es indivisa en la mayor parte de su superficie.

Ya he dicho, que bajo los tubérculos de la orilla posterior, se presenta un arco de huesecillos irregulares, que tambien se advierte en esta seccion, como en el *Gl. clavipes*. Pero la figura irregular de los huesecillos, no permite que se unan tan intimamente, como en el *Gl. clavipes*, y por esta razon se pierden casi siempre. Como faltaban en la coraza completa antes descripta del *Gl. spinicaudus*, no he sospechado la presencia de ellas en las otras especies; pero hoy las dos nuevas corazas introducidas en el Museo público, me han convencido que la presencia del arco mencionado es un carácter comun á todas las especies.

La cola de las especies de este grupo se compone de n u e v e anillos y una punta pequeña obtusa. Todos los anillos se componen de tres, y en algunas partes de su circunferencia de dos filas de placas, de las cuales las de la primera fila son llanas, mas pequeñas y agudas para entrar mejor en el anillo precedente, bajo el cual se ocultan, cuando los anillos están unidos en la cola completa; dejando visibles solamente la segunda y la tercera fila de las placas de cada anillo. Las placas de la segunda fila son hexagonas, poco convexas ó con una verruga mas ó menos alta elíptica en su superficie. Las placas de la tercera fila de la márgen posterior del anillo, son muy grandes en la superficie dorsal de la cola, y mas ó menos elevadas en forma de puntas ó conos grandes, pero en la superficie ventral de la cola son tambien llanas, con márgen redonda y superficie algo menos áspera.

El p r i m e r anillo, que sale inmediatamente de la abertura posterior de la coraza, tiene la figura general de esta abertura, que es semiorbicular ó semieliptica. En la especie que he llamado *Gl. spinicaudus*, y que es la mas completa entre las que tenemos en el Museo público, la figura de la abertura posterior es semieliptica, y por esta razon el primer anillo tiene la misma figura transversal elíptica, siendo poco menos ancho que la abertura de la coraza, y dejando á cada lado entre la coraza y la superficie, un vacio libre cubierto por el cutis del animal, en el cual fueron implantados otros tubérculos cónicos de figura correspondiente á la de los tubérculos cercanos de la esquina de la coraza, pero poco mas pequeños. Tengo en el Museo estos tubérculos completos de la especie llamada por mí *Gl. spinicaudus*, y sé que el número en cada fila es o n c e, siendo el medio el mas grande, disminuyéndose de él á cada lado, tanto arriba como abajo, el tamaño, hasta el último que es muy chico. El primer anillo de esta misma especie tiene t r e i n t a y s e i s (36) placas á la márgen posterior, de las cuales las del medio dorsal se levantan un poquito, formando una punta central á la márgen posterior superior. Su diámetro transversal en el adelante es de 60 cent., y su diámetro perpendicular de 33.

El s e g u n d o anillo es de la misma figura y construccion, pero bastante mas pequeño, siendo el diámetro transversal de atras de 42 cent. y el perpendicular de 28. Tiene la misma construccion, pero placas mas grandes con una elevacion mas alta, subcónica en la superficie de las medias dorsales de la orilla. El número de todas es v e i n t e y o c h o (28) placas en la circunferencia posterior.

El t e r c e r anillo es el mismo que he descripto como el primero en mis Noticias preliminares (pag. 75.); tiene la misma construccion que el segundo, pero con una circunferencia menor y placas mas grandes. Su diámetro transversal posterior es de 30 cent. y su diámetro perpendicular de 24. Tiene 22 tubérculos mas gruesos en el medio dorsal á la orilla posterior.

El c u a r t o anillo, que antes he tomado por el segundo, es de figura casí circular, sindo su diámetro transversal posterior de 24 cent. y su perpendicular de 20. Tiene 18–20 tubérculos en la orilla posterior, de los cuales los del centro dorsal son muy grandes, muy gruesos, pero no muy puntiagudos.

Los otros anillos que siguen, disminuyen pronto en circunferencia, pero sus tubérculos se levantan mas en la superficie dorsal en conos puntiagudos; su figura es propiamente circular, pues sus dos diámetros son iguales.

El q u i n t o anillo (antes el tercero), tiene un diámetro posterior de 20 cent., y 16–17 tubérculos á la orilla, de los cuales, los medios de la parte dorsal son los mas grandes y los mas puntiagudos de todos.

El sexto a n i l l o (antes el cuarto), es de 16 cent. de diámetro, y contiene 14–15 tubérculos en su circunferencia posterior.

El s e p t i m o anillo (antes el quinto), se compone de 12–13 tubérculos y de 14 cent. de diámetro.

El o c t a v o anillo (antes el sexto), tiene diez ú once (10–11) tubérculos en la circunferencia posterior, y 10 cent. de diámetro.

El n o v e n o anillo (antes tomado por punta de la cola), tiene ocho h asta nueve (8–9) tubérculos, y 8 cent. de diámetro.

La última parte á la punta, que puede tomarse tambien por un décimo anillo, clauso á detras, es compuesta de siete ú ocho (7–8) tubérculos en la circunferencia, incluyendo en ellos á la punta misma algunas placas (4–7) que forman la tapa de la salida posterior del anillo. (*)

Las colas de las otras dos especies del Museo, son en toda su configuraci on general iguales al tipo descripto, y solamente difieren por la figura particular de los tubérculos y en algo por el número de las placas en los anillos, que es de una hasta dos placas, mayor ó menor en las diferentes especies.

Conozco tres especies de este grupo, idéntico con el género *Hoplophorus* de Lund, como lo prueban las figuras de la coraza dadas en su obra sobre los Mamíferos fósiles del Brasil (*II. Afhandl. pl. XV.*) y mas decisivamente la figura del hueso medio del cuello (*IV. Afhandl. pl. XXXV. fig.* 1.) del cual hablaré mas tarde en la descripcion de las diferencias osteológicas.

4. *Glyptodon asper.*

La especie que Nodot ha descripto y figurado bajo el título de *Schisto-pleurum typus* (su obra pag. 21. seq. pl. 1–3.) es idéntica con el *Glyptodon spinicaudus*, descripto por mí en las Noticias preliminares de la primera entrega pag. 75. (**) Pero como no es la única especie con cola espinosa, como

_____

(*) Las diferencias en el número de las placas de los anillos de esta nueva descripcion y de la anterior [Notic. prelim. pag. 75.] se fundan en la circunstancia de haber ahora examinado tres colas diferentes, y antes solamente una, que no estaba entonces tan bien restaurada como ahora. La figura de la cola en la obra de Nodot [pl. 2.] representa algunos de los últimos anillos con la punta, entre los cuales han faltado otros, que el autor ha restaurado, pero no en acuerdo completo con la naturaleza. Ya he dicho antes, que la movilidad de los tubérculos medios en los dos prime- ros anillos, es el resultado de una ruptura de los tubérculos duránte la vida, y significa una enfer- medad, que dejó imperfecto al animal, porque los huesos rotos no pudieron soldarse á causa del frecuente movimiento de la cola mientras vivió aquel.

(*) Antes he creido que la especie siguiente llamada por mí *Gl. elongatus* fuese idéntica con el *Schistopleurum typus* de Nodot, y he publicado esta opinion en las noticias sobre los Gliptodon. tes de nuestro Museo mandadas á Europa é impresos en Alemania é Inglaterra,[véase pag. 194. 2] pero un estudio á fondo de mis objetos y de la obra de Nodot, me ha convencido que es asi, como digo ahora. El *Gl. elongatus* es probablemente idéntico con el *Schistopleurum gemmatum* de Nodot.

antes he creido, revoco mi apelativo, cambiándole en *Gl. asper*, siendo la su_
perficie de la coraza la mas áspera de todas las especies conocidas. No quiero
conservar á mas el nombre dado por NODOT, porque tampoco determina nin_
gun carácter particular específico.

No entraré en la descripcion repetida, dando solamente como argumento
decisivo de la identidad de los dos objetos de diferente apelativo, las medidas
en escala francesa del individuo mio y de el de NODOT:

	El mio.	El de NODOT.
Longitud de la coraza segun la curva del dorso.......	2,04	2,05
Diámetro longitudinal de la coraza en línea recta.....	1,65	1,68
Anchura de la coraza segun la curva de un lado á otro.	2,73	2,78
Diámetro transversal de la coraza en línea recta......	1,18	1,21

La abertura posterior de la coraza es de figura tranversál-elíptica, tiene
0,66 diámetro transversal y 0,40 perpendicular; la anterior, no siendo completa en su contorno, no permite tomar medidas exactas. La primera es bordada por 24 tubérculos hasta la esquina, en donde la márgen posterior se
cambia en la márgen lateral. De las otras márgenes ninguna tiene su bordado
completo, pero de los tubérculos presentes se puede calcular, que en la márgen de la abertura anterior fuesen como 16 tubérculos, y á cada lado de la
coraza 25–30.

La cola esta bien descripta pór NODOT (pag. 30 de su obra) pero no la ha
dibujado bien, pues la figura es mas delgada que el natural, y los tubérculos
cónicos exageradamente distantes. Ya he dicho antes, que la movilidad del
tubérculo medio del quinto y sexto anillo es consecuencia de una ruptura
durante la vida del animal, y de ningun modo un carácter natural.

Segun las observaciones de NODOT, la tapa de la punta se forma de seis
placas (yo cuento cuatro no mas), y su anillo de siete tubérculos, el anillo
penúltimo de nueve y el antepenúltimo de once, que son los mismos números
dados por mí pag. 75 de la primera entrega. El cuarto anillo ante la punta
faltaba en la cola del individuo de NODOT, pero el autor ha calculado que estuvo compuesto de trece tubérculos ó placas. El individuo de nuestro Museo
tiene antes del anillo de once tubérculos, y entre el anillo con quince, como está
ahora bien armado, d o s anillos, el uno de doce y el otro de trece, y por esta
razon es de presumir que han faltado en la cola de NODOT no uno sino dos
anillos tambien; siendo el de quince anillos el quinto, y el de once el octavo de
todos del principio hasta el fin de la cola. Segun la restauracion actual completa del objeto del Museo público, que antes no fué ejecutado, lo que me ha

27

obligado á dejar desconocidos estos dos anillos de doce y trece tubérculos, el anillo que tiene diez y siete ó diez y ocho tubérculos, como he dicho antes, (pag. 75), es el cuarto, y ante él se ven otros tres, de 24, 28 y 36 tubérculos en la orilla, pero como estos anillos fueron completamente disueltos, el número de los dos primeros no es tan seguro como el de los otros. Es posible que el primer anillo, que sale inmediatamente de la abertura posterior de la coraza, no fuese enteramente cerrado abajo, lo que parece indicar la degradacion de las placas inferiores en el medio de la cola. Si fuese así, el número de las placas no puede ser mas que 30–32. Recapitulando entonces el número de los tubérculos en cada anillo de la cola, se presenta como sigue:

I. anillo	30–36 tubérculos	VI. anillo	13	tubérculos
II. —	28 —	VII. —	12	—
III. —	24 —	VIII. —	10–11	—
IV. —	17–18 —	IX. —	9	—
V. —	15 —	X. —	7	—

5. *Glyptodon elongatus.*

Propongo llamar así esta especie, porque es la mas prolongada de las tres pertenecientes á este grupo. Probablemente es la misma que NODOT llama en su obra (pag. 79.) *Schistopleurum gemmatum;* pero siendo los tubérculos medios de cada placa no tan convexos, y los de la fila antes los grandes tubérculos marginales no tan hemisféricos como en la figura (pl. 8. fig. 1 & 2.) he dudado identificar su especie con la mia.

La coraza casi completa de un de los lados, faltando solamente algunas placas de la orilla de los tubérculos marginales, es de 2,15 metr. de largo, y 2,40 de ancho, siguiendo la curvadura, y tiene un diámetro longitudinal de 1,80, y un diámetro transversal de 1,16 metr. Comparando estas medidas con las de *Glyptodon asper*, se vé que el *Gl. elongatus* es mucho mas largo pero no mas ancho; siendo su figura general un óvalo estrecho, y la del otro un óvalo ancho. La abertura posterior es en consecuencia menos ancha, de 0,60 diámetro, y como de 0,32 alta. Tambien la depresion del centro de la coraza en su parte anterior sobre las espaldas, no es tan pronunciada y casi cambiada en un puro aplanamiento; pero la reclinacion de la parte posterior sobre la apertura, es mucho mas fuerte y prolongada mas atras y arriba, que en el *Gl. asper.*

Las placas que componen la coraza, son un poco mas grandes, pero de la misma configuracion, con una granulacion en la superficie menos áspera, pero no tan leve, como en la especie que sigue. Parece que la diferencia entre la figura central de cada placa y las de la circunferencia es mas grande, principalmente en las partes exteriores de la coraza; pero no las encuentro en verdad mas convexas, sino poco menos ásperas en toda la superficie, y los sulcos entre las figuras de cada placa un poco mas profundos. Hay tambíen agujeri- tos para los pelos en las esquinas entre la figura central y las periféricas de algunas placas, como en la otra especie.

De las dos aberturas de la coraza, la anterior tiene solamente su arco superior con cuatro grandes tubérculos marginales intermedios, que son mas anchos y menos prominentes que los de *Gl. asper*. La abertura posterior es casi completa de un lado, y tiene 13 tubérculos marginales, de los cuales 9 pertenecen al lado izquierdo, 4 al lado derecho de la márgen. Son mas angostos que los correspondientes de *Gl. asper*, pero no menos largos, lo que sigue de la figura menos ancha de toda la abertura. Calculo de esta construccion, que el número total de los tubérculos de la márgen hasta las esquinas laterales fué tambien de 24.

De la cola tenemos cinco anillos, los dos últimos de la punta y tres del medio; pero á estos falta la parte inferior. La punta de cola es un poco mas gruesa, pero la figura general de la cola parece mas angosta, por no ser tan ancha la abertura posterior de la coraza y los anillos primeros de la cola.

La tapa del último anillo de la punta se forma de c i n c o placas, y el anillo que la incluye de o c h o. El anillo precedente, que es por analogia el noveno, tiene n u e v e placas, y el antepenúltimo d i e z. De los otros anillos habiéndose perdido la parte inferior, no puedo contar el número de las placas, pero no dudo, segun las partes preservadas, que fuese el mismo que en la cola de *Gl. asper*. Los grandes tubérculos de la parte dorsal se levantan en conos mas gruesos y menos puntiagudos, pero la figura general es la misma, siendo cada uno de los tubérculos medios superiores un poco mas anchos, pero no mas altos. Una asperosidad menor y una convexidad de la superficie un tanto mas pronunciada distingue las otras placas de los anillos de esta especie de las de la precedente. Tambien son los grandes tubérculos dorsales de los medios anillos, relativamente un poco mas grandes, y las placas llanas de la parte inferior ó ventral probablemente mas pequeñas que las del *Gl. asper*. Calculo así, porque el grandor de las superiores me obliga á sospechar qua las inferiores fueron mas pequeñas, si toda la cola ha tenido una figura menos ancha; lo que prueba la abertura posterior menos ancha de la coraza.

6. *Glyptodon laevis.*

Tenemos de esta especie una coráza casi completa con dos pelvis, en nuestro Museo, que prueban que es mas fina, y de figura mas elegante que las dos precedentes. No estando hasta ahora armada la coraza, no puedo dar de ella ni las medidas, ni la forma general, pero parece menos delgada que el *Gl. elongatus*, y menos gruesa que el *Gl. asper*. Se distingue de ambas por su superficie mucho menos áspera, casí lisa, no granulada pero punteada, con impresiones de diferente grandor en la superficie de las figuras de cada placa. Todos los grandes tubérculos son mas puntiagudos, y tambien sin granos en la superficie, pero sí punteados, como las placas de la coraza.

La cola no está completa, pero parece mas delgada y un poco mas cilíndrica. He examinado otra completa en la coleccion de D. MANUEL EGUIA, que prueba que el número de los anillos y el de las placas de la orilla en cada anillo, es el mismo que en las otras dos especies. Hay nueve anillos y la punta, es decir, diez en todos. El p r i m e r a n i l l o que sale de la coraza no es completo, y si no abierto en la parte ventral, sí muy delgado y probablemente cerrado por una sola fila de placas. El s e g u n d o ha tenido 26 placas en la orilla, y las del medio dorsal llanas, sin elevacion cónica puntiaguda. Lo mismo sucede con el t e r c e r anillo, que es completamente circular y tiene 23 placas marginales. En el c u a r t o faltan algunas placas, pero el número completo se puede calcular en 18; el q u i n t o tiene 16, las diez del dorso puntiagudas, pero solamente las 4 del medio bastante altas; el s e x t o se compone de 14 placas, las 8 del dorso puntiagudas; el s e p t i m o de 12, tam- bien las 8 del dorso puntiagudas; el o c t a v o de 10, con 6 puntiagudas; el n o v e n o de 9, 5 puntiagudas y solamente de dos filas de placas, los otros de tres; el d é c i m o ó la punta de 7 con 4 puntiagudas y la tapa al fin de 5 placas.

Las diferencias en la figura y escultura de las placas de estas tres especies últimas, es difícil de espresar con palabras, pero se ven muy claras con los ojos, cuando las tres corazas están colocadas unas á par de otras, como en nuestro Museo. Muy fácil es la distincion específica por la figura de las pelvis, de que hablaremos mas tarde entre las diferencias osteológicas.

Especies incompletamente conocidas.

7. *Glyptodon pumilio.* No conozco mas de esta especie que la mandíbula inferior demidio, de la cual he dado una descripcion suficiente en la primera

entrega pag. 77. Por el tamaño de esta mandíbula puedo calcular, que es la especie mas pequeña de todas las descriptas aquí. No sé si entrará tambien en la seccion con cola corta cónica, ó en la otra de los v e r d a d e r o s G l i p t o d o n t e s con cola larga mas puntiaguda.

En una obra del Sr. G. POUCHET, que me ha sido atentamente comunicada [*Estrait du Journal de l'Anat. & Physiol. etc. p.* CH. ROBIN. *Paris. Jull.* 1866.] se vé la figura de una coraza incompleta de un *Glyptodon,* que el autor ha tomado por el *Hoplophorus euphractus* de LUND. Como las medidas dadas en la descripcion prueban, que el animal fué muy pequeño, es permitido sospechar que la coraza ha pertenecido al mismo *Gl. pumilio.* Sin duda significa la figura (pl. III. fig. 1 & 2.) una especie diferente de las descriptas aquí, siendo la coraza en el estremo posterior sobre la abertura, de donde sale la cola, no reclinada con la márgen en una orilla ascendente, sino obtusa y descendente; lo que no he visto hasta ahora en ninguna coraza de *Glyptodon.* El individuo descripto tambien se ha encontrado en la provincia de Buenos Aires, y llevado á Paris por el Sr. SEGUIN, quien lo vendió al Museo del Jardin de las plantas.

8. *Glyptodon ornatus* OWEN. La especie de este apelativo fué fundada por OWEN sobre algunas placas, encontradas por DARWIN en Bahia Blanca; primeramente descriptas en *the Zool. of the Voyage of H. M. S. Beagle. Tm. I. pag.* 107. *pl.* 32. *fig.* 4 & 5; y despues en *The descript. Catal. of fossil bones of the collect. of Coll. of Surgeons. Tm. I. No.* 554.) de donde NODOT ha repetido la descripcion y la figura (pag. 90. pl. 11. fig. 6.) Tenemos en el Museo público algunas placas de igual tamaño y grosor, que me parecen probar, que el individuo, á quien han pertenecido, fué un *Gl. clavipes,* jóven, y por consiguiente la especie no es de conservarse como especie particular. De las placas figuradas en las dos figuras de OWEN en *the Voyage etc.,* los de fig. 4 pertenecian á la coraza, y los de fig. 5 á un anillo de la cola.

En la obra del Sr. G. POUCHET anteriormente mencionada, el autor dice [pag. 1.] que el Sr. prof. SERRES ha descripto recien bajo el título de *Gl. ornatus,* la misma especie que él describe como *Hoplophorus euphractus.* No conozco esta descripcion del Sr. SERRES [*Comptes rendus, etc. de* 18 *Sept. de* 1865.] y por esta razon no puedo juzgar, si es asi como dice el Sr. POUCHET. En el caso afirmativo el *Gl. ornatus* de SERRES puede identificarse con el *Gl. pumilio* NOBIS.

9. *Glyptodon reticulatus* OWEN. No habiendo visto ningun pedazo de una coraza parecida á la figura y la descripcion de OWEN dada en la dicha obra sobre los fósiles del Museo de cirujanos de Londres [No. 556 y 557] y repetidas por NODOT en su obra [pag. 91. pl. 10. fig. 1. y pl. 11. fig. 0.] no puedo decir nada sobre la especie de dicho apelativo. Antes que hubiese visto la figura y la descripcion de OWEN, yo creía la especie idéntica con el *Gl. tuberculatus,* pero ahora sé, que fué un error mio el identificar las dos [Véase Not prelim. de la prim. entrega pag. 78.]

10. *Glyptodon elevatus* y *Gl. subelevatus* de Nodot [Véase su obra pag. 94 & 95. pl. 10. fig. 6.7. y pl. 11. fig. 1.] me parecen pertenecer á la misma especie, siendo las placas del *Gl. subelevatus* de la orilla anterior de la coraza, y las del *Gl. elevatus* mas de la orilla posterior, pero no conozco ningun pedazo igual, y por esta razon no puedo hablar sobre la especie con decision. Los pedazos figurados son de la Banda Oriental y regalados al Museo de Paris por el finado Dr. Vilardebó de Montevideo.

11. *Glyptodon gracilis* Nodot. l. l. pag. 97. pl. 11. fig. 3. y :

12. *Glyptodon quadratus*, ibid. 99. pl. 12. fig. 5, son fundados en algunas placas de figura muy particular de las cuales nunca he visto un objeto semejante hasta ahora.

DIFERENCIAS OSTEOLOGICAS.

La descripcion del esqueleto en las Noticias preliminares [prim. entr. pag. 79. seq.] no ha tenido otra intencion que dar al lector una idea suscinta de la construccion maravillosa del aparato huesoso de este animal, reservando su esplicacion mas estensa é ilustrada por medio de láminas para lo futuro. Para completar estas primeras noticias y mostrar mejor la figura general del cuerpo de *Glyptodon*, he adjuntado por la lámina sexta de esta entrega, una figura de las dos partes principales del individuo de nuestro Museo, mostrando el esqueleto entero en la coraza abierta, tal como fué durante la vida del animal en su posicion natural. No describiré esta figura de nuevo, remitiendo al lector á la dercripcion primera; lo que quiero hacer hoy es esplicar con el auxilio de ella y las que siguen, las diferencias especificas de las especies aquí descriptas, como se prueban en la construccion de las partes huesosas del cuerpo del animal.

La cabeza ya es bien conocida por la figura de Owen y algunas otras en la *Ostéographie* de Blainville. He dado una descripcion acompañada con láminas en el periódico Aleman fundado por J. Muller y continuado por Reichart [*Archiv. fur Anatom. u. Physiol.* etc. 1865. No. III. 8.] á la cual remito al lector para no repetir mis propias palabras de nuevo. Tengo hoy tres cráneos á la vista, y encuentro en ellos algunas diferencias específicas, pero siento imposible esplicarlas sin figuras, no entraré por esta razon en una esplicacion preliminar, reservándola para lo futuro, cuando pueda dar figuras completas de todas las partes.

Mas fácil es esplicar las diferencias especificas con la figura y la construccion de las vértebras del cuello, y por esta razon me ocuparé principalmente de esta parte del esqueleto y de la pelvis, que conozco de cinco especies y el cuello de cuatro.

Ya se sabe por mi descripcion anterior, que el cuello del *Glyptodon* se compone de s i e t e vértebras, como el de los Mamíferos en general, pero que las vértebras medias están unidas en una pieza, sin conservar movilidad entre ellas. He dicho antes [pag. 80.] que son las cinco medias unidas, y la primera [el atlas] libre, como la septima. Hoy, comparando cuatro piezas de la misma parte del esqueleto de cuatro diferentes especies, sé que hay diferencias notables en la composicion de esta parte en las diferentes especies, que esplicaré al instante.

La primera vértebra, el A t l a s [pl. VII. fig. 1. a.] es siempre móbil por sí mismo, y nunca se une con una de las vértebras que siguen. Hay en ella diferencias específicas, principalmente en la forma de las alas laterales, y por esta razon he dado tambien una figura de cada vértebra primera del lado, á la cual remito al lector para conocer mejor las diferencias. Fig. 1. es de *Gl. clavipes*, fig. 2. de *Gl. elongatus*, fig. 3. de *Gl. laevis*, y fig. 4. de *Gl. asper*, y las figuras 1.b, 2.b, 3.b y 4.b, muestran el Altas de cada especie del lado izquierdo, probando que el Atlas de *Gl. clavipes* [1.b] tiene alas laterales mucho mas anchas que las otras tres especies, pero que estas están formadas de un tipo igual y alterado solamente un poquito por la diferencia específica, lo que testifica claramente la diferencia general del grupo á que pertenecen.

La segunda pieza, llamándole h u e s o m e d i o c e r v i c a l (*), se vé en las mismas figuras 1. 2. 3. 4. del lado inferior de las mismas especies.

En el *Gl. clavipes*, (fig. 1.) esta pieza es claramente compuesta de c i n c o vértebras, como lo indican las líneas transversas de la superficie, que son los restos de los antiguos intérvalos entre las vértebras primitivas [en la juventud del animal] separadas. Entre las dos últimas vértebras, esta línea es en verdad una hendedura angosta abierta, que comunica por una línea delgada con los agujeros últimos á cada lado, ante la apófisis transversal, que son causados por los intérvalos abiertos entre las vértebras, para dejar salir los nervios de la médula espinal. Hay cuatro de estos agujeros en cada lado, lo que prueba tambien, que el número de las vértebras unidas es de cinco.

En los tres huesos mediocervicales de las otras tres especies [fig. 2–4] se

(*) De la obra del Sr. Pouchet, antes mencionada, he conocido que el Prof. Serres de Paris ha llamado esta segunda pieza del cuello, *os mesocervical*, y la primera parte de la columna dorsal *os métacervical*. Creo que no debe emplear estos apelativos, por estar compuestos de dos lenguas, la griega y la latina, sin rectificarlos de un modo conveniente en *os mediocervicale* y *os postcervicale*, como composicion pura latina sin mezcla de griego.

ven tambien cuatro líneas transversales, que indican una separacion en cinco partes anteriormente separadas, y estas líneas que son las mas pronunciadas en la especie que primeramente me fué conocida, es á saber, en el *Gl. asper* [antes *spinicaudus*] me han inducido á decir, que son cinco vértebras las que componen la pieza. (Notic. prelim. pag. 80.) Pero despues, cuando he visto el hueso mediocervical del *Gl. clavipes,* he comprendido pronto que son en realidad solo cuatro, siendo la primera línea transversal la indicacion de la antigua separacion entre la apófisis odontoides de la segunda vértebra cervical, y la vértebra misma. (*) Es digno de notar, que por consecuencia de la presencia de esta línea de la antigua separacion entre la apófisis odontoides y la vértebra en las tres especies del grupo llamado *Hoplophorus* por LUND y *Schistopleurum* por NODOT, y la falta de la misma línea en el hueso mediocervical del verdadero *Glyptodon,* se sigue que en este último grupo la apófisis odontoides es mucho mas pequeña y mas íntimamente atada á la segunda vértebra desde la primera juventud del animal, que en las otras especies. Tambien es de notar que el número de los agujeros laterales, de donde salen los nervios cervicales, es de tres en cada lado del hueso mediocervical de este grupo, y no de cuatro como en el del grupo *Glyptodon,* lo que prueba mas claro que toda la pieza se compone de cuatro vértebras. (**)

La figura del hueso mediocervical dada por el Dr. LUND, á quien he aludido en mis Notic. prelim. (l. l.) marca claramente estos tres agujeros á cada lado; el hueso pertenecia entonces á una especie del mismo grupo que mi *Gl. asper,* y este grupo es en verdad el *Hoplophorus* de LUND, (***) á saber idéntico con el *Schistopleurum* de NODOT.

(*) Esta separacion de la apófisis odontoides y su grandor sorprendente de los Gliptodontes, es un argumento afirmativo á favor de la opinion de los anatómicos teoricos que dicen, que esta apófisis representa en verdad una vértebra completa, siendo el número de todas las vértebras del cuello no siete, sino ocho. Fué mi célebre paisano y amigo OKEN, quien ha publicado primeramente esta opinion en un programa del año 1828. pag. 4 [*Rede uber das Zahlengesetz in den Wirbeln des Menschen. München.* 4.] En todos los *Dasypus* actuales se vé lo mismo; la apófisis está separada de la vértebra por una línea bien pronunciada, y incluye tambien las caras articularias laterales para el Atlas, como en nuestros Gliptodontes.

(**) Hay al lado del hueso mediocervical de mas arriba, sobre la cara articularia para el Atlas, otro agujero bastante grande, que no se vé en mis figuras, pero que tambien se nota en el mismo hueso de *Gl. clavipes.* No es agujero para los nervios salientes, sino para la arteria vertebral del cuello, que sale por este agujero para fuera, y entra en el agujero correspondiente de la ala transversal del Atlas, que se vé en las figuras 1.b, 2.b, 3.b y 4.b.

(***) El Sr. G. POUCHET, me ataca sin razon por haber dicho, que el hueso figurado por el Dr. LUND, es el mismo descripto por mí; pero diciendo que es el mismo hueso, no quiere decir sino que es la misma parte del esqueleto de los dos animales, sospechando ya, por la diferencia de los dientes, que pertenecia á una especie diferente, como lo he dicho positivamente en mis Notic. prelim. pag. 80. El error que he cometido, no consiste en esto sino en haber contado cinco vértebras en el hueso mediocervical del *Gl. spinicaudus,* como ya dije antes.

Los Armadillos actuales, que corresponden en mucho por su configuracion á los Gliptodontes diluvianos, tambien tienen algunas vértebras unidas en una pieza en el cuello. La especie mas ordinaria en este país, el Peludo [*Dasypus villosus*] tiene un hueso mediocervical de dos vértebras unidas y cuatro vértebras libres despues; lo mismo sucede en el *Dasypus setosus* [*D. sexcinctus* Linn.] y *D. gymnurus* [*D.* 12-*cinctus* Aut.]. Pero el Mataco [*Dasypus Tolypeutes conurus*] tiene la misma construccion que el grupo de *Hoplophorus* ó *Schistopleurum*, siendo cuatro las vértebras [la segunda, tercera, cuarta y quinta] unidas en una pieza. La comparacion del otro esqueleto ha de mostrar, que esta especie es la mas próxima de todos los Armadillos actuales, al tipo de los Gliptodontes; lo que prueba ya su figura general convexa. Tambien se acerca mucho el esqueleto del *Chlamyphorus* al tipo del *Glyptodon*, siendo este y el *Tolypeutes* los únicos Armadillos con la pelvis abierta entre los pubis, lo que sucede tambien en los Gliptodontes, como veremos mas tarde por la descripcion de las caderas. Pero el *Chlamyphorus* no tiene mas que tres vértebras cervicales [la segunda, tercera y cuarta], unidas en un hueso que es por su figura general muy parecido al hueso mediocervical de *Glyptodon*.

Atras del hueso mediocervical, sigue en las tres especies de *Hoplophorus*, una vértebra separada, móvil, que es la sexta del cuello. Por un error, ya rectificado, he dicho antes que es la septima.

He dado una descripcion corta de esta vértebra en las Not. prel. á la cual añado una figura [pl. VIII. fig. 5.] que esplicará que es completamente de la misma configuracion general como una vértebra suelta del cuello de los Armadillos actuales, con escepcion del tamaño que es gigantezco en comparacion con los animalitos de nuestra época.

Sigue á esta vértebra el hueso grande trivertebrado, que tambien he descripto antes y que llamo hoy con el apelativo rectificado del Sr. Serres, h u e s o   p o s t c e r v i c a l. Las tres vértebras que lo componen, son entonces la septima del cuello y las dos primeras de las espaldas, no las tres primeras dorsales. La figura dada por mí ahora [pl. VII. fig. 5. A.] esplica bien, que la primera vértebra de las tres es bastante pepueña, uniéndose con la antecedente del cuello por tres caras articularias á cada lado, dos pequeñas inmediatamente á la esquina del gran agujero central, y la tercera mas grande á la apófisis transversal, que está dividida en dos pequeñas al lado derecho de la figura, lo que sucede sin regla en el uno ú otro caso. Tengo cuatro de estos huesos postcervicales á la vista, de las tres especies de *Hoplo-*

phorus, pero ninguno del *Gl. clavipes* (*) es á saber, dos bastante iguales del *Gl. laevis*, uno de *Gl. elongatus* y uno de *Gl. asper*, que es el figurado. Las diferencias específicas entre ellos no son de gran importancia, y se esprimen principalmente por la figura de la prolongacion ascendente gruesa al fin, que corresponde á la apófisis espinosa de las vértebras sueltas. En el *Gl. laevis* la parte anterior de esta apófisis es muy ancha y escavada, con dos crestas laterales, no de figura de una cresta obtusa, como la muestra nuestra figura 5. del *Gl. asper*. El *Gl. elongatus* tiene en lugar de la cresta única obtusa, tres crestas casí paralelas poco mas angostas, que se acercan hasta arriba y se unen con la punta prominente gruesa de la apófisis. Mas diferente es esta especie por la circunstancia, que el arco superior de la primera vértebra pequeña, está separado de la apófisis gruesa espinosa por un vacio abierto, que distingue la parte superior de esta vértebra completamente de las otras dos.

La terminacion de las tres vértebras entre sí, se vé muy claro por la aposicion de las tres primeras costillas á este hueso postcervical (fig. 5.). La primera costilla entra en una escision muy profunda atras de la esquina anterior del hueso postcervical, que significa la frontera de la vértebra última cervical y primera dorsal. Hay dos superficies articularias en esta escision, una á cada lado, para las caras engrosadas de la primera costilla (1). Otra escision parecida, pero mas pequeña, sigue á la primera en el medio del hueso postcervical, en la cual entra del mismo modo la cara engrosada de la segunda costilla (2.) algo mas fina. Por estas dos escavaciones, cada lado del hueso postcervical se divide en tres dientes salientes, de los cuales el primero es el mas fino, el segundo el mas grueso y el tercero el mas corto. En el lado posterior de este tercer diente bastante ancho pero menos sobresaliente, se encuentra la superficie articularia para la cara articularia anterior de la tercera costilla (3.) que se toca tambien por su cara articularia posterior con el principio del tubo encorvado de las vértebras dorsales unidas (B). De este modo el hueso postcervical lleva tres pares de costillas, pero de las tres vértebras unidas solamente las dos posteriores, la segunda y la tercera, son vértebras dorsales.

No repito aquí mi esplicacion del oficio de este hueso postcervical, que es dirigir el movimiento de la cabeza hácia atras, con auxilio de los huesos

---

(*) En la primera parte de la obra de G. Pouchet, hay la descripcion y la figura del hueso post-cervical de esta especie, que prueban una identidad completa con el mismo hueso de las otras especies; faltándole entonces una vèrtebra libre entre el hueso mediocervical y postcervical en esta especie. Pero en la parte segunda de su obra dice el autor, que el hueso postcervical de su *Hoplophorus euphractus*, se compone de cuatro vértebras, lo que he visto en ninguna especie de nuestro Museo. En este caso es de presumir, que la vértebra sexta libre se ha unida no con el hueso mediocervical, sino con el hueso postcervical, en una pieza.

del cuello; hablando despues de la construccion particular del manubrio del esternon, es mas fácil probarlo de un modo satisfactorio con nuevos argumentos. (*)

La parte de la columna vertebral que sigue al hueso postcervical [pl. VI. fig. 1. d.] es un tubo un poco curvo [ibid. e.] formado por las otras vértebras dorsales hasta las lumbares. He descripto este t u b o   d o r s a l suficientemente por sus caractéres generales en las Not. prelim. pag. 82., mostrando que se compone de o n c e vértebras en el *Gl. asper,* única especie que conozco hasta ahora completamente; siendo entonces, con las dos vértebras dorsales del hueso postcervical, el número de todas de esta especie de t r e c e vértebras dorsales. Tengo en el Museo dos tubos otros, pero no completos, y en la coleccion de D. M. Eguia se ven tambien dos, pero mas imperfectos. El uno parece ser de *Gl. clavipes,* el otro por su tamaño colosal de *Gl. tuberculatus.* En este las tres vértebras primeras únicamente presentes, con la mitad del hueso postcervical, están aun separadas, pero estuvieron unidas durante la vida por una substancia cartilaginoso-fibrosa, por ser muy jóven el individuo á quien han pertenecido, como se vé por la estructura de los huesos. Hay sin duda diferencias específicas en la figura del tubo dorsal, y principalmente, segun me parece, por el diferente tamaño de las especies, en el número de las vértebras unidas, que probablemente ha variado de 13–15 vértebras. (**)

Al tubo dorsal y al hueso postcervical, están adheridas las c o s t i l l a s, de las cuales se encuentran tambien trece pares [pl. VI. fig. 1.–No. 1–13.] en el *Gl. asper.* He esplicado ya antes el modo como se unen con el tubo en escavaciones articulares, que permiten una movilidad suficiente para la funcion respiratoria, y que por esta construccion no hay necesidad de deducir el movimiento respiratorio de la movilidad del hueso postcervical. Las costillas son todas, con escepcion de la primera, en el principio superior muy llanas y delgadas, pero al estremo inferior se engrosan poco á poco, siu ser mas an-

---

(*) No sé porque el Sr. G. Pouchet, que combate mi demostracion de que este hueso está destinado al movimiento de la cabeza, y no para la respiracion del animal, ha creido que yo quiero identificar el movimiento de la cabeza del Gliptodon con el de las tortugas, cuando he dicho positivamente, que lo comparo con el movimiento de la cabeza de los Armadillos actuales (Not. prel. pag. 81.) Estos animales hacen, como sabe todo habitante de nuestro pais, dos movimientos diferentes cuando quieren ocultar su cabeza en la entrada de la coraza; el primero es retirar la cabeza hasta las orejas, y el segundo inclinar la punta de la nariz hácia abajo, y aun un poco hácia atras, para esconder tambien los lados de la cabeza hasta los ojos en la entrada de la coraza. Los Gliptodontes hicieron lo mismo en mi opinion, primeramente retirando la cabeza por el movimiento inclinado del hueso postcervical, y despues inclinando la nariz mas abajo por el movimiento del cráneo contra el Atlas en sus articulaciones.

(**) Los Armadillos actuales tienen de once hasta catorce vértebras dorsales y pares de costillas, pero el número mas general es de once· trece tiene el *Dasypus gigas,* y catorce el *D. gymnurus* [12 *cinctus* Linn]; las especies de este pais son todas de once.

chas, pero sí mas cilíndricas. A la estremidad final tienen una dilatacion casi circular, que se une por medio de una substancia cartilaginoso-fibrosa interpuesta al hueso esternocostal.

La primera costilla (pl. VII. fig. 5. 1.) es en todo diferente de las otras, es decir, mucho mas gruesa al principio y muy ancha en el estremo inferior. Se une acá no por una substancia blanda, sino directamente con el manubrio del esternon (ibid. a.), que es es una lámina subcuadrangular, con la márgen superior cóncava y la márgen inferior obtusa sobresaliente abajo. Con las dos otras márgenes laterales se unen las dos primeras costillas, poniéndose con la substancia huesosa del manubrio en tanta intimidad, que es muy difícil ver las orillas de los tres huesos entre sí. La superficie externa del manubrio es cóncava, la interna convexa, y la márgen inferior sobresaliente, un tanto grosada, tiene al fin tres superficies articularias, una menos pronunciada en el medio de la márgen, y otras dos al lado poco distantes de la central, bastante pronunciadas como una escision de la márgen arqueada. ·Con estas dos superficies articularias se unen los huesos esternocostales del segundo par de las costillas, con la media superficie el hueso esternal que sigue detras del manubrio. Este segundo hueso esternal falta en nuestro individuo, pero su figura no es dudosa por el vacio, que dejan acá las partes vecinas, como lo muestra nuestra figura 5 de la lámina VII. Falta tambien el tercer huesecillo del esternon, pero existen el cuarto [ibid. b.] y quinto [c.]. Se vé claramente que cada uno es poco mas angosto que el antecedente, y que la figura general del esternon es como un triángulo isóceles bastante puntiagudo abajo. Sin duda estuvo presente abajo del quinto, un sexto y septimo hueso esternal, que faltan tambien en nuestro individuo; el septimo probablemente bastante prolongado hácia abajo, para formar un apéndice xifoideo, que hay motivo de presumir por analogia con los Armadillos actuales.

La configuracion del esternon del cual no he hablado en mis Noticias preliminares, porque no estaba reconstruido en aquel tiempo, cuando escribí las Noticias, es muy particular, y principalmente por dos caractéres, la escavacion del manubrio al lado externo, y la articulacion entre el manubrio y la segunda vértebra esternal. Se unen estos dos carácteres con la movilidad del primer par de las costillas unidas con el manubrio, lo que prueba que las tres cualidades tienen un fundamento comun necesario.

Para mi modo de ver es este fundamento la movilidad entendida del hueso postcervical adelante y atras. La posicion natural del hueso postcervical, en el estado tranquilo durante la vida del animal es la perpendicular. Suspendido por sus grandes caras articularias superiores al fin anterior del tubo dor-

sal, el único movimiento que podia hacer el hueso postcervical, era una inclinacion hácia adelante y hácia atras con la parte inferior. Estando entonces
unidos con él los dos primeros pares de costillas, que se unen tambien con el
manubrio del esternon, sea directamente ó por sus huesos esternocostales, la
movilidad del hueso postcervical debió ser imposible, si el manubrio del esternon no hubiera sido tambien móvil; para dejar comunicar esta parte del
esternon al movimiento del hueso postcervical. Cuando el dicho hueso se
reclinaba detras, el manubrio se retiraba un poco al interior del pecho, dando
mas espacio á la entrada de la coraza para la cabeza retirada, y cuando se
adelantaba el hueso postcervical, el manubrio salia del pecho, estendiendo de
nuevo la cavidad del torax, para dar completa libertad al movimiento respiratorio de las costillas tras de la primera, que fué el mismo que en los otros Mamíferos. La exactitud de esta manera de discurrir está probada principalmente por la escavacion del manubrio al lado externo, lo que es una escepcion tan
irregular entre los Mamíferos, que solamente una causa particular urgente
ha podido producirla. Esa causa urgente es la altura inmensa de la cabeza,
causada por la alta mandíbula inferior, que obligaba á la superficie del manubrio esternal á retirarse cuanto era posible, cuando la cabeza entraba de la
manera esplicada antes [en la nota de pag. 211.] de los Armadillos actuales
en la abertura anterior de la coraza, para dar espacio suficiente á los órganos
del cuello, que antes que los otros sufrían con este movimiento.

Tengo otros dos manubrios del esternon á la vista, que prueban una similitud completa con el aquí descripto; el uno es un poco mas ancho, menos largo y parece pertenecer al *Gl. clavipes* (*), el otro, roto en la punta posterior,
es del *Gl. laevis*, y encontrado con el hueso postcervical, los del cuello y el
cráneo de la dicha especie.

Los huesos esternocostales [pl. VII. fig. 5.] que unen las costillas con el
esternon, son todos muy fuertes, y relativamente mucho mas fuertes que las
costillas mismas. Prueban por esta cualidad, que el pecho del animal fué bastante sólido, para llevar el escudo ventral, que ha cubierto sin duda la parte
del pecho atras del manubrio. Cada uno de los huesos esternocostales es de
figura un poco curva, con una parte mas gruesa y mas ancha atras, y otra
mas fina y mas cilíndrica adelante. Los seis primeros, que pertenecen á la
costilla segunda hasta la septima, [faltando el hueso esternocostal de la
primera costilla completamente como en todos los Armadillos actuales]
tienen una cabeza engrosada al estremo interior, que lleva t r e s superfi-

(*) El Sr. G. Pouchet describe y figura el mismo hueso con el mediocervical y con el principio
del tubo dorsal de la misma especie, en la primera parte de su obra mencionada pl. 1.

cies articulares. Por la superficie superior se une este hueso esternocostal con
el manubrio, por la interior con el esternon, y por la tercera inferior con el segundo hueso esternocostal. Este hueso que tiene tambien tres superficies articulares, se une del mismo modo por la superior con el hueso esternocostal precedente por la inferior con el hueso esternocostal que sigue, y por la tercera que
es la interna al último estremo del hueso con el esternon, lo que es de regla para
los cuatro huesos esternocostales que siguen tambien. Cada uno de estos seis
huesos esternocostales es un poco mas largo que el precedente, pero tras del
septimo, que tiene una parte interior cilíndrica muy delgada y larga, se disminuyen en longitud los siguientes. Del individuo de *Gl. asper* que tengo á la
vista, el hueso esternocostal de la segunda costilla es 8 cent. de largo, el tercero 13, el cuarto 20, el quinto 23, el sexto 28, el septimo 33, el octavo 17, el
noveno 16, el décimo 15, el undecimo 20, cada uno medido por su corvatura
natural. Este último [fig. 6.] se distingue de los otros por una anchura muy
considerable en la parte posterior, que se une con la costilla, lo que prueba
que esta costilla undécima fué tambien mas ancha que las otras, por lo menos
en su parte inferior. De la duodécima y décima-tercia costilla, faltan los huesos esternocostales con las costillas mismas, pero la existencia de ellas se deduce con razon de las articulaciones al lado del tubo dorsal hasta el principio
del tubo lumbal. Sin duda estas costillas fueron muy cortas y bastante débiles,
y los huesos esternocostales de ellas no conjuntos con los otros como estos
entre sí.

Tiene cada hueso esternocostal algunas superficies articulares alongado-elip-
ticas á su márgen anterior y posterior, principalmente en la parte externa mas
posterior del hueso, con los cuales se unen estos huesos entre sí, como lo
muestra la fig. 6 de los tres últimos, que he dibujado separadamente del lado
externo, para esplicar al lector con mayor claridad este modo de unirse unos
con otros.

Hasta el fin del tubo dorsal le acompañan las costillas, pero atras del tubo
sigue una parte del espinazo sin costillas, que forma tambien un tubo, pero
bastante diferente en su figura. Este tubo corresponde á las vértebras lumbares, y por esta razon lo llamo t u b o l u m b a r , [pl. VI. fig. 1. f.]. He descripto suficientemente este tubo en mis Not. prelim. pag. 82., avisando al
lector, que se compone de siete vértebras completamente unidas, y que al fin
se une sin interrupcion con el h u e s o s a c r o [ibid. g.], que es tambien un
tubo completo sin otra division que por los agujeros laterales, que indican
los antiguos intérvalos entre las vértebras unidas, y sirven para la salida de
los nervios descendentes de la médula espinal. Se deduce del número de esos

agujeros en el hueso sacro, que el número de las vértebras unidas á él es de nueve. Todas estas cualidades de la parte posterior del espinazo, ya las he descripto, y no quiero repetirme, advirtiendo al lector que puede formarse una idea mas clara de esta parte del esqueleto del Gliptodon, como de la formacion particular de la p e l v i s , por medio del estudio de la lámina VI, que acompaña á esta entrega, y comparándola con la descripcion dada en la primera. La única cualidad de la pelvis, que quiero añadir, es que este órgano no estuvo cerrado en su parte anterior inferior, faltando la union del arco pubiano en todos los Gliptodontes, como en el *Chlamyphorus* y *Tolypeutes* entre los Armadillos actuales; lo que puedo probar por el estudio de las cinco pelvis mas ó menos completas del Museo público de Buenos Aires.

Entrando en la comparacion de estas cinco pelvis entre sí, para probar mas claramente con el auxilio de las diferencias específicas su estructura general, remito al lector á la lámina VIII, que muestra cuatro de la parte delantera de la pelvis, y á la lámina VI, en la cual se vé la pelvis del *Gl. asper* de lado en su posicion natural,

Del t u b o l u m b a r tengo cinco specimens á la vista, tres de *Gl. laevis*, uno de *Gl. asper*, y uno de *Gl. elongatus*, todos son de la misma figura general; es decir, formando un tubo cilíndrico de dos pulgadas de ancho, que tiene al · principio dos alongaciones articulares, una á cada lado, para unirse con el estremo del tubo dorsal; una cresta bastante alta, que principia muy baja entre las dos prolongaciones articulares, y va subiendo hácia atras, para unirse con la parte central de la pelvis, y una serie de agujeros á cada lado, que indican la separacion primitiva del tubo en vértebras. En el tubo del *Gl. asper* [figurado pl. VI. fig. 1. f.] hay siete agujeros á cada lado, el mismo tubo del *Gl. elongatus* aquí tiene ocho, pero los tres tubos del *Gl. laevis* no tienen mas que seis agujeros á cada lado. Se sigue de esta diferencia, que el tubo lumbar de las tres especies se compone de un número diferente de vértebras unidas, siendo el del *Gl. laevis* seis, del *Gl. asper* siete y del *Gl. elongatus* ocho.

El *Gl. elongatus* se distingue á mas de los otros, por la figura de la parte anterior del tubo, distinguiéndose la primera vértebra de las ocho, por su contorno muy bien como una pieza particular, lo que no tiene lugar en el tubo del *Gl. asper* ni en el *Gl. laevis*. Es claro que esta primera vértebra del *Gl. elongatus* estuvo al principio mas separada de las otras siete, que en el *Gl. asper* y *Gl. laevis*, por esta razon se ha conservado su contorno tan claro. Tambien en la cresta superior del tubo se presenta atras de esta vértebra primera, una apertura prolongada larga, inclinada hácia atrás, que determina esta separacion, separando la apófisis espinosa de la primera vértebra de un modo muy claro de las que siguen. Nada igual se vé en el tubo de los otros.

El tubo sacral, que forma un arco mas ó menos curvo con cresta muy alta encima [véase pl. VI. fig. 1. g.], presenta diferencias correspondientes del número de las vértebras unidas. Siempre tiene en su parte de adelante mas ancha, que se une con los huesos iliacos, dos agujeros á cada lado, en el puente que forma el hueso sacro entre los iliacos, bajo el conducto vertebral. Se sigue de esta construccion que son tres vértebras sacrales las que se han unido con el íliaco. Atras de estos dos agujeros, el arco sacral libre y mas angosto, tiene hasta su fin otros agujeros á cada lado, que son seis en el *Gl. asper* y *Gl. elongatus*, y de siete en el *Gl. laevis*; enumerando los dos otros atados al hueso iliaco, tienen las primeras dos especies ocho por todo, pero la última nueve; lo que prueba que el número de las vértebras sacrales es de nueve en estas dos, y de diez en la tercera. Asi se distinguen las tres especies muy bien por el número de las vértebras unidas con la pelvis, que es de siete lumbares y nueve sacrales del *Gl. asper*, ocho lumbares y nueve sacrales del *Gl. elongatus*, y seis lumbares y diez sacrales del *Gl. laevis*, es decir, 16 por todas en la primera y tercera especie, y 17 en la segunda.

A la cadera del *Gl. clavipes* de nuestro Museo le falta el tubo lumbar, pero el sacral, que es completo, tiene ocho agujeros á cada lado, es decir, nueve vértebras unidas. Pero su constitucion general es mucho mas gruesa, y principalmente la parte anterior, que se une con el hueso iliaco. Se deduce de este grosor, que el tercer agujero no sale afuera del hueso iliaco, como en las otras especies, [véase pl. VI. fig. 1.], sino que queda escondido completamente atras del dicho hueso. En consecuencia de este grosor el arco sacral atras de la cruz iliaca es mucho mas corto que en las otras especies, y el diámetro longitudinal de la cavidad cotyloidea debe abreviar del mismo modo.

Del *Gl. tuberculatus* no conozco ni el tubo lumbar, ni el sacral, sino solamente un lado de la cadera, compuesto de los huesos inominados (*). La construccion robusta de ellos deja sospechar, que fué mas parecida á la cadera del *Gl. clavipes*, que á ninguna otra de las demas especies.

Los huesos inominados de la pelvis, que vamos á esplicar ahora, se compusieron en la juventud del animal de tres partes: el hueso iliaco, hueso isquion y hueso pubis. No se ha conservado esta separacion en ninguna de las pelvis de nuestro Museo, ni aun en algunos bastante juveniles que tengo á la vista,

---

(*) En la primera parte de la obra del Sr. G. Pouchet, se vé la figura de la cadera del *Gl. tuberculatus* bajo el título del *G. giganteus* Serres; la especie no me fué desconocida, como ha sospechado el autor [pag. 12.] pero no conocia este nuevo apelativo de su paisano, comprendiendo la identidad con el *Gl. tuberculatus* en consecuencia de esta su publicacion.

lo que prueba que la union se cumple en una época muy temprana de la edad del animal.

El h u e s o i l i a c o asciende en su posicion natural casi perpendicularmente, con una inclinacion pequeña hácia adelante, del acetábulo arriba á la superficie interior de la coraza, estendiéndose al fin en una superficie triangular, que se levanta en muchos tubérculos pequeños, por los cuales se une el hueso iliaco con la coraza misma, que tiene en oposicion con estos tubérculos otros de figura correspondientes [véase pl. VI. fig. 1. entre f. y g.] para la union fija, formada por una substancia elástica, cartilaginoso-fibrosa (*). Entre los dos huesos iliacos se levanta la apofisis alta espinosa del tubo lumbar y tubo sacral, formando con los dos huesos iliacos una pared huesosa en figura de cruz, que llamo la c r u z s a c r a l. Se vé esta configuracion muy clara en la figura 1 de la lámina VI., por donde se esplica tambien, que la cruz sacral no se une con la coraza en toda su estension, sino únicamente en la parte media cerca de la cresta iliaca, estando unido con la coraza de la cresta del tubo lumbar no mas que el fin posterior, y de la cresta del tubo sacral una tercera parte por delante.

Las diferencias específicas que se manifiestan en la figura de la cresta ilíaca, se espresan mejor con la vista de las figuras de la parte anterior de la pelvis en la lámina VIII que con una larga descripcion. Faltando de la pelvis del *Gl. tuberculatus* [fig. 1.] la cresta iliaca con la cruz sacral, no puedo hablar de esta especie. Las pelvis del *Gl. clavipes* (fig. 2.), tiene esta parte muy ancha y relativamente mas alta, que todas las otras especies. Se acerca mucho á esta configuracion la pelvis del *Gl. elongatus* (fig. 3.), pero es diferente por su construccion menos robusta. La pelvis del *Gl. asper* es mas parecida á la del *Gl. laevis* (fig. 4.) en esta parte, y no tiene mas anchura arriba, entre las puntas prominentes de la cresta iliaca, que abajo entre los tubérculos externos sobre los acetábulos. Estos tubérculos sobresalen mucho como prolongaciones ovales sobre la márgen del acetábulo en el *Gl. tuberculatus* (fig. 1.), pero poco en las otras especies, como nudos menos pronunciados de la figura de

---

(*) El Sr. Pouchet, que ha examinado el modo de union de la coraza con la pelvis en los Armadillos, dice (en su obra mencionada, segunda parte pag. 7.) que la substancia que une los dos huesos, no es cartilaginosa, sino fibrosa. Es claro, que nunca he visto la substancia misma en los Gliptodontes fósiles, destruida por la putrefaccion; pero como el modo de unirse entre los dos huesos es mucho mas sólido en los Gliptodontes extintos que en los Armadillos vivientes, me ha parecido natural sospechar, que el modo de unirse sea el mismo que el de la union entre las vértebras dorsales de la columna vertebral, lo que quiere decir con la dicha palabra. La substancia entrevertebral elástica se llama por todos los anatomistas *cartilagines intervertebrales*, y con este apoyo he empleado la palabra c a r t i l a g i n o s a, sabiendo muy bien como el Sr. Pouchet, que esta substancia no es verdadero cartílago, sino substancia fibrosa.

29

un tubérculo obtuso, lo que distingue esta especie fácilmente de las otras. Entre ellas se presenta una diferencia particular en el *Gl. laevis* (fig. 4.), estando separado por un agujero alargado perpendicular la parte superior de la cresta sacral de las dos crestas ilíacas; no he visto igual interrupcion en ninguna de las otras especies. Hay á cada lado de la dicha cresta, tres y hasta cuatro agujeros pequeños para la entrada de vasos sanguíneos en esta parte del hueso, que es gruesa y esponjosa en su tejido, y por esta razon no tan duro como las partes vecinas, estando rota generalmente la pelvis en este vario de su contorno. Corresponde la posicion del primer agujero sacral á la misma parte de la pelvis, y por esta razon se vé su abertura en las figuras 3 & 4. pero no en la figura 2., porque la pelvis del *Gl. clavipes* es mas gruesa en esta parte, y el primer agujero sacral mas retirado.

No describiré mas detalladamente esta parte de las diferentes pelvis, para conservar la esplicacion de las particularidades para lo futuro, cuando publique figuras mas completas de cada una de las pelvis en diferentes posiciones; contentándome ahora con fijar con claridad las diferencias específicas.

Debe llamar la atencion en este sentido, la figura de la entrada cotyloidea, que está, como ya he dicho antes, abierta abajo, sin ser cerrada por falta de la *symphysis pubis*; lo que sucede tambien en algunos de los Armadillos actuales, es decir en el *Dasypus* (*Tolypeutes*) *conurus, D. tricinctus* y en el *Chlamyphorus*.

Tiene la dicha entrada una figura muy prolongada, y se divide en dos partes por su contorno. La parte superior formada por el hueso sacro arriba, y por los huesos iliacos á cada lado, imita como dos terceras partes de un círculo, terminado abajo por los tubérculos sobresalientes de la esquina interior del acetábulo. Son estos tubérculos de figura un poco comprimida é inclinada al esterior, con un estremo un poco grueso y sobresaliente bastante hácia adelante. La diferencia relativa de este tubérculo entre las diferentes especies, no es muy grande, con escepcion del *Gl. tuberculatus*, (fig. 1.) que tiene tambien estos tubérculos internos como los externos del otro lado del acetábulo, mucho mas gruesos y mas sobresalientes que las otras especies. La figura de la dicha parte superior de la entrada cotyloidea, es la mas circular en el *Gl. laevis* (fig. 4.), menos ya en el *Gl. tuberculatus*, (fig. 1.) y *Gl. clavipes* (fig. 2.) que tienen los lados iliacos menos corvados, mas rectilíneos. Las otras dos especies se distinguen mas pronunciadamente por una escision en estos lados, inmediatamente sobre el tubérculo interno del acetábulo, que es muy gruesa en el *Gl. asper*, pero menos profunda en el *Gl. elongatus*, [fig. 3.]

La parte inferior de la entrada cotyloidea es oblonga, poco mas ancha abajo, con los lados divergentes, y un poco encorvados en el estremo inferior; tiene casi la misma anchura en el principio, que la parte superior; pero se dilata al inferior y toma su estension mayor inmediatamente al final, poco antes de este, que es una esquina redondeada muy aguda, y por esta razon generalmente rota. Su figura se vé claramente en las figuras 1–4 de la lámina VIII; probando que la del *Gl. clavipes* [fig. 2.] es la mas angosta, y la del *Gl. laevis* [fig. 4.] la mas ancha, siendo en esta especie los lados de la entrada muy divergentes, y en la otra casi paralelos.

Los lados de la dicha parte inferior de la entrada cotvloidea, están formados al principio por el hueso pubis, y al fin por el hueso isqüion.

El h u e s o p u b i s principia como una prolongacion cónica descendente de la esquina interna inferior del acetábulo, y desciende inmediatamente despues de su principio como un cilindro mas ó menos fino con direccion un poco divergente hácia abajo, terminando de este modo la frontera interna del agujero obturador. En el *Gl. tuberculatus* y *Gl. clavipes*, el hueso pubis es bastante grueso, y por esta razon la separacion de la esquina del acetábulo menos libre, siendo en consecuencia el agujero obturador mas pequeño. Es particular, que la especie mas grande [*Gl. tuberculatus*, fig. 1.] tenga el agujero obturador mas chico que todas las demas. Las tres especies del grupo *Hoplophorus* tienen un hueso pubis muy fino, no mas grueso en el medio que un lápiz comun, siendo entonces la separacion del principio al acetábulo mucho mas pronunciada, y el agujero obturador muy grande. De las pelvis de nuestro Museo, este hueso pubis muy fino se ha conservado solamente en una, la del *Gl. laevis* [fig. 4.], pero el resto de las otras rotas, prueba que ha tenido este hueso la misma finura tambien en ellas. El mas largo lo tiene el *Gl. elongatus* [fig. 3.] correspondiente á la longitud del agujero obturador, que es tambien el mas grande en esta especie, como lo prueban las medidas de las cinco pelvis al fin de nuestra relacion.

El h u e s o i s q u i o n principia como el pubis, del acetábulo, pero de su parte posterior, que es una prolongacion descendente y cóncava, perteneciente al hueso isquion como su principio. Aquí forma el hueso un cilindro un tanto comprimido, bastante grueso, que se levanta con una convexidad sobre el acetábulo, y desciende de acá hácia atras, abajo, terminando con su márgen aguda la frontera posterior del agujero obturador. Donde concluye este agujero, el hueso isquion se estiende en forma de lámina tanto arriba como abajo, formando la parte principal de los lados de la pelvis, y distinguiéndose por los dos apelativos de la a l a c i á t i c a, que es la parte superior, y l á m i n á c i á t i c a que es la parte inferior, terminando las dos por una már-

gen engrosada, de las cuales la del inferior forma la t u b e r o s i d a d c i á-
t i c a , á la cual fué atada probablemente la parte posterior de la coraza
ventral.

La lámina ciática tiene una similitud bastante grande con la misma parte
de la pelvis de los Armadillos actuales, pero es relativamente mucho mas
grande en los Gliptodontes, estiéndose atras del agujero obturador como una
llanura huesosa poco convexa perpendicular, en figura subcircular ó de trapezio, que concluye á la márgen inferior con una orilla inclinada que es la tuberosidad ciática. La márgen anterior de la dicha lámina es muy aguda y fina
y por esta razon aparece generalmente rota, la márgen posterior mas gruesa
se conserva mejor y tiene algunas asperosidades en su orilla, que terminan
abajo con la tuberosidad ciática. Tengo esta tuberosidad solamente en las
dos pelvis del *Gl. laevis* y *Gl. asper* completa, siendo una márgen dilatada al
interior en la primera especie, y al exterior en la segunda, lo que influye bastante en la figura general de la pelvis, que es mas abierta por detras en la
segunda especie que en la primera.

La ála ciática corresponde tambien á una apófisis ascendente de la pelvis
de los Armadillos, pero no es ni tan alta ni tan perfecta en los animalitos actuales como en los Gliptodontes extintos. Se vé en nuestra figura, lámina VI.
del esqueleto del *Gl. asper*, que la ála tiene una figura casi triangular, y que
es mucho mas alta adelante que atras, corriendo paralela y longitudinalmente
con el eje de la pelvis, lo que no sucede generalmente en los Armadillos. La
misma figura general se conserva tambien en las otras especies, con algunas
pequeñas diferencias específicas que se muestran menos en la figura, que en
la inclinacion de la ála al exterior ó interior.

Se vé que esta inclinacion es muy fuerte al exterior en la pelvis del *Gl. tuberculatus* [fig. 1. e. e.] que tiene tambien una ála menos ancha pero mucho mas
gruesa que las otras especies. Sigue á esta especie en distancia, entre las
esquinas superiores de las álas ciáticas, el *Gl. elongatus*, (fig. 3.) y á ella el *Gl.
clavipes*, (fig. 2); en las dos esta distancia es mas larga que la distancia de las
esquinas exteriores del acetábulo; pero en las otras dos especies la dicha diferencia de los diámetros transversales es mucho mas pequeña, como lo prueba
la tabla adjunta de las medidas. Cada ála tiene una márgen aguda adelante,
que corre continuamente sobre el isquion hasta el acetábulo, y una márgen
posterior poco menos aguda, que termina abajo con una punta prominente
atras, que indica la union de las apófisis transversales posteriores del tubo sacral con la pelvis. La superficie exterior de la ála ciática, es adelante un tanto escavada, pero detras se levanta en forma de callo longitudinal descen-

dente, que dá mas fuerza á esta parte posterior. La superficie interior es escavada al lado, con una orilla engrosada en el estremo superior. Esta orilla engrosada tiene en su superficie los mismos tubérculos que la cresta ilíaca y la cruz sacral al fin, para unirse del mismo modo como las dichas partes de la pelvis, con la superficie interior de la coraza, que se levanta tambien con tuberosidades correspondientes contra los de la pelvis, incluyendo entre ellas la substancia blanda mas ó menos elástica, que ha unido en este punto la pelvis con la coraza. Asi toda la coraza dorsal está sobrepuesta sobre la pelvis, como la única parte del esqueleto, con la cual haya entrada en una union directa é íntima.

El a c e t á b u l o es una escavacion hemisférica en el punto en donde se unen los tres huesos de cada lado de la pelvis, que se abre solamente abajo, para recibir la cara articularia gruesa del femur. Desciende esta escavacion con una prolongacion subtriangular en la parte anterior del isquion, é incluye entre esta prolongacion y la otra pequeña sobre el hueso pubis, una escavacíon secundaria particular de figura alougada, que interrumpe el hemisferio del acetábulo en la circunferencia interior, para dejar entrar el *ligamentum teres*, que une el acetábulo con el femur directamente (*). En las figuras dadas lámina VIII. se vé de los acetábulos solamente esta parte prolongada descendente (f. f.) al estremo superior del agujero obturador, el cual se continua arriba con su contorno posterior en la dicha escavacion para el *ligamentum teres*.

Falta hablar sobre el modo como se une la parte posterior ó coxigea del tubo sacral con la pelvis. En este punto se demuestra una gran diferencia entre la configuracion de la pelvis de los Armadillos y los Gliptodontes. Generalmente se une el hueso sacro de los Armadillos adelante por t r e s [**] vértebras sacrales con los huesos iliacos, como tambien en los Gliptodontes; pero la union al otro estremo con el hueso isquion, se forma en los Armadillos por t r e s ó c u a t r o vértebras, y solamente por u n a en los Gliptodontes.

Esta última vértebra sacral es tambien la única de las sacrales, que tiene un verdadero cuerpo vertebral grueso, de figura transversal-elíptica al fin, con el cual se une la primera vértebra caudal; las otras han perdido completamente su cuerpo, siendo la parte inferior del tubo sacral, que corresponde

---

(*) Fué un error mio el decir en la primera entrega (pag. 85.) que no hay escavacion para el *ligamentum teres* en la cara articularia del femur de *Glyptodon*: la hay suficiente aunque bastante corta, y por esta razon no me he fijado en ella antes con la suficiente atencion.

[**] El *Praopus longicaudatus* del Brasil, tiene acá solamente dos vértebras sacrales unidas con la pelvis, como las ha figurado Cuvier (Ossem. fossil. V. ps. 1. pl. 10.) y no mas que ocho vértebras sacrales en todo, lo que prueban los esqueletos de nuestro Museo.

á los cuerpos de las vértebras, la mas fina y la mas delgada del tubo entero. Solamente en las dos vértebras ante de la última se engrosa poco á poco mas esta parte del tubo, para cambiarse al fin en el cuerpo grueso de la última vértebra, que está unida con ellas íntimamente, sin ninguna interrupcion ó indicacion de tal vértebra en la juventud, y aun la separacion ha tenido lugar indudablemente en el estado fetal y juvenil de los Gliptodontes.

Sobre el cuerpo de esta vértebra última sacral, se levanta arriba, la alta cresta sacral, incluyendo por abajo la apertura posterior del conducto vertebral para la médula espinal. Esta última parte de la cresta es tambien bastante gruesa, mas gruesa que la parte anterior inmediatamente atras de los huesos iliacos, y se prolonga abajo sobre el agujero vertebral, en una apófisis horizontal terminada con dos caras articularias oblícuas posteriores, con las cuales se articulan las anteriores de la primera vértebra caudal. La pelvis del *Gl. asper* y *Gl. laevis,* tiene en esta parte de la cresta sacral, sobre el último agujero sacral entre él y las dichas apófisis oblícuas, una perforacion en la cresta, que indica la separacion de la apófisis espinosa de la última vértebra sacral de las otras precedentes. No veo una separacion igual indicada en las otras especies de *Glyptodon.*

La apófisis transversal que sale á cada lado del cuerpo de la última vértebra sacral, es un ramo huesoso horizontal llano y muy fuerte, que se estiende mas adelante que atras, al prolongarse al exterior. Se inclina en este su camino un poco en la parte de abajo, y se toca en una distancia bastante larga con el hueso isquion en esta parte de su superficie interna, en donde las álas y las láminas ciáticas se unen, anunciando su presencia por detras por una espina triangular de la márgen del hueso isquion, que se forma por la parte sobresaliente de la apófisis transversal. En la lámina VI. fig. 1. se vé muy bien esta espina triangular sobresaliente sobre la apófisis transversal de la primera vértebra caudal. El fin de la apófisis transversal de la última vértebra se estiende en este lugar mas ó menos á todos lados, tanto arriba como abajo, para dar mas superficie á la union con el hueso isquion, que es una conjuncion muy íntima y directa por la substancia huesosa, sin alguna indicacion, que estos dos huesos fuesen anteriormente separados y enteramente diferentes por su orígen en el esqueleto. (*)

_____

(*) El Sr. G. Pouchet describe y figura en la segunda parte de su obra mencionada, una union entre las apófisis transversales de las dos últimas vértebras sacrales y el hueso isquion, que no es formada por una juncion firme sino móvil por medio de una articulacion. Nunca he visto un modo semejante de unirse entre las partes corespondientes de las cinco pelvis de Gliptodontes de nuestro Museo.

El modo descripto de la union entre la última vértebra sacral y el hueso isquion, es el comun en todas las especies de *Glyptodon*, examinadas por mí personalmente; pero hay algunas variedades subordinadas entre las especies. Generalmente se une tambien la vértebra sacral pènúltima por una apófisis transversal con la de la última, como ya he dicho en la primera entrega [pag. 83.]. He visto esa misma union en el *Gl. asper*, *Gl. laevis* [fig. 4.] y *Gl. elongatus* [fig. 3.], pero no en el *Gl. clavipes* [fig. 2.]. Forma esta apófisis transversal penúltima un arco pequeño, que sale de la parte posterior del tubo sacral antes del último agujero sacral á cada lado del tubo, y se une con la última apófisis transversal cerca del medio de su márgen anterior. Se vé de las figuras dadas en la lámina VIII. que esta apófisis transversal penúltima es mucho mas fina y mas corta en el *Gl. elongatus* [fig. 3.] que en el *Gl. laevis* (fig. 4.) con lo que esta en acuerdo la del *Gl. asper*. Tambien prueba la construccion robusta del *Gl. tuberculatus* (fig. 1.) una configuracion parecida (*). Pero el *Gl. clavipes* (fig. 2.) no tiene la apófisis transversal penúltima, sino solamente una esquina prominente al tubo sacral, en donde sale esta apófisis en las otras especies. De acuerdo con este defecto se presenta otra configuracion particular de la misma especie; la primera vértebra caudal se une con la última sacral y las apófisis transversales de las dos entre sí como con el hueso isquion. Esta union se práctica poco á poco con la edad progresiva del animal; en la juventud están separadas las dos vértebras, y aun en edad mas adelantada la separacion primitiva está bien indicada por la apófisis espinosa de la vértebra caudal, que no se une con la alta cresta sacral, conservando su separacion por una elevacion menos alta. Cada una de estas dos vértebras tiene sus apófisis articularias oblicuas, que se unen al principio por articulacion, pero despues tambien por una juncion de la substancia huesosa. Las apófisis transversales de las dos vértebras ya se unen entre sí en el medio de su curso, y se aplican al hueso isquion de un modo algo diferente; es decir la primera (última sacral) se une mas arriba inmediamente con el hueso isquion, y la segunda (primera caudal) separada bajo ella por un sulco bien pronunciado, uniéndose con el isquion solamente por su parte anterior, y sobresaliendo con la parte posterior como la esquina triangular de las otras especies.

Estas son las diferencias principales específicas, encontradas en la configu-

---

(*) La figura de la pelvis de la dicha especie en la primera parte de la obra de G. Pouchet, muestra (pl. 2. fig. 1.) una apófisis penúltima bastante fuerte, uniéndose con la última muy encorvada y gruesa, del mismo modo que en el *Gl. laevis*. Con auxilio de esta figura se ha reconstruido la nuestra de la misma especie.

racion de las pelvis de las especies antes mencionadas; las he esplicado sumariamente para conservar la descripcion detallada, cuando se dén en estos
Anales figuras correspondientes de todas,. manifestando cada una de las pelvis de diferentes puntos de vista de una manera mas acabada que en los bor-
radores adjuntos de la lámina VIII.

**Tabla de las medidas de las pelvis de las cinco especies de Glyptodon
que tengo á la vista, en metros franceses.**

PARTES DE LA PELVIS MENSURADAS.	Gl. tuberculatus	Gl. clavipes	Gl. elongatus	Gl. laevis	Gl. asper
Anchura de la pelvis entre las esquinas exter-nas del acetábulo.,.....................	0,85	0,52	0,51	0,52	0,50
Diametro transversal del acetábulo..........	0,19	0,11	0,102	0,11	0,09
Distancia de las esquinas superiores externas de los huesos iliacos....................	0,80	0,60	0,65	0,62	0,55
Distancia de las esquinas superiores de las álas ciáticas	1,05	0,60	0,64	0,54	0,52
Longitud del agujero obturador.............	0,09	0,13	0,18	0,15	0,15
Di metro longitudinal de la cavidad cotyloi-dea bajo el hueso sacro.................	0,66	0,42	0,52	0,48	0 45
Diametro transversal de la misma cavidad ante las apófisis sacrales posteriores.......	0,67	0,38	0,40	0,42	0,38
Longitud del arco sacral con la curva.......	?	0,65	0,55	0,60	0,50
Longitud del tubo lumbar.................	?	?	0,33	0,25	0,30

La última parte del cuerpo del animal, la c o l a , reproduce en su construccion interna las mismas diferencias, que ya se han manifestado en la figura
externa, estando compuesta en él un caso de vértebras numerosas, y en el
otro de pocas. La primera seccion con cola larga tiene 20 ó mas vértebras, la
otra con cola corta no mas que 11.

Principiando con esta segunda seccion, porque solamente de esta conozco
la columna vertebral de la cola completa, ya he dado en las Not. prel. de la
primera entrega (pag. 83.) una descripcion general de las vértebras que la
componen. Cada vértebra tiene un cuerpo fuerte, un arco vertebral con una
apófisis espinosa encima y cuatro apófisis articularias oblícuas al lado del
arco, de las cuales las anteriores suben arriba con una prolongacion gruesa
al fin granulada, que sostiene con la apófisis espinosa el anillo de las placas,
que forman la coraza de la cola.

Al otro lado, abajo del cuerpo de las vértebras, se aplica én las coyunturas
entre sí, tocándose siempre con dos, otra apófisis espinosa inferior, que es mucho mas alta que la superior y diferente por su figura. La primera que se
toca con la última vértebra sacral y la primrra caudal, es pequeña y dividida
en dos partes completamente separadas de la figura de un punzon grueso,
cónico. La segunda que se vé en nuestra figura 1. de la lámina VI., es la mas
larga pero menos ancha que las que siguen, sin aumentacion en la punta, pero
como todas las otras con dos ramos divérgentes al principio. De acá hasta

el fin de la cola disminuyen las espinas inferiores en altura, pero se aumentan en ancho, estendiéndose al èstremo inferior tambien en puntas divergentes y sobresalientes, principalmente al anterior. Así sucede que cada una tiene su figura particular, que se espresa claramente en la dicha figura, á la cual remito al lector. Solamente entre las dos últimas vértebras falta la espina inferior mencionada.

Las apófisis transversales de las primeras tres ó cuatro vértebras caudales, son muy largas, y principalmente las de la primera vértebra caudal que es tan igual á la apófisis transversal de la última vértebra sacral, que no se vé otra diferencia que no estando unida con la pelvis por una conjuntura con el isquion. Realmente se une esta primera apófisis transversal de la vértebra de la cola con la última vértebra sacral en el *Gl. clavipes*, y es de sospechar que no es la única especie con esta configuracion. En las otras especies que tengo á la vista, esta primera apófisis caudal se estiende á su márgen posterior en una lámina bastante ancha, que se aplica tan íntimamente del lado inferior á la apófisis transversa de la última vértebra sacral, que parece ser solamente una continuacion de ella. Pero no siendo coadunado con ella, se conserva el movimiento libre entre las dos, aun la configuracion prueba, que esta primera vértebra caudal es mas antes destinada al apoyo de la pelvis, que al movimiento de la cola. Atras de esta primera vértebra caudal, las apófisis transversales pronto se muestran mas cortas, sin tocarse entre sí, estendiéndose al fin exterior en una prolongacion tanto hácia adelante como atras, que se aplana al exterior, para dar un apoyo cómodo al anillo de la coraza que se toca á cada una de las vértebras.

Respecto al número de las vértebras en la cola, cuento en la del *Gl. asper*, la única especie con cola completa, o n c e , que todos se presentan en nuestra figura pl. VI. No es la primera la mas larga de su cuerpo, sino la quinta, siendo el largor de ella 7 cent. y de esta 9; de acá disminuyen poco; la antepenúltima tiene de 8 cent., la penúltima de 7 y la última de 5. De la cola del *Gl. laevis* tengo solamente las siete primeras vértebras, que son un poco mas largas cada uua, que las del *Gl. asper*. La cola del *Gl. elongatus* ha padecido enfermedad durante la vida del animal, porque las primeras vértebras están cubiertas con escrescencias huesosas; tengo de eta cola las tres últimas y las seis primeras, faltando entre la sexta y la primera de las tres últimas una ó dos, lo que no puedo saber con exactitud. Son mas cortas que las del *Gl. lae-vis*, y mas gruesas que las del *Gl. asper*. Probablemente en las tres especies tan parecidas por la figura de la coraza de la cola, el número de las vértebras ha sido tambien el mismo, es decir o n c e. (*)

De la otra clase de las colas largas no tengo ninguna cola completa, sino solamente una bastante bien conservada del *Gl. clavipes*, con su columna vertebral en el tubo. Contiene este tubo con el bulbo al principio, diez vértebras, y ante el bulbo ademas dos de los dos últimos anillos; es decir, doce vértebras en todo. La primera de estas es de 5,5 cent. de largo y de 2,2 de ancho en el principio; siendo las tres que siguen casi de la misma longitud, pero un poco menos anchas en el principio del cuerpo. Comparándolas con la cara articularia posterior del cuerpo de la primera vértebra caudal, se vé que esta es de 8,5 cent. de ancho y el cuerpo de 6 cent. de largo, lo que prueba que han faltado un número considerable de vértebras entre la primera de la cola y la segunda ante el tubo terminal. Ya sabemos por las otras colas, que la longitud del cuerpo de las vértebras caudales se aumenta hasta cinco, y que desde aquí se disminuyen las vértebras en longitud. No hay ninguna razon para dudar que no fuese así en todas las especies, y si aceptamos esta regla como general, el *Gl. clavipes* ha tenido probablemente nueve ó diez vértebras entre la pelvis y la punta de la cola, es decir, veinte por todo.

El tubo completo de la cola del *Gl. tuberculatus* de nuestro Museo, es abierto en el principio abajo, mostrando la primera vértebra del tubo perfecta con su apófisis espinosa inferior, como las hay tambien en el tubo de la cola del *Gl. clavipes* hasta el fin. La longitud de esta primera vértebra, prueba que el número completo de todas en el tubo es tambien de diez, y siendo igual el número de los anillos ante el tubo, el número de las vértebras caudales de esta especie seria tambien 20–21. En el tubo del *Gl. clavicaudatus*, que tenemos en el Museo, no se ha conservado ninguna vértebra; pero la circunferencia del conducto interno del tubo, muestra que fueron mucho mas grandes y principalmente los cuerpos mas gruesos que las del *Gl. tuberculatus*.

No puedo hablar con suficiente propiedad sobre las diferencias específicas visibles en los huesos de los miembros, por falta de hechos suficientes para demostrarlas con seguridad. Es verdad que tengo en el Museo y á la vista, algunos húmeros, femures y tibias que muestran esas diferencias en su configuracion, pero no sé á cuales especies pertenezcan, porque se les ha encontrado sueltos, sin partes del esqueleto y de la cáscara. Solamente tengo un miembro completo posterior izquierdo del *Gl. clavipes*, que demuestra en toda su

---

(*) El número de las vértebras caudales de los Armadillos actuales, es muy diferente, pero ninguna especie tiene un número tan pequeño como estos Gliptodontes con cola corta. El número mas pequeño es catorce de *Tolypeutes* y *Chlamyphorus*, todas las otras especies tienen mas que quince (20–23) y algunas [el *Praopus*] hasta treinta.

construccion una fuerza mas grande, por el grosor de los huesos correspon_
dientes. Comparando el femur de esta especie con el de *Gl. asper*, se presenta
como diferencia especifica una direccion diferente del gran trocanter que sube
mas arriba en el *Gl. clavipes* que en el *Gl. asper*, formando con la cabeza del
femur un verdadero ángulo obtuso, que falta en el *Gl. asper*, en el cual sola_
mente se vé un arco algo cóncavo entre las dos partes correspondientes. Igua_
les diferencias en el grandor y la direccion de los tubérculos y crestas que
decoran la tibia y el húmero, he visto tambien en los diferentes huesos de
nuestro Museo, pero no he observado ninguna diferencia en el número y la
construccion de los dedos de los piés, sino solamente una relativa en el gro_
sor y el tamaño de los huesesillos que los componen. Habiendo dado cuenta
de esta configuracion de los piés en la primera entrega, no quiero repetirla
aquí, remitiendo al lector á las figuras de 2 & 3 de la lámina VI. y á la esplicacion de estas figuras que concluye la parte de mi obra sobre los Gliptodontes.

Pero debo hablar de dos partes del esqueleto, de que no he dado cuenta al
lector hasta ahora.

La una es la c l a v í c u l a, que es desconocida de *Gyptodon*, pero que sin
duda ha estado presente en el animal, como en los Armadillos actuales. En
estos la clavícula sale de la punta prominente encorvada del grande acromion,
y se une con la esquina superior externa del manubrio del esternon, siendo
un hueso bastante fino algo corvo y largo. No hay que dudar, que su direccion como su configuracion fueron las mismas en el *Glyptodon*, y que probablemente las dos esquinas prominentes del lado superior del manubrio (pl.
VII. fig. 5.) fueron las puntas en donde se ataron las clavículas con el
esternon.

La otra parte es el h u e s o h i o i d e s, que tengo á la vista del *Gl. laevis*
y *Gl. asper*, aunque incompleto aun en su parte principal. He dado una figura de este aparato pl. VIII. fig. 6, comparándole con el aparato hioides del
Praopus longicaudus del Brasil (fig. 7.) con el cual ha tenido una similitud
perfecta. Estas dos figuras están puestas de manera que la parte de adelante
es la inferior, y la parte de atras la superior, porque no fué posible ponerlas
bien en la lámina de otro modo. En los dos animales se presenta en el aparato hioides una parte central simple, que es el cuerpo hioides, y dos partes
laterales simétricas pero opuestas que corresponden á las astas hioides pequeñas del hombre.

La parte central del *Praopus* es una lámina fina cóncava, que se prolonga
con cinco puntas pequeñas sobre su parte central individida, tomando su po-

sicion ante y abajo de la laringe, y tapándola de adelante. Las dos puntas mas cortas, con las cuales se unen las astas hioides, están dirigidas hácia adelante, de las otras tres mas puntiagudas, la media sale detras bajo la laringe, las dos laterales arriba, abrazando la laringe con sus curvas.

Son estas dos las puntas, que se unen por ligamentos con el cartílago tiroides, formando entonces las astas hioides superiores ó grandes del hombre. Las otras astas hioides se componen cada una de tres piezas, unidas por conjunturas movibles. Las dos primeras piezas que se unen con las dos puntas obtusas del cuerpo hioides adelante, son las mas pequeñas, salen directamente adelante y llevan consigo las dos piezas segundas, que son las mas grandes, uniéndose con las primeras bajo un ángulo recto. Siguen á ellas las dos terceras piezas, que son aun mas largas pero mucho mas finas, puntiagudas, unidas con las segundas en la misma direccion, y ascendentes con ellas arriba, para unirse por un ligamento con la parte pétrea del hueso temporal, á la cual todo el aparato hioides está suspendido.

Las partes que tenemos en el Museo del aparato hioides del *Glyptodon*, son dos. La una (fig. 6. a.) es un triangulo fuerte huesoso de 12 cent. de largo y 10,8 cent. de ancho al fin de los dos lados divergentes, que forma una punta muy aguda sobresaliente al otro estremo cerrado. Sobre esta punta hay á un lado una elevacion con dos caras articularias pequeñas en la superficie, y al otro lado una tuberosidad bastante alta. Otras dos caras articularias terminan el fin de los dos lados divergentes del triángulo. No hay duda de que este triángulo isósceles corresponde á la lámina media del aparato hioides de *Praopus*, siendo la punta prominente el correspondiente de la punta posterior media de la lámina, y los dos lados divergentes los correspondientes de las dos puntas obtusas adelante, que se unen con las astas hioides, faltando al cuerpo hioides del *Glyptodon* las dos puntas laterales, que corresponden á las astas hioides superiores. El triángulo estuvo pues dispuesto de modo que su punta es dirigida hácia atras, los dos lados adelante, y en el vacio entre ellos estuvo la laringe con el cartílago tiroides, uniéndose con el triángulo probablemente por las caras articularias en el tubérculo medio superior, ya inmediatamente ó ya por astas hioides pequeñas, que hasta ahora no se han encontrado en estado fósil. De las dos astas hioides inferiores, que son mas grandes, tenemos dos huesos iguales, una de cada lado, que corresponden por su figura bien á la segunda parte de las astas hioides del *Praopus*. Forman un estilo delgado de 12 cént. de largo, un tanto corvo en el medio, é irregularmente engrosado, que tiene una cara articularia pequeña redonda al fin delgada, y una escavacion irregular al otro estremo mas engrosado, que ha servida para la recepcion de una substancia blanda cartilaginosa. No hay duda que con este fin, por medio de la dicha substancia, se ha unido un otro estilo mas delgado y puntiagudo, que corresponde á la pieza tercera de la asta hioides del *Praopus*, y que el otro estremo con la cara articularia estuvo atado al fin de los dos lados divergentes del cuerpo triangular hioides, sea inmediatamente, ó sea por un huesecillo ínterpuesto, que se ha perdido; lo que he aceptado en la figura 6. por razon de la analogia con el *Praopus* actual. Una tercera pieza de la asta hioides no se ha conservado hasta ahora en los órganos de las dos especies, pero hay motivo para presumir su presencia en la una especie, por ser diferente en su figura en este estremo. En el caso antes descripto (*Gl. asper*) con escavacion al último fin de la segunda pieza, la tercera ha estado probablemente mas fina ó mas blanda, formada solamente de substancia cartilaginosa y unida con el cráneo del animal de la misma manera que el aparato igual de los Armadillos actuales al cráneo de ellas, por medio de un ligamiento. En el otro caso (*Gl. laevis*), la pieza segunda de la asta hioides tiene la escavacion para la substancia cartilaginosa no al fin del estilo mismo, sino como una tercera parte antes del fin, siendo todo el estilo mucho mas largo, de 15 cent. Esta escavacion está colocada al lado del estilo como un foso prolongado que se levanta en el estremo posterior como una esquina prominente. De acá sale una parte particular curva y puntiaguda del estilo, que absorve poco mas de la cuarta parte de su longitud y asciende con su punta curva hácia arriba, para acercarse mas al cráneo del animal. Es claro, que esta parte del estilo corresponde á la tercera parte de la asta hioides del *Praopus* por su figura, siendo entonces la diferencia entre las dos especies de *Glyptodon* respecto al aparato hioides, que la tercera pieza de la asta hioides estuvo atada á la segunda en el *Gl. asper*, por medio de una substancia blanda y unida con ella inmediatamente por medio de la substancia huesosa en el *Gl. laevis*.

Esplicacion de las láminas VI—VIII

Lámina VI.

Fig. 1. Esqueleto del *Glyptodon asper* en la coraza abierta.
  a. El Atlas.
  b. El hueso mediocervical
  c. La sexta vértebral cervical.
  d. El hueso postcervical.
  e. El tubo dorsal.
  f. El tubo lumbar.
  g. El tubo sacral.
  h. El isquion.
  k. El omóplato.

m. El femur.

n. El húmero.

o. El radio.

p. El cubito.

q. La tibia unida con la fíbula.

r. La rótula.

s. s. Los dos calcaneos,

t. La coraza ventral, hipotéticamente indicada.

N. B. En la parte anterior del esqueleto, los números 1—13 denotan las costillas en la parte posterior, las 1—10 os anillos de la cola. La figura de la nariz es hipotética, y hecha por analogía con los Armadillos.

Fig. 2. Esqueleto del pié de adelante, la cuarta parte del tamaño natural.

a. Os naviculare.

b. " lunatum.

c. " triquetrum.

d. " pisiforme.

e. " multangulum minus.

f. " " majus.

g. " capitatum.

I. " unguis haliucis.

II-IV Ossa metavarpi digiti secundi, tertii & quarti.

Fig. 3. Esqueleto de pié de atras del mismo tamaño.

a. Calcaneus.

b. Astragalus.

c. Os. naviculare.

d. " cuboideum.

e. f. g. Ossa cuneiformia.

I—V. Ossa metatarsi digitorum.

Fig. 4. Los dos huesecillos palmares, tercera parte del tamaño natural.

Lámina VII.

Las figuras son todas dibujadas en la tercera parte del tamaño natural.

Fig. 1. *a.* Hueso mediocervical del *Glyptodon clavipes*, visto de abajo.

1. *b.* El Atlas de la misma especie visto del lado en su posición natural.

Fig. 2. *a.* y 2. *b.* Los mismos huesos del *Gl. elongatus* dibujados como los anteriores.

Fig. 3. *a.* y 3. *b.* Los mismos huesos del *Gl. laevis*.

Fig. 4. *a.* y 4. *b.* Los mismos huesos del *Gl. asper.*

Fig. 5. El hueso postcervical con las costillas y el esternon del *Gl. asper*, vistos por delante. *A.* hueso postcervical. *B.* principio del tubo dorsal. *a* Manubrio del esternon, *b* cuarta y *c* quinta vértebra del esternon. 1. 2. 3. Los tres primeros pares de las costillas. 4—11 los huesos esternocostales dé las costillas que siguen.

Fig. 6. Los tres últimos huesos esternocostales, vistos del lado externo.

Lámina VIII.

Las figuras 1—4 de esta lámina, representan cuatro pelvis de cuatro diferentes especies de *Glyptodon*; fig. 1. de *Gl. tuberculatus*, fig. 2. de *Gl. clavipes*, fig. 3. de *Gl. elongatus*, fig. 4. de *Gl. laevis* en la séptima parte del tamaño natural. Las letras significan en todas los mismos huesos, es decir:

a. a. Los huesos iliacos.

b. La cresta sacral entre ellos.

c. La cavedad del conducto vertebral.

d. La última parte coxigea del tubo sacral.

* * La apofisis transversal de la penúltima vértebra sacral.

e. e. Las álas ciáticas.

f. f. Los acetábulos.

g. g. Los pubis.

h. La primera vértebra caudal atada á la última sacral.

i. i. Los agujeros obturadores.

Fig. 4. Vista de la sexta vértebra cervical libre de *Gl laevis*, en la cuarta parte del tamaño natural. Se ven en esta figura en el centro, el conducto abierto vertebral, y á cada lado de él la cara articularia oblicua; bajo esta otra cara mas pequeña, por la cual la vértebra articula con la prolongacion posterior é inferior del hueso mediocervical; al lado de esta cara articularia, el agujero pequeño para la arteria vertebral; y á las dos apófisis transversales otras dos caras articularias en cada una, con las cuales la vértebra articula con la misma apófisis del hueso mediocervical.

Fig 6. Hueso hioides del *Glyptodon asper*, en cuarta parte del tamaño natural, puesto con la punta posterior hácia adelante.

a. Cuerpo del hueso hioides.
b. b. Las astas hioides.
d. d. La punta de ellas que falta.
c. Dos caras articularias pequeñas que probablemente se han unido con otras astas.

Fig. ⁊. Aparato hioides del *P-aopus longicaudus*, colocado del mismo modo.

a. Punta posterior del cuerpo hioides.
c. c. Puntas laterales que representan las astas hioides superiores.
b. b. Parte principal de las astas hioides inferiores.
d d. Las puntas de las mismas astas.

b. Loricata.

Los A r m a d i l l o s (*Dasypus* LINN.) que forman este grupo, se distinguen de los Gliptodontes por los caractéres antes (pag. 183.) mencionados, y ante todos por la presencia de anillos movibles en el medio de la coraza, que no tienen los Gliptodontes. Aun en el *Chlamyphorus*, que no tiene verdaderos anillos separados, toda la coraza está formada por filas transversales de placas mas ó menos movibles, sin estar unidas las unas con las otras por suturas fijas como en los Gliptodontes. Esta union de las placas de la cáscara se ha formado en los Armadillos solamente en la parte anterior sobre las espaldas, y en la parte posterior sobre la pelvis. Por esto es que la coraza de los Armadillos se divide en tres partes diferentes, lo que no se vé en la coraza de los Gliptodontes.

Tambien falta á los Armadillos la coraza ventral, que tienen los Gliptodontes.

Todas las especies son habitantes de la América del Sud, y se dividen en dos géneros principales, á saber :

1. *Dasypus*, con escudillos corneos mas ó menos iguales entre sí en las tres partes de la coraza, que cubren las placas enteras de la coraza cada uno.

2. *Praopus*, con escudillos corneos desiguales en la superficie, de los cuales los grandes cubren el centro de cada placa, y los pequeños las suturas entre las placas.

Del segundo género, que es por su configuracion el mas vecino á los Gliptodontes, no se ha encontrado hasta hoy ninguna especie fósil en este pais; pero del primero ya son conocidos dos.

Genus *Dasypus* Linn.

Los dichos caractéres de la cubierta cornea de la coraza, unen las diferentes especies de este género, como he probado en mi libro sobre los cuadrúpedos del Brasil (pag. 276.) de un modo seguro, separándose las especies por otros caractéres de la figura general, de la de los piés de adelante y del número de los dientes en subgeneros, de los cuales tenemos dos en este pais.

a. *Euphractus* Wagler. El primer diente de la mandíbula superior está implantado en el hueso incisivo; la coraza tiene mas de tres anillos, y la cola una coraza perfecta.

Son dos las especies de nuestro pais pertenecientes á este subgenero:

1. *E. villosus* Desm. el Peludo, y
2. *E. minutus* Desm. el Quirquincho ó Pichy.

6. *Tolypeutes* Illiger. Ningun diente en el hueso incisivo; la coraza muy alta incluye no mas que tres anillos, y puede tomar la forma de una bola, que esconde todo el animal envuelto en ella.

T. conurus Geoff. S. Hil. el Mataco.

De estas tres especies dos son conocidas en estado fósil y tan parecidas al tipo de las actuales, que no es posible distinguirlas como especies diferentes. Por esta razon las llamo:

Dasypus (Euphractus) villosus fossilis, que es el Peludo fósil, y

Dasypus (Tolypeutes) conurus fossilis que es el Mataco fósil, reservando su descripcion detallada para lo futuro.

Tenemos del primero en nuestro Museo, dos cráneos casi completos y una coraza completa con algunos huesos de los miembros.

De la segunda especie solamente algunas placas de la coraza, pero tan características, que dán á conocer fácilmente este animal particular.

ORDO 2. UNGULATA.

Fam. 8. *Pecora.*

(*Bisulca s. Ruminantia* Aut.)

La familia de los rumiantes, que se distingue fácilmente por la costumbre de rumiar la comida, y porque, por regla general, no tiene mas que dos dedos perfectos, con uñas en cada pié, á cuya familia pertenecen los principales animales domesticados, está representada en la América del Sud, actualmente, por dos géneros, que son las L l a m a s y los C i e r v o s. Lo mismo sucedia en la época diluviana: ningun animal particular es conocido de este grupo en nuestro terreno. Aun los restos de los géneros persistentes son muy escasos y tan insignificantes, que hasta hoy no es posible señalar bien las diferencias entre ellos y las especies actuales. Por esta razon no entramos en un exámen crítico de los restos conocidos.

1. *Tylopoda.*

Es esta la seccion de los rumiantes que incluye á las L l a m a s, distinguiéndose de las otras secciones por la pequeñez de las uñas, que dá necesariamente una planta callosa tras de ellas en cada pié ; la presencia de dos dientes incisivos pequeños en la mandibula superior, al lado de los colmillos ó caninos, con solo seis incisivos en la mandíbula inferior. Todos los otros rumiantes no tienen diente incisivo ninguno en la mandíbula superior, pero sí ocho en la inferior. En la parte oriental de nuestra tierra son los camellos (*Camelus*, Linx), en la parte occidental las llamas (*Auchenia* Illig.), los representantes de los *Tylopoda.*

Genus *Auchenia.*

No he encontrado en el diluvio Argentino hasta ahora ningun hueso perteneciente á una Llama fósil.   Pero el Dr. Lund los ha estraido de las cuevas naturales de Minas Geraes, y el Sr. Gervais describe en su obra sobre los Mamíferos fósiles de la América del Sud (*Recherch. etc. Paris.* 1855. 4.) pag.·

31

41. tres especies fósiles de *Auchenia*, recojidas en los contornos de Tarija, en Bolivia (tan ricos en huesos fósiles), que el autor llama:

1. *A. Weddellii*
2. *A. Castelnaudii*
3. *A. intermedia.*

El Sr. BRAVARD ha depositado en el Museo Público de Buenos Aires una parte de mandíbula inferior con las tres muelas posteriores, bajo el título de: *Camelotherium medium*, que me parece idéntica á la *Auchenia intermedia* de GERVAIS. La primera de las tres muelas, la segunda de todas, es de 0,019 de largo, la segunda (tercera) de 0,020, y la última (cuarta) de 0,022. No sé dónde se haya encontrado esta pieza, que está bastante rota en la parte del hueso de la mandíbula, habiendo estado en tosca dura, pero supongo que es de la provincia de Buenos Aires. Se sigue de esta observacion, que BRAVARD ha fundado un nuevo género *Camelotherium* sobre las Llamas fósiles del pais, y que las tres especies de este género, enumeradas en su lista de los Mamíferos fósiles de Buenos Aires (Registro Estadístico de 1857. Tom. I. pag. 10.) como recojidas por él mismo en nuestra provincia, son probablemente idénticas con las descritas por GERVAIS.

2. *Cervina.*

Genus *Cervus*. LINN.

El género de los ciervos es general en toda la superficie de la tierra: aun en los paises mas frios hay una especie de ellos, el Reno. Se conocen los ciervos por las cornamentas, generalmente ramificadas, que adornan el sexo masculino, con la única escepcion del Reno, cuyas hembras tambien tienen cuernos.

Hay actualmente dos especies de ciervos en la República Argentina: el grande *Cervus paludosus*, que los habitantes denominan sencillamente c i e r v o y que vive en los bosques del terreno húmedo al lado de los grandes rios, y el mas pequeño *Cervus campestris*, que vive en los campos abiertos y se llama v e n a d o.

Parece que dos especies muy parecidas vivieron en la época diluviana. Tenemos algunos restos de ellos en nuestro Museo, y otros he visto en la coleccion de D. MANUEL EGUIA. BRAVARD lo distingue de las especies actuales, llamando la mayor

Cervus magnus, y la menor

Cervus pampaeus.

Probablemente son idénticas estas dos especies á las encontradas por el Dr. Lund en las cuevas naturales de Minas Geraes en el Brasil, y que el autor no ha clasificado ni descripto, porque parece identificarlas con especies vivas.

Reservámos nuestra descripcion de los restos acá mencionados para lo futuro.

Fam. 9. *Pachydermata.*

(*Belluae & Bruta* Linn. *Multungula* Illig.)

Entre los Ungulatos, son estos los representantes principales de ellos, pero tan diferentes entre sí en su organizacion, que se echa menos un carácter general para todos.

Generalmente tienen todas las clases de dientes, es decir, incisivos, caninos y molares, pero á algunos, como á los Rinocerontes africanos, les faltan los incisivos, y en todas las especies de este género, como tambien en el *Hyrax,* los colmillos ó caninos. El cuero muy grueso, que Cuvier ha adoptado para apellidar al grupo *Pachydermata,* no es mas grueso en algunos, como el caballo, que en los bueyes de los Rumiantes, y el número mayor de los dedos con uñas, que Illiger propuso para llamarlos, cae en los caballos bajo el número de dos de los Rumiantes. Es verdad que, con escepcion de este género, tienen tres, cuatro y algunos probablemente cinco dedos, pero ninguno de los dos géneros actuales tiene d o s, como los Rumiantes; únicamente el género extincto terciario del *Anoplotherium* tiene el mismo número.

Parece que la diferencia en el número de los dedos establece, por significativo, el modo mas seguro de clasificar estos animales entre sí; porque si examinamos el pié del caballo mas exacto, encontramos restos de dos dedos rudimentarios al lado del único perfecto. Por esta observacion es permitido unir el caballo con los géneros de tres dedos, y clasificar entonces todos los géneros en dos grupos, que son:

1. *Paridigitata,* con dedos y uñas pares (dos ó cuatro), adjuntando á estos tambien el género *Anoplotherium.*

2. *Imparidigitata,* con dedos y uñas impares, es decir, tres ó uno. •

Es muy probable, que el género extincto diluviano *Toxodon* de este país, no haya tenido ni tres ni cuatro dedos, sino cinco, y por esta razon propongo formar de él un grupo aparte, llamándole :

3. *Multidigitata*, con cinco dedos y uñas en cada pié.

A. *Paridigitata*.

Character osteologicus. El hueso del femur sin la cresta entre-muscular externa, que se llama el trocanter tercero; el astragalo con una cresta en la superficie articularia inferior, que la divide en dos superficies; generalmente cuatro dedos en cada pié.

Este grupo está representado actualmente en la superficie de la tierra, por dos géneros con cuatro dedos y uñas : el *Sus* Linn. y el *Hippopotamus*, de los cuales el segundo está limitado á Africa, pero el primer género es cosmopolita, pues hay puercos en todos los paises, con escepcion de los muy frios. Se distingue del Hipopotomo, entre otros caractéres, por los dedos y uñas desiguales en tamaño en cada pié, siendo los dos intermedios mas grandes que los dos laterales, y estos colocados atras de los mayores.

Hay en la América del Sud un sub-género particular de puercos, que se distingue por su figura general, sus dientes y sus piés ; este es :

Genus *Dicotyle* Cuv.

Se reconoce por el tamaño pequeño de los caninos, de los cuales los superiores no se encorvan hácia arriba, como en los puercos verdaderos, y por la pequeñez ó la ausencia completa del dedo exterior de los piés posteriores. Hay en las grandes selvas de todo el interior de la América del Sud, dos especies de este género : *D. torquatus* y *D. labiatus*, distinguidos por la vez primera por D. Felix de Azara, en su obra sobre los cuadrúpedos del Paraguay, y de los cuales el primero es el mas comun y mas chico, distinguiéndose por un collar blanco en su piel parda, pintada con anillos blancos, y el otro mas grande y mas obscuro con lábios blancos y ausencia completa del dedo externo posterior.

No he visto hasta ahora ningun resto fósil de puercos diluvianos de este pais, y tampoco Bravard ha encontrado huesos de ellos en el diluvio Argentino. Pero el Sr. De Blainville menciona en su grande obra : *Ostéographie etc. Tom. IV. pag.* 231. *pl. IX.* una parte de la mandíbula inferior del *D. torquatus fossilis*, como descendiente de Buenos Aires y dado al Museo de Paris por el Sr. Clausen. Sin embargo, no habiendo viajado este señor en la provincia de Buenos Aires, sino en el Brasil, en donde el Sr. Lund ha encontrado cinco especies diferentes de *Dicotyles*, es muy probable que sea error el decir, que la pieza se ha encontrado en nuestro terreno.

B. Imparidigitata.

Character osteʰlogicus. El hueso del femur con cresta intermuscular externa (trocanter tercero), y el astragalo con superficie articularia inferior indivisa; generalmente tres dedos en cada pié.

He dado ya en la primera entrega pag. 60, en la descricipcion del astragalo de la *Macrauchenia patachonica*, los caractéres diagnósticos de este grupo con uno hasta tres dedos perfectos con uñas, advirtiendo al lector, que en las P a r i d i g i t a t o s, el astragalo tiene un canto prominente, que forma dos superficies articulares, que se unen la exterior con el hueso cuboides, la interior con el hueso navicular, y que semejante separacion en dos superficies articulares no está en el astragalo de los I m p a r i d i g i t a t o s, uniéndose el astragalo de ellos adelante con el hueso navicular, por una sola superficie articular, grande é indivisa.

Es Cuvier quien ha hecho primeramente esta observacion importante, y Owen ha fundado en ella la separacion de los Ungulatos en *Paridigitata* é *Imridigitata*, llamando á los primeros *Isodactyla s. Artiodactyla*, y á las segundas *Anisodactyla s. Perissodactyla*; palabras derivadas de la lengua griega, y menos agradables al oído, que las latinas, á las cuales por esta razon damos la preferencia.

Actualmente vive en la América del Sud un género de los Imparidigitatos, el de la A n t a ó G r a n b e s t i a, llamado *Tapirus*. Es el único género de la dicha seccion de los Ungulatos, con cuatro dedos en los piés de adelante y tres en los piés de atrás. No se han encontrado restos fósiles diluvianos de este animal hasta ahora en el diluvio Argentino, pero el Dr. Lund los menciona en las cuevas naturales de Minas Geraes en el Brasil.

Sin embargo, hay dos géneros actualmente acá, estinctos, de los cuales se encuentran restos fósiles en nuestro diluvio ; el uno es del caballo (*Equus* Linn.) el otro el de la *Macrauchenia* Owen., ya descripto detalladamente en la primera entrega pag. 32. seq. Es bien conocido que el caballo actual de la América es descendiente del caballo europeo, introducido por los Españoles durante la conquista, y que no ha existido este animal útil y hermoso en toda la América antes de la dicha época, faltando acá durante el período actual histórico de los aluviones (*). Por esta razon llama mucho mas la atencion la presencia de especies del género *Equus* en toda la América durante el período diluviano.

1. Genus *Equus* Linn.

El caballo es un animal tan singular por su figura en general y su construccion particular entre los Ungulatos, que muchos naturalistas fueron dispuestos á fundar con él un grupo separado .de los *Pachydermata*, llamándole *Solidungula*, por su pié salido con una sola uña. Pero la observacion de dos dedos rudimentarios, al lado del uno perfecto en el esqueleto, ya prueba, que el verdadero número de los dedos es de tres. (**) Es principalmente su figura mas fina, su pié mas alto y su cuello mucho mas largo, que lo distingue de los *Pachydermata* actuales, pero estas diferencias pierden su valor, cuando observamos otros géneros extinctos, como *Palaeotherium* [terciario] y *Macrauchenia* [diluviano], con casi la misma figura general. La consideracion de los dichos y del género terciario tambien extincto *Hipparion*, bastante igual al caballo por su dentadura, obliga al clasificador sistemático, á unir el género *Equus* con estos tres en un grupo particular de los *Pachydermata imparidigitata*, distinguiéndose principalmente por el cuello largo de los otros. .Por esta razon los llamo *Macrotrachelia*, en oposicion con los géneros con cuello corto, que se llaman naturalmente *Brachytrachelia*. De este modo se forma la clasificacion siguiente de los *Pachydermata imparidigitata :*

I. *Brachytrachelia*, con cuello corto y mas parecido al cuello de los Paridigitatos. Son los géneros: *Rhinoceros, Hyrax, Tapirus*, actualmente estantes y las terciarios extinctos: *Lophiodon, Anthracotherium, Hyracotherium*.

---

[*] Algunos escritores de Norte América parecen creer, que el caballo ha vivido acá en la época actual, antes de la conquista, y desaparecido durante los primeros siglos de la misma época; pero hasta hoy faltan testimonios seguros para esta opinion. Véase el folleto : *Remains of domestic Animals discovered among post-pleiocene fossils en South-Carolina by* Franc. S. Holmes. *Charlestown* 1858. 8

(**) Se encuentran no muy raramente individuos entre los caballos del pais con dos uñas, estando uno de los dos dedos laterales, y generalmente el interno, engradecido, y provisto con uña, como lo ha descripto el Sr. Prof. Strobel en la Revista Médico Quirúrgica del año 1865. Pero siempre este segundo dedo con uña es mas pequeño que el grande central. Mucho mas raros son los individuos con tres uñas, dos pequeñas al lado y una grande central, como se vé en los géneros extinctos *Hipparion* y *Palaeotherium*.

2. *Macrotrachelia*, con cuello largo mas parecido al tipo de los Rumiantes. *Palaeotherium* y *Macrauchenia*, con trompa en lugar de nariz, y *Hipparion* y *Equus* sin trompa, con nariz ancha.

La parte mas particular de la organizacion osteológica del caballo ó género *Equus*, es la dentadura, y principalmente la construccion muy complicada de las muelas. Entremos entonces en una descripcion un poco mas estendida de estas partes, comparándolas con las muelas de los otros Imparidigitatos. Una tal descripcion parece tanto mas necesaria, cuanto que las diferencias específicas de los caballos diluvianos se fundan principalmente en la figura de sus muelas.

La dentadura completa del caballo está compuesta de s e i s incisivos gruesos en cada mandíbula, u n canino cónico á cada lado y poco distante de ellos, que falta generalmente en las hembras, y s e i s muelas cuadrangular prismáticas mas distantes del canino, á cada lado en cada mandíbula ; es decir, c u a r e n t a dientes por todo. El animal jóven no tiene mas que tres muelas bastante grandes, relativamente mas prolongadas, en lugar de las seis del animal adulto, y ante ellas una cuarta muela muy pequeña cilíndrica en la mandíbula superior, que se conserva en algunos individuos hasta la edad mas avanzada. Los incisivos tienen una escavacion concéntrica con la circunferencia externa en el centro de la corona, que se disminuye y pierde poco á poco con la edad del animal, pero las muelas están provistas de dos escavaciones irregulares, que se pierden tambien poco á poco, llenándose con una substancia particular, que los anatomistas llaman el cimento. Toda la superficie externa del diente y de las escavaciones, se cubre con la substancia mas dura y mas blanca del esmalte como una capa fina, y el espacio interior del diente bajo esta capa es formado de otra substancia mas gruesa pero menos dura, que se llama la dentina.

Los incisivos y los caninos no muestran caractéres tan particulares y diferentes como las muelas, y por esta razon nos limitamos nosotros en la descripcion de ellas, y principalmente en las de la mandíbula superior.

Hemos dado figuras de la dentadura del caballo fósil argentino, y de algunas muelas de caballo doméstico, en la lámina décima tercia [XIII] adjunta, á las cuales referimos nuestra descripcion. La fig. 2 muestra las tres substancias constituyentes del diente en relacion entre ellas, siendo la parte punteada el cimento, la línea blanca el esmalte, y la parte horizontalmente rayada la dentina de un diente primero viejo, que ha servido largo tiempo.

Tomando una muela superior naciente, sacándola de su alveolo enteramente cerrado, y antes que el diente se haya utilizado (fig. 4.) se vé un prisma cuadrangular formado por una pared fina de esmalte, y tapado con muy poco

cimento en la superficie. Al fin superior, el prisma se divide en cinco prominencias punteagudas, de figura de media luna (A. B. a. b. *a.*) y al otro estremo está abierto el prisma, mostrando una pared muy fina plegada, y dos tubos
semilunares incluidos en ella (fig. 5). Estos dos tubos se forman por los
intérvalos entre los pliegues, que hace la pared exterior hasta el interior del
diente.

Para reconocer mejor la relacion de las dichas partes entre si, es preciso
mirar el diente de su estremo superior en direccion longitudinal descendente,
como lo presenta la fig. 3. Entonces se vé que la pared exterior del diente
está longitudinalmente excavado con dos sulcos semi-cilíndricos, [A. B.] entre
los cuales se forma una prominencia central y dos laterales, una á cada esquina del diente. Estas partes constituyen la pared externa de una muela, que
se levanta en el estremo superior en dos prominencias agudas [fig. 4. A. B.]
semilunares, que llamamos los dos cerros de la costa, el anterior mas alto [A]
y el posterior mas bajo [B]. De las dos prominencias mas gruesas de la pared
externa, que son en verdad las esquinas anteriores de los dos cerros semilunares de la costa externa, salen en direccion transversal-oblícua dos prolongaciones elevadas, tambien de figura semilunar, que forman las dos prominencias internas del estremo superior del diente [fig. 3 & 4. a. b.] Llamamos
estas prominencias los yugos oblícuos del diente, como hemos llamado las dos
prominencias externas los cerros de la costa del diente. Cada uno de estos
dos yugos tiene un apéndice, que es mas grande en el yugo anterior que en el
posterior. Están indicados con tipos griegos [*a* y *b*] y se llaman apéndices
yugales anterior y posterior. (*) Al fin hay el mismo apéndice tambien en la
parte terminal posterior del diente, que sale de la prominencia terminal externa de la pared en direccion transversal, y se llama el apéndice terminal.
Tambien está señalado con tipo griego [*g*].

Segun este modo de ver, la muela superior del caballo, está compuesta de
s i e t e partes constituyentes, que son, segun la denominacion aplicada:

1. El cerro anterior, A.
2. El cerro posterior, B.
3. El yugo oblicuo anterior, a.
4. El yugo oblicuo posterior, b.
5. El apéndice yugal anterior, *a*.
6. El apéndice yugal posterior, *b*.
7. El apéndice terminal, *g*.

(*) Por falta de tipos griegos en nuestra fundicion, hemos tomado *bastardillas* en lugar de ellos.

La figura 9 dá un modelo teórico de estas siete partes en su relacion natural, siendo los espacios dibujados de negro entre ellas los vacios descendentes en la substancia del diente, que se llenan poco á poco con el cimento En la fig. 5 se ven estos vacios abiertos en el término inferior de la muela, pero sin pintura negra en ellos.

La descripcion precedente de la muela recien nacida del caballo prueba, que la corona de ella se levanta afuera del alveolo, perforando la encia, en el primer momento con el cerro externo anterior (A), por ser la mas alta de todas las protuberancias de la corona; que sigue á él el cerro externo posterior (B), y que mas tarde salen los dos yugos oblicuos (a y b) con sus apéndices (a. y b.) Todas estas protuberancias son formadas por una capa de esmalte que incluye la dentina, y está tapada con una capa bastante delgada del cimento. Estando la capa del esmalte tambien muy fina, lo que prueban las líneas blancas muy angostas en las figuras 1 y 2, como 6. y 7., y todavia mas fina en el primer momento, cuando la muela ha perforado inmediatamente la encia, las puntas mas prominentes de los cerros, yugos y apéndices se gastan pronto por la masticacion, y en lugar de la punta se presenta entonces una superficie, compuesta de las tres substancias constituyentes del diente.

La figura 6. muestra esta muela algo gastada en la superficie masticatoria, representando en A y B los dos cerros externos, que tienen en el contorno exterior una capa angosta obscura de cimento, atrás de ella la capa fina del esmalte blanco, y en el centro de cada cerro la dentina parda, que incluye en su propio centro una línea curva negra, representando la substancia orgánica central de la dentina, no bien llena todavia con cal, y por esta razon menos dura y menos blanca. Separado de estos dos cerros se presentan los dos yugos oblícuos (a y b), de los cuales el anterior ya tiene su apéndice (a) bastante gastado, pero en la posterior apenas principia este apéndice (b) á gastarse, estando intacto y sin detrimento ninguno el apéndice terminal (g), al fin posterior del diente. Cada una de estas partes gastadas demuestra la misma construccion que la de los cerros, estando compuesto de las tres capas del diente, el cimento negro en la superficie exterior, el esmalte blanco atrás del cimento y la dentina parda con su centro negro en el interior del esmalte.

El gastamiento de la superficie masticatoria del diente, continúa sin interrupcion cada vez que come el animal, y por esta razon los cerros y los yugos con sus apéndices se han achicado cada vez mas, hasta perderse todos los intérvalos entre ellos, y la superficie masticatoria del diente se ha convertido en una planicie masticatoria un tanto desigual por la friccion de las muelas de la mandíbula inferior, puestas en oposicion son las de la mandíbula superior, de manera, que cada muela de la una se toca con dos muelas opuestas de la otra.

La figura 7. demuestra esa muela bastante gastada, probando que en este estado del gastamiento el esmalte forma una capa fina en toda la superficie del diente, tapada por el cimento exterior é incluyendo la dentina en el interior, y que los intervalos entre los cerros y los yugos se presentan como dos figuras de esmalte en el medio del diente, cada una de figura semilunar con pliegues pequeños ondulados en sus cuernos recorvados. Lo mismo ha sucedido con los intervalos entre los yugos y los apéndices; se han formado pliegues pequeños en el esmalte, que los une entre sí; aun el apéndice terminal tiene ese pliegue pequeño. Al fin los intervalos están llenados completamente con el cimento, pero siendo esta substancia menos dura que el esmalte, y tambien la dentina, la capa fina del esmalte se gasta menos fácilmente que las otras dos substancias, y por esta razon se levanta poco sobre la superficie de ellas en figura de listas corvas con pliegues ondulados en su curso.

La presencia de tales pliegues en la capa del esmalte, que han faltado en el estado primitivo de la corona del diente, como lo prueba la figura 6. no tiene otro objeto que hacer mas dura y menos fácil de gastar su superficie masticatoria. Siendo el esmalte la parte mas resistente de las tres partes del diente, es claro que se aumenta la facultad de resistir al gastamiento por la funcion de masticar, cuando se aumenta por los pliegues la cantidad del esmalte en el diente. Asi sucede, que el número y la figura de los pliegues en el esmalte del diente, no es un carácter fijo de las especies del género *Equus*, como han creido muchos sábios naturalistas, sino en realidad un carácter particular de ciertos individuos ó razas, que cambia con las diferencias de los alimentos y de la edad del animal. Para probar que es así, me parece suficiente remitir al lector á la figura primera de la lámina XIII, que representa la dentadura completa de las muelas del caballo fósil Argentino, mostrando en cada una de las seis muelas, figuras particulares de los dichos pliegues, pero de ningun modo un carácter fijo de la especie. Por esta razon no puedo admitir diferencias específicas fundadas solamente en los pliegues del esmalte de las muelas de los caballos; tales diferencias se encuentran casi en cada individuo, y para mi modo de ver, es imposible sacar caractéres fijos diagnósticos de ellos de las muelas enteras. Lo mismo ya ha dicho CUVIER de todos los huesos del esqueleto, en las *Recherches s. l. Ossem. foss. Tom. II. ps.* 1. *pag.* 112.

Antes de entrar mas en la descripcion detallada de las muelas del caballo fósil, me parece conveniente comparar la construccion ya esplicada de la muela del caballo actual con las muelas de los géneros mas vecinos de los Imparidigitatos, para probar que el tipo ideal de la muela no es tan singular, como he creido antes con otros naturalistas. No es en verdad diferente en su tipo fundamental, sino solamente por una variedad propia del tipo comun á todos.

He representado á este fin, bajo la figura 10, la muela del género estincto *Palaeotherium*, uno de los mas parecidos al caballo, y en la figura 11. la muela del *Rhinoceros*, como el género mas vecino de los Imparidigitatos actuales. Se vé de estas figuras claramente, que las muelas de los dos géneros tienen tambien en la costa externa dos cerros (A. y B.) de los cuales salen en la esquina anterior de cada uno dos yugos oblícuos [a. y b.] poco corvados, pero que faltan á estos yugos los apéndices, que son entonces una particularidad de la muela del caballo. No se dice lo mismo del apéndice términal [g], que está presente en las dos muelas, y aun relativamente mas grande en la muela de *Palaeotherium* [fig. 10.] que en la muela del caballo, que se parece en este punto mas á la muela de *Rhinoceros* [fig. 11. g.]. Se vé claramente por esta comparacion, que el tipo formal es el mismo de los dientes en los tres animales.

Respecto á la construccion material del diente, se presenta lo mismo, estando construida su corona en el exterior por una capa de esmalte que incluye la dentina gruesa, faltando á la muela de *Palaeotherium* y *Rhinoceros* el cimento sino de todo, pero de tanto grosor, como en la muela del caballo. Por esta razon los intervalos entre los cerros y los yugos están abiertos, presentándose en la superficie masticaría del diente como escavaciones profundas entre ellos. El esmalte de *Palaeotherium* es bastante fino y sin pliegue alguno, pero el esmalte grueso de *Rhinoceros* tiene algunos pliegues y ondulaciones, que indican el mismo conato á hacer mas dura y mas resistente la superficie masticatoria de su diente.

El destino de esta publicacion no exije una comparacion entre las muelas del caballo y todas las muelas de los otros Ungulatos. El género siguiente de la *Macrauchenia*, descripta detalladamente en la primera entrega, se puede fácilmente reducir al tipo del Rinoceronte, como lo he esplicado ya antes, pag. 45 de la dicha entrega. En aquel tiempo creia al caballo mas diferente de los otros, que lo que hoy me parece, como resultado de comparaciones mas escrupulosas, y por esta razon no insisto mas en mi dictámen anterior [l. l.], que el tipo de las muelas de los dos animales es fundamentalmente distinto. (*)

_____

(*) Hay una publicacion moderna por el Sr. Prof. L. Rütimeyer de Basel, que ocupándose de la descripcion del caballo fósil Europeo (*Equus fossilis*), entra en una comparacion detallada de la dentadura de todos los Ungulatos, y se propone probar, que hay un solo tipo fundamental en ellos, que se ha cambiado en diferentes formas secundarias. Remito al lector á esta obra de mérito, para estudiarla. *Beitraege zur Kenntniss der fossilen Pferde, etc. Basel.* 1863. 8.

Tambien con la *Macrauchenia* se une el caballo por su dentadura, de igual manera que con *Rhinoceros* y *Palaeotherium*.

Esplicado de este modo el tipo de las muelas del caballo, reduciéndole al tipo de los géneros vecinos, y habiendo probado que existe un fundamento igual en la construccion de todos, procederemos á la descripcion del caballo fósil Argentino, principiando nuestra descripcion con algunas noticias históricas.

El primer autor que ha hablado del caballo fósil del país, es CARLOS DARWIN, q uien ha dado una noticia de su existencia en la relacion de sus viages por la América del Sud, [Tom. I. cap. 7], fundado en una muela encontrada en la barranca del Rio Paraná, cerca de la villa del mismo nombre. Una otra muela llevada á Europa por el mismo viagero, de Bahia Blanca, fué descripta por R. OWEN en *the Zoology of the Voyage of H M. S. Beagle*. Tom. I. pag. 108, figurándola pl. 32. fig. 13-14. de la misma obra (1840), y repitiendo su descripcion bajo el título de *Equus curvidens* en el catálogo de los huesos fósiles del Museo quirúrgico de Lóndres, (Tom. I. pag. 235. Lond. 1844. 4). Casi al mismo tiempo el Dr. LUND publicó un apéndice á su lista de los Mamíferos fósiles encontrados en las cuevas naturales de Minas Geraes (*Annal. des scienc. natur. Zool. II. Ser. Tom. 13. pag.* 316—1840), é introdujo entre ellos un caballo fósil bajo el título de *Eq. neogaeus*, apelativo ya aplicado por SILLIMAN y HARLAN á la especie fósil de la América del Norte (SILLIM. *Amer. Journ. Juli* 1831. *Tm.* 20. *pag.* 370). Quince años despues, P. GERVAIS, comparando las observaciones de sus antecesores en su obra ya muchas veces mencionada (*Recherch. etc. Paris* 1855. 4), probó, que hay dos especies diferentes de caballos fósiles en la América del Sud, una mas grande, que el autor cree idéntica á la especie de LUND, de WEDDELL (*Eq. macrognathus*) de la obra de GAY (*Eq. americanus*) y la otra mas pequeña que él llama *Eq. Devillei* (*). Otros restos de caballos fósiles se han encontrado repetidas veces en la América del Norte, y entre ellos probablemente tambien el *Eq. curvidens* de OWEN, segun la observacion de LEIDY. (Véase: *Proceedings of the Acad. of. nat. scienc. of Philadelphia. Sept.* 1847, y el folleto de FR. HOLMES antes citado). De este modo la existencia del caballo durante la época diluviana en toda la América está demostrada indudablemente.

No existiendo en mi poder todas las obras mencionadas, no puedo entrar en un exámen crítico de las diferencias entre ellos; me limito á examinar aquí

(*) Habla el autor en su obra citada pag. 33, de dos especies de caballo fósil, distinguidos por el Dr. LUND bajo el título de *Equus principalis* y *Eq. neogaeus*. No sé en dónde el Dr. LUND ha distinguido las dos; en sus obras en mi poder encuentro solamente una, el *Eq. neogaeus*.

los restos de caballos fósiles encontrados en este país, y compararlos con las descripciones de Owen y Gervais, que afortunadamente tengo á la vista. Se prueba por los restos mios la opinion de Gervais, que durante la época diluviana han vivido dos especies de caballos en este pais: una mayor y una menor, pero no teniendo ningun argumento seguro para probar, que el *Equus curvidens* de Owen es idéntico con el *Equus neogaeus* de Lund, prefiero la denominacion del primer autor, como bien fundada por su descripcion, que falta á la especie de Lund hasta ahora.

A. De la Dentadura.

1. *Equus curvidens.* Owen.

Eq. neogaeus. Gervais.

Tengo en el Museo público la dentadura completa de las muelas de la mandíbula superior de los dos lados, figurada del lado izquierdo bajo la fig. 1. de la lámina XIII, que yo mismo he recojido en un médano antíguo al lado oriental de la laguna Siasgo (*) cerca del rio Salado. Se ha encontrado en este lugar el cráneo completo, sin la mandíbula inferior, pero la gente, que me avisó de su presencia en el dicho lugar, ya habia roto casi todo el cráneo, dejando por sacar solamente las muelas completas.

Son de un individuo muy viejo, como lo manifiesta el grosor de la capa externa del cimento, que se aumenta siempre con los años, la corona muy baja y la presencia de raices completas bien formadas en la parte inferior de la muela (fig. 8). Tengo otras muelas de la coleccion de D. Manuel Eguia á la vista, que son poco mas pequeños y tienen no tanto cimento en la superficie externa; pero la curva de la muela, que sobrepasa bastante la curva de las muelas del caballo doméstico, es la misma, como tambien las figuras de las raices y de los pliegues del esmalte. En este carácter del diente, de ser mucho mas encorvado (**), ha fundado Owen con razon, el carácter principal de la es-

(*) Véase la descripcion de la dicha localidad en el Periódico geográfico de Berlin (*Zeitschr. für allgem. Erdkunde.*) Tom. XV. pag. 240. 1863.

(**) He visto en un individuo jóven del caballo doméstico de nuestra coleccion, que tiene aun presente las tres primeras muelas de leche, y atras de ellas solamente una muela persistente, que las muelas de leche son mucho mas encorvadas al interior con la raiz, que las persistentes, para dar lugar al diente sucesor persistente, que se forma en su alveolo particular al lado externo de la muela juvenil. Es entonces el carácter de *Equus curvidens*, el tener muelas corvadas aun en la edad provecta, un carácter de la perseverancia de la especie en un estado juvenil durante toda la vida.

pecie segun su dentadura, porque la figura de las capas del esmalte en la circunferencia y en el centro de la muela, no prueba grandes diferencias en las
especies de caballos, pero sí algunas veces diferencias individuales de bastante consideracion. Comparando la figura de la corona de la muela, dada en
The Zoology of the Beagle Tom. I. pl. 32. *fig.* 13., y las dos figuras de GERVAIS
[pl. 7. fig. 2. 3.] con las mias [pl. XIII.] se encuentra mas similitud de las tres
primeras figuras con la corona del caballo actual, figurada en fig. 7 de nuestra lámina, que con las mias de la fig. 1. Pero esta similitud depende de la
edad de los individuos; siendo las dichas muelas de OWEN y GERVAIS de individuos mucho mas jóvenes que el mio, lo que prueba claramente la fig. 1. de
GERVAIS, que representa las muelas de un individuo probablemente mas viejo
que el mio, porque no tiene ningun pliegue en las dos figuras semilunares interiores de esmalte. Las muelas mias tienen en estas figuras de esmalte solamente pliegues al lado opuesto interior, la posterior un solo pliegue y la
anterior dos hasta tres cortos y redondos, mientras que en las figuras de OWEN
y GERVAIS [2. 3.] los pliegues son mucho mas profundos, y tambien presentes
en el lado anterior de la luna anterior de esmalte. Por esta razon no es permitido fijarse mucho en la figura de los pliegues de esmalte; son variables
segun la edad del individuo, y no dan carácter firme específico.

Lo mismo digo de las figuras de la capa de esmalte en la circunferencia de
la muela; tambien se cambian con la edad del animal. La regla parece ser,
que en el caballo fósil mayor los pliegues de esmalte son mas anchos en la
juventud y mas angostos con la edad provecta, lo que se prueba por la comparacion de las muelas figuradas por OWEN y GERVAIS con las mias. Comparando estas figuras entre sí, se vé claramente que las tres listas sobresalientes
en la costa externa de la muela, son mas anchas y menos sobresalientes en la
juventud, que en la edad provecta del animal fósil, y comparándolas con las
mismas listas del caballo doméstico, no tienen en la edad provecta la anchura
que caracteriza la especie actual. En ella las listas son bastante angostas en el
estado primitivo de la muela, como lo prueba la fig. 6 de nuestra lámina,
aumentándose con la edad del animal en anchura, y complicándose á la esquina
de la lista anterior y de la media con un pliegue obtuso, que falta en todos los
estadios en la muela del *Eq. curvidens.* Este carácter me parece á mí la diferencia principal específica entre las dos especies, por ser antitética la figura
de la dicha parte de la muela de ellas, ancha en la juventud y angosta en la
senectud del caballo fósil Sud Americano, pero angosta en la juventud y an-

cha en la senectud del caballo doméstico Europeo. (*) Es tambien de notar, que la relacion de las tres listas entre sí en cada muela no es idéntica con la del caballo actual, estando siempre la anterior muy alta, y la mas ancha, la media mas angosta y la posterior casi nula, evanescente. Pero en el caballo actual cada una de las tres listas es mas sobresaliente, y la posterior nunca tan obtusa como en *Eq. curvidens*.

Sucede lo mismo con los dos apéndices de los yugos oblícuos transversales de la muela del *Eq. curvidens;* son en cada estadio de la vida del individuo menos angulares y mas redondos que en *Eq. caballus*. Prueban estas diferencias las figuras citadas de Owen y Gervais, comparándolas con las mias. En la juventud (Owen fig. 13. Gervais fig. 2) el apéndice anterior (*a*) es bastante ancho y casi igual al mismo del caballo actual (fig. 7. mia), pero sin el pliegue, que tiene la especie viviente, y sin las esquinas agudas de ella. Ya se vé el mismo apéndice disminuido en la figura 3. de Gervais, y mucho menor, completamente redondo, en la figura mia 1. como en la 1. de Gervais. No se vé tan claramente lo mismo en el apéndice posterior (*b*), y en el apéndice terminal (*g*), por estar menos aislados de las partes vecinas en la especie fósil; pero este carácter del aislamiento prueba ya bastante, que son relativamente menores y mas obtusos que en el caballo actual.

Respecto á la forma general, y no á la complicacion interior de las capas, las muelas de *Equus curvidens* son mas grades que las del *Equus caballus*, y principalmente si las comparamos con el tamaño general del cuerpo entero de los dos animales. Es verdad que la figura general y su tamaño no es desconocido de *Eq. curvidens*, pero conocemos sus miembros, que son mucho mas cortos que los de *Eq. caballus*, lo que indica un animal mas pequeño, probablemente que la figura del Zebra y Quagga de la Africa del Sud. Probaremos esta similitud de la forma general mas tarde, por medio de la comparacion de los huesos del esqueleto de nuestra coleccion. Pero si es así, el tamaño mas grande de las muelas del caballo fósil del país, está en completa armonia con el tipo actual de las dichas especies Sud-Africanas, que tienen muelas relativamente mas gruesas que el caballo doméstico, como lo prueban las medidas comunicadas por el Sr. Hensel (*). No teniendo en mi poder cráneos de otras especies, sino solamente del caballo doméstico, no puedo comparar el tamaño de los dientes de *Eq. curvidens* con los de otra especie; pero la diferencia

---

(*) El valor de la dicha diferencia se aumenta por la observacion del Sr. Rütimeyer, que en el caballo fósil Europeo (*Eq. fossilis*), la lista media no tiene ningun pliegue en la esquina durante la juventud del animal, y que falta tambien este pliegue en el género *Hipparion*. Véase su obra citada pag. 95 y 123.
(* Véase su descripcion de *Hipparion mediterraneum. Berlin.* 1861. 4. pag. 100.

me parece muy notable, como lo indica la tabla siguiente de las medidas en milímitros:

	Longitud.		Latitud.	
	Equus caballus.	Eq. curvidens.	Eq. caballus.	Eq. curvidens.
Primera muela...	0,035	0,041	0,025	0,030
Segunda.........	0,026	0,034	0,027	0,032
Tercera	0,025	0,031	0,026	0,035
Cuarta.........	0,023	0,028	0,026	0,031
Quinta....., ...	0,024	0,029	0,025	0,029
Sexta..........	0,032	0,030	0,022	0,028

En estas medidas solamente la parte del diente incluido en el esmalte está considerado sin relacion al cimento, porque su anchura es relativa y depende de la edad del animal. Comparando entonces el tamaño general de las muelas, sé vé, que cada una de *Eq. curvidens* es bastante mayor que la correspondiente de *Eq. caballus*, con la única escepcion de la última en longitud. Es digno de notar, que el burro, como las dichas especies Sud-Americanas, tiene tambien una última muela relativamente mas corta que el caballo doméstico, y que por esta razon el *Eq. curvidens* parece inclinar mas á las Zebras que á los verdaderos caballos.

No he visto hasta ahora muelas de la mandíbula inferior; pero el Sr. Gervais las ha figurado (l. l. fig. 4. a. y b.). Están en completa armonia en tamáño con las superiores, como lo prueban sus dimensiones, pag. 35, si comparámoslas con las relaciones de las del caballo actual *).

2. *Equus Devillei* Gervais.

Tengo á la vista la mitad derecha de una parte de la mandíbula inferior de un caballo fósil, representada en la fig. 12. de nuestra lámina XIII. que pertenece á la coleccion de D. Manuel Eguia, y se ha encontrado en nuestra provincia. Es de tamaño mucho mas pequeña que la mandíbula figurada por Gervais, perteneciente á la especie mayor antecedente, siendo la longitud entera de las seis muelas no mas que 0,164. m., lo que corresponde tan bien á la medida de Gervais (0,160. m.) de su especie menor, que no dudo que las

---

*) El Sr. Gervais no ha dado otra medida de las muelas descriptas por él mismo, que la longitud total de las seis unidas inferiores, que es de 0,195. La de las superiores nuestras es de 0,193, ó si nosotros agregamos la estension del cimento, de 0,197, lo que prueba una identidad casi completa en el tamaño.

dos mandíbulas han pertenecido al mismo animal, y no teniendo en mi poder argumentos seguros para probar que las diferencias observadas no son específicas, admito la opinion de GERVAIS, que en la época diluviana han vivido dos especies de caballos en este pais. Para espresar las diferencias que se presentan al lado del tamaño diferente entre las muelas de la mandíbula inferior de las dos especies, aviso de palabra al lector, que:

El pliegue único al lado exterior de cada muela, es mucho mas profundo y relativamente mas angosto en el *Eq. curvidens* que en el *Eq. Devillei*, y que:

Los dos pliegues al lado interno de la muela de la primera especie, tienen pliegues pequeños secundarios ondularios en su curso, que faltan completamente en los mismos pliegues de *Eq. Devillei*.

Al fin parece la última muela de *Eq. curvidens* relativamente mas gruesa y algo mayor que la misma de *Eq. Devillei*.

B. Del Esqueleto.

Tenemos en el Museo público muchos huesos de un esqueleto de caballo fósil, que el Dr. D. FRANC. XAV. MUÑIZ ha encontrado cerca de la Villa de Lujan, bajo el esqueleto de un Megaterio, tambien recojido por el mismo. Los dos esqueletos estuvieron íntegros, pero la grande obra de sacarlos, sobrepasando las fuerzas de una sola persona, ha impedido la conservacion perfecta de las dos. Asi, falta del esqueleto del caballo como del Megaterio, el cráneo; los omóplatos, la pelvis y muchos huesos del tronco, conservándose completo solamente los de los miembros.

Por la pérdida del cráneo con todos los dientes, no es posible saber á cual de las dos especies ha pertenecido el esqueleto; pero como todos los huesos son mas pequeños y finos que los del caballo actual de tamaño regular, no puede haber duda, de que el caballo fósil Argentino fué de tamaño inferior en su cuerpo, pero probablemente de cabeza mas grande y gruesa que el caballo doméstico.

Comparando estos huesos con las figuras de BLAINVILLE en su *Ostéographie* pl. V. veo su similitud casi completa con los del Quagga (*Equus Quagga* AUT.) en la figura, y muy poco superiores en tamaño, pero todos son relativamente mas gruesos, y los del pié mas anchos; caractéres que ya han observado LUND y GERVAIS en la misma parte del caballo fósil Sud-Americano. Doy, para probar mas la similitud indicada, la medida de todos los huesos de los miembros que se hallan en mi poder.

33

El húmero es 0,286 m. de largo, y es diferente en que el tubérculo al lado interno de la parte media del hueso está puesto bajo de la cresta alta externa al lado exterior, y no en completa oposicion con ella, como en la figura de Blainville del húmero de Quagga.

El radio unido con el cubito pequeño rudimental, tiene 0,28 m. de largo, y 0,05 m. de ancho en el medio ; el olecrano del cubito está roto y el intervalo pequeño entre él y el radio al principio superiores de la misma figura elíptica abierta, como lo representa Blainville en la dicha especie.

El hueso del metacarpo es 0,19 m. de largo, y 0,04. de ancho en el medio ; los dos rudimentos de los huesos metacarpales laterales son presentes y atados íntimamente al hueso central, siendo el exterior 0,12 de largo, y el interior 0,103. La anchura de la superficie articular superior del carpo es 0,06 y la inferior digital 0,05.

De los huesos del dedo no tenemos otro que el de la uña, que tiene exactamente la misma figura corta y obtusa, como en la figura b de la lámina de Blainville; su anchura es en medio del arco 0,066. y su altura 0,045.

El femur parece completamente el mismo hueso de la Quagga ; es 0,35 de largo y 0,05 de ancho, en el medio bajo de las dos protuberancias musculares.

Lo mismo sucede con la tibia, que es 0,30 de largo ; el rudimento de la fíbula se ha perdido. La anchura media es tambien 0,05 m.

El hueso del metatarso es 0,215 de largo y menos ancho, pero mas alto que el metacarpo ; de los dos rudimentos laterales, el interno es presente, por estar íntimamente atado al hueso principal y 0,13 de largo ; el externo falta, por no estar unido con el central. La superficie articularia tarsal es 0,058 de ancho, la superficie digital 0,052.

Comparando las medidas de los huesos del metacarpo y metatarso con las dadas en la obra de Gervais, se vé que los huesos mios son poco mas grandes ; lo que permite sospechar, que los del autor frances no han pertenecido á la especie mayor, sino á la menor, y que los huesos de nuestro individuo son probablemente de la mayor, es decir de *Equus curvidens*. Asi la relacion de las dos especies es la siguiente :

	Eq. curvidens	Eq. Devillei.
Longitud del metacarpo.	0,19	0,16
Anchura de la superficie articularia del carpo.	0,06	0,054
Anchura de la superficie articularia digital.	0,05	0,047
Longitud del metatarso.	0,215	0,18
Anchura de la superficie articularia del tarso.	0,058	0,045
Anchura de la superficie articularia digital.	0,052	0,045

Se deduce tambien de estas medidas, que los mismos huesos de los mièmbros de las dos especies son desiguales en sus relaciones entre sí, siendo los del *Eq. curvidens* relativamente poco mas delgados que los del *Eq. Devillei*, que ha tenido piés absolutamente mas cortos pero relativamente mas gruesos que la otra especie (*).

Explicacion de la lámina XIII.

Todas las figuras son de tamaño natural.

Fig. 1. Superficie masticatoria de las seis muelas del lado izquierdo de *Equus curvidens*:

I—VI. Las seis muelas segun su órden de adelante hácia atrás.

p1, p2, p3, las tres premolares, que se ponen en el lugar de las tres muelas de leche en el potro.

m1, m2, m3, las tres molares verdaderas que siguen á las tres muelas del potro.

Fig. 2. Figura de modelo de la relacion de las tres substancias constituyentes de la muela entre sí.

La parte punteada es el cimento.

La línea blanca el esmalte.

La parte rayada la dentina.

Fig. 3. Vista de la corona de una muela recien nacida del caballo doméstico.

Fig. 4. La misma muela (quinta) vista del lado interior.

Fig. 5. La misma del fin inferior mostrando las figuras de la capa del esmalte.

Fig. 6. La muela cuarta de un caballo jóven, recien usada, vista de la superficie masticaria.

Fig. 7. La misma de un caballo de edad provecta.

En todas estas figuras como en las que siguen, las letras apuestas indican las partes siguientes:

A. El cerro anterior de la costa externa.

B. El cerro posterior de la misma.

a. El yugo anterior transversal-oblícuo.

b. El yugo posterior transversal-oblícuo.

a. El apéndice anterior.

b. El apéndice posterior.

g. El apéndice terminal.

Fig. 8. La muela tercera de *Equus curvidens*, vista del lado lateral.

Fig. 9. Modelo teórico de los cerros, yugos y apéndices de la muela del caballo.

Fig. 10. Muela antepenúltima superior izquierda de *Palaeotherium magnum*.

Fig. 11. Muela superior quinta izquierda de *Rhinoceros tichorrhinos*.

Fig. 12. Muelas del lado derecho de la mandíbula inferior de *Equus Devillei*.

Signatura como en fig. 1.

(*) Por esta razon me parece mas conveniente suponer, que la especie menor seria el *Equus neogaeus* de Lund, y no la mayor; fijándome en el carácter notado con tanta eficacia por el autor, que el hueso del metatarso es relativamente mucho mas ancho que el del caballo doméstico.

Genus Macrauchenia. Owen.

Lamina XII.

He dado la descripcion de los restos de este animal maravilloso, recojidos en la provincia de Buenos Aires (*), por Bravard, en la primera entrega de nuestros Anales pag. 32. seg.

No teniendo al tiempo de redactar la dicha descripcion, ni la obra de Blainville (*Ostéographie etc.*), ni los *Recherches etc.* de Gervais, no he sabido que los dos autores franceses han dado figuras muy buenas, y descripciones de algunas partes del esqueleto en las dichas obras. Fundándome en estas figuras, como en las anteriores de Owen y las posteriores de Bravard, he dibujado un esqueleto completo del animal, que presento ahora al lector en la lámina XII, para ilustrar mejor la figura particular del animal, informándole, que los originales de las partes figuradas acá se ven en las obras antes mencionadas, con escepcion de las costillas, que hasta ahora no ha figurado ningun autor.

Recordaré de nuevo al lector que los objetos antes figurados, están distribuidos en las siguientes obras:

El cráneo por Bravard, en la primera entrega de los Anales del Museo público de Buenos Aires, pl. I.

El altas, la vértebra primera, por mí en la misma obra, pl. IV.

Las otras vértebras del cuello, por Owen y Bravard.

Algunas vértebras dorsales, por Bravard.

Las vértebras lumbares por Owen y Bravard.

La pelvis por mí l. l.

No se conocen hasta ahora el hueso sacro, las vértebras de la cola, el omóplato y el húmero, que he dibujado por analogia con los animales mas cercanos de la actualidad.

El antebrazo es conocido en su parte superior por la figura de Owen, el pié de adelante por el mismo y mas completo por Gervais.

El femur le han figurado Owen, Blainville, Gervais y Bravard.

La tibia se vé completa en las obras de Owen, Blainville y Bravard.

El pié posterior solamente es conocido por las figuras de Bravard en la primera entrega de nuestros Anales.

(*) Segun la comunicacion del propietario, Bravard sacó los restos preciosos de la *Macrauchenia*, del terreno de D. Angel Pacheco, en el norte de la provincia, cerca del pueblito del Salto.

Faltan entonces por describir, las costillas, de las cuales tenemos dos en nuestro Museo público.

La una (fig. 3. & 4.) me parece por la analogia del caballo, entre las primeras de todas, porque corresponde en su figura particular, completamente á la segunda del caballo. Tiene una longitud de 0,48 m., y una cabeza transversal de 0,12 de ancho. Esta cabeza sale bajo un ángulo casi recto de la costilla, teniendo una superficie articularia al fin (fig. 4. a.), una otra al lado poco mas atras (b.), y una tercera mas grande y escavada en el ángulo (c.), en donde se une la cabeza con la costilla. La primera cara articularia se ha tocado con la vértebra antecedente, la segunda con la vértebra opuesta y la tercera con la apófisis transversal de la misma vértebra. Despues de esta parte, en donde se une la cabeza con la costilla, el cuerpo de la costilla es poco mas angosto, formando una esquina alta prominente á la superficie exterior del arco de la costilla, que se disminuye hácia abajo perdiéndose poco á poco en una esquina obtusa. Esta parte inferior de la costilla tiene una circunferencia subtriangular, siendo semicilíndrica y redondeada la costa inferior del arco de la costilla y llano, con dos esquinas prominentes la costa exterior de ella. La punta terminal inferior falta.

La otra costilla (fig. 2.) es una de las posteriores, probablemente la décima, por ser angosta y bastaste larga. Tiene una longitud de 0,85 m. y 0,043 de ancho. Su circunferencia es elíptica, angosta, sin esquinas prominentes al uno y otro lado; solamente al principio del arco costal bajo el cuello tiene una esquina aguda á la parte inferior ó interna del arco. La cabeza es corta y tiene dos caras articularias, una circular (a) al fin, y la otra oblonga al lado superior (b). Inmediatamente atrás de esta cara prolongada articularia, se forma la protuberancia, que los anatómicos llaman *tuberculum costae*. El fin inferior es poco mas ancho y mas delgado que la otra parte del arco de la costilla, formando una superficie terminal transversal, que se une con el cartílago esterno-costal.

Por su figura general corresponde esta segunda costilla tanto á la décima del caballo, cuanto la otra á la primera ó segunda del mismo animal; pero las dos no son solamente mucho mas largas, sino tambien relativamente mas gruesas, lo que indica un animal mas sólido y menos gracil por su construccion general.

Respecto á la línea externa de mi figura, que indica la figura de la parte carnosa del animal, no hay otra duda sobre la exactitud que probablemente á la figura de la trompa, dibujada en el lugar de la nariz. Que el animal ha tenido un órgano tal, se prueba por la construccion de la abertura de la nariz en el cráneo, que tiene huesos de la nariz muy pequeños y cuatro impresiones musculares en el contorno de ellos. Comparando esta construccion con la de la Anta [*Tapirus*], me parece indudable que la trompa de la *Macrauchenia* ha sido mas grande que la de la Anta, porque sus impresiones musculares mucho mas fuertes, indican una trompa mas carnosa y mas prolongada. Supongo que la *Macrauchenia* ha tomado su comida no en el suelo, pero si de la altura en los árboles ó bosques, lo que indica su cuello largo, intimando que la trompa ha sido el órgano para arrancar las ramas de los árboles y sostenerlas durante que los incisivos fuertes encortaban las copas de ellos. Si el animal hubiese comido pasto del campo, no le habría sido necesario ninguna trompa, porque el cuello es suficientemente largo para tomar del suelo inmediatamente con los incisivos su alimento. Pero la configuracion de la nariz en el cráneo prueba, que el animal ha tenido una trompa carnosa, y por esta razon bastante larga, y si ha sido así, el único modo para esplicar la presencia de la trompa, es suponer que ha buscado su alimento en lugares mas altos que su cabeza, y no en lugares bajos al nivel del suelo.

Los números primeros 1–7 al lado del cuello, indican las siete vértebras cervicales; los 1–17 que siguen, las diez y siete dorsales, y las 1–7 atrás de ellas, las siete lumbares. S, indica el hueso sacro; C, las vértebras de la cola, y P, la pelvis; los otros huesos no son indicados por letras, por estar por su posicion suficientemente significados.

C. *Multidigitata*.

Character osteologicus: El hueso del femur sin trocanter tercero externo, el calcáneo con superficie articular externa para la fíbula, el astragalo con superficie articularia inferior indivisa. Probablemente cinco dedos en cada pié.

1. Genus *Toxodon* Owen.

The Zoology of the voyage of H. M. S. Beagle. Vol. I. pag. 16. London. 1840. 4.

Los primeros restos de este animal gigantesco del tamaño del Rinoceronte, se han encontrado en la República Oriental del Uruguay, cerca del arroyo Sarandí, uno de los tributarios del Rio Negro. El distinguido naturalista D. Carlos Darwin llevó de allí un cráneo bastante roto á Lóndres, que ha descripto Ric. Owen bajo el título de *Toxodon platensis*, en la obra mencionada, ó ilustrado por figuras muy buenas; pero la mala conservacion del objeto y la falta de las otras partes del esqueleto, han obligado al sábio autor á dejar lagunas bastante grandes para el conocimiento del animal. Muy poco se ha agrega-do á esta primera descripcion en los quince años siguientes, hasta que D. Pa-blo Gervais publicó sus *Recherches etc.* (1853), en las cuales describió el atlas, el omóplato, el húmero, el cubito, el rádio, el femur, la tibia y el astragalo del mismo animal, ilustrando su descripcion tambien con buenas figuras.

No hay otras publicaciones de valor sobre el *Toxodon* en los últimos años hasta el momento actual.

Ya largo tiempo se ha conservado en el Museo público de Buenos Aires un cráneo completo del *Toxodon*, que D. Frac. Xav. Muñiz, este amigo infatiga-ble en el estudio de huesos fósiles, ha encontrado cerca de la Villa de Lujan y regalado al establecimiento. Fué una de mis primeras obras despues de mi llegada á Buenos Aires en el año de 1861, ocuparme del estudio del dicho crá-neo y dibujarle para su publicacion; pero otras ocupaciones urgentes han impedido hasta ahora la redaccion de mis observaciones. Durante este espa-cio de seis años, se ha aumentado mucho la coleccion en huesos de *Toxodon;* tenemos ahora al lado del cráneo perfecto otra mandíbula inferior de una especie diferente, el atlas, dos axis, una media docena de vértebras, algunas partes de las costillas, tres húmeros, tres tíbias y restos de tres piés, entre ellos el calcaneo y el astragalo con huesos del metacarpo y metatarso, lo que permite dar una descripcion mucho mas completa del animal, que la dada por todos los autores precedentes.

El resultado mas satisfactorio de mis estudios, consiste sin duda en el cono-cimiento que durante la época diluviana han vivido dos especies bastante dife-rentes en nuestro suelo, y que la mandíbula inferior encontrada por Darwin en Bahia Blanca, no es ni de la una ni de la otra especie, sino diferente de las dos. He dado un resúmen provisional de mis estudios en las Actas de la Soc. Paleont. de la Sesion del 10 de Octubre del año pasado, (véase la tercera en-trega de los Anales); llamando la nueva especie *Toxodon Owenii*, la de Owen *Toxodon platensis*, y la de la mandíbula inferior de Bahia Blanca *Toxodon Darwinii*.

En el mismo tiempo mi sucesor en la cátedra de Zoologia en la Universidad Real Prusiana de Halle, el Dr. Giebel publicó la descripcion de una parte de la mandíbula inferior de *Toxodon*, mandada al Museo de la dicha Universidad antes de mi salida de mi pais, por mi hijo mayor, vecino de Buenos Aires, fundando sobre este fragmento, por ser bastante diferente de la mandíbula inferior de Bahia Blanca, figurado por Owen, una especie nueva que llamó

Toxodon Burmeisteri, (Zeitschr. für die gesammt. Naturwis. Sept. 1866. *Tm.* 28. *pag.* 134). He creido primeramente por la descripcion del autor, que esta mandíbula inferior pertenecia al *Tox. platensis* Owen, y fuese idéntica á una mandíbula descripta por Owen (*Report. brit. Asoc. of Southampton.* 1846), bajo el título de *Toxodon angustidens,* contestando en este sentido por una noticia al Dr. Giebel, que él imprimió en el mismo periódico, (Tom. 29. pag. 157) afirmando, que por su opinion, las dos sean diferentes. Por la inspeccion de la lámina adjunta á esta segunda notificacion del autor, he conocido que en verdad la dicha mandíbula descripta por Giebel no es del *Toxodon angustidens* ó *T. platensis,* que dos apelativos significan una y la misma especie, pero de la especie diferente nueva que yo propuse llamar *Toxodon Owenii,* y que el apélativo dado por Giebel debe preferirse, por estar publicado algunos meses antes de la publicacion de mis noticias sobre *Toxodon* en las Actas de la Sociedad Paleontológica. De este modo tengo la obligacion estraña de describir acá una nueva especie, significada con mi propio nombre, por la benevolencia de mi antiguo discípulo y heredero de la cátedra vacante por mi salida de Prusia.

1 *Toxodon Burmeisteri* Giebel.

Zeitschr. fur die gesamt. Naturwiss. Bd. 28. pag. 134. Agosto 1866.—
y Bd. 29. pag. 151. con lámina.
Toxodon Owenii. Nobis, Acta Socied Paleont. pag. XIII. Octub. 1866.

La diferencia diagnóstica de esta especie se presenta muy claramente por la figura y el tamaño de los incisivos, siendo en la mandíbula superior cada uno de los dos medios, bastante mas ancho que cada uno de los laterales, y en la mandíbula inferior los externos, no mas anchos que cada uno de los medios. (Pl. XI. fig. 1.)

1. Del cráneo.

Tenemos en el Museo público de esta especie el cráneo completo, regalado por el Sr. Dr. D. Franc. Xav. Muñiz, que prueba por sus dimensiones y la comparacion con la mandíbula inferior completa de la segunda especie, que el tamaño general del animal ha sido casi el mismo de las dos. Pongo acá las medidas principales de las dos especies en pulgadas inglesas, para compararlas exactamente con las de Owen de su cráneo.

	Toxod. platensis			Tox. Burmeisteri		
Longitud total del cráneo...................	2'	4"		2'	4"	8'''
Latitud entre los arcos zigomáticos..........	1'	4"		1'	4"	
Altura del llano ocipital		10"			10"	5'''
Latitud del mismo llano....	1'			1'		
Distancia de la esquina exterior de los condilos						
ocipitales...............................		8"	6'''		7"	4'''
Longitud del llano del paladar............. ...	1'	6"		1'	7"	
Latitud mas grande del mismo................		6"			6"	9'''
Longitud de las muelas superiores............		8"	6'''		9"	
Anchura de la apertura posterior de la nariz....		3"	9'''		3"	2'''
Anchura de la apertura ocipital...............		3"			2"	6'''
Longitud total de la mandíbula inferior	1'	10"		1'	10"	6'''
Anchura entre los condilos.	1'	2"	6'''	1'	1"	
Longitud de la sínfisis...............		10"			12"	3'''
Longitud de las muelas inferiores.............		8"	9'''		9"	3'''
Altura del ramo ascendente condiloides........	1'	2"		1'	1"	3'''

La comparacion de las medidas prueba que no son iguales en sus relaciones las dos especies entre sí, siendo el *Tox. Burmeisteri* mas largo en su cráneo, pero menos ancho que el *Tox. platensis*. Si esta diferencia es general para todo el cuerpo, podemos concluir, que el *Tox. platensis* ha sido un animal mas grueso y probablemente de todo mas robusto que la otra especie, lo que parece indicar tambien la diferencia entre los dientes incisivos, que son mas prominentes y fuertes en la primera que en la segunda.

La forma general del cráneo ya es bien conocida por las figuras de OWEN, y su comparacion completa, con los cráneos de los otros cuadrúpedos. El célebre naturalista encuentra una analogia muy sorprendente con el cráneo de los Roedores, y esta analogia se presenta tambien en nuestras figuras de la lámina IX, pero fijándose en la vista del cráneo completo del lado (lam. X. fig. 1.) ya pierde mucho la dicha analogia en valor. Para mi modo de ver, el cráneo del Rinoceronte es el mas parecido; pero hay tambien diferencias muy grandes entre la configuracion del Rinoceronte y Toxodonte, lo que prueba claramente, que es un animal particular y diferente de todos los actualmente conocidos.

Como al cráneo figurado y descripto por OWEN ha faltado toda la superficie vertical, su representacion no podria ser completa con respecto á la configuracion de la nariz, de la frente, del vértice y del llano occipital, que se ven completas en nuestras figuras.

La apertura de la nariz, tan ancha, que ya ha llamado tanto la atencion de

34

Owen, se distingue por una figura muy particular de la de todos los cuadrúpedos; la única analogia próxima es la nariz del Rinoceronte, sea por la altura de los huesos nasales, ó sea por la elevacion en el medio del hueso incisivo, que se encuentra indicado en algunas especies actuales de este género, y
mas completa en el *Rhin. tichorrhinus* del diluvio Europeo. Es verdad, el hueso
intermaxillar que incluye los incisivos, es mucho mas grande en el *Toxodon*
que en el Rinoceronte, en el cual nunca se toca este hueso con los de la nariz;
pero la ley general de la construccion de los Pachydermos, es que se tocan
los dos huesos, y en este punto el Rinoceronte no está en completa analogia
con el tipo de su grupo. La elevacion en la figura de una cresta gruesa y obtusa que se ha formado sobre la sutura media obliterada de los huesos intermaxillares del Toxodon (Lam. IX. y X. fig. 1.) no puede indicar otra cosa que
un tabique de la nariz (*septum narium*) muy fuerte, y probablemente una cresta igual externa en el medio de la nariz, imitando mas ó menos el cuerno del
Rinoceronte. La altura de la punta prominente de los huesos nasales, su grosor sorprendente y principalmente una protuberancia longitudinal interna en
figura de cresta obtusa, correspondiente á la cresta de los huesos intermaxillares, indica tambien un cartílago del tabique muy fuerte en esta parte de la
nariz, que puede soportar una parte exterior elevada en figura de cresta, cubierta con cuero grueso calloso.

Que la nariz del Toxodon ha tenido tal configuracion, me parece evidente
por la figura de los huesos, que sostienen los cartílagos constituyentes de la
nariz elástica externa de los animales.

La frente de Toxodon es cuadrangular con superficie llana, algo escavada
en el medio y prolongada hácia adelante como hácia atrás, uniéndose insensiblemente con la nariz como con el vértice, y formando con ellos un llano comun muy poco ascendente al estremo posterior. Dos callos perpendiculares
bastante gruesas con esquinas superiores prominentes, pero obtusas, separan
la parte anterior de las órbitas del lado de la mandíbula, y entre estos callos y
la mandíbula, se forma un grande agujero suborbitario (*foramen infraorbitale*), que por su estension muy considerable (siendo de dos pulgadas de diámetro perpendicular y pulgada y cuarto de diámetro horizontal), prueba que
el animal ha tenido lábios muy gruesos y carnosos. La posicion muy hácia
atrás de este agujero, inmediatamente bajo el canto orbitario anterior; es un
carácter que distingue el Toxodon del Rinoceronte, como de los otros Pachydermos, imitando en esto al Elefante, con el cual se toca el Toxodon tambien
por la presencia de una espina orbital posterior muy prominente, que falta
igualmente al Rinoceronte. Asi se forma un arco superciliar grueso muy pro-

minente *), encorvado un tanto al interior, y terminado al fin por la espina orbitaria posterior, que se divide por un surco concéntrico con el arco superciliar en dos eminencias, una anterior mas prominente y una posterior mas obtusa, de la cual sale la cresta obtusa semicircular, que separa la fosa temporal del vértice. Cada una de las dos crestas tiene una direccion directa al interior, uniéndose las dos en el medio del vértice, en una cresta sagital no muy alta, que corre sobre el vértice hasta el occipite, en donde se divide la cresta de nuevo en dos ramos divergentes, que se unen con las esquinas superiores del occipital. Asi se conserva del llano vertical nada mas que la parte anterior triangular, que se une con la frente, en la altura de la espina orbital posterior.

De la circunferencia del occipital no fué conocida hasta hoy sino la parte inferior al lado del agujero occipital, y por esta razon OWEN ha descripto el llano occipital mucho mas inclinado hácia adelante, que lo está en realidad. El llano está en verdad perpendicularmente colocado con márgenes elevadas y reclinadas en toda su circunferencia superior y lateral, formando una figura transversal elíptica de 12 pulg. de ancho y 10 pulg. de alto (lam. IX. fig. 3.). En la parte central superior de la circunferencia está una línea casi recta horizontal, terminándose en dos esquinas obtusas, con las cuales se unen las partes posteriores divergentes de la cresta vertical. Abajo de estas esquinas forma la circunferencia del occipital á cada lado, una curva casi regular semicircular, y desciende en este modo hasta los grandes condilos occipitales, que terminan el occipital al estremo inferior. Al lado externo de los condilos se ven en nuestra figura dos tubérculos muy fuertes, cónicos descendentes, que representan la parte mastoides del hueso temporal. Subiendo del agujero occipital grande de figura transversal elíptica, el hueso occipital forma un llano unduloso, muy grueso, inclinado hácia adelante, que se divide despues mas arriba, en dos prolongaciones gruesas divergentes, perpendicularmente ascendentes, de figura de mano de mortero, que se continuan hasta las esquinas superiores de la circunferencia del occipital. Entre ellas se presenta en la parte central bastante concava del occipital, otra protuberancia elíptica menos gruesa, que por su superficie áspera, demuestra que se ha atado en ella un fuerte ligamento cervical. Dos surcos semicirculares dividen la parte superior de la dicha protuberancia en tres secciones; una media angosta y dos laterales, poco mas anchas,

---

*) En el *Tox. platensis*, OWEN ha observado en este arco superciliar una textura particular rugosa que nuestro cráneo no tiene. El sábio circunspecto presume, que las órbitas fueron provistas con una callosidad prominente, lo que parece muy probable por la configuracion particular de la nariz en nuestro cráneo.

encorvadas. La parte externa del occipital, al lado de las dos gruesas protuberancias laterales divergentes, es muy profunda, excavada, y deduce en un agujero grande de figura de embudo, que se disminuye poco á poco al interior y entra con una perforacion pequeña oblicua á la cavidad cerebral del cráneo *).

La figura lateral del cráneo ya es bien conocida por la representacion de Owen, pl. II. de su obra. Las diferencias que se demuestran entre las dos figuras, la nuestra y la de Owen, son específicas, teniendo el cráneo nuestro un arco orbital anterior mucho mas delgado, y en consecuencia un agujero infraorbital mucho mas grande que el de Owen. Esta diferencia está en completa armonia con el tipo mas gracil de nuestra especie. En ella el canto anterior orbital forma un semicilindro de un pulgar de ancho, perpendicularmente descendente, con cresta externa prominente, no como en el *Tox. platensis* una lámina ancha gruesa, que. segun el dibujo, debe hacer una anchura de 2½ pulgadas. Atrás de este cilindro está en la parte superior la abertura ancha de la gotera lagrimal, que se presenta tambien en nuestra figura muy arriba; una otra gotera pequeña mas abajo conduce á la cavedad del hueso maxillar, y sale á fuera mas adelante con dos agujeritos al lado externo. Todas estas partes se presentan bastante diferentes en la figura de Owen, y prueban claramente la diferencia específica. No son diferencias de la edad, porque el cráneo mio ha pertenecido á un individuo mas viejo que el de Owen, como lo demuestra la falta de muchas suturas entre los huesos del cráneo en el mio y la presencia de tales suturas en el de Owen; solamente de algunas suturas se han conservado restos, es decir, de las principales. Pero el cráneo de un individuo mucho mas jóven que tengo á la vista, demuestra todas las suturas, y tambien algunas que faltan en la figura de Owen. Sin embargo, aun en este cráneo no he visto ninguna sutura distinta para el hueso lagrimal, que tampoco Owen no ha encontrado en su cráneo; lo que prueba, que este huesecillo es muy pequeño, y que él se une con el hueso frontal ya en un estado muy jóven del animal **). Por este cráneo juvenil se demuestra tambien, que toda la parte anterior del

---

*) No conosco ningun animal que pueda compararse con la organizacion descripta del llano occipital del *Toxodon*; la analogia con los Cetaceos herbívoros, que Owen quizo deducir de la inclinacion de la parte inferior del occipital, se pierde completamente por la configuracion de la parte superior y la construccion general del animal completo. Mas vecino me parece el occipital del Rinoceronte y del Hyrax, y el mismo del puerco; pero en todos estos animales el diámetro perpendicular es muy grande, y siempre mas grande que el diámetro horizontal transversal. Parece que hay algunas analogias tambien con el Hipopotamo.

**) La pequeñez del hueso lagrimal es un carácter que une el *Toxodon* mas con el Elefante que con el Rinoceronte y los otros Pachidermos. Muy pequeño es este hueso tambien en los Cetaceos herbívoros, pero relativamente mas grande, que lo que parece haber sido en el *Toxodon*. La analogia con el Elefante es la mas vecina.

canto orbital pertenecía al hueso maxillar, y que el hueso zigomático principia en medio del lado interior del dicho canto, descendiendo la sutura que
separa el zigomático del maxillar superior, casi concéntrico con la esquina anterior prominente del canto hasta abajo, y despues volviendo en un arco hácia
atrás, separando de este modo la parte ancha del arco zigomático de la mandíbula superior. Hay vestigio de esta sutura en la figura de OwEN, pero ninguno en la nuestra, porque el individuo mio figurado ha sido de edad mas
provecta *).

No hablaré mas del hueso incisivo y hueso maxillar superior, porque OwEN
los ha descripto suficientemente; la única cosa que debo advertir al lector es,
que los alveolos de los dos dientes incisivos medios superiores, no están puestos en el mismo nivel que los laterales, sino sobre ellos, y que por esta razon
OwEN no ha visto los dichos alveolos en su cráneo completos, y en consecuencia los ha descripto mas pequeños que lo que son verdaderamente. Sin embargo, los incisivos medios superiores son poco mas angostos en el *Tox. platensis*
que los laterales, pero no tanto como ha creido OwEN, por falta de la parte
principal superior del alveolo, siendo estos dientes casi igualmente anchos
en las dos especies. Los del *Tox. platensis* tienen 0,047, los del *Tox. Burmeisteri* 0,050 de diámetro transversal; pero los laterales del primero son de 0,055
anchos, y los del segundo de 0,035, segun los ejemplares conservados en nuestro Museo.

El paladar huesoso estaba bien conservado en el cráneo descripto por OwEN,
y no presenta grandes diferencias específicas. El mio es muy concavo en toda
su estension, y tiene una cresta longitudinal media en la parte posterior, que
falta al paladar del *Tox. platensis*. En el medio del paladar hay dos agujeros
palatinos, de los cuales sale un surco de cada uno hácia adelante, pero estos
agujeros corresponden en el *Tox. platensis* al fin de la penúltima muela, y en
el *Tox. Burmeisteri* al fin de la antepenúltima. La parte anterior del paladar
tiene en la línea media un surco bastante pronunciado que se divide en tres
secciones desiguales, una media pequeña mas corta, y dos otras mas prolongadas; de estos surcos se ven en la figura de OwEN, solamente el anterior mas

---

*) La descripcion del célebre anatomista (l. l. pag. 25.), dá cuenta de la union del hueso zigo-
mático con el maxillar en el mismo modo, como lo he descripto. La grande estension de la parte
zigomática del hueso temporal y su direccion descendente compara OwEN al tipo de la *Cetacea
herbivora*, desviando el Toxodon por estos caractéres mucho del tipo de los *Pachydermata* y tambien del Elefante. Para mi modo de ver, el arco zigomático de los puercos es de la misma configuracion general, pero con la diferencia que el hueso zigomático es relativamente mas grande, y la
apófisis zigomática del hueso temporal relativamente mas pequeña en los puercos que en el Toxodon. Depende esta diferencia de la prolongacion sorprendente de la fosa temporal al detras en
nuestro animal.

pronunciado, y antes él los dos agujeros incisivos, que son tambien presentes en mi cráneo atrás de los incisivos intermedios.

Las suturas que separan los huesos intermaxillares y palatinos del hueso maxillar superior, se han conservado tambien en mi cráneo y corren del mismo modo como en el de Owen, pero la parte posterior del hueso palatino con las alas terigoides parece mas corta en el mio que en el de Owen, y relativamente mas ancha. Ninguna otra diferencia existe, porque la falta de la esquina media posterior prominente del paladar en la figura de Owen se duduce de la ruptura, que se significa acá claramente.

En la parte posterior del fondo del cráneo, que se llama la *basis cranii*, no hay tampoco diferencias notables. El centro, que se forma principalmente por el cuerpo del hueso occipital, es muy grueso, levantándose en figura de tubérculo longitudinal elíptico provecto á cada lado con una tuberosidad áspera, que indica los puntos en donde los músculos cervicales se han atado al hueso. En el de adelante salen de los lados de este tubérculo longitudinal dos crestas muy agudas y altas, que son las apófisis terigoides, uniéndose con los huesos palatinos. Entre ellas y los dichos huesos está la grande apertura nasal posterior, de la cual la parte superior está hecha por el cuerpo del hueso esfenoides, que dá orígen acá á las dichas apófisis terigoides. Al lado externo de estas dos apófisis, son dos aberturas irregulares, una á cada lado, que conducen á la cavedad del cráneo y corresponden al agujero rasgado (*foramen lacerum*), con el cual se han unido los otros agujeros vecinos mas pequeños. Inmediatamente atrás de estos dos grandes agujeros está una excavacion profunda á cada lado de la *basis cranii*, que incluye un huesecillo cilíndrico, con el cual se une el aparato huesoso de la lengua por la hasta hiodes. Por falta de dicho huesecillo en una de las escavaciones, he creido que ambas estaban perforadas en el fondo, y he dibujado de este modo mi fijura (lám. IX. fig. 2.), pero despues he comprendido que no hay perforacion ninguna en esta excavacion, sino un huesecillo que se levanta en ella como un pequeño majadero. Una cresta aguda descendente que sale adelante de la dicha excavacion, y desciende en figura de una hasta muy abajo de la *basis cranii*, corresponde á la apófisis estiloides. En nuestra figura (lám. IX. fig. 2.), la punta descendente está rota en cada una de las dos apófisis. Atrás de la dicha excavacion hay tres agujeros desiguales á cada lado de la *basis cranii*, que la perforan entre el hueso temporal y occipital. El primero mas grande es para mí el orificio externo del conducto carotideo, los dos otros deducen á la parte posterior de la cavidad del cráneo, inmediatamente ante el grande agujero occipital, y corresponden á los agujeros condiloides. Al lado externo de estos agujeros desciende un tubérculo muy fuerte, bastante deprimido de adelante hácia atrás, que es la grande apófisis mastoides, rota en nuestra figura en la punta, y por esta razon ménos alta que en su estado íntegro. Forma tambien una protu- berancia á cada lado del occipital, con el cual se une la parte externa del mismo hueso. Pero en la vista del lado (lám. IX. fig. 1.) se vé, que entre el occipital y el temporal, al cual pertenece la apófisis mastoides, hay dos surcos perpendiculares que separan la porcion mastoides sea del occipital, sea de la porcion escamosa del temporal. Estos dos surcos suben muy arriba, y se unen con la grande abertura externa del conducto auditivo. En la parte inferior de los surcos hay otras aberturas, una en cada surco, que corresponden á los agujeros mastoides. La figura mia (lám. IX. fig. 1.), indica solamente los surcos y el orificio auditivo ; los otros agujeros están muy retirados en el fon- do de los surcos, y no se ven por esta razon. Pero otro carácter particular está indicado muy bien, tanto en nuestra figura como en la de Owen (pl. II.), y consiste en que los lados de la cavidad del cráneo, bajo el arco zigomático, no están cerrados por una pared huesosa, sino por una membrana, formando entre el hueso frontal, el hueso maxillar superior, y las álas esfenoides supe- riores una grande abertura transversal elíptica, de la cual solamente la parte anterior es visible en dichas figuras, y que fué cerrada durante la vida del animal por membrana fibrosa. Sin embargo, esta pared membranosa no per- tenece á la cavidad craniana, sino á la cavidad de la nariz, que tiene una estension muy grande, provista tambien con grandes senos frontales, que se ven abiertos en la figura de Owen (pl. II.). No hay razon para entrar en un exámen mas escrupuloso de esta parte del cráneo, porque nada del interior de la nariz se ha conservado en nuestro cráneo ; el todo está un vacio, separa- do de la cavidad de los sesos por una pared huesosa muy fuerte, que no puedo describir sin sacrificar el cráneo íntegro al exámen científico.

La mandíbula inferior del Toxodon no es conocida hasta ahora completa. La figura de Owen, de una especie diferente en la lám. V. de su obra, no representa mas que la parte media del ramo horizontal, con las muelas y las raices de los incisivos. En nuestro Museo hay dos mandíbulas inferiores com- pletas, la del *Tox. Burmeisteri* y la del *Tox. platensis*, las dos son muy pareci- das una á otra, pero diferentes en algunos caractéres insignificantes. Descri- biremos primeramente la figura general de las dos.

El ramo horizontal que lleva los dientes, es muy fuerte, y se divide natural- mente en dos porciones ; la anterior, que incluye los incisivos, y la posterior con las muelas. La porcion anterior ó incisiva se presenta vista del lado (pl. X. fig. 1.), como una cuchara grande y ancha, separándose de la parte pos-

terior por un restringido en toda la circunsferencia de la mandíbula y principalmente en los dos lados y en la parte inferior. Su lado superior es escavado
(pl. XI. fig. 4.), para recibir la lengua y la márgen anterior poco mas aguda,
para unirse bien con los incisivos, que salen de él, continuando la misma direccion de la parte inmediata de la mandíbula. En la parte posterior de la márgen
superior bastante gruesa, se presenta el pequeño colmillo, y atrás de él la primera muela, que está puesta mas adelante que la escision del lado inferior de
la mandíbula que separa la porcion incisiva de la porcion molar. En este punto la mandíbula es muy angosta, lo que se vé muy claramente en el aspecto
del lado superior (pl. XI.)

La porcion posterior ó molar es compuesta de dos ramos divergentes hácia
atrás, unidos entre sí en el principio por la sínfisis de la barba (*symphysis men-
talis*), que se estiende hasta el medio de la fila de las muelas. Cada uno de los
dos ramos está comprimido en direccion lateral, y se estiende poco á poco
mas hácia su altura; él tiene una márgen superior mas angosta y una márgen
inferior bastante gruesa y redondeada que tiene la figura de un arco regular
encorvado. La sínfisis ocupa casi la mitad de la del ramo molar, y tiene al
fin posterior una grande abertura, que conduce en el interior de la mandíbula hasta las raices de los incisivos. Al lado externo de cada ramo molar se
vé otra abertura elíptica casi en el medio del ramo, que corresponde al agujero barbado (*foramen mentale*) del hombre. Toda la márgen superior de la
porcion molar del ramo horizontal, está ocupado por las muelas.

El ramo perpendicular ó ascendente es bastante mas ancho pero tambien
mucho mas delgado que el ramo horizontal. Se une con él sin interrupcion
pronunciada, continuándose la curva de la márgen inferior del ramo horizontal inmediatamente de la curva de la márgen posterior del ramo perpendicular. Esta márgen es poco mas gruesa que la lámina media del ramo, y tambien
poco mas reclinada al exterior; su esquina es bastante aguda en la parte inferior de la circunferencia, formando allí algunas protuberancias irregulares,
de las cuales sale una línea elevada, como una lista oblícuamente sobre el lado
externo del ramo horizontal, perdiéndose poco á poco por ser mas baja y menos aguda, hasta el agujero barbado. Al lado interno tiene el ramo ascendente una grande abertura elongada perpendicular, que es el orificio posterior
del conducto dentario, terminándose en el agujero barbado. La parte superior del ramo perpendicular se divide al fin en dos prolongaciones, la anterior
delgada y punteaguda de figura triangular, que es la coronoides y la posterior muy gruesa al fin de la figura de un majadero transversal, que es el condilo mandibular. La prolongacion coronoides está rota en las dos mandíbulas,

y no se conoce por su figura particular, pero su márgen externa se ha conservado, y manifiesta una incrasacion en figura de una lista obtusa al lado exterior, que desciende hasta la última muela de abajo, y un tubérculo pequeño bastante sobresaliente al lado interno, poco mas arriba de la misma muela.

En todas las cualidades mencionadas, las dos mandíbulas son conformes *), pero hay diferencias entre ellas, que se presentan claramente por la vista de arriba, como son figuradas las dos mandíbulas en la fig. 4. y 5. de la lámina XI. Así vista, la mandíbula del *Tox. platensis* ,fig. 4.) es mas gruesa en la porcion incisiva y su escavacion para la lengua mas ancha en el medio que la de la otra especie (fig. 5.). Esta tiene ramos horizontales mas largos, pero ramos perpendiculares menos altos, y condilos mas gruesos. Tambien es la sínfisis de la barba mas larga en el *Tox. Burmeisteri* que en el *Tox. platensis*, y por esta razon el ángulo de los ramos horizontales divergentes es menos abierto en este que en aquel.

Contemplando las dos mandíbulas de lado, se presenta el ramo ascendente perpendicular poco mas retirado de la última muela en el *Tox. Burmeisteri* que en el *Tox. platensis*, y el canto encorvado grueso al lado de la dicha muela, poco mas elevado en este que en aquel. Pero la anchura del ramo perpendicular es igual en los dos, es decir de siete (7") pulg. inglesas. Otras diferencias notables no he observado.

2. De la dentadura.

La construccion de los dientes del *Toxodon* es muy particular y diferente de todos los Mamíferos conocidos por el carácter, que la capa del esmalte en la superficie del diente no es continua, sino interrumpida por vacíos en la circunferencia del diente, que se presentan siempre en las puntas mas prominentes del contorno de la corona. Esplicaremos mas tarde esta particularidad, especificándola en cada diente, y hablemos primeramente de la figura general de los dientes, que es no menos particular entre los Ungulatos. El diente del Toxodon no tiene raíz ninguna, y se presenta de arriba hasta abajo de la misma figura. En este punto de su organizacion el diente de Toxodon corresponde mas al diente de algunos Roedores que al tipo de los Pachider-

---

*) Comparando la figura general de la mandíbula inferior del Toxodon con la de los Pachidermos, no se encuentra ningun género actual mas parecido que el del *Hyrax*; pero este tiene un ramo horizontal mucho mas corto y un ramo perpendicular relativamente mas ancho. El del Rinoceronte es tambien parecido, pero al contrario, su ramo perpendicular es menos ancho, y la porcion incisiva del ramo horizontal no tan pronunciada como parte separada.

mos, porque estos (los Pachidermos) forman al fin inferior del diente raíces de
que carece, es verdad, en la juventud del animal, pero se forman con la edad
provecta, y son siempre presentes en la senectud. Pero entre los Roedores
hay muchas clases, como las Liebres (*Leporini*), las Preas (*Cavini*), la Vizcacha (*Lagostomus*), el Coypo (*Myopotamus*), y otros que nunca forman raíces
de figura cónica á sus dientes, conservando por toda la vida la misma
figura general del diente, es decir, un estremo inferior abierto incluyendo
la matriz del diente, que lo forma por perpetua regeneracion en su superficie.
Lo mismo ha sucedido con el *Toxodon;* su diente se ha regenerado por toda
la vida, aumentándose al fin inferior del mismo modo que se ha gastado su
substancia en el estremo superior por la friccion al comer.

No entraremos mas en el exámen de los dientes segun su estrúctura interior, porque Owen los ha esplicádo suficientemente, pero no ha conocido tan
bien este sábio distinguido la figura de todos; aun la existencia de dientes
caninos ó colmillos débia escapársele, porque no tenia á la vista una mandíbula inferior perfecta.

El número completo de la dentadura es de veinte en cada mandíbula, es
decir, cuarenta por todo, número que se divide de este modo: el de los incisivos es de cuatro en la mandíbula superior, y de seis en la inferior, y el número de las muelas siete á cada lado en la mandíbula superior, y seis en la
inferior, siendo el número de los colmillos uno á cada lado en cada mandíbula,
pero los de la mandíbula superior se pierden pronto con la edad avanzada
del animal. La fórmula de la dentadura regular es entonces: incisivos$\frac{4}{6}$,
colmillos$\frac{0-0}{1-1}$ muelas,$\frac{7}{6}\frac{7}{6}$

Los incisivos son diferentes en su figura segun las diferencias específicas,
pero el número es igual en las especies. Los del *Toxodon Burmeisteri*, de los
cuales hablamos acá sólamente, son mas desiguales en la mandíbula superior,
pero menos desiguales en la inferior, que los mismos del *Tox. platensis*. He
dado una figura de los incisivos de la primera especie lám. XI. fig. 1., vistos
de adelante, y fig. 4. los de la mandíbula inferior vistos de arriba. Se vé claramente que los medios de arriba son mucho mas anchos que los láterales, y
los externos de abajo iguales en anchura á cada uno de los medios. En la
mandíbula superior el diente externo es triangular prismático, pero encorvado y colocado en la mandíbula, de manera que su parte principal está abajo
del incisivo medio de su lado, lo que es un carácter general de Toxodon, cómo
ya he dicho antes en la descripcion general del cráneo. Los alveolos de los
incisivos medios están puestos sobre los alveolos de los incisivos laterales, y

la direccion general de estos es oblícua, pero la de aquellos perpendicular. De los tres lados del incisivo externo el anterior es 0,038 de ancho, el externo 0.025 y el interno ó pósterior 0,035; los dos primeros están tapados con una capa de esmalte que forma en la esquina externa anterior un ángulo redondeado, el lado interno no tiene capa de esmalte ninguna, y tambien del lado anterior falta el esmalte inmediatamente ante la esquina interna, pero la dentina de estas partes está cubierta con una capa fina de cimento amarillo. como en la superficie de todos los dientes de Toxodon en donde falta el esmalte. El incisivo medio es de figura transversal elíptica, pero mucho mas ancho que grueso ; su diámetro transversal es 0,05. y su diámetro longitudinal 0.016. Tiene solamente en el lado externo una capa de esmalte, que no se continua hasta el ángulo interno encorvado del diente, dejando toda la curva de este ángulo desnuda; pero en el ángulo externo, poco mas obtuso, el esmalte se continua hasta el medio de la esquina del diente. El esmalte de la superficie anterior no es igualmente encorvado, sino desigual, formando en el medio del diente una escavacion longitudinal, y al lado interno de ella una elevacion obtusa paralela, lo que dá al diente entero una figura ondulada. Los alveolos de los cuatro incisivos superiores pasan por todo el hueso incisivo, y los dientes tienen segun su curva, una estension de 8 pulg. (0,21) mas ó menos.

Los incisivos de la mandíbula inferior son menos curvos, pero bastante mas largos que los de la superior, cada uno sobrepasa 9 pulg. (0,24), pero la anchura es casi igual en todos, de 1⅓ pulg. (0,035). Los dos externos son diferentes de los cuatro internos por su figura como por su construccion, y puestos mas arriba sobre los otros. La figura es mas directa, menos corvada, y la direccion de la curva hácia abajo ; tienen no solo una superficie convexa inferior, sino tambien una concava superior. Esta está tapada por una capa de esmalte en toda su anchura, pero la inferior no tiene mas que la mitad esterior tapada con esmalte, cuya capa no está unida con la superior, como en los incisivos externos superiores, sino separada de la superior por un vacio angosto en toda la esquina externa superior del diente. Al fin anterior tiene este incisivo externo siempre dos superficies masticatorias, una semilunar ó semicircular al fin mismo, practicada por la friccion del incisivo superior externo, y una longitudinal á la esquina redondeada interna, practicada por la esquina externa del incisivo medio correspondiente superior. Los otros cuatro incisivos inferiores son iguales entre sí, llanos en la superficie, no concavos, y poco mas corvados, pero la curva vá hácia arriba. Cada uno tiene solamente una capa de esmalte al lado inferior ó externo, y una sola superficie masticatoria al fin, que es de figura triangular, con la esquina externa mas prominente, porque los cuatro solo se tocan con los dos incisivos superiores medios.

La existencia de dientes caninos, ó colmillos, en el Toxodon, no ha sido conocida hasta hoy, y la supuesta carencia de ellos ha dado motivo errado para atribuir un carácter particular á este animal, aproximándole mas á los Roedores que á los Pachidermos, entre los cuales, con escepcion del Rinoceronte é Hyrax, estos dientes son generalmente presentes. Pero el Toxodon ha tenido tambien colmillos, que se han perdido pronto en la mandíbula superior con la edad del animal, y fueron persistentes por toda la vida en la mandíbula inferior. En la mandíbula superior se vé en lugar de estos dientes solo un callo elíptico á cada lado, en donde el hueso incisivo se une con el hueso maxilar, (lám. IX. fig. 2. X.). Este callo es para mi modo de ver el alveolo del colmillo caido, que se ha llenado despues con substancia huesosa. La sutura, que divide el hueso incisivo del hueso maxilar, pasa transversalmente por este callo, lo que indica su naturaleza como alveolo llenado claramente. Un surco al lado externo del callo, avisa la posicion anterior del diente. En oposicion con este callo hay en la mandíbula inferior un pequeño colmillo cilíndrico (lam. X. fig. 1.), que sale un poce de su alveolo en direccion oblícua inclinado adelante, teniendo su superficie manducante muy gastada de figura elíptica. Esta superficie parece tocarse con el callo en la mandíbula superior, es decir, con la encia callosa que ha cubierto el callo huesoso y que se ha levantado probablemente un poco sobre la parte inmediata menos callosa de la encía. La estructura de este colmillo pequeño es diferente de la de los otros dientes, por no haber ninguna capa de esmalte en toda su superficie, es conforme en este punto al grande colmillo del Elefante, que presta la substancia del enamel, que no es otra cosa que una dentina fina y muy dura. Pero la superficie externa del colmillo del Toxodon está cubierta con una capa fina de cimento de color rojo-amarillo que cubre tambien las partes de la superficie de los incisivos y muelas, que no están tapados con esmalte. El colmillo no presenta otros caractéres particulares; pero que su existencia no sea casual sino regular, está probado con las mandíbulas inferiores que tengo á la vista, las cuales contienen dichos dientes y de igual configuracion.

Las muelas del Toxodon tampoco fueron conocidas hasta ahora completamente; al cráneo descripto por Owen han faltado todas, asi es que el autor no conocia mas que los siete alveolos de la mandíbula superior, y una muela separada, encontrada por Darwin en la barranca del Rio Tercero, con una otra de la del Rio Paraná, cerca de la antigua capital de la República. El cráneo mio tiene todas las muelas completas, vista en su posicion natural, lám. IX.

fig. 2, y separadas con el contorno de la superficie masticatoria, lám. XI. fig. 9. Esta segunda figura dá la relacion del esmalte en la circunferencia de cada muela mas exacta que la otra ; porque el litógrafo, trabajando distante de mí en Europa, segun mis dibujos, los ha interpretado, en este punto, con poca fidelidad, uniformando las diferencias especiales, y produciendo, sin advertirlo, un tipo general no exacto. Por esta razon me he visto obligado á dejar ejecutar una parte de la lámina XI. de nuevo.

El carácter general de las muelas de la mandíbula superior, ya lo ha descripto Owen, derivando de su figura muy corvada el nombre científico del animal. En verdad, no existe otro algun Mamífero con muelas tan corvas que este ; el único semejante es el *Nesodon*, del cual hablaremos mas tarde especialmente. Dice Owen, con razon, que los animales mas vecinos por la figura general de la muela, son algunos Roedores, como los Cavini y la Vizcacha, pero que la curva de las muelas en estos no es tan pronunciada, ni inclinada hácia el interior, como en el Toxodon, sino al exterior.

La superficie masticatoria de las muelas del Toxodon es tambien muy particular, formando no una superficie horizontal, como generalmente forma, sino una cóncava oblicua, puesta contra el eje de la muela, con la parte exterior mucho mas descendente, y la parte interior casi horizontal. Depende este carácter particular de la diferencia grande que existe entre las muelas superiores y las inferiores ; diferencia que está del todo en oposicion con el tipo de los Roedores, que tienen muelas bastante iguales, con algunas escepciones, pero trastornadas con sus dos lados en las dos mandíbulas.

No es de esta naturaleza la diferencia entre las muelas de arriba y de abajo en el Toxodon; es una diferencia completa y fundamental tanto de tipo como de figura, siendo las de la mandíbula superior anchas y triangulares en la superficie masticatoria y las de la mandíbula inferior angostas y alargadas, tocándose cada una de las inferiores solamente con la parte interior de la superficie masticatoria de la muela superior opuesta.

Respecto á la figura particular de las siete muelas de la mandíbula superior se vé claramente por nuestra representacion, lam. XI. fig. 9. que cada una tiene su figura propia, y que ni dos de entre ellas son completamente iguales.

La primera muela es cilíndrica, muy pequeña, de 0,008 diámetro longitudinal, y tiene solamonto en el lado exterior una capa fina de esmalte.

La segunda muela es de figura oblongo-elíptica, 0,020 larga y tapada con una capa de esmalte bastante fuerte en la superficie, pero con una faja muy angosta en la interna.

Estas dos primeras muelas superiores no tienen pliegue ninguno en toda la circunferencia, pero las que siguen tienen pliegues al lado interior: la tercera, cuarta y última un pliegue solo, la quinta y sexta dos pliegues.

La tercera y cuarta muela son de figura romboides, con esquinas redondeadas; la tercera es 0,036 de largo, la cuarta 0,045, aquella 0,020 de ancho, y esta 0,025. Cada una tiene tres fajas longitudinales de esmalte en la circunferencia, una en el lado anterior, la segunda en el lado externo, la tercera en el pliegue, que es formado solamente por la capa del esmalte del lado interior.

La quinta y la sexta muela son del mismo modo parecidas entre sí, como la tercera y cuarta, pero no absolutamente iguales. La quinta es 0,065 de largo y 0,32 de ancho; la sexta 0,072 de largo y 0,036 de ancho. Tienen la misma figura general romboides, con esquinas redondeadas, pero el anterior es mucho mas ancho que el lado posterior, y el lado interno tiene dos pliegues desiguales. Cada una muela está tapada tambien con tres fajas de esmalte, pero cada una de las tres fajas es mucho mas ancha que en las muelas precedentes. La faja anterior se concluye antes de la esquina, formando acá un surco fino en la superficie del diente; la externa cubre todo el lado externo del mismo, y hace dos ondulaciones pequeñas con su superficie, que dan al diente visto de lado una figura surcada, (lám. X. fig. 1.); la interna no tapa todo el lado interno del diente, sino solamente la parte media, formando dos pliegues desiguales, de los cuales la anterior es la mas larga. La parte de la muela entre los dos pliegues está mas apartada que las partes anterior y posterior de los pliegues, formando de este modo un surco muy ancho y profundo al lado interior de la muela.

Al fin, la última muela es la mas larga, pero no la mas ancha; su diámetro longitudinal es de 0,076, pero su diámetro transversal no mas que de 0,028. Tiene una figura general triangular, con esquinas redondeadas, y un solo pliegue muy hondo al lado interior. La superficie está cubierta con tres fajas *) de esmalte, iguales á las de las muelas antecedentes, con escepcion de la del lado interior que forma un solo pliegue muy agudo.

Los intervalos entre las fajas de esmalte son tapados con cimento fino rojo-amarillo en todas las muelas.

Las siete muelas unidas de la mandíbula superior tienen una longitud de 0,232 m. franc. (9 pulg, ingles.); en la otra especie ocupan los mismos dientes no mas que 0,216 (8¼ pulg.)

*) Las figuras de esta muela y de la antecedente, dadas por Owen en su descripcion del *Toxodon platensis*, representan la faja anterior del esmalte unida con la interior á la esquina anterior interna del diente, y lo mismo dice el autor en el texto pag. 20. El *Toxodon Burmeisteri* tiene acá en todos los dientes, una interrupcion del esmalte, que prueba muy claramente las diferencias específicas de las dos por cada muela.

Las muelas de la mandíbula inferior (lám. XI. fig. 4.) parecen relativamente mas largas, pero son mucho mas angostas que las superiores; la longitud de las seis unidas es de 0,0230, lo que indica que con respecto á la falta de la primera muela de la mandíbula superior, que cada una de las seis inferiores debia superar á cada una de las seis correspondientes de la mandíbula superior. Pero no es así; al contrario, las muelas superiores son mas largas que las inferiores, pero la posicion oblícua de las superiores en la mandíbula y la posicion directa de las inferiores, hace parecer estas mas largas que aquellas.

La primera muela inferior corresponde á la primera superior y á la mitad de la segunda del mismo lado, y asi corresponden tambien las siguientes siempre á dos de la mandíbula opuesta; tiene esta muela una longitud de 0,019, y una anchura de 0,01 ; su figura es oblongo elíptica, y su lado externo tapado con una capa de esmalte.

La segunda muela inferior es 0,023 de largo pero no igualmente ancho, siendo su figura en el anterior mas angosta que al fin posterior; acá tiene una anchura de 0,012. Sus dos lados son en el medio poco corvados al interior, y el lado externo tapado con una capa de esmalte.

La tercera muela inferior tiene la misma figura, pero es considerablemente mas grande, siendo su diámetro longitudinal 0,030, y su anchura al estremo posterior 0,014. Su lado externo está cubierto con esmalte, el lado interno no tiene faja de esmalte, sino como todas las otras muelas una capa fina de cimento, en donde fálta el esmalte en la superficie.

La cuarta muela inferior es igual en figura y construccion á la quinta, pero un poco menor; tiene la cuarta 0,045 de largo, y la quinta 0,049; pero la anchura de las dos es casi igual, 0,021 de la cuarta y 0,022 de la quinta al fin anterior, en donde estas dos muelas y la última tienen su mayor anchura, no al estremo posterior, como la segunda y tercera. Cada una de estas dos muelas tiene un sulco profunco al lado externo, que separa la tercera parte anterior de las dos otras posteriores. Al lado interno forma cada una un ángulo agudo anterior sobresaliente, y atrás, en la parte mas angosta del diente, dos pliegues profundos. Esta parte del lado inferior es tapada con una capa de esmalte que principia atrás del ángulo anterior sobresaliente en un sulco, que corresponde casi al sulco externo de la muela; otra capa hay al todo lado externo, pero ni la esquina prominente anterior ni el fin redondeado posterior tienen una tal capa en su superficie.

La sexta y última muela es parecida á las dos precedentes por su figura general, pero mas larga, de 0,062, y menos ancha en el estremo anterior, de 0,020, porque la esquina anterior interna no sobresále tanto como en las precedentes. Tiene la misma figura general y la misma construccion, pero en el estremo posterior es menos ancha, y no encorvada al interior, como en las dos muelas precedentes, sino prolongado al posterior. Las dos capas de esmalte son de la misma figura que en las dos muelas precedentes. Esta construccion particular de las últimas muelas inferiores se representa bien en la figura 10. de la lámina XI. que demuestra la quinta y sexta muelas en la mitad del tamaño natural.

2. *Toxodon Owenii* Nob. *)

Toxodon platensis Owen. *Zool. of. the Beagle. I. pag. 16. pl. I.*
D'Orbigny, *Voyage etc. Tom. III., part. 4. pag. 143. pl. 9. fig.* 1–4. (Muela
    quinta derecha de la mandíbula inferior.)
Toxodon angustidens Owen. Report. of the sixteenth meet. of the brit. Assoc.
    for the advanc. of Science at Southampton. Sept. 1846. 65. (London.
    1847. 8.)

Comparando la descripcion y la figura en la obra citado de Owen con el cráneo completo de nuestra primera especie, queda probada suficientemente la diferencia entre los dos, y por esta razon no entramos de nuevo acá en un exámen comparativo de ellos. Nuestra coleccion carece de un cráneo completo de la segunda especie, pero tenemos la mandíbula inferior completa y la parte anterior de la superior con los huesos incisivos, de las cuales damos las figuras en la lámina XI.

La figura 2. demuestra los incisivos superiores de adelante y la fig. 5 los mismos del lado interior. La segunda figura demuestra especialmente que el incisivo externo es bastante mas ancho que el interno, siendo el diámetro transvarsal de aquel 0,055, y de este 0,046. En la noticia mencionada de Owen dice el autor, que el incisivo medio de su individuo es casi del mismo diámetro del exterior, es decir, dos pulg. ing. Tengo á la vista dos incisivos de un otro individuo de la coleccion del Sr. D. Manuel Eguia, mucho mas grande que el mio, en donde el diente medio es tambien de 2 pulg. (0,052) y el diente externo de 2½ pulg. (0,063), lo que corresponde muy bien á la relacion de los incisivos en nuestro individuo mas pequeño. Cada interior de estos dientes incisivos tiene una figura transversal elíptica de poco grosor, y está tapada con

---

*) Me he permitido llamar así esta especie, para dar un testimonio franco de mi veneracion á su descriptor primero, y porque su apelativo *platensis* se aplica con el mismo derecho á las otras especies tambien. Aun el segundo apelativo de *angustidens* no es mas significante, por ser los dientes de la primera especie muy poco mas anchos que de esta.

una capa de esmalte en la superficie externa, que no se estiende completamente hasta la esquina interna del diente, que es poco mas grueso del lado de esta esquina que en el medio mismo. Los incisivos externos son tambien triangulares, como en la primera especie, pero son mucho mas anchos; la superficie anterior y la externa de figura poco convexa, están tapadas con esmalte, aquella es 0,058 de ancho, y la externa de 0,023; la interna, tapada con cimento, tiene 0,050 de anchura. Al fin la superficie manducante del incisivo externo es muy desigual, formando una parte externa y anterior descendente y una parte posterior interna horizontal.

El Sr. Owen no ha creido que estos incisivos han pertenecido á su *Toxodon platensis*, por estar rotos los alveolos de los incisivos en el cráneo que describió. La mala conservacion del dicho cráneo lo ha engañado é inducido á creer, que los incisivos medios serian mucho mas angostos que los externos. Pero la direccion de los alveolos en el cráneo demuestra que los internos deben estar mas deteriorados que los externos, por estar superiores sobre ellos y mas expuestos á las fuerzas rompientes, y por esta razon se presentan como mucho mas angostas que lo que son en realidad.

La mandíbula inferior completa (fig. 3.) es tambien de un individuo pequeño, y los incisivos corresponden muy bien á los superiores de nuestra coleccion. Las diferencias generales entre ella y la mandíbula inferior de la otra especie ya quedan esplicadas; la actual es relativamente mas corta y mas alta por detrás, tiene una sínfisis de la barba menos prolongada, y un ángulo entre los dos ramos horizontales un poco mas abierto. El ramo perpendicular principia en la parte anterior, mas cerca de la última muela, y se une al detras con el ramo horizontal no tan insensiblemente por la continuacion del arco inferior del dicho ramo, sino por un ángulo obtuso, siendo el principio de la orilla posterior del ramo perpendicular casi una línea recta. Al fin, la parte media del ramo horizontal, que corresponde á las primeras muelas, es menos angosta y de figura menos curva al interior. Lo mismo sucede con la escavacion interna anterior para la lengua; es poco mas ancha detras, en donde principian las muelas en el *Tox. Owenii*, que en el *Tox. Burmeisteri*, en el cual esta escavacion tiene su anchura mayor en el estremo anterior, inmediatamente detras de los incisivos.

Estos dientes son diferentes por su figura, pero no por la construccion. Los exteriores son mucho mas anchos que los otros cuatro, y cubren por esta razon con su alveolo casi completamente el vecino. Cada incisivo externo inferior tiene tambien una figura triangular prismática, pero bastante llana; su esquina externa sobresale mucho al exterior á los otros incisivos, y su superfi-

36

cie masticatoria no está horizontal sino perpendicularmente colocada. Tiene una capa de esmalte en la superficie superior, que no se estiende del todo hasta la esquina interna del diente, y una otra capa en la mitad superior de la superficie externa, que se une con la superior inmediatamente en la esquina externa superior del diente.

Los colmillos son en todo parecidos á los de la otra especie, pero poco mas gruesos y colocados mas hácia adelante, acercándose mas al incisivo externo.

La figura y la construccion de las muelas es tambien muy parecida á las de la otra especie, y no hay otra diferencia que la relativa del tamaño. En general son poco mas pequeñas y relativamente mas angostas, pero como el individuo mio es de estatura menor, probablemente se pierde esta diferencia en los individuos mayores, á los cuales pertenecen los incisivos grandes antes descriptos. La relacion de las muelas entre sí, comparándolas con las de la otra especie, es la siguiente:

Número de las muelas.	Longitud.						Latitud.					
	I	II	III	IV	V	VI	I	II	III	IV	V	VI
Tozodon Burmeisteri	0,019	0,023	0,030	0,045	0,049	0,062	0,010	0,012	0,014	0,021	0,022	0,020
Tozodon Owenii.................	0,018	0,021	0,028	0,040	0,043	0,060	0,008	0,010	0,012	0,018	0,020	0,016

La medida de la latitud está tomada en el mismo lugar de cada muela, es decir, en la primera en el medio, en la segunda y tercera en la parte posterior mas ancha, y en las tres otras de la parte anterior.

No hay otra diferencia en la figura general de cada muela correspondiente, que la esquina interna de la parte anterior de las últimas tres muelas es un poco menos aguda y menos sobresaliente en esta especie que en la otra. Lo mismo sucede en cuanto á la construccion; las dos capas de esmalte son iguales en las tres posteriores, y de las tres anteriores la tercera tiene una faja angosta de esmalte en el surco interno, en donde la muela es de figura mas angosta en esta especie de *Tox. Owenii*, que falta á la misma muela de *Tox. Burmeisteri*.

3. *Toxodon Darwinii* Nob.

Acta de la Soc. Paleontol. Ses. 10. de Octubre. 1866. pag. XVI.

La descripcion que el Sr. Owen ha dado de una parte de la mandíbula inferior encontrada por el Sr. Darwin en Bahia Blanca, (*Zoology of the Voyaye of H. M. S. Beagle. I. pag. 29. pl. V.*) prueba muy claramente, que esta mandíbula no ha pertenecido á ninguna de las dos especies acá descriptas, lo que obliga de fundar en ella una especie separada, que progongo llamar con el apelativo de su descubridor.

La dicha parte de la mandíbula incluye todas las seis muelas, y de los seis incisivos la parte basal, lo que permite conocer muy bien los caractéres de estos dientes y compararlos con los de las otras especies.

El exámen hecho en este sentido prueba que la figura típica de los dientes del *Toxodon* se encuentra tambien en los de esta especie, pero que es diferente de todo la ejecucion del tipo.

Los incisivos son mucho mas angostos, pero tambien mas gruesos y no planos, sino triangular prismáticos, con esquinas obtusas y tapadas solamente en el lado inferior é interno de cada diente triangular con esmalte.

Las seis muelas son relativamente mas gruesas, principalmente en el medio y en la parte posterior, pero la diferencia indicada que la capa de esmalte cubre toda la superficie del diente sin interrupcion ninguna, es un error del pintor *). La primera muela no tiene pliegue ninguno, la segunda y tercera un pliegue de esmalte al lado externo, y las tres que siguen, este mismo pliegue y dos otros mas profundos al lado interno. En este punto de su construccion son muy diferentes las muelas del *Toxodon Darwinii* de los de las dos otras, pero el tamaño es casi el mismo, como lo prueban las medidas siguientes tomadas de las figuras de la obra citada:

Muela.	I	II	III	IV	V	VI
Longitud....	0,020.	0,023.	0,028.	0,043.	0,045.	?
Latitud	0,012.	0,014.	0,017.	0,019.	0,022.	0,022.

Estas medidas atestiguan suficientemente tambien la diferencia del *Toxodon Darwinii* por el tamaño relativo de los dientes entre sí. La última muela no se ha conservado perfecta, y por esta razon no conocemos su longitud, pero

*) En la figura de la mandíbula inferior, dada en la obra mencionada (pl. V. fig. 2.), se vé una capa de esmalte en toda la circunferencia de las muelas, y la descripcion (pag. 31.) afirma esta construccion, diciendo positivamente que hay capa de esmalte tambien en el lado interno de la primera y de la segunda muela, pasando las otras en silencio. Como esta construccion de las muelas inferiores seria completamente diferente de la de las dos mandíbulas que tengo á la vista, he escrito á Lóndres, al Director actual del Museo quirúrgico, en donde se conserva la mandíbula inferior de Bahia Blanca, al Sr. Dr. WILLIAM H. FLOWER, bien conocido como observador muy exacto por sus obras preciosas sobre la Osteologia de los Cetaceos, y este atento amigo me ha contestado en una carta de Lóndres, fecha 3 de Julio corr., que no hay tal capa interior de esmalte en las tres muelas anteriores, siendo interrumpida la capa de esmalte interior en las dos posteriores persistentes del mismo modo á las dos esquinas del diente, como en las otras especies, afirmando la igualdad completa de la construccion de las muelas de *Toxodon Darwinii* con las del *Toxodon Burmeisteri*, comunicado al Sr. FLOWER por medio de un dibujo original mio de nuestra mandíbula. La figura citada en la *Zoology of the Voyage of the Beagle* (Tom. I. pl. V.) es en consecuencia erronea.

segun la configuracion del resto del estremo posterior y la direccion del esmalte en el resto de la parte interna, se infiere, con mucha probabilidad, que ha sido bastante prolongada.

La descripcion detallada de la mandíbula y la comparacion ingeniosa de su figura con las mandíbulas de otros Mamíferos se vé en la obra citada, y por esta razon no entramos aquí en semejante exámen.

1. Del esqueleto.

Owen no ha descripto parte alguna de este esqueleto en su obra. Los primeros huesos que se conocen de él han sido representados por Blainville en su *Ostéographie* (Tom. IV); pero la muerte del autor ha impedido la descripcion, que ha sido dada despues por P. Gervais en sus *Recherches etc. pag. 26. seq.* Este hábil naturalista describe el atlas, algunas vértebras, algunas costillas, el omóplato, el húmero, el cubito, el rádio, el femur, la tibia y el astragalo, figurando de nuevo estos huesos en la lám. 9. de su obra.

Tenemos en nuestro Museo los mismos huesos, con la única escepcion del femur, y de los demas el axis, la pelvis media, el calcaneo y algunos artículos de los dedos, de los cuales he dado la figura en la lám. XI. adjunta. No entraré de nuevo en una descripcion de los huesos ya conocidos, porque es el objeto de esta publicacion, dar á conocer nuevas partes del animal, ó estender por nuevas observaciones el conocimiento de las ya descriptas.

En este sentido debo hablar del atlas, porque el mio es un poco diferente de las figuras de Blainville y Gervais, y principalmente por la situacion de la abertura posterior del *canalis vertebralis*, por el cual pasa la arteria del mismo nombre. Esta abertura está situada en las dos figuras mencionadas, inmediatamente en la márgen posterior de la apófisis transversal, pero en el atlas mio bastante mas arriba de la márgen, en la superficie superior de la apófisis. Tambien tiene mi atlas no mas que 0,36 de anchura, no 0,40 como dice Gervais del suyo; diferencia que depende principalmente de la figura de la apófisis transversal, que es mas ancha y menos larga en el mio. Todas estas diferencias prueban que ha pertenecido á una especie diferente, y probablemente al *Tox. Darwinii*, porque el ejemplar fué traido tambien de Bahia Blanca, y no pertenece al cráneo de *Tox. Burmeisteri*, por ser mas angostas las escavaciones articulares para los condilos en este atlas que en el cráneo, de modo que no entran los dos condilos en el atlas. Al fin tenemos un pedazo de un atlas en el Museo, que corresponde en verdad por la situacion de la abertura posterior del *canalis vertebralis* exactamente á las figuras citadas, y pertenece por su construccion sólida probablemente al *Toxodon Owenii*, porque la superficie articularia para el condilo occipital, que existe, es bastante mas grande que el condilo de nuestro cráneo de *Tox. Burmeisteri.*

Del eje (*axis s. epistropheus*) tenemos tambien dos ejemplares de diferente tamaño y figura, pero los dos son incompletos, y por esta razon no figurados. El menor entra magníficamente en la parte posterior de nuestro atlas completo, y ha pertenecido á la misma especie; su diámetro longitudinal es de 0,125 con la apófisis odontoides, y el transversal de la superficie posterior 0,10; el arco con la apófisis espinosa falta, y de las apófisis transversales se ha conservado solamente la base con la perforacion para la arteria vertebral. Al fin las superficies articulares para el atlas son 0.085 de largo, y tienen la figura de una almendra. El otra ejemplar mas grande es 0,0135 de largo con la apófisis odontoides, y tambien 0,10 de ancho al fin posterior; su arco con las apófisis articulares posteriores oblícuas es presente, pero falta la espina de arriba. La figura del resto prueba que ha sido muy gruesa y alta, parecida á la espina del Rinoceronte, en el cual todo el eje es muy parecido, con la diferencia, que las apófisis articulares posteriores del Toxodonte son mas pequeñas y mas separadas de la espina como en el Rinoceronte. El segundo eje pertenece al *Tox. Burmeisteri,* y se ha encontrado con el cráneo, como el atlas y las vértebras del cuello siguientes, pero el atlas y las otras vértebras están tan rotas que nada mas se ha conservado que el cuerpo, con las bases de las apófisis. Estas partes se parecen completamente á las mismas figuradas por BLAINVILLE.

No hay para que describir estos restos de vértebras de nuestro Museo, por que todas son muy insignificantes. Las del cuello son bastante cortas, de 0,065 largo, y 0,075 ancho; la superficie anterior del cuerpo es un poco convexa, y la posterior llana, apénas cóncava; la punta de la apófisis transversal única bien conservada es oblícua descendente, obtusa, con una cresta sobresaliente en la márgen anterior é inferior. La última del cuello es la mas grande, 0,07 largo y 0,08 ancha, y su superficie anterior del cuerpo menos convexa. La impresion para la cara articularia de la primera costilla, indica bien la posicion de esta vértebra. Tenemos tambien las cuatro vértebras lumbares de un individuo muy jóven, que manifiestan una gran similitud con las mismas vértebras del Rinoceronte, principalmente por la figura del arco y de la apófisis espinosa, que es casi completamente igual al tipo del dicho animal, siendo la apófisis no muy alta, pero ancha y terminada al fin por una superficie larga

horizontal y algo engrosada. Desgraciadamente faltan en todas estas vértebras las apófisis transversales.

De las costillas tenémos solamente un pedazo del medio de una de las posteriores, que sospecho por su anchura, que corresponde mas al tipo del Hipopotamo que al tipo del Rinoceronte. Este pedazo es de 0,38 de largo y 0,072
de ancho; su grosor no es mas que 0,02 en el medio, su lado interior llano y
el lado exterior convexo. La textura es dura, con superficie compacta ó interior esponjosa.

El omóplato que tenemos en el Museo es menos completo que el figurado
por BLAINVILLE y GERVAIS, y por esta razon no lo describo. Tiene una altura
de 0,48. pero la márgen superior falta, lo que parece indicar un tamaño igual
al ejemplar de GERVAIS, que es 0,55 de alto. El diámetro transversal de la
cavidad glenoides es de 0,11.

Del húmero tenemos cuatro ejemplares, pero uno solo está completo; los
otros están rotos, principalmente en las esquinas y puntas sobresalientes. Se
dividen estos cuatro húmeros en dos categorías, de las cuales la una corresponde á la figura dada en la obra de D'ORBIGNY (Tom. III. pl. 4. pag. 112. pl.
XII. fig. 1–3.) y descripto por LAURILLARD bajo el título de Toxodon paranensis, la otra á la figura y descripcion de BLAINVILLE y GERVAIS en sus obras
mencionadas.

De la primera categoria tenemos tres ejemplares, y entre ellos uno completo.. Este es 0,46 de largo, 0,22 de ancho en la parte superior y 0,20 en la parte
inferior, entre el epicondilo y epitrocleo. Los tres tienen la perforacion sobre
los condilos inferiores, que une la cavidad coronoides con la cavidad olecra-
niana, pero la abertura en ninguno es tan grande y tan regular elíptica como
en la figura citada de la obra de D'ORBIGNY. El condilo superior tiene un diámetro de 0,10, y los dos inferiores unidos de 0,13. Toda la figura del ejemplar
completo corresponde en general, pero no exactamente á la figura de la
obra de D'ORBIGNY *), su parte media es al lado interno no tan corvada, como
en la dicha figura, y la gran tuberosidad superior externa parece poco mas
gruesa y mas sobresaliente en el mio. Hay tambien una diferencia notable en
el tamaño, siendo la longitud entera del hueso, segun la figura, no mas que
0,36, ó segun GERVAIS 0,38, lo que obliga á sospechar, que el individuo á que
perteneció el húmero, no fué de la misma especie que los mios.

De la otra categoria del húmero, que corresponde á la figura de GERVAIS,

---

*) D'ORBIGNY ha recojido su hueso en la barranca del rio Paraná, al norte del pueblo del mis-
mo nombre, cerca del pueblito Feliciano, en el terreno de la formacion terciaria superior.

tenemos solamente la mitad inferior. Esta parte del hueso es notablemente mas grande que cualquiera de las otras tres, siendo el diámetro transversal de los dos condilos inferiores de 0,15, y el tubérculo prominente externo que se llama el epicondilo, mucho mas fuerte que en los tres húmeros antecedentes. En este punto corresponde el húmero muy bien á las figuras de BLAINVILLE y GERVAIS, y por esta razon lo creo idéntico. Prueba su construccion muy gruesa en la parte inmediata sobre los condilos inferiores, que no pudo formarse allí jamás una perforacion como en los otros húmeros. No conozco la longitud total, porque falta la parte superior; dice GERVAIS, que el ejemplar figurado del Museo de Paris, que el finado Dr. VILARDEBÓ, de Montevideo, ha regalado á la coleccion del Jardin de plantas, es de 0,40 de largo y 0,22 de ancho abajo, entre el épicóndylo y epitrocleo; el mio, que es afortunadamente completo en la misma parte entre estos dos puntos, tiene exactamente la misma anchura acá, lo que permite suponer, que la altura total del hueso ha sido tambien la misma.

Comparando entonces estas dos categorias de húmeros entre sí, se presenta la primera mas larga pero menos ancha, y la segunda mas corta pero mas gruesa y robusta, y por esta razon és permitido suponer, que la primera categoria representa el húmero del *Toxodon Burmeisteri*, que es la especie mas delgada, y la segunda el húmero del *Tox. Owenii*, por ser la especie mas robusta. Respecto al húmero bastante mas chico de D'ORBIGNY, es muy claro, que no pertenece á ninguna de las dos especies, sino representa una especie particular terciaria, que debe conservar su apelativo de *Tox. paranensis*.

Del antebrazo tengo solamente el cubito á la vista, que corresponde tan completamente á las figuras de BLAINVILLE y GERVAIS, que no hay necesidad ninguna de describirlo.

Estoy con la opinion de GERVAIS, que el cubito como el húmero del Toxodon tienen la mas grande similitud con los mismos huesos del Rinoceronte, pero que hay tambien diferencias notables. El húmero del Rinoceronte es de todo menos robusto y menos ancho en los dos puntos; la tuberosidad externa superior forma en el estremo inferior una esquina aguda refleja, que falta al húmero del Toxodonte, pero el epicondilo del Toxodonte es mucho mas sobresaliente que el del Rinoceronte. El cubito del Rinoceronte es mas largo, pero su parte superior, el olecranon, mucho mas corto; caractéres que indican, que el pié de adelante del Toxodon ha sido mas robusto y menos alongado que el del Rinoceronte.

De los miembros posteriores tenemos en el Museo mas que de los anteriores, y lo bastante para dar una idea casi completa de su construccion.

Primeramente de la pelvis, que se llama en lengua vulgar, la cadera, tenemos partes de tres individuos, pero ninguna pelvis completa, solamente la mitad derecha de la una es casi completa; y de esta doy la figura de dos lados (lám. X.), la una (fig. 2) del lado exterior, la otra (fig. 3) del lado posterior. Testifican estas figuras tambien una grande similitud con la pelvis del Rinoceronte, pero como falta aun en el ejemplar mas completo de la coleccion de D. Manugl Eguia la parte superior del hueso iliaco, no puede conocerse con exactitud su figura entera.

Los tres ejemplares que conozco, no son del todo iguales; dos pertenecen á una categoria, y uno á la otra. La diferencia se manifiesta principalmente en la figura del hueso iliaco inmediamente sobre el acetábalo, que es en la una categoria arqueado al interior, como se vé en la figura 3, y en la otra provista con un tubérculo porlongado sobresaliente, que sube en línea recta de la circunferencia del acetábulo hasta el medio del arco, que forma la márgen exterior del hueso iliaco. Por falta de ejemplares completos de esta segunda categoria, no puedo comparar las otras dos, pero parece la segunda la mas robusta y el acetábulo, que se ha conservado casi entero, poco mas grande, es decir mas ancho.

Las medidas principales de la mitad entera directa son las siguientes:

Altura completa de la esquina externa iliaca hasta la esquina del pubis en la
  sínfisis.. 0,48.
Anchura del íleon de la espina anterior hasta la posterior........................ 0,41.
Distancia de la esquina del pubis en la sínfisis hasta la tuberosidad ciática........ 0,28.
Diámetro transversal del acetábulo... 0,102.
Diámetro perpendicular del acetábulo.. 0,110.
Diámetro longitudinal del agujero obturador................................... 0,125.
Diámetro transversal del mismo.. 0,095.
Altura del ileo de la circunferencia del acetábulo hasta la esquina anterior....... 0,21.
Altura del esquion de la circunferencia del acetábulo hasta el fin posterior...... 0,15.
Longitud del ramo del pubis de la circunferencia del acetábulo hasta la sinfisis... 0,18.
Distancia de la circunferencia del acetábulo de la parte mas prominente del arco
  abajo del agujero obturador.. 0,21.
Anchura del íleon inmediatamente sobre el acetábulo.......................... 0,15.
Circunferencia del ramo anterior del pubis en el medio....................... 0,185.
Circunferencia del ramo posterior del isquion................................ 0,125.

No se vé claramente en todos los ejemplares ni la longitud de la sínfisis, ni la estension de la superficie del ileo, que se une con el hueso sacro; las esquinas prominentes están todas rotas, y por esta razon ninguna de las partes inmediatas es completa. Tampoco se conoce bien la circunferencia superior del ileo, que forma la cresta ilíaca, por falta de esta parte del hueso iliaco. La superficie externa del ileo es concava, y la espina anterior y superior muy gruesa, con punta encorvada abajo en la parte prominente. Por la figura de la dicha espina se parece la pelvis del Toxodonte mas á la pelvis del Elefante que á la del Rinoceronte, y lo mismo sucede con el agujero obturador, que es oblongo en el Toxodonte como en el Elefante, y casi circular en el Rinoceronte: pero la direccion del diámetro longitudinal del dicho agujero es diferente, en el Elefante inclinado hácia atrás, y en el Toxodonte adelante. En este punto el Toxodonte se parece mas al Rinoceronte, y tambien por la figura de la tuberosidad ciática, que tiene la misma esquina gruesa ascendente, que se encuentra en la pelvis del Rinoceronte.

Sin embargo, la figura general de la parte inferior de la pelvis abajo del acetábulo del Toxodonte, es menos ancha y mas prolongada en esta direccion que la misma parte de la pelvis del Rinoceronte, y en este punto hay una similitud del tipo con la pelvis del Elefante, pero no grande similitud en la figura.

No he visto el femur del Toxodonte hasta ahora, pero Gervais lo describe y lo figura tambien Blainville; tiene un carácter particular, la ausencia del trocanter tercero externo, que falta tambien al Elefante y á todos lós Ungulatos paridigitatos. Su figura general se parece mas al femur del Mastodonte que á ningun otro de los Ungulatos, pero es mucho mas pequeño, no mas que 0,56 de largo segun Gervais, que es casi la misma longitud que la del femur de *Rhinoceros unicornis* de la gran India.

La tibia del Toxodonte ya han figurado De Blainville y Gervais; los dos autores franceses describen un ejemplar de un individuo muy jóven, con apófisis inferior separada, pero rota en el estremo superior, y por esta razon sin apófisis ninguna. Nosotros tenemos en el Museo público tres tibias perfectas, que pertenecen á dos categorias diferentes. Las tres son de igual tamaño, es decir, 0,37 de largo; la cara articular superior es 0,144 de ancho, y la cara articular inferior 0,085, pero poco diferentes por la figura total del hueso como de las caras articulares.

La una categoria, la misma que han representado De Blainville y Gervais, es por toda su configuracion un tanto mas robusta, y parece por esta razon pertenecer al *Tox. Owenii*. La otra, no figurada hasta hoy, es menos gruesa en la parte media, y las dos orillas de esta parte, la anterior y la posterior, son menos rectilíneas y algo encorvadas, principalmente la posterior.

Respecto á la cara articularia superior, que no ha sido conocida antes, se parece mucho al tipo del Elefante y Mastodonte, estando separadas las dos superficies articulares para los condilos del femur por una cresta muy alta, que se une principalmente con la orilla interna de la superficie interna articular, que es la mayor. Antes de estas dos superficies articulares sobresale un tubérculo muy fuerte, que corresponde á la espina de la tibia, y que es mas sobresaliente que en ningun otro género de los Pachidermos.

Tiene á su lado interno una muy fuerte escavacion, con la cual se une el ligamento de la rótula. Otra tuberosidad muy fuerte hay al lado externo, bajo la superficie articular externa, que desciende mas abajo que al exterior, para dar un apoyo seguro á la fíbula, que se une con este tubérculo. La figura de él y la distancia muy considerable de la parte vecina de la tibia, ya en esta parte superior muy comprimida, es un carácter particular de la tibia del Toxodonte. Menos particular se presenta la parte inferior, que no es tan comprimida, sino cuadrangular-prismática, para formar la superficie articular con el astragalo. Tiene esta parte una protuberancia bastante fuerte en la esquina interna anterior, que forma el maleolo interno, estando provista de una cara articularia elíptica en el lado interno para el astragalo. En oposicion con esta protuberancia maleolar interna hay al otro lado externo de la superficie artícular para el astragalo, una superficie triangular y áspera en la esquina prominente de la tibia, con la cual se une el estremo inferior de la fíbula. Prueba esta superficie, como tambien la superior, por su construccion superficial, que la fíbula ha estado unida con la tibia por medio de junturas poco flexibles, y no por la union perfecta de la substancia huesosa.

Comparando la tibia por su figura general con las de los otros Ungulatos, no se encuentra ninguna mas parecida que la del Mastodonte, pero con la grande diferencia, que la tibia del Toxodonte es mucho mas corta y mas comprimida. La tibia del Mastodonte es mas cilíndrica, y su espina anterior no tan sobresaliente, pero la del Rinoceronte y del Hipopotamo es del todo mas diferente por su construccion.

La fíbula del Toxodonte no se conoce hasta ahora, no tenemos ningun resto de ella en el Museo; pero las superficies en la tibia, con las cuales se une la fíbula, prueban por su tamaño, que no ha sido tan delgada como en el Rinoceronte é Hipopotamo, y mas distante de la tibia que la del Elefante y Mastodonte.

Del pié solamente se ha conocido hasta hoy el astragalo, que figuran DE BLAINVILLE y GERVAIS; puedo añadir el calcáneo y algunos metatarsos, que tenemos en el Museo público.

El calcaneo figurado lám. XI. fig. 6., unido con el astragalo, y fig. 7. separado, es de una configuracion muy significante y tan parecida al tipo del Elefante y Mastodonte, que no hay duda para mí sobre la configuracion del pié entero. Su talon es grueso y áspero en la superficie posterior por la union con el tendon de Aquiles. De acá adelante se forma el hueso poco mas delgado y se estiende al estremo inferior en un ramo delgado interno, y una parte gruesa terminal mas elevada. El ramo delgado interno se parece mucho al mismo del calcaneo del Rinoceronte, no siendo tan grueso y mas sobresaliente que el del Elefante y Mastodonte; su lado anterior lleva una superficie articular elíptica escavada (fig. 7. a.), que se une con la superficie articular correspondiente del astragalo. La parte terminal gruesa del calcaneo tiene á cada lado una grande superficie articular, separada por un canto sobresaliente en dos partes desiguales. La parte interna de la superficie articular anterior (fig. 7. b.) se une con el calcaneo, la parte externa (fig. 7. c.), que es la mayor, con el fin inferior de la fíbula. De las dos partes mucho mas desiguales de la superficie articular posterior, la parte mas grande externa se une con el hueso cuboides, y la parte muy pequeña interna con el escafoides ó navicular. No se vé nada de esta superficie articular posterior en nuestras figuras.

Comparando esta configuracion del calcaneo con el mismo hueso de los otros Ungulatos, hay solamente una semejanza bastante completa con el Elefante y Mastodonte. Los Pachidermos no tienen en su calcáneo una parte externa al lado de la superficie articular anterior, que se une con la fíbula, no entrando en ellos la fíbula en contacto alguno con el calcaneo; hay una tal articulacion lo mas en los Rumiantes, pero en ellos es esta parte externa de la superficie articular mucho mas pequeña que la parte interna, que se une con el astragalo, y tambien separado de ella completamente por un surco. Pero fijándose en la figura general del calcaneo, bastante parecida á la del Rinoceronte, y tomando en consideracion en el Toxodonte, que la parte externa de la superficie articular anterior, que se une con la fíbula, es mucho mas grande que la parte interna, que se une con el astragalo, tambien la semejanza con el Mastodonte pierde de su valor, lo que prueba con respecto á su construccion general que el Toxodonte no es un Proboscideo, sino un verdadero Pachidermo.

Del astragalo De BLAINVILEE y GERVAIS han dado buenas figuras. El mio (fig. 6. b.) es un poco mas ancho, y parece de una especie diferente. Tiene la misma figura general y cinco caras articularias, dos superiores y tres inferiores. De ellas la mas grande se une con el estremo de la tibia, y la pequeña con el maleolo interno; de las tres otras las dos posteriores se unen con el calcáneo, la última mas anterior con el hueso escafóides. Esta cara es de figura elíptica transversal, un poco mas ancha al medio del hueso, y de ningun modo dividida por un canto en dos partes, como en los Paridigitatos. Corresponde por su posicion mas retirada y su figura exactamente á la misma cara del astragalo del Elefante.

De los otros huesos del pié tenemos en el Museo tres del metatarso, dos iguales entre sí y uno mucho mas pequeño. Los dos iguales son opuestos entre sí, el uno es del pié izquierdo, el otro del derecho. La fig. 8. de la lám. XI. muestra el izquierdo en la tercera parte del tamaño natural. Tiene 0,15 de largo, y 0,06·de ancho en la parte inferior mas ancha, inmediatamente sobre el condilo. Su cara articular superior tiene tres superficies articulares, una grande al lado terminal, una pequeña angosta al mismo lado, junta con ella, y una tercera lateral tambien al lado externo, la única que se vé en nuestra figura. Esta tercera superficie articular se ha unido con el hueso metatarsal vecino; de las dos otras, la mas grande se tocaba probablemente con el hueso de cuña externo, y la menor con el hueso de cuña interno, suponiendo que el hueso metatarsal en cuestion fuese el del dedo medio mas grande. La cara articular inferior que es de la figura general de estos huesos, tiene una superficie semicircular superior, y dos pequeñas elípticas inferiores, separadas por un canto longitudinal. Se tocaban estas dos con dos huesecillos sesamoides, y la tercera grande superior con la primera falange del dedo.

El otro hueso metatarsal tiene completamente la misma configuracion, pero es mas pequeño, 0,10 de largo y 0,05 de ancho. Las caras articularias son de la misma figura, lo que prueba que este hueso se tocaba en el estremo superior con dos huesecillos, y que él ha sido probablemente no del metatarso, sino del metacarpo, es decir, del dedo primero ó índice.

Los dos huesos no tienen ninguna similitud con los del Rinoceronte ó del Hipopotamo, pero bastante con los del Elefante ó Mastodonte, lo que obliga al observador á suponer, que el pié entero ha sido de la misma similitud. Considerando, que el astragalo y el calcaneo del Toxodonte son mucho mas anchos cada uno, que los de los Imparidigitatos, y aun mas anchos que los huesos correspondientes del Elefante y Mastodonte, es preciso suponer, que el Toxodonte no ha tenido un número menor de dedos en el pié que los dichos Ungulatos, y que este pié ha sido relativamente mas ancho y mas prolongado, (lo que prueba la figura prolongada de los huesos del metatarso) que el del Elefante ó Mastodonte. El Toxodonte no ha sido ni Imparidigitato ni Paridigitato, sino diferente de los dos grupos, y por esta razon hemos fundado en él un grupo particular de los Multidigitatos, porque la diferencia completa de la configuracion del cráneo y el tipo de los dientes, no permiten reunir tampoco el Toxodonte con el Elefante y Mastodonte en el mismo grupo de los Proboscideos. El Toxodonte ha sido, como lo prueba el tipo de la dentadura claramente, no un Pachidermo típico, sino un Pachidermo particular y diferente por su pié con cinco dedos de todos los géneros de este grupo hasta hoy conocidos.

2. Genus *Nesodon*. Owen.

Philosophical Transact. of the Royal Society of London. Vol. 143. Lond. 1853. 4.

Adjuntamos este género particular al precedente *Toxodon*, siguiendo la opinion de su fundador, y por no haber en nuestro Museo mas de él, que una sola muela, que tiene, es verdad, algunos caractéres iguales á las del *Toxodon*.

La muela fué depositada en el establecimiento por Bravard, bajo el título de *Typotherium*, lo que prueba que este apelativo suyo es idéntico con el *Nesodon* de Owen. La muela tiene bastante relacion con la última superior del *N. ovinus* Owen, y no presenta ningun carácter que nos obligue á entrar en una descripcion mas detenida. Es tan encorvada como la muela del Toxodonte y sin ninguna raiz cerrada en el estremo inferior, no como las de las figuras de la obra de Owen, que tienen raices separadas en las muelas, con escepcion de la última. Pero los primeros dientes de estas figuras son dientes de leche, que no es el mio. La superficie masticatoria es 0,025 de ancho al lado externo y de la figura ondulada. El lado interno es mucho mas angosto, y dividida por dos pliegues en tres lobulos desiguales, de los cuales el medio es el mas pequeño. Su longitud es al lado externo, segun la curva 0,07, y toda la circunferencia tapada con una capa fina de esmalte, que tiene otra cubierta mas fina de cimento. En el estremo anterior y posterior, la capa de esmalte es mas fina que al lado externo é interno, en donde se forma bastante gruesa, principalmente en las curvas mas sobresalientes de los dos lobulos mas grandes.

El Sr. Owen distingue en su descripcion mencionada, cuatro especies de este género, fundado en restos encontrados en la barranca de la costa Patagónica del Oceano Atlántico, al Sud del puerto de San Julian.

Explicacion de las láminas IX., X., XI.

Lámina IX.

Todas las figuras de las tres láminas son dibujadas $\frac{2}{7}$ del tamaño natural.

Fig. 1. Vista del cráneo del *Toxodon Burmeisteri* del lado superior.
Fig. 2. El mismo, visto del lado inferior.
     x. El lugar en donde estuvo puesto antes el colmillo
Fig. 3. El cráneo, visto del lado occipital.

Lámina X.

Fig. 1. El cráneo del *Toxodon Burmeisteri*, visto del lado izquierdo.
Fig. 2. La mitad derecha de la pelvis, vista del lado externo.
Fig. 3. La misma, vista del lado posterior.

Lámina XI.

Fig. 1. Los dientes incisivos de *Toxodon Burmeisteri*, vistos de adelante.
Fig. 2. Los mismos de *Toxodon Owenii*.
Fig. 3. La mandíbula inferior de *Toxodon Owenii*, vista de arriba.
Fig. 4. La misma de *Toxodon Burmeisteri*.
Fig. 5. Los incisivos superiores de *Toxodon Owenii*, vistos del lado interior de la boca.
Fig. 6. El calcaneo de *Toxodon* con el astragalo, visto de arriba.
    a. Calcaneo; b. astragalo; c. superficie articular para la fíbula.
Fig. 7. El calcaneo sólo.
    a. Cara articularia que se une con la interna posterior del astragalo; b. cara articularia que se une con la externa posterior del astragalo; c. cara articularia para la fíbula.
Fig. 8. Metatarso medio izquierdo de *Toxodon*, dibujado á ⅓ del tamaño natural.
Fig. 9. La fila de las muelas superiores de *Toxodon Burmeisteri*, vista de la superficie masticaría.
Fig. 10. Las dos últimas muelas inferiores del mismo, dibujadas ½ del tamaño natural.

Fam. 10. *Proboscidea.*

Algunos Ungulatos gigantescos con larga trompa en lugar de la nariz, forman esta familia particular. No tienen colmillos, pero sí dos grandes incisivos de figura de colmillos, principalmente en la mandíbula superior. Las muelas son diferentes en tamaño y número, segun los géneros. Los miembros son bastante altos, pero el pié es pequeño, y sus cinco dedos están unidos en una parte gruesa de figura de majadero, provisto en la orilla anterior con uñas pequeñas, que indican los dedos. El hueso del femur no tiene trocanter tercero, y el astragalo ni division en su superficie articular inferior, que se une solamente con el escafóides. En el calcaneo se presenta una cara articular pequeña para la fíbula.

Actualmente hay solo un género de esta familia en el hemisferio oriental de nuestra tierra, el del Elefante (*Elephas*), pero han existido otros géneros á su lado en las épocas pasadas. De estos el Mastodonte (*Mastodon*), fué el mas esparcido sobre la superficie de la tierra; hay Mastodontes en los dos hemisferios, pero en el hemisferio oriental se han estinguido al fin de la época terciaria, y en el hemisferio occidental no se presenta antes ni despues de la época diluvial. En esta misma época vivieron Elefantes tambien en la América, pero segun parece, no en la parte mas central y austral de la América del Sud *). Ni el Dr. LUND ha recojido restos de Elefante en el Brasil, ni BRAVARD en los contornos de Buenos Aires; todos los huesos de Probosoideos conocidos aquí pertenecen al Mastodonte. Solo hablaremos entonces de este género, como habitante de nuestro suelo en la época diluviana.

Genus *Mastodon*. Cuv.

El Mastodonte es un Elefante de estatura relativamente mas baja y con muelas de figura diferente, es decir, con grandes tubérculos cónicos en la superficie masticatoria, arregladas en dos filas y unidas entre sí mas ó menos por pares. Tiene dos grandes incisivos de figura de colmillos en la mandíbula superior, y en algunas especies otras mas chicas en la mandíbula inferior, que se han perdido en la edad provecta del animal.

CUVIER fuá el primer sábio que haya separado el Mastodonte de Norte América del Elefante **), y ha dádole su apelativo especial, fundado en la figura particular de sus muelas; antes los naturalistas habian atribuido estos dientes á un Hipopotamo gigantesco. Largo tiempo ha durado la controversia sobre la verdadera naturaleza del animal á que pertenecían tales muelas, hasta que al fin un sábio Norte Americano, el Sr. REMBRANDT PEALE, ha tenido la buena idea de recojer tantos huesos del animal, como le fué posible, para reconstruir un esqueleto entero. Este esqueleto ha adornado ya por cerca de un siglo el Museo de Filadelfia, como su mas grande preciosidad; pero poco á poco se han encontrado esqueletos enteros del animal, que hoy se vén en los Museos principales de Norte América y de Europa.

La América del Sud no ha contribuido tanto al conocimiento del Mastodonte; fragmentos aislados de él y principalmente sus muelas fueron conocídas de los Españoles inmediatamente despues de la conquista, como dientes de gigantes. De Lima, de Quito, y principalmente de Potosí y Tarija, se han presentado tales muelas, y hablan de ellas ya los historiografos mas antiguos

---

*) Las últimas noticias sobre Elefontes fósiles de la América que conozco, se encuentran en los *Archives de la Comiss. scientifique du Mexique. Tom. II. pag.* 212. (Paris. 1865. 8.) en donde MILNE EDWARDS dá su relacion sobre restos de *Ele-phas Colombi* FALC. encontrados en Mejico. Los hechos anteriores ha recojido DE BLAINVILLE en su *Ostéographie, Tom. III. pag.* 156. *seq.*

**) Véase su relacion larga histórica en los *Recherch. sur l'osscm. fossil. Tom. I. pag.* 206. *seq.*

de Sud América; pero no han llamado la atencion de sábios naturalistas antes del viage de ALEJANDRO DE HUMBOLDT, quien ha dado una tal muela á CUVIER, recojida por él mismo al lado del Volcan de Imbabura, cerca de Quito, y otra de los contornos de Santa Cruz de la Sierra, en Bolivia. CUVIER ha reconocido pronto, que estas dos muelas pertenecieron á dos especies diferentes de Mastodontes, y el célebre sábio ha llamado la especie mas grande con el apelativo de *Mastodon Humboldtii*, y la menor con el de *Mast. Antium*.

La diferencia de estas dos especies ha sido por largo tiempo puesta en duda: algunos sábios las creyeron idénticas, y otros quisieron unirlas aun con una especie Europea, el *Mast. angustidens* Cuv. (*Mast. longirostris* KAUP); pero poco á poco se ha confirmado la primera opinion de CUVIER, y hoy no hay duda, que durante la época diluviana han vivido dos especies de Mastodonte en la América del Sud.

Debemos la confirmacion de la dicha diferencia de las dos especies principalmente á las esplicaciones de D. PABLO GERVAIS, que ha demostrado en sus *Recherches etc. pag.* 14. *seq.* que el *Mastodon Antium* tiene muelas un tanto mas angostas, y solamente en la fila externa de los tubérculos de cada muela los pliegues secundarios pequeños, que dan al tubérculo gastado la figura del bastos en los naipes; pero que el *Mastodon Humboldtii*, tiene muelas relativamente mas anchas, y muestra en cada tubérculo de las dos filas tales pliegues secundarios, que dan por consecuencia la figura de los bastos á todos los tubérculos gastados. Dice el autor, que el *Mast. Antium* es el que se encuentra en Tarija y en toda la parte occidental de la Cordillera, y el *Mast Humboldtii* al lado oriental de las Cordilleras, en Santa Fé de Bogotá, en el Brasil y en la República Argentina.

Puedo confirmar por mis propios estudios la exactitud de esta observacion; todos los dientes encontrados en nuestro terreno Argentino, son de *Mastodon Humboldtii*, y una media mandíbula inferior con dos muelas, de Tarija, que he visto, fué del *Mast. Antium*, y conocidamente mas pequeña que la misma de la otra especie de nuestro Museo. Por esta rozon me veo obligado á hablar acá solamente de la una de las dos especies y de aquella, que lleva el nombre de mi célebre compatriota, que me ha honrado llamándome en sus cartas y publicaciones últimas tambien "su amigo."

Mastodon Humboldtii. Cuv.

Recherch. sur les ossem. foss. Tom. I. pag. 268.

No se ha encontrado hasta ahora ningun esqueleto perfecto de Mastodon en la América del Sud ; sus restos son generalmente bastante diseminados, y aun el cráneo no es conocido por completo. He recojido un cráneo bastante roto durante mi viage en el año 1856 por la Banda Oriental, á 10 leguas al Sudoeste de Mercedes, y he visto que su superficie superior es bastante llana, y mucho mas aplanada que la del cráneo del Elefante. Este cráneo se conserva hoy en la coleccion de la Universidad de Halle.

En el Museo público de Buenos Aires no hay mas del cráneo, que la mandíbula inferior y algunas muelas de la superior, con un grande incisivo ó colmillo. De la primera he dado una figura en la lámina XIV. (fig. 1.), que esplica bien su configuracion ; de las otras hablaré sin figura.

El colmillo completo que tenemos en el Museo, es 1,50 de largo y 0,19 de ancho en la parte inferior, que es abierta, incluyendo un vacio cónico para la matriz del diente, que entra en la substancia hasta el medio de su longitud, disminuyéndose poco á poco en punta. La orilla inferior del diente es muy fina, no mas gruesa que un pliego de carton, y la superficie externa irregular longitudinalmente rayada por surcos llanos con elevaciones mas angostas obtusas entre sí. Estos surcos y listas llanas se pierden en la punta terminal anterior, que es pulida por el uso y perpetua friccion con los objetos, que el animal ha tocado con la boca durante su vida. Todo el diente es un poco encorvado hácia arriba, pero apenas tan fuerte como el colmillo del Elefante africano actual. La punta de la mandíbula inferior manifiesta, que el *Mastodon Humboldtii* no ha tenido incisivos en ella, como el *Mast. ohioticus* de Norte América, en su primera juventud.

Las muelas del Mastodonte se cambian con la edad del animal, entrando de tiempo en tiempo de la parte posterior de la mandíbula nuevas, en lugar de las anteriores mas pequeñas y caducas. Sabemos por el estudio de la especie Norte Americana, que cada individuo forma sucesivamente s e i s muelas á cada lado de cada mandíbula, de las cuales cada muela anterior es mas pequeña que la siguiente, y generalmente tambien provista de tubérculos en menor número. En el Mastodonte terciario Europeo (*M. angustidens s. longirostris*), la primera muela tiene dos yugos transversales de dos tubérculos bastante bien separados, la segunda tres, la tercera poco mas grande tambien tres, y entre los yugos se presenta en el medio de los intérvalos un pequeño tubérculo accesorio, que se encuentra en todas las muelas de esta especie. Estas tres muelas de la primera juventud son de todo mucho mas pequeñas y principalmente mas angostas que las tres posteriores, y corresponden por su figura á los dientes de leche de los otros animales. De las tres posteriores que

38

siguen á ellas, la primera (cuarta de todas) tiene tambien tres yugos de tubérculos, la segunda (quinta) cinco, y la última (sexta) seis.

El grande Mastodonte diluviano de Norte América (*M. ohioticus s. giganteus*) tiene dientes relativamente mas anchos y tubérculos pareados y unidos completamente en yugos transversales, sin tubérculo alguno accesorio entre ellos; tampoco son tan numerosos los yugos de tubérculos en las dos últimas muelas, teniendo la quinta solamente tres yugos transversales, como la cuarta y la última sexta cinco.

Las muelas de nuestro *Mastodon Humboldtii*, se parecen por la figura de sus tubérculos y yugos mucho mas á los del Mastodonte europeo terciario, que al Mastodonte diluviano de Norte América; los dos tubérculos de cada yugo están bien separados, y cada tubérculo está provisto de tubérculos menores accesorios, que forman grupos secundarios entre los yugos (véase fig. 3); pero el número de los yugos en cada muela corresponde no al número de *Mastodon angustidens* (*s. longirostris*) sino al número de *Mast. ohioticus*.

Tengo á la vista de las muelas superiores, que son relativamente poco mas cortas y mas anchas que las inferiores, principalmente en el medio, en donde las superiores tienen su anchura mas grande, dos de un animal bastante jóven: las dos de tres yugos transversales, lo que prueba en union con su tamaño menor, que son la tercera y cuarta. La tercera es 0,09 de largo y 0,06 de ancho en el medio; la cuarta 0,10 de largo y 0,07 de ancho; aquella ya gastada hasta el fondo de los tubérculos, y ésta solamente gastada un poco en las alturas de los tubérculos del primer yugo. El tubérculo exterior de cada yugo es poco mas ancho que el interior, pero los dos tienen un pliegue secundario, y los exteriores otros tubérculos pequeños entre ellos, con un tubérculo terminal en el estremo.

De las muelas de la mandíbula inferior conozco las dos últimas todavia presentes en la mandíbula figurada (lám. XIV. fig. 1. y 2.), y una muela mas pequeña, que por su tamaño debe ser la cuarta de todas. Esta muela está tambien figurada (fig. 3 y 4.) de tamaño natural, y demuestra claramente la configuracion de los yugos transversales, y la composicion de cada yugo de dos tubérculos principales, con otros tubérculos pequeños entre ellos, que son mas gruesos al tubérculo principal externo que al interno, siéndo este poco mas bajo y menos ancho que el otro. Cada tubérculo es poco inclinado con su punta hácia el adelante, lo que se vé en todas las muelas igualmente. Por su conservacion completa en las partes superiores de los tubérculos, como tambien por la falta de las raices, se prueba que esta muela es una recien nacida, que en estado de su formacion no habia entrado en funcion de masticar. Cor responde por su tamaño muy bien á la segunda de las dos descriptas de la mandíbula superior, siendo su longitud 0,105 y su anchura 0,06 en la parte posterior, en donde cada muela inferior tiene su mas grande estension, no en el medio, como la muela superior. Por esta diferencia se distinguen fácilmente las muelas de abajo de las de arriba.

De las dos muelas conservadas en la mandíbula inferior, la anterior, que es la quinta, está ya completamente gastada, dando testimonio de la edad bastante avanzada del individuo á que perteneció la mandíbula. Es de 0,11 de largo y 0,07 de ancho en la parte anterior, pero de 0,08 en la orilla posterior. Todos sus tubérculos están gastados; se vén en la superficie masticaría dos pliegues á cada lado, cubiertos, como toda la circunferencia, con una capa gruesa de esmalte. Estos pliegues indican los tres yugos de tubérculos, que antes formaron la superficie de la corona.

La última muela es 0,24 de largo y 0,09 de ancho, pero su estremo posterior está todavia tapado por el hueso de la mandíbula. Tengo mas dos otros dientes de igual tamaño, á la mano. Los yugos de tubérculos son mucho mas gruesos que en las muelas precedentes, y entre sí desiguales, siendo cada uno de los anteriores un poquito mas grueso que cada uno de los posteriores, y los dos últimos tambien menos altos. Del primer yugo y del segundo está gastada la parte superior, pero mucho mas en el primero que en el segundo, mostrando de cada tubérculo cada yugo muy claramente la figura de bastos por los pliegues del esmalte en su superficie ; los otros tubérculos de los tres yugos posteriores, tienen tambien pliegues secundarios, que faltan en nuestra figura por ser muy finos y apenas visibles en la diminuta escala de nuestro dibujo que es de $\frac{1}{6}$ del natural.

Al fin debo notar, que todas las muelas grandes, tanto las superiores como las inferiores, tienen un yugo accesorio de tubérculos pequeños y bajos al estremo anterior, como al estremo posterior, que es en esta segunda frontera de la muela poco mas grande que en la anterior. Estos yuguitos accesorios se vén claramente en la vista lateral del diente dibujado fig. 4., el anterior mas pequeño al estremo derecho de la figura, el posterior mas grande en el estremo izquierdo. En la grande muela última son estos yuguitos accesorios mas pronunciados que en todas las otras muelas, pero ocultos en nuestra fig. 2. hácia adelante por la quinta muela, y al estremo posterior por la substancia huesosa de la mandíbula.

Se deduce, pues, de las observaciones acá publicadas, que el tamaño de las seis muelas del *Mastodon Humboldtii* fué el siguiente:

Muela.	Longitud.						Latitud.					
	I	II	III	IV	V	VI	I	II	III	IV	V	VI
De la mandíbula superior........	0,04	0,06	0,09	0,100	0,105	0,20	0.030	0 045	0.06	0,07	0,08	0,09
— — inferior............	0,04	0,06	0,09	0,105	0,110	0,24	0,025	0,035	0,05	0,06	0,08	0,09

Comparando mis medidas con las dadas por GERVAIS en sus *Recherches etc.* de las muelas de *M. Antium,* se vé claramente que los dientes de esta especie tienen otra relacion entre sí, que todas son mas angostas y algunas mas cortas, principalmente el último inferior, que no sobrepasa 0,19, pero que la quinta muela es bastante mas larga (de 0,12), y proveída no con tres, sino con cuatro yugos transversales. El autor no ha conocido mas que las cuatro muelas posteriores, y tampoco como yo las dos primeras. Sin embargo, he dado medidas de todas, de las cuales las no directamente observadas son calculadas segun la analogía de las especies próximas, ya bien conocidas.

La mandíbula inferior de nuestro Museo es de dos individuos de igual tamaño, la una presenta la parte anterier completa (fig. 2.), la otra la parte posterior (fig. 1.) con la última muela. Uniendo las dos partes he dibujado la fig. 1. que prueba, que de las mandíbulas inferiores del Mastodonte ya conocídas, es la mas semejante la del Mastodonte de Stellenfoff en Austria (BLAIN-VILLE, *Ostéogr.* pl. XIV.) sobre el cual GERVAIS ha fundado su *Mastodon bre-virostris,* pero es tambien diferente de esta especie por una inclinacion mas fuerte del ramo ascendente coronoides hácia atrás, y su anchura mas grande al principio, tapando de la última muela casi los dos últimos yugos, y en el de *M. brevirostris* no mas que el último apenas. Otra diferencia se presenta en la punta anterior mas corta, y menos prolongada en nuestro *Mastodon Hum-boldtii,* y su figura anterior dividida en dos esquinas sobresalientes. En este carácter se acerca el *M. Humboldtii* al *M. ohioticus,* pero no tiene incisivos pequeños en la punta, como el de Norte América en su juventud. Sin embargo, no hay testimonios directos de que tales incisivos pequeños no fueran presentes tambien en la edad juvenil de nuestro Mastodonte Argentino, pero la forma mas angosta de la punta de la mandíbula me parece indicar su ausencia completa. La figura de la misma punta del *M. Antium,* dibujada en la obra de BLAINVILLE (pl. XII.), comparándola con la figura de la mandíbula inferior de la misma especie en el viage de D'ORBIGNY (*Geolog.* pl. 10.) atestigua, que esta especie ha tenido una prolongacion mucho mas fuerte y mas punteaguda al estremo anterior de la mandíbula que el *M. Humboldtii,* principalmente en la edad juvenil del animal, y que su ramo posterior ascendente ha sido menos ancho y menos inclinado hácia atras.

· Asi se testifica por la figura general de la mandíbula inferior, la diferencia de las dos especies Sud-Americanas de Mastodontes de un modo sumamente satisfactorio.

· El ejemplar de la mandíbula inferior de nuestro Museo tiene las siguientes medidas :

Longitud del ramo horizontal de la punta anterior hasta el fin de la última muela... 0,46.
Longitud de la sínfisis de la barba .... 0,15.
Altura perpendicular del ramo posterior ascendente condiloides.......... 0,38.
Anchura del mismo ramo en el principio inferior .... 0,26.
Anchura transversal del condilo.... .... 0,12.
Distancia de la esquina exterior de los dos condilos entre sí................ 0,70.
Distancia de la márgen posterior del condilo de la punta anterior de la sínfisis... 0,82.
Anchura mas grande de los dos ramos horizontales unidos al posterior.... 0,46.

Del esqueleto no tenemos en nuestro Museo parte alguna del tronco, sino algunos huesos de los miembros, y entre ellos los piés de adelante, de los cuales el uno es bastante completo. En la obra de GERVAIS se ven figurados el atlas, el húmero, el cubito, el radio, el femur y la tibia del *Mastodon Antium*; nosotros damos acá la figura del pié anterior, (lám. XIV. fig. 5–8.) de *Mastodon Humboldtii*.

Tenemos tambien dos pedazos del omóplato, que testifican la construccion muy sólida de este hueso. El uno de estos pedazos es la parte inferior con la cavidad glenoides. Esta cavidad es de figura longitudinal-elíptica, pero poco mas obtusa en el estremo anterior; su diámetro mayor es 0,20, y su diámetro menor 0,12. La substancia de la parte llana, inmediatamente al lado posterior de la cresta, es 0,045 gruesa, y aumenta siempre mas en grosor hasta la frontera superior, que es de 0,09 de grueso. Tenemos de la circunferencia superior del omóplato esta parte mas alta, en donde termina la cresta y que tiene á la orilla el dicho grosor.

El pié anterior es completamente parecido al mismo órgano del Elefante, pero los huesos de los dedos me parecen relativamente mas prolongados y mas graciles como todo el miembro en el Elefante que en el Mastodonte, lo que dá al pié del Elefante una figura algo mas gránde. La relacion de los ocho huesos del carpo entre sí y la figura de cada uno no manifiestan ninguna diferencia pronunciada, sino que el hueso trapezoides (*multangulum minus*) es relativamente mas grande en el Mastodonte. Pero sus huesos del metacarpo como las falanges, son evidentemente mas cortos y mas gruesos, y por esta razon todo el pié del Mastodonte mas macizo.

Doy tambien la figura de la estremidad inferior del cubito (fig. 6.) por estar rota esta parte del mismo hueso, figurado en la obra de GERVAIS (pl. 6. fig. 5.) Tiene tres superficies articulares al fin, de las cuales la mas grande (a) se une con el hueso triangular (*os triquetrum* fig. 5. c.); la media, inmediatamente adjunta á la otra (b), con el semilunar (*os lunatum*. fig. 5. b.) y la tercera mas separada y retirada hácia arriba (c.) con la correspondiente del radio.

Las dos otras figuras de nuestra lámina XIV. muestran dos superficies articulares de los huesos del pié entre sí. La una (fig. 7.) es la superficie, por medio de la cual se unen los huesecillos del carpo de la segunda fila con los de la primera fila, siendo *f.* el trapezoides (*multangulum minus*) *g.* el grande (*capitatum*) y *h.* el ganchoso (*hamatum*). Los tres huesos carpales unidos forman una superficie continua articular de figura muy conveza, pero aplanada en todo su contorno externo anterior. La figura 8. representa las superficies articulares de los cuatros huesos del metacarpo para los dedos II–V, y el hueso trapecio (e), que es separado de los otros y se toca por sus dos superficies articulares superiores con el navicular y el trapezoides. De los cuatro huesos del metacarpo se une el del dedo segundo tambien con el trapezoides (*f*), el del dedo tercéro mas grande por su parte mayor con el hueso grande (*g*), y por su parte menor con el hueso ganchoso (*h*), al cual son tambien atados los huesos del metacarpo de los dos dedos externos, el del cuarto y del quinto.

Para la comparacion mas exacta con el pié del Elefante, doy en seguida las dimensiones de los huesos del metacarpo, que son:

Primer hueso del pulgar................ 0,080.
Segundo hueso del índice. .... 0,125.
Tercero hueso del dedo medio......... 0,140.
Cuarto del mismo dedo............... 0,120.
Quinto del dedo pequeño externo...... 0,100.

De las falanges no son presentes mas en nuestro pié que la primera del dedo medio y las tres del dedo cuarto; aquella es 0,68 de largo, y estas tres 0,06; 0,03 y 0,03.

Del miembro posterior tenemos en el Museo público algunos huesos de las partes superiores, pero no el pié.

De la pelvis no hay mas que la parte central del lado izquierdo con el acetábulo y el principio de los tres huesos que lo constituyen. El acetábulo tiene un diámetro perpendicular de .0,20, y un diámetro transversal de 0,18; el ramo descendente de la pubis es casi completo, 0,25 de largo con una circunferencia de 0,30 al principio, en donde es mas delgado.

El femur falta en el Museo, pero se vé figurada la parte media de un femur de Buenos Aires en la obra de Blainville [pl. XII.], y Gervais figura un otro femur completo de *Mast. Antium* [*Recherch. pl.* 6. fig. 6.]. La tibia es presente, completa, y de la fíbula tenemos la parte inferior, que se vé figurada en nuestra lámina XIV. fig. 9. La tibia tiene 0,68 de largo, su cara superior con las dos superficies articulares para el femur es de 0,25 de ancho, y la inferior 0,18. Segun la figura de la tibia del *Mast. Antium*, dada en las obras de Gervais y Blainville, el mismo hueso es mucho mas pequeño en esta otra especie.

La parte superior de la tibia tiene al lado externo, bajo la márgen, una pequeña superficie articular redonda de 0,04. diámetro perpendicular, que se une con la fíbula. En el estremo inferior está una superficie articular grande que se une con el astragalo, y otra pequeña semilunar al lado externo, que se une con la fíbula.

El pedazo de la fíbula en nuestro Museo [fig. 9.] no es mas que la cara inferior con las superficies articulares. Hay tres, una mas externa y mas grande [a.] que se une con el calcáneo, otra pequeña al lado externo [b.] que se une con la parte lateral externa del astragalo, y una tercera [d.] de figura irregular, que se une con la tibia. Entre esta y la media [b.] hay una escavacion pronunciada, con superficie áspera, indicada en nuestra figura por la sombra negra, que recibe alguna parte de las ligaduras elásticas por las cuales se ligan los dos huesos. Acá tiene la cara de la fíbula un diámetro antero-posterior de 0,10.

Esto es cuanto puedo añadir al conocimiento del *Mastodon Humboldtii*; pero es de esperar que pronto me hallaré en aptitud de estender estas noticias preliminares, con el auxilio de nuevos descubrimientos de fósiles en el suelo de nuestro pais.

Esplicacion de la lámina XIV.

Fig. 1. Mandíbula inferior de *Mastodon Humboldtii*, figurada la sexta parte del tamaño natural.
Fig. 2. La misma, vista de arriba, con las dos muelas últimas.
Fig. 3. Muela cuarta izquierda de la mandíbula inferior, vista de arriba, tamaño natural.
Fig. 4. La misma, vista del lado interno.
Fig. 5. El pié de adelante, cuarta parte del tamaño natural.
    a. escafóides (*naviculare*), *b.* semilunar (*lunatum*), *c.* triangular (*triquetrum*), *d.* pisiforme., *e.* trapecio (*multangulum majus*), *f.* trapezoides (*multangulum minus*), *g.* grande (*capitatum*), *h.* ganchoso (*hamatum*). I—V. Los huesos del metacarpo.

Fig. 6. Terminacion inferior del cubilo; cuarta parte del natural.
  a. Superfidie articular para el hueso triangular; *b.* superficie articular para la orilla exter-
    na del semilunar; *c.* superficie que se toca con el radio.
Fig. 7. Segunda fila de los huesos del metacarpo; tamaño y signatura como antes.
Fig. 8. Tercera fila de los huesos del pié; lo mismo.
Fig. 9. Terminacion inferior de la fíbula; cuarta parte del natural.
  a. Superficie articular para el calcaneo; *b.* superficie articular para el astragalo; *d.* super-
    ficie que se une con la tibia.

ORDO 3. PINNATA.

Pertenecen á este grupo los Mamíferos que viven en el agua, y principalmente en el mar, moviéndose en él por medio de aletas, en las cuales se han
cambiado sus piés.

· Los unos, que se llaman *Pinnipedia*, tienen cuatro aletas construidas de los
cuatro piés, pero los miembros posteriores dirigidos hácia atrás, unidos con la
cola pequeña por un órgano particular para nadar. Pertenecen á esta familia
[la undécima] los lobos marinos [*Phoca* LINN.] que viven en el mar, pero cerca de la costa, y se alimentan con pescados. Hasta hoy no se ha mostrado ningun resto de estos animales en el diluvio Argentino.

Los otros, que los naturalistas llaman *Cetacea*, forman la última [duodeci-
má] familia de los Mamíferos, y no tienen miembros y piés posteriores, sino
una larga cola con aleta terminal, horizontalmente puesta, y dos aletas pequeñas al principio del tronco, que se han formado de los miembros anteriores.
Toda la figura general se parece por consiguiente á la del pescado. Pertenecen á los Cetaceos algunos animales fluviales, como el Lamatin [*Manatus*] ó la
vaca acuática [pexe boi de los Brasileros], que come pasto; pero generalmente son tambien animales marinos, que comen pescados ú otros mariscos, como
los delfines y las ballenas. Hay restos de algunas ballenas en el diluvio Argentino, y tenemos tambien en nuestro Museo público algunos huesos ó pedazos
de huesos de ballena, que prueban la presencia de tales animales en el pais

durante la época diluviana, pero generalmente están muy destruidos los restos y no permiten una clasificacion exacta. Por esta razon considero innecesario describirlos ahora. Son todos de animales muy grandes, es decir, verdaderas Ballenas, con láminas corneas en lugar de los dientes, no de Delfines; principalmente vértebras de la cola, tan significativas por la perforacion perpendicular de su cuerpo por dos canales.

Concluyendo con esta noticia aforística mi lista de los Mamíferos diluvianos Argentinos, debo advertir al lector, que no se deduce de la presencia de huesos de ballena en el suelo diluviano Argentino, la consecuencia que es un depósito marino, porque las ballenas tienen hasta hoy la costumbre de entrar en la boca grande de nuestro rio, en donde mueren ó de hambre ó por quedar prendidas en el fondo del rio en lugares de poca profundidad. Tenemos ejemplos repetidos de tales ballenas encalladas aun en los últimos años. Los restos de ballenas que se han encontrado en el diluvio Argentino, siempre se han presentado cerca de la costa del mar ó de las costas del Rio de la Plata, probando por esta circunstancia, que han encallado en los siglos pasados acá del mismo modo, como hoy se encallan en lugares correspondientes y aun mas Rio arriba, que el sitio de la ciudad de Buenos Aires. Entonces la presencia de tales restos de ballenas en el diluvio del pais, no es un argumento afirmativo para su formacion marina, sino al contrario, un argumento de que las circunstancias terrestres de nuestro suelo ya en la época diluviana, han sido casi las mismas que hoy, y que el grande estuario del Rio de la Plata ha existido ya mucho tiempo antes de la época diluviana. Sabemos por estudio de la formacion terciaria superior rio arriba en el Paraná, que este estuario ha sido en la época terciaria un estuario puramente marino, pero que se ha cambiado en el principio de la época diluviana en un estuario salobre, mezclado de agua dulce y de agua marina, el cual durante esta época y durante los siglos pasados de la actual, siempre se ha ido angostando y disminuyendo su naturaleza salobre, deponiendo mas terreno en su fondo como á sus orillas, lo que prueba que continuará del mismo modo tambien en los siglos futuros.

SUPLEMENTOS.

1. *El hombre fósil Argentino*; pag. 121.

Algun tiempo despues de dar á luz ia tercera entrega de los "Anales del Museo público de Buenos Aires," he tenido la importante noticia de que tambien en nuestro pais se han hallado restos fósiles del hombre diluviano. Estos restos, que sirvieron de base á la realidad del descubrimiento, no me son conocidos, pues la persona que los encontró se negó á mostrármelos, á pesar de habérselo pedido, en nombre de los intereses de la ciencia, por medio del periódico "La Tribuna." Pero si no he tenido la fortuna de hacer un exámen facultativo de los fragmentos á que me refiero, puedo consignar aquí el testimonio de nuestro Presidente el Dr. D. Juan Maria Gutierrez, quien, segun me lo ha dicho, vió esos restos en poder del Sr. Seguin, muy conocido entre nosotros por su destreza y constancia para buscar fragmentos fósiles en nuestros terrenos, con el objeto de mercancearlos en Paris. Segun el Dr. Gutiérrez, los fragmentos humanos en poder del Sr. Seguin, consistían en una porcion del hueso frontal, parte de la mandíbula con dentadura y en algunas falanges de los dedos. El Sr. Seguin no fué esplícito al señalar el lugar de su hallazgo, pero es de presumir que fué dentro de los límites de la provincia de Buenos Aires.

Como el Sr. Seguin partió inmediatamente para Francia, llevando consigo esas preciosidades, es de presumir que los haya vendido, como los otros fósiles, al Museo del Jardin de las Plantas de Paris, y en este caso, mas que probable, debemos esperar prontas noticias exactas y minuciosas sobre tan notable descubrimiento.

2. *Mephitis primaeva;* pag. 144.

He olvidado advertir al lector, que el Dr. Lund encontró tambien una especie fósil de este género en las cuevas de Minas Geraes del Brasil, de la cual el autor figura un cráneo casi completo en la cuarta parte de sus publicaciones (lám. XXXVIII. fig. 1--3. 1842.) dando una noticia corta de él, pag. 1. de la misma parte (Acta de la Academ. Real de Copenhaga, Sec. matem. física. Tm. IX.). Comparando su figura con el cráneo mio bastante roto, se manifiesta una similitud general, pero el mio es de 0,006. mas largo, y en toda su configuracion poco mas robusto, lo que parece indicar una diferencia específica entre los dos.

3. *Ctenomys bonaerensis*; pag. 147.

Algunas partes del mismo animal se ven tambien figuradas en la: *Zoology of the Voyage of H. M. S. Beagle. Tom, I. pag.* 109. *pl.* 32. *fig.* 6–12; es decir dos muelas de la mandíbula superior, la parte anterior de la mandíbula inferior y los huesos del pié posterior.

4. *Glyptodon tuberculatus*. pag. 192.

El Museo público ha recibido últimamente un individuo casi completo de esta especie, (la coraza con el esqueleto), que prueba una diferencia muy grande de la construccion, justificando la separacion en género particular de *Panochthus*. Véase mi relacion dada á la Sociedad Paleontológica en las Actas de la Sesion del 11 de Julio. Acá solamente quiero advertir al lector, que en consecuencia de este descubrimiento nuevo, la grande pelvis descripta por el Prof. SERRES, bajo el título de *Glyptodon giganteus*, no pertenece á esta especie, sino á la otra mas grande, clasificada por OWEN, bajo el título de *Glyptodon clavicaudatus*, entrandola tambien en nuestro género *Panochthus*.

5. Adicion á la descripcion del génèro *Equus*, pag. 244.

Durante la impresion del penúltimo pliego de esta entrega, he recibido de Copenhaga, por la benevolencia del Sr. D. EUG. WARMING, la última parte de las observaciones del Dr. LUND, sobre los Mamíferos fósiles del Brasil: *Meddelelse af det udbytte de i* 1844. *undersogte knoglehuler etc.* (Acta de la Academ. Real de Copenhaga, Sec. matem. fisica. Tm. XII. 1845. 4.) y en esta parte he encontrado una corta descripcion del *Equus principalis* (pag. 33.) con la figura de una muela (la quinta) superior (lám. XLIX. fig. 1.) que corresponde completamente á la misma muela de la fila entera de nuestro Museo, lámina

XIII. fig. 1. El autor distingue bien esta especie de la otra del *Equus neogaeus* por su tamaño mas grande y la diferente construccion de las muelas, dando tambien figuras de una muela superior y una inferior del *Eq. neogaeus* en la misma lámina fig. 3. y fig. 5. No hay entonces duda alguna de que la especie mayor aquí descripta, bajo el título de *Equus curvidens* Owen (pag. 245), es idéntica con el *Eq. principalis* Lund., y que la denominacion de Owen es de preferirse por haberse publicado un año (1844) antes de la del Sr. Lund en el Catálogo de los huesos fósiles de la coleccion del Colegio quirúrgico de Lóndres.

La especie menor, el *Eq. neogaeus* Lund, es por consiguiente idéntica al *Eq. Devillei* Gervais, descripta aquí por nosotros pag. 248, y corrresponde la preferencia al apelativo dado por el Sr. Lund, como mas antíguo.

No sé si la especie de Norte América del mismo nombre es idéntica ó diferente, porque carezco de las obras que contienen la descripcion de ella; pero si es así, las dos especies diluvianas de la América del Sud deben recibir los siguientes apelativos:

1. *Eq. curvidens* Owen y Nobis pag. 244.
   Eq. principalis Lund. l. l. pag. 33. pl. 49. fig. 1.
   Eq. neogaeus Gervais, *Recherch. etc.* 33. pl. 7. fig. 1–10.
2. *Eq. neogaeus* Lund, l. l, pl. 49. fig. 3. 5.
   Eq. Devillei Gervais l. l. 35. pl. 7. fig. 11. 12. y Nobis pag. 248.

Al fin, advierto al lector, que en la pág. 248, línea 17 de arriba, debe leerse S u d-A f r i c a n a s en lugar de Sud-Americanas.

6. Genus *Nesodon*; pag. 285.

Comparando de nuevo la muela superior de este género, que tenemos en el Museo público, con las figuras y la descripcion de Owen en su obra mencionada, he visto, que las últimas muelas de las dos mandíbulas figuradas, no tienen tampoco raices cerradas, lo que aumenta la similitud de nuestra muela con las de las otras especies. Pero su figura no corresponde exactamente á ninguna de las muelas figuradas por Owen; la mia es menos ancha en la direccion transversal, los tres lobulos son mas cortos y los pliegues entre ellos mucho mas angostos, diferencias que parecen indicar una especie diferente.

VII.

FAUNA ARGENTINA

———————

SEGUNDA PARTE

MAMMIFERA PINNATA ARGENTINA

———————

Concluyendo la lista de los Mamíferos fósiles del suelo Argentino con algunas noticias aforísticas sobre los P i n n a t a, por falta de observaciones satisfactorias sobre los representantes de este grupo entre los anima les antediluvianos, damos en seguida, como continuacion de la primera parte de la F a u n a A r g e n t i n a, una lista de los representantes actuales del mismo grupo, que habitan el Océano vecino Atlántico y visitan nuestras costas. Esta lista tampoco puede darse como completa, porque el estudio de estos animales tiene sus grandes dificultades. Muchos de ellos viven en mar alta y no vienen á la costa sino casualmente, echados por tempestades fuertes, entrando para salvarse en la grande boca del Rio de la Plata y caminando rio arriba á mayor altura del sitio de Buenos Aires. Repetidas veces hemos visto en los últimos años grandes ballenas recien muertas ó aun vivas en frente del muelle y de la Aduana de nuestra ciudad. Pero es una excepcion rara, cuando estos animales encallados se presentan suficientemente pronto al estudio de un naturalista, para ser examinados con todo el empeño que pide el conocimiento científico; generalmente caen en manos de pescadores ó marineros, gente

40

ignorante y sin algun otro interes, que ganar dinero con el hallazgo que su buena suerte les ha ofrecido escepcionalmente, y que por esta razon creen que el provecho debe ser esclusivamente para ellos. Asi ha sucedido, que de los cinco grandes Pinnata que en los últimos tres años fueron traídos á Buenos Aires, solamente uno ha sido examinado por mí mismo; los cuatro otros fueron perdidos, sea por negligencia de los primeros descubridores, ó sea por la avaricia de ellos y el interes personal sobresaliente.

Ya sabemos por las indicaciones del fin de la lista precedente de los Mamíferos diluvianos, que los P i n n a t a se dividen en dos familias, que son los P i n n i p e d i a y los C e t a c e a. Los primeros tienen cuatro aletas, correspondientes á los cuatro miembros de los Mammíferos terrestres; los otros solamente dos aletas al pecho, que corresponden á los miembros anteriores de los Cuadrúpedos, y al fin de la cola larga una grande aleta horizontal, que es un miembro particular de ellos para nadar. De los dos grupos hay representantes en nuestras costas, que enumeramos sistemáticamente aquí con algunas noticias y descripciones, para dar á conocer mejor las especies hasta hoy desconocidas, fundándonos principalmente en la lista de todas los P i n n a t a conocidos, que nuestro sábio amigo, el Director de la parte zoológica del grande Museo británico, Señor D. J. E. Gray, ha publicado ultimamente bajo el título : *Catalogue of Seals and Whales in the British Museum. London* 1866.8. Esta obra muy meritoria ha dado una grande impulsion al estudio de estos animales gigantescos y probado de una manera muy convincente, que el número de las especies diferentes de estos colosos de la creacion, es mucho mas grande que lo que antes habian creido los sábios naturalistas y que en las partes separadas del Océano general viven tambien especies particulares. Tengo la grande satisfacion de poder demostrar la exactitud de esta observacion de mi amigo estimado, tambien con respecto á la parte Argentina del Océano Atlántico, probando de un modo claramente demostrativo, que todas las especies de los Cetáceos, que frecuentan nuestras costas, son diferentes de las del Océano boreal y austral opósito á las costas de Africa y Asia.

1. PINNIPEDIA

De los lobos marinos, que constituyen esta familia de los Mamíferos, hay dos especies en las costas Argentinas; mas no he visto y examinado hasta hoy; pero es muy probable, que se encuentre una y otra especie de ellos entre los animales, que frecuentan nuestras costas.

Genus Utaria PERON.

La presencia de pequeñas conchas externas á la oreja, que faltan gene- ralmente á los lobos marinos del hemisferio boreal, distingue este género particular del hemisferio austral facilmente.

1. *Otaria jubata* FORSTER, *descr. anim.* 66. (1775)—

BUFFON *hist. nat. supl. VI.* 358. (1782) *pl.* 48.—SCHREB. *Saugeth. I. pag.* 300. *tb.* 83.—GRAY, *Catal.* 59.1.—DESMAR. *Mammal.* 248.380.

O. leonina FR. CUV. *Mém. du Mus. d'his. nat. Tm. XI. pag.* 208. *pl.* 15 *f.* 2.— PANDER & D' ALTON *Scelet. der Robben etc. Taf.* 3.— PETERS, *Monatsb. d. K. Acad. der Wiss. z. Berlin.* 17. *Mai* y 1. *Nov.* 1866.

Phoca leonina, MOLINA, Comp. d. l. Hist. del reino de Chile. I. 317. 10.

Ph. jubata, BLAINV. *Ostéogr. Phoca pl.* 5 & 6.

O. platyrhynchus J. MULLER, *Archiv f. Naturg.* 1841. 333.

O. Pernetti, HAMILTON, *Natural. librar.* VI. 244.

La hembra.

Otaria Ulloae, v. TSCHUDI, *Faun. Peruana, pag.* 136. *pl.* 6.—PETERS, *Monatsb. d. Acad. z. Berlin.* 1. *Nov.* 1866. *pag.* 667.

Vive en toda la costa del Océano al Norte y al Sud de la boca del Rio de la Plata y entra casualmente en el rio hasta las islas entre el Rio Paraná y Rio Uruguay. He visto este animal tres años ántes vivo en dos ejemplares acá, presentado al público curioso en la calle S. Martin núm. 75, en un estanque artificial. El propietario ha llevado estos dos individuos á Lóndres y vendido al Jardin Zoológico, en donde vive el uno hasta hoy. Véase el periódico ingles *The field, Vol.* 27. *N.* 689. 10 *March* 1866. *pag.* 191., que dá una buena figura de ellos. En el Museo Público tenemos:

1. Un cuero armado de un macho muy jóven, 1,52 m. largo, del cual he sacado :

2. La dentadura completa de la mandíbula superior, como el único resto de su cráneo.

3. Un cráneo del macho jóven incompleto sin mandíbula inferior.

4. El mismo completo del macho viejo.

5. El cuero armado de una hembra, con el cráneo completo.

El cuero no tiene lana entre los pelos sino solamente pelos tiesos densos y es de color claro pardo amarillo con aletas poco mas obscuras en el macho y color amarillo rojo obscuro en la hembra.

2. *Otaria falklandica* Shaw, *gen. Zool.* I. 256.—Hamilton, *Ann. Nat.. Hist.* 1839. 51. pl. 4.—*Natur. librar.* VI. 271. *pl.* 25.—Burmeister, *Ann. Mag. nat. hist.* 1866. *Tm.* 18. *pag.* 99. *pl.* 9.—Peters. *l. l.* 272. q. &. 670. *Arctocephalus nigrescens* Gray. *Voy. Erebus & Terror.*—*Catal. of Seals* 52. 4.

Arctocephalus Falklandicus ibid. 55. 8.

Tenemos en el Museo Público un individuo jóven, muy bien armado, de donde he sacado el cráneo completo, describiéndole en la obra citada como un objeto hasta entonces desconocido en la ciencia. De un otro individuo viejo se ha conservado solamente la cabeza con el cráneo completo.

El animal es en toda la vida menor de tamaño, que la especie antecedente, de color mas obscuro, pardo negro, con aletas completamente negras, y vive en la costa Patagónica hasta las islas Falklandicas. Tiene bajo los pelos tiesos mezclada con ellos, una lana fina obscura rojiza, que falta, como hemos dicho, á la otra especie.

2. CETACEA.

Principia este grupo con algunas especies de construccion particular, que comen pasto y se llaman por este nutrimento:

A. CETACEA HERBÍVORA.

Hay en la América del Sud un representante, el p e x e b o y de los Brasileros, que vive en los grandes rios de la costa intertropical oriental del continente occidental y tiene por apelativo científico :

Manatus americanus var. australis.

No hay este animal en los rios Argentinos.

B. CETACEA GENUINA,

Los socios de este grupo comen alimentos animales, principalmente pescados ó moluscos sin concha y viven con algunas pocas escepciones, en alta mar, visitando las costas solamente por casualidad. Se dividen en dos grupos; de los cuales el uno tiene dientes en la boca, el otro láminas córneas, que se llama la ballena.

a. ODONTOCETAE,

Con una sola abertura respiratoria en la superficie de la cabeza y dientes cónicos en la boca, que varian mucho en número y tamaño segun las diferentes especies, estando en algunas completamente tapados por la encía ó perdidos con la edad provecta; pero ninguna especie tiene las láminas córneas, que distinguen el segundo grupo.

1. DELPHINIDAE

Dientes mas ó menos numerosos, cónicos poco encorvados en las dos mandíbulas.

Las especies de este grupo, hasta hoy conocidas de nuestras costas son las siguientes:

1. *Pontoporia Blainvillii.*

Gray *Zoology of the Voyage of H. B. M. S. Erebus and Terror. pl.* 46. *f.* 29.—*Catalog. of Seals etc.* pag. 31.—Flower, *Trans. Zool. Soc. Vol.* 6. *pt.* 3. *pag.* 106. *pl.* 28.

Stenodelphis Blainvillii Gervais, D'Orbigny *Voyag. Amér. mérid. Mammif.* 31. pl. 23.

Delphinus Blainvillii Gervais, *Institute* 1842. 170.—*Bull. Soc. phil.* 1844.38.

He dado noticias nuevas sobre este animal raro, que visita las costas del Atlántico desde Maldonado hasta Bahia Blanca, entrando casualmente en las bocas de los rios, que desaguan en este espacio, á la Socied. paleont. en la Sesion del 13 de Marzo de 1867. [Acta pag. XIX.,] tambien publicadas en

Alemania (*Zeitschr. f. d. gesammt.*) *Naturw. Tm.* 29 *pag.* 402.) y en Inglaterra (*Proceed. Zool. Society.* 1867 *pág.* 484. La descripcion detallada se publicará en la entrega sexta de estos Anales.

En el Museo público se vé de este animal raro:

Un individuo jóven armado.

Un esqueleto completo de otro individuo mas jóven, regalado por el Sr. D. Eduardo Olivera.

Un cráneo de un individuo de edad provecta. Otros dos cráneos iguales he comunicado en cambio de objetos para el Museo Público al Museo Británico de Lóndres y al Museo Zoologico de la Universidad de Halle.

2. *Delphinus microps* Gray.

Zool. Ereb. & Terr. 42. *pl.* 25.— *Catal. of Seals etc.* 240. 1.—*Ann. Mag. N. H. III. Ser. Tm.* 16. *pag.* 101.

Delphinus Walkeri Gray, *ibid.* 397. 3. *fig.* 99.

Vive en el alto mar Atlántico al Sud del Ecuador y se presenta muchas veces á los viajeros en buques de velas. Tenemos en el Museo Público dos cráneos completos, el uno regalado por el Señor Dr. D. Miguel Olaguer Feliu.

3. *Delphinus (Tursio) obscurus* Gray.

Spicil. Zool. II. pl. 2. *f.* 2. 3.—*Zool. Ereb. & Terror,* 37. *pl.* 16.--*Catal. of Seals. pag.* 264. 12.

D. Fitzroyi Waterhouse, *zool. of. the Beagle. Tom. II. pl.* 10.

D. bivittatus D'Orb. *Voy. Am. mer. Mammif. pl.* 21.

Frecuenta las costas de Patagonia en donde le han tomado D'Orbigny y Darwin durante sus viages. El cráneo tiene 24 hasta 26 dientes bastante graciles en cada lado de cada mandíbula, pero generalmente un diente mas en la superior que en la inferior.

4. *Delphinus (Tursio) Cymodoce* Gray.

Zool. Ereb. & Terror 38. *pl.* 19.—*Catal. of Seals. etc.* pag. 257. 4.

El cráneo tiene 22 dientes arriba y 21 abajo á cada lado de la mandíbula correspondiente.

Tenemos en el Museo Público dos cráneos bastante parecidos, que estan en buen acuerdo con la figura citada, dada en el viage del Erebus y Terror por Gray. Antes he creido que el mas viejo de estos dos cráneos fuese el *Delphinus Eurynome* Gray (*Catal. of. Seals etc. pag.* 261) mencionándole en: *The Ann. and Magaz. of Nat. hist. III. Ser. Tm.* 18. *pag.* 100., bajo este título, pero el segundo cráneo mas perfecto, que el Museo recien ha recibido prueba, que no es esta la especie que visita nuestros rios, sino el *Delphinus Cymodoce* Gray.

El cráneo mas viejo ya se vé largo tiempo en el Museo Público como regalo del Presidente actual de la República, el Señor Brigadier D. Bartol. Mitre. El otro mas fresco ha regalado recien el Señor D. W. Wilson, quien ha encontrado un esqueleto perfecto del animal en la costa del Rio Uruguay de la estancia de las Delicias, al Norte del pueblo de Paysandú, lo que prueba que estos animales entran muy lejos del Océano rio arriba.

Es muy probable, que es la misma especie de Delfin, que se ha encontrado de igual modo á la costa del Rio de la Plata, cerca de los Olivos en el terreno del Señor Dr. Uriarte en el invierno del año 1865, y que el dicho Señor no quizo regalar hasta hoy al Museo Público de su patria.

5. *Lagenorrhynchus coeruleo-albus* Meyen.

Nova Acta Acad. Caes. Leop. Carol. nat. curios. Tom. XVI. pag. 609. *pl.* 43. *fig.* 2. — Gray *Catal. of Seals. pag.* 268. 2. — Cassin, *U St. Expl. Exped.* 31. *pl.* 6. *f.* 2.—*D. albirostris* Peale, *Zool. U. St. Expl. Esped. Mamm.* 38.

El cráneo tiene cuarenta (40) dientes de cada lado en cada mandíbula.

No tenemos nada en el Museo Público de esta especie, que vive en el Océano Atlántico á la altura de la boca del Rio de la Plata, en donde le ha encontrado primeramente mi amigo finado, el Dr. F. I. T. Meyen durante su viage al rededor de la tierra el 28 de Nov. de 1830 (Véase Tom. I. pag. 119. de su relacion. Berlin. 1834. 4.)

6. *Orca magellánica* Nobis.

Ann. and Magaz. Nat. Hist. III. Ser. Tom. 16 *pag.* 101. *pl.* 9. *fig.* 5.

He dado del cráneo de esta nueva especie, regalado al Museo Público por el Sr. D. Ramon Viton, una corta descripcion en la obra citada. Se ha encontrado un esqueleto roto á la costa del Océano vecino, en el Partido de la Loberia.

7. *Phocaena spinipinnis* Nobis.

Proceed. Zool. Soc. 1865. 228. *fig.* 1. 2.—Gray. *Catal. of Seals etc. pag.* 304.

Tenemos en el Museo Público un individuo armado, que se ha encontrado hace algunos años, vivo en la boca del Rio de la Plata. He sacado de este individuo el cráneo, que describiré detalladamente en la entrega sexta de estos Anales.

8. *Globicephalus Grayi* Nobis.

La familia del finado Dr. Furst ha regalado al Museo Público un cráneo de una especie del género *Globicephalus*, muy distinguido por su cabeza alta en figura de un hemisferio. Este cráneo parece indicar una nueva especie, que hé llamado en honor de mi amigo estimado, el Dr. D. Juan Eduardo Gray, Director de la parte zoologica del Museo Británico, á quien debe el mundo científico el conocimiento de tantas nuevas especies de Cetaceos, para dar á él un testimonio público del reconocimiento de sus muchas obras muy meritorias en este ramo de la ciencia. Pronto describiré la especie nueva en la entrega sexta de los Anales.

2. CATODONTIDAE.

Dientes generalmente gruesos conicos solamente en la mandíbula inferior, sea numerosos sobresalientes, sea algunos pocos (2—4), aun escondidos en la encia.

Los socios de este grupo son generalmente Cetaceos mas grandes que los Delfines, y algunos realmente gigantescos.

Se divide el grupo en dos secciones: *Physeteridae* y *Ziphiadae*, de las cuales la primera tiene dientes numerosos en la mandíbula inferior, la segunda no mas que dos ó cuatro.

a. Ziphiadae.

Los habitantes de Buenos Aires han podido examinar detenidamente una especie de este grupo, que se encontró viva el 8 de Agosto de 1865 en el rio cerca de la Aduana nueva y fué regalado por el Señor D. JUAN ANTONIO NUÑEZ al Museo Público. He dado varias noticias sobre este animal, bajo diferentes apelativos, de los cuales el mas apropósito es el de:

Epiodon australe,

bajo cuyo título lo describiré detalladamente al fin de la presente entrega de nuestros Anales.

Los apelativos sinónimos son:

Delphinorrhynchus australis, Zeitschr. f. d. ges. Naturw. Tm. 26. *pag.* 262.

Ziphiorrhynchus cryptodon, Revista farm. de Buen. Air. Tm. 4. pag. 363.—

Ann. & Mag. Nat. hist. III Ser. Tom. 17. *pag.* 74. *et* 300.

Epiodon cryptodon GRAY ibid. pag. 305.

Hasta hoy no se conocen mas especies de este grupo del Océano Atlántico vecino á la República Argentina.

b. Physeteridae.

Pertenecen á este grupo los Cetaceos generalmente gigantescos, que dan la grasa célebre, llamada: *sperma Ceti,* conservada en grandes depósitos de membranas fibrosas sobre el cráneo y principalmente sobre la mandíbula. Hay tales Cetaceos tambien en el Océano Atlántico del Sud y no raramente se encuentran los dientes gruesos conicos corvados, que se implantan en la mandíbula inferior bastante numerosos de 20 hasta 24 á cada lado, en nuestras costas, pero no se sabe hasta hoy con exactitud la especie á la cual estos dientes pertenecen y por esta razon no puedo dar su apelativo científico.

b. MYSTACOCETAE.

Con dos aberturas respiratorias longitudinales, la una inmediata á la otra, en cima de la cabeza, pero sin dientes en la boca, y en lugar de ellos muchas láminas corneas á sus márgenes inferiores provistas con fimbrias y atadas al paladar del cráneo.

41

Casi todos son animales muy gigantescos y algunos los mas grandes individuos del reino animal.

1. *Balaenoptera bonaerensis* Nobis.—*Proceed. Zool. Society.* 1867. *pag.*

En Febrero del año corriente [1867] se ha encontrado una Ballena muerta
en el Rio de la Plata, cerca de Belgrano, en la boca del riachuelo Medrano,
de la cual el esqueleto completo se conserva en el Museo Público. Es una
especie nueva del género *Balaenoptera*, diferente de la especie de los mares
boreales [*B. rostrata*] por muchos caractéres, que he indicado en mi comunicacion á la Sociedad Zoológica de Lóndres arriba citada. Véase tambien las
Actas de la Sociedad paleontológica de la Sesion del 8 de Mayo. Mas tarde
publicaré una descripcion detallada en estos Anales.

2. *Physalus patachonicus.* Gray, *Proceed. Zool. Soc.* 1865. 190.—*Catal. of
Seals.* 374.

Balaenoptera patachonica Nobis, *ibid.* 1865. 191.—*Ann. Mag. Nat. hist. III.
Ser. Tm.* 16. pag. 59.

La descripcion publicada por mí en las obras citadas está fundada en un
esqueleto viejo defectuoso, que largo tiempo ha figurado en Palermo bajo la
dictadura de J. M. Rosas y hoy se preserva en el Museo Público. El individuo
á cual pertenecia, fue tomado cerca de Quilmes, encallado á la costa del
rio en el año 1832, como me han dicho algunos vecinos de Buenos Aires.
Otro individuo mas grande se ha encontrado últimamente, Agosto 1866, en
el Rio de la Plata y fue traido á la costa cerca de la Aduana vieja, en donde
le han visto casi todos los habitantes actuales de Buenos Aires. Pero la
avaricia de los propietarios ha dejado destruir completamente el esqueleto,
porque no quise darles el precio exhorbitante de 30,000 pesos moneda corriente
que pidieron por los huesos desnudos.

3. *Sibbaldius antarcticus* Nobis.

Proceed. Zool. Society, Novembr. 28. 1865.—Gray. *Catal. of. Seals etc.* 381.
No se conoce mas de esta especie gigantesca que el omoplato, regalado al
Museo Público por el Señor D. Jose Martinez de Hoz y encontrado á la costa
del Océano Atlántico en el terreno de la estancia de la familia de dicho señor

4. *Megaptera Burmeisteri* GRAY.

Catal. of Seals. etc. pag 129. 2.

La especie está fundada en algunas vértebras y el hueso timpánico, preservados en nuestro Museo y encontrados en una de las islas entre el Parana guazú y Paraná de las palmas por el Señor FAVIER. Véase mi relacion en las Actas de la Sociedad paleontológica, sesion del 11 de Julio de 1866.

———

Estas son las especies de los Pinnatos hasta hoy encontradas en nuestras costas ; el número de todas las que acaban de ser mencionadas es por consiguiente de diez y seis, es decir :

Lobos marinos dos especies
Delfines   ocho —
Catodontides   dos —
Balleninos   cuatro —

VIII

DESCRIPCION DETALLADA

DEL

EPIODON AUSTRALE.

(Con seis láminas.)

————◄═►►————

1

El 8 del mes de Agosto del año 1865, á las 8 de la mañana, los marineros del Señor D. Juan Antonio Nuñez observaron del bordo de su lancha fondeada en la playa del rio, cerca del muelle de la Aduana nueva, un pescado grande, que encalló en el fondo en seis cuartas de agua, levantándose de tiempo en tiempo con el lomo afuera del agua y ocultándose despues por momentos, en los cuales echaba en el aire una fuente de agua con mucha vehemencia. La gente se aproximó al animal vivo en un bote y hasta le dispararon dos balazos, sin ver efecto alguno de los tiros, pero como la curiosidad del espectáculo les irritaba, se acercaban á él tanto, que un hijo del Señor Nuñez pudo dar dos puñaladas al animal en el pescuezo.

A consecuencia de esta lastimadura lanzó el pescado con fuerza una fuente de sangre, y luchando de este modo dos horas cayó al fin en agonia. Poniendo entonces un bichero en la herida, transportaron los marineros el animal á su buque y lo trajeron al muelle mismo, donde lo levantaron con el pescante del vapor y lo depositaron en un carro, en el cual fué transportado al Museo Público, para ser regalado generosamente por dicho Señor D. Juan Antonio Nuñez á este establecimiento.

El estudio científico, que principió inmediatamente despues de la entrega del animal en mis manos, con la asistencia del Señor D. Pelegrino Strobel, en ese tiempo catedrático de la historia natural en la Universidad de Buenos Aires, me ha mostrado pronto, que es una especie de los Delfines del grupo de los *Ziphiadae*, muy parecido al género *Delphinorrhynchus* de Blainville y Dumortier, y como en el primer momento me ha sido imposible, por falta de · los libros necesarios, determinar mas su afinidad verdadera con las especies ya conocidas de este grupo, he dado al animal el apelativo provisorio : *Delphinorrhynchus australis*, bajo cuyo título mandé en una carta del 11 de Agosto. una corta descripcion á mi sucesor de la cátedra de Zoologia en la Universidad Prusiana de Halle, el .Dr. Giebel, que la imprimió en el periódico suyo : *Zeitschrift fur die ges. Naturw. Tm.* 26. *pag.* 262. 1865.—Continuando despues en el exámen científico con mas escrúpulo me he convencido, que el animal no es en verdad un *Delphinorrhynchus,* por falta de los dos dientes grandes casi en el medio de la mandíbula inferior. que son propios al dicho género, sino un género aparte por la posicion de dos dientes menos grandes en la punta abierta de la mandíbula inferior, carácter que se vé tambien en el género *Hyperoodon,* uno de los mas bien conocidos entre los *Ziphiadae.* Siendo de este modo el animal un nuevo género intermedio entre el *Delphinorrhynchus* y el *Hyperoodon,* propuso llamarlo *Ziphiorrhynchus cryptodon,* por causa de que estos grandes dientes en la punta de la mandíbula inferior no perforaban la encia, sino fueran escondidos en ella misma. Bajo este título he publicado una descripcion general de su organizacion en la R e v i s t a f a r m a c é u t i c a d e l a S o c. d e F a r m a c i a N a c. A r g. Tom. 4. pag. 363 (Octubre de 1865.)

Copias de esta segunda publicacion sobre el animal fueron mandadas á los sábios Europeos mas distinguidos, de los cuales el Dr. J. E. Gray, Director del Mus. Brit. me contestó inmediatamente, volviéndome una lista de los géneros actuales de los *Ziphiadae* de su libro nuevo entonces no publicado : *Catalogue of Seals etc.,* y avisándome que él ha publicado una traduccion inglesa de mi descripcion en los *Ann. & Magaz. of N. H. III. Ser. Tom.* 17. *pag.* 94. *seq.*—De la dicha lista he comprendido pronto, que el Dr. Gray habia ya fundado un género particular de los *Ziphiadae,* en el cual debe entrar por todos sus caractéres diagnósticos nuestra nueva especie, llamándole *Epiodon* pag. 430 de dicha obra. En este sentido contesté al Señor, Gray, acompañando mi carta con una figura y una descripcion del cráneo, que publicaba mi amigo en los mismos *Ann. & Mag. N. H. pag.* 300. *pl.* 6., proponiendo al fin de mi descripcion, llamar ahora al animal : *Epiodon cryptodon*. Pero recordando que el carácter de los dientes ocultos en la punta de la mandíbula inferior, no es particular á esta especie, sino que tambien se vé en la otra del hemmisferio boreal, llamado *Epiodon Desmarestii* (*Ziphius cavirostris* Cuv.), me ha parecido conveniente cambiar el apelativo específico por otro mas significativo, que pensaba derivar de su domicilio en el Océano Atlántico austral, frente á la costa Patagónica. En este sentido escribí en las láminas adjuntas el nuevo apelativo *Epiodon patachonicum*, pero como el primer nombre dado por mí en la carta al Dr. GIEBEL es tambien no menos significativo, me parece al fin lo mas conveniente dejarle como antes y llamarle *Epiodon australe*, bajo cuyo título publico ahora su descripcion detallada, ilustrándola con seis láminas, que contienen figuras de todas las partes y órganos principales de su cuerpo.

I. De la figura general externa,

(Lámina xv.)

3

La figura general externa del animal es la regular de los Cetaceos y exactamente como la del *Ziphius*; es decir, la cabeza muy abultada en la frente pero insensiblemente descendente al rostro pequeño punteagudo reclinado con la punta de arriba; la aleta pectoral chica, el lomo redondeado, la barriga bastante gruesa y sobresaliente á la parte inferior, disminuyéndose hasta la abertura posterior del ano y la cola que es atras de la aleta dorsal poco comprimida de los dos lados y con su punta, que sostiene la aleta terminal, reclinada arriba, lo que es una construccion muy estraña entre los Delfines y particular para este género.

Tiene el animal una longitud de 3,95 metr. franc. y una circunferencia en el medio del cuerpo de 2,0 m. poco mas ó menos. El rostro es corto, poco aplanado, punteagudo y reclinado hácia su estremidad de modo que la boca no forma una línea recta á cada lado, sino una línea ondulada en figura de letra ∞ . Esta línea de la boca tiene 0,21 m. de largo y termina con un pliegue muy fino descendente hácia atras. El ojo muy pequeño es de 0,22 distante del ángulo posterior de la boca, sobre el cual dicho pliegue sobresale casi la mitad de esta distancia. La mandíbula inferior es mas gruesa y mas alta que la superior, sobresaliendo de la márgen de la superior en todo su contorno. Hay des pliegues profundos divergentes, cada uno 0,24. m. de largo, bajo la mandíbula inferior, uno á cada lado de la garganta (d.) Atras del ojo, que tiene un iris obscuro casi negro, se ve la abertura de la oreja [b.] como un agujerito de 0,001 m. diámetro y situado 0,105 m. distante del ojo, circuns-cripto por un círculo poco mas claro del color del cuerpo, y encima de la cabeza, en donde se forma la protuberancia sobre el ojo, la abertura de la nariz [a, y fig. 4. c.], que es un pliegue arqueado transversal, 0,105 m. de ancho y 0,45 distante de la punta del rostro, dirigiendo las puntas de su curva semicircular hácia adelante y encluyendo en la curva una válvula movible, que se ajusta con firmeza á la márgen posterior mas alta y sobre-saliente de la abertura en el fondo del pliegue.

El lomo del cuerpo es muy poco mas alto, que la cabeza y corvado insensi-blemente abajo hácia la cola, en donde se vé la aleta dorsal. Esta aleta es de figura triangular, reclinada con la punta obtusa hácia atras, 0,17. alta y 0,26 ancha en la base, en donde se une con el lomo poco hinchado en este lugar. Su márgen anterior es 2,2. m. distante de la abertura de la nariz, y su már-gen posterior 1,2 m. de la punta de la cola. A esta aleta corresponde en el lado inferior del cuerpo casi exactamente la abertura del ano.

La parte inferior del cuerpo principia con la garganta poco hinchado en el medio hasta la altura de la aleta pectoral, que está colocada á cada lado del cuerpo un poco abajo de la mitad del lado y 0,50 distante de la oreja. Tiene una figura mas ó menos romboides, es de 0,34 de largo, y 0,12 de ancho en el medio, con márgenes casi paralelas hasta la parte posterior, en donde principia á disminuirse la anchura hasta la punta obtusa; su márgen anterior es gruesa, poco corvada, la posterior aplanada aguda y el angulo interno, en donde se une la aleta con el cuerpo del animal, plegada transver-salmente muy fuerte.

De acá continúa la barriga estendiéndose poco á poco del lado inferior hasta la tercera parte de la longitud del cuerpo, en donde el animal tiene su mayor circunferencia, disminuyéndose despues poco á poco hasta la punta de la cola. La parte de la barriga propiamente dicha termina con las aberturas posteriores del alveo, que son de dos en el macho y de una en la hembra de los Cetaceos. El individuo nuestro es macho con dos aberturas, la anterior la sexual, la posterior el ano.

La abertura genital masculina (e) está exactamente colocada bajo la márgen anterior de la aleta dorsal, formando un pliegue longitudinal, 0,16 de largo, con dos labios poco abultados. Abriendo estos labios se vé entre ellos (Fig. 5. e) una abertura casi central mucho mas chica, incluida entre otros dos labios transversales de diferente figura y construccion. El anterior es el menor, de figura circular con pliegues radiales del centro hasta la peniferia: el posterior es oblongo-elíptico, con dos plieges longitudinales hácia el estremo posterior y tres radiales pequeños á cada lado. Corresponden estos dos labios al orificio del prepucio de los Mamíferos terrestres, incluyendo entre sí el glande del miembro genital escondido en la parte posterior de la barriga.

La abertura anal (Fig. 2. g) está situada mas hácia atras, bajo el estremo posterior de la aleta dorsal y mas corta, de 0,09 de largo. Tiene la misma figura longitudinal ó introduce, abriéndose, directamente en el colon del animal.

Hay á cada lado del principio de esta segunda abertura otros dos pliegues pequeños longitudinales (Fig. 5. f. f.), cada uno 0,03 de largo, que representan las mamas de los Mamíferos terrestres, incluyendo la papila de estos órganos de la hembra. En el macho no hay papila en ellos, sino un conducto, que traduce en una cavedad pequeña, que describiremos mas tarde detalladamente. En la hembra de los Cetaceos los dos pliegues pequeños, que representan las mamas, estan colocados en el medio de cada lado de una sola abertura longitudinal posterior mas larga, que incluye entre los labios hinchados en su fondo dos aberturas separadas, la anterior genital y la posterior anal.

Hasta las aberturas acabo descriptas y hasta la aleta dorsal el cuerpo del animal es igualmente redondeado, sin canto alguno en toda su superficie; pero atras de los dichos lugares, donde principia la cola, su figura se cambia en una lámina comprimida, con canto agudo encima como abajo (Fig. 3). Asi imita la cola mas la figura de un remo perpendicularmente colocado, disminuyéndose en altura hasta la punta, en donde se vé colocada la grande aleta terminal horizontálmente *), y cambiando al fin su direccion descendente

---

*) La posicion horizontal de la aleta caudal, en oposicion con la perpendicular de la misma aleta en los Pescados, ha inducido á algunos autores, á creer que no sirva al animal para nadar. (Dumortier, N. Mém. de l'Acad. Roy. de Bruxelles, Tm. XII. 1839.) Pero los Cetaceos no nadan como los Pescados en línea recta, ellos nadan en línea ondulada, con curvas ascendentes y descendentes, para tomar aire cada vez cuando ascienden hasta la superficie del agua con la cabeza y respiran de nuevo, espirando primeramente el aire de los pulmones. Para un tal movimiento es la posicion horizontal de la aleta caudal absolutamente necesaria, y por consiguiente su direccion diferente completamente justificada.

en ascendente, que es una particularidad muy singular de esta clase de los Delfines. Al principio, atras de la aleta dorsal, tiene la cola una altura de 0,63, en el medio de 0,37 y al fin, antes de la aleta, de 0,18. Esta aleta se forma de dos lobulos iguales (Fig. 2), casi triangulares, con punta obtusa recurva al estremo exterior, y unidos entre sí tras de la punta de la cola, por una márgen encorvada sobresaliente, sin cisura en el medio, que es tambien un carácter particular, diferente de la figura de los verdaderos Delfines. La aleta caudal es 1,0 de ancho y cada lobulo en el principio 0,35, de cuya estension tres cuartas (0,265) estan ligadas á los lados de la punta de la cola y una cuarta libre atras de la punta. Cada lobulo tiene una márgen gruesa anterior de 0,58 estencion, y una márgen delgada fina posterior de 0,50 longitud.

Todo el cuerpo del animal es de un color pardo claro, poco amarillo, imitando el color de ceniza clara, pero mucho mas obscuro en el lomo y mas claro en el vientre. Las aletas son mas obscuras que el lomo, casi negras, y la grande aleta de la cola tiene una mancha puramente blanca de figura irregular en su superficie inferior.

La piel es lisa, muy pulida y lustrosa en la superficie, sin ningun pliegue ni arrugas en todo el cuerpo. Se compone de tres capas bastantes diferentes. La superior es la epidermis lisa, muy fina y transparente de 0,0003 espesor, que cubre todo el cuerpo en su superficie externa y se une con la capa segunda menos íntimamente que ella con la tercera, separándose fácilmente de las otras, cuando ha empezado la putrefaccion. La segunda y la tercera capa son unidas entre sí íntimamente, distinguiéndose mas por el color que por la textura. Las dos unidas tienen un espesor de 0,0015, la superior de 0,0005 y la inferior de 0,0010. Aquella es de color pardo claro y su tejido poco mas firme; esa tiene un color muy negro y un tejido mas laxo, pero las dos son de la misma estructura general, sin interrupcion fija entre ellás. Bajo esta capa, que corresponde al corion de los otros Mamíferos, sigue el tejido celular adiposo blanco de 0,050 espesor, que envuelve tambien todo el cuerpo, cubriendo la carne muscular, que se agarra al esqueleto, y dando principalmente al animal su figura externa. Véase pl. XVI. fig. 4.

II. Del Esqueleto.

(Lámina xvi.)

4

El esqueleto del animal prueba por la estructura espongosa de la substancia huesosa, como tambien por la falta de esquinas agudas y sobresalientes en todos los huesos, que el individuo tomado ha sido todavia muy jóven y apenas salida de la edad pueril, si lo comparamos con la edad del hombre. Tiene en su figura general la mas grande semejanza con la del *Hyperoodon* y se distingue evidentemente del esqueleto de los verdaderos Delfines por el tamaño de las vértebras, y el número menor de ellas en la columna vertebral. En los verdaderos Delfines, por ejemplo en el *Delphinus delphis*, que tiene 74 vértebras, el número de las vértebras se presenta de 70 hasta 75. La *Phocaena* tiene 66, el *Globiceps* 55*); pero el número de las vértebras de nuestro animal es de 49 y el de *Hyperoodon* no mas que 45 **). En este punto, como tambien en la figura de las vértebras, el *Epiodon australe* se acerca bastante á la configuracion de algunos Delfines de agua dulce, como la *Inia*, ***), que tiene solamente 41 vértebras, ó la *Pontoporia* con 42 vértebras ****); pero la figura general de estos animales es muy diferente por el largo pico punteagudo de su cabeza y el gran número de dientes sobresalientes en las dos mandíbulas. La similitud con el *Hyperoodon* es en todo la mas grande, ya por la falta de los dientes sobresalientes en la boca, ó ya por la altura de la parte frontal del cráneo, que es muy significativa en ambos animales; ningun verdadero Delfin tiene esta parte del cráneo sobre la nariz tan elevada como el *Hyperoodon* y el *Epiodon*. Con mucha razon los sabios zoologos: J. E. GRAY *****) y W. H. FLOWER, han unido estos dos animales: con algunos otros de organizacion parecida, en un grupo particular de los *Cetacea*, llamándole *Ziphiidae* ó *Ziphiina* y acercándole mas íntimamente de un lado á los *Physeteridae* y del otro á los *Iniadae* ó *Platanistidae* ******.)

---

*) RAPP, *Die Cetaceen* etc pag. 63.
**) VROLIK, *Beschruw. v. den Hyperoodon* tib. II.
***) FLOWER, *Descr. of the skelet. of Inia Geoffrensis. pl.* 25. — *Trans. Soc. Zool. Tm. VI.*
****) Acta de la Socied. Paleontol. pag. XXI.
*****) En la obra citada de FLOWER pag. 115.
******) *Catalog. of Seals. pag.*326.

Acepto completamente esta clasificacion, como bien fundada en la organiza
cion de los respectivos grupos, permitiéndome cambiar el apelativo dada con
el de *Ziphiadae*, por ser mas agradable segun mi modo de sentir para el oido.

1. Del cráneo.

(Lámina xvii.)

5

Principiando la descripcion detallada del esqueleto con el c r á n e o
remitimos al lector á la lámina xvii, que representa el cráneo por tres lados
en la cuarta parte del tamaño natural. Vista de arriba (Fig. 1.) como de
abajo (Fig. 2) la parte rostral se presenta bastante pequeña, muy fina y
punteaguda, en comparacion con la mitad posterior muy ancha y alta
(Fig. 3). Esta parte rostral, formándose de las dos mandíbulas, tiene su grosor preponderante en la mandíbula inferior, siendo la mas larga, mas ancha
y mas alta que la superior, que es en verdad muy fina y débil. Respecto al
largo, el Epiodonte corresponde tambien al Hyperoodonte, estando en las dos
la mandíbula superior mas corta que la inferior y metiéndose con su punta
completamente en ésta (véase Fig. 3.); pero en los dos otros puntos el Epiodonte se distingue muy bien del Hyperoodonte, que tiene una mandíbula
superior muy gruesa y no menos alta que la inferior, superando esta en su
altura mucho en la parte posterior, en donde se forman en este hueso dos
crestas muy elevadas, una á cada lado de la abertura de la nariz. Nada se
vé de tales crestas en el Epiodonte que solamente una pequeña tuberosidad
sobre el hueso lagrimal (*e*) y sobre el principio del zigomático (*i*), que corresponde á la dicha cresta del Hyperoodonte.

6

La m a n d í b u l a s u p e r i o r se compone de dos pares de huesos, es decir
los intermaxilares (*a. a.*) y los maxilares (*b. b.*); aquellos ocupan la parte
central de la mandíbula y estos las partes laterales.

Los i n t e r m a x i l a r e s (*a. a.*) son dos huesos finos, casí prismáticos y
paralelos en su parte anterior, que se tocan con una margen aguda en la línea
media del rostro, dejando entre sí en el espacio sobre la dicha márgen una

escavacion semi-cilíndrica, que pasa por todo el rostro, hasta la abertura de la nariz. En el surco, que se ha formado de este modo entre los dos huesos intermaxilares está colocado un cartilago cilíndrico, llenando completamente el surco y uniéndose atras con el tabique de la nariz (*cartilago ethmoides*) que se forma sobre el hueso vomer y el hueso etmoides.

La parte posterior de cada intermaxilar cambia su figura prismática en la de un plano algo cóncavo, que sube poco á poco mas arriba, uniéndose al fin sobre los lados de la abertura de la nariz con los huesos nasales y formando de este modo una pared muy gruesa y alta á cada lado de la dicha abertura. En donde esta parte ancha y cóncava de los huesos intermaxilares principia, los huesos mismos estan perforados por un agujero bastante grande, que introduce los nervios y vasos sanguíneos al interior del hueso. Detras de este agujero los dos huesos intermaxilares cambian su figura hasta acá igual, en desigual, estendiéndose con el plano cóncavo mucho mas ancho el hueso derecho que el izquierdo y obligando por esta desigualdad á la abertura del surco medio entre ellas, á pasar de la línea mediana del cráneo al lado izquierdo. Síguese de esta estension asimétrica una desharmonia completa entre los dos lados de la parte central del cráneo, que incluye la abertura nasal, dando á todas las partes del lado derecho de los huesos, que forman la prominencia sobre la dicha abertura, una preponderancia muy importante sobre las mismas partes del lado izquierdo, que es por su exceso particular un carácter tan principal de los Cetaceos, que forman el grupo de los *Ziphiadae*; ningun otro Cetaceo tiene una asimetría tan marcada como estos animales. Contemplando la Fig. 1, el lector reconoce la dicha diferencia de los dos lados claramente, observando que la parte posterior de cada hueso intermaxilar, que forma un lóbulo de figura auricular sobresaliente al esterior junto al hueso nasal (*c. c.*) es mucho mas ancho y fuerte del lado derecho del cráneo, que del lado izquierdo.

Los huesos maxilares superiores (*b. b.*) principian con una punta aguda al lado del hueso intermaxilar atras de su estremidad anterior. De acá se alargan los dos hácia atras, corriendo al lado externo del intermaxilar correspondiente hasta las dos terceras partes del dicho hueso, en donde cada maxilar se estiende rápidamente tambien en un plano cóncavo, que asciende al lado del plano correspondiente del intermaxilar hasta la parte mas alta de la frente, uniéndose por detras con el hueso frontal en toda su circunferencia. El principio del dicho plano del maxilar forma un callo grueso, poco elevado y prominente, que corresponde á la cresta alta en esta parte del mismo hueso del Hyperoodonte; acá hay dos grandes agujeros en la superficie del hueso, inmediatamente antes del dicho callo, y en el medio del llano mismo se vé una fosa transversal bastante ancha y profunda, que introduce tambien al lado interior á un agujero mas grande. Nada se encuentra de particular en la superficie esterna del hueso, pero al lado de cada maxilar hay inmediatamente bajo la márgen lateral un surco bien pronunciado y angosto, que principia un tanto atras de la estremidad anterior y corre en toda la márgen de la parte angosta del maxilar hasta el principio de la protuberancia sobresaliente de la parte ancha (véase Fig. 3.) Este surco corresponde á los alveolos de los verdaderos Delfines é incluye tambien en el Epiodonte los dientes rudimentarios implantados en la encía. Bajo el dicho surco alveolar el hueso maxilar desciende al lado inferior del rostro, formando la parte posterior del paladar duro (véase Fig. 2. *b. b.*) é incluyendo, adelante, entre las márgenes divertentes de los dos huesos, al hueso v o m e r (*f.*) como una lámina angosta muy punteaguda á las dos estremidades y dando lugar tambien á los huesos intermaxilares (*a. a.*) que forman la parte anterior del paladar duro. Al fin posterior, el hueso maxilar es mas ancho y terminado por un arco al anterior, con el cual se une el hueso propio del paladar (*g. g.*). Inmediatamente ante esta márgen arqueada es un otro agujero mas pequeño, del cual sale un surco muy pronunciado al por delante, y perfora el hueso maxilar, dando salida á nervios y vasos sanguíneos del interior del cráneo al paladar. Otros tres agujeros grandes ya hemos notado en la superficie externa del maxilar, dos inmediatamente ante la parte llana, al lado del hueso intermaxilar (véase Fig. 1.), y el tercero en el medio del llano mismo. Son los orificios externos de un conducto grande en el hondo de la cavedad del ojo, que corresponde al conducto sub-orbitrario de los Mamíferos terrestres, de los cuales salen los nervios y vasos sanguíneos para la parte superior carnosa del rostro y de la frente.

La descripcion dada de la mandíbula superior del Epiodonte prueba, que su construccion es idéntica con la de los Delfines verdaderos y no se distingue de ningun otro modo de la de ellos, que por la anchura menor del rostro y la falta de dientes persistentes en la mandíbula. Algunos Delfines, como la *Phocaena* y la *Beluga*, dejan salir el hueso maxilar sobre el intermaxilar en la parte posterior al lado de la línea mediana del rostro, formándose de este modo la márgen anterior de la abertura nasal, no por los intermaxilares, sinó por los maxilares; pero el Epiodonte no se acerca á esta modificacion del tipo normal, conservando, como el Hyperoodonte, la construccion típica de los verdaderos Delfines.

El hueso frontal (*d. d.*) principia con una parte poco engrosada bajo la parte ancha del maxilar superior (véase Fig. 3) y corre en toda la circunferencia posterior del maxilar como una márgen poco elevada y redondeada hasta la parte mas alta del cráneo encima de la eminencia frontal, en donde los dos huesos se tocan entre sí inmediatamente atras de los huesos nasales (véase Fig. 1. *d. d.*) Cada uno de ellos es en esta parte mas elevado y algo mas ancho, que en toda la otra parte atras del maxilar, con escepcion de la parte primera é inferior, que forma la pared superior de la cavidad ócular con la márgen superciliar prominente (véase Fig. 3.) Acá sobresale el hueso frontal mas, y desciende atras del arco superciliar en figura de una prolongacion bastante gruesa al inferior, tocándose de este modo con el hueso temporal (*k*) y uniéndose poco mas arriba de esta prolongacion, que es la apofisis orbital posterior, con el hueso parietal (*p.*) por la sutura coronal.

Los huesos de la nariz (*c. c.*) son dos huesos pequeños, pero muy gruesos, que ocupan la parte mas alta de la eminencia frontal y sobresalen mucho por delante sobre la abertura nasal. Cada uno de ellos es bastante llano en la superficie externa, pero elevado al interior en un hueso convexo un poco mas punteagudo hasta la estremidad anterior. Los dos se unen por una sutura directa en el lado interno, siendo el derecho bastante mas grande que el izquierdo y los dos inclinados al izquierdo en toda su direccion. La parte anterior del lado externo está libre, pero la parte posterior del mismo lado se une con el hueso intermaxilar, como el lado posterior de cada uno con el hueso frontal correspondiente por una sutura. Por abajo ambos estan sostenidos por el tabique cartilaginoso de la nariz, que se une con ellos en la sutura media.

1. Los huesos frontales del Epiodonte no se diferencian por ningun carácter de los mismos huesos de los otros Delfines, pero los de la nariz son del todo diferentes del tipo regular de los Delfines, en los cuales no sobresalen estos huesos libre por delante, estando atado á las partes vecinas del cráneo en toda su circunfe. rencia. Aun en el Hyperoodonte no hay una configuracion igual, como lo prueban las buenas figuras de Vrolik, lámina V. y VI. de su obra ya antes citada.

2. Es digno de notar que no se vé nada en el Epiodonte antes de los huesos nasales del hueso pequeño, que se presenta acá en los verdaderos Delfines, correspon. diente al hueso etmoides de los otros Mamíferos. En el Epiodonte este hueso, con el cual se une el hueso vomer de adelante en el fondo de la concavidad nasal, existe en el mismo lugar, uniéndose tambien con el vomer y el tabique cartilaginoso, pero la preponderancia de los huesos nasales no permite á este hueso, presentarse libre en la cavidad nasal, como en los otros Delfines.

8

Entre la punta obtusa de la parte inferior del hueso frontal, en el adelante de la órbita y la parte vicina del hueso maxilar, hay d o s pequeños huesos (*i* y *e* Fig. 2 y Fig.), que están puestos acá el uno sobre el otro, presentándose cada uno al lado externo del cráneo solamente con una márgen obtusa, callosa.

El anterior es mucho mas pequeño que el posterior y este sobresale del primero en toda su circunferencia posterior con su parte aplanada escamosa. Como de la márgen posterior del anterior de estos dos huesecillos (*i*) sale inmediatamente el hueso angusto estiliforme, que representa el hueso zigo. mático de los ,otros Mamíferos, uniéndose atras por un ligamento fibroso con la apofisis zigomática del hueso temporal (Fig. 3. *k*.), no deja duda alguna que este hueso (*i*.) représenta á la apofisis frontal del h u e s o z i g o m a t i c o , y como entre el hueso zigomático y el hueso frontal en todos los Mamífe. ros terrestres hay un otro hueso pequeño, llamado l a g r i m a l, no dudamos llamar asi con razon á este segundo huesecillo del Epiodonte. Participa este hueso por su estension de detras á la pared superior de la cavidad del ojo, uniéndose en toda su circunferencia posterior interna con el hueso frontal y participando tambien á la pared del conducto grande supraorbitario que perfora acá el dicho hueso. La presencia de un hueso lagrimal separado es un carácter particular de nuestro animal, ningun verdadero Delfin tiene seme. jante hueso lagrimal separado, aun en el Hyperoodonte el lagrimal está unido con la apofisis frontal del zigomático. Entre los Cetaceos solamente los *Cetacea herbívora* y las B a l l e n a s tienen tal hueso lagrimal separado, pero en ninguno de ellos, como tampoco en nuestro Epiodonte, está perforado este hueso por un conducto lagrimal, como en los Mamíferos terrestres, por falta de este conducto en los Cetaceos, aun son presentes algunos restos de las glándulas lagrimales.

La presencia del hueso lagrimal separado en el Epiodonte es un carácter de mucha importancia, porque rectifica la opinion de algunos sábios sobre la verdadera interpre. tacion del hueso correspondiente por su situacion en los Delfines típicos, probando que este hueso es una union de dos, el lagrimal y el zigomático. Parece que G. Cuvier ha conocido el hueso lagrimal solamente en las Ballenas (*Ossem. foss.* V. 1. 372.), por que él nunca habla de este hueso en los Delfines, tomando el hueso bastante grande en la esquina anterior de la órbita de estos animales para el zigomático. Meckel se opone á esta opinion, tomando el dicho hueso para el lagrimal y solamente la parte fina estiliforme, que sale de él, para el zigomático (*Vergl. Anat.* II. 2. 538.). Pero la construccion de nuestro Epiodonte prueba, que la parte anterior del dicho hueso de los Delfines verdaderos pertenece al zigomatico, y que no mas que la parte posterior es el lagrimal. La observacion primera de la presencia de un lagrimal separado en algunos *Odontocetae* debemos á Fr. Cuvier, que lo ha descrito en el *Ziphius Sowerby-ensis, Hit. natur. des Cetac. pag.* 114. *seg.* (*Delphinorhynohus micropterus.*) Que en el Hyperoodonte no hay un hueso lagrimal separado lo prueba la buena figura de Vrolik *l. l.* pl. VII. *m.*) y el completo silencio del autor sobre este hueso en su mencionada obra.

9

La parte posterior del cráneo, que incluye la cavidad de los sesos, no presenta ninguna diferencia notable del tipo general de los Delfines y no exige por consiguiente una descripcion detallada. Sigue en la superficie superior inmediatamente atrás de los huesos frontales (*d. d.*) el h u e s o p a r i e t a l (*p.*) con una márgen igualmente elevada y sobresaliente, unién- dose por sutura clara y distinta con los huesos frontales y descendiendo al posterior, en donde se estiende en un llano convexo, que se une sin interrup- cion visible con la parte superior del h u e s o o c c i p i t a l (*n.*). Solamente en los dos lados se ven restos de la sutura lambdoidea (Fig. 3, entre *p.* y *n.*) Al fin posterior el occipital es perforado por el grande agujero occipital, que tiene á sus lados los dos condilos occipitales, casi hemisféricos, y á los lados de la superficie inferior (Fig. 2. *n.*) se prolonga el hueso occipital en una apofisis fuerta, descendente, que se une por sutura con los huesos temporales, y principalmente con su porcion mastoidea, para formar la cavedad, que incluye la concha auditiva con los órganos internos de la oreja. Esta apofisis está dividida por un surco profundo, en el cual se encuentra una gotera, que sale de la cavedad del cráneo y parece representar el agujero mastoides, en dos partes desiguales, la interna mas ancha y la externa mas alta, que se une con la porcion mastoides del hueso temporal. Acá se ata á ella el hueso hioides por su hasta menor ó estiloides. Por delante la parte basal del occi- pital se une por otra sutura angulada con el h u e s o e s f e n o i d e s (*m.*), á cual se agarra en el adelante la parte posterior del h u e s o v o m e r (*f.*) con una lámina transversal bastante ancha. Toda esta configuracion es igual á la de los Delfines típicos, con la diferencia relativa, que la parte central correspondiente á la base del cráneo (*basis cranii*) es un poco mas ancha y menos larga en el Epiodonte, que en los típicos Delfines. Tampoco el h u e s o t e m p o r a l (*k.*) no presenta ningun carácter particular, es completamente como en los Delfines, sino relativamente un poco mas pequeño, principalmente la apófisis zigomática y la circunferencia de la fosa temporal. Lo mismo sucede con la concha auditiva (*l. l.*) que se presenta muy chica, é íntimamente atada á la porcion petrosa del temporal, en oposicion con el tipo general de los Delfines, en los cuales esta concha es libre. La pequeñez del hueso temporal y ante todo la de la fosa temporal se explica bien por la fuerza menor del Epiodonte en el movimiento [de su mandíbula inferior, causada por la falta de dientes en ella. Un animal sin dientes no puede defenderse con la boca, ni agarrar alimentos grandes, al menos hablando de animales vivos de tamaño considerable; y por esta razon los músculos, que mueven la mandíbula inferior, pueden ser mucho mas pequeños y los huesos, á los cuales se atan estos músculos, mas débiles, que en los animales parecidos con dientes fuertes ó numerables. Cuanto mas fuertes ó aumentados en número son estos, tanto mas grande es la fosa temporal.

10

Restan por examinar de los huesos que componen el cráneo, aquellos de la parte posterior del paladar, que se unen por delante con el hueso maxilar superior y al posterior con el hueso esfenoides. Hay en todos los Delfines, como tambien en el Epiodonte, acá dos huesos separados por suturas y unidas del mismo modo con los huesos inmediatos; son los que se representan en nuestra Fig. 2. con las letras *g.* y *h.*, y que se llaman, el primero, hueso palatino, el segundo, hueso terigóides.

El hueso palatino (*g. g.*) principia con un arco correspondiente á la márgen posterior del hueso maxilar superior en toda la circunferencia de este hueso, formando atrás del maxilar una lámina muy angosta arqueada, que se toca en la línea media del cráneo de cada lado con una parte sobresaliente del hueso vomer muy pequeña y angosta. De aquí los dos huesos palatinos suben á los lados del paladar, uniéndose siempre por sutura con el maxilar y continuándose hasta la cavidad del ojo, de la cual forman una parte pequeña de la circunferencia anterior en lo hondo, tocándose con el hueso lagrimal. Inmediatamente en cima de esta union se forma un conducto muy ancho, que sale de la cavidad del cráneo ante el agujero optico y corre al adelante, abriéndose en el agujero superior mas grande, que perfora el huese maxilar en el medio de su estension, al lado del intermaxilar. Hemos ya dicho antes (§ 6.), que corresponde este conducto al sub-orbitario de los Mamíferos terrestres.

43

El hueso terigóides (*h. h.*) se halla colocado atras del palatino
y se une con él en toda su circunferencia anterior por sutura escamosa,
pero descendente en su direccion mas abajo forma este hueso principalmente la grande eminencia central del paladar, que encierra la abertura nasal posterior. En la línea media los dos huesos están unidos por
sutura recta y á la extremidad posterior se separan entre sí con una lámina
casi triangular separada mucho mas sobresaliente al exterior. Esta parte
del hueso terigóides es bastante diferente del tipo normal de los Délfines, en
los cuales los huesos terigóides son mucho mas cortos, mas anchos y menos
sólidos, por ser huecos y formados por una lámina huesosa muy fina que
incluye un vacío aérifero, que se comunica con la nariz; pero en el Epiodonte
todo el hueso es sólido esponjoso y mucho mas duro en su tejido. Sobre el
dicho arco libre dependiente cada terigóides asciende mucho, inclinándose
mas al interior y uniéndose en el medio de la fosa nasal con el hueso vomer
(*f.*), que dividida la misma fosa en dos conductos anchos paralelos. Desde acá
los dos terigóides se inclinan de nuevo al exterior, estendiéndose en una lámina
ancha y fina, que se une en toda su circunferencia anterior con el hueso
palatino. En donde este hueso termina con una márgen libre al exterior, los
terigóides terminan tambien, participando al conducto grande, que corre al
agujero grande en el medio del hueso maxilar, y uniéndose atrás de esta
márgen libre con las alas esfenóides, que union continúa hácia abajo, hasta
que la márgen libre posterior superior del térigóides toca con la parte central
del esfenóides (*m.*), formando de este modo la pared lateral externa posterior
entre la fosa nasal y la cavidad, que incluye el hueso auditivo (*l. l.*), y continuando con la estremidad posterior casi hasta las crestas laterales descendentes del hueso ocipital (*n.*). Acá se pone entre el terigóides y el temporal la
ála esfenóides bastante pequeña, que no se vé bien separada por esta causa
en nuestra Fig. 2.

Los verdaderos Delfines tienen entre la ála esfenóides y la parte posterior del
terigóides una abertura en la pared del cráneo, de que carece completamente el
Epiodonte, como la otra atras de la porcion petrosa del temporal, que es muy grande
en algunas especies de Delfines. El cráneo del Epiodonte no tiene otras aberturas en
estas partes, que los agujeros pequeños, que corresponden al agujero oval, agujero
redondo, agujero rasgado (*for. lacerum*) y agujero carótico de los Mamíferos terrestres.

11

La m a n d í b u l a i n f e r i o r (g. g.) está formada, como en todos los Delfines típicos, de un tejido huesoso mas duro, menos esponjoso, que el de los
otros huesos del cráneo, con la única escepcion del huesecillo auditivo muy
duro, y se presenta por consiguiente con un color mas blanco y mas claro.
Tiene tambien la figura general de la de los verdaderos Delfines, pero la parte
superior posterior, que corresponde á la apofisis coronoides de los otros
Mamíferos, es menos alta y aun de altura menor que la parte posterior
abajo del condilo, que forma el ángulo de la mandíbula. Desde acá corren
las dos márgenes opuestas de cada ramo de la mandíbula paralelas entre sí
hasta la esquina externa sobresaliente de la mandíbula superior, en donde
principia cada ramo de la inferior á disminuir en anchura poco á poco hasta
la extremidad anterior. Esta parte anterior es diferente del tipo de los
· Delfines verdaderos por su curva hácia arriba, que obliga á la mitad anterior
del rostro entero á subir en la misma direccion, dando á la márgen de la boca
la figura ascendente, que hemos descripto ya antes (3.) como una particularidad del Epiodonte en comparacion con los verdaderos Delfines, que tienen la
márgen de la boca como todo el rostro en figura de línea recta. Otra diferencia se presenta en la longitud de esta parte anterior, que sobrepasa la
punta de la mandíbula superior del Epiodonte, mucho mas que en los Delfines,
recipiéndola en su excavacion anterior. Inmediatamente antes del vértice
de la dicha curva al abajo se vé en la pared exterior un agujero bastante
grande, del cual corre un surco hasta la punta de la mandíbula; es el agujero
barbado (foramen mentale) de los otros Mamíferos. Hasta acá se estiende
la sínfisis de la barba que une los dos ramos de la mandíbula inferior entre sí.
Esta sínfisis es mas ancha que la de los Delfines típicos, por la elevacion de la
márgen inferior de la mandíbula en una cresta bastante alta al abajo con márgen aguda, pero la union de los dos ramos de la mandíbula no es tan íntima
y fuerte, como en los verdaderos Delfines. La pared interna de cada ramo de
la mandíbula inferior es abierta en todo su parte mas ancha, que corresponde
al coronoides de los otros Mamíferos, dejando al estremo anterior de esta
escotadura una abertura grande, que conduce al interior de cada ramo y
forma el orificio del conducto dentario. Corresponde á este conducto un
surco angosto, pero bien pronunciado, (véase Fig. 1 y 3.) en la márgen
superior de cada ramo, que principia en la punta con una grande abertura y
cavidad en el interior del hueso, disminuyéndose en profundidad poco á poco
al detras, hasta la mitad de la longitud del ramo. Representa este surco á los

alveolos numerosos de los verdaderos Delfines, mostrando, es verdad, tambien en su fondo algunas impresiones á manera de alveolos rudimentarios para dientes.

12.

Faltan á nuestró animal dientes sobresalientes en la boca; la encía callosa, que se levanta en figura de una lista aguda sobre el surco descripto de cada mandíbula (Pl. XIX. Fig. 1 y 2.) funciona· en lugar de ellos; pero hay dientes bastantes numerosos ocultos en el interior de esta lista de la encía. Cortando la dicha lista longitudinalmente he visto en el tejido celular muchos folículos pequeños de tejido fibroso, cada uno de diámetro perpendicar de 0,005—0,006 m. en una série contínua, distantes unos de otros de 0,008—0,009 y unidos entre sí por un hilo fibroso mas duro. Cada uno de estos folículos incluía un fluido algo gelatinoso, en el medio del cual estaba colocado perpendicularmente un diente pequeño de -figura especial (Pl. XIX. Fig. 4.) y de la misma altura del folículo, atado á él tanto arriba como abajo por algunas fibras muy finas de tejido celular. Examinando estos dientes bajo una aumentacion de seis veces del diámetro (Fig. 5.) he visto en cada uno la diferencia de una corona pequeña conoides y una raiz comparati- vamente bastante larga engrosada en el medio como un huso, pero de tejido tan duro como los dientes regulares y poco mas transparentes. La punta inferior de la raiz ha estado cerrada, pero de ella salian principalmente las fibras, que ataron el dientecillo á su folículo. He contado como 25 dientes en la encía de cada lado de la mandíbula superior, y 30 hasta 32 en la de la inferior, disminuyéndose estos dientecillos algo en altura de adelante de cada mandíbula hácia atras; es decir, como 114 dientes en todo. Al fin hay en la gran cavidad en la punta de cada ramo de la mandíbula inferior un otro diente grande cónico, que tampoco sobresale de su alveolo, tapado por una eminencia fuerte de la lista callosa de la encía en su principio (Pl. XIX. Fig. 2.) Este diente se vé figurado pl. XIX. fig. 8, en tamaño natural como un cono punteagudo de 0,033 altura y 0,012 diámetro de su base abierta un tanto elíptica, cuya abertura sube al interior del diente hasta la punta misma. Esta punta se vé libre en el orificio del grande alveolo, que incluye mas de la mitad del diente, como lo presenta la fig. 6, pero solamente cuando la encía y el tejido célular, que tapa el hueso en esta parte de la mandíbula, estan remo- vidas. La misma fig. 6, muestra tambien la sínfisis de la barba entre los dos ramos de la mandíbula en la mitad de su tamaño natural, y la parte anterior del surco, que incluye los otros dientes rudimentarios.

Estos dientes escondidos se han observado ya antes en otros Cetaceos sin dientes sobresalientes en la boca. Los naturalistas KNOX, GEOFFROY ST. HILAIRE y ESCHRICHT describen dientes escondidos en la encía del feto de diferentes *Balaenina* ó *Mystacocetae* (cf GRAY, *Cat. of Seals and Whales, pag.* 68.) y VROLIK los ha reconocido en el Hyperoodonte, (véase su obra pag. 77.) La presencia de dientes rudimentarios en los otros socios del grupo de los *Ziphiadae* no está probado hasta hoy, pero la grande similitud de estos animales entre sí permite sospechar que se encuentran en todos. Solamente los grandes dientes en la punta, que en algunas especies se retiran hasta el medio de la parte anterior de la mandíbula, son conocidos de todos, á lo menos en el sexo masculino. Véase GRAY l. l. pag. 340. seg. Es por esta razon, que he cambiado mi apelativo : *cryptodon*, con el cual antes habia descripto el Epiodonte, porque debo presumir, que todas las otras especies del mismo género son de la misma construccion dental.

13.

Describiré acá tambien un hueso, que está atado al cráneo, sin pertenecer á su contorno, pero sí á la lengua en la cavidad entre las dos mandíbulas. Este hueso es el h i o i d e s (Pl. XVI. fig. 5.). Se compone de cinco piezas, una impar y dos de pares. La impar (*a*) es una lámina huesosa de figura trapezoidea, bastante gruesa, de 0,048 de largo y de 0,058 de ancho en la márgen anterior, en donde tiene su anchura mas grande. Por toda su longitud el hueso es un poco escavado en los dos lados, con márgenes laterales engrosadas, pero con la márgen posterior mas fina. Se unen con este hueso, que se llama el c u e r p o d e l h i o i d e s , dos grandes huesos (*c. c.*) semi-cilíndricos, que están atados á sus esquinas anteriores engrosadas por un cartílago sub-cilíndrico. Cada uno de estos huesos, que son las p e q u e ñ a s h a s t a s h i o i d e s del mismo hueso del hombre, es 0,155 de largo y 0,004 de ancho, en donde tiene su anchura mas grande; se forma en él una parte un poco mas angosta anterior, que tiene una cara transversal elíptica al principio, con la cual se une al cartílago, y una parte posterior mas ancha sub-prismática, algo angosta al fin y unida con otro cartílago piramidal, por el cual se une ésta hasta con la porcion lateral mas sobresaliente del hueso ocipital, formando por su union una eminencia al hueso, que se vé pl. XVII. fig. 2 entre *n.* y *k*; pero mas claro se conoce el modo como se hace la union en fig. 1. pl. XIX, donde al fin posterior del cráneo una figura elíptica indica la punta del cartilago cortado. El otro par de los huesos simétricos (*b. b.*) representa las h a s t a s g r a n d e s del hombre, unidas en las Ballenas con el cuerpo hioides en una pieza muy fuerte y grande. Cada uno de ellos es 0,10 de largo y 0,046 de ancho, de figura auricular, con una punta cartilaginosa y una base gruesa de figura prolongada elíptica, que se une por toda su estension por cartílago con la márgen externa del cuerpo hioides, atándose por el ligamento hio-tiroides, que sale de la punta cartilaginosa, á los lados prominentes de la laringe.

1. Nuestra descripcion del hioides prueba una similitud completa con el tipo de los verdaderos Delfines, como lo ha descripto CUVIER *Ossem. foss.* V. 1. 386. pl. 25. fig. 12.—El autor, comparando el hioides de los Delfines con el de las Ballenas, que tienen solamente tres huesos separados en el hioides, toma con razon la parte principal anterior de las Ballenas para una composicion de las tres partes anteriores (*a.* y *b. b.*) de los Delfines, es decir, del cuerpo y de las hastas grandes, que son en estos animales realmente las mas pequeñas. Véase tambien la figura del hioides del Hyperoodonte en la obra de VROLIK pl. VIII. fig. 17., que corresponde completamente con la nuestra, pero mas diferente se presenta la de DUMORTIER del *Delphinorhynchus*, en Mém. de l'Acad. Belg. Tm. XII. pl. 3. fig. 1.

2. CUVIER (*l. l.*) y segun el HALLMAN (Vergl. Ost. d. Schläfenb. pag. 11.) dicen con razon, que la hasta pequeña, que el primero llama el hueso estiloides, se une con la parte sobresaliente lateral del hueso ocipital al lado interno de la porcion mastoides del temporal. La he visto esta union, en verdad, del mismo modo y no como la describe STANNIUS Vergl. Anat. Tm. II. lib. 4. § 168. Parece que hay diferencias específicas ó individuales en el modo de la union del hueso hioides con el cráneo entre los Delphinidae y Ziphiadae.

14.

Damos al fin de su descripcion las medidas del cráneo y de sus huesos principales en medida francesa :

	MILÍMETROS.
Longitud del cráneo en línea recta, de la punta del rostro hasta los condelos ocipitales	0,68
Anchura entre los dos puntos mas sobresalientes de la apofisis zigomática del hueso temporal	0,37
Longitud del paladar, de la punta del rostro hasta la escotadura entre los dos huesos térigoides	0,50
Longitud de cada ramo de la mandíbula inferior	0,59
Altura de este ramo en su parte coronoïdes	0,14
Longitud de la simfisis de la barba	0,10
Altura del cráneo de la eminencia frontal hasta la esquina posterior externa del hueso ocipital	0,38

MILÍMETROS.

Altura de la parte occipital de la misma eminencia hasta los condilos...	0,27
Longitud del rostro hasta el agujero grande del hueso maxilar superior...	0,33
Longitud del hueso maxilar superior en línea recta..........	0,58
Altura de la eminencia frontal sobre el rostro..............	0,22
Diámetro longitudinal de la fosa temporal..................	0,10
Anchura de los dos condilos con el agujero occipital	0,13
Anchura de la frente entre los dos puntos mas sobresalientes de los huesos maxilares superiores.....................	0,30
Anchura de la eminencia frontal entre las márgenes externas mas prominentes de los huesos intermaxilares......... ...	0,16
Anchura de los huesos nasales unidos.....................	0,08
Longitud del hueso de la nariz mas grande.................	0,09
Anchura mas grande del hueso intermaxilar derecho........	0,087
La misma del hueso izquierdo............................	0,035
Anchura mas grande del ocipite entre las apofisis inferiores...	0,305
Diámetro transversal del gran agujero ocipital..............	0,062

II. Del tronco

Pl. XVI.

15.

El tronco del esqueleto de los Animales vertebrados se forma de tres clases de huesos: la columna vertebral, las costillas y el esternon; son por consiguiente estos huesos, los que deben ocuparnos en esta segunda parte de nuestra descripcion del esqueleto del Epiodonte.

La columna vertebral está compuesta, como ya hemos dicho en el § 4, de 49 vértebras que se dividen, segun sus diferencias formales de adelante hácia á tras, en cuatro clases, que son: las cervicales, las dorsales, las lumbares y las caudales.

Vértebras cervicales (fig. 1. N.) hay siete, como casi en todos los Mamíferos. Las tres primeras (Fig. 2—1. 2. 3.) estan unidas entre sí en una misma pieza, formando un hueso de figura irregular, con alta cresta encima y tres elevaciones sobresalientes en cada esquina del lado inferior, que indican las tres vértebras, como tambien dos aberturas en la base de la cresta superior. La primera vértebra, él atlas (l. l. 1.) es poco mas ancho que alto (véase pl. xviii. fig. 1. A.) y mas grande que todos los otros del cuello. Tiene una escavacion semilunar en su lado anterior, para la recepcion de los condilos ocipitales y una perforacion transversal-elíptica sobre esta escavacion, que es el agujero vertebral. Sobre esta perforacion se forma el arco vertebral y encima del arco la alta y ancha apofisis espinosa, como en las dos esquinas inferiores apofisis transversas anchas, pero poco mas sobresalientes. Estas apofisis no son perforadas, pero el arco tiene á cada lado ante la espina superior un conducto, que le perfora en direccion oblícua, entrando en la cavidad vertebral. No es este conducto una indicacion de la separacion del arco en dos, como los .dos grandes agujeros, que siguen mas atras, sino un conducto para nervios, que salen por el de la médula vertebral. Los dos otros indican la antígua separacion de la segunda y tercera vértebra, unidas ahora con la primera, como lo prueban los surcos que salen de estos agujeros tanto arriba como abajo. Estos surcos son los restos de la separacion entre los arcos y las apofisis espinosas de estas tres vértebras.

La vértebra cervical cuarta y quinta son libres entre sí, pero atadas la una á la otra, como á las tres unidas antecedentes, muy íntimamente. Cada una tiene la misma figura de las anteriores, pero sus apofisis son mas finas y punteagudas, y los arcos vertebrales unidos entre sí á cada lado por superficies articulares, que faltan generalmente á las vértebras dorsales. Una particularidad de ellas se presenta en este, que la apofisis espinosa no es completa, sino solamente indicada por sus ramos inferiores unidos con el cuerpo vertebral, dejando abierto el conducto vertebral en su parte medía superior.

Lo mismo sucede con la vértebra sexta (6.) pero esta es mucho mas gruesa, que cada una de las antecedentes y tiene ante todas una apofisis transversal muy larga, gruesa y sobresaliente. Los dos arcos, que indican la apofisis espinosa, tienen la misma articulacion con los de la septima vértebra y se dirigen al detras, no como los de la cuarta y quinta al adelante.

La séptima vértebra cervical es parecida á la sexta, pero bastante mas grande. Su arco vertebral tiene tambien una interrupcion en el medio, pero los ramos son mucho mas altos, y á la punta superior unidos con la espina de la vértebra primera dorsal. Otra diferencia mas notable muestra la apofisis transversal de cada lado y no solamente por su altura mucho mas grande, sino tambien por la presencia de una superficie articular en la punta, con la cual se une la cara de la primera costilla.

Todas las siete vértebras unidas tienen una longitud de 0,090 m. en línea recta al lado inferior de sus cuerpos; las primeras tres unidas toman de esta longitud 0,050, las cuatro siguientes 0,040. La cuarta y quinta tienen 0,005 cada una, la sexta 0,010 y la séptima 0,012; el resto es ocupado por los cartílagines intervertebrales.

Como todas las vértebras han tenido durante la vida del animal un apéndice cartilaginoso en la márgen obtusa superior de la apofisis espinosa (véáse fig. 4.) me parece muy probable, que un cartilago correspondiente ha unido las puntas libres del arco vertebral de las vértebras cervicales tambien en una espina cartilaginosa, formando en este modo un cartilago comun para todas, que se ha perdido durante la maceracion del esqueleto.

No puedo asegurar que exista esta cartilago, por que no le he visto, Pero la grande similitud de nuestro Epiodonte con el Hyperoodonte permite suporer su existencia anterior. Comparando mi figura 2. con la de Vrolix del Hyperoodonte en su obra pl. IV. fig. 5. se vé una analogía completa, con la diferencia, que todas las espinas de las seis primeras vértebras cervicales están unidas en una espina gruesa comun (a) reservándose libre solamente la de la séptima vértebra (b). Los números 2—6 indican las aberturas entre los arcos de las siete vértebras cervicales, y el número 1. el conducto en el arco del atlas, que he descripto en el Epiodonte. Vrolik ha tomado este primero agujero (1.) tambien como indicacion de una separacion del atlas en dos vértebras, segun lo dice en la esplicacion de su figura, pag. 120 de su obra.

16

Las vértebras dorsales (fig. 1. D.) están indicadas por la presencia de las costillas y por consiguiente por una superficie articular á cada lado de su cuerpo y de sus apofisis transversales. Hay diez vértebras dorsales, cada una con alta apofisis espinosa encima de su arco y una apofisis obtusa á cada lado del arco, que se prolonga tanto al anterior como al exterior y poco menos hácia abajo. Estas apofisis se aumentan desde la vértebra primera dorsal hasta la séptima poco á poco mas en anchura, siendo la de la primera vértebra 0,02 y la de la séptima 0,04 de ancho, cambiando al mismo tiempo la figura de su márgen exterior, que es redonda en las tres primeras (véase fig. 2.), pero mas obtusa con dos ángulos redondos en las medias y con tales ángulos sobresalientes en las últimas, indicando de este modo una separacion de la apofisis en dos partes, la superior y la inferior. En verdad se prueba por la figura de las tres últimas vértebras dorsales, que las dichas apofisis son una union de dos clases de apofisis, representando la parte superior la apofisis

44

oblícua, y la parte inferior la apofisis transversal de las otras vértebras, porque en las tres últimas dorsales una tal separacion esta hecha, siendo la apofisis oblícua la prolongacion sobresaliente adelante del arco vertebral, y la apofisis transversal una lámina sobresaliente al exterior, que sale no del arco vertebral, sinó del cuerpo. Pero como en la márgen posterior del arco vertebral de estas mismas vértebras no hay una prolongacion correspondiente á la apofisis oblícua, no se forman articulaciones entre estas vértebras. Hay superficies articulares solamente en las tres primeras vértebras dorsales, que superficies unen los arcos de estas vértebras entre sí en el mismo modo como en las vértebras cervicales.

La primera vértebra dorsal tiene dos tales superficies en cada ramo del arco, la una á la márgen anterior, la otra á la márgen posterior, y lo mismo vale de la segunda vértebra dorsal; pero en la tercera no hay mas que una sola superficie articular á la márgen anterior de cada ramo del arco. Asi es posible conocer en las vértebras dorsales sueltas con seguridad aproximativa el número de cada vértebra.

En la primera vértebra dorsal la punta redondeada de las dichas apofisis unidas cambia completamente en una superficie articular, con la que se toca el tubérculo de la costilla correspondiente, pero en las otras vértebras este tubérculo se toca solamente con el ángulo inferior de la apofisis, que corresponde á la apofisis transversal. En la octava vértebra la apofisis oblicua particular está separada de la transversal por una larga escotadura y no hay mas superficie articular para la costilla, sino solamente en la apofisis transversal; porque la segunda superficie articular para la cabeza de la costilla falta no solamente á estas tres vértebras, sino tambien á la septima, la última ante ellas. Las otras tienen la misma cara articular poco excavada al lado posterior del arco vértebral, inmediatamente sobre su separacion del cuerpo, (veáse fig. 2).

Estas son las diferencias que presentan las vertebras dorsales entre sí; resta decir, que cada una posterior es mas grande que la precedente, ya sea por el tamaño de su cuerpo, ó por la altura de su espina superior. Las medidas de los cuerpos vertebrales en la línea media del lado inferior, son estas:

Primera vértebra	0,016 m.		Sexta vértebra	0,050 m.
Segunda idem	0,020		Séptima idem	0,055
Tercera ídem	0,030		Octava idem	0,060
Cuarta idem	0,040		Novena idem	0,068
Quinta idem	0,046.		Décima idem	0,078.

La apofisis espinosa se levanta sobre la apofisis oblícua de la primera vértebra 0,09, de la segunda 0,12 y sube de acá poco á poco hasta la séptima vértebra, en donde se levanta á 0,16. En las tres, que siguen tanto la altura como la anchura de la apofisis espinosa se aumenta mas, y en la décima vértebra dorsal tiene ya casi la altura mas alta de todas las otras vértebras atras de ella, es decir 0,22 del principio del arco vertebral.

Ya he dicho en el parágrafo precedente que hay en la punta obtusa de cada apofisis espinosa un apéndice cartilaginoso durante la vida del animal, que se ha perdido por la maceracion del esqueleto, pero se vé en la figura 4, del cuerpo fresco abierto. Este cartílago tiene la figura de la márgen superior obtusa de cada apofisis espinosa y sube de 0,025 altura en la primera apofisis hasta 0,060 en las medias de las vértebras mas grandes. Se encuentran estos cartílagos tambien en todos las apofisis espinosas de las vértebras lumbares y en las de las caudales, que tienen una tal apofisis.

17

Siguen atras de las diez vértebras dorsales once vértebras sucesivamente mas grandes, que no soportan ni costillas ni apofisis espinosas inferiores y pertenecen por estos caractéres á la categoría de las v é r t e b r a s l u m b a r e s . (fig. 1. L. 1—11.). Todos son de la misma configuracion general de las tres últimas dorsales, y solamente diferentes de ellas, como entre sí, por el tamaño relativo, siendo las dos últimas las mas grandes vértebras de todas. Tienen altas y anchas apofisis espinosas, anchas pero no muy largas apofisis oblicuas ascendentes á cada márgen anterior del arco, y otras mas largas y mas anchas apofisis horizontales á cada lado del cuerpo, que se inclinan por su direccion poco mas adelante. Cada una de estas vértebras dorsales tiene en la línea media de la superficie inferior del cuerpo una cresta angosta poco elevada, que falta á las vértebras caudales y es una continuacion de la cresta obtusa de las vértebras dorsales posteriores, que son de figura casi triangular prismática con esquinas arrondadas en su cuerpo y diferentes de las lumbares, que tienen la misma parte de figura elíptico-cilíndrica. He tomado las medidas de las vértebras dorsales, que son las siguientes:

I · vértebra	0,085	V vértebra	0,098	IX vértebra	0,110
II idem	0,090	VI idem	0,101	X idem	0,013
III idem	0,092	VII idem	0,104	XI idem	0,115
IV idem	0,095	VIII idem	0,106		

La altura de las apofisis espinosas es en la primera vértebra de 0,22, en la octava mas alta de 0,24 y en la última de 0,23. De las apofisis transversales las anteriores son 0,08 de largo, las medias mas largas de 0,09 y las últimas 0,07 m.

No he advertido hasta aquí al lector, porque se deduce naturalmente de la ya indicada juventud del individuo descrito, que cada vértebra tiene en su cuerpo á cada estremidad una apofisis libre pero unida con él íntimamente, que indican la juventud del animal y se unen con el cuerpo despues complétamente. En los Cetaceos estas apofsis duran bastante tiempo separadas, pero se unen tambien con el cuerpo de la vértebra en los años provectos de la edad del individuo. Aun las vértebras cervicales no unidas tienen iguales apofisis, que faltan solamente en las tres primeras ya íntimamente juntadas.

18

Las vértebras caudales, que son las mas numerosas, subiendo hasta veinte y una, se dividen en dos clases, segun la presencia de espinas inferiores bajo sus cuerpos, que se encuentran en las once anteriores. La primera vértebra caudal tiene completamente la misma figura con la última lumbar, pero se diferencia por el tamaño un poco menor y la excavacion del lado inferior de su cuerpo; cuya excavacion termina tanto adelante como detras en dos caras pequeñas articulares en la orilla de la vértebra misma, para la afixion de las dichas espinas inferiores. Conservando esta ñgura general igualmente, se disminuyen las vértebras caudales pronto, principalmente, las apofisis, que se pierden completamente de lavértebra undécima, sin algun vestigio de ellas. Es digno de notar, que los cuerpos de las mismas vértebras se disminuyen correspondientemente; pero mas en longitud que en altura, y por esta razon la circunferencia de las superficies articulares á las extremidades del cuerpo cambia poco á poco de figura, pasando de la horizontal elíptica á la perpendicular elíptica, Estas mismas vértebras anteriores tienen á cada lado un surco oblicuo bastante pronunciado que sube del medio de la excavacion inferior hasta la orilla posterior superior, pasando encorvado atras de la apofisis transversal. Este surco indica el curso de una arteria, que sube de la aorta caudal á las partes superiores del tronco. En la vértebra octava caudal este surco perfora el lado de la excavacion inferior del cuerpo vertebral, como tambien la apofisis transversa de cada lado y sigue de este modo, formando un canal pequeño, que perfora los lados del cuerpo vertebral. De acá hasta la penúltima vértebra cada una tiene dos agujeros en la excavacion inferior (veáse fig. 6.), que peforan el cuerpo vertebral mismo casi perpendicularmente.

Las diez últimas vértebras caudales no tienen ni apofisis espinosas, ni transversas, formando solamente un cuerpo oval-cilíndrico, que disminuye en altura, creciendo en ancho, un tanto en cada vértebra siguiente, hasta la penúltima, que en verdad es bastante mas ancha que alta. Nada de particular tienen estas vértebras, si no es la perforacion doble de su cuerpo en direccion perpendicular. La última vértebra es un nudo pequeño de figura casi triangular sin ningun otro carácter. •

La decrescencia de todas estas vértebras caudales se demuestra claramente por las siguientes dimensiones de sus cuerpos:

I	vértebra.... 0,112	VIII	vértebra .. 0,085	XV	vértebra.. 0,025
II	idem.... 0,110	IX	idem.... 0,080	XVI	idem.. 0,021
III	idem.... 0,105	X	idem.... 0,075	XVII	idem.. 0,018
IV	idem.... 0,100	XI	idem.... 0,070	XVIII	idem.. 0,015
V	ídem.... 0,098	XII	idem.... 0,060	XIX	idem.. 0,013
VI	ídem.... 0,095	XIII	idem.... 0,040	XX	idem.. 0,010
VII	idem.... 0,090	XIV	idem.... 0,030	XXI	idem.. 0,007

La apofisis espinosa de la primera vértebra caudal tiene 0,21 de alto y la dé la décima, que es la última, no mas que 0,02. Las apofisis transversas disminuyen del mismo modó, la de la primera vértebra es de 0,07 larga, y la de la octava, que tiene la última, de 0,02. Las apofisis inferiores correspondientes son siempre menores que las superiores. La de la primera vértebra caudal no es completa, sino compuesta de dos láminas pequeñas, que corresponden á los ramos divertentes superiores de las otras. Cada lámina es 0,040 largo y 0,025 alto. A la segunda apofisis inferior le falta tambien la espina, pero los dos ramos están unidos en el estremo por una cresta angosta de 0,05 largo. La tercera apofisis es la mas grande, siendo 0,10 de alto y 0,07 de ancho, con espina mas punteaguda y reclinada por detrás. Las otras tienen espinas perpendicularmente descendientes redondeadas al fin y disminuyen en altura de 0,09 hasta 0,025. Esta última no tiene espina libre, sinó cresta obtusa, pero los dos ramos basales están completamente unidos. Forman estas espinas con la excavacion inferior del cuerpo de las vértebras caudales un canal, que comprende al tronco de la arteria y vena caudal principal. Cada espina se aplica á dos vértebras inmediatas, tocándose con las dos superficies articulares en las dos esquinas de cada vértebra y uniéndose con ellas con substancia cartilaginosa.

Las c o s t i l l a s son de diez pares, de figura mas ó menos semicircular y bastante finas en comparacion con el tamaño y el grosor del animal. Cada una de los siete priméros pares tiene una parte superior perpendicularmente mas ancha que forma dos caras articulares: una á la punta misma, que corresponde á la cabeza de la costilla, y otra mas retirada en la parte mas sobresaliente de la márgen superior, que corresponde al tubérculo; por aquella cara la costilla se une con el cuerpo vertebral, por esta con la apofisis transversal. La parte media de cada costilla es la mas delgada y la parte inferior poco mas ancha, con estremidad obtusa, á la cual se ata el cartílago esternocostal. Lós tres últimos pares de costillas son las mas delgadas y se atan no al cuerpo vertebral, sinó solamente á la apofisis transversal; estas mismas tienen al fin inferior cartilagines esternales libres, no unidos con el esternon, como tambien las del par séptimo.

Respecto á su tamaño se presenta la primera costilla como la mas corta, pero tambien la mas ancha y gruesa, siendo su estension de 0,28; la segunda es 0,48 de largo, la tercera 0,60 y la cuarta 0,65. Las tres que siguen, tienen casi la misma extension; la octava es mas corta de 0,63, la novena de 0,50 y la última de 0,45. Esta última es muy fina en la punta, y mas encorvada al interior con su estremidad (véase pl. XVIII fig. 1.)

Los c a r t i l a g i n e s esterno-costales son cilíndricos y atados tanto á la costilla, como al esternon por un ligamento fibroso, que es probablemente un carácter de la juventud del animal, cambiándese estos ligamentos poco á poco en cartílago. Todos son casi de igual grosor, pero de diferentes largos, el primero poco mas grueso es 0,05 de largo, el último 0,20.

Al fin el e s t e r n o n se compone de cinco piezas mas ó menos diferentes (pl. XVIII. fig. 1. Sh. 1.—S 5.). Cada una de las cuatro anteriores es una lámina trausversal huesosa, bastante angosta y delgada en el medío, pero muy gruesa y ancha á los dos lados. Acá se unen estas láminas por cartílago formando al lado externo de la union una escotadura, en la cual entra el ligamento para unirse con el cartílago esterno-costal. La primera pieza, que es doble mas ancha, que las tres siguientes, tiene un otro cartílago esterno-costal atado á la esquina anterior, y á la esquina posterior de la cuarta se fija á cada lado un cartílago particular elongado-cónico, con el cual se une en el medio de su márgen externa el cartílago esterno-costal de la sexta costilla. Es probable que este cartílago se osificaría con los años provectos del animal. Todas las piezas unidas del esternon son 0,50 de largo; la primera pieza es 0,18 de ancho y la última 0,11. La primera tiene tambien á su márgen anterior un limbo cartilaginoso.

3. De los huesos de los miembros.

20

Como los Cetaceos no tienen miembro posterior, carecen de los huesos de este miembro, con escepcion de un hueso pequeño, que corresponde al hueso isquion de la pelvis de los Mamíferos con cuatro miembros.

El esqueleto del m i e m b r o a n t e r i o r se compone de los mismos huesos que se encuentran en los Mamíferos sin clavicula, que falta á los Cetaceos como tambien á todos los Ungulatos. Son tres las partes principales, que lo componen, es decir: el omoplato, los huesos del brazo y los huesos de los dedos, que forman la parte principal de la aleta.

El o m o p l a t o (pl. XVI. fig. 1. y 4 C) es un hueso fino de figura triángular con márgenes curvas y ángulo inferior engrosado, para la formacion de la superficie articular bastante grande que se llama la cavidad glenoides. La márgen superior es la mas grande, la mas encorvada al exterior y la mas fina, acompañado por toda su estension, que es de 0,25, de un cartilago de la misma figura, mas ancho en las dos extremidades que en el medio. La márgen anterior como la posterior son curvas al interior y cada una de 0,15 de largo, no tienen limbo cartilaginoso, sino la anterior una orilla aguda y la posterior una orilla engrosada. Inmediatamente atrás de la márgen anterior se levanta una cresta muy poco pronunciada que desciende de la márgen superior hácia abajo y se prolonga adelante casi en el medio de su extension en una apofisis ancha triangular, que corresponde al a c r o m i o n. Tiene esta apofisis tambien un limbo cartilaginoso á su orilla anterior mas ancha. Otra apofisis mas pequeña de figura mas angosta y algo mas cilíndrica sale de la márgen anterior de la cavidad glenoides y corresponde á la c o r a c o i d e s. Tiene tambien un limbo cartilaginoso á la punta externa obtusa. La c a v i d a d g l e n o i d e s, que sigue atrás de esta apofisis, es de figura oblongo-elíptica con un diámetro longitudinal de 0,06. De acá hasta el medio de la márgen superior el omoplato es 0,165 de alto.

Los huesos del brazo son los tres regulares. El h u m e r o es 0,120 de largo, el r a d i o 0,115, el c u b i t o 0,110. El primero tiene una cara superior articular hemiesférica, y ante ella una eminencia fuerte del lado de afuera, que es la gran tuberosidad; su extremidad inferior está comprimida, con dos superficies articulares, que se tocan con los dos huesos del ante-brazo. El rádio es un poco mas grueso que el cúbito, levemente corvado al interior y terminado por dos apófisis, como tambien el humero y el cúbito. Este último tiene en la esquina superior posterior una prolongacion sobresaliente arriba de figura de una cresta fuerte encorvada, que corresponde al o l e c r a n o n. Está provisto este apófisis con un limbo cartilaginoso.

En la parte del miembro, que corresponde al c a r p o, (véase pl. XVIII. fig. 2.) hay seis huesecillos implantados en una substancia cartilaginosa comun, que une el antebrazo con los dedos. Estos seis huesos estan colocados en dos filas, la primera fila de dos huesos, la segunda de cuatro. En la primera fila el huesecillo mas grande (*l.*) está colocado ante la union del rádio con el cúbito, y corresponde al s e m i - l u n a r del hombre; á su lado externo se vé un otro huesecillo (*n.*), que corresponde al e s c a f o i d e s, por estar colocado solamente antes del rádio. De los cuatro huesecillos de la segunda fila el mas grande (*c.*) corresponde al c a p i t a l, que siempre se halla en el medio del carpo, antes del dedo medio ó tercero; los dos muy pequeños al lado externo del capital (*m.* 1. y. 2.) son los dos m u l t a n g u l o s (trapezio y trapezoides) y el último al lado interno (*h.*) en el hueso g a n c h o s o (*hamatum*).

De los cinco dedos, que hay en la aleta del Epiodonte, solamente las articulaciones basales están osificadas, toda la punta de cada dedo es cartiloginosa. Principia cada dedo con un hueso bastante fuerte de figura de un mazadero grueso pequeño (*g. g. g. g. g.*) que corresponde al m e t a c a r p o de los otros Mamíferos. El del dedo tercero es el mas largo y mas grueso; sigue á él en tamaño el del dedo segundo, despues el del dedo cuarto, quinto y primero, que tiene un metacarpo muy pequeño, siendo el del dedo cuarto y quinto relativamente un poco mas grueso que el correspondiente de los otros dedos. Atrás de este primero hueso tiene cada dedo un otro mas chico (*f.*) de la misma figura, pero un tanto mas aplanado, menos cilindrico, que se une con el precedente por substancia cartilaginosa. Corresponde este huesecillo á la primera falange en los dedos de los otros Mamíferos. Una segunda falange sobre este huesecillo he visto en los tres dedos medios y una tercera mas unicamente en el dedo tercero mas grande; atrás de estos huesecillos principia un estilo cartilaginoso punteagudo, con algunas osificaciones en su substancia, que se prolonga hasta la orilla de la aleta. En el segundo dedo este estilo es probablemente de la misma longitud, como en el tercero, subiendo con el poco encorvado hasta la punta de la aleta, y no tan corto y recto, como lo he dibujado; pero como todos estos estilos se han perdido por la putrefacion durante la compostura del esqueleto, no puedo dar la figura de ellos con entera exactitud.

En los Delfines verdaderos es siempre el segundo dedo de la aleta el mas fuerte y el mas largo, con numerosas falanges, de 8 hasta 12 huesecillos. He visto en nuestro Epiodonte, que tanto el metacarpo como la primera falange de este dedo segundo es mas pequeña y principalmente mas fina, que en el dedo tercero; mucho mas pequeña, que en la aleta del Hyperoodonte, figurada por Vrolik (l. l. pl. III.), y por esta razon he presumido ántes, que el estilo cartilaginoso del segundo dedo seria mas corto que el del tercero. Pero no insisto en considera esta figura, como completamente exacta, porque tambien en la figura del esqueleto del *Delphinorhynchus micropterus* por *Dumortier* (*Mem. de l' Acad. R. de Bruxelles.* Tm. XII. 1839 pl. 2.) el segundo dedo está figurado de igual tamaño que el tercero. Sin embargo esta figura es muy pequeña y probablemente inexacta, lo que prueba la absencia completa del dedo primero.

21

El hueso, que pertenece á la pelvis de los Cetaceos, como único resto del miembro posterior, es en nuestro Epiodonte de la misma figura del de los Delfines tipicos; es decir un huesecillo (veáse pl. XVI. fig. 1. 3. y 4. P.) angosto, 0,038 de largo, poco corvado á la parte inferior, con una punta anterior mas obtusa, y posterior mas ancha y aguda. Su superficie externa es mas convexa que la interna y esta mas aspera que aquella, por la afixion de un músculo fuerte, que une el hueso con la parte posterior de los cuerpos cavernosos del pene. Es por consiguiente este músculo el isquio-cavernoso y el huesecillo, que representa la pelvis, el rudimiento del hueso isquion. Tiene á cada extremidad un limbo cartilaginoso, que es mas grande á la anterior, que á la posterior.

II. De los órganos internos.

22

La putrefaccion rapida del cadáver del animal, puesto á mi disposicion, no ha permitido un exámen escrupuloso de todos los órganos internos y por esta razon no puedo describirlos detalladamente. Me contentaba con examinar algunos órganos de valor preponderante para el conocimiento zoológico del

Epiodonte, dejando los otros intactos, por falta de tiempo suficiente y sin mas asistencia facultativa que la del profesor Strobel, que me ha ayudado mucho en el exámen de los estómagos y de las tripas.

1. De la boca y sus órganos.

(Pl. xix.)

23

Abriendo la boca del Epiodonte se observa á los lados la encía de color muy negro y aun mas obscura, que la cutis externa. Este color negro se estiende tambien sobre las partes anteriores en la boca, hasta el medio, reser_vando incoloro y blanco no mas que la parte media del paladar (fig. 1.), la lengua y las fauces internas. En la punta anterior del paladar se presenta á cada lado una escavacion longitudinal oblícua, que recibe la parte inchada y engrosada de la encía de la mandíbula inferior, que incluye los dos dientes grandes. De acá sale en cada mandíbula la encía como una lista elevada, que incluye los otros dientes pequeños. Como la mandíbula inferior (fig. 2.) es un poco mas ancha que la superior, la dicha lista de la encía parece mas angosta y mas fina en la superior que en la inferior, en donde es mas gruesa y mas elevada, entrando cuando la boca se cierra, en una continuacion posterior de las excavaciones anteriores de la mandíbula superior. En el hóndo esta continuacion de las dichas excavaciones se levanta la encía superior como una lista angosta, que se engrosa á la extremidad posterior en un callo longitudinal mas elevado. Al lado interior de la encía, la cavedad de la boca es lisa y excavada, tanto en la mandíbula inferior, como en la superior, con una impresion central liviana, para la recepcion de la lengua misma en la superior y del frenulo lingual en la inferior. Despues de la superficie interna lisa del paladar, como tambien de la atras del ángulo posterior de la boca, principian á formarse pliegues transversales irregulares, (fig. 1.) que cubren las fauces y los lados abajo de la lengua (fig. 3.). Estos pliegues son de color mas negro y dividido en dos grupos por una línea mediana impresa, que los separa en la parte mas anterior antes de la lengua (fig. 3). Por esta confi_guracion la lengua y su basamento, que se forma por un tejido celular muy laxo, se estiende mucho, cuando estos órganos se pudren y los vapores elásticos de las substancias orgánicas descompuestas entran en ellos, inflándolos como un globo aerostático. *)

La lengua misma es una lámina carnosa muy lisa de color blanco puro, con un cutis bastante duro sin ninguna vellosidad en su superficie, pero con una série de franjas muy pequeñas, que surgen de un pliegue antes de las márgenes laterales. En donde se ata á la punta redondeada anterior de la lengua el frenillo ancho, transversalmente rugoso, faltan estas franjas pequeñas. El dicho frenillo es bastante largo y se continúa á los dos lados de la lengua hasta su estremidad posterior, distinguiéndose de los pliegues de la superficie basal abajo de la lengua por su color muy blanco igual á el de la lengua. Otros pliegues finos simétricos se ven en la parte posterior de la lengua, que es poco mas blanda que la anterior.

Atras de la lengua se forma en la parte posterior de la boca un apéndice á ella de figura oblongo-elíptica, un poco mas convexo y separado de la lengua por un surco bastante pronunciado en todo su contorno. A la mitad anterior de los lados del apéndice la lengua se continúa con algunos rugosidades, despues el apéndice se estiende mas ancho y termina por una márgen redondeada finamente denticulada. En este apéndice de la lengua se ven poros de dos clases, los unos mas pequeños y redondos, los otros prolongados y mas lineales, todos rodeados por una margen poco elevada. Los lineales tienen en su fondo pequeños pliegues transversales, que los dividen en dos y hasta en tres partes. Forman los poros redondos en la parte media del apéndice dos filas con seis poros en cada fila, y dos atras á cada lado con cuatro poros; entre estas filas laterales y las del medio se vé una fila de tres poros lineales en cada lado del apéndice; es decir, 26 poros en todo.

No me ha sido posible examinar la estructura interna de estos poros y verificar su naturaleza.

Segun los autores, que han estudiado particularmente la organizacion de los Cetaceos, estos animales no tienen el sentido del gusto, porque no mastican sus alimentos, y RAPP, uno de estos, dice positivamente (*Die Cetac* etc. *Tubing.* 1866. *pag.* 131.), que algunos poros parecidos á los

---

* En el cadáver del *Physalus patachonicus*, recien espuesto al público de Buenos Aires cerca de la Aduana vieja, hé visto este tejido bajo la lengua y ella misma saliendo de la boca como un globo de 10—12 pies diámetro y flotando libre en el aire sobre la boca del animal hasta la altura de 20 pies.

de que se trata son los orificios de folículos muscosos, que cubren la parte posterior de la lengua de los Delfines típicos.

Terminando la descripcion de la lengua, debo observar al lector, que no hay razon para creer, que la lengua del Epiodonte puede moverse mucho y salir de la boca, por ser casi toda la substancia de su tejido celular sin músculos fuertes y bien pronunciados. La lengua del Epiodonte es un órgano muy elástico y expansible por la turgescencia de su tejido, pero su posicion retirada en la parte media de la boca y su pequeñez en comparacion con el frenillo ya prueba, que no es móvil por fuerzas motoras musculares.

24

En oposicion con esta parte posterior de la lengua, en la cual se encuentra n los poros abiertos, hay en la superficie interna del paladar, transversalmente plegada, una válvula callosa con márgen anterior granulada, que se vé en nuestra figura 3. (pl. xix.) reclinada al lado interior, estando cortada del lado externo, para abrir la faringe que principia acá con esta válvula encima. No la describiré, porque la figura citada muestra su figura bastante clara. Atrás de la válvula, y separada de ella por un pliegue transversal, dividido por otro pliego longitudinal mediano en dos partes iguales, principia la f a r i n g e, cubierta con una membrana mucosa muy blanda que incluye muchisímos poros finos de glandulas pequeñas mucosas y tiene algunos pliegues londitudinales para ser mas expansible, entre los cuales dos, que corresponden por su curso á la parte posterior de la lengua, son los mas pro- nunciados. El espacio posterior medio angosto entre estos dos pliegues conduce directamente á la parte conica ascendente de la laringe con la aber- tura del conducto aérifero, incluyendo esta parte al su principio basal intima- mente; la pared superior descendente de la faringe continúa hasta la orilla posterior de los huesos térigoides, formando acá una prolongacion conica ascendiente y correspondiente al velo blando del paladar de los otros Mamífe- ros. Este cono carnoso incluye la punta libre ascendente de la laringe, separando por su íntima juncion con ella la cavidad de la faringe de la cavidad de la nariz. Despues la faringe se continua sin interrupcion al esófago, uniéndose con él de un modo regular, como en los Mamíferos. Asi la faringe no forma un conducto regular, igualmente abierto, sino interrumpido en su parte posterior por la parte ascendente de la laringe, que pasa por la faringe hasta la fosa nasal interna y divide el conducto faringe en dos separados, uno á cada lado de la dicha parte ascendente de la laringe.

La configuracion particular de la portion posterior de la faringe acá descripta se encuentra en todos los Cetaceos tipícos igualmente. Veáse la obra citada de RAPP (pag. 132.) y las buenas figuras de las mismas partes del Hyperoodonte en la obra de VROLIK pl. X. En el Epiodonte he encontrado una similitud completa.

25

Las medidas de las partes de la boca acá descriptas son las siguientes :

Longitud de la abertura de la boca, á cada lado del róstro, en línea recta.   0,21
Longitud del pliegue atrás del ángulo posterior de la boca   0,08
Anchura del paladar entre los dos ángulos bocales   0,11
Anchura del mismo antes de la válvula . . . . . :   0,15
Longitud del paladar hasta la dicha válvula   0,29
· Longitud de la parte anterior mas ancha de la lengua   0,090
Anchura media de la misma parte   0,095
Longitud de la parte posterior con los poros   0,072
Longitud del frenillo antes de la lengua   0,018
Distancia de la márgen anterior de la lengua de la punta del rostro en
  su posicion natural   0,075
Longitud de la faringe, de la válvula paladar hasta la apertura supe-
  rior que incluye la punta de la laringe   0,235
Anchura media de la faringe, en línea rectá.   0,155

2 Del conducto aérifero.

26

Este conducto principia con la apertura externa de la nariz y concluye con los ramos de la traquea, que entran en los pulmones. Se divide, por consiguiente en tres porciones diferentes, que son: 1. la cavidad de la nariz, 2. la laringe, 3. la traquea ó traquiarteria.

La c a v i d a d d e l a n a r i z ocupa en los Cetaceos tipicos no la parte anterior del rostro, como en los Mamíferos terrestres, sino la parte posterior inmediatamente antes de la frente. Acá se vé, poco ántes de la sumidad de la eminencia frontal, una abertura semilunar (pl. XV. fig. 1. a.) que se diriga con sus dos cuernos al adelante (fig. 4.), incluyendo una válvula casi hemiesférica de 0,045 diámetro transversal, cubierta con la misma cutis lisa, que cubre todo el animal. La válvula es libre á la márgen posterior redondeada, con cual la entra en la apertura semi-lunar, aplicándose con mucha intimidad al limbo inferior de la abertura de abajo de modo, que la márgen del limbo sobre-sale en toda su circunferencia sobre la márgen de la válvula. Pero la apertura entre la válvula y el limbo no es tan grande, como todo el limbo semi-lunar, porque la válvula se une intimamente con este limbo por su tejido por cada lado, ocupando esta parte del pliegue semi-lunar, que corresponde á los cuernos de la luna. Veáse pl. XIX. fig. 7. en donde se presenta, al lado izquierdo de la figura, la válvula transversalmente disecada.

Abajo de la válvula se encuentra un gran saco membranoso, que está atado intimamente con su lado posterior á la parte ancha del hueso intermaxilar derecho, cubriendo casi toda la superficie del hueso y estendiéndose mucho al adelante en el tejido cellular, que cubre la cavidad sobre los dos huesos antes de la eminencia frontal. Tiene este saco en tal modo una extension bastante grande, cubierto en toda su circunferencia lateral y anterior por una capa gruesa de tejido celular adiposo, que forma la parte ascendente del rostro, de la punta hasta la eminencia frontal. Al lado izquierdo de dicho saco se forma, inmediatamente antes de la abertura de la nariz, un otro saco mas pequeño, que se une con el primero por una grande apertura central, y se estiende hasta la parte ancha del hueso intermaxilar izquierdo, uniéndose con la superficie del hueso en el mismo modo como el gran sacó con el hueso intermaxilar derecho. En este saco pequeño se abren las dos aberturas de la nariz, cada una con entrada ancha, como la boca de un clarin, disminuyéndose sensiblemente al interior, en donde principia el tabique cartilaginoso de la nariz, que separa su conducto en dos paralelos, fijándose en el hueso vomer al abajo. La apertura derecha de los dos es mucho mas ancha, principalmente mas alta, que la izquierda y comunica con su márgen externa inmediatamente con la pared del gran saco aérifero, formando ahí la orilla interior de la abertura, que une los dos sacos, el grande con el pequeño. La fig. 7. de la lámina XIX dá una vista de la relacion de las partes descriptas entre sí, mostrando la eminencia frontal en la tercera parte de su tamaño, perpendicularmente disecada, con la seccion de la válvula encima, y abajo de ella una parte de la pared posterior del gran saco, con el cual se une al lado derecho de la figura el saco pequeño, que comprende las aperturas de la nariz.

Los dos conductos nasales que principian de estas aperturas descienden.

perpendicularmente por el cráneo, tapados con membrana blanca mucosa muy fina y lisa, que cubre tambien los dos sacos ante ellos. A la estremidad inferior los conductos se estienden poco mas y se abren acá en la cavedad comun, que forma las fauces sobre la faringe, separada de ella por el cono ascendente de la pared superior carnosa de la faringe, que incluye en su punta superior abierta la punta elevada de la parte conica de la laringe, como hemos conocido en el parágrafo precedente. De este modo el aire, que entra por la válvula en los sacos y por las aperturas de la nariz en los conductos nasales, entra tambien fácilmente en la apertura sobresaliente de la laringe, sin poder entrar simultáneamente en la faringe, retenido por la fuerza muscular del cono perforado, en el cual se ha transformado el velo del paladar, cuando este cono por la contraccion de las fibras musculares circulares en contorno de su abertura se aplica íntimamente al cono de la laringe.

1. El aparato descripto es una de las partes mas particulares en la organizacion de los Cetaceos. Hasta hoy los sabios no están en concordancia respecto á la funcion del dicho aparato, porque los unos afirman, que el es únicamente destinado para el passage del aire, mientras que los otros creen, que puede pasar tambien agua de la boca por el conducto de la nariz, hasta afuera, fundándose en la relacion muy vulgar, que los Cetaceos echan afuera agua por la nariz en figura de un surtidor de fuente. Segun mis propias observaciones, hechas durante cinco travesías por el Océano Atlántico y Pacífico, nunca echan agua los Cetaceos con válvula de la boca del conducto aérifero, como los *Delphinidae*, los *Ziphiadae*, etc., sino solamente los *Balaenidae*, que no tienen ni válvula ni sacos aériferos al dicho conducto, sino dos orificios nasales longitudinales libres. Estos Cetaceos echan agua, es verdad, pero no como surtidor, sino como una nube de espuma, y esta espuma no sale del interior de la nariz, sino se forma por la vehemencia, con la cual los dichos Cetaceos espiran el aire por el agua, cuando aun no se han levantado con las aperturas nasales sobre la superficie del agua, echando arriba el agua que está sobre estas aperturas. En los mares frios de la zona polar se mezcla esta espuma con el aire caliente espirado y se presente entonces como una nube blanca en la atmófera fria. Del mismo modo se presenta tambien el aire puro espirado de los Delfines, por su calor alte en oposicion con la atmófera fria, y este fenómeno ha producido la opinion general, que todos los Cetaceos echan surtidores. Para mi modo de ver es imposible, que el agua, que entra en la boca, pase por los conductos nasales afuera, faltando completamente una fuerza para moverla con vehemencia; porque el aire del pulmon no puede tocarse con el agua de la boca, estando la abertura de la laringe sobre el velo paladar, lo que impide la comunicacion del corriente respiratorio con la cavedad de la faringe por la union íntima del velo paladar con el cono prominente de la laringe. Véase mi esplicacion mas estendida en: *Zeitsch. fur die gesammt. Naturwiss. Bd.* 29. s. 405 1867, y tambien V. BAER, *Bullet. de l'Acad. Imp. de St. Petersb. Tom. VII. pag.* 333. 1864.

2. Debo llamar la atencion del lector tambien sobre la interpretacion de la parte primera del conducto aérifero antes de los conductos nasales y detras de la válvula. Esta válvula con su saco, no corresponde ni á la abertura de la nariz de los otros Mamíferos, ni á las dos hendiduras longitudinales en la eminencia frontal de las Ballenas, que son, en verdad, las aperturas nasales, sinó es un aparato particular de los Odoncetae, como los Delfines y los Zifiades. La presencia del gran saco aérifero atras de la válvula, que tiene en los Delfines típicos, como la *Phocæna*, algunos apéndices laterales simétricos, no presentes en nuestro Epiodonte, es el motivo principal de la configuracion asimétrica de la parte vecina del cráneo; siendo la posicion central de la válvula en la linea media del cráneo la razon, que obliga los huesos nasales y intermaxilares inclinarse mas á un lado del cráneo, para dar ingar á la válvula y el gran saco en el medio. Tanto mas grande este saco, tanto mas asimétrica la nariz de los Cetaceos con dientes. Son los Zifiades que excelescen entre los otros por la asimetría mas grande de la dicha region del cráneo y que tienen por consiguiente el saco aérifero mas grande. Las Ballenas no tienen ni tal saco, ni válvula para introducir en el aire, y por esta razon las dos aberturas nasales se presentan libres encima de la frente y por consiguiente falta al cráneo de estos Cetaceos la asimetría de la region nasal.

3. No hay en el conducto nasal de los Cetaceos ningun aparato que pudiese indicar, que estos animales tienen la facultad de oler; la lámina cribosa del hueso etmoides no es perforada por ningun agujero y no pueden entrar por consiguiente nervios de los sesos en la cavedad nasal, mismo el nervio olfactorio falta completamente. Véase STANNIUS *vergl. Anat.* etc. I, Lib. 4. § 183.

27.

Sigue al conducto nasal l a l a r i n g e (pl. XX.), como la segunda parte del conducto aérifero. Este órgano de los Cetaceos tiene tambien una figura muy particular por la prolongacion grande de la epiglotis con el cartílago · aritenoides en un cono ascendente. Hemos dado figuras de este órgano, que esplicamos acá, para no entrar en una descripcion muy larga y no repetir cosas bastante conocidas.

La figura 1 de la lámina XX, muestra la laringe de arriba, la figura 2 del lado izquierdo y la figura 3, la seccion perpendicular del órgano completo. En la segunda y tercera figura la letra *a* indica el cartílago tiroides, que envuelve toda la parte anterior y lateral del cuerpo de la laringe, dejando un espacio abierto al lado posterior. En este vacio entra el cartílago cricoides (*d*), que es de tamaño menor, pero igualmente abierto en su lado anterior, como lo presenta la figura 4 del dicho cartílago, visto de delante y desnudo de todos los tejidos y cartilaginos, que cubren casi completamente la superficie externa. Entre estas partes, que lo cubren, son las principales los dos grandes músculos crico-aritenoideos (*e. e.*), que salen de toda su superficie

posterior y externa, con escepcion de un vacío pequeño en el medio, ascendentes arriba hasta el cartílago aritenoides, y al exterior hasta el tiroides,
componiéndose de dos capas, de las cuales la exterior se une con el tiroides y
la interior con el aritenoides. Del medio de la capa externa salen dos
tendones finos y blancos, uno de cada lado (fig. 1.), que suben arriba hasta el
músculo aritenoides posterior (*f.*) con el cual se los unen. Otro músculo
pequeño (*c.*) que es el cricotiroides, sale de la márgen inferior libre del
cartílago tiroides hasta su cuerno posterior (*) y se agarra á la punta libre
sobresaliente del cartílago cricoides. Atras de este músculo se vé en fig. 2
la apertura, por la cual los nervios y los vases sanguíneos entran en el
interior de la laringe.

Los dos cartilágines ya nombrados, el tiroides y el cricoides, forman la
parte principal basal de la laringe, incluyendo entre sí un espacio vacío, por
el cual pasa el aire respiratorio para entrar en el pulmon. Este espacio es
tapado al lado superior de la laringe por tres otros cartílagos, un impar y
dos de pares, que forman la tapa movible de la entrada de la laringe,
conocido bajo el nombre de la epiglotis.

El cartílago impar (*b*), que es el mas grande y el mas fuerte de todos los
cartilagines de la laringe, tiene la figura de un triángulo isocéles excavádo,
que se une á la base con el cartílago tiroides por ligamentos y músculos y
asciende con su punta prolongada arriba, formando la parte principal del
cono que entra en el conducto nasal por las fauces. La secion longitudinal
dè este cartílago (fig. 3.) muestra su grosor y su modo de unirse con el
cartílago tiroides claramente. Esta union se forma al exterior por un
ligamento, que se presenta en fig. 1. por su color blanco á la base de la
epiglotis, entre ella y la márgen del cartílago tiroides, y al interior por dos
músculos (fig. 1. *n. n.*), que salen de la pared interior del cartílago tiroides
y pasan de acá, tocándose con la base de la epiglotis, al cartílago aritenoides.
Son por consiguiente los músculos tireo-aritenoides. La punta superior de
la epiglotis es poco enlargada y reclinada con su márgen libre, para facilitar
la entrada del aíre en el conducto, que se forma entre la epiglotis y los
cartílagos aritenoides. Estos cartílagos (*h. h.*) son los de pares, que forman
la pared posterior del cono ascendente de la laringe. En la figura 5 se vé el
izquierdo, unido con el cartílago cricoides y libre de todos los tejidos, que lo
tapan y unen con las partes vicinas. Cada uno de los dos cartílagos simétricos
es compuesto de dos partes separadas : la una basal (*g.*), que se une con la

46

márgen anterior del cartílago cricoides (fig. 4.) por articulacion movible, y la otra terminal (*h.*) unida con la primera en el mismo modo y prolongado en un largo cuerno oblicuo ascendente, que corresponde por su inclinacion y su figura al cartílago de la epiglotis. Así se forma el cartílago aritenoides del Epiodonte de cuatro piezas cartilaginosas, unidas entre sí por membranas en una figura simétrica de dos lados opuestos pero separados. Una membrana lisa mucosa cubre toda la superficie externa como interna, sea de la epiglotis, sea del cartílago aritenoides, uniendo tambien en los lados estos cartílagos entre sí hasta la punta libre del cono, en donde la epiglotis es separada de los cartilágines aritenoides, formando con ellos los dos lábios opuestos de la apertura del cono ascendente y de la laringe en general (véase fig. 2.). Bajo estos lábios, entre las márgenes opuestas de la epiglotis y del cartílago aritenoides, hay un ligamento elástico (fig. 2. *h.*), que cierra los dichos lábios del cono ascendente, y en la parte posterior del cartílago aritenoides se vé un músculo bastante grueso (*f.*) que une los dos lados separados del cartílago aritenoides entre sí. Llamamos el primero con VROLIK *ligamentum ariepigloticum* y el músculo el crico-aritenoides posterior, porque este músculo desciende hasta el cartílago cricoides hácia abajo.

Estas son las partes constituyentes de la laringe del Epiodonte. Entrando por la abertura superior en la cavidad interna de la laringe (fig. 3.), se vé la misma membrana mucosa, que cubre los labios y la superficie libre del cono, como tambien toda la superficie interior, formando en la línea media de la epiglotis un tabique membranaceo, descendiente (*s.*), que tiene en su pared blanda muchas pequeñas lagunillas mucosas, escondidas en el fondo del dicho tabique. Al lado posterior la cavidad de la laringe se angosta mas, para entrar en el conducto cilindríco de la traquea, y acá forma la membrana mucosa del interior muchos pliegues finos (*t.*), para entrar con mas comodidad en el dicho conducto traqueal. Otros órganos internos no hay en la laringe del Epiodonte, faltándole las cuerdas vocales con la glotis completamente, como en todos los Cetaceos, y por consiguiente tambien la facultad de la voz.

28

La tercera porcion del conducto aérifero, la traquiarteria (pl. XX. fig. 1.) es un tubo cilíndrico 0,26 de largo y 0,065 de ancho por su diámetro transversal, de figura poco aplanada, es decir de secion transversal elíptica. Se forma este tubo por anillos cartilaginosos, que son generalmente completas (fig. 6. a), y algunos con ramos laterales cortos, otros poco abiertos á la márgen angosta (fig. 6. b). He contado 20 anillos en todo el tubo, unidos entre sí por substancia blanca elástica y tapados en el interior con la misma membrana lisa mucosa, que cubre todo el interior del conducto aérifero. Del medio de este tubo sale al lado derecho y en la superficie superior un ramo pequeño de la misma construccion, pero con anillos relativamente mas anchos á cada uno con tres ramitos laterales. Este ramo acompaña el lado derecho del tubo y entra con él en la cavidad del torax.

A la extremidad, cuando el tubo ya ha sido entrado en la dicha cavedad, el se divide en dos ramos iguales, que entran en las dos porciones principales del pulmon. Estos ramos, que se llamen bronquios, están construidos del mismo modo en anillos cartilaginosos y se dividen en otros ramos mas pequeños, que salen casi todos del lado externo de cada bronquio, para dividirse sucesivamente en nuevos ramitos mas pequeños, que siguen del mismo modo con divisiones, introduciéndose poco á poco en la substancia pulmonar. No he examinado mas que las primeras divísiones y he visto en ellos los mismos anillos cartilaginosos, pero hay motivo para sospechar que estos anillos se pierden en los ramos mas finos y mas distintos de los bronquios, como en todos los Mamíferos.

Damos al fin algunas medidas de los órganos descriptos.

Altura de la laringe con el cono ascendente en línea recta 0,20

Anchura entre los lados del cártílago tiroides 0,12

Altura del cono de la epiglotis . .`. 0,14

Diámetro del cuerpo de la laringe de adelante hácia atrás 0,13

Longitud del tronco de la traquiarteria 0,26

Diámetro transversal del mismo 0,065

Longitud del bronquio, con sus divisiones principales 0,15

Diámetro transversal de cada bronquio en el principio 0,04

El ramo pequeño acesorio de la traquiarteria, que hemos descripto, se encuentra generalmente en los Cetaceos y tambien en otros Mamíferos; pero la division en cuatro ramos casi iguales, como lo he visto en la *Pontoporia Blainvillii* (veáse : Acta de la Socied. Paleontal. sesion de 13 de Marzo, 1867, pag. XX.), no se ha encontrado hasta ahora en ningun otro Mamífero. Los anillos de la traquiarteria son en muchos Cetaceos de figura espiral y continúan sin interrupcion en algunos por toda la traquiarteria. En el Epiodonte no he visto esta configuracion, sino anillos separados, uno y otro con ramitos.

3. Del corazon.

(pl. xviii. 3.)

29

La figura general del corazon está de acuerdo con la de los Mamíferos, con la diferencia relativa de las dimensiones, siendo el del Epiodonte, como el corazon de todos los Cetaceos, mas ancho y mas llano. En su posicion natural, que es la horizontal con la punta dirigida al detrás y la base adelante, la superficie dorsal es casi completamente llana, y solamente la superficie ventral verdaderamente convexa, uniéndose con la dorsal por corvatura ascendente, que dá tambien á la dorsal un aspeto poco convexo. Las dos superficies se dividen por un surco longitudinal medio en dos porciones, de las cuales en la superficie dorsal la mitad izquierda es mas ancha que la derecha, y en la superficie ventral las dos son casi del mismo tamaño. Acá la línea divisoria forma una curva, como se vé en nuestra figura, que dá la vista del corazon de abajo; en la superficie dorsal esta línea es mas recta pero mas oblicue dirigida sobre la superficie.

Este surco medio indica en el corazon del Epiodonte, como en el de todos los Mamíferos, una separacion del corazon en dos cavidades por el tabique inter-ventricular, que son los ventrículos. El surco es en línea recta 0,21 de largo y todo el corazon 0,28 de ancho en el principio de los dos ventrículos; su espesor en direccion perpendicular es 0,13. Antes de los dos ventrículos hay dos otras cavedades, que comunican cada uno con un ventriculo y son las aurículas. Entran en ellas los grandes truncos de los vasos venosos, miéntras que de los ventrículos salen los grandes truncos arteriosos. Toda esta configuracion del corazon del Epiodonte es la regular y no insiste en una descripcion detallada; lo mismo vale de la construccion de las auriculas y los ventrículos, y no hay de hablar de ellos mas que por algunas diferencias de figura.

El ventrículo izquierdo es de menor espacio interno, pero tiene parédes mucho mas gruesas, que el derecho, con columnas carnosas (*trabeculae carneae*) mas fuertes. De la orilla interna de su orificio aurículo-ventricular sale la grande válvula mitral, que se divide en tres porciones, de las cuales cada una tiene cinco hasta seis tendones finos á la punta interna, con los cuales se unen porciones musculares cilíndricas bastante fuertes, que salen de la superficie interior de la pared externa del ventrículo.

Dos de estas tres porciones musculares salen de la superficie ventral del ventrículo y son unidas entre sí por una comisura muscular transversa, la porcion tercera sale de la superficie dorsal del ventrículo y es la menor de las tres. En la obra mencionada de VROLIK hay una buena figura (pl. XI. fig. 38.) del ventrículo izquierdo abierto del Hyperoodonte, que corresponde de todo con la construccion del Epiodonte.

El v e n t r í c u l o d e r e c h o es por su contenido mas grande, que el izquierdo, pero tiene una pared mucho mas débil. Su superficie interna tiene músculos columnares, como el izquierdo, y al principio una grande válvula, la t r i c ú s p i d e, que sale del lado externo del fondo del ventrículo hasta la circunferencia externa del orificio auriculo-ventrícular, atado á dos grupos de músculos columnares muy fuertes por muchos tendones finos. Son los m ú s c u l o s p a p i l a r e s. El uno de los dos grupos de estos músculos se forma por un tronco basal fuerte, que sale de la parte inferior del ventrículo y se divide en dos ramos; el otro es poco mas largo, pero menos grueso, y sale de la pared superior del ventrículo, dividiéndose á sus dos lados poco á poco en ramos divergentes, con algunos tendones finos á la extremidad de cada ramo.

La a u r í c u l a d e r e c h a es tambien poco mas grande que la izquierda y se extiende en un apendíce puntiagudo, que se prolonga mucho al lado inferior bajo el tronco de la aorta. Tiene en su superficie interior algunos pequeños músculos peinados (músculi pectinati).

La a u r í c u l a i z q u i e r d a sube un poco mas arriba, pero no es tan ancha, como la derecha, y se estiende á su base en un limbo sobre-saliente, que cubre la base del ventrículo correspondiente, escondiendo su apendíce pequeño bajo el principio de la arteria pulmonar. Su pared es poco mas gruesa, que la de la aurícula derecha y su superficie interna tiene al lado externo músculos peinados poco mas fuertes completamente de la misma figura, como los ha dibujado VROLIK (pl. XI, fig. 37. de su obra) del Hyperoodonte.

El tabique entre las dos aurículas es membranoso y completamente cerrado, pero se indica en el muy bien el resto de una comunicacion anterior entre las dos aurículas (foramen Botalli) en la juventud primera del animal.

No he dado otras figuras del corazon, porque todas sus partes concuerdan con las del Hyperoodonte figuradas por VROLIK en su obra muy meritoria. Debe asentir á este autor, en contra de ESCHRICHT, que tanto los músculos papilares, cuanto los músculos peinados son presentes en los Cetaceos, como el dice pag. 103 de su obra; los he visto muy bien formados y tan fuertes como en los otros Mamíferos. La vista del corazon de abajo en la figura 2. de nuestra lámina XVIII. muestra la aurícula derecha como la parte mas prominente al lodo izquierdo, á la cual sigue al lado derecho de la figura el tronco de la aorta, despues la artería pulmonar y al fin la aurícula izquierda.

30

Los troncos de las grandes vases sanguíneos, que salen del corazon, presentan nada de particular en su origen. La a r t e r i a a o r t a se estiende inmediatamente sobre las tres válvulas semi-lunares en tres bolsillos pequeños, que corresponden cada uno á una válvula, y se continúa despues como un tubo regular de 0,08 diámetro. Las válvulas tienen á su base pequeños pliegues de figura como músculos peinados. La a r t e r i a p u l m o n a r es aun mas ancha que la aorta, de 0,09 diámetro, pero la pared de su tubo tiene ni el rigor de la pared de la aorta, ni su grosor. Al principio de la dicha arteria se ven tambien tres válvulas con bolsillos sobre cada una, pero no son de igual tamaño entre sí, sino la una es mucho menor. Esta está situada abajo, las dos otras arriba, en donde la arteria pulmonar se toca con la aorta, separadas de la tercera por un vacío pequeño. Cada una tiene un *nodulus Arantii* muy pequeño.

Los troncos de las grandes venas, saliendo del corazon, se habian perdido, disecado por mi sirviente antes que le hubiera recomendado sacarse el corazon con cuidado, y por esta razon no puedo hablar de ellos. Es muy probable, que no hayan nada de particular en su configuracion.

Pero los vasos sanguíneos, que pasan sobre el corazon mismo, para alimentar su substancia, me han mostrado algunas particularidades, que he estudiado con exactitud.

La *Arteria coronaria cordis* sale de la aorta con un tronco simple, pero bastante ancho, del lado izquierdo, en donde este vaso se toca con la *arteria pulmonalis.* Tiene un diámetro de 0,02, en el principio, inmediatamente sobre la válvula semi-lunar vecina, pero se divide pronto en dos ramos, que se separan por su direccion, continuando el uno hácia arriba y el otro hácia abajo. El ramo de abajo, que llamamos el inferior, es el mas pequeño ; el curre sobre la base de la arteria pulmonar hasta que el pasa por debajo del apendíce de la aurícula izquierda, formando acá un rámulo, que continúa entre la aurícula y la base del ventrículo al lado externo del corazon, mientras que el tronco del ramo inferior sale afuera de la aurícula, entrando en el surco mediano entre los dos ventrículos en la superficie inferior del corazon y continuando en este surco hasta la punta, dando á cada ventrículo muchos ramos sucesivamente menores. El otro ramo, que asciende á la superficie dorsal del corazon, y que es por consiguiente el superior, continúa desde su orígen hasta la base de los ventrículos, en donde él se divide tambien en dos ramulos desiguales. El mayor entra en el surco longitudinal entre-ventricular, corriendo hasta la punta del corazon: el menor continúa á la base del ventrículo derecho, entre él y la aurícula, hasta la márgen externa del corazon, dividiéndose los dos sucesivamente en ramificaciones pequeñas, que entran en la substancia de los ventrículos. Resulta de esta descripcion, que el curso de las arterias del corazon es bastante regular, con la diferencia que los ramos principales están unidos en el Epiodonte en un tronco comun, y separados generalmente en dos desde del principio mismo en los otros Mamíferos.

Mas particularidades presentan las venas del corazon. Entran ellas no directamente en la aurícula derecha, sinó en un bolsillo particular bastante grande, que llamamos el s e n o v e n o s o b a s a l , estando colocado en el lado superior dorsal del corazon entre la aurícula derecha y la aorta. Este seno de 0,028 diámetro, tiene un orificio central, que entra en el rincon interior de la aurícula derecha, y recibe una vena muy ancha de 0,02 diámetro, que corre en el surco interventricular dorsal al lado de la arteria, saliendo de un otro s e n o v e n o s o t e r m i n a l mas grande á la punta del corazon misma. En este seno entra la vena de la superficie ventral inferior del corazon, que corre en el surco interventricular inferior, principiando con sus ramitos últimos mas finos en las bases de los dos ventrículos, al lado de la *arteria pulmonalis*. Todas estas venas reciben ramitos de los dos lados, saliendos de la substancia del corazon y acompañandos las arterias del mismo curso, hasta que entran en los ramos principales de su categoría; las arterias siempre mas angostas, mas blancas y de textura mas dura de su tubulo, generalmente tapadas por las venas mas anchas y de tejido mas laxo y mas transparente. En este modo corre una vena contínua por todo el surco interventricular de las dos superficies del corazon, interrumpida por el seno venoso terminal de la punta del corazon, que parece un carácter muy particular de nuestro animal. La dicha vena intervíncular entra en el seno venoso basal, pero hay dos otras venas mas pequeñas, que entran tambien en este seno de los dos lados de la superficie dorsal del corazon, saliendo del surco entre las aurículas y los ventrículos y correspondientes á las venas coronarias de los otros Mamíferos.

Todas estas venas no tienen valvulas en sus tubos; son de igual extension y sin los bolsillos, que significan tan claramente las válvulas de las venas. He examinado el ínterior de los grandes ramos con mucha escrupulosidad y no he visto ninguna válvula. Pero en el interior de los senos venosos he visto tambien, como en las aurículas, pequeños pliegues correspondientes á los músculos papilares.

La ausencia de las válvulas en las venas del corazon de nuestro animal no es una excepcion singular, pues se ha notado ya en otros Cetaceos. E. v. BAER dice lo mismo de todas las venas de la *Phocaena* (Nov. Act. phys. med. etc. Tm. 14. ps. 1 pag. 400.) y VROLIK no ha encontrado valvulas en las venas ilíacas (veáse su obra pag. 106). MECKEL dice en su Anatomía comparativa (Tm. V. pag. 325.) que las válvulas faltan generalmente en las venas de los sesos, de los riñones y de la vena porta, pero nó siempre, y STANNIUS rectifica la observacion de v. BAER (Anat. comp. I. §. 200 An. 1.), asegurando, que las grandes venas superficiales de la piel tienen siempre válvulas. No he examinado mas venas que estas del corazon del Epiodonto y no he visto ninguna válvula en ellas.

4. De los intestinos.

31

Los intestinos de la cavidad abdominal principian de la faringe, atrás de la laringe, con un conducto bastante angosto, que es el e s ó f a g o. Este conduc_ to es casi 0,80 de largo y tiene en toda su superficie interior muchos pliegues lontitudinales, que dejan solamente en el centro del conducto un vacío pequeño abierto de 0,010—0,015 diametro. Corriendo el esófago por la cavedad del torax en el mediastino posterior y entrando por el agujero oval del diafragma en la cavidad abdominal se une pronto con el primero estómago, que está situado en la parte mas superior de esta cavidad, inmediatamente atrás del diafragma, como lo muestra la fig. 4. de nuestra lam. XVI. bajo *m.* 1.

El Epiodonte tiene, como los *Delphinidae*, muchos estómagos, es decir o c h o, que siguen uno despues el otro y son diferentes entre si en figura, como en tamaño.

El p r i m e r o e s t ó m a g o (pl. XVI. fig. 4. *m.* 1.) tiene la figura de una pera, separándose por una estrechez atrás del medio en dos porciones desi_ guales, de las cuales la anterior tiene mas del doble del tamaño de la posterior. Las dos unidas tienen un diametro longitudinal de 0,29, del cual 0,185 pertenecen á la porcion anterior, 0,105 á la posterior; el diametro transversal de la primera es de 0,21 y el de la segunda de 0,13, mientras que el diámetro de la estrechez entre las dos no es más que 0,105. La superficie externa es lisa, como de todos los intestinos, pero la interna tiene muchos pliegues redondeados de figura irregular, que corren los unos entre los otros y se dividen repetidas veces en ramos secundarios. La fig. 4. de la lámina XVIII muestra estos pliegues de tamaño natural. En la parte anterior de este primer estómago entra el esófago por l a c a r d i a , situada en el medio de la pared anterior, mientras que la comunicacion con el segundo estómago sale de la márgen anterior de la porcion posterior, inmediatamente atrás de la estrechez. La pared de esta segunda porcion es en todo su contorno mucho mas grueso, formándose de un tejido fibroso elástico que incluye muchas fibras músculares. Los pliegues interiores se continuan tambien sobre el interior de esta porcion, pero son poco menos pronunciados y terminan á la apertura por cual se une el primer estómago con el segundo. Esta apertura es angosta y puede cerrarse completamente por un músculo esfinter, que la incluye.

El s e g u n d o y el t e r c e r o e s t ó m a g o son casi de igual tamaño, pero muy pequeños, es decir el segundo 0,11 de largo y el tercero 0,08, formando cada uno un bolsillo oval de 0,03 diametro transversal en el medio y separados entre sí, como de los otros estómagos, por músculos esfinteres. Su superficie interna es lisa, sin pliegues, como de todos los estómagos siguiente :

El c u a r t o y el q u i n t o e s t ó m a g o (fig. 4. pl. XVI. m. 2. y 3.) son unidos mas entre sí, que con los otros, y separados de los vecinos por esfinteres muy estrechos. Tienen unidos casi la misma figura, como el primero estómago, pero el tamaño de elios es bastante mas chico, que el del primero y la estrechura entre ellos es un verdadero esfinter. Los dos unidos son 0,21 de largo; el cuarto solo 0,085 y el quinto 0.125; el diámetro transversal de aquel es de 0,12, y el de este 0,16. El esfinter entre los dos estómagos se presenta en la superficie externa no mas fuerte que una estrechadura, pero en el interior él separa los dos completamente.

El s é x t o y s é p t i m o e s t ó m a g o vuelven á ser otra vez muy pequeños y tan iguales al segundo y tercero en figura y tamaño, que no es preciso describirlos de nuevo.

Al fin el último e s t ó m a g o o c t a v o (l. l. m. 8.) es el mas grande y de figura particular de los riñones. siendo su diámetro longitudinal de de 0,34 y su transversal de 0,21. La apertura, por medio de la cual comunica con el séptimo estómago, se encuentra casi en el medio del lado interno del riñon, y la salida, que se llama p i l o r o, inmediatamente abajo de la entrada, cerca de la estremidad posterior del mismo lado. De esta

47

segunda apertura sale el duodeno en línea recta al detras, separado del estómago por otro esfinter, pero menos fuerte, que alguno de los entre los diferentes estómagos.

No he visto ningun alimento en estos ocho estómagos; el primero estaba lleno de agua, los otros cubiertos en la superficie interior con una flema amarilla. En su posicion natural forman los ocho estómagos no una línea recta, sino una curva, acercándose el último con su porcion basal poco mas ancha, al estómago primero hasta la cardía y obligando los dos medios, el cuarto y el quinto, á inclinarse mas afuera al lado izquierdo del animal, tapando por su circunferencia sobresaliente los cuatro pequeños entre ellos y el primero como el último estómago completamente. Así se forma un seno entre el primero cuarto con quinto y octavo, en el cual está situado el pancreas. Nuestra fig. 4. de la lám. XVI. dá la representacion de los dos estómagos en el sítio natural, mostrando el primero (m. 1.) inmediatamente abajo de la columna dorsal, inclinándose poco al lado izquierdo del animal y tapado por su parte mayor por las últimas costillas. Bajo él siguen el cuarto y quinto (m. 2 3.) en el medio y mas afuera al lado, y despues el octavo (m. 8.) mas retirado al interior y tapado en parte por el hígado (h.), que ocupa la parte inferior de la cavidad abdominal atras del diafragma, inclinándose bajo los estómagos al lado derecho del animal.

32.

El d u o d e n o se une con el estómago octavo no por una dilatacion, como en los Delfines típicos, sinó por una estrechura, estendiéndose al principio insensiblemente y continuando despues como el i n t e s t i n o d e l g a d o de figura de un tubo igualmente cilíndrico, bastante angosto de 0.025 diámetro, con extension de 17,5 metros ó 55½ pies. Es de igual anchura en todo su curso, sin alguna diferencia hasta el fin, llenando con muchísimas circunvoluciones todo el espacio central de la cavidad abdominal, que en nuestra figura 4. de la lám. XVI. se presenta vacía. Inmediatamente atrás su principio recibe el duodeno los dos conductos, el hepático y el pancreático, que entran en el duodeno á poca distancia entre sí del lado superior. La superficie interna de todo el intestino delgado, como la del duodeno, esta cubierta de bolsillos bien pronunciados, que se forman por pliegues altos transversales, unidos entre sí por otros menores longitudinales. La fig. 5. de la lám. XVIII. muestra estos bolsillos en tamaño natural; cinco altos pliegues transversales son unidos entre sí por otros pliegues longitudinales, que distan el uno del otro de 0,02 hasta 0,04., formando en este modo bolsillos abiertos al adelante, que tienen cada uno en su fondo otros pliegues mas chicos, que lo dividen en tres hasta cuatro bolsillos mas pequeños, incluidos en el tejido celular, que cubre la pared bastante gruesa carnosa ó muscular del intestino, en su superficie interna. Estos bolsillos secundarios son muy hondos, y descienden como embudos, en dos filas alternantes en el dicho tejido celular. A la extremidad externa de nuestra figura se ven estas dos filas de bolsillos disecados, mostrando por la introduccion de dos cendas en dos de ellos, que los de la fila interna pertenecen á los pliegues inferiores y los externos á los pliegues superiores, siendo cada bolsillo de 0,04 profundidad.

El i n t e s t i n o g r u e s o no se distingue del delgado de otro modo, que por su grosor poco mas ancho, de 0,04, diametro. No hay intestino ciego á su principio. La superficie interna no tiene tantos ni tan altos pliegues, que la del intestino delgado, pero la estructura general es la misma. La extension es como la novena parte del intestino delgado, es decir 1,90, ó 6 piés mas ó menos.

No he visto en todo el intestino delgado mas que una flema amarillenta y en el intestino grueso una pasta negra como brea líquida, pero ningun resto de alimentos. Probablemente el animal habia ayunado ya bastante tiempo, antes que cayera en manos de los marineros, que lo mataron. Es probable que el temporal grande, del cual dos dias antes, el 6 de Agosto, ha sufrido tanto el pueblo vecino de Montevideo, fuera la causa que este animal marino entrase mas arriba del Rio de la Plata, para refugiarse en aguas menos agitadas por los huracanes.

33

Los tres órganos que se encuentran al lado de los intestinos, mas ó menos unidos con ellos, el higado, el pancreas y el bazo, no me han ofrecido ningun carácter particular y no exigen, por consiguiente, una descripcion extensa.

El h i g a d o está situada bajo del estómago octavo y poco mas al lado derecho del animal. Se divide en dos porciones casi iguales, de las cuales la superior es la mas convexa, por estar atada íntimamente á la cavidad del diafragma. Tiene un diámetro longitudinal de 0,42. La segunda porcion inferior es de 0,32 diámetro, mucho mas llana y extendida al lado derecho, cubriendo acá el estómago octavo (veáse fig. 4. h. de la lám. XVI.). No hay vejiga de la hiel, como es la regla en los Cetaceos, sinó un conducto coledoco muy ancho, que entra en el duodeno.

El p a n c r e a s se oculta entre los estómagos, como ya he dicho antes, aun es bastante grande, 0,42 de largo y 0,08 de ancho. Tiene la figura de una lengua y un color casi blanco. Su estructura es la regular.

El bazo es simple, sin bazillos accesorios y pequeño, de figura triangular 0,15 de largo y 0,08 de ancho en su márgen anterior mas ancha, pero muy llano. Se ha atado íntimamente al lado externo de la porcion superior del estómago primero.

5. De los órganos urinarios.

34

Los riñones ocupan la parte anterior de la cavidad abdominal, inmediata- mente atrás de los estómagos (pl. XVI. fig. 4. n.), y son ·atados por tejido celular al lado inferior de cada gran músculo psoas bajo la columna vertebral. Cada riñon es de figura oblongo-eliptica, puntiaguda á las dos extremidades. 0,40 de largo y 0,12 de ancho, compuesto al exterior de algunas (9-10.) porciones desiguales, separadas entre sí por surcos profundos, llenos de tejido celular, de las cuales cada una se compone de una multitud de pequeños lobulos arondeados, del tamaño de una nuez avellana regular. La cuantidad de estos lobulos asciende de 210 hasta 220 mas ó menos. Todos se abren por un cáliz, es decir un orificio interno, en la cavidad central del riñon, llamado la pelvis, de la cual sale el conducto urinal, que se llama el ureter. La superficie interna de la pelvis no es lisa, sinó lagunosa; es decir, compuesta de bolsillos grandes y pequeños, separados entre si por tabiques membrano- sos, mas ó menos altos, imitando la figura del riñon en su superficie externa, y en estos bolsillos entran los calizes de cada porcion del rinon separados. El ureter sale de la pelvis de cada riñon al lado interno poco atrás del medio, pero se esconde al principio entre las porciones grandes vecinas del riñon. hasta que el conducto ha subido entre estas porciones á la márgen superior del riñon entero, en donde pasa para fuera entre la ultima y la penúltima porcion de la superficie externa. Este conducto es un tubo delgado de 1,05, longitud, y 0,008 diámetro, liso en su superficie externa, pero longitudinal- mente plegado con 8 pliegues en el interior. Corre con algunas circunvolu- ciones á la superficie inferior del músculo psoas, atado á él por tejido celular hasta la última cuarta parte del diámetro de la cavidad abdominal, en donde el doble al lado inferior de la dicha cavidad, inclinándose un poco al anterior, para entrar cada uno en cada lado del fondo de la vejiga urinaria con una boca cada vez mas ancha, (veáse la fig. dicha. u.)

He encontrado en la pelvis de los riñones una docena de lumbrizes finos, del género *Strongylus*, casi 8 pulg. largo y no mas ancho que un alfiler regular. Desgraciadamente estos animales se habian atado tan intimamente á las paredes de los calizes del riñon, que no pudiese sacar ningun iudividuo completo con la boca; todos se rompieron en la parte anterior atras de la boca. Pero la estremidad posterior completa prueba por la diferencia sexual y su estructura, que el animal es un *Strongylus*.

85

La vejiga urinal se encuentra en la parte inferior de la cavidad abdominal inmediatamente atras del punto medio de su extension longitudinal, y antes de la apertura genital masculina del animal, colocada entre los dos grandes músculos rectos abdominales (*r*.), que la sostienen de ambos lados. No tiene la figura regular, sinó la de un contorno mas cilíndrico, una pared muy gruesa de diferentes capas del tejido muscular y una superficie interna longi. tudinalmente plegada. En el estado vacio, como la he visto en nuestro animal, su diámetro longitudinal no era mas que 0,20, lo que es pequeño para un animal tan grande; pero ya sabemos por otros observadores, que este órgano de los Cetaceos es generalmente chico. Su extremidad anterior es bastante punteaguda y muestra el resto del uraco, como una punta sobre. saliente perforada. Cerca de esta punta entra de la superficie inferior en el tejido de la vejiga á cada lado una fuerte arteria. A la estremidad posterior se reduce su figura en la de un embudo y acá entran de los dos lados los dos ureteres. El conducto urinario, que sale de este embudo, se inclina hácia abajo y pasa acá como un tubo 0,34 de largo y 0,01 de ancho sobre la pared superior de la capsula fibrosa, que incluye el pene (*p*.), unido con ella por tejido celular hasta su base, en donde el entra de arriba en el dicho órgano entre los dos músculos isquio-cavernosos (P)

En la figura citada lam. XVI. se vé nada mas de la vejiga, que su mitad superior (*v*.); la inferior está tapada por el músculo recto abdominal (*r*.). En la parte posterior dorsal de la vejiga entre el ureter izquierdo (*u*.), pero el conducto urinario no es visible, por ser atado íntimamente al pene. (*p*.)

6. De los órganos genitales.

36

Estos órganos eran bastante pequeños en nuestro animal, á lo menos los internos, por causa de la juventud del individuo examinado, que era un macho. No he visto de los órganos internos mas que dos tubos finos atras de los riñones (pl. xvi. fig. 4. t.) que principiaban con una extremidad poco engrosada, de 0,005 diámetro, disminuyéndose cada uno hácia atras poco á poco en un tubo mas fino de 0,002 diámetro.

Los dos estaban atados por tejido celular muy laxo entre sí, pero no muy íntimamente y tomaron su posicion entre los dos ureteres, con los cuales descendian al lado del músculo psoas hasta el fin de la cavidad abdominal, dejando los dos ureteres, á donde estos se inclinen hacia abajo para entrar en la vejiga urinal. Los dichos tubos finos no hacen muchas circunvoluciones, sinó van con curso bastante recto de extension de 0,42, hasta la base del pene, que significa casi la última frontera de la cavidad abdominal. Acá estan colocados sobre la extremidad posterior del conducto urinario, uniéndose con él por tejido celular. El interior de cada uno de los dichos tubos no tiene mas que un conducto angosto, incluido en un tejido bastante grueso, en el cual, aun bajo el microscopio, no he visto ninguna organizacion particular.

No puedo dudar, que los dos tubos descriptos han sido los conductos deferentes de los testículos y el principio mas engrosado de ellos el testículo mismo en su estado juvenil todavia imperfecto.

Conseguido la base del pene, se unen los dos conductos deferentes con el conducto de una vejiga pequeña en forma de pera, que está situada entre ellos y unidos con ellos íntimamente por tejido celular. Esta vejiga pequeña tiene con su conducto terminal una longitud de 0,05, de cuya estension la vejiga ocupa 0,02 y el conducto 0,03; está formada de una pared fina mas ó menos transparente y la cavidad de la vejiga separada del conducto por una estrechura como un esfínter pequeño. Los tres conductos, el medio mas fino de la vejiga y los dos laterales deferentes, entran entonces separados en el conducto grande urinario inmediatamente antes de su fin, tapada acá por la glándula prostáta, que envuelve las tres de arriba, como tambien el fin del conducto urinario y la base del pene, en forma de un medio anillo grueso, 0,03 de ancho. Bajo este anillo prostático el conducto urinario es un poco mas ancho, formando acá un vestíbulo pequeño antes de la entrada en el conducto del pene, que es mucho mas angosto que el conducto urinario y sin los pliegues longitudinales, que se levantan de la superficie interior del conducto urinario. En este vestíbulo entran de arriba los tres conductos finos separados, formando en la pared superior del conducto comun una protuberancia transversal con tres orificios separados, dos de los dos conductos deferentes y el tercero de la vejiga pequeña entre ellos. Atras de esta protuberancia se ven algunas pequeñas lagunillas en la pared superior del dicho vestíbulo, que contienen los orificios chiquitos de los conductos prostáticos.

Una vejiga pequeña ya se ha observado entre los dos conductos deferentes de diferentes Mamíferos, por ejemplo del Liebre y del Castor; pero hasta hoy no he encontrado ninguna noticia de un tal órgano en los Cetaceos. Los autores teóricos, que reducen los órganos del macho á los de la hembra, comparan esta vejiga con el utero femenino. cf. E. H. Weber, *Schrift d. Kon. Sächs. Gesellsch. d. Wissensch. z Leipzig.* Tm. I.

37

El último órgano de los genitales masculinos es el p e n e (pl. XVI. fig. 4. p.). situado sobre la pared inferior de la cavidad abdominal inmediatamente antes del ano. Es un órgano cilíndrico 0,26 de largo, y 0,03 de ancho en su posicion retirada, pero mucho mas largo y grueso por la ereccion, cuando sale afuera de su oriticio propio antes del ano. Está formado el pene en la superficie por una membrana fibrosa dura, muy blanca de 0,004 grosor, que incluye un solo cuerpo cavernoso comun, sin division en dos paralelos por un tabique medio fibroso, bajo cuyo cuerpo cavernoso continúa el conducto cómun de los órganos internos hasta el fin anterior del pene. El cuerpo cavernoso está formado de un tejido esponjoso de color de rosa, que incluye en su porcion superior dos grandes vases sanguíneos longitudinales paralelos entre sí. La parte terminal del pene forma un cono punteagudo 0,09 de largo, tapado de epidérmide lisa bastante gruesa y encerrado en una capsula cilíndrica 0,12 larga, que tiene su superficie interior transversalmente plegada con la misma epidérmide lisa. En esta cápsula, que corresponde al prepucio, se retira el pene en el estado inactivo, pero sale de ella afuera con todo su cono, como tambien con la capsula vuelta, cuando está activo. Nuestra figura lo muestra medio salido con la punta del cono, que corresponde al glande del pene de los otros Mamíferos, y los pliegues de la capsula prepucial medio vuelta.

Hay cuatro músculos particulares para el movimiento del pene, de los cuales dos se agarran á su base y los dos otros á su parte media antes de la punta, que corresponde al glande. Los dos basales son pequeñes y salen de la membrana fibrosa, que incluye el cuerpo cavernoso, á los dos lados del pene, cada uno como una masa carnosa gruesa elíptica, que vá afuera adelgazándose en la punta, para atarse con su extremidad al lado interno del huesecillo, que representa la pelvis (pl. XVI. fig. 4. P.). Corresponden por consiguiente estos dos músculos á los isquio-cavernosos del hombre. Los dos otros músculos no son visibles. en nuestra figura, salen de la pared inferior del pene poco atras del lugar, en donde la capsula prepucial se une con el glande punteagudo, como una lámina carnosa 0,03 de ancho, compuesto de dos fajas paralelas, unidas entre sí por tejido celular, que corre al detras; separada del cuerpo del pene, pero atada al tejido celular, hasta su fin, para unirse aquí con el esfinter del ano y los huesecillos de la pelvis de abajo. Son los retrajentes del pene, cuando el organon por su ereccion ha salido afuera de la capsula prepucial y del cuerpo del animal.

28

De la configuracion particular del orificio externo del prepucio, con sus lábios plegados atras de la apertura longitudinal en el medio de la superficie abdominal del animal, ya hemos hablado antes en el § 3, como tambien de dos otras aperturas longitudinales al lado del ano, que corresponden á las tetas de los Mamíferos terrestres. En. las hembras de los Cetaceos incluyen estas aperturas en su hondo verdaderas tetas, pero en los machos no hay en ellos nada de particular. Entrando por el orificio en el interior he encontrado en nuestro Epiodonte un conducto angosto 0,04 de largo, que se estendió en una cavedad oval de 0,02 diámetro, tapada en su superficie interna con membrana fina mucosa, y estendida en lagunillas desiguales, algunas como bolsillos pequeños cilíndricos, que contuvieron nada que poco arena del fondo del rio, en el cual se habia encallado el animal. La cavedad está formada de un tejido blanco fino é insertada en el tejido celular adiposo, que sigue bajo el piel, entre él y la capa muscular (Véase fig. 4. pl. XVI.), con la cual se toca la dicha cavedad en la superficie de ella.

No ha sido posible para mí, entrar en el exámen de la configuracion muscular; me he visto obligado, por falta de un modo seguro, conservar el cadáver por mas tiempo que dos dias, abandonar completamente el estudio de la myología del Epiodonte, concluyendo entonces mi descripcion con la noticia general, que la carne muscular tiene un color muy oscuro, casi negro, como el de la sangre venosa. He indicado este color oscuro en la figura del animal abierto lám. XVI. por el modo como están dibujados los músculos, entre los cuales dos, el m ú s c u l o p s o a s en la parte superior de la cavidad abdominal, y el m ú s c u l o r e c t o a b d o m i n a l (r.), que forma principalmente la pared inferior de la misma cavidad, se distinguen ante todos por su inmenso grosor y extension longitudinal, continuándose en los músculos longitudinales inferiores, que mueven la cola del animal.

ESPLICACION DE LAS LÁMINAS.

Pl. xv.

Fig. 1. *Epiodon australe,* vista general del animal en duodécima parte del diámetro longitudinal.

a. Apertura del conducto aérifero, *b.* apertura de la oreja, *d.* pliegue de la garganta, *e.* apertura genital, *f.* apertura de las tetas, *g.* apertura anal.

Fig. 2. Aleta caudal, vista de arriba er la décima parte de su diámetro transversal. (No en la cuarta parte, como se dice en la figura).

Fig. 3. Seccion perpendicular de la cola entre *x.* y *y.* duodécima parte de la altura natural (no cuarta parte).

Fig. 4. Orificio del conducto aérifero, visto de arriba, tercera parte de su diámetro; *c.* la válvula.

Fig. 5. Vista de las aperturas abdominales en dos quintas partes de su extension natural.

t. Orificio del prepucio en la hendedura abierta de la superficie ventral del animal, *f. f.* las dos hendeduras para las cavedades de las tetas, *g.* hendedura anal.

Pl. xvi.

Fig. 1. Esqueleto del Epiodonte, en octava parte del diámetro longitudinal.

N. 1— 7. Vértebras del cuello.
D. 1—10. Vértebras dorsales.
L. 1—11. Vértebras lumbares.
C. 1—21. Vértebras caudales.
P. Huesecillo de la pelvis.

Fig. 2. Esqueleto del cuello, en la cuarta parte de su diámetro.

N. 1—7. Vértebras del cuello.
D. 1—3. Las primeras tres vértebras dorsales.

Fig. 3. El hueso de la pelvis, en tamaño natural.

Fig. 4. Vista del cuerpo del animal abierto, del lado izquierdo; en la duodécima parte del diámetro.

s p. Apertura del conducto aérifero.
1. N. Espina del atlas.
1. D. Primera vértebra dorsal.
C. Escápula s. omoplato.
2—10. Las diez costillas.
m 1. *m* 2. & 3. y *m* 8. los estómagos.
h. hígado.
n. riñon, *p.* pene.
r. músculo recto abdominal.
t. testículos.
u. ureter.
v. vejiga urinal.
P. huesecillo de la pelvis.

Fig. 5. Aparato del hueso hioides, en cuarta parte del diámetro.

a. Cuerpo hioides.
b. b. Hastas mayores.
c. c. Hastas menores s. estiloides

Fig. 6. Las doce últimas vértebras caudales vistas de abajo, er sexta parte del diá. metro. Los números indican la posicion de cada vértebra en la cola.

Pl. xvii.

El cráneo del Epiodonte, en cuarta parte del diámetro natural.

Fig. 1. de arriba.
Fig. 2. de abajo.
Fig. 3. del lado izquierdo.

a. a. huesos intermaxillares, *b. b.* h. maxillares.
c. c. h. nasales, *d. d.* h. frontales, *e. e* h. lagrimales, *f.* h. vomer, *g. g.* h. del paladar,
h h, h. terigoides, *i. i* h. zigomaticos, *k. k.* h. temporales, *l. l.* conchas audi. tivas. *m.*
h. esfenoides, *n.* h. ocípital, *p.* h. parie. tal.

Pl. XVIII.

Fig. 1. Vista del esqueleto de la cavedad del torax, de adelante, en octava parte del diámetro natural.

A. Primera vértebra, llamada Atlas.

D. 1. Espina de la primera vértebra dorsal.

1—10. Los diez pares de costillas.

S. 1—S. 5. Las cinco piezas del esternon.

Fig. 2. Vista de la parte terminal de la aleta pectoral, con el esqueleto dentro; en medio diámetro del tamaño natural.

u. cubito.

r. rádio.

l. os lunatum (semilunar)

n, os naviculare (escafoides)

m, 1. y 2. os multangulum majus y minus.

c, os capitatum (grande)

h, os hamatum (ganzoides)

g. g. g. g. g, los cinco huesos del metacarpo.

f. f. f. f. f., la primera falange de los cinco dedos.

1. 2. 3. 4. 5. los cinco dedos.

Fig. 3. Vista del corazon del lado inferior en la cuarta parte de su diámetro.

Fig. 4. Vista de los pliegues en la superficie interna del primer estómago.

Fig. 5. Vista de los pliegues en el intestino delgado; las dos figuras de tamaño natural.

Pl. XIX.

Fig. 1. Cranio del Epiodonte, visto del lado del paladar; en la quinta parte del diámetro natural.

Fig. 2. La mándibula inferior, vista del lado de la boca, en el mismo tamaño.

Fig. 3. La lengua, con el frenillo, la válvula de la faringe y el principio de la faringe misma; en tercera parte del diámetro natural.

Fig. 4. Seccion longitudinal de la encia con los dientes en su tejido ; tamaño natural.

Fig. 5.. Un diente, seis veces aumentado en su diámetro.

Fig. 6. Punta de la mandibula inferior con los dos dientes grandes en su lugar ; medio diámetro del tamaño natural.

Fig. 7. La eminencia frontal, disecada perpendicularmente, para mostrar la válvula, el grande saco aérífero y las dos aperturas nasales, que entran en el segundo saco menor. Tercera parte del diámetro natural.

Fig. 8. Uno de los grandes dientes de la mandibula inferior de tamaño natural.

Pl. XX.

N. B. Todas las figuras están dibujadas en la mitad del diámetro natural.

Fig. 1. La laringe con la traquiarteria, vista del lado dorsal.

Fig. 2. La laringe, vista del lado izquierdo.

Fig. 3. Diseccion longitudinal de la laringe.

Fig. 4. Cartilago cricoides, visto de adelante.

Fig. 5. Cartilago cricoides con el aritenoides.

Fig. 6. Dos anillos de la traquiarteria.

Las letras significan en todas las figuras las mismas partes.

a. Cartílago tiroides, b. epiglotis, c. músculo cricotiroides. e. c. músculos crico-aritenoides, f. músculos aritenoides posticos.

g. parte basal separada del cartílago aritenoides (cartílago Wrisbergyi, ?)

h. cartílago aritenoides, s. tabique interior de la laringe, t. pliegues de la membrana interior mucosa. * Lugar en donde el cartílago cricoides se toca con el cartilago tiroides, †. †. superficies articulares del cricoides con la parte basal del aritenoides.

IX

DESCRIPC ON DE CUATRO ESPECIES

DE

˙ DELFINIDES

DE LA COSTA ARGENTINA EN EL OCÉANO ATLÁNTICO.

(Con ocho láminas.)

———•◦•———

1. *Globicephalus Grayi* Nobis.

(Lámina XXI.)

Durante mi primer viage por el Océano Atlántico he visto, el 10 de Noviembre de 1850, cuando el buque pasaba el grado octavo [8°] de latitud boreal y el grado 22,5 al sud-oeste de Greenwich, cinco grandes Cétaceos nadando en direccion opuesta al buque y acompañandonos algunos minutos con su marcha bastante lenta y pesada (*). Tuve por consiguiente suficiente tiempo, para observarlos y dibujarlos provisoriamente en mi album, de cuya figura he copiado despues la primera de la lámina XXI, que publico ahora, para esplicar mejor la configuracion y el movimiento particular de dichos animales.

Cada individuo se levantó sobre el agua primeramente con el medio del lomo, en donde se vé la aleta dorsal trigona y corvada con la punta hacia atras, como lo demuestra la posicion media [*a*] de nuestra figura. Habiendo aparecido de este modo afuera del agua el lomo, el animal sublevó la parte anterior de su cuerpo hasta la superficie vertical del craneo, en donde está colocada la apertura respiratoria, exhalando con un suspiro fuerte el aire de los pulmones y tomando aire fresco de afuera. Asi lo demuestran las posi-

(*) Veáse la relacíon sobre mi viage al Brasil pag. 43 (Berlin, 1853,)   48

ciones *b* y *b* de dos de los cinco individuos. Al fin, habiendo respirado aire fresco, el animal sumergió la cabeza, dejando aparecer una pequeña parte dorsal de la cola atras de la aleta dorsal, como lo demuestra la posicion tercera [*c. c.*] de dos individuos, y despues desapareció todo el cuerpo bajo el agua por la cuarta parte de un minuto, levantandose en el mismo modo de nuevo lentamente por algunos segundos, que necesitaban, para repetir el mismo movimiento respiratorio.

Sigue de esta observacion evidentemente, lo que ya antes hé visto en la maropa [*Phocaena*] (*), que el movimiento de los Cetaceos en el agua es undulado, como ya he dicho en la nota pág. 316 de esta obra, formando curvas perpendicularmente astendentes y descendentes, para respirar aire fresco, cuando el animal encima de la curva ascendente se levanta con la superficie mas elevada de la cabeza, en donde están colocados los orificios del conducto respiratorio, afuera del agua. En el mismo modo nadan todos los Cetaceos, como me han probado otras observaciones hechas de ellos en diferentes partes del Oceano [**].

Aun no he visto completo ninguno de los cinco individuos de los Cetaceos, que se encontraron conmigo en el Océano Atlántico y por consiguiente no conozco el animal con seguridad, no hay ninguna duda para mi, que han sido estos animales del grupo, que los marineros llamen puercos del mar [*Swincval*] y los naturalistas *Globiceps*; es decir: cabeza de globo, por la figura de su craneo, muy corto y elevado hácia adelante como un hemisfério.

Se encuentran tales Cetaceos en todos los mares y ya son conocidos muy bien por figuras exactas, de las cuales he repetido una de las mas buenas, dada en los *Annals et. Magaz. nat. hist. I. Scr. Tm.* 9 *pág.* 371 *f.* 6, por el naturalista Irlandes JONATH. COUCH, aumentandola [fig. 2,] hasta el tamaño de mis dibujos originales fg. 1, para demostrar la identidad completa entre ellos. La figura de COUCH representa la especie de los mares europeos, llamado hoy *Globicephalus Swineval* por GRAY [*Calal. of. Seals etc.* pág. 314.] antes *Delphinus globiceps* CUV., que es del todo negro, con una mancha

(*) Véase mi relacion sobre los movimientos de este animal, que se llama en lengua vulgar con falsa aplicacion del apelativo t o n i n a, en mi viage al Brasil.

(**) He dado una descripcion mas estendida del fenomeno dicho en la *Zeitschr. f. d. gesammt. Naturwiss. Tom.* 29 *pág.* 405. (1867),

grande blanca en el medio del pecho hasta el ano. No sé si hay tal mancha tambien en los animales vistos por mi en el Océano Atlántico cerca del ecuador; porque ninguno de ellos se ha levantado hasta el pecho afuera del agua; la parte visible de la cabeza y del lomo era puramente negra, como en la especie europea. El tamaño del animal es considerable, los individuos de los mares boreales europeos son generalmente de 20-22 piés de largo y segun las partes visibles de los del Océano Atlántico no parecen estos ser menores.

Conocemos hoy diferentes especies de *Globicephalus* de diferentes mares; el Dr. Gray. nombra ocho en su lista mencionada de los Cetaceos conocidos [pág. 314, seg.] todos del lado boreal ó oriental de nuestro planeta; hasta hoy no se ha descripto ninguna especie de los mares de la América del Sud. Por esta razon me parece digno, describir aquí un cráneo, que ha pertenecido sin duda á un *Globiceps*, y se ha encontrado en nuestra costa al Sud de la boca del Rio de la Plata y segun he oido, en las circunferencias del golfo de Somborombou. Este cráneo ha sido regalado al Museo Público por la familia el finado Dr. Furst y forma hoy parte del dicho establecimiento. Como su configuracion es diferente de todos los cráneos ya descriptos y figurados, no hay ninguna duda, que el animal al cual pertenecia, ha sido una especie nueva desconocida, que describiré bajo el nombre de mi amigo muy meritorio por diferentes obras pertenecientes á la historia natural de los Cetaceos, del Sr. D. John Edward Gray, director de la parte Zoologica del Museo Británico, dandole un testimonio publico de mi veneracion y de la gratitud por los muchos favores hechos á mi como al establecimiento cientifico bajo mi direccion en Buenos Aires.

Sospecho como lo creo con razon, que los individuos vistos por mi en el Oceano Atlantico, pueden ser de la misma especie, porque son los mas vecinos al lugar, en donde se ha encontrado nuestro cráneo.

Para la comparacion de este cráneo con los de las otras especies tengo á mi disposicion no mas que la figura y la descripcion de G. Çuvier en sus *Recherches sur les Ossemens fossiles Tom. V.* 1, *pág. pl.* 21. *fig.* 11-13 y la figura en la obra de Gray, *Catal. of Seals* pág. 316. Segun los dos autores la configuracion del cráneo de la especie europea es muy diferente y se distingue principalmente por los caracteres siguientes del cráneo de nuestra especie.

1.º Los huesos intermaxilares [a] de la especie europea se estienden en su parte anterior mucho mas al exterior, cubriendo casi completamente los huesos maxilares de arriba. Esta parte anterior de los huesos intermaxilares es en nuestra especie, como prueba la figura 3 de la lámina XXI, mucho mas angosta y tiene una márgen exterior casi paralela con la interior en la línea media del cráneo, estendiéndose solamente en la punta del rostro sobre los huesos maxiliares, dejando atras de esta porcion pequeña mas anterior libre el hueso maxilar en toda su estension.

2. La porcion del hueso maxilar, que se muestra descubierta al lado interno del hueso intermaxilar antes de las aperturas nasales (fig. 3. b.) tiene en nuestra especie una circunferencia casi circular en lugar de la larga prolongacion al anterior y figura de lanceta, que muestra esta misma porcion del hueso maxilar en la especie europea.

3. Los huesos nasales (fig. 3. c.) se estienden en la misma espècie del mismo modo mas hácia atras, cubriendo casi completamente la parte vecina del hueso frontal (d) y dejando esta parte descubierta en nuestra especie, por ser los huesos nasales mucho mas cortos y relativamente mas anchos. Acá son estos huesos mas anchos que largos, de figura casi cuàdrada, y allí, en la especie europea, mas largos que anchos de figura de una almendra.

4. La parte posterior del cráneo, atras de las prominencias orbitales, es menos ancha en nuestra especie, que en la de Europa, siendo su diámetro transversal mas grande en esta entre las esquinas sobresalientes de las espinas orbitales posteriores (fig. 5. d.) y el mismo vale del diámetro de la nuestra entre las apofisis zigomáticas del hueso temporal (k.) Mas claro se probará esta diferencia por las medidas que damos al fin de nuestra descripcion.

5. La superficie occipital del cráneo está casi perpendicular descendente en el cráneo de la especie de Europa, y mucho mas inclinada al anterior en la de la nuestra costa. Pero la circunferencia de la fosa temporal, que es pequeña en la especie europea, es mucho mas grande en la nuestra, superando con su orilla sobresaliente hácia atras la superficie del llano occipital considerablemente.

6. En oposicion con esta diferencia muy notable es la cresta superciliar mucho menos elevada en nuestra especie, que en la de Europa y la apofisis del hueso temporal tampoco no tan alta y gruesa en la nuestra, dejando un vacio entre ella y la espína orbital posterior, que falta en la especie europea.

7. Mas claro que todas estas diferencias ya notadas prueba la diferencia específica de los animales, á los cuales pertenecían los dos cráneos, el número, el tamaño y la posicion de los dientes. . La especie de Europa no tiene mas que ocho dientes á cada lado en la mandíbula superior y siete en la inferior, y estos dientes ocupan en cada mandíbula no mas que la mitad anterior de la márgen dental de la mandíbula, dejando libre y sin dientes la mitad posterior de la misma márgen., .Generalmente falta el diente mas pequeño anterior, siendo el número de los dientes siete en la mandíbula superior, y seis en la inferior á cada lado. Pero la especie de nuestra costa tiene n u e v e dientes de cada lado en cada mandíbula, que ocupan toda la márgen dental de la mandíbula, hasta la esquina posterior sobresaliente alveolar. Estos dientes son relativamente mas gruesos, de circunferencia circular, en nuestra especie; pero poco comprimidos, de circunferencia mas ó menos elíptica en la especie europea. Cada diente (fig. 6.) de la nuestra es oblique cortado al fin, formando una superficie bastante gastada por la masticacion, que es inclinada al interior en los dientes de arriba, pero menos inclinado al exterior en los dientes de abajo. En los dientes de la especie europea se ven estas superficies gastadas por la masticacion mas horizontal-mente puestas y por consiguiente parezcan las coronas de los dientes mas cortas, que en la nuestra.

Cada diente es 0,085 de alto y 0,023 de grueso; su figura general es fuseada con punta obtusa en los dos términos. Al arriba ocupa la corona, vestida de esmalte, apenas la cuarta parte del diente, terminándose en la superficie gastada por la masticacion; al abajo se forma al fin de la raiz de los dientes de arriba generalmente una excrescencia mas ó menos pronunciada de figura de una verruga, que es completamente cerrada, sin vestigio de una entrada abierta al interior del diente. Una tal entrada abierta falta tambien en los dientes de abajo, pero hay en ellos á la punta mas obtusa una pequeña excavacion de figura de un embudo, que parece indicar el resto de una entrada en los años mas juveniles del animal. A estos dientes de abajo, que son considerablemente mas cortos, de 0,065 largos, falta tambien la verruga al fin de la raiz, que tienen los de arriba.

8. Al lado inferior del cráneo, que conosco de la especie europea solamente por la figura de G. CUVIER ya mencionada, hay otra diferencia muy notable, la presencia de una parte visible del hueso vomer (fig. 4. *f*.) entre las

láminas del paladar de los huesos maxilares. Cuvier avisa (l. l. pag. 297.) la falta de la aparencia del vomer en el paladar, como carácter particular del Globiceps europeo, pero la presencia del hueso en nuestra especie prueba, que este carácter es solamente específico y no general á todos. Se une con la aparencia del vomer en el dicho lugar tambien la extension mucho mas considerable del hueso intermaxilar (a) al lado inferior del paladar de nuestra especie; retirándose este hueso en la especie europea á la última punta del paladar y estendiéndose en la nuestra hasta la cuarta parte de la sutura mediana del paladar.

Comparando por lo mas la figura de Cuvier con la nuestra (fig. 4.) se vé una configuracion general muy semejante, ofreciéndose como diferencia de menor valor, la prolongacion del hueso palatino (a) hácia adelante en nuestra especie, que falta á la de Europa, y la anchura mas grande de la parte posterior del hueso vomer (f.) en la misma en comparacion con la nuestra, con cuyo carácter se une una prolongacion mas larga de la esquina sobresaliente del hueso terigoidés (h.), siendo estas dos esquinas menos distantes en nuestra especie, que en la europea.

La angostura de la parte posterior del vertice y la circunferencia mas grande de la fosa temporal ya antes mencionada en nuestra especie producen, que se ve en la vista de abajo (fig. 4.) esta fosa abierta y en la de la especie europea cubierta por las láminas anchas posteriores de los huesos frontales (d.) y maxilares (b.)

No entramos en una descricion mas detallada de todos los huesos, que constituyen el cráneo; nuestras figuras muy claras y distintas muestran cada uno en su contorno natural, facilitando suficientemente la comparacion con los mismos huesos de las otras especies de Delfínides, avisando al fin al lector, que las letras inscriptas son correspondientes en todas nuestras figuras y se ven esplicadas al fin de la obra en la explicacion de las láminas.

Damos para completar el conocimiento de nuestra especie nueva de *Globicephalus*, las medidas principales del cráneo en metr. franc., comparándolo con las medidas de Cuvier y de algunas de Gray, dadas de la especie europea en las obras antes mencionadas.

| | Globicephalus Swineval s. melas. | | Globicephalus Grayi. |
	CUVIER.	GRAY.	
Longitud del cráneo en línea recta.......	0,605.	0,705.	0,620.
Longitud de la parte posterior, hasta los conductos nasales..................	0,230.		0,210.
Longitud del rostro, hasta la órbita.....	0,320.	0,380.	0,320.
Anchura del cráneo entre las espinas orbitales posteriores................	0,435.	0,495.	0,390.
Anchura del cráneo entre las alas temporales	0,290.		0,230.
Anchura del gran agujero occipital......	0,057.		0,050.
Altura del mismo....................	0,062.		0,055.
Altura del cráneo en el llano occipital...	0,243.	0,381.	0,240.
Anchura del rostro antes de las esquinas de las órbitas.......................	0,234.	0,255.	0,230.
La misma en el medio de la longitud.....	0,185.		0,190.
Anchura de los orificios nasales........	0,102.		0,100.
Distancia de los condilos occipitales de los huesos terigoides................	0,225.		0,210.
Longitud de la márgen alveolar........	0,165.		0,250.
Longitud de la mandíbula inferior entera.	0,484.	0,525 (?)	0,500.
Longitud de la sínfisis de la barba.....	0,057.		0,080.
Anchura de la mandíbula inferior entre los condilos	0,370.		0,380.
Altura de la misma en la apofisis coronoides	0,148.		0,150.
Altura de las dos mandíbulas unidas en el medio del rostro................	0,104.		0,115.

2. *Orca magellánica* NOBIS.

(Lámina XXII.)

Se encuentra con frecuencia en toda la costa Patagónica y aun mas al norte de Bahia Blanca, hasta el Cabo Corrientes, una grande especie de Delfin, que los vecinos conocen muy bien bajo el nombre de una t o n i n a g r a n d e, contando cosas fabulosas de la ligereza y fuerza en sus movimientos. En la parte mas al norte del dicho distrito de la costa oriental de nuestro continente el animal es raro, pero mas al Sud y principalmente despues de la boca del Rio Negro, se aumenta su número, estendiéndose hasta el estrecho magellánico, generalmente unidos en bandas hasta siete individuos, jugando uno con el otro en la rapidez de su curso y levantándose no mas que con la cabeza y una parte del lomo, todo de color completamente negro, afuera del agua.

Este Delfin gigantesco, que alcanza hasta 30 piés de largo, lo que prueba el cráneo de nuestro Museo Público, es una nueva especie de *Orca*, que descri bimos acá bajo el título de *O. magellánica*, comparando su cráneo, como la única parte hasta hoy accesible á un exámen científico, con los cráneos de las especies ya conocidas y probando por este exámen su diferencia específica. Hemos ya antes dado una corta comparacion en los *Ann. et Mag. nat. hist. III. Ser. Tm.* 18. *pag.* 101, que completamos ahora con una figura del cráneo y algunos datos nuevos de su configuracion. Para esta comparacion tenemos á la vista la figura y la descripcion de la especie europea de G. Cuvier en su obra sobre los huesos fosiles (Tm. V. Ps. I. pág. 297. *Le Grampus.* pl. 22. fig. 3. et 4.) y las dos figuras elegantes en la obra de J. E. Gray (*Voyage of the Erebus y Terror*, Zool. Mammíf. pl. 8. etc. 9.) la una de la misma especie (*O. intermedia* Gray) y la otra de la del Cabo de Buena Esperanza (*O. capensis* Gray.)

El cráneo del cual tratamos, está regalado en nuestro Museo Público por D. Ramon Viton, miembro de la Sociedad Paleontológica, y se ha encontrado al Sud del Cabo Corrientes en la orilla del mar cerca de su estancia, donde fué encallado el animal entero; pero la falta de interés de parte de las personas que lo descubrieron primeramente, ha causado la pérdida de todos los huesos del tronco, conservando solamente el cráneo.

Comparando la figura (lámina XXII) de este cráneo con las mencionadas de Cuvier y de Gray se prueba una configuracion general muy parecida, pero una relacion un poco diferente de las dos partes principales del cráneo entre-sí, siendo el rostro de nuestra especie relativamente mas largo que el de la especie del Cabo de Buena Esperanza y de Europa, pero poco mas angosta que el de las dos, á la base antes de la frente. En la de Europa tiene la parte posterior del cráneo, visto de arriba, una figura casi elíptica transversal, pero en la nuestra como en la del Cabo, una figura mas ó menos cuadrangular, siendo las curvas, que terminan de arriba las orbitas, menos encorvadas al exterior en estas, que en la especie europea. Es particular, que la superficie occipital, en oposicion con la diferencia de la region orbital, es mucho mas ancha en la nuestra que en la especie del Cabo, y tambien mas ancha que la de Europa. Probamos estàs diferencias generales mas claro por las medidas siguientes :

	Orca gladiator.		Orca capensis	Orca magellá-nica.
	CUVIER.	GRAY.		
Longitud del cráneo en línea recta.	0,885.	0,835.	0,930.	0,915.
Longitud de la parte posterior has-ta los orificios nasales.........	0,286.			0,305.
Longitud del rostro hasta la órbita	0,452.	0,426.	0,458.	0,510.
Anchura del cráneo entré los arcos orbitales...................	0,572.	0,460.	0,532.	0,520.
Anchura del cráneo entre las alas temporales.....	0,322.			0,360.
Anchura del gran agujero occipital.	0,055.			0,070.
Altura del mismo..............	0,072.			0,080.
Altura del llano occipital con los condilos....................	0,322.			0,350.
Anchura del rostro en su union con la frente...................	0,278.	0,258.	0,305.	0,270.
La misma en el medio de la longi-tud.....................	0,256.	0,242.	0,254.	0,255.
Anchura de los orificios nasales...	0,131.			0,140.
Longitud de la márgen alveolar...	0,362.	0,364.	0,355.	0,450.
Longitud de la mandíbula inferior entera.....................	0,710.	0,700.	0,735.	0,800.
Anchura de la mandíbula inferior entre los condilos............	0,490.			0,550.
Altura de la misma en las apofisis coronoides	0,222.			0,250.

Otras diferencias se ofrecen en las figuras de los huesos sueltos, que componen el cráneo.

En este punto de vista el hueso intermaxilar presenta las diferencias mas pronunçiadas. En las dos especies del hemisferio oriental tienen estos huesos su diámetro mas angosto en el medio de la longitud, es decir, casi en el medio del rostro; prolongándose de acá hasta la punta del rostro en una lámina elíptica, que ocupa el medio del ápice del rostro. Pero en la especie de la costa Patagónica estos huesos tienen su diámetro transversal mas angosto inmediatamente antes de la base del rostro, prolongándose de acá poco á poco con las márgenes externas casi rectas hasta la punta, en donde no

49

forman de ningun modo una lámina elíptica, sino mucho mas una lámina casí cuadrangular. La parte mas posterior de cada intermaxilar, que rodea de adelante y de los lados los orificios nasales, separase, por consiguiente, mucho mas distante de la parte anterior en nuestra especie, que en las de Europa y de África del Sud, conservando aun la diferencia del tamaño, que ofrecen acá los dos huesos entre si. en todas las especies, siendo el izquierdo un poco mas estrecho que el derecho.

Segun las medidas de GRAY y las mias el hueso intermaxilar de las tres especies muestra las siguientes diferencias :

	Orca gladiador.	Orca capensis.	O. magellánica.
Longitud entera del hueso intermaxilar.........			0,730.
Anchura en la parte mas anterior............	0,100.	0,090.	0,120.
— en el medio del rostro	0,090.	0,085.	0,110.
— en la base del rostro.	0,105.	0,120.	0,100.
— al lado de los orificios nasales..........			0,210.

Sigue de estas medidas, que el hueso intermaxilar de la *Orca magellánica* es mas ancho en toda su parte anterior, que el de las otras, pero mas angosto en la base antes de la dilatacion, que rodea los orificios nasales de adelante.

Con esta diferencia es la figura del todo el rostro en completa harmonía, presentándose el rostro de la *Orca magellánica* en sus lados mas corvado al exterior y de ningun modo de figura de un triángulo agudo isocelis, que es la figura general del rostro de la *Orca·gladiator*, como de la *Orca capensis.*

Repetimos brevemente la diferencia de la parte frontal del cráneo, ya antes explicada. En esta region la *Orca gladiator* es mas ancha, por haber arcos imperciliares mas corvados al exterior y por consiguiente, mas sobresalientes; en las dos otras especies estos arcos corren mas en línea recta hácia atrás en el medio de su curso é inclinan mas al interior sobre la fosa temporal. Esta fosa es por consiguiente mas abierta de arriba en la *Orca magellánica*, que en la *Orca gladiator*, pero no del todo tan ancha al superíor, como la de la *Orca capensis*, aun es mas parecida á ella, que á la de la *Orca gladiator*. Muy particular y casi intermedia entre las partes correspondientes de las dos otras especies, es la figura del llano occipital mas ó menos perpendicularmente descendente. Tiene este llano en las tres la misma figura general, es decir, la de un cuadrilátero, siendo la base inmediatamente sobre los dos grandes condilos al lado del agujero occipital, y opuesta á ella una cresta superior gruesa á la cual se inclinan las dos márgenes laterales sobresalientes y corvadas poco hácia el exterior. En la *Orca gladiator* de Europa estas márgenes laterales descienden casi perpendicularmente, segun la figura de Cuvier, formando de este modo el llano occipital un paralelógramo; pero en la *Orca magellánico* es la figura general del llano de trapezoides, siendo el arco superior vertical bastante mas angosto que la base sobre los condilos. En nuestra especie la base de este trapezoides es 0,40 de largo, la cresta superior en línea recta 0,30 y la altura media sobre el agujero occipital 0,20. Ni Cuvier ni Gray dan medidas del llano occipital de las otras especies, el primero ha medido solamente la altura del llano con los condilos, que hemos copiado antes, dando la misma medida de nuestro cráneo, que parece bastante igual, si respiciamos al tamaño general de los dos cráneos. Pero, si las figuras de los dos autores son exactas, lo que no hay razon de dudar, el llano de estas otras especies es mas angosto y tambien diferente por su figura, faltando en la *Orca capensis* completamente la cresta mediana perpendicular, que desciende del medio de la cresta superior, y la cual se encuentra en la *Orca magellánica* como en la *Orca gladiator*. En las dos especies esta cresta es inclinada con su parte superior mas al lado derecho, dividiendo la superficie del llano en dos partes desiguales, de las cuales la parte izquierda es la mayor. Tambien hay en la cresta occipital superior transversa de las mismas especies un ángulo sobresaliente hácia atrás, del cual sale la cresta descendiente perpendicular, y este angulo falta completamente en la *Orca capensis*, formando acá la cresta superior un arco corvado hácia adelante, sin interrupcion ninguna de su curva. Asi á lo menos lo muestra la figura de Gray.

Respiciendo á los lados del cráneo se presenta en el principio de la órbita una tuberosidad muy gruesa, que se forma principalmente por la esquina sobresalíente y elevada del hueso maxilár superior. Este tuberosidad parece poco menos elevada en la *Orca gladiator*, pero aun mas alta en la *Orca capensis*. Bajo esta tuberosidad se ve adelante de la esquina orbital el hueso lágrimo-yugal (*), unido con la márgen aguda del hueso frontal, que forma de acá el arco superciliar sobresaliente. En la figura de Gray de la *Orca capensis* esta parte mas anterior del hueso frontal se levanta con su pared engruesada al superior, entrando acá en una excavacion del hueso maxilar superiór; pero en la *Orca magellánica* como tambien en la *Orca gladiator*, segun la figura de Cuvier, esta elevacion, aun menor pronunciada, pertenece al hueso lagrimo-yugal, siendo la márgen del hueso frontal muy delgada y la esquina inferior del hueso lagrimo-yugal antes de la dicha márgen mas descendiente y mas aguda que en la *Orca capensis.*.

No hay diferencia notoble en la figura del arco orbital, siendo su parte medio separadamente corvado en las tres especies, pero como lo parece, mas fuerte en la nuestra. La apofisis orbital posterior es tambien igual á la de la *Orca gladiator* y excavada en su superficie externa, continuándose esta excavacion por toda la márgen sobresaliente del hueso frontal; cuya excavacion no es indicada en la figura de la *Orca capensis* y toda la apofisis con la márgen del hueso frontal por consiguiente mas gruesa. La apofisis zigomática del hueso temporal es mas parecida en las tres especies y probablemente un poquito mas angosta en la nuestra.

La grande fosa temporal tiene en las tres especies la circunsferencia de figura de una almendra, pero parece poco mas prolongada hácia atrás en la nuestra y por consiguiente mas angosta que en la *Orca gladiator*. Su estension longitudinal es de 0,255 y su transversal de 0,102; la márgen inferior es de figura sigmatoides y la tuberancia media sobre la apertura auditiva mas fuerte, que en la *Orca capensis*, pero mas pequeña y menos corvada que en la *Orca gladiator*. Al fin la apofisis mastoides, que termina por detrás la cavidad que incluye el hueso auditivo y que se forma por su parte mayor sobresaliente hácia atrás por los lados del hueso occipital, parece poco mas fina y tambien mas inclinada hácia atrás con su punta, formando acá un ángulo agudo, que sobresale hasta el fin de los condilos occipitales. En las dos otras especies es esta apofisis mas gruesa y mas perpendicularmente puesta, sobresalida mucho por los condilos occipitales.

(*) Veáse sobre este hueso la esplicacion dada en la nota ad § 8 de la descripcion del *Epiodon australe* pág. 323 de esta obra.

No puedo hablar del hueso auditivo porque le falta á nuestro cráneo.

Del lado inferior del cráneo no he dado figura, porque ni Guvier ni Gray han figurado lo mismo de las otras especies, faltándome por consiguiente objetos de comparacion con el mio. La ausencia de una medida del gran agujero occipital hácia los huesos terigoides en la tabla de las medidas dadas por Cuvier pág. 302 de su obra prueba, que este hueso es relativamente pequeño y fácil de romper ó perderse. En la descripcion (pág. 297.) del cráneo dice Cuvier de la superficie inferior no mas, que falta completamente una parte visible del vomer en el paladar, entre los huesos maxilares, lo que no corresponde con nuestro cráneo. Hay acá, en igual altura con los alveolos de los últimos dientes, una parte visible del vomer de figura angosta casi linear 0,082 de largo, uniéndose con los dos huesos intermaxilares, que se presentan de acá hasta la punta anterior como dos listas angostas descendientes poco mas angostas de la punta hasta el lugar del vomer. Por lo demas toda la configuracion general es parecida á la de los verdaderos Delfines y tambien en este carácter, que el hueso maxilar no se presenta hácia adelante de los orificios nasales, al lado de los intermaxilares, como en *Globicephalus*, *Phocaena* y *Beluga*, sino que las orillas de los dichos orificios se forman únicamente por los huesos intermaxilares.

Dientes, de los cuales hemos figurado uno (fig. 3.) en tamaño natural, hay doce á cada lado en cada mandíbula. Cada uno es de figura de un huso, de 0,09.—0,11. de largo y mas punteagudo en la parte superior sobresaliente de la corona. Esta parte es de figura cónica, poco encorvada hácia atras con la punta, con superficie mas perpendicular adelante y mas inclinada hácia atras, y cubierta con esmalte en la parte superior, que se distingue por un color mas blanco de la mitad inferior del cono, que es amarillo y sin esmalte. Con esta parte se une la encía, dejando visible de la corona no mas que la mitad superior cubierta con esmalte. Generalmente tiene el lado anterior de la corona de los dientes inferiores una superficie gastada, por la fricion con los dientes de la mandíbula superior, que son gastadas tambien mas ó menos al lado posterior de su corona. La raiz del diente es mas larga que la corona y de color claro amarillo, ocultándose completamente en el alveolo. Su último fin es delgado con orilla fina y abierta, dejando hasta la corona un vacio en el medio del diente, que se disminuye poco á poco, formándose mas angosto con los años del animal.

Los dientes son puestos únicamente en el hueso maxilar, faltándolos en el hueso intermaxilar; pero como hay en el principio de este hueso una excavacion bastante onda al lado de la sutura, que une el hueso intermaxilar con el maxilar, es muy probable, que antes ha sido presente tambien un diente pequeño. En este caso el número de los dientes de la mandíbula superior hubiese sido trece á cada lado. Los doce dientes de la mandíbula son poco desiguales de tamaño, aumentándose en altura y grosor hasta el medio de la fila y despues disminuyéndose del mismo modo hasta el fin de cada fila.

3. *Phocaena spinipinnis*, Nobis.

Proceed. Zool. Soc. 1865. 228. *fig.* 1–4.—*Annal. & Mag. Nat. Hist.* III. Ser. Vol. 16 *pag.* 132. Gray,—*Catal.* *of Seals pag.* 304.

(Lámina XXIII. y XXIV.)

Las descripciones precedentes de dos nuevas especies de Delfinides de nuestra costa, muy parecidas á dos animales del mismo grupo del hemisferio boreal, parecen indicar que hay una analogia bastante pronunciada entre los habitantes de los océanos opuestos, el del Norte y el del Sud, pero no una identidad completa, siendo los animales oceánicos del hemisferio boreal en su figura general casi idénticos á los del hemisferio austral, pero diferentes por la construccion particular interna, lo que prueba la diferencia bastante pronunciada del cráneo en casi todas sus partes constituyentes.

Esta ley se presenta de nuevo por el animal, que describimos acá bajo el título de la *Phocaena spinipinnis*, siendo su figura externa casi completamente idéntica á la de la m a r s o p a (*Phocaena communis*) de las costas de Francia, Inglaterra y Alemania, pero diferente en algunas particularidades, que esplicaremos pronto detalladamente. Vive la m a r s o p a con preferencia en estas partes de las dichas costas, en donde desaguan los rios, y se encuentra por consiguiente en las bocas del Sena, del Támesis, del Veser, del Elba, del Oder y de la Vistula con frecuencia. Pasando por la boca de algunos de estos rios, he visto la m a r s o p a (*) en sus movimientos naturales, rodándose en el agua de arriba hasta obajo con curvas muy cortas, y exhalando cada vez un suspiro muy fuerte, para tomar nuevo aire, cuando la cabeza primeramen- ascendia sobre el agua.

La nueva especie de marsopa, que tenemos en nuestro Museo, es por su figura externa y color del todo parecida á la de Europa y se ha tomado algunos años antes de mi direccion en un paraje completamente idéntico, es decir en la boca del Rio de la Plata, cerca de la farola, que sostiene acá el Gobierno de Buenos Aires. Traido vivo por los pescadores que lo tomaron, hasta Buenos Aires, fué mostrado el animal al público y comprado despues por la direccion del Museo Público, para ser armado y colocado en el esta- blecimiento.

Cuando he visto primeramente este animal, ya lo he creido diferente de la especie europea por la figura particular poco reclinada hácia adelante de la aleta dorsal triangular, y su posicion mucho mas hácia atrás. Mi presuncion ha sido completamente confirmada por el exámen mas exacto, como he visto á la márgen anterior de la aleta una série de espinillas cortas prolongadas de figura de verrugas pequeñas comprimidas, que hasta hoy han sido desconocí- das en los delfines (*), y por la presencia de estas espinillas he llamado nues- tra especie : *Phocaena spinipinnis*

El individuo armado de nuestro Museo tiene una longitud de cinco piés con dos hasta tres pulgadas y un color completamente negro, con superficie del cuero muy lustroso; pero personas, que al animal han visto vivo, me han dicho

(*) La palabra m a r s o p a, apelativo verdadero del animal en cuestion, es casi des- conocido en lengua vulgar, nombrándose nuestro animal por los marineros generalmente "t o n i n a". Pero la verdadera tonina (*Thynnus vulgaris*) es un péscado, no un mamí- fero, que los marineros llaman con la misma falsa aplicacion del nombre, d e l f i n.

(*) D. J. E. Gray ha examinado, con motivo de esta mi observacion en al marsopa del Rio de la Plata, muchas marsopas de diferentes lugares y ha encontrado espinillas en algunas, pero siempre en menor número. El es dispuesto, de creer, que todas las marsopas tienen tales espinillas en la aleta dorsal. Véase sus diferentes relaciones en los *Ann. et Magaz. Nat. Hist. III Ser. Tm.* 16. *pag.* 138. y *Tm.* 18. *pag.* 495. *Catal. of Seals. pag.* 304 y *pag.* 402. Parece que ya en la antiquidad la presencia de las espinillas ha sido conocido á Plinio.

que el color del cuerpo durante la vida no ha sido negro, sino pardo, como lo es exactamente tambien en la especie europea durante la vida, obscureciéndose poco mas en el lado dorsal y enclareciéndose mas abajo, sin mudarse ni en el lomo en negro, ni en el vientre en albo. Lo mismo he observado en los individuos vivos de la *Phocaena communis*, vistas por mi en la boca del Veser. La superficie del cuerpo es lisa y muy pulida, pero examinando lo mas exactamente se ven en todo el cuerpo del animal líneas transversales finas poco elevadas de curso mas ó menos onduloso, que imitan una vista como la del lado interior de la mano humana. En el lomo estas líneas elevadas son poco mas pronunciadas, como lo muestra la figura 5. de la lámina XXIII., pero al lado ventral se evanezcan poco á poco casi completamente.

La figura general del animal es la de un huso poco mas grueso adelante y poco mas delgado hácia atrás. La cabeza es pequeña y descendiente con superficie sigmoides del vertice hasta la boca. En esta, el labio superior es poco mas corto y mas fino, que el labio inferior, que supera el otro en toda su circunferencia. La boca vista del lado se inclina poco al interior y tiene un pliegue fino hácia atrás, en el cual termina. En corta distancia de 0,07 del ángulo de la boca se ve el ojo pequeño, y casi igualmente distante del ojo la apertura mas pequeña de la oreja. Entre ella y el ojo se presenta encima de la cabeza la apertura de la nariz (Pl. XXIII. Fig. 2. c.) de figura de un arco poco corvado hácia adelante (fig. 4.) de 0,034 anchura y 0,16 distante de la punta del rostro. Atrás de la oreja el cuerpo forma una pequeña estrechura para el cuello y detrás de ella se levanta arriba el lomo y abajo el pecho por nuevo engrosor del cuerpo. Acá, al lado del pecho, se ha colocada la aleta pectoral triangular, poco corvada con su punta bastante aguda hácia detrás. Es 0,26 de larga y 0,10 de ancha en el medio; su distancia del rostro es 0,32 y su base tiene muchos pliegues finos al lado externo, como la superficie tres escavaciones longitudinales livianas, que indican los intérvalos entre los dedos en el interior de la aleta.

El lomo del animal asciende poquito al medio, pero menos que la barriga desciende, y acá en el medio principia la fila de las verrugas comprimidas duras, como espinillas, que se extienden sobre la márgen anterior de la aleta dorsal. Hemos dado en la fig. 5 una vista de esta parte del lomo, en medio tamaño del natural, mostrándolo como principian las espinillas ordenadas en una sola fila, cada una colocada en un área pequeña transversal elíptica y encluyida entre dos líneas elevadas del cutis, que son bastante bien pronunciadas. Despues una y otra de las espinillas tiene á su lado, en el intérvalo con la vecina, una espinilla lateral mas pequeña, y desde el medio de la fila las espinillas laterales se aumentan, formando pronto tres hasta cuatro filas irregulares. Esta parte del lomo, inmediatamente antes de la aleta, forma una área longitudinal elíptica poco mas enanchada, de la cual salen á cada lado las líneas transversales elevadas, que cubren todo el lomo y principalmente la region de la aleta dorsal. Esta misma principia del fin posterior de la área enanchada como una cresta gruesa, redonda, cubierta con tres filas de verrugas espinosas mas fuertes, cada una colocada en una área pequeña subeliptica. La figura de la aleta dorsal es triangular, pero la punta reclinada hácia adelante, y no hácia atrás, como generalmente en los Delfines. Esta figura y la colocacion de la aleta sobre el ano, en la parte posterior del lomo, y no en el medio, como la de la especie europea, dá el carácter externo mas visible de la diferencia entre las dos especies. En nuestro animal la dicha aleta dista de la punta del rostro 0,90 y del fin de la cola 0,60; pero en la especie de Europa la distancia de la aleta de las dos puntas es casi igual.

Las verrugas descriptas de figura de espinillas longitudinales poco elevadas ascienden en la márgen anterior de la aleta casi hasta la punta superior, pero las superiores son poco á poco mas pequeñas y evanescen completamente en la punta misma. Poco antes de la punta las verrugas forman una sola fila y mas distante de la punta, como en la base de la aleta, tres filas, aumentándose en el medio, en donde la aleta tiene su mas grande grosor, hasta cinco filas, de las cuales las dos laterales son muy cortas é irregulares. Cada verruga es dura como de cuerno, pero no claramente separada del cutis, ó implantada en ella; formándose como lo parece, del cutis mismo como escrescencia dura de ella. La márgen superior mas dura es poco mas clara y medio trasparente, como el cuerno de las uñas de los mamíferos.

Atras de la aleta dorsal el lomo principia á formar una esquina longitudinal en el medio, que se levanta poco á poco mas y se cambia al fin de la cola en una cresta bien separada del eje de la cola. Una cresta semejante opuesta se forma tambien al lado inferior de la cola, pero al fin de ella hay la grande aleta horizontal biloba, que hoy tiene una anchura de 0,39, pero ha sido sin duda poco mas ancha durante la vida, por ser disminuida por la sequedad considerablemente. Cada remo es 0,20 de largo y 0,11 dea ncho

50

al principio. La márgen anterior es gruesa y corvada hácia atrás, la márgen posterior fina y de figurá sigmoides. En el medio, á la punta del eje de la cola, los dos remos se unen por incisura aguda, bastante profunda.

Al lado inferior del cuerpo no hay nada de particular atrás de la aleta pectoral hasta el fin de la barriga. Acá se presenta, correspondiente al principio de la aleta dorsal en el lomo, una apertura longitudinal media, que por los pliegues, que la rodean atrás de una márgen poco elevada y engruesada, prueba ser el orificio prepucial del pene (*). Los pliegues de este orificio son muy parecidas á los en el prepucio del Epiodonte, figurado lam. xv. fig. 5. Hay un pliegue de figura de V en el angulo anterior del orificio y hácia atrás la abertura longitudinal media, con cuatro grandes pliegues radiales á cada lado, de los cuales los dos anteriores mas grandes son subdivididos al lado externo por otro pliegue en dos cada uno. El orificio abierto tiene una longitud de 0,065 en línea recta y una anchura de 0,033 en el medio; su figura es elíptica, con dos puntas prolongadas al fin del diámetro grande de la elipsa. Como 0,15 distante de este orificio hácia atrás hay la apertura anal, correspondiente al fin posterior de la aleta dorsal, presentándose como un pliegue longitudinal profundo de 0,05 largo y acompañado á cada lado por un otro pliegue muy pequeño de 0,02, que indica las tetas de las hembras. Como la hembra tiene solamente un pliegue longitudinal medio, que incluye al fin anterior la vulva y al fin posterior el ano, acompañado á este fin posterior por los pliegues laterales para las tetas, es muy fácil conocer el sexo diferente; lo que prueba, que nuestro individuo de la marsopa ha sido un macho.

Concluiremos nuestra descripcion del cuerpo del animal con la revista de las medidas de él y sus diferentes órganos externos en milim. franceses.

Longitud total del cuerpo en línea recta..............	1,620
La misma en la curva del lomo........	1,680
Longitud de la boca á cada lado....................	0,085
Anchura de la apertura nasal en línea recta..........	0,034
Distancia del ojo del ángulo de la boca..............	0,070
Distancia de la oreja del ojo......................	0,060
Distancia de la apertura nasal del rostro.............	0,160

(*) En la descripcion primera del animal (*Aun. & Mag. Nat. Hist. III Ser. T.* 16 *pag.* 133.) he tomado este orificio del prepucio erróneamente por el ano, describiéndole como provisto con una docena de pliegues radiales, que son los del prepucio y no del ano.

Distancia de la aleta dorsal del rostro	0,900
Distancia de la misma del fin de la cola	0,600
Longitud de la aleta dorsal en su base	0,150
Altura de la aleta dorsal	0,125
Distancia de la aleta pectoral del rostro	0,320
Distancia de la misma del ojo	0,180
Longitud de la aleta pectoral	0,260
Anchura de la misma en el medio	0,100
Anchura de la aleta caudal biloba	0,390
Longitud de cada remo de ella	0,200
Anchura del remo en el principio	0,110
Distancia del ano de la punta de la cola	0,550
Distancia del ano de la apertura del prepucio	0,150
Longitud del mismo orificio	0,065
Distancia del dicho orificio de la aleta pectoral	0,620
Circunferencia del cuerpo en el medio	1,060

Del cráneo.

(Lámina XXIV)

Siento mucho, que el animal no haya sido tomado vivo durante mi direccion del Museo Público, sino algunos años antes; en otro caso hubiese sido posible conservar todo el esqueleto, que hoy es perdido, conservándose de este no mas que el cráneo, afortunadamente dejado por el preparador en el cuero armado, del cual he sacado y limpiado para el exámen científico adjunto.

Es del todo parecido al cráneo de la especie europea, del cual tengo en mi poder á lo menos un dibujo muy exacto de todos lados, hecho por mí mismo segun un cráneo de la coleccion anatómica de la Universidad de Halle, antes propiedad del célebre anatomista J. F. MECKEL.

Comparando este dibujo con el otro de la especie americana (lámina XXIV.) no se vé otra diferencia que relativa en las dimensiones y de las relaciones de los huesos constituyentes entre sí. El cráneo de la especie sud-americana es relativamente mas ancho y su cavidad de los sesos mas estendido hácia atras y por consiguiente el pico mas corto y mas delgado, lo que prueban mas claramente las medidas dadas al fin de ambos cráneos. El cráneo de nuestro individuo indica por su construccion, que ha sido bastante jóven y que no ha conseguido su tamaño entero; porque todos los huesos son bastante blandos, esponjosos y algunos, como la parte superior del vomer, hasta ahora en el estado cartilaginoso. Considerando los huesos sueltos el hueso intermaxilar (*a*) es al lado externo no terminado por línea recta, sino provisto con una curva al interior en el medio, que separa muy bien la parte posterior de la parte anterior. Como en la especie europea los huesos maxilares superiores suben sobre los intermaxilares al lado posterior de la línea mediana del rostro formando la circunferencia anterior de los orificios nasales y separados acá entre sí por el hueso vomer (*f.*) que forma el tabique de la separacion de los orificios. En la especie europea los huesos intermaxilares forman el contorno externo de cada orificio nasal, extendiéndose casi hasta los huesos nasales (*e.*), pero en nuestra especie esta parte de cada hueso intermaxilar es mucho mas corta y dista por largo intérvalo del hueso nasal del lado correspondiente. Estos huesos son en nuestra especies mas profundamente excavados y mucho mas cortos que en la especie europea, por la grande protuberancia de los huesos frontales (*d. d.*) entre ellos. Esta protuberancia forma un tubérculo poco simétrico, muy elevado hácia adelante, acompañado hácia atras por un apéndice elevado particular de figura transversal con márgenes denticuladas, que no he visto en la especie europea. Los huesos parietales (*p.*), que principian atras de este apéndice, tienen una cresta poco mas pendiente hácia adelante, que los de la especie europea y parecen poco mas anchos; por que la punta sobresaliente del hueso occipital, que entra en ellos, no es tan larga y tan punteaguda en la nuestra. Esta punta prolongada hácia adelante pertenece en la especie europea á un hueso separado, llamado el interparietal, que se pone acá entre los parietales y el occipital y que ha sido muy bien pronunciado en el cráneo, examinado por mí en Halle. Pero en el cráneo de esta nueva especie Sud-americana no veo bien separado este hueso accesorio, me parece sino faltar á lo menos mas pronto unido con el hueso occipital, que en la especie europea.

Visto de abajo (fig. 2.) los dos cráneos son del todo parecidos y no hay ninguna diferencia notable. De atras hácia adelante se ven todos los huesos iguales á los huesos correspondientes de la especie europea. El cuerpo del hueso occipital (*n.*) se une inmediatamente con el ancho cuerpo del hueso esfenoides (*m.*), al cual se aplica la base del vomer (*f.*) y á las crestas altas descendientes del lado los huesos terigoides (*h.*), dejando salir sobre ellos un poco de la ala esfenoides (*m.*), con la cual se une al exterior el hueso frontal (*d.*) con aquella parte que forma la órbita. La misma parte del hueso frontal está unida hácia atras con el hueso temporal (*k*.) y hácia adelante con el hueso lagrimo-yugal (*i*.), que del otro lado se une con el maxilar superior (*b. b*.). A la márgen posterior interna de este hueso se aplica el hueso del paladar (*g*.); formando con el terigoides (*h*.) el velo palatino descendiente huesoso, que forma el conducto nasal del adelante y incluye el pico ascendente de la laringe. También el paladar huesoso no presenta ninguna diferencia: entra en la sutura mediana, que une las dos láminas del paladar, la punta del vomer (*f*.) con una figura de lánceta angosta, y antes de esta figura se presentan los dos huesos intermaxilares (*a*.), que son poco mas delgados, de figura prolongada triangular con puntas muy agudas hácia atras. Pero su márgen anterior es poco mas ancha y armada con dos dientecillos en cada uno de los intermaxilares. que no he visto en la especie de Europa. Al fin la mandíbula inferior es tambien completamente idéntica con la de la especie del hemisferio boreal.

En la descripcion del cráneo de la marsopa europea dice Cuvier (*Ossem. foss*. V. 1. 296.) que la marsopa se distingue de todos los otros Delfinides por la elevacion alta de sus huesos intermaxilares antes de los orificios nasales, á cuya elevacion participan los maxilares con su parte interior sobresaliente. Lo mismo es en la especie nuestra, con la diferencia que esta protuberancia es relativamente mas alta y mas pendiente hácia atras en esta, que en la otra, siendo de este modo el carácter particular del cráneo de la marsopa mas pronunciado en ella que en aquella. También dice Cuvier, que de todos los Delfinides la marsopa tiene la mas grande simetría de los dos lados del cráneo en la region de la nariz. Es tambien mas completa esta simetría en nuestra marsopa, que en los Delfinides tipicos, pero poco menos completa, que en la especie de Europa, lo que prueba nuestra figura 1. lam. XXIV. y de niugun modo tan completa, como en la *Pontoporia Blainvillii*, otra clase de Delfinides, que describiremos á continuacion de esta nueva marsopa.

Falta hablar de los dientes, que ofrecen un caracter muy ostensible de la diferencia entre las dos especies. La marsopa europea tiene generalmente veinte y seis dientes á cada lado en la mandíbula superior, y veinte y cinco en la mandibula inferior, que ocupan en la superior casi toda la márgen alveolar de la mandibula y en la inferior á lo menos la mitad de la dicha márgen. Pero en la marsopa argentina no hay mas que diez y siete dientes en cada mandibula, ó por falta de alguno diez y seis, que ocupan en aquella mandíbula la mitad de la márgen alveolar y en esta mucho menor que la mitad, es decir no mas que la tercera parte (fig. 3.). En la mandíbula superior hay dos dientes muy pequeños, punteagudos en el hueso intermaxilar y detrás de ellos quince mas grandes, oblongo-ovales, con superficie masticaría gastada, eliptica. He figurado uno de estos dientes (fig. 4.) en tamaño natural, mostrando la raiz conica abajo y sobre ella un cuello corto angosto, que sostiene la corona ancha transversal con su superficie masticaria gastada eliptica. De la misma figura son todos, pero los más posteriores poco mas grandes que los mas anteriores.. Atras de los últimos dientes la mérgen alveolar es aguda al exterior, aplanada al interior, sin vestigio claro de mas alveolos, perdiéndoselos completamente hácia atrás, sin formar un surco particularmente pronunciado. Los dientes de la especie europea tienen casi el mismo tamaño, pero la figura de la corona es mas conica y no tan gastada como en la nuestra.

Damos al fin las medidas del cráneo nuestro, comparándolas con las medidas publicadas por G. Cuvier en su obra mencionada.

	Phocaena communis.	Phocaena spinipinnis.
Longitud del cráneo en línea recta.........	0,265.	0,290.
Longitud de la parte posterior, hasta los conductos nasales........................	0,105.	0,120.
Longitud del rostro hasta la orbita........	0,112.	0,122.
Anchura del cráneo entre las espinas orbitales posteriores......................	0,151.	0,162.
Anchura del cráneo entre las alas temporales.	0,122.	0,130.
Anchura del gran agujero occipital........	0,028.	0,035.
Altura del mismo....................	0,025.	0,037.
Altura del cráneo en el llano occipital......	0,113.	0,110.
Anchura del rostro antes de las esquinas de la orbita............................	0,071.	0,080.
La misma en el medio del rostro...........	0,048.	0,055.
Anchura de los orificios nasales...........	0,027.	0,036.
Distancia de los condilos occipitales de los huesos terigoides......................	0,106.	0,110.
Longitud de la márgen alveolar...........	0,091.	0,070.
Longitud de la mandíbula inferior.........	0,205.	0,212.
Longitud de la sínfisis de la barba.........	0,025.	0,020.
Anchura de la mandíbula inferior entre los condilos...........................	0,135.	0,150.
Altura de la misma en la apofisis coronoides..	0,050.	0,060
Altura de las dos mandíbulas unidas en el medio del rostro......................	0,041.	0,050.

4. *Pontoporia Blainvillii* Gray.

The Zoology of the Voyage of H. B. M. S. Erebus & Terror. Mammif. pag. 46.
pl. 29. 1846.—*Catalog. of Seals. etc.* 231. 1866.
Delphinus Blainvillii Gervais, *Institute.* 184. 70—*Bullet. Soc. philom.* 1844. 38.
Stenodelphis Blainvillii Gervais, D'Orbigny *Voyage d. l'Amerique mérid. Tom.*
IV. p. 2. *pag.* 31· *pl.* 23. (1847.)

La primera noticia de esta clase muy particular de los Delfines ha dado Mr.
Gervais 1844. en las obras arriba mencionadas, describiendo bajo el título de
Delphinus Blainvillii el cráneo del animal, remitido de Montevideo al Museo
de Paris por Mr. de Fremenville, oficial de la marina francesa estacionado
entonces en la rada de la capital vecina á la boca del Rio de la Plata. En
este cráneo, figurándole provisoriamente, Mr. Gray fundó en 1846 su nuevo
género *Pontoporia.* Poco despues el Sr. Gervais dió otra figura del cráneo
muy pequeña pero mejor ejecutada en la obra citada de D'Orbigny, asertando
que este viagero tan infatigable como inteligente ha visto un delfin con pico
muy largo punteagudo en su viage á la costa Patagónica, que no pudo
conservar, pero que si ha dibujado en estado bastante pútrido, y esta figura
se vé tambien repetida en la dicha obra pl. 23. fig. 4. En ella el cuerpo del
animal se presenta bastante delgado, con lomo negro, barriga blanca y una
faja longitudinal blanca en cada lado; pero segun las noticias de Mr. de
Fremenville el cuerpo del animal es casi de todo blanco, con una faja ancha
negra en el lomo de la frente hasta la cola.

Como entré en la direccion del Museo Público de Buenos Aires en el año
1861, he encontrado en este establecimiento un individuo jóven mal armado
del dicho delfin y tres cráneos mas ó menos defectuosos de individuos viejos;
pero la mala conservacion del cuero armado me obligaba, dejar dudosa sea la
figura natural sea el color del animal y por esta razon no he hablado de él
antes. Al fin recibí por favor de D. Eduardo Olivera un esqueleto defectuoso
de un otro individuo jóven, tomado en la boca del Rio Quéquen grande,
sobre el cual he dado algunas noticias en las Actas de nuestra Sociedad

Paleontológica (pag. XIX. Ses. del 13 de Marzo. 1867) como en algunos periódicos científicos de Europa (*Zeitschr. fur die gesammt. Neturw.* Bd. 29. S. 1. y S. 402. 1867—*Proceed. Zool. Soc.* 1867. *pag.* 484.), comunicando al mismo tiempo uno de los cráneos viejos en cambio al Museo Británico, de donde Mr. W. H. Flower ha descripto y figurado este cráneo en las Actas de la Sociedad Zoológica de Lóndres Tm. VI. pl. 3. pl. 27·

Pero con todas estas nuevas observaciones no se conocia nada de seguro ni de la figura exterior del animal, ni de su color; faltas para nuestro conocimiento tanto mas sensibles, cuando nuestro individuo armado no mostraba nada de la faja blanca al lado del animal, que se vé en la figura de D'Orbigny.

Al fin se ha perdido esta incertidumbre por dos individuos frescos, recien tomados en la boca del Rio de la Plata y traidos al mercado viejo de Buenos Aires en Julio del año pasado (1868), de los cuales el uno ha sido comprado para el Museo Público y examinado por mí suficientemente, para dar una descripcion completa de la organizacion, que se publica actualmente bajo las diferentes rúbricas que siguen.

A. Figura externa.

(Lámina XXIII. fig. 1.)

2

El animal tiene la figura general de los delfines, pero es mucho mas grueso, que la figura citada de D'Orbigny le pinta. La extension longitudinal de la punta del pico hasta la incisura media de la cola es de 54 pulg. Ingl. y la circunferencia del cuerpo en su parte mas gruesa del medio de la barriga como 30". El pico muy delgado mide de la punta hasta el ángulo posterior de la boca 9" y la apertura respiratoria semilunar encima de la cabeza dista 12¼" de la punta del pico. Esta parte de la cabeza es blanquiza, como toda la superficie inferior y los costados, pero en el medio de la cabeza, en donde se forma la elevacion alta del cráneo ante la apertura respiratoria, principia un color negro-pardizo, que ocupa todo el lomo y la parte superior de los costados, hasta el fin de la cola. Asi la aleta dorsal triangular es negra, como la grande aleta caudal, pero la pectoral de cada lado blanco-amarilla, como el vientre del animal. De una faja blanca en la parte negra de los costados no hay vestigio ninguno.

La aleta dorsal es $3\frac{1}{2}$" alta y 6" larga en su base, dista 30" de la punta del pico con su márgen anterior engrosada y $18\frac{1}{2}$" del fin de la cola con su márgen posterior muy fina. Atras de esta aleta el lomo se levanta poco en una cresta, y esta cresta va mas alta sobre la parte dorsal de la cola, dividida por pliegues transversales alternativamente mayores y menores en porciónes casi iguales. Tales pliegues pero mas largos, hay tambien en la nuca atras de la cabeza, que pasan transversalmente de un lado del cuello hasta el otro, y otros mas atras, al principio del torax, como en el ángulo en donde se une la aleta pectoral con el cuerpo. Toda la otra superficie del cuerpo es lisa, cubierta con una epidérmis muy fina y transparente, que pronto se separa de la cutis parda y blanquiza, cuando la putrefaccion del cuerpo ha principiado. No he visto pliegues ó verrugas finas en esta epidérmis, es lisa completa.

Es digno de notar que en la figura general se muestra bien una diferencia entre la cabeza y el tronco, indicada por una angostura pequeña, que indica muy bien el cuello y separa la cabeza del torax. Poco antes de esta angostura ó collar se ve á cada lado de los carrillos el pequeño orificio auditivo, bien indicado por una orilla parda, que la incluye, y poco mas arriba del lado de la cabeza el ojo pequeño de dos (2) pulgadas distante del ángulo posterior de la boca. Asi es su posicion poco mas hácia adelante, que la de la apertura respiratoria en el vertice.

Antes de la angostura collar se vé en la parte inferior de la cabeza una verdadera garganta, poco extendida al inferior, y bastante atras de ella, en donde principia el torax, se ponen las aletas pectorales, como $17\frac{1}{2}$ pulgadas distantes de la punta del pico. Estas aletas tienen una figura triangular poco corvada, sin ángulos sobresalientes, son $5\frac{1}{2}$" de largas y como $4\frac{1}{2}$" anchas á la márgen posterior poco cóncava, en la cual hay cuatro puntas obtusas sobresalientes, que indican los dedos del interior de la aleta.

Atrás de la aleta pectoral la barriga se estiende bastante en figura oblongo-oval, para disminuirse en el mismo modo al principio de la cola, bajo la aleta dorsal. Acá hay dos aperturas longitudinales en la línea media del cuerpo, la anterior como de 2" de largo es la genital y la posterior de $1\frac{1}{2}$" la anal, las dos distantes entre sí de 7 pulgares. A cado lado del principio de la apertura anal se ven tambien dos otras pequeñas aperturas longitudinales

51

para las cavidades, que incluyen las tetas. El fin de la apertura anal es poco mas hácia atras que el fin de la aleta dorsal, distante como 15″ de la punta de la cola, pero el principio de la apertura genital corresponde casi exactamente al principio de la aleta dorsal en el lomo.

Con la apertura anal termina la barriga y la cola principia, distinguiéndose de ella no solamente por un grosor mucho menor, sinó tambien por una cresta longitudinal media, que se levanta sobre el cuerpo conico de la cola tambien poco comprimido de los dos lados y por consiguiente mas alto que ancho. Pero no hay pliegues transversales en esta cresta inferior de la cola, como en la superior.

Al fin termina la cola con una grande aleta horizontal, que tiene la figura general de los Delfines, es decir casi semilunar, con una incisura media profunda, que corresponde al eje de la cola. Las dos alas unidas de esta aleta caudal son 14½″ anchas en línea recta y cada ala á su base 4½″. Cada una tiene una márgen anterior bastante engruesada y obtusa y una márgen fina delgada y sinuosa posterior. Su color es pardo-negro.

B. Del esqueleto.

(Lámina XXV.)

3

La figura general del esqueleto se distingue bastante de la del esqueleto de los Delfines tipicos marinos, acercándose en algunos puntos mas al tipo de los Delfines de agua dulce, como de la *Inia* y de la *Platanista*. El cráneo ante todo es diferente del tipo de los verdaderos Delfines por su pico largo, angosto y cilíndrico, y la configuracion completamente simétrica de su region central en los contornos de la apertura nasal prueba lo mismo. En este punto la *Pontoporia* se acerca tanto á la *Phocaena* cuanto á la *Inia*, pero se distingue bien de la *Platanista*, porque no muestra esta elevacion muy alta de los huesos maxilares, que da una figura tan particular al cráneo del delfino gangético. Otra analogía con la *Inia* se presenta en el número y la figura de las vértebras, que son casi idénticas. La *Pontoporia* tiene 41 vértebras, como la *Inia*, pero con diferencia, que en lugar de 13. dorsales, que tiene la *Inia*, la *Pontoporia* no tiene mas que 10. y 6. lumbares, no 3. como la *Inia*. Tambien se acercan mucho las vértebras lumbares y primeras caudales por su figura general, su cuerpo grueso y sus apofisis transversas muy anchas, que no solamente se tocan entre sí, sino aun se sobrepone la anterior sobre la posterior. No hay, segun mi conocimiento, ningun otro ejemplo de esta configuracion singular entre los *Delphinidae.*˙ Pero no es completa la analogia de la configu- racion del esqueleto de los dos animales; la *Inia* tiene trece pares de costillas, la *Pontoporia* no mas que diez y el esternon de aquella está en un solo hueso, pero el de la otra compuesto de dos, con los cuales se tocan cuatro pares de costillas, mientras que en la *Inia* se unen con el esternon no mas que dos pares. Al fin se presenta una diferencía de mucha importancia; los arcos esterno- costales de la *Inia* no se osifican, conservándose cartilagineos por toda la vida, mientras que la *Pontoporia* tiene verdaderos huesos esterno-costales, osificados como los Delfines tipicos del mar.

Debemos el conocimiento de la importancia sistemática del dicho momento de la organizacion á los estudios sérios del Sr. D. WILLIAM H. FLOWER (*), quien ha probado, que los Delfines de aguá dulce, con los *Ziphiadae* y los *Physeteridae*, tienen arcos esternocostales cartilaginosos, pero los verdaderos *Delphinidae* estos arcos osificados. En este punto se distingue entonces *Pontoporia* sériamente del tipo de los Delfines de agua dulce (*Platanistidae*) y debe ser clasificado con los Delfines del mar, á los cuales tambien pertenece por su habitacion, apesar que entra instántaneamente en las bocas de los rios, que desaguan en el territorio donde vive.

4

Principiamos nuestra descripcion especial del esqueleto con algunas noticias sobre las relaciones de sus diferentes partes en las diferentes épocas de la vida del animal, para cuya comparacion tenemos en nuestro poder cuatro individuos de diferente edad.

El mas jóven tiene una longitud de 35. pulg. de los cuales el cráneo mide 11", la fila de los dientes 5½", las vértebras dorsales 7", las lumbares 6" y la cola 9", es decir, el cráneo poco menos que la tercera parte del todo.

(*) Véase la obra del dicho autor sobre la *Inia* en las: *Transact. Zool. Soc. Tom. VI. pt. 3. pag.* 113.

Del individuo segundo poco mayor, no tenemos el esqueleto, sino solamente el cuero armado, que es 39" de largo con una circunferencia media del cuerpo de 23". La fila de dientes mide 7". Segun las relaciones de las partes del esqueleto precedente el cráneo debia tener una longitud de 12" y la cola probablemente 10½".

El tercer individuo es este, que he examinado fresco. Su cuerpo fresco ha medido 54", pero el esqueleto no tiene mas que 49"; las cinco pulgadas, que faltan, se han perdido por ensecar los cartilagines intervertebrales y por la falta del cuero exterior con la capa del tejido celular. En esto esqueleto el cráneo mide 14", y la fila de los dientes 8"; las vértebras dorsales consumen 9½", las lumbares 8½" y la cola 15".

Comparando estas relaciones con las del primer esqueleto jóven, se vé claramente, que en el individuo jóven el cráneo es relativamente mas largo y la cola mas corta, siendo esta dos pulgadas mas corta que el cráneo entero, pero que con la edad mas avanzada la cola se estiende mucho mas que el cráneo, estando ella igual á aquello en longitud durante la estacion media de la edad del animal, pero bastante menor en la edad juvenil. Tambien se prueba, que en el cráneo la fila de los dientes con el pico se prolonga mas con la edad, que la parte posterior, que incluye los sesos; estando en la primera juventud las dichas partes iguales, y en la media edad el pico mas largo que la cavidad de los sesos.

Del cuarto individuo mas viejo tenemos en el Museo Público no mas que el cráneo, que tiene una longitud de 17". En este cráneo la fila de los dientes mide 9¾" y la parte atrás de ella 7¼". Se deduce de estas medidas, que la relacion de las dos partes principales del cráneo no se altera mucho despues de la media edad del animal, y si esta regla vale para todo el cuerpo, el esqueleto del individuo al cual ha tenido este cráneo, no ha sobrepasado la longitud de 58", en cuyo caso el cuerpo del animal fresco ha sido muy probablemente 64—66" de largo, ó 5¼—5½ piés ingleses. Como este cráneo es de un individuo muy viejo podemos presumir, que la dicha longitud es la regular del animal en la edad alta de su vida.

Para dar una idea mas clara de las diferencias, que presentan las vértebras correspondientes durante la evolucion desde la edad juvenil hasta la edad media, hemos figurado en nuestra lámina XXV. (Fig. 4.) la cola del individuo tercero de la edad media al lado del esqueleto del individuo primero mas jóven (Fig. 2.), mostrando la aumentacion de cada vértebra caudal.

En la edad juvenil estas vértebras miden 9 pulg: y en la edad mas avanzada 15, durante el cráneo de esta edad tiene 11 pulg. y el de la edad alta 16. Se sigue, que la diferencia del cráneo no es mas que 5 pulg. pero de la cola 6, y que el cráneo se aumente durante la vida del animal solamente de dos hasta tres pulgares de su tamaño regular, mientras la cola se aumente de tres hasta cinco de su extension completa. Sin embargo esta ley es la general entre los Mamíferos, en todos el cráneo, principalmente la cavidad de los sesos, es relativamente mayor en la juventud, comparándole con el tamaño del todo cuerpo, que en la edad alta del animal de tamaño completo.

5.

Entrando entonces en la descripcion particular del cráneo, referimos nosotros principalmente en la descripcion ya antes dada del Sr. FLOWER, esplicada por la figura del mismo cráneo de la edad alta, que habia comunicado al Museo Británico de Lóndres. Pero como el Sr. FLOWER no ha dado en su obra la vista del cráneo de abajo, hemos dado una figura nueva del cráneo juvenil, visto de este lado, en nuestra lámina XXVI. fig. 1. Esta figura, comparándola con la del Sr. FLOWER prueba, que el rostro es relativamente mas corto y mas angosto en la juventud del animal, faltándole completamente la direccion corvada hácia abajo, que distingue tan particularmente la vieja *Pontoporia*; lo que ha ya sospechado FLOWER por la similitud del animal con la *Inia*, que tiene la misma particularidad entre los Delfines. Pero no se aumenta por esta prolongacion del rostro el número de los dientes con la edad del animal, sinó solamente su tamaño y el vacío que los separa.

Esta distancia es mas que la dobla en el animal viejo, comparándole con el jóven, como lo prueban nuestras fig. 2. y 3. de la lámina XXVII. que representan la punta del rostro en tamaño natural.

Sigue de esta prolongacion del rostro con la edad del animal una diferencia importante de las dos partes del cráneo, siendo la fila de los dientes en la juventud 6 pulg. de largo, y el cráneo del fin de esta fila hasta los condilos occipitales 5½ pulg.—Pero en el animal viejo aquella parte mide 10 pulg. y esta no mas que 6½; lo que prueba que el rostro se aumenta casi siete veces mas ligero, que el cráneo posterior con la cavidad de los sesos.

El rostro de la mandíbula superior está formado, como en los otros Delfines, por los huesos maxilares (*b.*) al lado y por los intermaxilares (*a.*) en el medio, separadas entre sí á cada lado por un surco profundo, que distingue la Pontoporia de los otros Delfines, que tienen en este lugar no mas que una sutura fina poquito deprimida. El dicho surco está en la Pontoporia muy pronunciado y mas ancho, que el canal abierto en la línea media del rostro, entre los dos huesos intermaxilares, que incluye durante la vida un cartilago, que comunique con el hueso vomer y forma atrás el tabique cartilaginoso entre las cavidades de la nariz. Este canal con su cartílago se encuentra en todos los Delfines, pero los dos surcos laterales poco mas anchos son particularidades de la *Pontoporia*. Los mismos surcos se prolongan hácia detrás hasta las crestas altas sobre las orbitas, que se encuentran tambien, pero menos pronunciadas, en la *Inia*, estendiéndose atrás de las orbitas en la excavacion frontal muy particular de estas dos clases de Delfines.

Ya hemos llamado la atencion del lector, describiendo el cráneo de *Phocaena spinipinnis* (pag. 386.) en la relacion de la parte posterior del hueso maxilar é intermaxilar, que es diferente de la configuracion de los Delfines típicos en este modo, que el hueso maxilar sobresalta el hueso intermaxilar al interior, formando aquel y no este la margen anterior de la entrada en las cavidades de la nariz. La misma configuracion se encuentra tambien en nuestra *Pontoporia*; las dos elevaciones semiovales de figura de almendra, que se presentan antes de la apertura nasal, son principalmente en la mitad anterior partes de los huesos maxilares, descendientes entre los intermaxilares de acá al adelante con una prolongacion punteaguda, que sigue hasta la base del rostro y casi hasta el fin posterior de la fila de los dientes (*)

Corresponde la *Pontoporia* por esta configuracion de la parte del cráneo antes de la apertura nasal completamente con la de la *Phocaena*, á la cual se acerca tambien por la simetría completa de la dicha region craneal, siendo

(*) En la figura del cráneo, dada en la obra de Flower, la separacion de la parte posterior de los huesos maxilares es bien indicada por un surco poco profundo; pero la sutura, que corre en este surco, para separar completamente esta parte del hueso maxilar de la parte vecina muy angosta del hueso intermaxilar falta, por ser estos dos huesos íntimamente unidos con la edad provecha del animal. En la juventud la separacion por una sutura fina está claramente visible.

ella siempre mas ó menos simétrica, es decir el lado derecho mas ancho que el lado izquierdo, en los Delfines tipicos. Como en la figura del cráneo de la *Inia* se vé la misma simetría completa de la region nasal, es de presumir, que este género particular de los Delfines tiene la misma construccion de la *Phocaena* y *Pontoporia*, lo que me parece apoyar bien la figura del Sr. Flower pl. 25. fig. 1. de su obra por un surco correspondiente á el de la *Pontoporia*, que la tiene en la misma parte del cráneo.

Otros caracteres mas ó menos particulares dan las láminas posteriores de los h u e s o s m a x i l a r e s, que sobrepasan los huesos frontales y forman la superficie externa del cráneo en el delante. Generalmente estas láminas se estienden en los Delfines tipicos horizontalmente al lado externo sobre los huesos frontales, cubriendo la parte orbital de ellos casi completamente. Pero en la *Pontoporia*, como en la *Inia*, no cubren mas que la márgen interior de la dicha lámina, levantándose en una cresta perpendicular, que asciende mucho sobre el llano de la órbita. Esta cresta es muy mas alta en la *Pontoporia*, que en la *Inia*, excavada al lado exterior y provista con escrescencias granuladas, que dan á la parte orbital una figura muy particular y diferente. Al lado de las dichas escrescencias principia el hueso frontal con la lámina orbital horizontal, que se estiende al exterior mucho mas, no descubierta por los huesos maxilares, como en los otros Delfines. Atras forma esta lámina orbital una apofisis punteaguda descendente, que se toca casi con la apofisis zigomática del hueso temporal, pero en el adelante la lámina se retira poquito de la cresta maxilar al exterior, dando lugar á una parte gruesa y encorvada del hueso lágrimo-zigomático, que entra como un tubérculo sobresaliente en el ángulo anterior entre la cresta maxilar y la lámina orbital del hueso frontal. Atras de la apofisis orbital posterior el hueso frontal se cambia en un arco angosto, que acompaña toda la márgen exterior y posterior del hueso maxilar, formando entre él, el hueso temporal y hueso parietal una cresta sobresaliente, que separa al lado del cráneo la fosa temporal de la parte frontal, y á detras la misma parte del llano descendiente occipital; pero en la parte media del cráneo los huesos frontales se muestran libres entre los dos maxilares, tocándose en el adelante con los h u e s o s n a s a l e s, que son dos láminas cuadrangulares, poco mas anchas al adelante, que al detras, que descienden corvadas de la punta mas alta de la frente á la apertura nasal, formando el contorno posterior de la misma apertura y tocándose con la lámina basilar ancha del hueso vomer en el anterior, como con los huesos maxilares al lado externo á lo menos en la juventud del animal, (*) pero separados de los huesos intermaxilares completamente y no tocándose con ellos, como en otros Delfines.

6

Con razon dice el Señor FLOWER en su descripcion del cráneo de la *Pontoporia* (l. l. pag. 108.) que la parte superior del cráneo es notablemente llana, faltando á ella la elevacion alta atras de la apertura nasal, que significa generalmente el cráneo de los Delfines; elevacion que hemos descripto como muy sobresaliente en el cráneo de nuestro *Epiodon australe* de la entrega quinta. Esta elevacion está formada en los Delfines típicos por la parte anterior de los huesos frontales, con los cuales se unen los huesos nasales. Ya hemos dicho, que los huesos frontales forman una lámina horizontal en el medio del cráneo, entre los huesos maxilares, con cual se unen en adelante los huesos nasales no en direccion ascendente, sinó descendente. Pero la parte media de los dos frontales forma sobre la sutura entre ellas una pequeña cresta, que puede considerarse como el suplente de la protuberancia alta frontal de los Delfines típicos.

Atrás de la cresta arqueada, que separa la parte superior del cráneo de la parte posterior, principian los h u e s o s p a r i e t a l e s, uniéndose con los frontales por una sutura clara y distinta. Esta sutura tiene en el medio un ángulo obtuso, poco sobresaliente al adelante, que entra en el ángulo correspondiente entre los dos huesos frontales, y se continúa de acá á los lados del cráneo, separando los huesos parietales de los huesos temporales; pero la separacion de dos parietales entre sí como del occipital no es visíble, mismo en el cráneo muy jóven. Acá los parietales se unen tan íntimamente con el occipital, que no puede terminarse en otro modo la frontera entre los dos huesos que por algunos vestigios de suturas, que parecen indicar, que el hueso occipital ha entrado con una esquina media sobresaliente bastante aguda entre los dos huesos parietales.

Nada tenemos que decir de particular del h u e s o o c c i p i t a l; su configuracion cuadra completamente con la de los Delfines típicos y los

(*) La figura de FLOWER (pl. 28. fig. 3.) muestra bien la configuracion de los huesos nasales como son en nuestros dos cráneos juveniles; pero en el tercer cráneo mas viejo una prolongacion del hueso frontal, que entra en la sutura del nasal con el maxilar, separa los dos huesos completamente.

condilos occipitales son tan anchos y tan poco elevados como en todos estos animales. El grande agujero occipital tiene un tamaño considerable y su diámetro perpendicular es poco mas grande, que el horizontal.

El hueso temporal, que ocupa la parte posterior del cráneo á cada lado, no tiene tampoco caracteres notables. Su parte escamosa es relativamente mas grande, que en los Delfines típicos y por consiguiente la fosa temporal mas extendida. Comparándola con la cavidad de los ojos la dicha fosa tiene mas que el doble de extension, durante que en los Delfines típicos los dos tienen casi la misma circunferencia. La figura de la fosa es mas prolongada y mas horizontaliter colocada que en los otros Delfines; caracteres que significan en el mismo modo la de la *Inia* tambien. La apofisis zigomatica del hueso temporal es por consiguiente mucho mas larga, pero tambien mas angosta que en los Delfines típicos, y por este su parte basilar, que participa á la fosa temporal, ascienda menos á la pared de esta fosa. Al fin el hueso petro-timpanico está atado al temporal solamente por conjunturas blandas y falta generalmente al cráneo de los individuos no bien conservados. Sin embargo tenemos este hueso de los dos lados en el cráneo mas jóven, siendo su configuracion la general de los Delfines tipicos, con algunas diferencias, que no podemos explicar sinó entrar en una descripcion muy detallada de este hueso particular. Se compone de dos partes completamente separadas, de las cuales la mayor corresponde á la cavidad timpanica y la menor á la parte petrosa especial.

7

Para describir el lado inferior del cráneo fundamos nosotros en la figura de este lado en la lámina XXVI. Se vé que el pico está formado hasta la punta solamente por los huesos maxilares, que son separadas en la línea media longitudinal por un surco profundo, llevando cada uno un otro surco mas ancho y mas profundo que incluye los dientes. Este surco es en la juventud no interrumpido, sinó igualmente abierto, con pequeñas concavidades en su fondo, para las raízes de los dientes, que son entonces solamente separados por la encia. Pero con la edad aprovecha las paredes de las concavidades del fondo del surco se levantan poco á poco mas, formando en este modo tabiques huesosos entre los dientes y alveolos separados para cada un. Sin embargo estos tabiques son muy finos y no producen por su substancia la prolongacion del pico, sinó el engrandecimiento de las raízes de los dientes, del cual hablaremos mas tarde, es la razon principal de esta prolongacion.

Al fin posterior y poco antes del fin de los surcos alveolares se levanta en el fondo del surco medio mas ancho de acá una carena, que se prolonga hasta el fin posterior de los huesos maxilares, cambiándose despues en un llano inclinado hácia abajo, que es el paladar del animal. No se vé nada del hueso vomer en esta parte del paladar, que solamente un poquito de su lámina descendente en la punta del medio del paladar, él es tapado completamente por los huesos maxilares, y tampoco se presenta el vomer en la parte anterior del pico, en donde los Delfines tipicos tienen generalmente este hueso destapado entre los maxilares.

La parte principal del paladar huesosa se compone, como en todos los Delfines, de dos huesos pequeños y muy finos, que son el h u e s o p a l a t i n o, (*g*) y el h u e s o t e r i g o i d e s (*h*.) El primero forma los lados del paladar descendente, el segundo las dos alas sobresalientes en el medio antes de la apertura posterior de la nariz. Poco hay de particular en la configuracion de estos dos huesos en nuestro animal, su figura general es como en los Delfines tipicos, formándose la ala terigoides por dos láminas muy finas y separadas, incluyendo un vacío pequeño, que está tapado al lado inferior por el hueso terigoides y al lado superior por el hueso palatino. Pero las dos alas son relativamente mas pequeñas, que en los Delfines típicos, y no se tocan en la línea media del paladar, sino distantes entre si hasta el principio, dejan destapada la punta sobresaliente del vomer entre los dos huesos maxilares. Una otra particularidad, de esta parte del cráneo, es que el hueso palatino, que forma en todos los Delfines una cresta fuerte hácia detrás, que se toca con las crestas altas mas fuertes del esfenoides y occipital, incluyendo entre sí la parte ancha del vomer, se ha estendido mucho mas al lado exterior, tapando casi completamente la ala esfenoides y levantándose en otra cresta externa, paralela á la interna, que corre hácia adelante y se une acá con el terigoi_ des. (*). En los Delfines tipicos hay tal cresta externa tambien, pero la es muy mas pequeña y no estendida sobre la ala esfenoides como en nuestro animal.

(*). El Sr. Flower dice en su descripcion del cráneo (pag. 108), que esta cresta externa corresponde á la lámina alta, que tiene el Delfin del Ganges (*Platanista*) en esta parte del cráneo. No teniendo un cráneo de este animal á mi disposicion, no puedo entrar en una comparacion del cráneo de *Pontoporia* con el de *Platanista*.

Por esta gran extension del hueso palatino al exterior y al detras, se vé casi nada del h u e s o e s f e n o i d e s (*m.*), siendo su ala lateral mucho mas pequeño que en los Delfines típicos, tocándose apenas con la parte horizontal del hueso temporal, y de ningun modo con los lados descendentes del hueso frontal y parietal, en los Delfines típicos. En nuestro animal la lámina posterior del hueso palatino se estiende tanto, que se toca íntimamente con las partes vecinas de los dichos huesos. Por esta razon se forma en el cráneo de la *Pontoporia* á cada lado del esfenoides, entre el y el occipital, un gran vacio irregular, correspondiente al agujero rasgado (*foramen lacerum*), que es tapado por su parte mayor por el hueso petro-timpánico (*l.*) como lo muestra nuestra figura citada.

Al fin la parte basilar del hueso occipital es completamente formada como en los Delfines típicos y no hay nada mas de particular, que la figura de las crestas descendientes laterales, que se unen con el hueso palatino, que son mucho mas gruesas y menos inclinadas al exterior, que en los otros Delfines.

§

No hemos hablado hasta ahora de un hueso pequeño, que se presenta en la punta anterior mas sobresaliente del arco orbital. Este hueso es el z i g o m á t i c o (*i*) ó mejor dicho el l á g r i m o - z i g o m á t i c o. En nuestro animal el dicho hueso es mucho mas pequeño que en los Delfines típicos, ocupando en el adelante de la órbita no mas que la esquina interior, en donde forma un tubérculo pequeño sobresaliente, del cual sale en el ángulo mas interior la apofisis estiloides, que representa el arco zigomático de estos animales. Atras de la apofisis estiloides el hueso se estiende en una lámina fina, que corre hasta el medio de la cavidad del ojo, tocándose con el hueso frontal al exterior y con el hueso maxilar al interior. En el lado derecho del cráneo mas jóven esta lámina está separada del tubérculo anterior con la apofisis estiloides por una sutura transversal muy clara, de la cual se vé al otro lado izquierdo tambien una indicacion débil. Por esta sutura se prueba, que la parte posterior llana corresponde al hueso lagrimal y la parte anterior tuberculosa con la apofisis estiloides al hueso zigomático de los otros Mamíferos, y que la separacion del hueso lágrimo-zigomático en dos partes, que hemos descripto antes en el *Epiodon australe* (pag. 323.8.), se encuentra tambien en la *Pontoporia*, á lo menos en el estado juvenil del animal. El cráneo mas viejo no tiene nada de esta separacion, el es conforme al tipo de los verdaderos Delfines.

Resta de los huesos de la cabeza para describir la mandíbula inferior (Lám. XXVI. fig. 2.) Tiene la figura general de la de los Delfines, pero se distingue por la larga sutura de la barba, que acompaña todo el pico casi hasta el fin de la fila dental. En este punto se une la *Pontoporia* completa-monte con el tipo de los Delfines de agua dulce, la *Inia* y la *Platanista*. Al lado interno la sutura del pico es llana, sin algun carácter particular; al otro lado externo se levanta la sutura como una lista semicilíndrica, separado de la márgen dental por un surco muy profundo, que corre de la punta del rostro hasta el fin de la sutura de la barba, correspondiente al mismo surco de la mandíbula superior. En su fin posterior hay á cada lado algunos agujeros, que perforan la substancia huesosa al interior. La parte posterior de la mandíbula con el condilo es mas corta que la sínfisis, y corresponde en su relacion á ella en el mismo modo, como el cráneo posterior al pico segun la edad del animal. Se levanta esta parte antes del condilo en una apofisis coronoides bastante alta, que produce á la mandíbula inferior de la *Pontoporia* una altura relativamente mas grande, que la tienen los Delfines típicos. Toda la mandíbula del individuo mas jóven es 6 pulg. larga y 3¾ pulg. ancha en los condilos, la sutura de la barba mide 5 pulg. En el individuo mas viejo la longitud entera de la mandíbula es 14¼ pulg. la de la sínfisis de la barba 9⅓ y la anchura de los condilos 4¾ pulg. ingl.

D

La *Pontoporia* tiene á cada lado en cada mandíbula 53—59 dientes finos, punteagudos, poco corvados al interior; es decir en todo como 212—236 dientes. El individuo mas jóven tiene 59. dientes, pero el individuo mas viejo no mas que 53 á cada lado en cada mandíbula. El cráneo que describe W. Flower ha tenido 56—57 dientes arriba y 54—55 abajo y el cráneo descripto por P. Gervais 53—54. en las dos mandíbulas á cada lado. Sigue de estas observaciones, que el número de los dientes es poco variable, pero que hay siempre mas que 50 á cada lado en cada mandíbula. Los individuos mas jóvenes tienen algunos dientes mas, que los viejos, perdiéndose los últimos posteriores poco mas pequeños con la edad progresiva.

Cada diente tiene una corona cónica tapada con esmalte, poco corvada al interior con la punta y poco comprimida de adelante hácia atrás. Así sucede que el diente visto del lado antero-posterior es mas ancho que visto del lado izquierdo-derecho; su ángulo interno es casi agudo, pero su ángulo externo mas ancho y mas redondeado. Bajo la corona hay una raiz cónica tambien poco comprimida, de la altura de la corona, pero escondida en el surco alveolar ó en los alvéolos sueltos, que se forman con la edad del animal.

La figura particular de los dientes se cambia con la edad del individuo y de acá sigue la diferencia en la descripcion de los dientes entre FLOWER y GERVAIS, como ya ha sospechado el primer autor en su obra citada (pag. 109.)

En la primera juventud, durante que los dientes se hallan en el surco alveolar comun, separados por la encía, la corona es bastante comprimida y la punta del diente poco mas separada del cono basilar. En esta edad la raíz es delgada y no mas gruesa que la corona. Pero con los años se estiende la base de la corona poco á poco en un cingulo de esmalte, que tiene mas que la doble extension de la corona vecina, y en armonía con este cingulo se engrosa tambien la raiz del diente. La superficie del cingulo es poco granulada y como toda raiz de abajo encerrada en la encía, que tapa los dientes hasta el principio de la parte delgada de la corona sobresaliente. Por esta razon los dientes son tan distintos en la edad alta, y por falta de la raíz engrosada tan acercados el uno al otro en la edad juvenil del animal. El Sr. FLOWER ha dado una figura y una descripcion detallada del diente viejo (l. l. pag. 109. pl. 28. fig. 5.) nosoteros adjungemos la figura del diente jóven lám. XXVII fig. 4.

10

Bajo la parte posterior del cráneo, entre los ramos divergentes de la mandíbula inferior, se coloca un hueso particular, separado de todos los otros huesos del cráneo, pero atado por un ligamento blando á las dos puntas sobresalientes inferiores del hueso occipital, atras del hueso petro-timpánico. Así lo he visto su union con el cráneo de nuestro animal. El dicho hueso lleva la lengua, uniéndose tambien con la laringe, y se llama h i o i d e s (lam. XXV. fig. 3.) Se compone de cinco piezas huesosas, unidas entre sí por cartilagines, que son el cuerpo hioides (a.) las dos hastas mayores (b. b.) y las dos hastas menores s. estiloides (c. c.) que se agárran al hueso occipital, durante que las dos hastas mayores se agarran á la laringe. El cuerpo es irregular hexagono, mas ancho que largo, y lleva á su lado anterior por dos cartilagines anguliformes las hastas menores. Los dos lados, que siguen son libres, los dos otros mas gruesos llevan las hastas mayores inmediatamente y el último lado posterior es el mas largo y mas delgado. Las hastas menores son huesos cilíndricos pocos corvados, las hastas mayores huesos aplanados y punteagudos al detrás, casi de medio tamaño de aquellos, que son en verdad las mayores por su tamaño. Comparando todos estos huesos con los de los Delfines típicos no hay otra diferencia que ha relativa, ser mas finos, y las hastas mas largas que las de estos animales.

11

La c o l u m n a   v e r t e b r a l, que sigue al cráneo, uniéndose con él por los dos grandes condilos occipitales, se compone de c u a r e n t a   y   d o s (42.) vertebras, que se dividen en cuatro categorias, que son las cervicales (7.) las dorsales (10.), las lumbares (6.) y las caudales (19.), separándose estas en dos grupos, las anteriores (12.) con espinas inferiores y las posteriores (7.) sin espinas (Veáse lámina XXV. fig. 1. 2.)

Hay   s i e t e   vertebras cervicales (1. l. N. 1—7.) como en casi todos los Mamíferos, que son las mas cortas y mas delgadas de todas en nuestro animal, como es la regla de los Cetaceos en general. Pero comparando las unidas con las de otros Cetaceos son relativamente mas largas que las de los Delfines típicos. En nuestro esqueleto mas grande las siete vertebras miden 2¼ pulg. y la otra columna vertebral unida 33 pulg., que da una relacion del cuello al otro cuerpo de 5 á 66 ó de 76 : 1000. Segun las observaciones de Flower la *Inia* tiene un cuello aun poco mas largo, en la relacion al cuerpo de 85: 1000, pero los Delfines típicos lo tienen mucho mas corto, la *Phocaena* de 30: 1000. Por ésta relacion se acerca entonces la *Pontoporia* mucho á la *Inia* y la *Platanista*, y estas tres especies son probablemente los *Delphinidae* con cuello mas largo.

Para dar á conocer mejor la figura de cada una de las siete vertebras cervicales, hemos figurado las separadas en vista de adelante lámina XXVI. fig. 4—10. Todas son bien separadas entre ellas y unidas durante la vida del animal solamente por *cartilagines intervertebrales* blandas.

La primera vertebra, el A t l a s, (fig. 4.) comparada con la de la *Inia* (Flower, *l. l. pl.* 27. *fig.* 1.) es relativamente mucho mas ancha, pero no tan alta, y se distingue por las superficies articulares de los condilos mucho mas sobresalientes, y mas horizontaliter colocadas. Sin embargo su configuracion general es casi la misma con la diferencia, que la apertura para el *canalis vertebralis* es mucho mas ancha arriba que abajo, y el arco mas horizontal sin espina. El Atlas del esqueleto mas viejo es 2 pulg. 7 lin. ancho, 1 pulg. 6 lin. alto y provecho con las mismas eminencias laterales entre las dos superficies articulares, que Flower menciona en la *Inia* como restos de las apofisis transversas. La base del arco tampoco no tiene perforacion.

La s e g u n d a vértebra cervical, llamada A x i s ó *Epistropheus* (fig. 5.) tiene el mismo carácter general de ser mucho mas ancha que la de la Inia: su diámetro transversal es de 2¾ pulg. y su altura de 2 pulg. Tiene por consiguiente los lados, que llevan las superficies articulares, mucho mas anchos y al exterior en cada lado un tubérculo muy sobresaliente, que corresponde tambíen á la apofisis transversa. En cima del arco se forma una espina fuerte poco reclinada, longitudinalmente hendida, y á la parte anterior del cuerpo una superficie articular inclinada hácia adelante, que corresponde á la apofisis odontoides, uniéndose por articulacion con una eminencia correspondiente en el cuerpo angosto del Atlas al detras. Esta superficie articular media de la Axis está bien separada de las dos laterales, que se unen tambien con las correspondientes del Atlas, sin ser unida con ellas, como en la *Inia*.

Las dos vértebras descriptas del cuello son mas gruesas que las otras, y ocupan el mismo espacio que los cuatro siguientes.

La t e r c e r a vértebra (fig. 6.) imita en su figura general á la segunda, pero se distingue, sin otros caractéres, por una apofisis transversal ancha perforada en el medio por un agujero grande redondo. Su cuerpo es muy fino, menos grueso que la mitad de el de la segunda vértebra, y su arco bastante reclinado, con un vacío pequeño en el medio superior, en donde la vértebra segunda tiene la espina bifida.

La c u a r t a vértebra (fig. 7.) tiene casi la misma figura y el grosor de la tercera, pero su apofisis transversa es menos prolongada, el agujero en ella mas ancho y en algunos casos de tanta extension, que la apofisis no se cierra al exterior, sinó está abierta, dividiéndose en dos ramos separados corvados, un superior y un inferior. Asi ha sucedido en el lado izquierdo de esta vértebra del esqueleto viejo, durante que en el lado derecho la apofisis está cerrada.

En la q u i n t a (fig. 8.) y s e x t a (fig. 9.) vertebra esta separacion de la apofisis transversa en dos ramas corvados ya es la regla, y no se cierra la apofisis sinó excepcionalmente al lado derecho de la vertebra quinta, como en el esqueleto mas viejo de nuestra coleccion. El arco superior de los dos es mas ancho y mas abierto encima por un vacio sucesivamente mas grande con el número de las vertebras. Pero la quinta vertebra se distingue de las otras por un tuberculo fuerte descendente á cada lado del arco inferior de la apofisis transversa, que en el caso de la falta de la cerradura de la apofisis, representa solo el ramo inferior. Este tubérculo se repeta en la vertebra sexta en tamaño menor, formando solo el ramo inferior de la apofisis transversa, por no ser cerrada esta apofisis jamás en esta vértebra.

Por la dicha metamorfosis de la apofisis transversa en dos ramos separados, estos dos ramos se alejan poco á poco mas el uno del otro con el número progresivo de las vertebras, ascediendo el superior á los lados del arco vertebral, y el inferior á la márgen inferior del cuerpo vertebral y asi sucede, que cada vértebra tiene sus particularidades de figura, que muestran mejor nuestros dibujos (lam. XXVI.), que una descripcion detallada.

En todos estos caractéres las vértebras cervicales de la *Pontoporia* son en armonía con las correspondientes de la *Inia*, pero la figura general de aquellas es siempre mas ancha y relativamente menos alta, que la del otro animal.

La s e p t i m a vértebra (fig. 10.) se distingue de las antecedentes por una apofisis transversa mucho mas larga, con espina transversal gruesa sobresaliente y por la falta de la perforacion en la base de la misma apofisis; su arco vertebral se ha cerrado completamente y su cuerpo poco mas grueso tiene á cada lado á la márgen posterior un tuberculo pequeño, terminado por una superficie articular, con la cual se une la cabeza de la primera costilla. Su anchura entre las puntas sobresalientes de las apofisis transversas es de $2\frac{3}{4}$ pulg. y su altura de $1\frac{1}{4}$ pulg.

12

El número de las v é r t e b r a s d o r s a l e s (fig. 1. D. 1–10.) es de diez, pero en el esqueleto mas viejo hay al lado derecho en la undécima vértebra el resto de una pequeña costilla supernumeraria, que parece indicar una aumentacion de estas y de las vértebras dorsales hasta once (*). Sin embargo la vértebra undécima, que lleva esta costilla accesoria, tiene mas la figura de las vértebras lumbares, que de las dorsales y por esta razon me parece mas conveniente, tomar el número regular de las dorsales para diez.

Las diez vértebras dorsales del esqueleto mas viejo miden unidas exactamente n u e v e (9) pulg. siendo el cuerpo de la primera $\frac{1}{2}$ pulg. de largo y el de la última $1\frac{1}{4}$ pulg., aumentándose cada una atras de la primera poquito en tamaño, hasta la décima, que es la mas larga.

Cada una vértebra dorsal tiene sobre el arco una apofisis espinosa y á los dos lados una apofisis transversa, siendo aquella en la primera vértebra 1 pulg. de alta y en la décima 2 pulg. Las apofisis transversas no se aumentan sucesivamente en tamaño, sinó las anteriores de la primera hasta la sexta son sucesivamente poco mas cortas y de acá hasta la décima otra vez mas largas; la primera tiene 9 líneas de largo, la sexta 7 líneas y la décima 21 líneas. Pero la anchura y el grosor se aumentan de todas sucesivamente en armonía con el aumento del cuerpo vertebral, como lo mismo vale de las apofisis espinosas, principalmente respecto su anchura. A la base de la apofisis espinosa se forman á cada lado superficies articulares, que corresponden á las apofisis oblícuas. En las primeras cinco vértebras estás superficies articulares no se levantan sobre el nivel del arco vertebral, pero con la sexta vértebra principia una tal elevacion de las superficies anteriores de cada vértebra, formándose en este modo á la base anterior de la apofisis espinosa dos otras apofisis pequeñas oblique ascedentes, poco á poco mas acercadas la una á la otra, que articulan con dos superficies articulares á la base posterior de la apofisis espinosa antecedente. Estas apofisis ascienden siempre tanto mas, en cuanto la vértebra es mas posterior, formándose poco á poco el arco vertebral mas alto, eń armonía con el tamaño del cuerpo vertebral y la altura de la apofisis espinosa.

Las apofisis transversas tienen cada una á su fin superficies articulares para la conjuncion con las costillas. Estas superficies articulares son sucesivamente mas anchas de la primera hasta la octava vértebra, pero en las dos últimas

---

(*) El Sr. Rapp dice en su obra sobre los Cetaceos *(Tubingen* 1837. 8. *pag.* 72.*)* que se encuentran en algunos Delfines (como D. *delphis* y la *Phocaena*) costillas accesorias, que no se unen con las vértebras. Probablemente ha sido presente una tal costilla undécima accesoria tambien en nuestro animal al lado izquierdo.

sucesivamente mas pequeñas. Cada una tiene una figura transversal clíptica augosta.

Las t r e s primeras vértebras dorsales tienen ademas á cada lado de la márgen posterior de su cuerpo una eminencia bastante fuerte con superficic articularia al fin, á la cual se apoya la cabeza de la costilla de la vértebra siguiente. Así sucede, que la última (séptima) vértebra cervical tiene la misma eminencia articular á cada lado de su cuerpo, bajo la apofisis transversa, para el asiento de la primera costilla de la primera vértebra dorsal, (*). Las seis costillas posteriores de cada lado son únicamente atadas al fin de la apofisis transversal, y no al cuerpo de las vértebras. (**).

1 3

' Las v e r t e b r a s l u m b a r e s de los Cetaceos se cuentan de modo diferente, segun la presumida colocacion (I. pag. 99.) de la espina inferior al fin ó al principio de la primera vertebra caudal. Eu mi modo de ver esta apofisis se apoya no en el fin posterior de la vértebra, á la cual pertenece, sinó en el principio, y si es asi en los otros Mamíferos, como lo veo en los esqueletos á mi disposicion, por ejemplo los de los Armadillos con cola fuerte y de los Gliptodontes, creo deber presumir, que hay la misma colocacion tambien en los Cetaceos. Por esta razon he contado s e i s vértebras lumbares (L 1—6.)

Tengo otro argumento para mi modo de contar, que es la figura de las apofisis trausversas de estas seis vértebras, que son diferentes de las otras y idénticas entre sí hasta la sexta, y no hasta la quinta vértebra lumbar. En estas apofisis tienen las vértebras lumbares un carácter particular, único entre las de los *Delphinidae,* su anchura muy grande de adelante hácia atrás y la union de dos vecinas por las márgenes sobrepuestas de las apofisis, apoyada por tejidos blandos fibrosos. Este carácter, que se ve bien exprimido en la fig. 2. de la lámina XXV., se estiende de la primera vértebra lumbar hasta la

(*) Esta eminencia no se toca de ningun modo con el cuerpo de la vértebra siguiente y por esta razon tampoco se une la cabeza de la costilla, que se ata á la eminencia, con el cuerpo de la vértebra, que sigue.

(**) En este punto se distingue *Pontoporia* bastante de *Inia,* segun la descripcion dada por FLOWER, y acordase completamente al modo de los Delfines típicos.

sexta, tocándose la primera con su márgen anterior tambien con la márgen correspondiente de la apofisis de la última vértebra dorsal, pero no la sexta con la de la primera vértebra caudal, probando por este similitud completa de las seis vértebras, que ellas todas pertenecen á la misma categoria.

Para describir mas detalladamente las vértebras lumbares, adjungemos, que las seis unidas tienen una extension de 8⅓ pulg. siendo la primera 1" 4"' y la sexta 1" 7"'. Esta vértebra es la mas larga de todas, pero la antecedente y la siguiente, es decir la primera caudal, son casi de la misma longitud y poco mas de 1" 6"' largas. Cada vértebra lumbar tiene una apofisis espinosa alta (la primera de 2"; la segunda, que es la mas alta de todas, de 2¼" y la sexta mas baja de 1" 8"') con dos apofisis oblicuas en el adelante sobre el arco vertebral, de las cuales solamente la de la primera vértebra lumbar se toca con el arco de la última vertebra dorsal, restando libres las otras con sus puntas. Las apofisis transversas son al principio mas angostas que el cuerpo vertebral largo, pero pronto se estiende cada una en una lámina horizontal triángular y poco corvada al detrás con su punta externa, tocándose por sus esquinas sobresalientes con las correspondientes de las apofisis vecinas. En la primera vértebra lumbar esta apofisis es 2" de larga, en la última no mas que 1½"; aquella es mas punteaguda al fin, está mas obtusa, pero no menos ancha. El cuerpo vertebral, visto de abajo, tiene la figura cilíndrica de todas vértebras, pero su parte media, de donde salen las apofisis transversas, es mucho mas angosta, que las superficies terminales, por las cuales se unen las vértebras entre sí. En la línea media de la superficie inferior forma cada vértebra una carena longitudinal bastante aguda, que ya se indica en las últimas vértebras dorsales, perdiéndose de acá hácia adelante poco á poco.

14

La cola se compone de d i e z y n u e v e (19) vértebras, pero la última es tan pequeña que no se pronuncia bien separada de la antecedente y por esta razon no hemos contado en nuestras figuras mas que diez y ocho (18.) La primera vértebra caudal parece mucho á la última dorsal, pero su apofisis espinosa es menos alta mas punteaguda y la apofisis transversa menos ancha y mas corta. En las tres vértebras caudales, que siguen á la primera, las apofisis transversas se disminuyen tanto, que en la quinta esta apofisis forma solamente una carena triangular al lado de la parte anterior de la vértebra, perdiéndose completamente atras de la quinta en las otras vértebras. Casi lo mismo vale de la apofisis espinosa. Siendo en cada vértebra posterior poco menos alta, se la presenta en la sexta, séptima y octava vértebra caudal como una carena triangular sucesivamente menor, que está perforada á su base por un canal muy angosto, que se pierde en la octava vértebra, dando lugar en las que siguen, á un surco poco imprimido á la porcion mas alta de la vértebra. Las últimas once vértebras no tienen apofisis espinosa ninguna, y las trece últimas tampoco apofisis transversas.

En lugar de las apofisis, que faltan, las vértebras caudales posteriores presentan un otro carácter particular, la perforacion perpendicular de su cuerpo por dos conductos abiertos. Esta perforacion principia á la quinta vértebra caudal, formándose en ella un conducto angosto atras de la apofisis transversa pequeña, que hay en esta vértebra, uniéndose por su direccion con otro conducto, que sale del canal inferior vertebral entre las espinas inferiores. Como en este canal corren los troncos de los vasos sanguíneos, es claro que los canales laterales, que perforen el cuerpo vertebral, son tambien conductos de vasos sanguíneos pequeños; ramos de los troncos caudales en el conducto vertebral inferior. En la sexta, séptima, octava y novena vértebra estos conductos perforan el cuerpo de la vértebra en su parte lateral, atrás de estas cinco vértebras los dos conductos perforan el cuerpo mismo, que es de acá mas aplanado y menos alto, pero no menos ancho, que en las vértebras precedentes. Las últimas dos vértebras muy pequeñas no tienen perforacion ninguna.

Contemplando la columna vertebral de la cola en general, se presenta en ella un otro carácter particular, el cambio completo de la figura de las vértebras sueltas poco á poco. En el principio el cuerpo de las primeras vértebras tiene la misma figura cilíndrica como el de las últimas vértebras lumbares; pero se distingue de ellos por la propiedad, que en lugar de la única carena longitudinal inferior media, se forman dos carenas paralelas, entre las cuales, por asistencia de las espinas inferiores, corre el canal vertebral inferior de la cola. Estas dos carenas se levantan mas hasta la sexta vértebra caudal, y se pierden despues, disminuyéndose poco á poco atrás de la duodécima. No solamente por estas carenas inferiores, sino tambien por una compresion lateral, los cuerpos de las cinco primeras vértebras caudales se levantan siempre poco mas altos y asi sucede, que el diámetro perpendicular de la quinta supera mucho al diámetro transverso-horizontal.

Esta compresion lateral de las vértebras anteriores de la cola es en completa armonía con la figura externa de la cola del animal, siendo comprimida tambien esta parte de su cuerpo atras de la aleta dorsal tanto mas, cuanto mas se acerca á la aleta caudal. En donde al exterior la cola es mas delgada, las vértebras caudales se cambian de nuevo en menos comprimidas, estando las despues de la quinta verdaderamente cilíndricas; pero luego, despues de la décima vértebra caudal, se transforman en aplanadas, mas anchas que altas, correspondientes por esta su figura completamente á la horizontal de la aleta caudal, que tiene en estas últimas nueve vértebras aplanadas su principal apoyo. Asi depende la figura de las vértebras caudales de la configuracion externa del animal entero.

Debemos hablar al fin algunas palabras de las espinas inferiores de la cola ya antes mencionadas. En el esqueleto mas viejo hay doce tales espinas, atadas de las doce primeras vértebras caudales; en el esqueleto jóven no mas que ocho, faltando las cuatro posteriores, que son tambien en el esqueleto viejo muy pequeñas y casi imperfectas por su substancia huesosa menos dura. Cada espina se forma de dos ramos superiores muy comprimidos, que se atan á la union de dos vértebras vecinas en este modo, que la parte mayor de la márgen superior de cada ramo se une con la vértebra anterior y la parte menor con la vértebra posterior. En estos puntos las vértebras mismas tienen eminencias articulares, á cada lado del surco medio longitudinal, y con estas eminencias se unen los dos ramos de la espina. Abajo de los ramos la espina se prolonga en una lámina descendiente, que se dirige poco mas al adelante que al detras por su direccion general, pero continuándose hácia detras bajo los ramos en una espina sobresaliente particular bastante aguda. Medida con esta esquina la tercera espina es la mas ancha, de 11", pero la cuarta la mas alta, casi de 13". De acá las otras son sucesivamente menores, hácia adelante como hácia atras, siendo la primera espina no mas alta que 4", y la última de 2". Esta y las dos precedentes no tienen prolongacion ninguna bajo los ramos, que son tampoco unidos entre sí por la substancia huesosa, sinó por una conjunciou cartilaginosa.

15

Hay d i e z pares de costillas perfectas, que son atadas á las diez vértebras dorsales, una á cada lado de la vértebra. En el individuo mas viejo hay ademas al lado derecho de la vértebra, que sigue á la décima dorsal y que hemos tomado para la primera lumbar, el resto de una costilla 2 pulg. de largo, que se une con la apofisis transversa de la dicha vértebra por un ligamento cartilaginoso-fibroso. Al otro lado izquierdo no se ha conservado igual costilla accesoria, pero es de presumir que ha sido presente entre los músculos, perdiéndose durante la preparacion con ellos. Entonces es el número verdadero de las costillas de o n c e pares y el de las vértebras lumbares de c i n c o.

Las costillas son por el tamaño del animal bastante gruesas, pero por toda la extension mas ó menos comprimidas y al fin inferior poco mas anchas que al fin superior. Las primeras cuatro, que se prolongan sucesivamente mas, tienen al principio, en donde se unen con las vértebras, dos caras articulares, es decir, el capítulo de la figura mas circular, imitando la de una clava, y el tubérculo mas retirado á la márgen superior como una tuberosidad bastante alta, transversalmente colocada contra la direccion de la costilla. Las dos articulaciones se cambian poquito en figura con la posicion de la costilla. En la primera el capítulo y el tubérculo son bastante angostos, pero el cuello del tubérculo mas largo, que en las otras tres. En estas el capítulo como el tubérculo se engrosan mas con la posicion posterior, pero el cuello del capítulo se hace sensiblemente mas corto, en relacion con la apofisis transversa, á la cual se ata el tubérculo. La primera costilla del individuo viejo mide 3 pulg. en línea recta, la segunda 5 pulg., la tercera 6 pulg. y la cuarta $6\frac{2}{3}$ pulg. Estas cuatro se unen con el esternon por h u e s o s e s t e r n o - c o s t a l e s poco corvados y tambien poquito comprimidos, de los cuales el primero es 2 pulg. de largo, el segundo $2\frac{1}{4}$, el tercero $2\frac{1}{2}$ y el cuarto $2\frac{3}{4}$. Todos son muy duros, completamente osificados y tan perfectos como las costillas mismas, á los cuales pertenecen, aun en el individuo mas jóven. (*)

Las otras costillas atras de la cuarta no tienen mas capítulo y cuello, sinó se unen solamente por el tubérculo con la apofisis transversa de la vértebra, á la cual se atan. Tienen ademas la misma figura, pero el fin inferior es poco menos ancho, por no unirse con un hueso esterno-costal. La quinta es casi

(*) En la *Inia* y la *Platanista* estas conjunturas de las costillas con el esternon no se osifican jamas, segun FLOWER, restando cartilaginosas por toda la vida del animal, como en los *Ziphiadae*, por ejemplo en nuestro *Epiodon australe*. Por esta diferencia la *Pontoporia* se distingue mucho de los *Delphinidae* de agua dulce, y se acerca mas á los del mar.

igual en tamaño á la cuarta, de $6\frac{3}{4}$ pulg., la sexta de $6\frac{1}{2}$, la séptima de $6\frac{1}{4}$, la octava de 6, la novena de $5\frac{1}{4}$ y la décima de $4\frac{1}{2}$, todas medidas por línea recta del principio hasta el fin. La curvatura de las costillas es bastante fuerte al principio, en donde se acercan á la vértebra; despues mucho menos rápida y al fin inferior la direccion casi recta.

16

El e s t e r n o n (Lámina XXVI. fig. 3.) se compone de dos partes casi iguales en longitud, pero muy diferentes en anchura. La parte anterior es muy mas ancha, que la parte posterior, y si se toma la medida en el medio tambien mas corta, formándose al lado anterior mas ancho un ángulo entrante obtuso, que divide este lado en dos prolongaciones sobresalientes, divergentes al exterior, que tienen á cada lado una excavacion profunda, en la cual se coloca el hueso esternocostal primero. Por la escotadura, en la cual entra este hueso esternocostal, se forman á la dicha prolongacion sobresaliente al exterior tres esquinas separadas, una al adelante, la otra al detras y la tercera al lado inferior, que incluyen entre sí la cavedad, con la cual se une el primer hueso esterno-costal. Atras de la esquina posterior de la dicha prolongacion externa la primera parte del esternon se hace pronto mas angosta y forma en este modo una pieza heptangular, con la márgen anterior angulosa de dos lados y la márgen posterior simple transversal, entre las cuales á cada lado hay dos otras márgenes, la anterior sobresaliente con la escotadura para el hueso esternocostal, y la posterior corvada al interior, que traduce la prolongacion con la escotadura á la márgen posterior transversa. En el punto en donde se forma la esquina entre la márgen posterior y la márgen lateral posterior, se ata el segundo hueso esternocostal, formándose en este punto, como en el correspondiente de la segunda parte del esternon, una excavacion pequeña, para recibir el fin del dicho hueso esternocostal. La descripta parte anterior del esternon del individuo mas viejo es de $2''\ 8'''$ ancho entre los puntos mas sobresalientes de la prolongacion lateral, y como $2''$ largo á cada lado.

La segunda parte del esternon es una lámina oblonga poco convexa al exterior, $2''\ 2'''$ de largo y $1''\ 3'''$ de ancho al principio, terminada por un ángulo obtuso entrante, que dividida el fin posterior en dos esquinas obtusas, sobresalientes, con las cuales se unen los huesos esterno-costales del último par de las costillas atadas al esternon, durante que los mismos huesos de las costillas del tercer par se unen poco antes de las dichas esquinas con el lado exterior, siendo libre la parte anterior mayor del mismo lado y sin algun apéndice. Toda la pieza segunda se une con la primera por substancia cartilaginosa y no parece unirse con esta jamas de otro modo.

La figura del esternon de la *Pontoporia* es particular entre los *Delphinidae*. En la *Inia* no hay mas que una sola pieza del externon, segun la descripcion de FLOWER (l. l. pag. 103. pl. 27. fig. 3—5.) y lo mismo vale de la *Phocaena*, segun RAPP *(Cetaceen, pag. 73.)* El mismo autor dice, que el esternon del Delfin comun de Europa *(D. delphis)* está compuesto de cuatro piezas. , Mas similitud parece ofrecer el esternon de la *Platanista*, que se une tambien con cuatro pares de costillas, durante que en la *Inia* probablemente no mas que dos pares se unen con él. En la *Phocaena* hay cinco pares de costillas atadas al esternon y el mismo número se encuentra en el Delfin comun.

17

Faltan para describir los huesos de los miembros, de los cuales en los Cetaceos no hay mas que los de los anteriores, siendo los de los posteriores representado por un hueso pequeño á cada lado del ano, del cual hablaremos en la descripcion de los órganos genitales. (§. 30.)

Los huesos del miembro anterior son completos, con excepcion de la clavícula, que falta no solamente á todos los Cetaceos, sinó tambien á los Mamíferos ungulatos. Se componen entonces estos huesos del omoploto, del humero, del radio y del cubito en el antebrazo y de los huesos de la aleta pectoral, que representan los de la mano y de los dedos del hombre.

El o m o p l a t o (Lam. XXV. fig. 1.) tiene la figura completa de el de los Delfines típicos, es bastante mas largo que alto, y se acerca mucho á la figura del omóplato del *Delphinapterus*, dada por CUVIER (*Ossem. foss.* V. 1. pl. 23. fig. 20). En el individuo mas viejo su altura es de 3. pulg. y su longitud de 4½ pulg. La cavidad glenoidea elíptica es 8 lin. largo y la circunferencia superior no regularmente corvada, sinó con una excotadura arqueada á la parte posterior. A toda esta circunferencia se ata un cartílago fino, que es bastante ancho al principio como al fin de la márgen superior del omoplato, pero muy angosto en el medio; este cartílago se pone tambien en la escotadura posterior de la márgen y cambia por no imitar la escotadura, la márgen exterior del omoplato en una curva regular. Iguales apéndices cartilaginosas hay tambien en la punta de las dos apofisis, que salen de la márgen anterior del omoplato arriba de la cavidad glenoidea. La mas inferior sale inmediatamente de la esquina anterior de la dicha cavidad, formando la apofisis coracoides, que es mas corta, apenas 8 lin. larga, y menos ancha que la otra, el acromion. Esta apofisis no sale de la márgen del omoplato, sinó de la superficie externa, bastante distante de la cavidad glenoidea, con direccion poco ascendente. Tiene una longitud de $\frac{1}{2}$ pulg., la márgen inferior es gruesa y angulada, la márgen superior fina y derecha y además provista con una esquina sobresaliente en su base superior, de la cual sale una cresta poco elevada sobre todo el omoplato, dividiendo la superficie externa de él en dos partes desiguales: la anterior mas pequeña, que corresponde á la fosa supra-espinosa del hombre, y la posterior tres veces mas grande, que corresponde á la fosa infra-espinosa. En la parte posterior de esta superficie hay otra cresta mas débil, que separa la esquina del omoplato de la parte media mas ancha, y indica la terminacion de los músculos, que se atan á la fosa infra-espinosa. La superficie interna del omoplato es poco concava, principalmente á la base sobre la cavidad glenoidea, pero sin crestas y apofisis.

El húmero es 2 pulg. de largo, y mucho mas largo que cada uno de los dos huesos del antebrazo, durante que en los Delfines tipicos aquel hueso es mas corto, que estos. Tiene un tuberculo bastante fuerte al lado externo del capítulo, y una márgen inferior ancha, con dos superficies articulares para los dos huesos del antebrazo.

Estos son cortos y anchos, el radio tiene $1\frac{1}{4}$ pulg. de largo y el cúbito $1\frac{1}{3}$; aquello es en oposicion con el tipo de los verdaderos Delfinos mas angosto, principalmente al fin inferior carpal, que el cubito, y este no tiene tuberosidad ninguna para el olecránon. La anchura de los dos huesos unidos en el carpo es de $2\frac{1}{4}$ pulg., de los cuales el cúbito ocupa $1\frac{1}{4}$ pulg.

Los cinco huesecillos del carpo, que se encuentran generalmente en los Delfines, son tambien presentes en nuestro animal, pero su colocacion es diferente. Los Delfines tipicos tienen tres en la primera fila y dos en la segunda, correspondientes á dos intérvalos entre los tres de la primera fila. La *Pontoporia* tiene cuatro en la primera fila, dos correspondientes al radio y los otros dos al cúbito, colocándose el último quinto en el intérvalo entre los dos del radio; todos circundados por substancia cartilaginosa, por la cual los

huesecillos se tocan entre sí y con los vecinos. (*). Por el individuo mas
jóven comprendemos, que estos cinco huesecillos no osifican contemporáneamente, sinó que el primero que se osifica, es el segundo del radio, al cual sigue
el tercero ó interno del cúbito y despues el quinto, colocado entre los dos
del radio. No hay mas huesecillos osificados que estos tres en el carpo del
individuo jóven; todo el resto del carpo es cartilaginoso, pero con indicacion
de los huesecillos sueltos en porciones separadas, en las cuales poco á poco se
forman centros huesosos.

Hay, como siempre en los Delfines, c i n c o d e d o s, unidos por substancia
celular adiposa, para formar la aleta pectoral. Cada dedo se compone de
huesecillos separados, unidos entre sí por intérvalos cartilaginosos.

El primer dedo mas pequeño se forma de dos osificaciones, de las cuales la
primera, el metacarpo, se une íntimamente con el primero de los dos huesecillos del carpo antes del radio, tocándose tambien con el quinto, y imitando por
su figura á estos tres huesecillos, pero prolongándose al exterior en una parte mas
cilíndrica, que prueba, que este huesecillo no es parte del carpo, sinó pertenece
al dedo primero. El segundo huesecillo es la falange única muy pequeña del
pulgar, de figura cónica, terminada por una punta cartilaginosa.

El dedo segundo es de todos el mas largo, se compone de cuatro huesos, el
metacarpo mas grande y tres falanges huesosas, de las cuales el metacarpo se
une con el único huesecillo de la segunda fila del cuerpo (*multangulum minus*).
La última falange termina con un cartílago conico punteagudo, que corre
hasta la punta sobresaliente externa de la aleta.

Los tres otros dedos son de la misma construccion general, pero sucesivamente mas cortos; cada uno tiene un hueso metacarpo bastante grueso y dos
falanges huesosas con una punta cartilaginosa á la última, que corre hasta la
márgen posterior de la aleta. El tercer dedo se toca con el huesecillo del
carpo de la segunda fila y el primero del cubito de la primera fila; el cuarto
dedo está atado al mismo huesecillo y al segundo del cúbito; el quinto dedo á
éste y á la esquina posterior del cúbito mismo. Un huesecillo accesorio, que
tiene en este lugar la *Inia* (Flower, *l. l. pl.* 25. *fig.* 3. 6.) no se encuentra en

(*) La interpretacion de estos cinco huesecillos, comparando los con los del hombre, me
parece en este modo conforme con su posicion, que las cuatro de la primera fila son: 1. *naviculare*, 2. *lunatum*, 3. *triquetrum*, 4. *capitatum*, y el quinto 5. *multangulum minus*, porque el
segundo dedo (el índice) se ata á este hueso, y el tercer dedo al *multangulum majus*.

nuestro animal; el dedo externo quinto se ha colocado mucho mas á la esquina del carpo, que el de la *Inia* en la figura citada de FLOWER.

Medidos con los cartilagines á la punta de cada dedo ellos tienen la longitud siguiente:

Primer dedo 8 líneas.
Segundo dedo 3¾ pulgadas.
Tercero dedo 3 pulgadas.
Cuarto dedo 2½ pulgadas.
Quinto dedo 2 pulgadas

C. De la boca y del aparato digestivo.

(Lámina XXVII.)

18

La figura 1. de la lámina muestra la boca abierta con los órganos en ella, como son colocados en posicion natural. Examinándola detalladamente, se vé en toda la superficie del interior una túnica mucosa blanca y bastante gruesa, que forma muchos pliegues simétricos y arrugas redondeadas, entre las cuales á las márgenes de los pliegues son colocadas verrugas pequeñas conicas papillares y agujeritos pequeños irregulares, como aperturas de folículos mucosos. En la superficie superior y anterior del paladar esta menbrana mucosa está lisa, sin pliegues y arrugas, pero al fin posterior descendiente se forman de los dos lados grandes pliegues símetricos, inclinados del exterior al centro del paladar y crenulados á sus lados por otros pliegues pequeños. En donde el paladar se une con la faringe estos pliegues son mas llanos y menos pronunciados. A cada lado de la entrada en la faringe se forma, encima de la lengua, un pliegue similunar mas alto de la misma construccion, que parece ser destinado principalmente á la extension de las mejillãs, cuando el animal toma un alimento grande, que no pase de otro modo por la entrada. Iguales pero mas pequeños pliegues se ven al lado de la lengua, tanto en el adelante como al externo y al fin posterior, que permiten una extension notable de la garganta al inferior y dan una amplitud mucho mayor á la cavidad de la boca, que la tiene en su posicion cerrada, cuando hay necesidad de extenderla por los alimentos grandes.

La l e n g u a (fig. 4.) ocupa la parte media del lado inferior de la boca, colocada entre los ramos divergentes de la mandíbula inferior (véase su posicion natural en fig. 1.) Se divide en dos partes desiguales. La anterior mucho mas pequeña, es 14. lin. de larga y al fin posterior 12. lin. de ancha; su superficie es lisa, dividida por dos surcos débiles longitudinales hácia detras divergentes en una área media angosta y dos mas anchas laterales. Su márgen libre es poco mas elevada y crenulada con verrugas y flecos, que son bastantes largos en el medio de cada lado externo. Bajo la lengua hay en todo su contorno libre un pliegue grueso redondeado, que se une en el adelante con el frenillo, que es dividido por un surco profundo en dos partes paralelas iguales, tambien transversalmente plegadas. A los lados externos estos pliegues del frenillo se unen con los pliegues externos de la cavidad de la boca bajo la lengua, ya antes descriptos.

La parte posterior de la lengua tiene mas que la doble extension de la parte anterior y no es separada tanto del fondo de la boca, como la anterior. Su superficie no es lisa, sino arrugada por muchos pliegues angostos, redondeados, que corren irregularmente con muchas ondulaciones entre sí, divididos por un pliegue medio longitudinal y un otro transversal mas ancho en el medio de esta parte, que forma en ella dos otras areas mas ó menos iguales. Hay muchísimos poros de folículos mucosos entre estos pliegues, principalmente en la porcion media de la lengua, y algunas papillas bastante altas, que se acumulan en la region posterior.

Al lado externo de esta porcion posterior de la lengua se forma un pliegue alto mas ancho, que acompaña la dicha porcion y se prolonga hasta la porcion média, separando en este modo la lengua de la cavidad de la boca. Algunos otros pliegues mas cortos principian al lado posterior de este pliegue principal, uniéndose entre sí por otros pliegues ondulados atras de la lengua, que corren hasta el principio de la faringe, separando acá por un callo transversal corvado y arrugado la lengua de la entrada en las fauces, que principian inmediatamente atras del callo descripto transversal. Nuestra figura 4. se concluye á la márgen superior con este callo, mostrando los primeros pliegues de la faringe encima de él.

19

La f a r i n g e principia en abajo atras de la lengua y arriba atras del paladar. En este lado la continuacion del paladar blando forma con la pared superior de la faringe un velo circular descendente, que incluye el cono ascendente de la laringe, que perfora la faringe en su parte anterior mas estendida, llamada las f a u c e s. Este velo circular tiene un fundamento musculoso, formándose de un verdadero esfínter reclinado al interior del velo, que lo ata tan íntimamente al cono ascendente de la laringa, que nada puede pasar de la nariz en las fauces, sin que se abra el dicho velo circular, que incluye el cono de la laringe. En este modo el canal de las fauces es dividido por el cono de la laringe, que las perfora, en dos conductos separados, un derecho y un izquierdo, que se unen atras del dicho cono laringal en un conducto simple, que es el principio del aparato digestivo, llamado e s ó f a g o.

Este conducto tiene una superficie interna lisa, longitudinalmente plegada, que se forma por diferentes tejidos muy expansibles, que no he de examinar acá detalladamente. Su pared es bastante gruesa, y el número de los pliegues internos irregulares variable de ocho hasta diez, cada uno poco aplanado, con muchos pliegues transversos pequeños redondeados, que dan á su superficie la misma figura, que tiene la parte posterior de la lengua. Estos pliegues y sus rugosidades son mas fuertes en el principio que en el fin del esófago, que es como ocho pulgares de largo y pulgar y medio de ancho en el estado natural, sin extension particular por alimentos.

Cuando el esófago, descendiendo bajo la columna vertebral por el torax, ha perforado el diafragma en el agujero oval, se cambia su figura cilíndrica en la oval del e s t ó m a g o , que es compuesto de diferentes porciones, bastante separadas.

La p r i m e r a porcion de este órgano tiene completamente la figura de un melon de 9 pulg. diámetro longitudinal y 7. pulg. de transversal, con superficie externa lisa, pero interna irregularmente plegada. Los pliegues son por su curso y su figura idénticos á los mismos del *Epiodon australe* (véase lám. XVIII. fig. 4.), pero relativamente mas anchos y menos elevados, por consiguiente tambien menos numerosos, corren por ondulaciones irregulares sobre la superficie interna del estómago de la entrada (cardia) hasta la salida (piloro). La cardia se encuentra á la extremidad anterior poco mas al lado derecho, que en el medio mismo, y el piloro no al fin opuesto del estómago, sinó tambien al mismo lado, bastante distante del fin posterior del estómago, siendo su posicion la longitudinal, al lado izquierdo de la cavidad abdominal, inmediatamente bajo el diafragma. La cardia es ancha, de la misma anchura del esófago, pero el piloro es muy angosto y tan estrecho, que apenas un alambre de grosor medio pasa por él. Nada que solamente fluidos pueden pasar por consiguiente del estómago primero en el segundo.

He encontrado en el estómago primero un pescado 8 pulg. de largo de la clase llamado aquí P e j e - R e y (*Atherina argentinensis* Cuv. Valenc.) y algunos *elytra* de *Colymbetes*, que prueban, que este animal come objetos muy diferentes del mar como del agua dulce.

El piloro angosto se estiende pronto en una cavidad pequeña circular, de 2. pulg. diámetro, pero no tan ancha, sinó comprimida, que cavidad corresponde al s e g u n d o estómago de la *Phocaena* (Rapp, *l. l. pl.* 6. *fig.* 3. *c.*), pero con la diferencia de ser notablemente mas chico. Su superficie interna es lisa, sin pliegues algunos, como la de los otros estómagos atras de él.

El t e r c e r o estómago es mas grande, que el segundo, pero mucho mas pequeño que el primero, de figura prolongado-oval, con el principio mas obtuso y el fin mas punteagudo; su longitud es de 3¼ pulg. y su anchura de 2 pulg. Sigue al segundo en la direccion al lado derecho del animal, uniéndose con el por un esfinter bastante laxo, que permite una extension considerable de la entrada. Su posicion es transversal oblícua, pero las conjunturas con los estómagos vecinos no son á los puntos del oval, sinó al lado; la entrada bajo el fin obtuso, la salida al lado superior, antes de la parte punteaguda.

El c u a r t o estómago es parecido al tercero, pero mas pequeño, 2. pulg. de largo y 1. pulg. de ancho. Se une con el tercero del lado superior de este, separado de él por un esfinter muy angosto; pero la salida es mas ancha y el esfincter de ella mas laxo. (*)

Sigue al estómago cuarto bastante pequeño, que es el último segun la analogía con los Delfines típicos (véase la obra de Rapp, pag. 134.) un conducto pequeño, 1. pulgar de largo, con pliegues irregulares en su superficie interior, que pronto se estiende, reclinándose al detras, en una bolsa pequeña 1¾ pulg. de largo y 1. pulg. de ancho, con la cual principia el intestino delgado, representando esta bolsa con su couducto el d u o d e n o de los otros Mamíferos, porque se desagua en el, á la punta mas prominente de adelante, en donde el conducto se une con la bosa, el conducto hepático y pancreático. Lo mismo vale de los Delfines típicos, segun Rapp (l. l. pag. 135.)

(*) He encontrado en estos dos estómagos pequeños ningun resto de alimentos sinó una flema amarilla, entre la cual fueron atadas á la pared de los estómagos algunas lombrizes intestinales del género *Echinorrhynchus*, cada uno de 7-8 lin. largo, con diferencia del sexo pronunciada, los machos con fin posterior globoso, las hembras poco mas largas punteagudas. Por falta de los libros necesarios, no puedo determinar bien la especie.

El intestino delgado se une con la bolsa descripta del duodeno por una boca bastante extendida, pero pronto el se estrecha en un conducto angosto muy delgado, que corre con muchísimas circunvoluciones por toda la cavidad del cuerpo hasta el ano, suspendido por el mesenterio y tapado por el omento en su parte inferior y anterior. . No hay diferencia ninguna entre el intestino delgado y grueso; la configuracion del todo el intestino es igual, del principio hasta el fin, y su extension muy considerable, 144. pies de largo, es decir: 32. veces mas largo que el cuerpo del animal con la cola. Su anchura corresponde á 7 líneas diámetro recto, visto de afuera, y el conducto interno es apenas 5. lin. de ancho. La superficie interna es lisa, y parece al ojo no armado sin pliegues y vellosidades ningunas por toda su extension; pero comtenplándola por un lente fuerte, se ven en toda la superficie poros pequeños, circundados por elevaciones angostas, que dan á la superficie interna la figura de un retecillo muy fino y regular. Pliegues longitudinales, que describe Rapp de los Delfines típicos, no he visto en el intestino de nuestro animal.

20

Los tres órganos al lado del estómago, el hígado, el pancreas y el bazo, son de la figura regular de los Delfines típicos.

El hígado de color obscuro amarillo poco colorado, es situado en la esquina derecha del cuerpo bajo el diafragma, tapando con su lobo interno los tres estómagos atras del primero y el duodeno; su figura es transversal oval, su superficie anterior bastante convexa, su posterior mas llana que cóncava. Sale de la superficie superior de un pliegue transversal medio poco mas al lado interno el ligamento suspensorio, que ata el hígado al diafragma, y al fin superior de este ligamento corre la vena porta, que tiene una anchura notable. Por el dicho pliegue, de donde sale el ligamento suspensorio, se divide el hígado en dos partes, que son tambien indicadas por surcos en la superficie interna. Acá corre en este surco el conducto hepático, que sale de una bolsa transversal cilíndrica en el medio del hígado, formado por los dos conductos de las dos partes del hígado, que se unen acá en el dicho bolsillo transversal, bastante ancho, en comparacion con el conducto hepático, que corresponde por su tamaño á la vejiga de hiel particular de los otros Mamíferos. En nuestro animal, como en los Cetaceos en general, no hay vejiga de hiel separada. El conducto hepático angosto entra en la parte ancha del duodeno, en donde se forma un ángulo entre ella y la parte anterior mas angosta del mismo, descendiendo un poco al lado de la parte ancha.

El p a n c r e a s es de color blanco, poquito azulado-violeto, y de la configuracion general de lóbulos mas ó menos separados, que son en nuestro animal bastante distantes. Su figura general es prolongada, con una parte mas ancha al lado izquierdo, que se oculta bajo el estómago primero. Su extension en direccion transversal, que es la regular colocacion del órgano entre los estómagos secundarios, es de 8 pulg., la parte ancha izquierda tiene 5 pulg. diámetro y la parte angosta derecha 3 pulg. Las dos extremidades son de figura redonda y el fin derecho atado íntimamente al principio del intestino delgado. Acá sale el conducto pancreático, que entra al lado del conducto hepático en el duodeno.

El b a z o se forma de dos porciones completamente separadas, muy desiguales en tamaño, pero iguales en figura, que es la oval, como una almendra. Las dos son colocadas al fin izquierdo del pancreas, bajo la márgen correspondiente del estómago primero. La porcion mas pequeña anterior tiene como 10 líneas de largo y la porcion mas grande posterior 1 pulg. 8 lin.; las dos son deprimidas y de media anchura de la longitud. Su color es obscuro amarillo-rojo.

D. De la nariz y de los órganos de respiracion.

21

La entrada en las cavidades de la nariz se presenta como un arco semicircular en cima de la cabeza, poco atras del ojo y en la misma altura del orificio auditivo, 12¼ pulg. distante del fin del pico en el individuo mayor de nuestra coleccion; su diámetro transversal es de 10 lin., y su postura en este modo que la curva se dirije hácia detrás y los dos puntos del arco hácia adelante. (Véase lám. XXIII. fig. 3.) Atras del arco se levanta la superficie de la cabeza como un callo redondeado, que incluye una válvula de figura del arco, poco convexa pero mucho mas deprimida que el callo, abríéndose la parte posterior circular de la válvula bajo el arco calloso como una ventalla descendiente, que deja entrar el aire en la cavidad bajo la válvula, si la ventalle se inclina al interior.

La esquina derecha de la ventalla es libre, hasta el fin del arco, que la incluye, pero al lado izquierdo la ventalla no es libre, sinó unida de abajo con el callo del arco, separada de él solamente por un surco impresso. En el fin anterior de este surco se vé una apertura pequeña circular, (veáse lam. XXVII. fig. 5. *c*. fig. 6. *c*. y fig. 7. *c*.) completamente separada de la ventalla libre, y esta apertura comunica con un conducto perpendicular angosto, que desciende directamente á la cavidad interior izquierda de la nariz, no comunicando con las grandes bolsas airíferas, que se forman bajo la ventalla antes de los verdaderos conductos nasales. Esta disposicion es única, en tanto que yo sé, entre los Delfines, y un carácter singular de la *Pontoporia*.

La válvula descripta, como el callo elevado atrás de ella, se componen de un tejido fuerte fibroso blanco, que forma una bóveda sobre toda la region de la nariz, cubierta al exterior por el tejido celular adiposo y sobre este por la cutis externa con su epidermide. Esta bóveda fibrosa (lam. XXVII. fig. 5. *a. b.*) se ata en todo su contorno externo á las listas laterales elevadas del cráneo, que salen de las crestas altas supraorbitales del hueso maxilar superior hácia detrás, como tambien de estas crestas mismas, estendiéndose en el adelante de las crestas sobre la parte basilar del pico y contrayéndose al detrás del lado izquierdo en un tendon ancho triángular llano (lam. XXVII. fig. 5. *f.*) que se une con el músculo frontal izquierdo (*h.*)

En la punta posterior de este tendon se unen todas las fibras de la bóveda, que salen de las crestas orbitales y frontales, corriendo en direccion radial convergente de la circunferencia de la bóveda hasta el dicho fin posterior en el músculo frontal izquierdo.

La contracion de este músculo bastante fuerte, como la del otro derecho igual (*h.* y *h'.*), de donde sale el puente fibroso, del cual hablaremos despues, produce por consiguiente un rebajo de toda la bóveda fibrosa y por este rebajo la salida del aire de las bolsas airíferas. Igual músculo tienen los Delfines típicos (Rapp l. l. 106.). Sus fibras salen del interior de las listas elevadas frontales y parietales de toda la superficie frontal en el contorno de la nariz, y se unen con direccion radial en el fin del tendon (*f.*) y del puente (*g*), que se ata á la bolsa airífera inferior, como veremos despues.

Levantando la bóveda fibrosa se abre una cavedad grande, que ocupa toda la parte central de la cabeza en la circunferencia de los conductos nasales. Esta cavidad es vacía, cubierta con un tejido fino en toda su superficie, inc̆luyendo en su capacidad una bolsa libre de tejido fino fibroso, con epidérmide interno negrizo, que comunica directamente por la apertura de la válvula externa con el aire afuera del animal. La dicha bolsa se·divide en dos partes desiguales, la una superior (fig. 5. *d. d.*) y la otra inferior (*e.*) La parte superior ocupa todo el espacio bajo la bóveda y se estiende hácia adelante hasta las crestas supraorbitales y la base de pico, como hácia detrás hasta el fin del músculo frontal derecho, que ella tapa completamente de arriba. Esta bolsa grande se divide en diferentes partes mas ó menos separadas. La parte anterior bajo la frente está redondeada, con incisuras pequeñas en la circunferencia, de las cuales salen tabiques membranosos al interior de la bolsa, dividiéndola en un espacio central comun, y algunas cameras periféricas, separadas entre sí, pero unidas con el espacio central de la bolsa (veáse la fig. 5.) La parte posterior mas angosta situada sobre el músculo frontal, tiene iguales cameras separadas en su contorno, pero se separa menos distintamente de la parte media, que la parte anterior de la bolsa en general. Esta parte media es la mas ancha, se dirije á los dos lados de la válvula externa y se estiende sobre toda la frente, hasta las crestas laterales huesosas.

En el medio de esta parte ancha, inmediatamente bajo la válvula externa, por la cual la bolsa comunica con el aire atmósferico, se vé un puente fibroso en el fondo de la bolsa (fig. 5. *g.*), que corresponde por su figura y posicion al tendon terminal de la bóveda (*f.*), atado al músculo frontal izquierdo. Este puente es en verdad el compañero del dicho tendon, porque sale en el mismo modo del medio del músculo frontal derecho, como el tendon del músculo frontal izquierdo. Al fin anterior el tendon derecho se cambia en un músculo llano poco mas ancho, que se ata á la pared superior de una bolsa menor segunda inferior (*e.*) bajo la parte anterior de la bolsa primera mayor y superior, con la cual esta segunda bolsa airífera está conforme por su figura como por su tamaño y su construccion. La entrada en esta bolsa inferior es á los dos lados del puente fibroso de figura del tendon, siendo el puente envuelto completamente por la túnica fina transparente de la bolsa, y la pared inferior de la bolsa atada á la parte anterior de los dos músculos frontales, que llenan con su tejido carnoso las concavidades sobre la parte posterior ancha del hueso maxilar superior.

Levantando el dicho puente por una incision transversal, se vé bajo el puente una concavidad pequeña transversa (fig. 6.), que se prolonga hácia detrás en dos otros bolsillos mas pequeños, separados á su lado posterior por tabiques tendinosos en 5—6 cameras separadas. Estos dos bolsillos (fig. 6. *n. n.*) se ocultan bajo los dos tendones, que salen del medio de los dos músculos frontales (*h.* y *h'*). Antes de ellos se vé en el fondo de la cavidad bajo del puente una hendedura transversal ondulada, que es bien cerrada, principalmente á los dos lados, por válvulas pequeñas fibrosas (fig. 6. *i. i.*), que se atan intimamente á la márgen posterior de la hendedura, entrando cada una con su márgen aguda en un surco transversal con márgen inferior sobresaliente en la misma orilla de la hendedura. Esta hendedura cierre la entrada de la nariz por la accion de sus dos válvulas laterales completamente, separando los conductos de la nariz de las bolsas airíferas antes de la hendedura y prohibiendo el pasage por la nariz de cualquiera otra cosa, que el aire, por su accion durante la respiracion del animal. Al lado izquierdo de la hendedura se vé cortado, antes de la válvula izquierda, el conducto pequeño airífero (*c.*) que sale del ángulo izquierdo de la válvula semi-circular externa, perforando el fondo de la cavidad bajo el puente, para entrar directamente en el conducto izquierdo interno de la nariz.

Así se forma un aparato airífero bastante extendido de dos bolsas desiguales, pero grandes, y una cavidad pequeña basal entre ellas, con apéndice de dos bosillos, antes de la verdadera entrada en la nariz, que tiene la intencion conservar una cantidad considerable del aire atmosférico en sus cavidades, para sotener la respiracion del animal por algun tiempo en el agua, durante su immersion en este elemento.

22.

Abriendo artificialmente la hendedura transversa con sus dos válvulas, que cierran la entrada interior en los conductos nasales, como lo muestra la fig. 7. de la lámina XXVII., se vé primeramente, que el medio de la dicha hendedura no es libre al interior, sino unido con el fin del tabique cartilaginoso, que separa los conductos nasales. Solamente las dos válvulas laterales son libres y por estas, no por toda la hendedura transversa, pasa el aire en la nariz. Reclinando estas válvulas (*t. t.*) al anterior, como en fig. 7., se presentan dos pequeños bolsillos (*m. m.*), cada uno de figura oval, con paredes plegadas y crenulaciones pequeñas á las crestas, que se levantan al interior del bolsillo. Estos bolsillos son tambien indicados cada uno por su elevacion convexa y su contorno oval en la figura 6. (*m. m.*), formando con su pared superior el fondo de la concavidad bajo la bóveda fibrosa, que incluye las grandes bolsas airíferas. Inmediatamente abajo de estos dos bolsillos internos plegados se abren los dos conductos nasales (*o. o.*), separados por el tabique cartilaginoso (*p.*), que se une con el hueso vomer. Las paredes laterales de estos orificios y principalmente las de la cavidad antes de la entrada, se forman de dos músculos bastantes fuertes (*q. q.*), que se estienden hácia adelante como de atrás de los orificios, dando movimiento á estas paredes durante la accion respiratoria y abriendo las válvulas, que cierran la entrada. Bajo estos músculos se prolonga hácia adelante la cavidad de la entrada en dos canales angostos, de los cuales se vé la apertura interna, que comunica con la entrada nasal á cada lado (*r. r.*) Estos canales descienden al lado de las elevaciones ovales, que forman los dos huesos intermaxilares con los maxilares, antes de las aperturas nasales, y corren en el surco profundo entre la parte visible del hueso maxilar superior y del hueso intermaxilar por la base del pico, hasta el fin de la dicha parte visible del hueso maxilar superior. Acá entra tambien en la cavidad nasal interna, poco antes de la válvula derecha interna entre ella y el bosillo plegado izquierdo, el conducto pequeño airífero (*c.*), que sale del ángulo izquierdo de la válvula semicircular externa. Una cerda introducida en este conducto (fig. 7), muestra bien su direccion.

Al fin, pasados todos estos apéndices airíferos, entramos en los conductos nasales propios, que son dos tubos ovales bastante anchos, perpendiculariter descendientes, separados entre sí por el tabique nasal. Este tabique formado por el hueso vomer, se prolonga hácia abajo hasta el fin de las paredes huesosas, que incluyen los conductos nasales, dejando libre al fin un espacio bastante grande comun, en el cual entra el cono prolongado de la laringe. Acá cierra el velo palatino blando cónico, que agarra este cono de la laringe intimamente, el conducto nasal comun, separándole completamente de las fauces.

Los conductos nasales son tapados al interior por una membrana fina mucosa, mucho mas fina que la de las fauces y del esófago, y sin los pliegues y crenulaciones, que distinguen bien esta otra. Su color propio no es blanco, sino pardo-rosado, como todo el interior de la cavidad de la nariz, con excepcion de las bolsas airíferas, que tienen un color negrizo en la superficie interior. Examinando mas exactamente esta túnica mucosa nasal se ve en ella muchísimos poros de folículos mucosos, que le dan un aspecto finamente ruguloso. Esta túnica principia inmediatamente supra el esfinter, que cierra el velo cónico palatino, atándole al cono de la laringe, y se estiende hácia arriba hasta las bolsas pequeñas bajo las válvulas transversas interiores. Dichas válvulas no tienen la misma túnica mucosa pardo-rosada, sino se forman de tejido fibroso blanco bastante duro, con un epitelio completamente liso.

23

Con el cono prolongado de la laringe, que entra en el fondo comun de los conductos nasales, principian los órganos de respiracion, que se dividen en la laringe, la traquiarteria y los pulmones.

Hemos dado una figura de estos órganos en tres cuartas partes del tamaño natural (lám. XXVIII. fig. 3.), á la cual referimos al lector, describiendo los órganos solamente por su figura externa, siendo la construccion interna la misma, como en los Delfines típicos.

La laringe es 2" 7''' de alta con el cono de la epiglotis (a.) y 2" de ancha entre los lados sobresalientes del cartilago tiorides. Este cartilago (b. b.) no es una pieza sólida ancha, como el del *Epiodon australe* (lám. XX. fig. 2. a.), sino una lámina transversal romboides, con una prolongacion bífida media al detrás y dos arcos laterales muy recorvados, que se unen al fin con las esquinas laterales sobresalientes del cartilago cricoides (c. c.). Tal cartilago tampoco es tan ancho y sólido, como el del *Epiodon*, sino bastante delgado. De él salen de su márgen superior y anterior los dos cartilagines aritenoides directamente, sin interposicion de la pieza basal separada, que hé descripto en el *Epiodon* (pág. 249.). Dichos cartilagines forman el lado posterior del cono ascendente, siendo el lado anterior mucho mas grueso y sólido formado por la epiglotis, que se ata con su base á la parte media transversa del cartilago tiroides. El cono, que se compone de estas dos partes es comprimido, con una boca superior angosta, que cierran dos labios callosos bantante gruesos. Tiene el cono de afuera la misma epidermis, lisa y blanca, que cubre las fauces y el esófago, y al lado interior una túnica mucosa mas blanda, menos lustrosa.

La traquiarteria (d.), que sale de la apertura posterior redonda bastante ancha de la laringe, es muy corta, apenas 1" de larga y ¾ pulg. de ancha en línea recta. Se compone de seis anillos cartilaginosos, de los cuales el primero no es completamente cerrado, sino poco abierto en el medio del lado inferior. De su fin posterior salen tres b r o n q u i o s desiguales, de los cuales el medio (*e.*) tiene el diámetro mas ancho al principio, el derecho (*g.*) es el mas angosto y el izquierdo (*f.*) al principio mas angosto que el medio, pero despues poco mas grueso. Cada uno de los tres bronquios se compone de cantidad considerable de anillos cartilaginosos completamente cerrados, pero diferentes entre sí en anchura y figura, algunos divididos en ramos laterales paralelos al tronco del anillo. Al fin se divide cada bronquio en dos ramos desiguales, de los cuales los dos mas externos de cada pulmon se dividen de nuevo. Todos estos ramos entran separados con direccion divergente en los pulmones. El mas largo de los tres bronquios principales es el izquierdo, de 5 ½ pulg.; el medio tiene 5 ¼ pulg. de largo y el derecho no mas que 3 pulg. El medio y el derecho entran en el pulmon derecho (I.), el izquierdo en el pulmon de su lado (II.), como lo muestra nuestra figura en visto de abajo.

Los dos p u l m o n e s son bastante angostos pero largos; el derecho tiene 9 ½ pulg., el izquierdo 9 pulg. y cada uno 2 ½ pulg. de ancho. Colocándose en la parte superior de la cavidad del torax, uno á cada lado de la columna vertebral, se muestra la superficie superior bastante convexa y la superficie inferior casi llana. En el principio de esta superficie entran los bronquios, dividiendo la parte anterior de cada pulmon en algunos lóbulos poco separados, en los cuales sucesivamente los ramos de los bronquios entran, como lo muestra la figura citada. Hasta el medio de su extension longitudinal los dos pulmones son igualmente gruesos, despues se aplanan poco á poco, y al fin posterior terminan con una punta bastante fina y delgada, que se produce principalmente por una excotadura al lado interno de cada pulmon antes su de fin. El tejido del pulmon es bastante duro y su color rosado-obscuro.

Debo advertir al lector, que comparando la descripcion precedente de la traquiarteria y de las cavidades de la nariz antes del conducto nasal, con mis noticias anteriores publicadas en los *Proceed. zool. Society,* 1867 *pág.* 484 *seg.* y en la *Zeitschr. f. d. gesammt. Naturw.* 1867. *Tm.* 29. *pág.* 402. *seg.* encontrará diferencias notables, que tienen su origen en la mala conservacion del objeto, en el cual antes habia fundado mis observaciones. Hoy, teniendo á mi disposicion un animal fresco é intacto, pude examinar mejor su organizacion y por consiguiente dar una descripcion mas detallada y mas exacta. El bronquio medio se divide, es verdad, en dos ramos al fin inferior, como lo muestra mi figura en los

Proceed. l. l. pág. 488., pero estos dos ramos entran unidos en el pulmon derecho, y no el uno en el derecho y el otro en el izquierdo pulmon, como he creído y dicho en la descripcion citada. Lo mismo vale de la descripcion de la nariz, que se ha fundado en un individuo seco y ruinado por la putrefaccion, antes que ha caido en mis manos.

E. Del corazon.

24.

De los órganos de la circulacion no he examinado mas que el c o r a z o n (lám. XXVIII. fig. 4.). Está situado en la parte posterior y inferior de la cavidad del torax, entre las dos partes posteriores mas angostas de los pulmones y abajo de ellos, encerrado en su pericardio, que es atado á la superficie del diafragma íntimamente con toda su parte posterior. El mismo corazon, suspendido en el pericardio, es bastante mas ancho que largo, de figura triangular aplanada, con una punta posterior obtusa, poco dividida en dos. Vista de abajo, como lo muestra la figura, es poco convexo, pero del otro lado superior casi completamente llano. Su anchura tiene en línea recta $3\frac{3}{4}$ - 4 pulg. y la longitud es de 3 pulg. en el medio, en donde salen los grandes troncos arteriosos.

El v e n t r í c u l o d e r e c h o (I.) es bastante mas ancho, que el ventrículo izquierdo (II.), principalmente al lado inferior del corazon, en donde sale de su esquina anterior y interior la A r t e r i a p u l m o n a r (*a*.). Esta arteria tiene al principio aun mas extension que la Aorta (*b*.), corre en un arco corto sobre la base del corazon, bajo la Aorta, hácia arriba y se divide al fin en dos ramos iguales bastante anchos, que salen de los dos pulmones. Al principio de su conducto interior hay tres válvulas sigmoideas bastante grandes, de la figura regular del nido de la golondrina europea (*Hirundo rústica*), y del punto mas alto de su curva sale al exterior un ramo pequeño (*g*.), que se une con la pared opuesta de la Aorta. Este ramo está abierto solamente en la juventud del animal, formando el d u c t o a r t e r i o s o, pero se cierra con los años y así hemos visto en nuestro individuo viejo, cerrado en el medio, pero con indicacion clara de su permeabilidad en los dos fines, que se unen con la Aorta y la Arteria pulmonar. En el interior del ventrículo derecho se presenta, antes de la comunicacion con la aurícula derecha, la válvula tricúspide, sostenida por columnas carnosas (*musculi papilares*), con tendones muy finos y bastante largos, y abajo de estos músculos, en el fondo del ventrículo, hay algunas elevaciones carnosas (*trabeculae carneae*), pero no á las paredes del vertrículo, que son en verdad lisas, sin rugosidades algunas.

El ventrículo izquierdo (II.) tiene al principio apenas la mitad de la anchura del derecho, pero conserva su anchura casi igual hasta al fin. Está separado del otro por un tabique carnoso, que se presenta al exterior como un surco débil longitudinal, en el cual corren los troncos de las arterias y venas coronarias, y dá orígen en su base al tronco de la Aorta (*b.*), que sale del ventrículo en la esquina interior, al abajo, inmediatamente sobre la Arteria pulmonar. Este tronco de tejido fuerte, blanco, fibroso describe una curva alta entre las dos aurículas, reclinándose al superior y pasando antes de la curva de la Artéria pulmonar, para tomar su direccion hácia detrás, bajo las vertabras dorsales, entrando por los dos pilares del diafragma en la cavidad abdominal. De la curva anterior del arco de la Aorta salen tres ramos al adelante; el primero mas grueso (*c.*) es la Arteria innominada, que trae la sangre al lado derecho de la parte anterior del cuerpo y de la cabeza, dividiéndose en dos ramos, la *Arteria thoracica v. subclavia dextra*, y la *carotis dextra*; —el segundo ramo (*d.*) es la *Arteria carotis sinistra* y el tercero (*e.*) la *Arteria thoracica sinistra*, que traen la sangre al lado izquierdo del torax y de la cabeza. La salida de la Aorta del ventrículo está cerrado por las tres válvulas semilunares, en cuyas márgenes no he visto ningun vestigio del *Nodulo Arantii*, que RAPP dice haber encontrado en el Delfin de Europa (l. l. página 175.) Inmediatamente sobre estas válvulas salen de la Aorta los troncos de las dos Arterias coronarias con direccion opuesta. La pared carnosa del ventrículo izquierdo es muy gruesa, mas gruesa que el doble de la derecha, y su cavidad incluye una fuerte válvula mitral, con grandes columnas carnosas (*musculi papilares*). Tambien hay *trabeculae carneae* en la superficie interna de este ventrículo.

Las dos aurículas (1 y 2.) se distinguen de los ventrículos, como en todos los Mamíferos, por sus paredes mas finas, casi membranosas, en nuestro animal arrugadas; tampoco la superficie interna no es lisa, sino con verdaderas aun pequeñas columnas carnosas, principalmente en los apéndices sobresalientes á la base de cada aurícula. En la aurícula derecha (*h.*) entran las dos venas cavas, de las cuales se vé en nuestra figura el tronco de la descendente (*f.*) por dos grandes aperturas separadas, y lo mismo vale de la aurícula izquierda (2.), que recibe las dos venas pulmonares al lado anterior del corazon, inmediatamente sobre el principio de la Aorta. Las aurículas son separadas la una de la otra por un tabique membranoso, angosto y fino, que ha sido en la vida fetal perforado; pero en el estado actual del animal viejo no hay mas perforacion.

F. Del cérebro.

25.

Las mismas circunstancias que me han impedido, examinar detalladamente los vasos sanguíneos, me han obligado tambien, dejar sin exámen los nervios del cuerpo de la *Pontoporia ;* pude examinar solamente el cérebro con las raices de los nervios, que salen de él.

La figura 1. de la lámina XXVIII. muestra la masa del encéfalo del lado superior y la fig. 2. la del inferior en tamaño natural. Se conoce de estas figuras, que su contorno general es casi circular, con una angostura anterior poco mas sobresaliente y al fin transversalmente cortada; la longitud de la línea media hasta el fin del cerébelo es 3" y 2''' y la anchura en el diametro mas ancho poco antes del cerébelo de 3" 6'''. Comparando su figura con la de otros Delfines, aquella se presenta mucho mas circular, que la de éstos; siendo segun Rapp (l. l. 115.) los diámetros de *Delphinus delphis* 4" de largo y 6" de ancho, durante que Stannius, en su descripcion detallada del cérebro de *Phocaena communis* (*Abh. d. naturf. Ver. zu. Hamburg.* Tm. I.) la longitud dá de 2" 10''' y la anchura de 4" 5 ¼'''. Sigue de estas observaciones, que los Delfines típicos y las Marsopas tienen un cérebro mucho mas ancho que largo, y se distinguen por este carácter bastante de la organizacion cerebral de nuestro animal.

Es bien conocido, que el encéfalo de los animâles vertebrados se divide generalmente en dos porciones desiguales, la anterior mas grande, que se llama c é r e b r o, y la posterior mas pequeña, que se llama c e r é b e l o.

cérebro se divide por un surco longitudinal medio en dos partes iguales (A. B.), que son los dos hemisferios del cérebro. Cada uno de los hemisferios se compone en la superficie externa de muchas circunvoluciones de su masa, complicadas entre sí y muy numerosas en el cérebro de nuestro animal. En este punto la *Pontoporia* ajústase con los Delfines típicos, que son conocidos como los animales con las circunvoluciones mas numerosas del cérebro, aun mas numerosas que las del hombre y de los monos en general. La figura de las circunvoluciones no es igual en los dos hemisferios, pero se conoce, principalmente en la parte anterior de cada hemisferio, un tipo comun entre ellas. En la superficie inferior (fig. 2.) cada hemisferio se divide por un surco transversal (*fossa Silvii*) otra vez en dos porciones (*A* y *A'; B* y *B'*), que presentan las mismas circunvoluciones superficiales. Así se forman á cada lado del cérebro de *Pontoporia* dos lóbulos, que corresponden al anterior y medio del cérebro del hombre, faltándole el lóbulo posterior, como parte bien separada. En el lóbulo anterior se distingue, separada por un surco profundo oblícuo al lado inferior, una parte interna de la superficie menor complicada, y á la base de esta parte una region circunscripta transverso-elíptica, poco mas convexa, con impresiones irregulares como poros, que faltan, segun la figura 2. y la descripcion de Stannius, á la Marsopa. Por su lugar corresponde esta elevacion elíptica al nervio olfactorio, que falta en todos los Cetaceos y tambien en la *Pontoporia;* porque el fondo de la cavidad del cráneo no es perforado en frente de esta parte elíptica elevada por ningun agujero, y ningun nervio particular sale de los poros, que distinguen la dicha parte del cérebro de la *Pontoporia* tan notable de la superficie vecina del cérebro.

El c e r é b e l o, que sigue al cérebro, se oculta casi completamente, vista de arriba (fig. 1.), bajo la parte posterior poco mas aplanada á su lado inferior del cérebro. Esta parte del cérebro corresponde al lóbulo posterior del hombre, sin ser tan bien separada del lóbulo medio, como eñ el cérebro humano. Por la posicion bastante oculta del cerébelo se acerca tambien la *Pontoporia* mucho á los Delfines típicos, separándose de la Marsopa, que tiene, como lo muestra la figura citada de Stannius, casi todo el cerébelo libre y visible atrás del cérebro en vista de arriba. Se compone el cerébelo de las mismas partes, como el del hombre, es decir, en el medio por una parte longitudinal convexa (*a.*), que se llama el gusano (*vermis*), y á los lados de ella de dos lóbulos (*b. b.*) grandes, llamados almendras (*amygdali*), con los cuales son unidos al principio de cada lóbulo en la superficie inferior otros dos lóbulos mas pequeños, que se llaman los bucles (*flocculi*). Vista de abajo se presenta entre los bucles del cerébelo el puente (*pons Varolii*) y atrás de él, entre los grandes lóbulos, la médula oblongata (*d*.), que se prolonga tambien sobre ellos en el lado superior (fig. 1.). Los lóbuli y el gusano tienen en lugar de las circunvoluciones del cérebro pliegues transversales, bastante angostos, que entran en la substancia del cerébelo, dividiéndola en hojas mas ó menos separadas.

El cerébelo es poco mas angosto que el cérebro, de 2 ¾" ancho y mucho mas corto, siendo el gusano no mas que 1" de largo.

La construccion interior he examinado tambien de las dos partes del encéfalo, pero nada de particular he encontrado, y por esta razon no he dado figuras de ellas. La masa encefálica se compone de dos substancias, la medular interior blanca y la exterior gris, que entra con las circunvoluciones y pliegues en el interior hasta el fin de los surcos que los separan. Es un carácter particular de los Delfines, al cual se ajusta tambien la *Pontoporia*, que los surcos entre las circunvoluciones entran muy profundos en la masa cérebral, y algunos hasta el centro de cada hemisferio. Cortando los dos hemisferios del cérebro horizontalmente, se presenta en el fondo del surco longitudinal entre ellos la grande comisura (*corpus callosum*,) que une los dos hemisferios entre sí. Hay en el medio de esta comisura una eminencia longitudinal, la rafe, y á los lados de ella las dos listas regulares mas blancas. Levantando de cada lado por una incisura la comisura grande, se vé en el medio de ella el tabique transparente (*septum pellucidum*) y abajo de este tabique la bóveda (*fornix*) que es muy angosta. De acá principia de abrirse en el interior de cada hemisferio el ventrículo lateral, que incluye la capa óptica (*thalamus nervorum opticorum*), una eminencia blanca longitudinal poco convexa, y á su lado exterior el cuerpo acanalado (*corpus striatum*), una eminencia gris aun menos convexa y mucho mas angosta que la capa óptica. El pequeño tamaño del cuerpo estriado en los Cetaceos, que es general entre ellos, se deduce de la falta del nervio olfactorio (véase Rapp. pág. 117.). El ventrículo lateral se extiende poco hácia adelante y no tanto, como lo figura Stannius de la Marsopa, pero la prolongacion hácia atrás, llamada el cuerno posterior, que entra en el lóbulo tercero del cérebro, falta completamente, como lo dice con razon el mismo autor, en contra de Tiedemann y Rapp, á lo menos en la *Pontoporia*, como en la *Phocaena*. Sin embargo, hay una prolongacion corvada del ventrículo hácia abajo, que entra en la substancia del lóbulo medio del cérebro, extendiéndose bastante hasta su fin anterior y incluyendo la bandeleta semicircular angosta corvada al lado interior (*taenia*), con la cual se toca al adelante una otra emiuencia mas ancha y un poco mas elevada de color gris, el cuerno de Amon (*cornu Ammonis*). Todas estas partes he visto muy elevadas en nuestro animal, y casi de igual figura á las figuras en la obra de STANNIUS.

Lo mismo vale de las partes en el ventrículo tercero central bajo la bóveda; no he encontrado otra diferencia, que una relativa de figura, que sigue de la forma diferente general mas esférica del cérebro de nuestro animal. Así sucede, que los tubérculos cuadrigéminos son poco menores en tamaño, principalmente los anteriores, que apenas se levantan como eminencias convexas, durante que los posteriores son de figura mas circular, menos elíptico–transversal, y probablemente poco mas elevados al superior, que los de la Marsopa.

Tambien el cerébelo con el ventrículo cuarto bajo su gusano no me ha dado nuevas cualidades; de todo es conforme con el tipo de los Delfines y con las figuras de STANNIUS de la Marsopa. La seccion transversal de los hemisferios me ha mostrado una figura muy elegante de la relacion de la substancia medular con la cortical, entrando aquella en la masa del cerébelo con un tronco fuerte, que se divide pronto en tres ramos divergentes, que tienen cada uno muchos ramitos á los dos lados, cubiertos con la substancia gris cortical. En este modo se forma una magnífica vista de la figura, que se dice el *arbol vital*. La masa gris del cerébelo es poco mas obscura, que la del cérebro, pero de igual textura.

26.

Para completar la descripcion del encéfalo falta la indicacion de los nervios, que salen de su lado inferior, que se vé dibujado en la figura 2 de la lámina XXVIII. Describiremos acá esta figura, para explicar mejor las partes, que se ven en ella representadas.

El par primero de los nervios del cérebro, que es el n e r v i o o l f a c t o r i o, falta á los Cetaceos, como ya hemos dicho. Atrás del surco medio, que separa los dos hemisferios en el adelante, se presenta el segundo par del n e r v i o ó p t i c o (2.) como una cinta subcilíndrica, que sale de los dos lados bajo el lóbulo medio del cérebro, tomando su orígen en los ventrículos laterales de la capa óptica oval. Los dos nervios descienden de acá hasta la línea media del cérebro, uniéndose en un tronco transversal, que dá orígen á dos ramos sepa-

rados, dirigiéndose cada uno hácia adelante y corriendo en la cavidad del cráneo sobre las alas esfénoides, para entrar por el agujero óptico en la cavidad
del ojo y en el bulbo ocular.

Inmediatamente atrás del tronco comun de los nervios ópticos (*chiasma*) se
vé en el medio del cérebro el pequeño embudo (*infundibulum*) con la glándula
pituitaria (*hypophysis*) esférica á su fin. Comunica el embudo con la parte anterior del ventrículo tercero mediano del cérebro, inmediatamente atrás de la
comisura anterior.

El par tercero de los nervios cerebrales, el n e r v i o o c u l o m o t o r (3.) sale
en el medio de cada pierna del cérebro (*pedunculus cerebri*) de una eminencia
bastante fuerte y bien separada, inmediatamente antes del puente, y se dirige
al exterior, perforando acá la dura madre por un agujerito particular y continuando su direccion en la cavidad del cráneo, hasta el se cruza con el ramo
anterior del nervio trigemino, sobre el cual pasa para entrar al lado externo
de este ramo por la *fissura orbitalis* ancha en la cavidad del ojo.

Los dos nervios del par cuarto (*nervus trochlearis s. patheticus*, 4.), son los
mas finos de todos los nervios cérebrales; salen al lado de la esquina anterior
del puente, entre ella y las piernas, tomando su orígen en el interior de los
corpora quadrigemina posteriora y entrando bajo el ramo anterior del nervio
trigemino con el en la cavidad del ojo.

El par quinto (*nervus trigeminus*, 5.), uno de los mas fuertes nervios del cérebro, sale del lado del puente con dos porciones desiguales, ocupando con su
raíz toda la parte lateral del dicho puente, y dirigiéndose hácia adelante, para
dividirse inmediatamente despues de la perforacion de la dura madre en dos
ramos, de los cuales el primero anterior sale por la *fissura orbitalis* afuera de
la cavidad del cráneo y el segundo exterior por el *foramen ovale*. No hay un
ganglio oval en este punto, antes de la salida del nervio afuera del cráneo; los
dos ramos se separan del tronco inmediatamente, uniéndose con el ramo exterior (*n. maxillaris inferior*) la parte menor del tronco despues de la salida.

El p u e n t e, que se presenta entre los dos troncos del nervio trigemino, es
una eminencia transversal corvada hácia adelante, bastante gruesa y transversalmente estriada en su substancia, de color mas blanco que las partes vecinas.
Se separa al lado anterior de las piernas del cérebro por un surco profundo, y
al detrás por un otro surco menos pronunciado de los *corpora olivaria* al lado
externo y de los *corpora trapezoidea* en el medio de su margen posterior.

El nervio del sexto par (*nervus abducens*, 6.) sale del principio de los *corpora trapezoidea* con tres raíces finas, se dirige al exterior y perfora poco antes del nervio facial la dura madre, dirigiéndose al lado externo de la cavidad ocular.

El par séptimo (*nervus facialis*, 7.) y el par octavo (*nervus acusticus*, 8.) salen del lado externo de las eminencias olivares, tomando su orígen el primero de la parte posterior del puente, como de la parte anterior y inferior de la eminencia olivar; el segundo de la parte superior y posterior de la eminencia olivar, descendiendo con su raíz gruesa cónica atrás de las piernas del cerébelo (*processus cerebelli*) y fundándose en la superficie interna del ventrículo cuarto, de donde sale con sus fibras primitivas. Este nervio es el mas grueso de todos los nervios del cérebro. Los dos nervios perforan la dura madre juntos, y salen por el hueso petro-timpánico afuera de su cavidad; el nervio facial pasa por el dicho hueso y se estiende con muchos ramos sobre el lado externo de la cabeza en los contornos de la apertura nasal; el nervio acústico resta en el dicho hueso y da numerosos ramitos á los órganos internos del oido.

Al lado interno del nervio auditivo salen de la superficie de las eminencias olivares, al princıpio de médula oblongata, dos otros nervios bastante pequeños. El anterior mas fino es el del par noveno (*nervus glosso-pharyngeus*, 9.), y el posterior poco mas grueso forma el par décimo (*nervus vagus*, 10.). Los dos salen juntos por el agujero rasgado (*foramen lacerum*) de la cavidad del cráneo, el primero á los músculos y tejidos de las fauces, el segundo al interior de la cavidad del torax.

Inmediatamente atrás del orígen de estos dos nervios principia con sus dos lados engruesados, que se disminuyen pronto hácia atrás, la m é d u l a o b l o n-g a t a. Estos lados engruesados se separan del tronco de la médula por dos surcos longitudinales cada uno, y otro surco medio en su superficie divide la parte media de la médula en otras dos porciones iguales centrales. Los laterales externas se llaman los cuerpos restiformes, las medias internas los cuerpos piramidales.

De la parte posterior del surco entre los cuerpos restiformes y piramidales de cada lado salen los nervios del undécimo par (*nervus accessorius Willisii*, 11,) con dos porciones, cada una de dos raíces. Las dos porciones se unen pronto en un tronco fino, que asciende en direccion oblícua hasta el nervio vago, con el cual sale por el agujero rasgado.

Al fin, las raíces numerosas del par duodécimo (*nervus hypoglossus*, 12.)

nacen del surco entre las pirámides y el fin de las eminencias olivares, uniéndose en un tronco bastante grueso, que se dirige al exterior, pasando sobre el nervio accesorio y saliendo por un agujero separado atrás del agujero rasgado afuera de la cavidad cérebral.

G.   De los órganos urinarios.

27.

El riñon tiene la figura regular, es 4 ¼ pulg. de largo y 2 ¼ pulg. de ancho, compuesto de una multitud de lóbulos pequeños, obscuro-rojos, cada uno de figura y tamaño de una nuez avellana, con ángulos mas ó menos sobresalientes en las puntas, en donde se toca cada lóbulo con los vecinos. He contado como 53 de estos lóbulos al lado externo del riñon derecho, lo que prueba, que la cantidad de lóbulos en cada riñon sobrepasa de cien y asciende probablemente hasta 110-112. Cada lóbulo tiene su orificio pequeño interno, el cáliz, que se abre en la cavidad central comun media del riñon, la pelvis, que no es una cavidad simple, sino ramificada, para recibir poco á poco los calices prolongados de los diferentes lóbulos. Al fin posterior se prolonga esta cavidad en el conducto urinal ó ureter, que sale de la margen inferior y posterior del riñon, como un tubo blanco bastante grueso de una línea de diámetro. Este conducto desciende al lado inferior del gran músculo psoas, corriendo con corvaturas onduladas hácia atrás, y se dirige de acá á la pared inferior de la cavidad, para entrar en la parte posterior de la vejiga urinal, en donde esta vejiga cambia su figura oblongo-oval en una prolongacion cilíndrica mucho mas angosta, que los anatomistas llaman el cuello de la vejiga. En esta parte entran los dos ureteres de arriba con orificios separados, como 4‴ distantes entre sí.

La vejiga urinal es con su cuello, en el estado normal, sin extension fuerte, como dos pulg. de larga y un pulg. de ancha; su figura es oblongo-oval y su mitad anterior poco mas gruesa que la posterior, disminuyéndose á las dos puntas. Su pared es como 1 línea gruesa y su superficie interna poco rugulosa, con líneas finas impresas y elevaciones angostas medio-cilíndricas entre ellas.

Hay al principio anterior de la vejiga un apéndice fino cilíndrico de medio pulgar de largo, que es el resto del uraco del estado fetal del animal. Véase lám. XXVIII. fig. 5. *V.*

Al fin el cuello de la vejiga se inclina casi perpendicularmente hácia abajo, cerrado por una parte mas gruesa de la pared de la vejiga, que se forma de las fibras musculares mas numerosas, que rodean el cuello, para cambiarse en un verdadero esfinter.

H. De los órganos genitales.

28.

El individuo examinado ha sido un macho, como ya prueba la apertura doble en la parte posterior de la barriga; siendo la anterior el orificio prepucial y la posterior el ano.

El orificio propucial (lám. XXVIII. fig. 5. *P.*) es una hendedura longitudinal, como 2 pulg. de larga, formando al interior algunos pliegues radiales, que se unen en el medio en una apertura pequeña redonda (*p.*). Esta apertura central traduce en una cavidad oblonga, que incluye el glande del pene (*g.*), como un cono prolongado bastante agudo, de color negrizo en su superficie, con una apertura muy pequeña transversal á la punta misma. Tambien la superficie de la cavidad prepucial tiene un color negrizo y algunos pliegues longitudinales. La longitud del glande libre es en la parte superior de la cavidad de 1" 2''' y en la parte inferior de 10''', formándose acá un freno pequeño, como en el pene del hombre.

Cortando longitudinalmente el p e n e con sus partes vecinas se presenta la figura que hemos dibujado lám. XXVIII. fig. 5. El interior del pene (*c.*) está ocupado por el c u e r p o c a v e r n o s o único, que se estiende de la punta del glans en el anterior hasta la base, como una substancia esponjosa de color rojo claro, que produce por su elasticidad grande la ereccion del miembro, cuando la sangre entra en él, es decir, en las dilataciones de las arterias, que ocupan los vacíos en el tejido cavernoso. Su pared exterior se forma por un otro tejido blanco fibroso, bastante duro, que participa á la gran elasticidad del cuerpo cavernoso y inclúyelo como una vaina á la espada, uniéndose con la substancia del cuerpo cavernoso intimamente al lado interior. No hay tabique longitudinal medio en el cuerpo cavernoso, como en el del hombre y de los Mamíferos generalmente, sino bajo el cuerpo cavernoso y unido íntimamente con su vaina fibrosa, un tubo angosto fibroso, que corre al lado inferior del pene, incluyendo el conducto comun de la urina y del fluido masculino, la u r e t r a (*u.*), que es tapada tambien en el interior del tubo fibroso con una capa angosta del cuerpo cavernoso mas fino.

Atrás del cuerpo cavernoso del pene se vé un otro órgano esponjoso (*O.*) de color menos rojo sino mas amarillo, con tejido mas laxo y mas celluloso, que incluye toda la parte posterior de la base del pene y el principio mas ancho de la uretra, como una cinta gruesa semilunar. Este órgano es la p r o s- t a t a (*O.*), en verdad una glándula particular, que derrama su excreto en la parte ancha de la uretra, inmediatamente antes de la base del pene. Forma la uretra en este lugar una dilatacion como un vestíbulo, que se vé abierto en nuestra figura y en este vestíbulo, que tiene en su superficie algunos pliegues finos longitudinales, entra de arriba la vejiga con su conducto urinal, despues los dos vasos deferentes de los testículos, de los cuales el uño (*w.*) está representado en nuestra figura, y bajo los dos orificios separados muy finos de estos vasos deferentes, los orificios numerosos aun mas pequeños de la glándula prostática (*O.*).

Bajo la próstata corren dos músculos angostos delgados, que toman su principio atrás de la próstata y salen hácia adelante bajo el cuerpo cavernoso del pene y de la uretra, para atarse al lado inferior del pene inmediatamente antes del frenillo del glans. Se vé el uno (*M.*) figurado en nuestra figura por toda su extension. Son los *retractores penis*, que retraen el pene en su posicion retirada despues de la ereccion, que se forma por la turgescencia de los cuerpos cavernosos, llenándoselos con sangre.

Otros dos músculos (*N.*) mas gruesos se encuentran bajo del principio posterior de los dichos músculos retraentes, que salen de la base de la vaina fibrosa del cuerpo cavernoso á cada lado en direccion radical convergente, incluyendo tambien del lado externo toda la próstata y dirigiéndose con su extremidad mas angosta externa á un hueso pequeño de figura particular, situado á cada lado de la pared externa de la cavidad abdominal, entre la base del pene y la apertura anal. Este hueso es el correspondiente de la pelvis y especialmente del hueso isquion de los Mamíferos terrestres. El músculo, que se ata á este hueso, es entonces el m. isquio-cavernoso.

La figura sexta (6.) de la lám. XXVIII. representa el dicho hueso en tamaño y posicion natural, siendo su longitud en línea recta casi 1 ¼ pulg. y su anchura en adelante ⅓ pulg. Acá forma el hueso una lámina delgada oblícua-descendente, con la margen interior poco engruesada y corvada al exterior, provisto de apéndice superior ancho sobresaliente atrás de la lámina anterior, y cambiándose despues de esta lámina en un ramo orizontal poco á poco mas grueso cilíndrico, que al fin posterior termina con una puntita obtusa de figura deprimida y angular al lado externo.

Atrás del musculo, que se ata al hueso isquion, hay otro músculo menos grueso (S.) que incluye con sus fibras circulares la apertura del ano y es por consiguiente el esfinter del ano. Con este músculo concluye la cavidad abdominal, entrando en él el fin de las tripas, el recto (R.).

La figura del hueso isquion de *Pontoporia* parece bastante particular ; segun las descripciones de Rapp (pág. 76.); Meckel (*Vergl. Anat. II. 2.* 422.) y Stannius, (*Lehrb. d. vergl. Anat.* §. 163.) es este hueso en los Delfines típicos de figura cilíndrica poco corvada, pero ningun autor habla de una parte anterior ensanchada descendiente en el. Cuvier no dice nada de la pelvis de los Delfines (*Oss. foss. V. I.* 307.) y obras de otros autores no tengo á mi disposicion. Véase la descripcion del hueso del *Epíodon australe* pág. 341.

29.

La parte central de los órganos genitales del macho son los dos testículos (T.) con sus vasos deferentes (D.). Los primeros se encuentran en nuestro animal, como en todos los Cetaceos, en el interior de la cavidad abdominal, y en la *Pontoporia* al lado inferior de ella, un poco antes del principio de la vejiga, á cada lado del vacío sobre la cavidad prepucial del pene. Acá se presenta un órgano cilíndrico poco corvado de 2 pulgadas de largo y ⅓ pulg. de grueso, que tiene una superficie completamente lisa, por ser intimamente envuelto en un pliegue del peritoneo. Quitando esta túnica fina serosa, se vé al lado interno poco corvado del testículo (T.) un vaso, que corre con circunvoluciones repetidas de la punta anterior del testículo hasta su fin posterior, formando atrás del testículo un ovillo de circunvoluciones intimamente unidas entre sí, de figura oblonga (*t.*), que se llama el epididimo. Del fin de este ovillo sale adetrás un conducto deferente bastante grueso (*D.*) en direccion poco corvada sin circunvoluciones, acompañando la vejiga urinal á su lado externo hasta su fin posterior, el cuello, en el cual lugar este conducto se estiende poco, para formarse bastante mas ancho, como un órgano particular de figura de huso (*w.*), que incluye una cavidad poco mas grande. Esta parte corresponde á la vesícula seminal del hombre. Pronto se estrecha de nuevo la dicha parte del conducto en un embocadero poco á poco mas fino, que entra separado de su correspondiente del otro lado, y distante de él por una línea de espacio, en el vestíbulo de la uretra, perforando la pared posterior del tejido de la uretra con una boca muy fina, separadamente prolongada al interior del vestíbulo, inmediatamente antes de la margen de la prostata (*O.*).

No he examinado mas la estructura interna del testículo, pero su figura externa en armonia con la de los Delfines típicos prueba, que es sin duda la misma. Tampoco no he visto ningun músculo unido con el testículo, como le falta tambien, segun RAPP (pág. 169.) á los otros Delfines. Pero la descripcion, que este autor da del conducto deferente, no cuadra con mis observaciones en la *Pontoporia;* dice RAPP, que el conducto hace muchas circunvoluciones hasta su fin, sin indicacion de los vesículos seminales, que otros autores han descripto. Al contrario, he visto ninguna circunvolucion en el conducto deferente y antes de su fin una extension notable de su cavidad, que creo debe nombrarse con razon el correspondiente de la vesícula seminal.

Debo advertir al lector, que no hay ningun vestigio de este órgano pequeño central como vejiga entre las dos embocaduras de los conductos deferentes, que he descripto en *Epiodon australe* (pág. 362.); es propiedad del dicho animal, sino se encuentra en todos los *Ziphiadae*, como parece muy probable.

30.

Resta al fin hablar de un órgano accesorio á los genitales, que se encuentra atrás de ellos, al lado anterior del ano. Ya hemos indicado en la descripcion de la figura externa del animal dos pliegues pequeños al lado de la apertura anal (pág. 392.), que indican la situacion de las tetas. Estos pliegues (fig. 5. *B.*)

son como 10 lín. de largos y paralelos entre sí, como al pliegue de la apertura anal (fig. 5. *A*.), que supera á ellos bastante hácia atrás. Cada uno de estos dos pliegues introduce en una pequeña cavidad, que se vé abierta (fig. 8.) en tamaño natural, mostrando que no es onda, sino poco prolongada al interior, con dos pliegues pequeños á su pared y una verruguita en el fin, que imita completamente la figura de una teta pequeña, siendo misma la apertura central de los conductos de la leche indicada en ella. Pero no hay órgano interno, como una mama; la teta se presenta prolongada al interior como un nudo pequeño blanco puntiagudo, que se pierde en la substancia muscular del esfinter del ano y del músculo recto abdominal, que se unen en este lugar con su tejido fibroso. No hay duda, que las hembras tienen acá un órgano para la fabricacion de la leche, que chupan las crias de los Cetaceos tambien, como los de los otros Mamíferos.

La configuracion de este órgano accesorio es del todo diferente del mismo del *Epiodon australe*, descripto antes, pág. 364. No hay en este Cetaceo un resto de la teta en la ca. vidad mamaria del macho, sino un vacío cavernoso bastante grande al fin, que no he visto en nuestro animal.

ESPLICACION DE LAS LAMINAS XXI A XXVIII.

Fig. 2. Cráneo y espinazo, vista de arriba.
Las letras y números indican las mismas partes como en la figura primera.

Fig. 3. Hueso hioídes, lo mismo.
   a. Cuerpo.
   b. b. Hastas mayores.
   c. c. Hastas menores estiloides.

Fig. 4. La cola de un individuo mas viejo, vista de arriba.

Pl. xxvi.

Eig. 1. Cráneo de la jóven *Pontoporia*, vista de abajo; $\frac{5}{8}$ del natural.

Fig. 2. La mandíbula inferior de la misma, vista de arriba, la misma escala.

Fig. 3. El esternon con los cuatro huesos ester-no-costales, en medio tamaño natural.

Fig. 4. Primera vértebra, visto de adelante, en medio tamaño del natural

Fig. 5. Segunda vértebra del cuello, lo mismo.

Fig. 6. Tercera, ídem.

Fig. 7. Cuarta, idem.

Fig. 8. Quinta, idem.

Fig. 9. Sexta, idem.

Fig. 10. Séptima, idem; $C1$ $C1$ principio de la primera costilla de cada lado.

Pl. xxvii.

Todas las figuras son de tamaño natural.

Fig. 1. La boca abierta del animal, mostrando la lengua, la faringe, el paladar y los últimos dientes de cada mandíbula.

Fig. 2. Punta del pico con los primeros dientes del individuo mas grande.

Fig. 3. La misma del individuo mas pequeño.

Fig. 4. La lengua.

Fig. 5. La bolsa airífera encima de la cabeza.
   a. Fundamento fibroso de la bóveda he-misférica, que forma la cubierta de la bolsa.
   b. Fundamento fibroso de la válvula semi-lunar, que cierra la apertura.

c. Conducto que sale del ángulo izquierdo de la válvula y introduce el aire en la cavidad de la nariz directamente.

d. d. La gran bolsa airífera superior, abierta en el medio de la pared superior, para mostrar los bolsillos pequeños en su circunferencia.

e. Parte de la bolsa pequeña inferior.

f. Tendon, que sale del músculo frontal izquierdo (*h.*), estendiéndose en la bóveda fibrosa (*k. k.*) que cubre la bolsa airífera bajo el tejido celular adiposo encima de la cabeza.

g. Otro tendon del músculo frontal derecho (*h'*), que se agarra á la bolsa inferior airífera.

h y *h'*. Los dichos músculos frontales; *h.* el izquierdo, *h'* el derecho.

Fig. 6. Entrada en la cavidad de la nariz, con los contornos exteriores de ella.
c. Conducto que sale del ángulo izquierdo de la válvula semilunar, para entrar directamente en la cavidad de la nariz.

i. i. Las dos válvulas transversales, que cierren la cavidad de la nariz.

m. m. Contornos de las dos bolsas, que forman la parte superior de la cavidad de la nariz, vistas por sus eminencias externas.

n. n. Dos otros bolsillos abiertos, que son unidos de atrás con la gran bolsa airífera sobre las válvulas nasales.

Fig. 7. La cavidad de la nariz abierta, con la pared superior reclinada.
m. m. Los dos bolsillos de figura de almendras, que forman la parte superior de la cavidad interna de la nariz.

o. o. Los orificios de los conductos nasales

p. Tabique membranoso, que separa la cavidad de la nariz en dos conductos paralelos; cortado y reclinado.

q. q. Dos músculos, que forman las paredes laterales externas de la nariz.

r. r. Aperturas de dos prolongaciones de la cavidad de la nariz al anterior.

s. s. Las válvulas inferiores, y

t. t. Las válvulas superiores, vistas del interior, que cierran la cavidad de la nariz, separándola de las bolsas aíríferas.

c. Cerda introducida en el conducto, que sale del ángulo izquierdo de la válvula semilunar externa y entra en la cavidad de la nariz directamente, para mostrar la apertura interna de este conducto.

Pl. xxviii.

Fig. 1. Los sesos de la *Pontoporia*, vistos del lado superior.

Fig. 2. Los mismos, vistos del lado inferior: Los números indican los pares de los nervios cerebrales, segun su numeracion generalmente aceptada.

Fig. 3. La laringe, la traquiarteria y el principio de los dos pulmones.

a. Cono de la epiglotis.

b. b. Cartilago tiroides,

c. c. Cartilago ericoidés.

d. Traquiarteria.

e. Bronquio medio.

f. Bronquio izquierdo.

g. Bronquio derecho.

I. Principio del pulmon derecho.

II. Principio del pulmon izquierdo.

Fig. 4. El corazon con los troncos de los grandes vasos sanguíneos, visto de abajo.

I. Ventrículo derecho.

II. Ventrículo izquierdo.

1. Aurícula derecha.

2. Aurícula izquierda.

a. Trunco de la Arteria pulmonalis.

b. Trunco de la Aorta.

c. Arteria innominada.

d. Arteria carotida izquierda.

e. Arteria thoracica izquierda.

f. Vena cava ascendens.

g. Ductus arteriosus.

Fig. 5. Seccion longitudinal por los órganos genitales.

P. Pliegue prepucial abierto.

p. Entrada en la cavidad prepucial.

pʻ. Esta cavidad del interior.

q. El glande del pene.

C. Cuerpo cavernoso del pene.

u. Conducto de la uretra.

M. Musculo retraente del pene.

N. Músculo isquio-cavernoso.

O. Próstata.

S. Esfinter del ano.

R. Recto.

A. Apertura del ano.

B. Pliegue de la teta.

T. Testículo.

t. Epididimo

D. Conducto deferente.

U. Ureter.

V. Vejiga urinal.

w. Vesícula seminal.

Fig. 6. Hueso de la pelvis.

Fig. 7. Seccion transversal del pene.

Fig. 8. El pliegue de la teta abierto, con la teta en su fundo.

X.

CATÁLOGO

DE LOS

MAMÍFEROS ARGENTINOS

CON LAS ESPECIES EXOTICAS QUE SE CONSERVAN

EN EL

MUSEO PUBLICO DE BUENOS AIRES.

Publicamos esta lista de los Mamíferos con la doble intencion, señalar las especies indígenas del suelo Argentino unidas con las exóticas, que hoy se cultivan en este país, introducidas despues de la conquista, y dar á nuestros corresponsales estranjeros, como al públíco en general, un aviso de los objetos, que ya tenemos en el Museo, para no recibir por medio del cambio recíproco, en el cual hemos entrado con algunos Directores de otros Museos en contra de las especies indígenas, las mismas ya presentes en nuestro establecimiento.

ORDO I. UNGUICULATA.

Tribus 1. BIMANA.

Genus **HOMO** LINN.

1. **H. sapiens** LINN. S. N. ed. XII. Tom. I. pág. 21.

   El hombre.

   Tres momias de Egipto, dos de hombres, una de mujer.—Inventario (*)

   Dos momias del Perú, una mujer con el chíco.—D. OLAGUER FELIU.

   Un esqueleto de un hijo del país.—Inventario.

Tribus 2. QUADRUMANA.

MONOS.

A. Monos del hemisferio oriental. (*Simiae catarhinae*).

Genus **HYLOBATES**.

2. **H. agilis.** FR. CUV. hist. nat. d. Mammif. pl. 3 y 4.

   H. variegatus. GEOFFR. An. d. Mus. XIX. 88.

   H. Rafflesii Is. GEOFFR. Voy. d. Belang. 28.

   Un individuo jóven de medio tamaño del natural.

   Isla de Sumatra.—Col. CHANALET (**).

(*) Se significan con esta palabra los objetos que han sido presentes en el establecimiento antes de mi direccion; los adquiridos bajo mi direccion son señalados por nombramiento de las personas ó establecimientos estranjeros, de los cuales los hemos recibido por cambio, compra ó donacion.

(**) El Sup. Gobierno ha comprado de este señor en el año 1867. una rica coleccion de Mamíferos y Pájaros.

Genus **CERCOPITHECUS.**

3. **C. sabaeus.** AUT.
Simia Sabaea. LINN. S. Nat. I. 38.
Dos individuos juveniles, un cráneo.—
Inventario.
Senegambia.

Genus **INUUS.**

4. **I. erythraéus.**
Simia erythr. SCHREB. Saugeth. pl. 8.
Macaque á quene courte BUFFON. h. nat.
Sup. VII. 56. pl. 13.
Macacus erythr. FR. CUV. Mammif. pl.
31 y 32.
Un individuo femenino.—Col. CHANALET.
La gran India oriental.

B. Monos del hemisferio occidental (SI-
MIAE PLATYRHINAE.)

Genus **MYCETES.** ILLIG.

5. **M. seniculus.** AUT.
Simia senícula. LINN.
Myc. ursinus KUHL. WAGN.
Myc. laniger GRAY. (hembra).
Un macho viejo y una hembra con el chi-
co.—Col. S. MARTIN (*).
Bolivia y Brasilia interior.

6. **M. ursinus.** PR. WIED.
Simia ursina HUMB.
Myc. stramineus. SPIX. (hembra).
Una hembra con el chico.—Col. S. MAR-
TIN.
Bolivia interior y Perú.

7. **M. carayá.** DESM.
El Carayá AZARA. Apunt. d. l. hist. nat.
del Paraguay. II. 169. 61.
M. niger. PR. WIED.
Una hembra con el chico.—Inventario.
Paraguay y Brasil vecino.

8. **M. auratus.** GRAY.
Ann. y Magaz. Nat. Hist. I. Ser. Tm. 16.
pág. 220.
Un macho viejo.—Inventario.

Genus **CEBUS.** ERXLEB.

9. **C. Azarae.** RENGG. Sang. v. Parag.
pág. 26.
El Cay. Azara. Apunt. etc. II. 182. 62.
Ceb. libidinosus SPIX. Sim. Bras. 5. tb. 2.
(juv.).
Ceb. nigro-vittatus. NATT. WAGN.
Paraguay, Matto grosso, Bolivia interna.
Tres cueros armados de la col. S. MARTIN,
un esqueleto.—Inventario.

(*) Esta rica colección ha sido hecha en los contornos de Sa Cruz de la Sierra en Bolivia y comprado por el Sup. Gobierno en el año 1863.

(8) Desconociendo la descendencia de este individuo, no puedo dar nuevas noticias sobre la especie fundada por GRAY, bajo el apelativo arriba mencionado. Es muy probable, que el objeto de nuestra coleccion ha sido traido del Paraguay y en este caso soy dispuesto, tomar la especie de GRAY por mera variedad del Carayá de AZARA, porque RENGGER dice en su obra sobre los Mamíferos del Paraguay (pág. 14-), que el macho del Carayá es en el segundo año de su vida rojo-amarillo, lo que corresponde bien con el color de nuestro individuo. Pero no ha sido muy jóven, sino un animal bastante viejo en el momento de su muerte. Los machos viejos del Carayá son negro-amarillos y al fin completamente negros.

(9) La sinonimia de esta especie ordinaria en el Paraguay y en las partes vecinas occidentales del Brasil y de Bolivia es muy embrollada.

El Cay de AZARA y RENGGER, no es idéntico con el *Cebus Fatuellus* LINN., come he creído en el momento, cuando escribí mis noticias sobre las especies del genere *Cebus.* (*Abh. d. Naturf. Gesellsch. z. Halle.* II. Bd *pág.* 81.), sino una especie diferente, que pertenece á la misma seccion del género con cinco vértebras lumbares. SPIX ha figurado muy bien esta especie en el estado juvenil, bajo el título de *Cebus libidinosus* y A. WAGNER ha descripto el tipo del macho muy viejo bajo el título de *Ceb. nigrovittatus.* (*Abh. d. Munch. Acad. Phys. Cl.* V. 420.)

Genus **CALLITHRIX**. Geoffr.

10. **C. cinerascens.** Spix. *Sim. Bras.* 20.
tb. 14.
    C. donacophila. D'Orb. *Voy. An. mer.*
    Mamif. 10. *pl.* 5.
    C. castaneiventris. Gray. *Ann. Mag.*
    Nat. Hist. III. *Ser. Tm.* 17. *pág.* 58.
    Una hembra con el chico.
    Bolivia interior. (Sa Cruz de la Sierra),
    Col. S. Martin.

Genus **CRHYSOTHRIX**. Wang.

Saimiris Is. Geoffe.

11. **Ch. entomophaga.** D'Orb. *Voy. Am.*
mer. Mamif. 10. *pl.* 4.
    Dos individuos, macho y hembra.
    Bolivia interior. (Sa Cruz de la Sierra).
    Col. S. Martin.

Genus **NYCTIPITHECUS**. Spix.

Aotus. Illig. *Nocthora.* Fr. Cuv.

12. **N. felinus.** Spix. Sim. Bras. pág. 24.
lb. 18.
    N. *trivirgatus.* Rengg. *Saug. v. Pa-*
    rag. 58.

Miriquina. Azara. Apunt. etc. II. 195.
63.
    Dos individuos armados.
    Paraguay. Matto grosso. Chiquitos. Col.
    S. Martin.

Genus **HAPALE**. Fllig.

13. **H. Weddellii.** Deville. *Rev. zool.*
1849. 55.
    Dos índividuos.
    Chiquitos. (Sa Cruz de la Sierra). Col.
    S. Martin.

14. **H. leucocephala.** Geoffr. Kuhl.
    Pr. Wied. *Beitr. z. Naturg. Bras.* II.
    135.
    H. Maximiliani. Reichenb. Affen. I. 5.
    17. fig. 17.
    · Un individuo viejo.—Invent.
    Brasilia oriental media.

15. **H. penicillata.** Geoffr. Kuhl. Wagn.
    Un individuo jóven.—Invent.
    Brasilia oriental y austrál.

16. **H. Iacchus** aut.
    Simia Iacchus. Linn. *Syst. Nat.* I. 39. 24.
    Tití, Azara. Apunt. etc. II. 200. 64.
    Un individuo viejo.—Invent.
    Brasilia media (Bahía) (*).

---

(10) Nuestro individuo tiene la coloracion general de la descripcion de Gray, pero cuadra tambien mucho cón las figuras y descripciones de Spix y D'Orbigny, lo que me obliga, unir estas tres especies de los diferentes autores en una sola.

(*) La lista precedente de los monos americanos no significa ninguna especie de este grupo en el terreno de la República Argentina, porque no entran en ella de otro modo que transitoriamente, saliendo de los territorios vecinos del Paraguay, del Brasil y de la Bolivia. Así se ven de tiempo en tiempo monos en el territorio mas al Norte de las provincias de Corrientes, de Salta y de Jujuy, que son :

1. **Mycetes Caraya**, llamado: *Barbudo*, que se encuentra en el territorio de las antiguas Misiones de los Je. suitas.

2, **Cebus Azarae**, que se encuentra en el gran Chaco, opósito al Norte del Paraguay.

3. **Hapale penicillata**, que entra en la provincia de Salta, encontrándose en las vecindades de Oran y de la Esquina grande.

4. **Callithrix personata**. Illig. Pr. Wied., que se encuentra tambien en los districtos del gran Chaco mas al Norte, hoy ocupados por los Paraguayos.

C. Monos ambiguos. (*Prosimiae*).

Genus GALEOPITECUS.

17. **G. variegatus.** Geoffr.
Lemur volans. Linn. *S. Nat.* I. 45.
Gal. rufus. Pall. Act. Ac. Petr. IV. 1.
208. (1780).
Un individuo grande de la col. Cha-
nalet.
Islas Sundaicas.

Tribus 3. Chiroptera.

MURCIELAGOS.

El grupo de los murciélagos no es muy rico
en especies diferentes en este país; he recogido
no mas que cuatro durante mis viajes por la República, y en los contornos de Buenos Aires no
he visto hasta hoy mas que dos. Azara describe
13 especies del Paraguay, y Rengger el mismo
número. Como algunas de estas especies se encuentran muy probablemente en los dictrictos
vecinos Argentinos, me parece conveniente enumerar acá todas y indicar de cada una, en donde
hasta hoy se ha encontrado.

A. Murciélagos con una hoja membranosa
sobre la nariz. (*Histiophora*.)

Genus PHYLLOSTOMA. Geoffr.

18. **Ph. superciliatum.** Pr. Wied. Beitr.
z. Nat. Bras. II. 200.
Rengg. *Saugeth. Parag.* 74.
M. obscuro listado. Azara. Apunt. II.
291. 71.
Paraguay como en todo el Brasil del Sud.

19. **Ph. lineatum.** Geoffr. Ann. d. Mus.
Tm. 15. 180.
Rengg. pág. 75.
M. pardo listado Azara, Apunt. II.
292. 72.
Paraguay; Matto grosso, Minas geraes.

20. **Ph. rotundum.** Geoffr. l. l.
M. mordedor. Azara. Apunt. II. 293. 73.
Ph. infundibuliforme. Rengg. l. l. 77.
Paraguay, la especie mas comun del
monte Paraguayo.

21. **Ph. Lilium.** Geoffr. l. l.
Rengger. l. l. 78.
M. pardo roxizo, Azora. Apunt. II.
299. 74.
Paraguay, Minas geraes, Rio grande de
Sur.

Genus GLOSSOPHAGA. Geoffr.

22. **Gl. villosa.** Rengg. Saug. Parag. 80.
Paraguay, muy al Norte.

B. Murciélagos sin hoja en la nariz. (Gym-
norrhina).
a. *Brachyura.* La cola es mas corta que
la membrana caudal entre los piés de atrás.

Genus NOCTILIO. Geoffr.

23. **N. leporinus.** aut.
Vespert. leporinus. Linn. S. Nat. I. 32.
N. dorsatus. Pr. Wied. Rengg. Saug.
Par. 93.
M. roxizo, Azara. Apunt. II. 302. 75.
Del Paraguay por todo el Brasil hasta la
Guayana al Norte.

24. **N. ruber.** Rengg. l. l. 95. — Geoffr.
Ann. d. Mus. Tm. 8. *pág.* 204.
M. pardo acanelado. Azara. Apunt. II.
307. 74.
Paraguay.

b. *Gymnura.* La cola es mas larga que la
membrana caudal entre los piés de atrás.

Genus DYSOPES. Illig.

Molossus. Geoffr.

25. **D. nasutus.** Spix. Tem. *Monogr. Mamm.*
I. 234. — Allan. *Monogr. Bats. N. Am.* 7.

D. Brasiliensis. Isid. Geoffr. *Ann. d. sc. nat.* I. 337. (1824).

D. Naso. Wagn. *Schreb. Suppl.* I. 475.

D. multispinosus. Burm. Reise. etc. II. 391.

Cuatro individuos én aguardiente.

Por toda casi América, dé Carolina hasta Buenos Aires. Es este murciélago el mas ordinario entre nosotros y la única especie del género encontrado de mi en Buenos Aires.

26. **D. castaneus.** Geoffr. Ann. d. Mus. VI. 155.—Rengg. l. l. 90.

M. castaño. Azara. Apunt. II. 302. 76. Paraguay,

27. **D. laticaudatus.** Geoffr. — Renng. l. l. 87.

M. orejon. Azara. Apunt. II. 304. 78. Paraguay.

28. **D. caecus.** Rengg. *Sang. Parag.* 88.

M. obscuro. Azara. Apunt. II. 305. 75. Paraguay.

29. **D. crassicaudatus.** Geoffr. Ann. d. Mus. VI. 156.—Rengg. l. l. 89.

M. obscuro menor. Azara. Apunt. II. 306. 80.

c. *Vespertilionina.* La cola tan larga, que la membrana caudal entre los piés de atrás.

Genus **PLECOTUS.** Geoffr.

30. **Pl. velatus.** Is. Geoffr. Magaz. d. Zool. 1832. Mam. pl. 2.

D'Orbigny. *Voy. Am. mer.* Mamíf. pl. 14. —Gay. hist. d. Chile. Zool. I. 40. pl. 1. f. 2. Tschudi. Fn. Per. 74. 2.—Burm. Reise. II. 393. 7.

En toda la América del Sur occidental; he recojido este murciélago en Mendoza.

Genus. **VESPERTILIO.** Linn.

31. **V. Isidori.** Gerv. D'Orb. Voy. Am. mer. IV. 2. 16. Burm. Reise etc. II. 394.

Mendoza, Paraná, Corrientes; recojido por mí en los dos lugares primeramente mencionados.

32. **V. villosissimus.** Geoffr. Rengg. *Saug. Parag.* 83.

M. pardo blanquizo, Azara. Apunt. II. 303. 77. Paraguay.

33. **V. nigricans.** Pr. Wied. Rengg. l. l. 84.

M. acanelado. Azara. Apunt. 308. 82. Paraguay y el Brasil.

34. **V. ruber.** D'Orbigny. Voyage. Am. mer. IV. 2. 14. pl. 11. fig. 5. 6. Corrientes.

35. **V. furinalis.** D'Orbigny. l. l. 13; Corrientes.

Genus **NYCTICEJUS.**

36. **N. Bonaerensis.** Lesson. *Voy. d. l. Coquille. Zool.* 137. pl. 2. fig. 1.—Tem. Monogr. etc. II. 159. Burm. *Reise, etc.* II. 295. 9.

Nyct. varius. Porp. Reise, I. 451.—Gay. hist. Chil. Zool. I. 37.

Cuatro cueros armados, un hembra con dos chicos y un macho.

Buenos Aires, Paraná, Chile (Antuco)(*).

Murciélagos de otros paises tenemos en el Museo Público no mas que las tres especies siguientes.

37. **Pteropus jubatus.** Eschsch. Zool. Atl. IV. 1. tb. 15.

Temm. Monogr. II. 59.

Isla de Luzon de las Filipinas.—Col. Chanalet.

(*) El mas grande murciélago de nuestro pais, y el mas lindo por su color blanquizo y acanelado. Se distingue de la especie parecida de la América del Norte, entre otros caracteres, por la márgen exterior de la membrana caudal, que no es bordada con fimbrias, como la de la especie Norte-Americana, sino nuda, superando los pelos de la superficie dorsal de la membrana en todo su contorno.—*Cf. Allan, Monogr. Bats of North-Am. pág.* 19.

38. **Vespertilio pipistrellus.** Schreb. Aut.
Dos ejemplares de la Italia del Norte.— Invent.
Europa media y boreal.

39. **Pelecotus auritus.** Aut.
Vespert. auritus. Linn. *S. Nat.* I. 47.
Dos cueros armados y un esqueleto.—Col. de Halle.
Toda la Europa.

Tribus 4. Ferae.

1. *Insectivorae.*

Genus **ERINACEUS.** Linn.

40. **E. Europaeus.** Linn. *S. Nat.* I. 75.
El erizo.
Un individuo jóven. Col. Chanalet.
Toda la Europa.

Genus **SOREX.** Linn.

41. **S. fodiens.** Erxl. Mamm. 124.
S. hydrophilus. Pall.
Un individuo armado. Col. de Greifs-wald.
Europa.

Genus **TALPA.** Linn.

42. **T. Europaea.** Linn. S. Nat. I. 73.
El topo.

Un individuo armado. Col. de Greifs-wald.
Europa.

2. *Carnivorae.*

a. *Felinae.* GATOS.

Genus **FELIS.** Linn.

43. **F. Onca.** Linn. *S. Nat.* 61. 4.—Rengg. *Saug. Parag.* 156.
Yaguareté. Azara. Apúnt. I. 91. 10.
Iaguará. Marcgr. *Hist. Nat. Bras.* 235 (*).
Dos cueros armados y dos cráneos.—Inventario.
En los bosques húmedos de toda la America del Sur, hasta las islas del rio Paraná cerca de Buenos Aires.

44. **F. concolor.** Linn. *Mant. pl.* 2. *pág.* 522. —Rengg. *Saug. Parag.* 181.
Guazuará. Azara. Apunt. I. 120. 12.
Cuguaçu arana Marcgr. hist. nat. Bras. 235 (**).
Un cuero armano y un cráneo.—Inventario.
Vive tambien en toda la América del Sur, pero prefiere los bosques abiertos á las selvas densas y es'mas comun en la parte media y occidental de la República Argentina.

(*) Esta especie es el T i g r e de los Argentinos, pero con falsa aplicacion del nombre al animal, porque el verdadero tigre vive en la gran India y no en América. El apelativo primitivo de los Indios Americanos es Yaguá y Yaguá-été, es decir: verdadero Yaguá, que los autores europeos han cambiado en I a g u a r, bajo cual nombre figura esta especie de los grandes gatos hoy en las obras sistemáticas. El apelativo O n z a es introducido por los Portugueses y adoptado en la nomenclatura científica por Linné; Buffon habia mezclado esta especie con la Pantera de Africa.
· Hay rara vez una variedad de todo negra, que Azara describe bajo el mismo titulo I. 114. 11.

(**) Esta especie es el L e o n de los Argentinos, apelativo en el mismo modo mal aplicado; porque el verdadero Leon vive en Africa y en la Asia occidental hasta la gran India. El apelativo adoptado por la ciencia para nuestro animal es C u g u a r, derivado por Buffon del apelativo dado por Marcgraf, segun los Indios del Brasil á esta especie.

45. **F. Irbis.** Mull. Saml. etc. III. 697.—
Wagn. Schreb. Suppl. II. 486.
F. Uncia. Linn. S. Not. I. 77. 9.
L'Once. Buffon. hist. nat. Mamíf. IX. 151.
pl. 13.
F. Pardus. Pallas. Zoogr. Ross. I. 17.
Un cuero armado. Col. Chanalet.
Vive en la Asia central. (Mongolio).

46. **F. Caracal.** Schreb.
Wang. Schreb. Suppl. II. 526. 29.
F. Melanotis. Gray. Catál. brit. Mus.
Un cuero armado. Col. Chanalet.
Vive en toda· la Africa y la Asia occidental.

47. **F. Geoffroyi.** Gervais. D'Orbigny. *Voy
Am. mer.* IV. 2. 21. *Mamíf.* pl. 13. y 14.
El gato montese de los Argentinos (*).
Dos cueros armados, el uno regalado por
D. I. Baut. Peña.

48. **F. Pajero.** Azara. Apunt. I. 160. 18.
Waterh. Zool. of the Beagle. I. 18. pl. 9.
El gato pájero de los Argentinos.
Vive en los pajonales altos de la pampa
al Sur de la Provincia de Buenos Aires.

49. **F. doméstica.** aut.
Rengg. *Saugeth.* Parag. 212.
Un cuero armado y un esqueleto.
Vive domesticada en toda la América,
introducida por los Españoles. Su estirpe
primitivo parece la **F. Maniculata.** aut.
que se encuentra en Abyssinia.

   b. Caninae. PERROS.

   Genus **CANIS.** Linn.

50. **C. jubatus.** Desm. *Mammal.* 198.—
Rengg. *Saugeth.* Parag. 138.—Burm. Erlaut. z. Fauna Brasil. 125. tb. 21.

Aguará guazú, Azara. Apunt. I. 266. 28.
Lobo de los Argentinos.
Dos cueros armados.—Inventario.
En toda la República, pero raro; principalmente en la provincia de Santa Fé.

51. **C. magellanicus.** Gray.
Waterhouse. Zool. of the Beagle. II. 10.
pl. 15.
Canis Culpaeus. Molina. Comp. de la
Hist. de Chile. I. 330.
Cordillera de las provincias del Cuyo.

52. **C. Azarae.** Waterhouse. *Zool. of the
Beagle.* II. 14. pl. 7.
Aguará chay. Azara. Apunt. I. 571. 29.
Burm. *Erlaut. z. Fn. Bras.* 44. 16.
El zorro de los Argentinos.
Tres cueros armados, dos del inventario
y dos cráneos.

Provincia de Buenos Aires.—Hay rara
vez individuos albinos, de todo blancos con
ojos colorados. Un tal individuo ha ofrecido
D. I. Baut. Peña al Museo Público, pero
ya ruinado· completamente á la cola por las
polillas.

53. **C. entrerianus.** Burm. *Reise d. d. La
Plata-Staaten.* II. 4. 15.
Zorro de Entrerios.
Província de Entrerios y Corrientes.
Es muy probable, que los zorros descriptos
por Azara. (l. l.) y Rengger. (Saug.
Parag. 143.) pertenecen á esta especie.

54. **C. gracilis.** Burm. *Reise etc.* II. 406. 18.
Provincias Cuyanas de Mendoza, San
Luis y San Juan.

55. **C. griseus.** Gray, *Proc. Zool.'Soc.* IV.
88. *pl.* 6.—*Magaz. of Nat. Hist.* I. 587.
(1837.).

(*) Vive en los bosques del lado oriental de la República Argentina, pero no mas en el Paraguay, en donde Azara
no ha encontrado este animal bastante vulgar entre nosotros. He recojido individuos en la Provincia de Buenos Aires,
en el Paraná de Entrerios y Tucumau.

Burm. *Erlaut.* z. *Fauna Brasiliens.* 48. 6. *tb.* 25.

Patagones al Sur, hasta el estrecho Magelanico.

56. **C. cancrivorus.** Desmar. *Mammalogie.* 199 (*).

Chien de bois. Buffon. *hist. nat. Suppl.* VII. 146 *pl.* 38.

Un cuero armado y un cráneo.

Bolivia interior. (Sa Cruz de la Sierra.) Col. S. Martin.

57. **C. pallipes.** Sybes. *Proc. Zool. Soc.* 1830. 101.

Wagn. Schreb. *Suppl.* II. 371. 3.

La gran India. (Decan.). — Col. Chanalet.

58. **C. vulpes.** Linn. S. Nat. I. 59.

El zorro de Europa.

Dos cueros armados y dos cráneos; uno del príncipe Maximiliano de Wied, el otro de la Col. de Halle, con el esqueleto.

59. **C. lagopus.** Linn. S. Nat. I. 59.

Un cuero armado; Col. de Greifsivald.

Vive en los paises polares, boreales.

ı. Viverrinae.

De este grupo de los *Ferae carnivorae* no hay representantes en toda la América, con la única excepcion de Mexico, en donde se encuentra un Viverrino, que es la *Bassaris astuta.* Licht. *Darst. neuer Saugeth. tb.* 43. —*Isis.* 1831. 512.

Tenemos en nuestro Museo tres clases exóticas de la Col. Chanalet.

60, **Viverra malaccensis.** Gmel. Linn. S. Nat. I. 92. 26.

V. Rasse, Horsf. Zool. res. en Iava. VI.— Wagn. Schreb. *Supp.* II. 284. 3.

V. indica Geoffr. Desm. Mammal. 210.

Viverricula malaccensis. Gray. *Proc. Zool. Soc.* 1864. 513.

Un cuero armado. Col. Chanalet.

Vive en la gran India, las islas Sundaicas, las Filippinas y la China austral.

61. **Genetta vulgaris.** Gray. *ibid.* 515. 1.

Viverra Genetta. Linn. S. Nat. I. 65.

Un cuero armado. Col. Chanalet.

España, Algeria y toda la Barberia hasta Syria.

62. **Herpestes caffer.** Licht. Wagn. Schreb. *Suppl.* II. 301. Gray. *l. l.* 549. 2.

Un cuero armado. Col. Chanalet.

Africa austral.

d. Mustelinae.

Genus **MUSTELA.** Linn.

63. **M. martes.** Aut. Linn. Gmel. S. Nat. I. 1. 95. 6.

Un cuero armado. Col. de Greifswald.

Europa.

64. **M. foina.** Aut. Linn. Gmel. S. Nat. I. 1. 95. 14.

Un cuero armado. Col. de Greifswald.

Europa.

65. **M. furo.** Linn. *S. Not.* I. 68.

El huron de los Españoles.

Un cuero armado.—Col. Chanalet.

Europa austral, introducido de la Barberia.

66. **M. erminea.** Linn. S. Nat. I. 68.

El armiño de los Españoles.

Tres cueros armados; uno de la Col. Chanalet, un blanco del príncipe Maximil. de Wied, un otro del inventario.

Europa media y boreal.

(*) La especie descripta en la obra mia mencionada: *Erlaut. Z. Fauna Brasiliens,* bajo el mismo nombre, es diferente y debe tomar el apelativo de *Canis brasiliensis* Lund. (*C. melampus* y *C. melanostomus* Wang.), distinguiéndose muy bien por un color mas obscuro y una cola mas larga del *C. cancrivorus* de Desmarest, fundado en el *Chien de bois*. de Buffon.

67. **M. vulgaris.** Erxl. Mammal. 471.
M. nivalis. Linn. S. Nat. I. 69.
El veso de los Españoles.
Tres cueros armados, dos del inventario,
uno del príncipe Maxim. de Wied.

68. **M. anticola.** Nob. Burm. *Reise d. d. La Plata Staaten.* II. 408 (*).

Genus **Galictis.** Bell.

69. **G. barbara.** Aut.—Rengg. *Saug. Parag.* 119.
Mustela bárbara. Linn. S. Nat. I. 67.
El Huron mayor, Azara. Apunt. 1.
172. 19. .
Un cuero armado y un cráneo.—Col.
S. Martin.
Bolivia interior, Brasil, Paraguay y las
provincias Argentinas del Norte.

70. **G. vittata.** Aut. Rengg. *Saug. Parag.* 126.
El Huron menor. Azara. Apunt. I.
182. 20.
Mustela brasiliensis. D'Orbigny. Voy.
Am. mer. IV. 2. Mamíf. 20. pl. 13. f. 3.
Huron de los Argentinos.
Dos cueros armados, uno del inventario.
Ordinario en la República. Argentina,
como en toda la América del Sur.

e. Melinae.

Genus **MEPHITIS.** Cuv.

71. **M. patachonica.** Licht. *Abh. Acad. z. Berl.* 1838, 275. 6.
Conepatus Humboldtii. Gray. Loud. *May. Nat. Hist.* I. 581.

Yaguaré. Azara. Apunt. I. 187. 21.—
Var. *M. castanea.* Gerv. D'Orb. *Voy. Am. mer.* IV. 2. *Mamíf.* 19. pl. 12.
Zorrillo ó Chingue de los Argentinos.
Tres cueros armados, dos del inventario;
un cráneo.
En toda la República Argentina; princi-
palmente en Patagones, al Sur de Buenos
Aires.

Genus **MELES.** Pall.

72. **M. vulgaris.** Aut.
Ursus-meles. Linn. *S. Nat.* 1. 70.
Tejon de los Españoles.
Un cuero armado y un cráneo; Príncipe
Maxim. de Wied.
En toda la Europa. .

f. Lutrinae.

Genus **LUTRA.** Ray.

73. **L. paranensis.** Rengg. Saug. Parag. 128.
Nutria. Azara, Apunt. I. 304. 32.
N u t r i a de los Españoles, l o b o a c ú a t i-
c o de los Argentinos (**).
Un cuero armado del inventario.
En los ríos Paraná, Uruguay, Dulce y
Salado.

74. **L. platensis.** Waterh. *Zool. of the Beagle.* II. 21.
En la costa del mar Atlántico.

75. **L. vulgaris.** Aut.
Mustela Lutra Linn. Fn. Suec. 1. 10.
Dos cueros armados.—Col. de Greifs-
wald.
Europa.

(*) Vive una especie pequeña de este género en las Cordilleras Cuyanas, que nunca he visto, pero que debe ser
parecida á la *M. peruana* de *Tschudi, Fauna Peruana* 110., segun la descripcion dada á mí por los habitantes de
Mendoza.

(**) El animal que se llama en este país N u t r i a no merece en verdad este apelativo, porque no es piscívoro,
como la verdadera Nutria, sino gramínivoro. Véase n. 123. *Myopotamus Coypus*.

3. *Omnivorae.* s. *Ursinae.*

Genus URSUS. Linn.

76. **U. arctos.** Linn. S. Not. I. 68.
Oso de los españolas.
Un cuero armado de un cachorro, de las serranias de la comarca del Ticino. (Pozzi).
En las grandes selvas de las serranias europeas.

77.' **U. marítimus.** Linn. S. Not. I. 68.
Un cráneo.—Col. de Halb.
En las costas del mar glacial.

Genus NASUA. Cuv.

78. **N. socialis y solitaria.** Aut.—Rengg.
Saug. Parag. 96.
Cuati, Azara. Apunt. I. 293. 31.
Dos cueros armados del inventario.
Vive en los bosques de toda la América del Sur, en la República Argentina, principalmente en el gran Chaco al Norte y en las Misiones de la provincia de Corrientes.

Tribus 5. Marsupialia.

1. *Carnivora.*

Genus DIDELPHYS. Linn.

79. **D. Azarae.** Rengg. *Saug. Parag.* 223.—
Burm. *Erlaut. z. Fauna Brasil.* 61. *tb.* 1.
Micuré. Azara. Apunt. I. 209. 22.
Comadreja de los Argentinos.
Cuatro cueros armados, tres del Inventario.
En las provincias orientales de toda la República.

80. **D. cancrivora.** aut.
Burm. Erlaut. z. Fn. Bras. 66. 6. tb. 4.
Un cuero armado, un cráneo. — Col. S. Martin.
Bolivia interior. (Sta. Cruz de la Sierra).

81. **D. crassicaudata.** Derm. — Rengg.
Saug. Parag. 226.
Burm. *Erlaut. etc.* 88.
Coligrueso, Azara, Apunt. I. 229. 24·
Cuatro cueros armados, tres cráneos.
Ordinario en los contornos de Buenos Aires, como en toda la provincia.

82. **D. dorsigera.** Linn. S. Nat. I. 72.
Grymaeomys dorsigera. Burm. *Erl. etc.* 80. 3.
Dos cueros armados, y un cráneo.—Col. S. Martin.
Vive en toda la América del Sur tropical; nuestros ejemplares son de Sa Cruz de la Sierra en Bolivia.

83. **D. elegans.** Waterh. *Zool. of the Beagle.* II. 95. *pl.* 13.
Grymaeomys elegans. Burm. *Erl. etc.* 83. *lb.* 15. *f.* 2.
Vive en las provincias Cuyanas y en Chile.

2. *Frugivora.*

Genus PHALANGISTA. Cuv.

84. **Ph. vulpina.** Shaw. gen. Zool. I. 403.
—Wagn. Schreb. Supp. V. 269. 5.
Ph. Cookii y Ph. Bougainvillii. F. Cuv.
Un cuero armado.—Col. Chanalet.
Vive en Nueva Holandia.

85. **Ph. viverrina.** Ogilby.
Hepoona. viverr. Gray.
Ph. Cookii. G. Cuv. Wagn. Schreb. *Suppl.* V. 274. 9.
Un cuero armado.—Col. Chanalet.
Nueva Holandía y isla de Van Diemen.

Genus Petaurus. Shaw.

86. **P. taguanoides.** Cuv. Desm. *Mam.* 269.—Wagn. Schreb. *suppl.* III. 86. V· 278.
Un cuero armado.—Col. Chanalet.
Nueva Holandia.

3. *Graminivora.*

Genus **HALMATURUS**. Illig.

87.   **H. Bennetti**. Waterh. *Proc. Zool. Soc.*
V. 103.—Wagn. Schreb. *Suppl.* V. 317. 17.
H. fruticus. Ogilby.
H. leptonyx. Wagn.
Un cuero armado.—Col Chanalet.
Isla de Van Diemen.

Tribus 6.   Gliris.   *s.*   *Rodentia.*

Tom. 1.   *Sciurini.*

Genus **PTEROMYS**. Cuv.

88.   **Pt. nitidus**. Geoffr. Derm. Mammal.
342.
Un cuero armado.—Col. Chanalet.
Islas Sundaicas.

Genus **SCIURUS**. Linn.

89.   **Sc. vulgaris**. Linn. *S. Not.* I. 86.
Ardilla de los Españoles (*).
Dos cueros armados, del inventario.
Europa.

90.   **Sc. carolinensis**. Penn. *Quadr.* 283.
209.—Buffon. hist. nat. X. pl. 25.
Dos cueros armados, de la Col. Chanalet.
América del Norle, de la Carolina del Sur,
hasta Texas.

91.   **Sc. tricolor**. Poppig. *Tschudi.* Fn. Per.
156. tb. 11.
Wagn. Abh. d. Munch. Acad. Physic.
Cl. V. 279. 4.
Tres cueros armados, un cráneo.—Col.
S. Martin.
Bolivia interior. (Sa Cruz de la Sierra).

92.   **Sc. aestuans**. Linn. S. Nat. I. 88.—
Burm. Syst. Ubers. I. 146.
Cachingélé de los Brasileros.
Un cuero armado, un cráneo. — Col.
S. Martin.
Brasília y la Bolivia vecina. (Sa Cruz de
la Sierra).

93.   **Sc. macrurus**. Erxl. 188.
Sc. macruroides. Horsf.
Sc. maximus. Schreb. Wagn. Suppl. III.
Sc. indicus. Erxl.
Un cuero armado. Col. Chanalet.
La gran India.

Fam. 2.   *Murini.*

a.   *Myoxini*

Genus **MYOXUS**. Gmel.

94.   **M. Glis**. Gmel. *Syst. Not.* I. 87.
Cuatro cueros armados de la Lombardía.
—Inventario.
Europa toda.

95.   **M. nitela**. Gmel. *S. Nat.* I. 1. 156. 3.
Mus. quercinus. Linn.   S. Nat. I. 84. 15.
Dos cueros armados, del Príncipe Maxim.
de Wied.
Europa.

b.   *Rattini.*

Genus **MUS**. Linn.

96.   **M. rattus**. Linn. S. Nat. 1. 83.
Un cuero armado.—Col. de Greifswald.
El verdadero raton de Europa medía.

97.   **M. tectorum**. Savi. Burm. *Syst. Ubers.*
I. 154. 3.
M. alexandrinus. Geoffr.

(*)   No hay ardillas en los bosques de la República Argentina ; mismo en el Paraguay ni Azara ni Rengger han
visto tales animales.

El raton de Buenos Aires.·
Dos cueros armados.—Inventario.
Buenos Aires, introducido de Italia.

98. **M. leucogaster.** Pictet. Burm. *l. l.*
Un cuero armado.—Inventario.
Buenos Aires, introducido de Italia.

99. **M. musculus.** Linn. *S. Nat.* I. 83.
El ratoncito de Buenos Aires.
Cuatro cueros armados; un pardo, tres blancos.—Inventario.
Buenos Aires, introducido de Europa.

Genus **CRICETUS.** Cuv.

100. **C. vulgaris.** Cuv. *R. Anim.* I. 204.
Mus Cricetus. Linn. *S. Nat.* I. 82. 9.
Un cuero armado.—Col de Halle.
Sajonia de Alemania.

Genus **REITHRODON.** Waterh.

101. **R typicus.** Waterh. *Zool. of the Beagle.* II. 71.
Banda oriental (Maldonado, Darwin).
Entrerios (Paraná, Burm).

102. **R cuniculoides.** Waterh. *l. l.* 69 *pl.* 26.
Costa de Patagones (S. Julian. Sa Cruz.)

103. **R. cinchilloides.** Waterh. *l. l.* 72. *pl.* 27.
Costa del Estrecho de Magellanes.

Genus **HESPEROMYS.** Waterh.

104. **H squamipes.** Brants. *het Ges. d. Muizen.* 138. 52.
Burm. *Reise. d. d. La Plata Staat.* II. 414. 27.
M. robustus, Burm. *syst.*˙*Ubers.* I. 164. 2.
M. aquaticus. Lund.
En los juncales de los pantanos, al lado del rio Paraná.

105. **H. longicaudatus.** Bennet. *Proc. Zool. Soc.* 1832. 2.
Burm. *Reise. etc.* 414. 28.
Mus longitarsus. Rengg. *Saug. Parag.* 232.
Eligmodontia typus. Fr. Cuv. Ann. d. sc. nat. 1837. 169. pl. 5.
Colilargo. Azara. Apunt. II 91. 49.
Provincias del Norte de la República. (Burm.) Paraguay. (Azara.)

106. **H. arenicola.** Waterh. *Zool. of the Beagle.* II. 48. *pl.* 13.—Burm. *Reise. etc.* 415. 29.
Agreste. Azara. Apnnt. II. 94 50.
Rosario de Santa Fé. (Burm.) Maldonado. (Darwin.) Paraguay. (Azara.)

107. **H. nasutus.** Waterh. 1. 1. II. 56. 19. pl. 17. fig. 2.
Un cuero armado. D. Luis Fontana.
Las Conchas y Maldonado.

108. **H elegans.** Waterh. *l. l.* 41. *tb.* 12.
Bahia blanca de Patagones (Darwin).

109. **H. bimaculatus.** Waterh. *l. l.* 43. *pl.* 12.
Burm. *Reise etc.* II. 415. 30.
Laucha. Azara, Apunt. II. 96. 51.
La palabra L a u c h a significa ratoncito en la lengua guarani.
Paraná y Tucuman. (Burm.) Maldonado. (Darwin.)

110. **H. gracilipes.** Waterh. *l. l.* 45. *pl.* 11.
Bahía Blanca. (Darwin.)

111. **H. flavescens.** Waterh. *l. l.* 46. *pl.* 13.
Maldonado. (Darwin.)

112. **H. magellanicus.** Bennet. Waterh. *l. l.* 47. *pl.* 14.
Port famine del estrecho Magellanico. (King).

113. **H. griseo-flavus.** Waterh. *l. l.* 62. *pl.* 21.
Rio Negro de Patagones. (Darwin.)

114. **H. xanthopygus**. WATERH. *l. l.* 63.
pl. 22.
Sa Cruz y Port desire de Patagones.
(DARWIN).

115. **H. Nigrita**. LICHT. BURM. *syst. Ubers etc.* I. 181. 16.
Un cuero armado.—Inventario.
Brasilia (Rio de Janeiro).

c. Arvicolini.

Genus **HYPUDAEUS**. ILLIG.

116. **H. arvalis**. PALL. WAGN. SCHREB.
Suppl. III. 585.
Ratoncito campesino de los Españoles.
Un cuero armado blanco. (POZZI).
Toda la Europa.

117. **H. oeconomus**. PALL. WAGN. SCHREB.
Suppl. III. 585.
Un cuero armado; Prínc. MAXIM. DE WIED.
Siberia occidental.

Genus **MYODES**. PALL.

118. **M. lagurus**. PALL. WANG. SCHREB.
Suppl. III. 601.
Un cuero armado; Prínc. MAXIM. DE WIED.
Tartaria occidental.

FAM. 3. *Cunicularii.*

Genus **ELLOBIUS**. FISCH.

119. **E. talpinus**. FISCH. *Zoognos. Ross.* III. 72.
Mus. talpinus. PALL. GLIR. 77· n. 176.
tb. 11. A.
Chthonoergus talpinus NORDM.
Un cuero armado; Prínc. MAXIM. DE WIED.
Russia australis.

Genus **SPALAX**. PALL.

120. **Sp. Typhlus**. PALL. *Zoogr. Ross.* I. 159.—WAGN. SCHREB. *Suppl.* III. 394.
Un cuero armado, un otro individuo en aguardiente; Prínc. MAXIM. DE WIED.
Russia australis.

Genus **BATHYERGUS**. ILLIG.

121. **B. maritimus**. AUT.
Mus. maritimus. GMEL.·S. Nat: I. 1. 140.
Mus. suillus. SCHREB.
Un cuero armado.—Col CHANALET.
Africa australis. (Cabo de buena esperanza).

FAM. 4. *Muriformes.*

Genus **CTENOMYS**. BLAINV.

122. **Ct. brasiliensis**. *Bl. bull. d. l. Soc. phil. Avr.* 1826·
WATERH. *Zool. of the Beagle* II. 80.
BURM. *Syst: Ubers.* I 24.
Tucutuco AZARA, *Apunt.* II. 69. 42.
El oculto de los Argentinos.
Dos cueros armados.—Col. S. MARTIN.
Provincias Argentinas occidentales y medías, hasta Tucuman.

Genus **MYOPOTAMUS**. COMMERS.

123. **M. coypus**. CUV. Regne anim. I. 214.
Mus coypus. MOLINA. comp. d. l. hist. d. Chile. I. 324.
Myopotamus Bonaerensis. RENGG. Saug. Parag. 237.
Quiyá, AZARA. Apunt. II. 1. 33.
La ñutria de los Argentinos.
Tres cueros armados, dos del inventario; un cráneo.

Provincias Argentinas australes, orientales y medias (*).

Genus **LAGOSTOMUS**. Broor.

124. **L. trichodactylus**. Brookes. Trans. Linn. Soc. 16. 95. pl. 9.—Burm. Reise. etc. II. 417. 33.
Vizcacha. Azara. Apunt. II. 45. 39.
Dos cueros armados, tres cráneos.
En las provincias orientales y medias de la República Argentina (**).

Genus **LAGIDIUM**. Meyen.

125. **L. peruanum**. Meyen. nov. act. Soc. Caes. Leap. Cor. etc. Tm. 16. ps. 2. pág. 518. tb. 41.
Lagotis Cuvieri. Bennent. Trans. Zool. Soc. I. 46. pl. 4.
Lagidium Cuvieri. Wagn. Schreb. Suppl. III. 305.—Burm. Reise etc. II. 419.
Lepus Vizcacha. Molina. Comp. d. l. hist. d. Chile. I. 348.
Vizcacha de la cordillera de los Argentinos.
En la Cordillera de las provincias Cuyanas, hasta Bolivia y Perú (***).

Fam. 5. Aculeati.

Genus **CERCOLABES**. Brandt.

126. **C. prehensilis**. Linn. S. Nat. I. 76. 2.
Burm. syst. Ubers. I. 220. 1.
Coandu. Marcgr. hist. nat. Bras. 233.
Un cuero armado, un cráneo.—Col. S. Martin.
En los países mas calientes de América del Sur.

127. **C. villosus**. F. Cuv.
Burm. l. l. 221. 2.
Hystri xinsidiosa, Licht. Pr. Wied.
Caiy. Azara, Apunt. II. 55. 41.
Un cuero armado.—Col. Chanalet.
En el Paraguay y el Brasil al Sud.

Genus **HYSTRIX**. Linn.

128. **H. cristata**. Linn. S. Nat. I. 76. 1.
Wagn. Schreb. Suppl. IV. 17. 1.
Puerco-espin de los Españoles.
Un cuero armado de la col. Chanalet.
En España, Calabria y Africa boreal.

(*) Con falsa aplicacion del apelativo N u t r i a los conquistadores Españoles han significado este animal acuático pero graminivo, que es en verdad un gran raton. Molina y Azara lo describieron primeramente y Gmelin lo introdujo bajo el nombre de Molina en su Systema Naturas. Tm. I. ps. 1. pág. 125.
Parece que el Castor Huidobrius del mismo autor, (Comp. etc. I. pág. 323.—Gmelin. Syst. Nat. I. 1.) no es otra cosa que el C o y p ú mas viejo y mas grande por tomaño. Su cuero muy estimado por los pelos pasa en el comercio bajo el título de B i s a m.
(**) El primer autor que habla científicamente de la V i z c a c h a es Azara, que la describió bien; pero su obra ha sido largo tiempo desconocida entre los sabios Europeos, hasta que el Inglés Brookes dió una nueva descripcion cientifica, que introdujo el animal en los Catálogos sistámicos. Mismo Cuvier no lo ha conocido bien (Véase Le Regne Anim. I. 222.).
Tenemos un fenómeno muy curioso en el Museo Público de este animal, es decir, una cabeza doble de tamaño natural del individuo adulto, que prueba, que el individuo ha vivido largo tiempo en este estado monstruoso. Mas tarde lo describiré detalladamente.
(***) El autor único del siglo pasado, que habla científicamente de este animal ya largo tiempo conocido á los Españoles despues de la conquista bajo el título de la Vizcacha del Perú, es Molina (l. l.) y segun él Gmelin lo introdujo en su Systema Naturae (I. 160. 22. 5.); pero estas descripciones han sido casi olvidadas, hasta que mi amigo finado Meyen lo describió casi contemporaneamente con Bennet en las obras mencionadas. He dado la anatomia del animal en mi viaje.

Fam. 6. *Subungulati.*

Genus **DOLICHOTIS**. Desm.

129. **D. patachonica**. aut.

Burm. Reise d. d. La Plata Staaten. II. 422. 35.
Liebre patagónica. Azara, Apunt. II. 51. 40.
Un cuero armado.—Inventario.

Liebre de los Argentinos; Mara de los Indios Puelches.

En toda la pampa del Sur de la provincia de Buenos Aires.

Genus **DASYPROCTA**. Illig.

130. **D. Azarae**. Lihht.

Burm. *syst. Ubers.* I. 232. 1.
D. Acuti. Rengg. *Saug. Parag.* 259.
Acutí. Azara, Apunt. II. 21. 36.

Un cuero armado y un cráneo.—Col. S. Martin.

Paraguay, Brasil del Sur, Bolivia baja. (Sa. Cruz de la Sierra).

131. **D. species inedita**.

Un cuero armado, un cráneo.—Col. S. Martin.

Bolivia interior. (Sa Cruz de la Sierra).

Genus **HYDROCHOERUS**. Briss.

132. **H. capibara**. Erxl.—Burm. *syst. Ubers.* I. 238.

Sus Hydrochoerus. Linn. *S. Nat.* I. 103.
Capibára, Azara, Apunt. II. 8. 34.
Carpincho de los Argentinos.
Un cráneo.—Inventario.
En toda la costa del rio Paraná.

Genus **CAVIA**. Linn.

133. **C. Azarae**. Licht.

C. leocopyga. Brandt., Burm. *syst. Ubers.* I. 246. 3.
'Aperea. Azara, Apunt. II. 37. 38.
Conejo de los Argentinos.
Dos cueros armados, 1 cráneo.—Inventario.
En las provincias orientales de la República.

134. **C. leucoblephara**. Nobis.

Burm. *Reise* d. d. La Plata-Staaten. II. 425.
En las provincias occidentales de la República, de Mendoza hasta Tucuman.

135. **C. australis**. F. Geoff. Guer. *Mag. d. Zool.* 1833. *Mamíf. pl.* 12.—Burm. *Reise* etc. 426.

Patagones, de Bahía Blanca hasta el estrecho Magellánico.

Fam. 7. *Duplicidentati.*

Genus **LEPUS**. Linn.

136. **L. timidus**. Linn. S. Nat. I. 77.

Liebre de los Españoles.
Un cuero armado, dos cráneos.— Col. de Halle.
En la Europa media y austral.

137. **L brasiliensis**. Linn. S. Nat. I. 78.— Rengg. *Saug. Parag.*—Burm. *syst. Ubers.* I 252.

Tapití. Azara, Apunt. II. 32. 38.
Dos cueros armados, dos cráneos.—Col. S. Martin.
Paraguay, Brasil y Bolivia interior.

138. **L. variabilis**. aut. Linn. Gmel. S. Nat. I. 1. 161. 6.

L. borealis Nilson.
Un cuero armado.—Col. de Greifswald.
Laponia, Siberia, Helvetia.

Tribus 7. EDENTATA.

FAM. 1. *Tardigrada.*

Genus **BRADYPUS**. LINN.

139. **Br. tridactylus.** CUV. *Regne Anim.*
I. 225.
BURM. *syst. Ubers.* I. 266. 2.
Br. pallidus. WANG. SCHREB. *Suppl.* IV.
143. 1.
Perezoso ó Perizo lijero de los Españoles.
Preguiza de los Brasileros.
Cinco cueros armados, un esqueleto; tres
de la Col. S. MARTIN.
Brasilia media (Rio de Janeiro, Minos
geraes, Matto grosso) hasta la Bolivia inte-
rior. (Sa Cruz de la Sierra).

Genus **CHOLOEPUS**. ILLIG.

140. **Ch. didactylus.** AUT.
Brac. didact. LINN. *S. Nat.* I. 50.
Un cráneo incompleto.
Brasilia boreal, Venezuela, Guyana.

FAM. 2. *Effodientia.*

Genus **DASYPUS**. LINN.

141. **D. gigas.** CUV.
BURM. *syst. Ubers.* I. 277. 1.—KRAUS
WIEGM. ARCH. 1866. 271.
El Maximo. AZARA, Apunt. II. 110. 53.
Dos cueros armados, un esqueleto.—Col
S. MARTIN y D. W. WHEELWRIGHT.
Brasilia, Paraguay, República Argentina
al Norte (*).

142. **D. villosus.** DESM. *Mammal.* 370.
BURM. *Reise d. d. La Plata Staaten.* II.
427.—GIEBEL. *Zeitschr. f. d. ges. Naturw*
Peludo. AZARA, Apunt. II. 140. 56.
Dos cueros del inventario, un esqueleto.
Provincias Argentinas orientales.

143. **D. minutus.** DEOM. *l. l.* 371.
BURM. *l. l.* 428. 41.—GRAY. *Proc. Zool.*
Soc. 1865. 377.
Pichiy. AZARA, Apunt. II. 150. 59.
Un cuero armado monstruoso con un
apéndice terminal, representando la mitad
posterior de un otro individuo y un cráneo.
—Inventario.

144. **D. conurus.** TS. GEOFFR. Rev. Zool.
1847. 135.
BURM. l. l. 426. 39.
Mataco. AZARA, Apunt. II. 161. 60.
Tres cáscaras, del inventario.

Genus **PRAOPUS**. NOR.

145. **Pr. longicaudatus.** PR. WIED.
BURM. *syst. Ubers.* I. 296. 6.
Una cáscara y un esqueleto.
Del Brasil.

146· **Pr. hybridus.** DESM. *Mammal.* 368.
BURM. *Reise etc.* II. 156. 58.
Dos individuos armados, una cáscara.—
Inventario.
Provincia de Buenos Aires.

Genus **CHLAMYPHORUS**. HARLAN.

147. **Ch. retusus.** BURM. *Abh. d. Naturf.*
Ges. z. HALLE. Tm. VII. pág. 167.
Burmeisteria retusa. GRAY. *Proc. Zool.*
Soc. 1865. *pág.* 381.

(*) De este animal se ha encontrado un individuo vivo cerca del pueblo V i l l a N u e v a de la provincia de Córdoba, sobre el cual he dado algunas noticias á la Socied. Paleont. Véase las Actas pág. XXII. y pág. XXXII.

Lloron de los Bolívianos.

Un cuero armado.—Col. S. Martin.

Bolivia interior. Sa Cruz de la Sierra.

148. **Ch. truncátus**. Harlan. *Acad. Lyc. Nat. Hist. N. York*. 1825.

Burm. *Reise etc*. II. 429. 43.

Pichi ciego de los Argentinos-

Un cuero armado, D. Raf. Trelles; un esqueleto, D. Dam. Hudson.

Provincia de Mendoza (*).

Fam. 3. *Vermilinguia*.

Genus **MIRMECOPHAGA**. Linn.

149. **M. jubata**. Linn. *S. Nat*. I. 52. 3.

Burm. *syst. Ubers*. I. 395. 1.

Nurumi. Azara, Apunt. I. 66. 8·

Os hormigero de los Españoles.

Un cuero armado.—Inventario.

Provincia de Corrientes en las Misiones, Paraguay, Brasil.

ORDO II. Ungulata.

Tribus 8. Ruminantia.

Fam. 1. *Tylopoda*.

Genus **AUCHENIA**. Illig,

150. **A. Lama**. aut.

Burm. *Reise d. d. La Plata.Stooten*. II. 429. 44.

Cordillera Cuyana y la Pampa al Sur de Bahia Blanca.

151. **A. Vicunna**. aut.

Burm. l. l. 430. 45.

Vicuña de los Argentinos.

Cordillera de la provincia de Catamarca (**).

Fam. 2. *Cervina*.

Genus **CERVUS**. Linn.

152. **C. paludosus**. Desm. *Mammal*. 443.— —Rengg. *Saug. Parag*. 344.—Burm. *syst. Ubers*. I. 313. 1.

Dess. *Reise etc*. II. 430. 46.

Guazú-pucú. Azara, Apunt. I. 33. 4.

Cierbo de los Argentinos.

Dos cornamentas con los cráneos.—Inventario.

En las selvas á la costa del rio Paraná y Uruguay

153. **C. campestris**. F. Cuv. Desm. *Mammal*. 444.—Rengg. *Saug. Parag*. 350.— Burm. *syst. Ubers*. I. 316. 2.—Dessen. *Reise* II. 430. 47.

Guazú-ú. Azara, Apunt. 41. 5.

Venado (macho) y gama (hembra) de los Argentinos.

Dos cueros armados, un esqueleto, diez cornamentas.—Inventario.

154. **C. rufus**. Illig. Desm. *Mammal*. 445.— Rengg. *Saug. Parag*. 356.—Burm. *syst. Ubers*. I. 316. 3.—Dessen. *Reise* II. 431. 48.

Guazú-pitá. Azara, Apunt. I. 51. 7.

(*) Este animal no vive en Chile, como muchos autores dicen, sino solamente en la provincia Argentina de Mendoza, de donde lo venden a Chile, como una curiosidad de mucho valor.

(**) Asiento á mi amigo finado Meyen. (*Nov. Act. ph. med. Soc. Caes. Leop. Carol*. XVI. 2. 552.) en contra de Tschudi. (*Fauna Peruana*. 19. 2 y 222.), qué la Llama de los Peruanos, es la raza domesticada del Guanaco, como el Alpaca la raza domesticada de la Vicuña. Véase sobre esta cuestion el exámen serio de A. Wagner en Schreb. *Suppl*. V. 579 seg.

Gama montesa de los Argentinos.
Un cuero armado de un ternero.—Col.
S. Martin.
Entrerios, Corrientes, Tucuman, Gran Chaco.

Fam. 3. *Cavicornia.*

Genus CAPRA. Linn.

155. **C. Aegragus.** Linn. S. Nat. I. 94.
Wagner. Schreb. *Suppl.* IV. 502. 9.
Cabra de los Españoles.
Un cuero armado.—Invent.
Domesticada en toda la República Argentina, y introducida en el pays de Europa por Nuflo de Chaves 1550. Azara, Apunt. II. 275.

156. **C. tragelaphus.** Aut.
Wagn. Schreb. *Suppl.* IV. 504. 12.
Un cuero armado de un cordero.—Col.
Chanalet.
Africa boreal. (Argelia, Nubia).

Genus OVIS. Linn.

157. **O. Aries.** Linn. *S. Nat.* I. 95.
Wagn. Schreb. *Suppl.* IV. 511. 21.
Oveja de los Españoles.
Un cráneo.—Inventario.
Domesticada en las provincias orientales, introducida de Europa.

Genus BOS. Linn.

158. **B. Taurus.** Linn. *S. Nat.* I. 98.
Wagn. Schreb. Saugeth. V. 2. 1566.
Ganado de los Argentinos.
Un cráneo con cuernos gigantescos. D. Ad. Blaye; un otro cráneo con tres cuernos. —Inventario.

Domesticado en toda la República, introducido por Juan de Salazar; véase Azara, Apunt. II. 255.

Tribus 9. Pachydermata.

A. *Paridigitata.*

Fam. 1. *Suina.*

Genus DICOTYLES. Cuv.

159. **D. torquatus.** Cuv. *Regne Anim.* I. 237.—Rengg. *Saug. Parag.* 328.—Burm. *syst. Ubers.* I. 327. 2.—Dessen. *Reise etc.* II. 432. 49.
Taytété. Azara, Apunt. I. 23. 3.
Chancho montese de los Argentinos, ó Javalí.
Gran Chaco; bosques de la provincia de Córdova y Tucuman.

Genus SUS. Linn.

160. **S. Scrofa.** Linn. *S. Nat.*
Wagner. Schreb. *Saug.* VI. 415.
Puerco de los Españoles, chancho de los Argentinos.
Domesticado en toda casi la República Argentina.

B. *Imparidigitata.*

Fam. 2. *Macrotrachelia.* Nob.

Genus EQUUS. Linn.

161. **E. Caballus.** Linn. S. N. I. 100. 1.
Caballo de los Españoles, la hembra: yegua.
Un esqueleto.—Inventario.
Domesticado en toda la República y introducido por los Españoles. Véase Azara, Apunt. II. 202. seg.

162. **E. Asinus**. Linn. S. N. I. 100 2.
Burro de los Españoles.
Domesticado en algunas provincias Argentiñas.

Fam. 3. *Brachytrachelia*. Nob.

Genus **TAPIRUS**. Briss.

163. **T. Suillus**. Blum.—Burm. *syst. Ubers*
I. 331.
T. americanus. Cuv. *Regne Anim.*
I. 250.—Rengg. *Saug. Parag.* 312.
Mborebi. Azara. Apunt. I. 1. 1.
Anta ó Gran bestia de los Argentinos.
Bosques del gran Chaco al Norte.

Genus **HYRAX**. Herm.

164. **H. capensis**. Pall.
Schreb. *Saug.* IV. 920. sb. 240.
Un cuero armado.—Col. Chanalet.
Africa al Sud.

Tribus 10. Proboscidea.

Genus **ELEPHAS**. Linn.

No tanemos nada de las especies actuales de Elefantes en nuestro Museo Público.

ORDO III. Pinnata.

Hemos dado la lista de las especies indígenas de este grupo pág. 301. seg. y por esta razon repetimos acá solamente sus apelativos, con los de las especies exóticas, que tenemos en el Museo.

Tribus 11. Pinnipedia.

Fa.m *Phocina*.

Genus **PHOCA**. Linn.

165. **Ph. vitulina**. Linn. S. Nat. I.
Callocephalus vitulinus. F. Cuv.
Gray. Cat. of. Seals. 20. 1.
Un cuero armado.—Col. de Greifswald.
Mar báltico y del Norte.

Genus **HALICHOERUS**. Nils.

166. **H. pachyrhynchus**. Hornsch. Schill.
—Wiegm. Arch. 1851. 2. 29.
Hal. grypus. fem. Nils.
Gray. Cat. of Seals. 34. 1.
Un cuero armado.—Col. de Greifswald.
Mar báltico.

Genus **OTARIA**. Peron.

167. **O. jubata**. Forst. véase pág. 303.
Costa del Oceano Atlántico.
168. **O. Hookeri** (*).
Arctocephalus Hookeri. Gray. *Cat. of Seals. pág.* 53. 6.
Costa del Oceano Atlántico.
O. Falklándica. Shaw. Véase pág. 303.
Las mismas costas mas al Sur.

Tribus 12. Cetacea.

Fam. *Delphinidae*.

Genus **PONTOPORIA**. Gray.

170. **P. Blainvillii**. Véase pág. 305 y 389.
Costa de los mismos lugares.

(*) Se ha encontrado nuevamente, Mayo 1869, un individuo macho de este lobo marino de la costa del Oceano, en el Rio de la Plata, cerca de la boca del Rio Paraná, del cual hemos adquirido para nuestro Museo el cuero con su cráneo.

Genus **STENO**. Gray.

171. **St. attenuatus**. Gray. *Catal. of Seals.*
etc. 235. 5.
Un cráneo, Dr. de Finck.
Oceano Atlántico al Sur del Ecuador.

Genus **DELPHINUS**. Linn.

172. **D. microps**. Gray. Véase pág. 306. 2.
Oceano Atlántico, al Sur del Ecuador.
173. **D. Delphis**. Aut. Gray. *Cat. of Seals.*
242. 3.
Un cráneo.—Col de Halle.
Costa Europea del Oceano Atlántico y del
mar Mediterráneo.
174. **D. Styx**. Gray. *Catal. of Seals.* 250. 13.
Un cráneo.
Oceano Atlántico cerca de la isla Madera.

Genus **TURSIO**. Gray.

175. **T. Cymodoce**. Gray. *Cat. of Seals.*
257. 4.
Dos cráneos. Véase pág. 306. 4.
Oceano Atlántico cerca del rio de la
Plata.
176. **T. obscurus**. Gray. Véase pág. 306. 3.
De los mismos lugares.

Genus **LAGENORHYNCHUS**. Gray.

177. **L. coeruleoalbus**. Meyen. Gray. l. l.
268. 2.
Oceano Atlántico al Sur, altura del Rio
de la Plata.

Genus **ORCA**. Gray.

178. **O. magellanica**. Nobis. Véase pág.
307 y 373.

Genus **PHOCAENA**. Rondelet.

179. **Ph. spinipinnis**. Nob. Véase pág.
308. 7. y 380.

Genus **GLOBICEPHALUS**. Gray.

180. **Gl. Grayi**. Nobis. Véase pág. 308. S.
y 367.

Fam. *Ziphiadae.*

Genus **EPIODON**. Rafin.

181. **E. australe**. Nobis. Véase pág. 309. y
312. seg.

Fam. *Physeteridae.*

Genus **PHYSETER**. Linn.

182. **Ph. especie desconocida**. Véase
pág. 309.

Fam. *Balaenina.*

Genus **BALAENOPTERA**. Lacep.

183. **B. bonaerensis**. Nob. Véase pág.
310. 1.

Genus **PHYSALUS**. Gray.

184. **Ph. patachonicus**. Nobis. Véase pág.
310. 2.

Genus **SIBBALDIUS**. Gray.

185. **S. antarcticus**. Nobis. Véase pág.
310. 3.

Genus **MEGAPTERA**. Gray.

186. **M. Burmeisteri**. Gray. Véase pág.
311. 4.

Genus **BALAENA**. Linn.

187. **B. australis**. Van Beneden. Bullet.
d. l. Acad. Roy. de Bruxelles. II. Ser. Tm.
XXV. núm. 1. 1868.
Vive en el Oceano Atlántico austral entre
los grados de 36 hasta 48, frecuentando las
costas Argentinas hasta el estrecho Magellánico.

FE DE ERRORES TIPOGRÁFICOS (*)

Pág. 28, línea 13 de abajo, léase *las* en lugar de: *los* y *llamándolas*.

— 29, » 1, abajo dele el apelativo *Ziphius*, como perteneciente á un animal no esclusivamente diluviano, sino estante tambien en la época actual.

— 30, línea 15 de abajo. El *Dinotherium* acá mencionado, pertenece segun las observaciones mas modernas de BRANDT y otros autores, no al grupo del Manati, sino al grupo del Mastodonte y del Elefante.

— 33, línea 9 de arriba, léase *Boliviensis* en lugar de: *Boliviense*

— 44, Respecto á la opinion indicada en la nota al fin de la página, sobre los dientes de *Macrauchenia* y la falta de analogia con los del caballo, referimos al lector á nuestra descripcion del caballo fosil, pág. 243.

— 65, línea 6 de abajo, pone *Boliviensis* en lugar de: *Boliviana*.

— 72, » 9 de » » *cuatra vértebras* en lugar de *cinco*, comparando la descripcion mas estendida del hueso mediocervical de los Gliptodontes, pág. 207, seg.

— 88. Segun observaciones exactas del señor D. POMPEO MONETA, la altura del suelo de Córdova sobre el nivel del mar, es 1218 piés franc. en lugar de 1178.

— 93, línea	6	de arriba, pone	*aluvium*	en lugar de: de aluvio.			
— 103, »	7	de abajo, léase	*arena*	en	»	de: cal.	
— 122, »	7	de arriba, »	*las* y *antiguas*	en	»	de: los y antiguos.	
— 125, »	9	de » »	*tal*	en	»	de: ese, y	
— » »	10	de » »	*el*	en	»	de: ese.	
— » »	2	de abajo, »	*Copenhaga*	en	»	de: Copenhague.	
— 134, »	12	de » »	*menores*	en	»	de: meneros.	
— 136, »	13	de arriba, »	0,28	en	»	de: 0,08.	
— 141, »	2	de abajo, »	*humero*	en	»	de: cúbito.	
— 145, »	24 y 26 de arriba, »		*los*	en	»	de: las.	
— 146, »	12	de » »	tambien *los*	en	»	de: las.	
— 150, »	10	de » »	*De*	en	»	de: Be.	
— 151, »	8	de abajo, »	*el*	en	»	de: ol.	

(*) Escribiendo en un idioma que no es el mio, segun mi nascimiento, he tenido mucha dificultad, resguardar bien los numerosos errores que hacen los tipógrafos, cuando imprimen una obra completamente inenteligible á ellos por su contenido. Ruego íntimamente al lector, disculpar estos defectos y corregir los errores antes de la lectura de mi obra.

Pág. 161, línea 3   de arriba, léase *de la laringe* en lugar de: del larinx.

— » » 15   de abajo, » *descripcion*   en » de: descricion.

— 164, » 18   de arriba, » *didactylus*   en » de: *didatylus.*

— 168, « 6   de » » *hioides*   en » de: hioideo.

— 173, » 4   de » » *Descubrí*   en » de: Descubriré.

— » » 6   de abajo, » *cornea*   en » de: corea.

— 175, » 10   de » » *Dasypus*   en » de: *Darypus*

— 176, » 3   de arriba, » *gracilis*   en » de: *graciles.*

— »· » 15   de » » 25 $\frac{1}{2}$ en » de: 25.

— » » 17   de » » 13   en » de: 18 $\frac{1}{2}$

— » » 22   de » » *externa*   en » de: externo.

— » en la fila longitudinal al lado izquierdo, léase *pelvis* en lugar de pelbis.

— 179, línea 18   de abajo, léase *bastante*   en lugar de: basbante.

— 181, » 15   de arriba, » *Sphenodon*   en » de: Spenodon.

El Dr. Lund ha reconocido, que su género: *Sphenodon* está fundado en dientes juveniles de las especies de *Scelidotherium* y por consiguiente no debe conservarse como género aparte. Véase su última relacion sobre los huesos fosiles, encontrados en las cuevas naturales del Brasil, pág. 6 de la edicion separada (Copenhaga, 1845. 4.). He recibido esta obra del autor despues de la publicacion de la tercera entrega de nuestros Anales, (véase pág. 299.).

— 183, línea 6 de arriba, léase *extintos*   en lugar de: existentes.

— 185, » 16 de » » *extintos*   en » de: estinctos.

— 187, » 5 de » » *Schistopleurum* en » de: *Glyptodon.*

— 192, » 6 de » » una margen elevada ancha y gruesa.

— 202, » 12 de abajo, pone *ántes* de los tubérculos etc.

— 205, » 5 de arriba, léase *comunicada*   en lugar de: comudicada.

— 206, » 14 de abajo, » *descripcion*   en » de: dercripcion.

— 212, » 7 de » » *inmovilidad*   en » de: movilidad.

Este error tipográfico cambia completamente el sentido del texto; se habla acá del carácter particular de la primera costilla de cada lado, que se habia unido con el esternon inmediatamente, sin permitir alguna movilidad de las partes unidas entre sí; durante que las costillas siguientes, unidas con el esternon por huesos esternocostales, son flexibles por la conjuncion fibroso-cortilaginosa entre estos huesos esternocostales y las costillas á un lado, y aquellos y el esternon al otro lado.

— 230, línea 17 y 19 de arriba deben ser cambiadas las tres líneas *multangulum etc. e.* es el *capitatum, f.* el *multangulum majus* y *minus* unidos en una pieza y *g.* el *hamatum.*

— 231, línea 1 de arriba, léase *Fig. 5*   en lugar de: Fig. 4.

— 232, » 13 de » » *b.*   en » de: 6.

— 237, » 5 de abajo, dele la coma (,) atras de aca.

— 238, » 10 de arriba, léase *sólido*   en lugar de: salido.

— 248, » 17 de » » *Sud-Africanos* en » de: Sud-Americanos.

La intencion de la comparacion de las dos especies extintas de *Equus* de nuestro suelo con las especies de Sud-Africa ha sido, probar por la comparacion de las partes conocidas, que se unen estas especies mas con las del grupo de las Zebras, que con los verdaderos caballos. Los caballos fosiles Sud-Americanos han sido tambien especies de Zebras.

Tengo hoy en el Museo los dientes de la mandíbula inferior del *Equus curvidens s. principalis*, que me faltaron antes y que describiré, esplicándolos por figuras, en otro lugar.

Pág. 276, línea 7 de arriba, pone 2   en lugar de: 1. Del esqueleto.
— 287, »   5 de abajo, léase *Elefantes*   en »   de: Elefontes.
— 292, »   20 de »   » *Stellenhoff*   en »   de: Stellenhfoff.
— 299, »   14 de »   » 12 de Junio   en »   de: 11 de Julio.
— 302, »   2 de »   » *opuesto*   en »   de: opósito.
— 310, »   3 de arriba,   » pág. 307.
— 335, »   3 de abajo.   » 0,113·   en »   de: 0,013.
— 344, »   16 de »   » *cubierto*   en »   de: cubierta.
— 354, »   3 de arriba, » *lado*   en »   de: lodo.
— 357, »   18 de »   » *siguientes*   en »   de: siquiente.
— 368, »   9 de »   » *marsopa*   en »   de: maropa.
— 376, »   10 de »   » *gladiator*   en »   de: gladiador.
— 381, »   7 de abajo,   » *la*   en »   de: al.
— 382, »   11 de arriba, » *evanescen*   en »   de: evanezcan.
— 386, »   12 de »   » *asimetrico*   en »   de: simetrico.

Un error grave que ruego no dejar sin reparacion.

— 389, línea 4 de arriba, léase 1844   en lugar de: 184.
— 390, »   2 de »   » *Naturw.*   en »   de: Neturw.
— 397. Habiendo recibido el Museo Público, hace algunos dias (10 de Julio corr.), en cambio con nuestros Anales, etc., las Actas de la Academia Real Dinamarquesa de Copenhaga, (IV. Ser. Tom. 1.—XII y V. Ser. Tom. I.—VII.), he encontrado en el tomo II de la quinta serie la descripcion de ESCHRICHT, de la *Platanista* (*Dephinus gangeticus*). No puedo entrar mas en la comparacion de la organizacion de este animal particular con nuestra *Pontoporia;* la única cosa que me permito advertir al lector es, que las crestas altas al lado de la region nasal de la *Platanista*, que dan al cráneo del dicho animal una figura tan diferente de la de todos los otros Delfinides, corresponden completamente por su posicion y su orígen á la cresta pequeña supra-orbital del hueso maxilar superior de la *Pontoporia*. Para mí no hay ninguna duda, que estas crestas de la *Platanista*, han servido para tapar el aparato airífero del animal, que ha sido probablemente mas estendido que el de la *Pontoporia*.

— 408, línea 4 de abajo, léase *costilla*   en lugar de: cestilla.
— 412, »   9 de »   » *las*   en »   de: los
— 414, »   6 de arriba, » *esternon* en »   de: externon.
— 416, »   1 de abajo,   » *primer* en · »   de: tercer.

Error grave que ruego no sobrepasar sin corregirle.

— 425, línea 11 de abajo, léase *sostener* en lugar de: sotener.

Lista

de los establecimientos científicos y de los sábios estranjeros, que han recibido los

Anales del Museo Público de Buenos Aires.

I. ESTABLECIMIENTOS.

1. Americanos.

La Biblioteca Imperial y Nacional Brasilera de Rio Janeiro.

La Universidad de Santiago de Chile.

El Instituto Smithsoniano de Washigton.

La Academia de ciencias naturales de Filadelfia.

La Sociedad filosófica de Filadelfia.

El Liceo de historia natural de Boston.

La Sociedad de historia natural de Nueva-York.

El Museo de anatomia comparativa y zoología del colegio de Haward.

2. Europeos.

La Sociedad Real de Londres.

La Sociedad Real Geográfica de Londres.

La Sociedad Geológica de Londres.

La Sociedad Zoológica de Londres.

La Sociedad Lineana de Londres.

La Sociedad Antropológica de Londres.

La Academia de ciencias de Madrid.

La Academia de ciencias de Paris.

La Sociedad Geológica de Francia.

La Sociedad Imperial de ciencias naturales de Cherbourg.

La Academia de ciencias de Bruxelles.

La Academia Cesárea Leopoldina Carolina de Dresden.

La Academia Imperial de Viena.

La Sociedad Botánico-Zoológica de Viena.

El Instituto geológico Imperial de Viena.

La Academia Real de Munich.

La Sociedad Real de Gottingen.

La Sociedad de los amigos de historia natural de Berlin.

La Sociedad Geológica de Alemania en Berlin.

La Sociedad patriótica de historia natural de Stuttgart.

La Sociedad entomológica de Estetino.

La Sociedad de historia natural de Sajonia y Turíngia á Halle.

La Sociedad de historia natural de Bremen.

La Sociedad de historia natural de Altenburg.

La Academia de ciencias de Turino.

La Academia de ciencias de Nápoles.

El Instituto Real Lombardo de ciencias en Milano.

La Sociedad Italiana de ciencias naturales en Milano.

La Academia Imperial de ciencias de St. Petersburgo.

La Sociedad de los Naturalistas de Moscou.

La Academia Real Dinamarquesa de ciencias de Copenhaga.

La Union para el cultivo de la historia natural de Copenhaga.

La Universidad de Christiania en Norwegia.

La Academia Real Sueca de ciencias á Estocolmo.

II. SABIOS.

1. América.

Prof. L. Agassiz, Cambridge Univ. U. S.
— R. A. Philippi, Santiago de Chile.
Don F. V. Lastarria, 	»	»	»

2. Inglaterra.

The baronet, S. Rod. Murchison, London.
Prof. Ric. Owen, brit. Mus. id.
Dr. John Edw. Gray, brit. Mus. id.
Sir Woodbine Parish. id.
Prof. Grant, London Univers.
— J. O. Westwood, Oxfort Univ.
Ch. Darwin, London.
Ph. L. Sclater, id.
J. Waterhouse, id.
W. H. Flower, id.

3. Francia.

Prof. H. Milne Edwards, Paris.
Mr. F. E. Guerin-Ménéville, id.

4. Alemania.

Prof. C. Th. de Siebold, Munich.
— H. Stannius, Rostock.
— M. Schultze, Bonn.
— C. F. Giebel, Halle.

Prof. W. Peters, Berlin.
Dr. A. Gerstecker, id.
— R. Hensel, id.
— H. Hagen, Konigsberg.
— G. Hartlaub, Bremen.
Prof. J. Munter, Greifswald.
Dr. C. A. Dohrn, Estettin.
Prof. L. Reichenbach, Dresden.
— E. Weber, Leipzig.

5. Suiza.

Prof. O. Heer, Zurich.
— F. J. Pictet, Ginebra.
Dr. H. de Saussure, id.

6. Italia.

Prof. Em. Cornalia, Milano.
Marqués J. Doria, Genova.
Prof. P. Strobel, Parma.
— G. Capellini, Bologna.

7. Dinamarca.

Prof. J. S. Steenstrup, Copenhaga.

8. Rusia.

Acad. Dr. I. F. Brandt, St. Petersburgo.

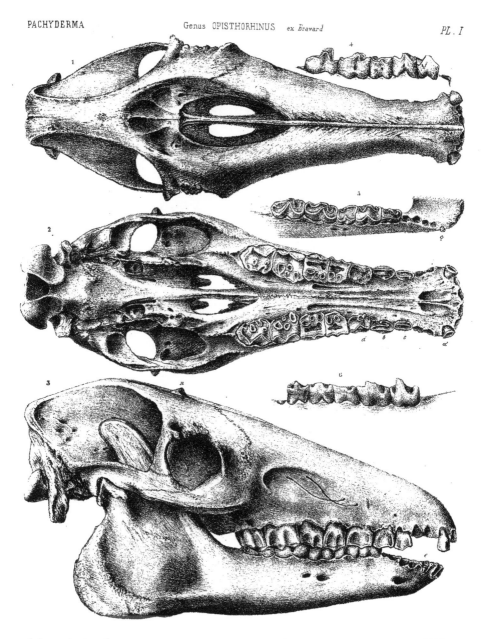

A. Bravard ad nat. Lithog   Litografia Julio Beer, Calle Perú, 71 B. Ires

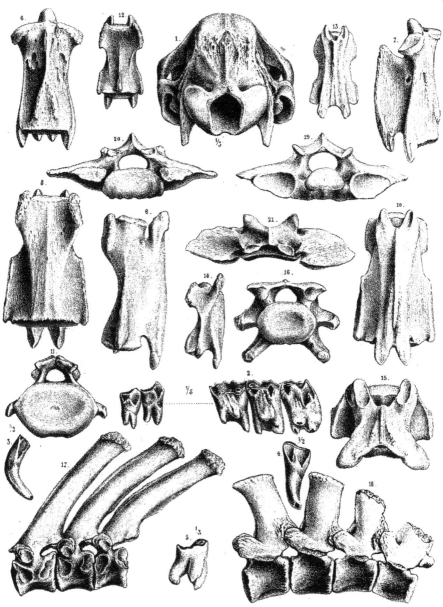

A Bravard ad nat Lithog   *Lithografia de Julio Beer. Calle Perú. 71*

O. FALCONERII

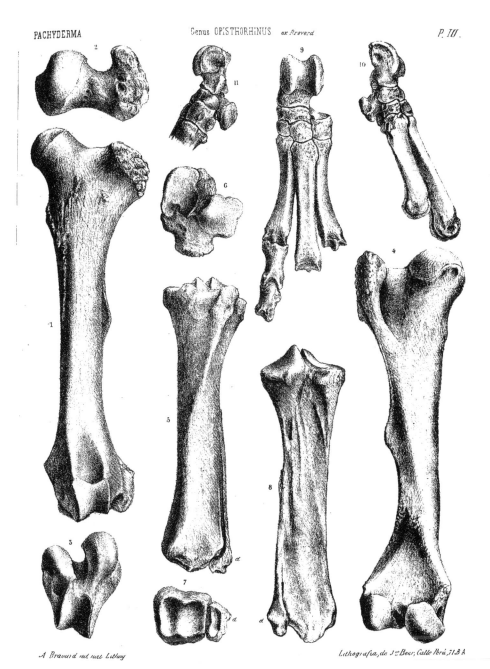

A. Bravard del. nat. Lithog.   *Lithografia de J.os Boer, Calle Perú, 71.B.A.*

O. FALCONERII

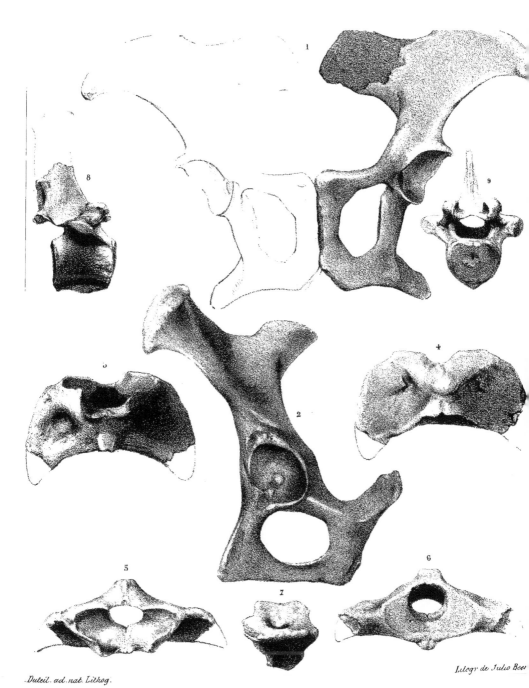

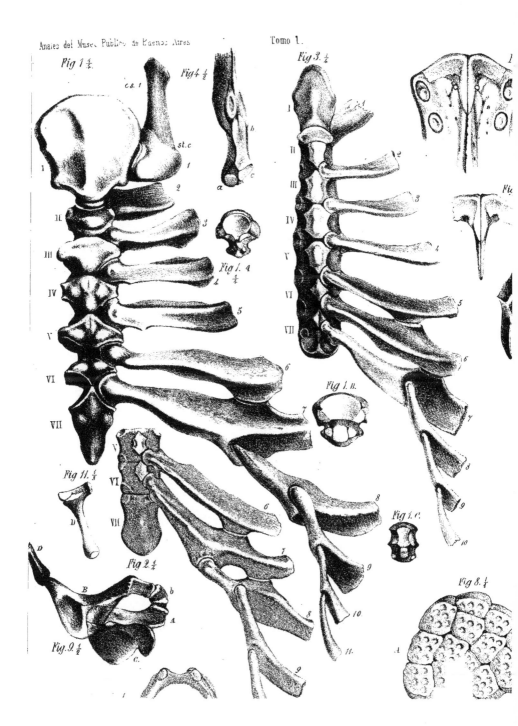

Fig 1 ¼.

Fig 4 ½.

Fig 3. ¼.

Fig 1. 4.

Fig 1. B.

Fig 11. ¼.

Fig 2 ¼.

Fig 1. C.

Fig 8. ¼.

Fig 9. ½.

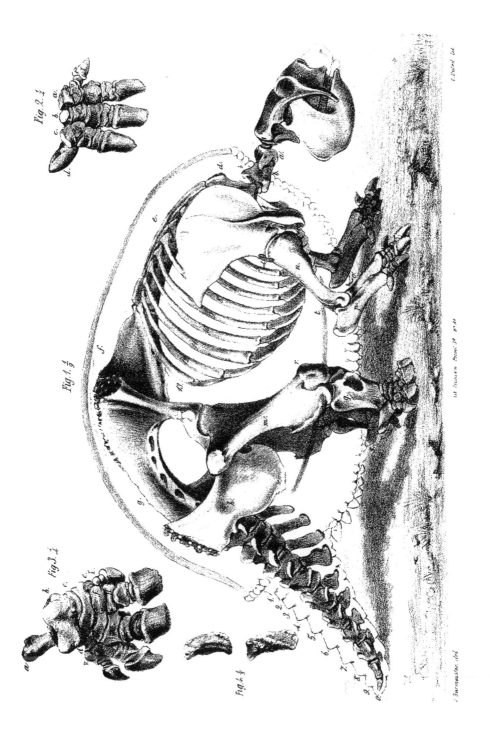

Fig. 2. ⅟₇

Fig. 1. ⅟₉

Fig. 3. ⅟₄

Fig. 4. ⅟₃

J. Burmeister del.

Lit. Viewes u. Posen J.F. 8148

E. Dietzel lith.

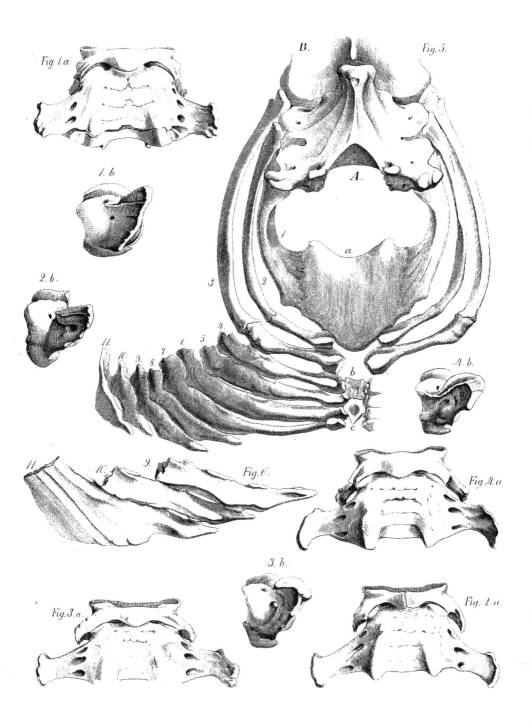

Fig. 1.a.

1.b.

2.b.

B.

Fig. 5.

A.

a.

4.b.

11. 10. 9. 8. 7. 6. 5. 4.

3. 2. 1.

b.

c.

11. 10. 9.

Fig. 6.

Fig. 4.a.

3.b.

Fig. 3.a.

Fig. 2.a.

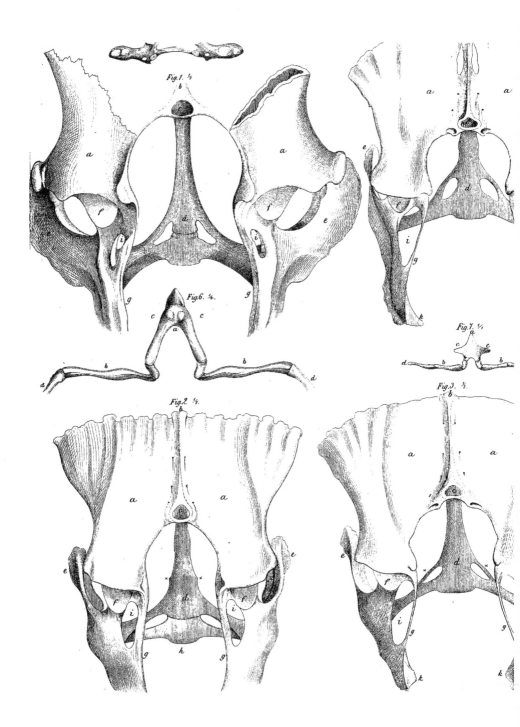

Fig.1. ⅟₄.

Fig.6. ⅟₄.

Fig.7. ⅟₄.

Fig.2. ⅟₄.

Fig.3. ⅟₄.

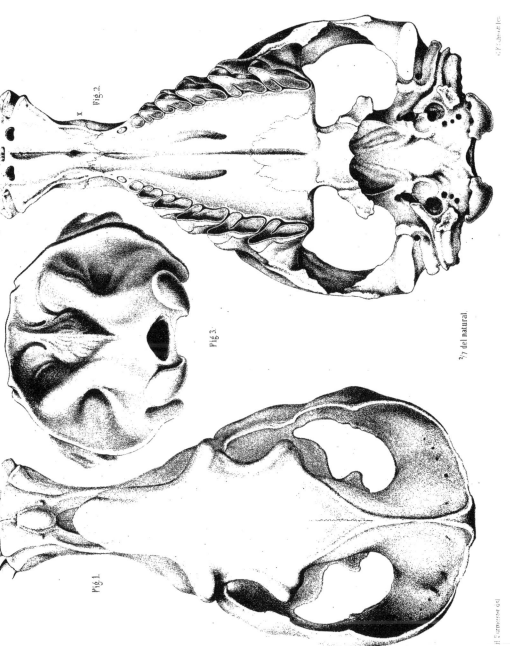

Fig. 2.

Fig. 3.

Fig. 1.

²/₇ del natural.

H. Burmeister del.

C. P. Schmidt lith.

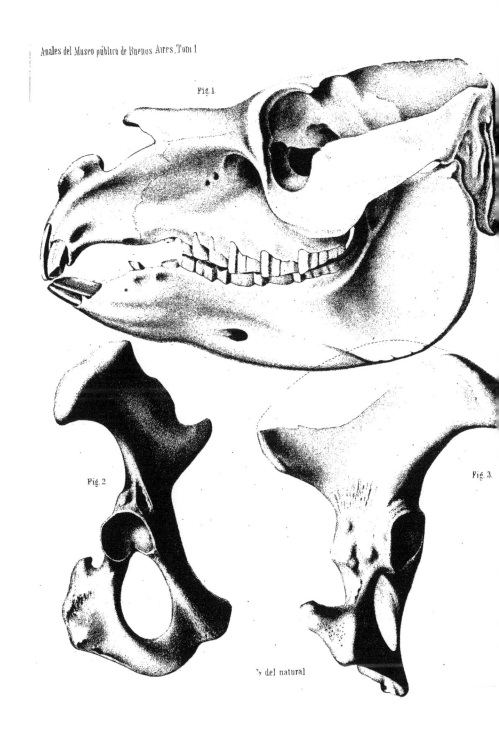

Fig. 1.

Fig. 2

Fig. 3.

²⁄₃ del natural

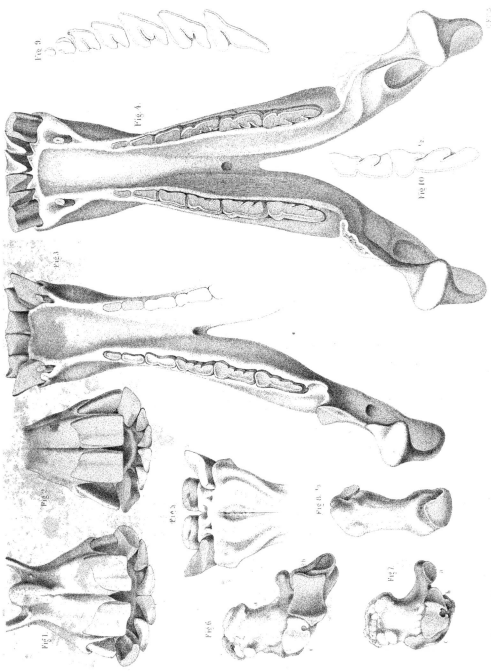

? del natural

Fig 1. Fig 2. Fig 3. Fig 4. Fig 5. Fig 6. Fig 7. Fig 8. Fig 9. Fig 10.

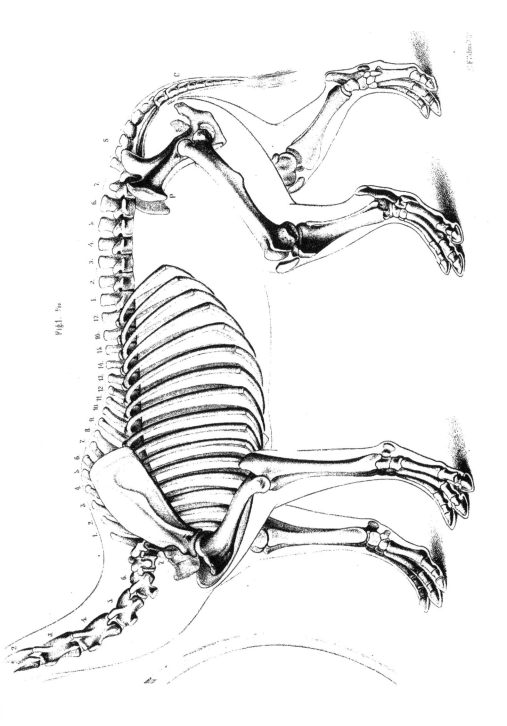

Fig.1. $^1/_{12}$

Pl. XIII.

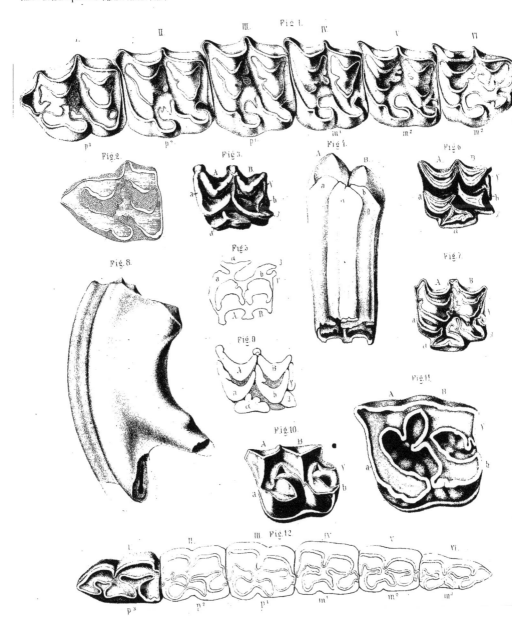

Fig. 1.

Fig. 2.

Fig. 3.

Fig. 4.

Fig. 5.

Fig. 6.

Fig. 7.

Fig. 8.

Fig. 9.

Fig. 10.

Fig. 11.

Fig. 12.

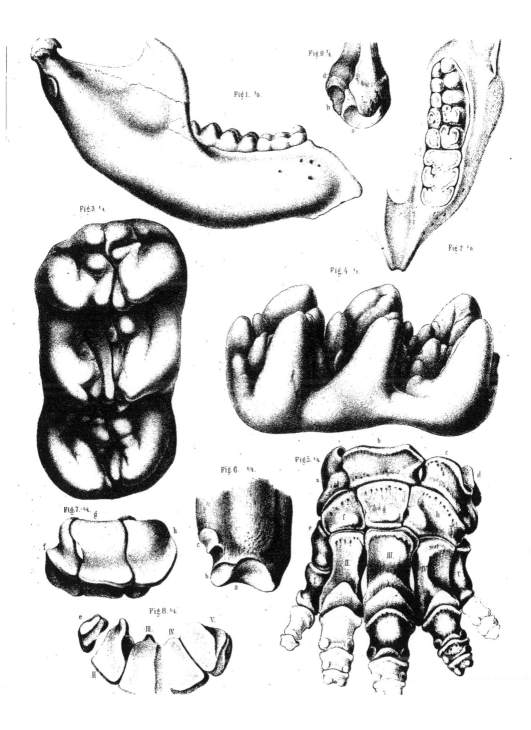

Fig 9 ¹⁄₄.

d

b

a

Fig 1. ¹⁄₆.

Fig 2 ¹⁄₆.

Fig 3 ¹⁄₁.

Fig 4 ¹⁄₁.

b

a

c

d

Fig 5. ¹⁄₄.

f g h

e

II III IV V

i

Fig. 6. ¹⁄₄.

c

b a

Fig. 7. ¹⁄₄.

g

h

f

Fig 8. ¹⁄₄.

e

II III IV V

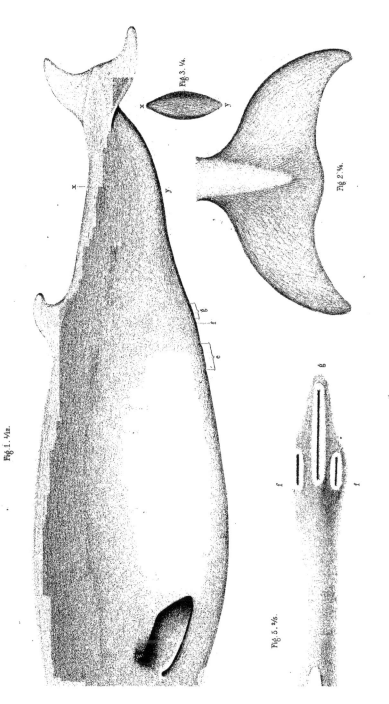

Fig 3. ¼.

Fig 2. ¼.

Fig 1. ¹⁄₁₂.

Fig 5. ²/₆.

Epiodon patachonicum. Nob.

C. F. Schmidt lith.

Fig 6.

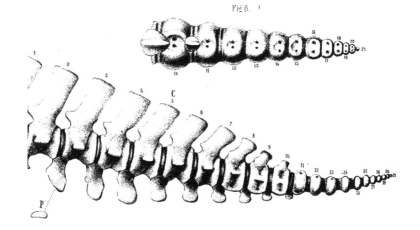

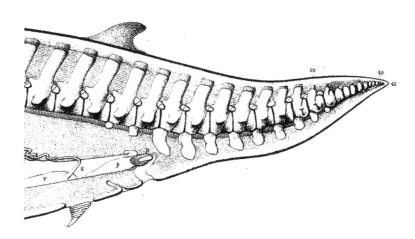

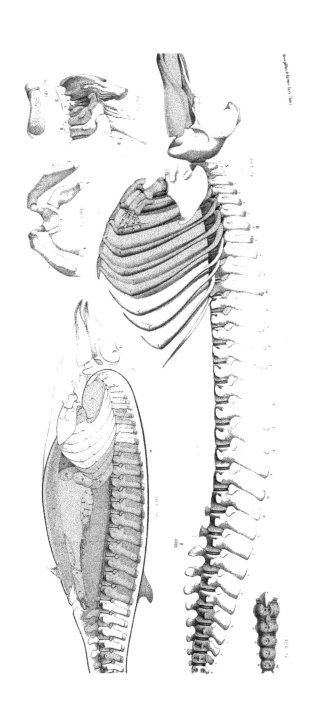

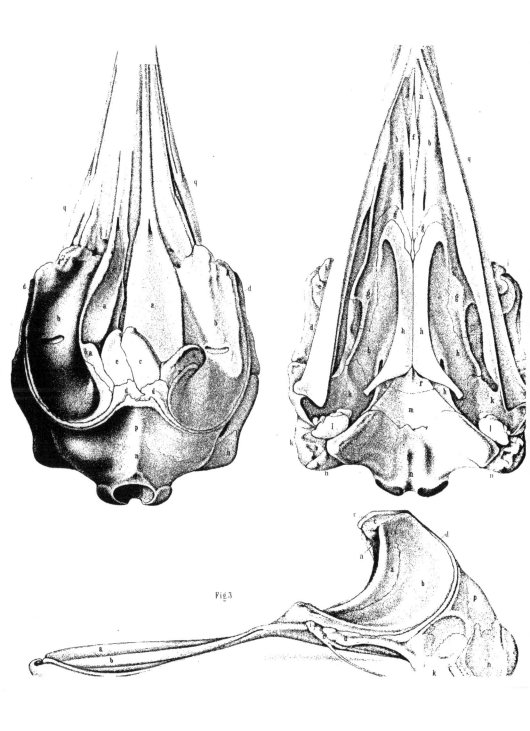

Fig. 3

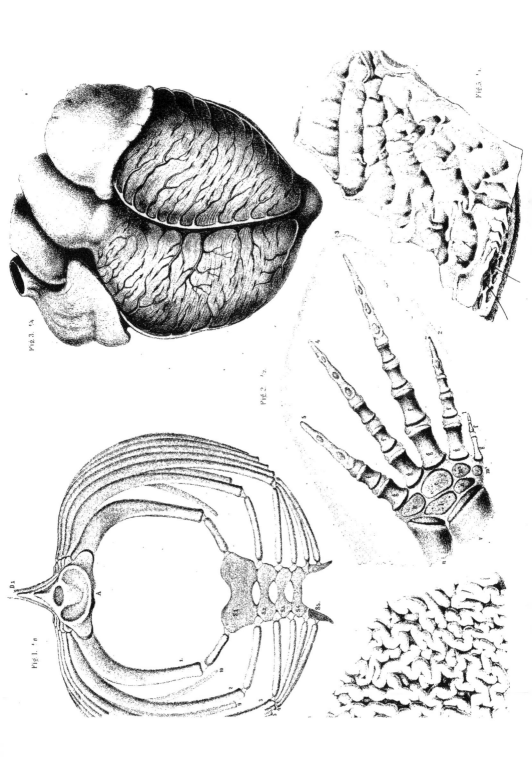

Fig 3. ½

Fig 2. ½

Fig 1. ⅙

Fig 6

Fig 2

Fig 1

Fig 4

Fig 3

Fig 5

Fig 7

Fig 8

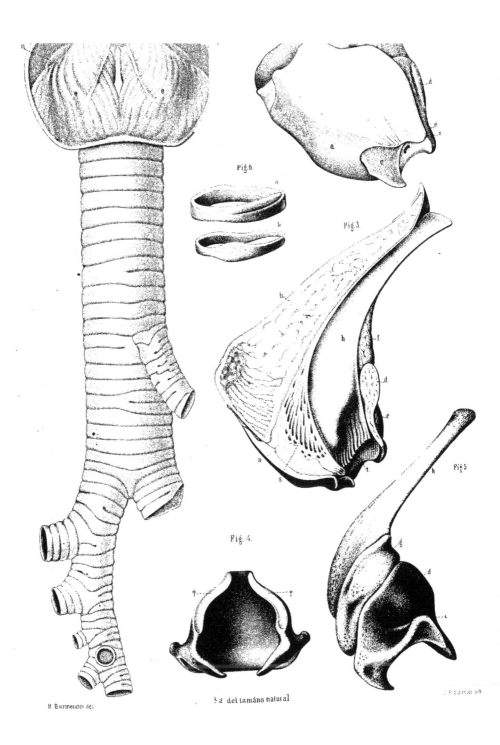

Fig. 6.

Fig. 3.

Fig. 5.

Fig. 4.

½ del tamaño natural

H. Burmeister del.

J. P. Schmidt lith.

Pl. XXI.

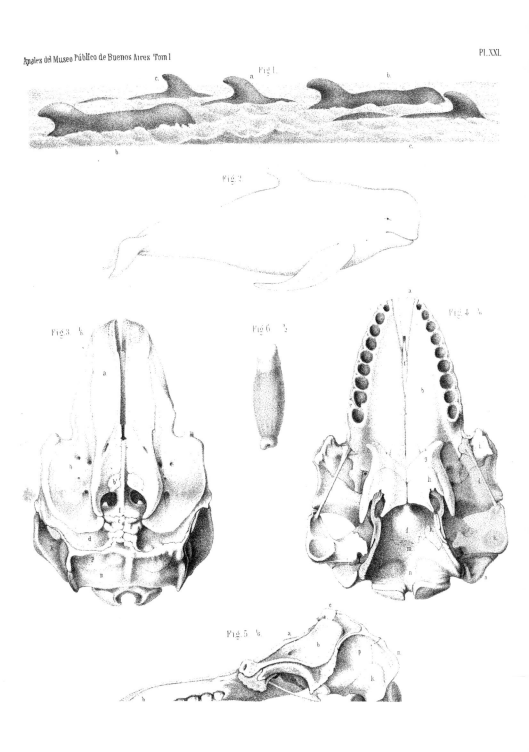

Pl XVI

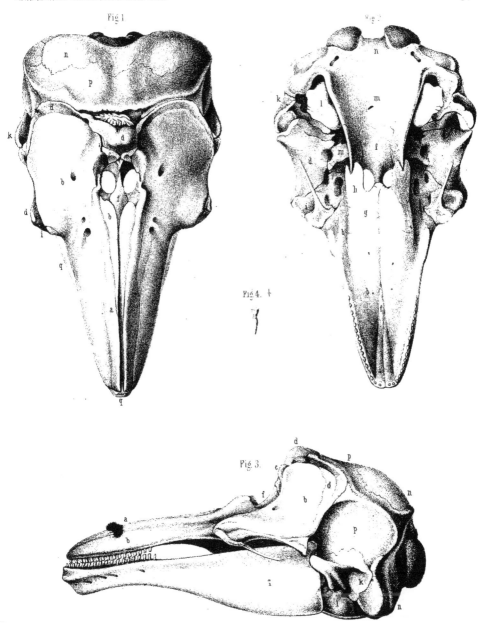

Fig 1

Fig 2

Fig 4.

Fig 3.

Pl XXV.

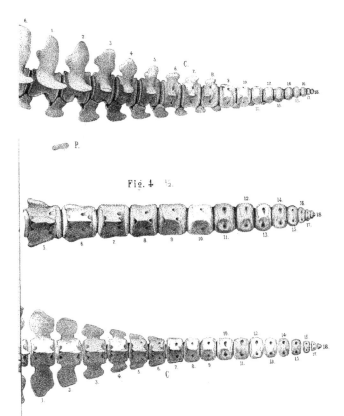

P.

Fig. 4   ½.

C

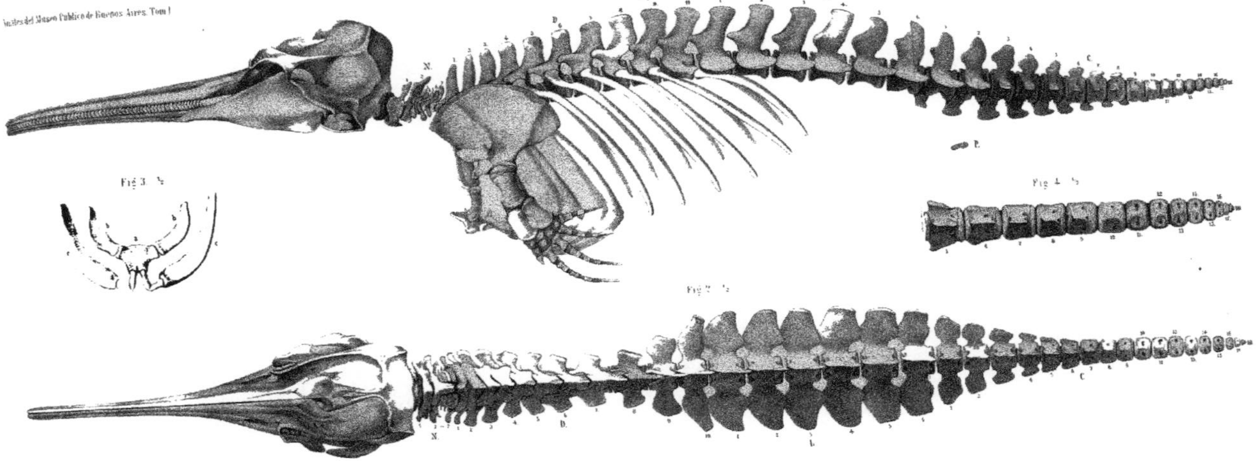

Fig 1. Fig 3. Fig 4. Fig 2.

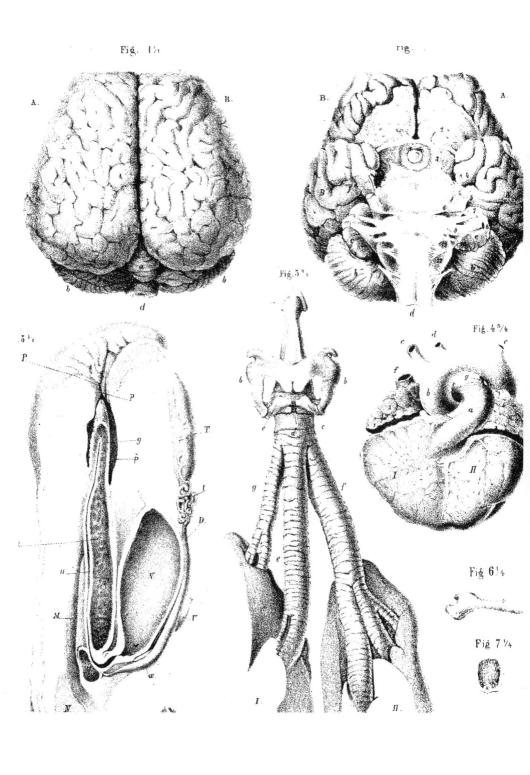

Fig. 1.

Fig.

Fig.3.

Fig.4.

Fig 6.

Fig 7.

ACTAS

DE LA

SOCIEDAD PALEONTOLÓGICA.

DE BUENOS AIRES

DA EN EL AÑO DE 1866, Y APROBADA POR DECRETO DEL
SUPERIOR GOBIERNO FECHA 8 DE AGOSTO CORRIENTE·

BUENOS AIRES,
Imprenta de "La Tribuna" calle Victoria 31

1866

AVISO AL LECTOR.

Principiando á publicar los Anales del Museo público de Buenos Aires en el año 1864, el infra-scripto ha presumido, que la A s o c i a c i o n d e a m i g o s d e l a h i s t o r i a n a t u r a l d e l P l a t a, tundada en el año 1854, con el principal objeto de conservar y fomentar el Museo público del Estado, aceptaria con interés está nueva empresa, y le ayudaria, en sus deseos de servir al pro-greso científico del país, á lo que han asentido algunas personas distinguidas, animándole con su aprobacion. Pero no se ha cumplido esta esperanza; al contrario, pronto se ha visto que la dicha Asociacion no existia en la realidad, por falta de un centro vital en ella, y que seria mejor fundar una nueva Sociedad con bases mas convenientes á su existencia, que restablecer la vieja ya casi enterrada en su letargo.

En este sentido, la carta siguiente con el Estatuto provisorio de la nueva S o c i e d a d P a-l e o n t o l ó g i c a, fué dirigida á algunos ochenta ciudadanos distinguidos, para invitarlos á tomar parte en esta nueva creacion:

Buenos Aires, 20 de Mayo de 1866.

Estimable Señor :

Me permito comunicar á Vd. el siguiente Estatuto provisorio de la Sociedad Paléontologica de Buenos Aires, para invitar á usted á participar de la fundacion de esta asociacion, dedicada únicamente al progreso científico del país, rogando á Vd. se sirva darme su resolucion, en el Museo público de Buenos Aires, por firma de este Estatuto provisorio.

Dr. German Burmeister.

Director del Museo público de Buenos Aires.

ESTATUTO ·PROVISORIO

DE LA

SOCIEDAD PALEONTOLOGICA

DE BUENOS AIRES

1. *La Sociedad Paléontológica de Buenos Aires se forma por libre union de los Socios fundadores y con aprobacion prévia del Superior Gobierno.*

2. *El fin principal de la Sociedad es estudiar y dar á conocer los fósiles del Estado de Buenos Aires y fomentar el Museo público en su marcha científica.*

3. *Para este fin los Socios se obligan á aumentar, como es en su poder, las colecciones de los dichos objetos del establecimiento, y fundar por contribuciones de 400 ps. m. c. al año, pagaderos por trimestres á razon de 100 ps. m. c , un fondo destinado á la publicacion de los Anales del Museo público de Buenos Aires, como tambien al acrecentamiento de la Biblioteca especial del establecimiento. Cada Socio recibirá por esta contribucion un ejemplar de las publicaciones de la Sociedad.*

4. *La Sociedad nombra para integrar su comision directiva :*

    Un Presidente,
    Un Director científico.
    Dos Secretarios.
    Un Tesorero.
    Dos Vocales.

5. *El Director científico será, por disposicion del estatuto, y permanente, el Director del Museo público de Buenos Aires, y tiene la obligacion de dirigir la publicacion de los Anales y dar sus informes científicos sobre el progreso del Museo en las reuniones mensuales.*

6. *Los otros empleados de la Sociedad serán nombrados por eleccion de los Socios por un año cada uno.*

7. *Los socios se reunirán mensualmente, por invitacion del Presidente, á una sesion general en la gran sala de la Universidad, para oir los progresos científicos del Museo y de la Sociedad, y tomar las resoluciones necesarias para la seguridad de su existencia, por medio de votacion.*

8. *La mayoria absoluta de los Socios presentes en cada reunion, es obligatoria para todos, tanto ausentes como presentes.*

9. *Una vez fundada con aprobacion del Superior Gobierno, la Sociedad se aumenta con nuevos Socios del modo siguiente:*

    La persona que desease ingresar, debe ser presentada por tres Socios y votado sobre cada uno, en la primera sesion mensual despues de la presentacion.

10. *La Sociedad nombra Socios honorarios y Socios extrangeros del mismo modo.*

11. *Socio honorario puede ser nombrado solamente un hijo del pais muy meritorio por sus estudios y publicaciones en otros ramos de las ciencias y por servicios notables como ciudadano.*

12. *Socio extrangero puede ser cualquier persona distinguida, extrangera, no residente en Buenos Aires.*

13. *Los Socios honorarios y extrangeros no pagan contribucion, pero los honorarios reciben un ejemplar de los Anales.*

Funciones de los empleados.

14. *El Presidente reglamenta y mantiene el órden de la Sociedad. El convoca á las reuniones, abre y cierra las sesiones, comunica las proposiciones hechas á la Sociedad, y anuncia la órden del dia.*

15. *El Tesorero recibe las entradas y abonos de todos los Socios, y dá recibo de ellas al Presidente. El guarda los fondos de la Sociedad y dá cuenta en las reuniones públicas, de la situacion de la caja, paga los gastos ordenados, y no acepta cuentas que no tengan el visto bueno del Presidente, ó cuando correspondan éstas á los Anales tambien llevarán el V. B. del Director científico.*

16. *Los Secretarios fluncionan en las sesiones para formar el Acta, alternativamente, es decir, uno en cada reunion mensual. Leen el Acta de la sesion antecedente y reciben la aprobacion por medio de la firma del Presidente.*

17. *Los Vocales asistirán á cada reunion directiva que el Presidente crea necesaria, con su discusion y sus votos, como tambien los otros empleados de la Direccion.*

18. *La Comision directiva se reunirá tantas veces como parezcan necesarias al Presidente, en la casa de éste, ó en otro lugar que el Presidente señalare.*

19. *La Comision Directiva proporcionará una ordenanza de la Sociedad, que será pagado con 300 pesos m. c. mensuales, para todos los servicios de la Sociedad, durante y fuera de las sesiones.*

Conclusion.

20. *Despues de aprobado el Estatuto por el Superior Gobierno, no podrá introducirse en él modificacion alguna sino en sesion general de la asociacion, ó propuesta por escrito por un número de diez Socios cuando menos. Si la sesion general aprueba estas modificaciones por su mayoria, deberán ser presentadas por el Presidente tambien á la aprobacion del Superior Gobierno.*

En consecuencia de esta carta, muchas de las personas invitadas han aceptado la invitacion de unirse al dicho objeto como Sociedad Paleontológica de Buenos Aires, que ha tomado su principio y su progreso en el modo como lo testifican las Actas siguientes.

Dr. German Burmeister.

Buenos Aires, 20 de Noviembre de 1866

SESION FUNDADORA DEL 11 DE JULIO.

Reunidos 25 señores de los invitados en la Sala de la Universidad, el 11 de Julio de 1866, resolvieron constituirse en Sociedad, bajo el título de:

SOCIEDAD PALEONTEOLOGICA DE BUENOS AIRES.

El Dr. *Burmeister*, tomando entonces la palabra, dió un resúmen del objeto que tuvo en vista al fundarla invitando al Dr. *Gutierrez*, á esplicar en términos mas convenientes, las ideas que le han dirigido en ésta nueva empresa.

El Dr. *Gutierrez* desenvolvió entonces estas ideas, y leyó el Estatuto provisorio, invitando á la Sociedad á aceptarlo tal como está propuesto.

El Estatuto provisorio fué aprobado unánimemente.

Se procedió en seguida al nombramiento del Presidente, de los Secretarios, del Tesorero y de los dos Vocales, resultando la Junta directiva compuesta del modo siguiente:

Presidente	Dr. D.	Juan Maria Gutierrez.
Director científico	" "	German Burmeister.
Secretarios	"	Cárlos Murray y
	"	Bernardino Speluzzi.
Tesorero	"	Leonardo Pereyra.
Vocales	Dr. "	Miguel Esteves Saguí y
	"	Manuel Eguia.

El Secretario leyó en seguida una lista de los Sres. á quienes el Dr. Burmeister habia dirigido cartas de invitacion para pertenecer á la Sociedad, y dijo, que los que habian aceptado hasta la fecha sucesivamente, como se han inscripto en la lista, son los siguientes:

1. D. José Maria Gutierrez
2. " Manuel J. Guerrico
3. " Marcos Paz
4. " Juan de las Carreras
5. " Salvador del Carril
6. " Francisco Delgado
7. " José Barros Pazos
8. " José B. Gorostiaga
9. " Guillermo Rawson
10. " Eduardo Costa
11. " Cárlos Eguia
12. " Domingo Matheu
13. " Damian Hudson
14. " Gervacio A. de Posadas
15. " Manuel Eguia
16. " German Burmeister
17. " Rufino de Elizalde
18. " Francisco Madero
19. " Pastor Obligado
20. " Marcelino Rodriguez
21. " Ramon Viton
22. " Bernardino Speluzzi
23. " Emilio Rosetti
24. " Carlos Murray
25. " Juan N. Fernandez
26. Una persona que no quiso ser nombrada.
27. " Dalmacio Velez Sarsfield
28. " Pelegrino Strobel
29. " Eduardo Hopkins

30.	" Francisco Chas	40.	" Adoito Peralta
31.	" Constant Santa Maria	41.	" Otto de Arnim
32.	" Federico Terrero	42.	" Eduardo Olivera
33.	" Guillermo Gercke	43.	" Marcelino Ugarte
34.	" Miguel Esteves Saguí	44.	" Nicanor Alvarellos
35.	" Leonardo Pereyra	45.	" Cárlos Casares
36.	" Alfredo Cosson	46.	" Guillermo Goodfellow
37.	" Facundo Carulla	47.	" Rafael Trelles
38.	" Francisco Cunget	48.	" Mariano Saavedra
39.	" Cárlos Imperiale	49.	" Alejo Arocena.

Se resolvió reunirse el segundo miércoles de cada mes, y principiar las contribuciones anuales con el principio del año corriente.

El Dr. Burmeister exhibió en seguida los huesos encontrados últimamente en el terreno del Sr. Favier, en una de las islas cerca de las Conchas, y dió la siguiente esplicacion sobre ellos:

Estos huesos prueban, ya por su tamaño colosal, como tambien por su estructura esponjosa, que han pertenecido á una especie del grupo de las ballenas, siendo estos animales gigantezcos los mayores que han vivido en la superficie de la tierra ó en el agua. Pero no es tan fácil saber á cual seccion de los Mamíferos pinatos pertenecían. Estos animales son vulgarmente llamados pescados, á causa de figura general, pero sin haberse fijado en sus tres caractéres principales que son : sangre caliente, respiracion pulmonar tomando el aire en la superficie del agua, y que la madre dá de mamar á sus hijos, como todos los Mamíferos. Tienen, es verdad, toda la figura exterior de un pescado, pero la posicion horizontal de la aleta caudal, que se halla verticalmente en todos los verdaderos pescados, nos indica una diferencia externa de mucho valor.

Las ballenas y todos los Mamíferos pinatos tienen una aleta puesta horizontalmente, porque su modo de adelantar en el agua es undulatorio, de abajo hácia arriba, para tomar el aire en la superficie del agua. Los verdaderos pescados no marchan de este modo, aspiran el aire que se halla mezclada con el agua, y nadan en línea recta por el movimiento lateral de la aleta caudal.

Los naturalistas distinguen diferentes grupos entre los animales pinnatos.. Un grupo son los *Delfines,* que tienen dientes generalmente pequeños cónicos poco corvados y numerosos en cada mandíbula; otro grupo, llamado *Delfines falsos,* no tienen dientes ningunos, sino uno que otro escondido en la mandíbula inferior. En este grupo está el nuevo animal que tenemos en nuestro Museo, y que fué hallado en la playa de Buenos Aires el 8 de Agosto del año pasado. Tambien el gigantesco *Cachelote* forma un grupo particular, distinguiéndose por muchos dientes cónicos gruesos solamente en la mandíbula inferior. De fin, el último grupo son las verdaderas *Ballenas,* que no tienen ningun diente, pero sí láminas finas de cuerno en el paladar, llamadas generalmente ballena, y empleadas en muchas obras técnicas, como en los corsets de las señoritas.

Entre estos últimos hallamos los animales mas grandes del mundo, pues algunos de estos colosos' del mar tienen de 70 á 80 piés de largo, y casi la mitad de esto de circunferencia en el medio del cuerpo. Como estas ballenas no tienen dientes, no pueden masticar una comida que sea grande y dura, tienen que comer objetos que sean chicos y blandos, porque la entrada del esófago es muy angosta, dejando entrar apenas un dedo. Desde luego viven de animalitos chicos y blandos que se hallan en el mar, las unas de cangrejos chicos, y las otras de moluscos sin concha que viven en familias de miles y millones. La ballena encierra en su boca algunos miles de estos cangrejitos é moluscos con un poco de agua, que deja salir por fuera entre los lábios, mientras que los moluscos se quedan encerrados entre las cerdas del paladar. La lengua por su figura y grosor los atrae hasta la entrada del esófago, poco á poco y hasta que todos han pasado.

No hay duda ninguna de que los huesos gigantezcos encontrados en la isla ya citada, pertenecían á una especie de estas ballenas, pero no es tan fácil saber á cual especie. Hay una diferencia externa del lomo, las Ballenas verdaderas no tienen aleta, los Megapteros tienen una aleta baja y larga, mientras que las Ballenopteras tienen la aleta alta y corta. Hallamos tambien diferencias en los huesos, y principalmente en las vértebras del cuello. Afortunadamente los huesos encontrados son dichas vértebras. De cuatro que he recibido, las dos cimentadas representan la primera y la segunda vértebra del cuello, es decir, el *Atlas* y el *Axis*, la tercera es la segunda dorsal, y la cuarta es probablemente la tercera dorsal. Comparándolas con las láminas de la obra recien publicada por el Sr. Gray, director de la seccion Zoologica del Museo Británico, encontramos una gran similaridad con las del género *Megaptera*, y sospechamos por esto que han pertenecido á una especie del Mar Atlántico Austral que el Sr. *Gray* ha tenido la bondad de llamar *Megaptera Burmeisteri*.

Podemos deducir con seguridad, por la presencia de estos huesos en una isla del Rio de la Plata cerca de la boca del Rio Paraná, á 18 pulgadas bajo la superficie de la tierra y donde hay sauces hacen muchos años, que cuando la ballena fué sepultada en este sitio, no habia ninguna isla, y sí sola una playa abierta, parecida á la playa actual de Buenos Aires.

Es probable que esta ballena entró en la boca del antíguo Rio por una casualidad igual á la de la entrada del falso Delfin, el *Epiodon*, el 8 de Agosto de 1865, despues de la gran tormenta. El colosal animal debilitado por su larga travesia en el rio, y hallándose á fondo en la playa, murió de hambre, y su carne fué comida por los pescados y las gaviotas que frecuentaban el parage. De este modo el esqueleto quedó mucho tiempo fuera del agua, pero con el transcursó de los siglos y por medio de las repetidas crecientes del rio que traian mucho barro y arena, los huesos fueron tapados y la playa se transformó en una isla que se levantó sobre el nivel de rio, por medio de árboles que resistían á la fuerza destructora del agua corriente. Asi es que la ballena fué la causa primitiva de la formacion de la isla, porque sus huesos retardaron el curso de las aguas é hicieron mas fácil el depósito del barro.

El curioso probablemente ha de querer saber cuantos años habian pasado desde que murió el animal en aquel sitio, pero nos faltan para tal exámen datos suficientemente seguros. El único rio que dá alguna ilustracion de la formacion del terreno por su aluvion, es el Nilo. Las observaciones hechas en sus orillas prueban que el rio ha depositado casi tres pulgadas de terreno cada siglo, es decir, un pié en cuatrocientos años. Si el Rio de la Plata deposita del mismo modo, los huesos de la ballena cubiertos con 18 pulgadas de tierra, habrán sido depositados ahí harán 600 ú 800 años. Pero como la boca del rio de la Plata es muy ancha, es probable que deposita menos barro en un siglo que el Nilo, y si es así, podemos calcular que estos huesos fueron depositados hace mil años.

Claro es que entonces el sitio no era una isla, pero sí una playa abierta hasta dicha parte, y que el rio de la Plata ha cambiado muchísimo en cuanto á la figura de sus orillas en los últimos diez siglos, depositando mas terreno en ellas y estendiéndolas por la pérdida del agua en la superficie.

El Dr. BURMEISTER anunció en seguida, que la primera entrega de los Anales etc. se ha comunicado en casi doscientos ejemplares á todos los sábios distinguidos y establecimientos científicos de igual clase, Europeos como Americanos, invitándolos bajo su nombre, á entrar en cambio por sus publicaciones correspondientes, con el Museo público de Buenos Aires.

En consecuencia de esta invitacion, se han recibido contestaciones afirmativas de los institutos siguientes:

1. De la Biblioteca Nacional é Imperial de Rio de Janeiro [Brasil], que acepta la oferta, remitiendo al Museo Público un ejemplar de la obra preciosa:

Flora brasiliensis, sive enumeratio plantarum in Brasilia hactenus detectarum, etc. etc. edidit C. F. PH. DE MARTIUS. Fasc. I—XXXII. fol. con tab. mult—Monaci & Lipsiæ.

2. De Chile—La Biblioteca de la Universidad de Santiago de Chile, ha anunciado la entrada de los Anales etc., sin ninguna otra oferta de cambio.

3. De Norte América—*Illustrated Catalogue of the Museum of Comparative Zoology at Haward College, Cambridge U. S.* 1865. 8. *maj.*

Part. 1. *Ophiuridæ by Thomas Lyman* } por los autores
Part. 2. *Acalephæ " Al. Agassiz* }
Proceedings of the American Philosophical Society at Philadelphia. Nros. 72, 73 y 74.

4. De Italia—*Memorie del Real Instituto Lombardo di Scienze y Lettere* vol. 1 y 2. 1864 y 1865 Milano.
Rendiconti del Real Instituto Lombardo di Scienze y Lettere, vol. 10. fascicul. 1 y 2. 1865, Milano.
Memorie della Societá Italiana di Scienze Naturale, vol. 1 °. Nros. 1 á 6. 1865, Milano.
Alti della Societá Italiana di Scienze Naturale, vol. 4 á 7. 1863, Milano.

Se resolvió citar la Junta Directiva á una reunion, el jueves 26 del corriente, para arreglar la Administracion de la Sociedad.

Se levantó la sesion.

Cárlos Murray,
Secretario.

SESION DEL 7 DE AGOSTO DE 1866.

PRESENTES DIEZ Y NUEVE SOCIOS.

Abierta la sesion, se leyó el acta de la sesion anterior que fué aprobada.

El Dr. Burmeister dió en seguida una interesante esplicacion sobre unas conchas fósiles que tenia á la vista. Esta esplicacion podemos reasumir como sigue :

"Estas conchas son una muestra de las capas conchíferas de la barranca de Belgrano, y se componen casi únicamente de conchas de la *Azara labiata,* concha que vive hoy dia en la boca del Rio de la Plata, donde el agua del rio se halla mezclada con el agua del mar. He visto tambien entre ellas algunos restos de ostras rotas, pero ninguna ostra completa, lo que prueba que estas no han vivido acá en la antiguedad, y que sus pedazos han sido arrastrados por las olas. Lo mismo podemos decir de la *Azara labiata,* pues se encuentran muy pocas enteras en comparacion con las rotas. Desde luego es evidente que las Azaras no han vivido en este lugar, sino que tambien fueron arrastradas por las corrientes de las aguas y luego depositadas. Es probable que existia acá antiguamente una pequeña ensenada, en la cual los restos de las conchas entraban poco á poco con la marea. Encontramos actualmente en el rió algunas conchas de *A. labiata* pero nunca vivas. Las capas conchíferas no son continuas, pero se hallan interpuestas con otras de arena parda fina igual á la arena que hoy dia hallamos en esta playa. Generalmente las capas conchíferas se hallan mezcladas con una menor cantidad de la arena, y las capas puramente areniscas, son menos gruesas y menos numerosas que las de las conchas. En algunas de estas capas se han encontrado guijarros de la tosca dura que forma parte de la formacion diluviana del pais.

Respecto á la edad de estas capas conchíferas, el Dr. Burmeister las clasifica de la época actual, y no á la anterior diluviana. Las capas conchíferas de Belgrano se hallan puestas sobre las capas de la marga rojiza del diluvio, y casi al nivel actual del rio, lo que prueba su menor edad. Lo mismo sucede con los guijarros de tosca entre las conchas, forman parte de la formacion anterior, que fueron separados del fondo antiguo del rio. Todos estos argumentos demuestran que estas capas son de la época actual, depositadas en los primeros siglos de dicha época, cuando el Rio de la Plata llegaba hasta la antígua barranca diluviana.

Se levantó la sesion.

Cárlos Murray.
Secretario.

SESION DE LA JUNTA DIRECTIVA DEL 17 DE AGOSTO DE 1866.

Abierta la sesion el Secretario dió un resúmen de lo ocurrido en la sesion anterior.

El Sr. Tesorero en seguida dió cuenta de los fondos de la Sociedad.

El firmante dijo, que habiendo sido encargado de ver por que precio se podria hacer imprimir el próximo número de los "Anales del Museo," habia hablado con el tipógrafo Coni, y este dijo que imprimiria 500 ejemplares iguales á la última entrega, por seis mil pesos m. c., y que esta suma venia á ser exactamente la mitad de lo que habia costado la primera entrega de dichos Anales.

El Sr. Presidente presentó una nota que habia recibido de los Sres. Dres. D. José Barros Pazos y D. Manuel José Guerrico, concebida en estos términos :

Buenos Aires, Julio 25 de 1866.

Al Sr. Presidente de la Sociedad Paleontológica.

La extinguida Sociedad de los Amigos de la Historia Natural del Plata, dejó su fondo, que con los intereses que ha ganado en el Banco hasta hoy, alcanza á la suma de 8950 pesos.

Queriendo invertir parte de él en la adquisicion de una obra útil al Museo, pidieron á Paris la interesante Osteographia de Blainville. Esta ha llegado y ha sido entregada al Director del Museo, con su costo en todo de tres mil cien pesos m. c., los que deducidos de la suma anterior dejan un sobrante *de cinco mil ochocientos pesos*, que se acompañan á la presente para que hagan parte de los fondos de la nueva Sociedad.

Se resolvió dirigir á dichos señores una nota de gracias por el muy valioso regalo que han hecho á esta Sociedad.

El Sr. Presidente dió cuenta del costo de la primera entrega de los Anales del Museo, y dijo que habia sido costeada del modo siguiente :

Por la Universidad	A Bernheim	....	$	4800
	Al litógrafo	....		1000
	Al impresor litógrafo	....		1500
Por el Museo	Al encuadernador	....		500
Por la Sociedad Paleontológica	....	....		7200
			$	15000

El Dr. Burmeister dijo que se habia dirigido al Sr. Ministro de Gobierno de la Provincia, la adjunta nota, solicitando de él que tomase interés en esta nueva asociacion, presentando el Estatuto para su aprobacion y recabando una participacion á los gastos de la sociedad.

Buenos Aires, 30 de Junio de 1866.

El Director del Museo Público.

Al Sr. Ministro de Gobierno Dr. D. Nicolas Avellaneda.

Me permito remitir á V. S. la invitacion adjunta, para solicitar de V. S. que tome interés el Superior Gobierno á esta nueva asociacion, rogando á V. S. se sirva presentar el Estatuto Provisorio para su aprobacion, y recabar participacion á los gastos de la Sociedad Paleontológica, con una suma conveniente.

En este sentido, me tomo la libertad de proponer al Superior Gobierno, una contribucion de dos mil [2,000] pesos m. c., pagaderos por trimestres de 500 pesos m. c., por la cual la Sociedad pondrá 20 ejemplares de los Anales á la disposicion del Superior Gobierno.

Fuera muy satisfacctorio para mí si V. S. como el Sr. Gobernador y el Sr. Ministro de Hacienda fueran dispuestos á participar tambien personalmente en la asociacion; y por esta razon me he tomado la libertad de poner á disposicion de V. S. algunos ejemplares del Estatuto Provisorio.

Dios guarde á V. S. muchos años.

Dr. German Burmeister.

El Ministro de Gobierno contestó con fecha 8 de Agosto en los términos siguientes : Apruébase el Estatuto Provisorio de la Sociedad Paleontológica, y comuníquese al Dr. Burmeister que el Gobierno contribuirá con los dos mil pesos anuales que solicita, suscribiéndose á mas por 20 ejemplares de la publicacion "Los Anales." Dése el competente aviso al Ministerio de Hacienda.

Firmado—   ALSINA.
NICOLAS AVELLANEDA.

En otra nota de igual fecha, dice el Sr. Ministro :

Al Director del Museo, Dr. D. German Burmeister.

El Gobierno ha aprobado con esta fecha el Estatuto de la "Sociedad Paleontológica" que fué presentado por Vd., y que se propone como uno de sus primeros objetos, "impulsar los adelantos del Museo" que se halla confiado á su direccion.

Ha resuelto igualmente el Gobierno contribuir con la cantidad solicitada de dos mil pesos anuales, al sosten de la asociacion; suscribiéndose ademas por veinte ejemplares de la publicacion de los "Anales,' que han principiado ya á hacer conocer el Museo de Buenos Aires en el mundo científico.

Debo tambien comunicar á vd., que tanto el Sr. Gobernador, como mi colega el Ministro de Hacienda y yo mismo, han aceptado con placer la invitacion que vd. les dirije, para formar parte de la naciente Sociedad.

Deseando que ella responda por sus resultados á los nobles propósitos de su fundador, y que concurra con sus trabajos á completar la descripcion física, apenas bosquejada, de este continente, saludo à vd. con la manifestacion de mi aprecio.

Firmado—N. AVELLANEDA.

Se inscribieron entonces, en corseccuencia de esta nota, como socios en la Lista de la Sociedad, los señores :

> No. 50. Dr.   D. Adolfo Alsina.
> " 51. "   " Mariano Varela.
> " 52. "   " Nicolas Avellaneda.

SESION DEL 5 DE SEPTIEMBRE DE 1866.

PRESENTES CATORCE SOCIOS.

Abierta la sesion el firmante leyó las actas de la sesion general del 7 de Agosto y de la de la Junta Directiva del 17 de Agosto, que fúeron aprobadas.

El firmante leyó en seguida el estado de la caja hasta el 4 del presente mes, presentado por el Sr. Tesorero, que dá el siguiente resultado :

SOCIEDAD PALEONTOLOGICA.

Estado de la caja en 4 de Setiembre de 1866.

A cuotas de cuarenta y siete socios correspondientes al 1º y 2º trimestre de 1866..... $	9400
" cuota de un socio correspondiente al 2º trimestre de 1866.......................	100
" Sociedad de "Amigos de la Historia Natural del Plata"...........................	5850
Total de entradas.............................. $	15,350

Por Imprenta Alemana, por impresion de Estatutos.................... $ 460
  " Utiles de escritorio, avisos é invitaciones........................... 65
  " Cobrador, sueldo de Julio ....:. 300
  " Bernheim, por saldo de impresion de los Anales del Museo........... 7200
  " Mackern, un libro de caja y otro índice....... 100
  " Impresion de recibos (1000) ....·...... 150
  " Cobrador, sueldo de Agosto.................................... 300
                                                     ——— $ 8,575

Existencia en caja................ ..... $ 6,775

Buenos Aires, 4 de Setiembre de 1866.

L. Pereyra—Tesorero.

El profesor Strobel habló en seguida de los conocimientos importantes que el estudio de la distribucion geográfica *actual* de los moluscos terrestres puede llevar á la geologia y á la paleontologia.

Despues de haber expuesto los caractéres principales de la estructura de los caracoles y de sus conchas, indicó algo de sus singulares amores y de sus costumbres.

Luego pasó á demostrar las diferencias que se observan en la distribucion de las especies segun la naturaleza, la posicion y la edad del paraje en que viven.—Respecto á la *habitacion* se pueden dividir los caracoles en *frondicolas, terricolas* y *rupicolas.* En cuanto á la *dispersion* hay que distinguir la *extension*, ó sea la suma de los puntos habitados por la *especie*, de la *cantidad* ó abundancia de sus *individuos* en cada punto; de modo que una especie puede vivir muy esparcida en un pais, pero encontrándose al mismo tiempo en él tan solo individuos aislados acá y allá, mientras que por el contrario otra especie se haila en él muy rara, y sin embargo muy abundante, por que sus individuos tienen la costumbre de vivir en familias; estos individuos son de las fitófagas.— La naturaleza de los terrenos y de las rocas, ejercen una influencia incontestable sobre la subsistencia de estos moluscos y la formacion de su concha, sea directamente, sea indirectamente, por medio de los vegetales que crecen en ellos y que los caracoles herbívoros comen. Y no solamente las calidades *fisico-mecánicas* de los terrenos, sino tambien las *químicas* de las rocas, influyen sobre la distribucion geografica especialmente de las rupícolas, como probó el mismo Sr. Strobel por hechos observados y publicados hacen veinte años.—Segun la diferente *posicion orográfica* en relacion con la *hipsometria* y la *meteorologia* de un pais, son tambien diferentes las especies que prosperan en él, análogamente á lo que se observa en las plantas. Como por este respecto hay diferentes *regiones* botánicas, podemos distinguir tambien diferentes regiones *malacológicas*, y dividir los caracoles en *litorales, planícolas, colícolas, monticolas* y *culminícolas.*

Es sabido que hay correspondencia entre la distribucion *geográfica*, en el sentido estricto de la palabra, ó sea horizontal sobre la superficie terrestre, y la orográfica ó hipsométrica, ó sea vertical. Luego, dividiendo los dos hemisferios, boreal y austral, en zonas, desde el Ecuador hasta los Polos, he hallará en cada zona especies análogas á las que viven en la correspondiente region malacológica.—En fin, las calidades de los caracoles que se encuentran en un paraje, y la forma de las cáscaras, tienen una íntima relacion con la *fase geológica* precedente del mismo, ó sea con la conformacion, la constitucion y la naturaleza que tenia durante esta, y la flora y la fauna, especialmente malacológica, que producia en ella. Si las condiciones actuales del pais son las mismas que las que tenia antes, iguales tambien serán las especies que ahora le pueblan; si diferentes las condiciones, diferentes serán tambien las especies, porque las mismas causas tienen que producir los mismos efectos. Si el paraje anteriormente fué sumergido, no tendrá especies propias, sino una mezcla pobre de especies, que le han llegado de diferentes centros de irradiacion que le rodean; viceversa, una fauna característica probará que tambien en la fase precedente se encontraba emergido de la mar.

Sentado esto, el Sr. *Bourguignat* pudo, del estudio de la distribucion de los caracoles terrestres en *Argelia*, inferir varios hechos muy importantes para la geologia de Europa y de Africa. Primeramente, él dividió aquel pais montuoso en cuatro regiones orográficas, a saber, del desierto, de las playas, de los llanos elevados y de las sierras. Los *llanos elevados* constituyen la *linea mediana* que se dirige del N. O. al N. E., desde Marruecos hasta Tunez. A cada uno de los lados, septentrional y meridional de ella, corre una serie de cerros, de modo que la region de los llanos elevados está encerrada por dos *fajas de sierras.* Al N. de la faja boreal sigue la *costa del mar mediterráneo*, y al S. de la austral sigue el gran *desierto de Sahara.* Las régiones malacológicas corresponden *en general* á dicha configuracion del pais. En los *lanos* elevados se encuentran especies (de *Helix*) cuyas conchas son muy macizas, pesadas, con abertura de lábios fuertes y dentados. Sus parecidos vivian ya en la época *terciaria*, lo que prueba que, despues del lapso de tantos siglos, existen todavia causas parecidas á las que produjeron aquel conjunto de formas de conchas, que constituye los puntos característicos de esta fauna. En las *sierras* prospera una fauna particular, diferente de la de los llanos eleva. dos y mucho mas *numerosa*, pues compone la casi totalidad de las especies del pais; las conchas chatas y carenadas caracterizan á esta region. A la orilla del mar viven las especies *litorales*, como es natural. En el *desierto* de Sahara no se halla ninguna especie particular; las poquísimas fueron introducidas de diferentes partes de Europa, Asia y África, y aclimatadas poco á poco, de onsis á oasis. Hasta aquí parece que las regiones malacológicas corresponden á las orográficas. Pero el Sr. Bour. guignat observó, que entre el desierto y los cerros meridionales del Atlas, ó sea la faja austral de sierras, y á lo largo de esta, ó del límite boreal de Sahara, vive una *fauna litoral*, parecida á la que prospera en las playas del Mediterráneo, y *diferente de la terciaria*. Las especies litorales no pue. den vivir sino á lo largo de las playas, ó adonde llega la influencia marítima, subiendo por los valles que desembocan á la mar, ó bien adonde en tiempos pasados *post-terciarios* llegaba. El deduce pues que *la base meridional de dicha cordillera* (Atlas) *ha sido una costa marina, y el desierto* (Sahara) *la mar*.

A mas, la *fauna litoral* se encuentra tambien á las raices de ambas fajas de cerros *hácia los llanos elevados*, luego tambien hasta ellos alcanzaba la influencia de la mar. En efecto, en estos llanos se observan hondonadas, secas por la mayor parte del año, que son *las reliquias de antiguas lagunas saladas*, las que en tiempos pasados estaban llenas de agua, y representaban pequeños *mares cás. pios*, ó mediterráneos ó interiores. Las especies litorales de las playas del Mediterráneo y del mar de Sahara, subieron por los valles hasta las lagunas, y encontrando cerca de ellas, condiciones muy favorables, se propagaron en sus orillas, y se perpetuaron allí hasta hoy dia, no habiendo mudado las condiciones de la region sino muy poco.

Por el estudio de la distribucion de los caracoles en la provincia de Argel, el Sr. Bourguignat, llegó á probar hechos geológicos todavia mas interesantes, y especialmente relativos á la época post. terciaria. Los caracoles de *Argelia*, asi mismo que los de *Marruecos* y *Túnez*, no se asemejan á los de las Azores, ni de las Canarias, ni de las Maderas, ni de la Sicilia, ni del centro de África. Por el contrario, pertenecen casi todas á la fauna española, al centro de irradiacion de España. Han venido pues de allí, luego aquellos paises *en tiempos pasados* post-terciarios, *se encontraban unidos á España*.

Uniendo esta conclusion con las precedentes observaciones, se llega á establecer, que Marruecos, Argelia y Túnez, ó sea *Norte África*, en aquellos tiempos constituían una *península meridional de España*, unida á esta por medio de un istmo, allá donde ahora se abre el Estrecho de Gibraltar. El *Mediterráneo* por consiguiente *comunicaba con el Atlántico por el mar de Sahara*, ahora un desierto.

El Sr. Bourguignat, como se vé por dichas pesquizas y deducciones, demostró de hecho la importancia del estudio de la distribucion físico-geográfica de los caracoles terrestres vivientes para los geólogos y los paleontólogos.

Se levantó la sesion.

Cárlos Murray—Secretario.

SESION DE LA JUNTA DIRECTIVA DEL 5 DE OCTUBRE DE 1866.

Abierta la sesion, el Dr. Burmeister dió cuenta de algunas cartas que habia recibido en contestacion de los Anales del Museo, que se habian mandado á diferentes Sociedades Extrangeras. Son de :

La Real Academia Prusiana de Berlin.
La Sociedad Geológica Alemana de Berlin.
La Sociedad Zoológico de Londres.
La Sociedad Entomológica de Londres y de
La Sociedad Física de la Weteravia de Hanau.

El mismo señor comunicó en seguida, que el impresor de la segunda entrega de los Anales, habia impreso recien un pliego, y que no puede imprimir mas que medio pliego á la vez, por que le faltan suficientes tipos. Dijo que él no queria aceptar esta proposicion, y propuso retirar la obra de manos del impresor sino puede cumplir lo pactado, es decir, imprimir la entrega igual á la primera. Dicha proposicion fué aceptada por los socios presentes.

El Dr. Burmeister dijo, que siendo la impresion de las láminas bastante cara en Buenos Aires, habia escrito á Alemania hacen seis meses sobre ellas, y que habia recibido una contestacion por el último paquete, calculando que las láminas costarán la mitad que si fuesen hechas aquí. Pidió la autorisacion de la Junta para arreglar la ejecucion en Alemania, y esta puso à su disposicion la cantidad de *ocho mil pesos m. c.* para la ejecucion de 10 láminas.

Y no habiendo otro asunto de que tratar, se levantó la sesion.

Cárlos Murray—Secretario.

SESION GENERAL DEL 10 DE OCTUBRE DE 1866.

PRESENTES DIEZ Y SEIS SOCIOS.

Abierta la sesion, el Sr. Presidente anunció que acababa de recibir una nota del Sr. Secretario Murray, en la cual decia que se hallaba imposibilitado de asistir á esta sesion, pero remitía el libro de actas de la Sociedad.

El Sr. Speluzzi envió su renuncia de Secretario, dando razones muy poderosas para dicha renuncia, lo que fué aceptada.

El Dr. Burmeister dijo, que la impresion de los Anales se habia retardado, porque el impresor no habia cumplido con su palabra, y que por lo tanto habia buscado otro impresor, y que esperaba que para fines del año se hallarian impresas dos nuevas entregas.

El Dr. Burmeister dió en seguida una relacion sobre el fósil *Toxodon*, por medio de algunos huesos presentados, y las figuras dibujadas en la pizarra, del modo siguiente :

Este animal antidiluviano, es uno de los mas maravillosos de nuestro pais, y no se ha hecho aun su correcta clasificacion por la falta de algunas partes muy necesarias de su esqueleto.

El Sr. Darwin fué el descubridor del *Toxodon*, encontrando un cráneo bastante incompleto sin mandíbula inferior, en la Banda Oriental, en una estancia en la costa del Rio Negro, y una parte de la mandíbula inferior en Bahia Blanca. Este cráneo fué descripto con la dicha mandíbula por el Sr. Owen en 1840, bajo el título de *Toxodon platensis*. Mas tarde el mismo autor dió algunas noticias sobre una nueva especie, fundada en una otra mandíbula inferior, llamándola *Toxodon angustidens*; y D'Orbigny sacó de las barrancas del Rio Paraná un húmero, que Laurillard describió con el nombre de *Toxodon paranensis*.

Hasta entonces no se conocia mas del esqueleto que este húmero, pero se aumentó pronto el conocimiento del animal, por las buenas figuras de algunos huesos que el Dr. Vilardebó llevó de Montevideo á Paris, y que fueron publicados por Blainville en su gran *Ostéographie*, como por P. Gervais en su obra sobre los Mamíferos fósiles de Sud América. (Paris 1855). Este autor describe el atlas, el húmero, el cubito, el radio, el omóplato, el femur, la tibia y el astragalo del *Toxodon*, apoyando su opinion sobre la clasificacion natural del animal por las siguientes razones: que lo creo parecido al Rinoceronte de un lado y al Elefante de otro, teniendo tambien alguna avalogia con el Hipopótamo. Pero como no es posible unirlo con ninguno de estos tres, el autor aceptó la opinion de Owen, fundando para el *Toxodon* y el *Nesodon* un grupo particular entre los Ungulatos.

Los numerosos restos del *Toxodon*, conservados en nuestro Museo público, me permiten comprobar de un modo mas satisfactorio dicha opinion, y certificar su relacion al Elefante, como la mas íntima entre el *Toxodon* y algun otro género de los Ungulatos. Pero tampoco creo que el *Toxodon* debe entrar en el mismo grupo que el Elefante de los *Proboscideos*, pues á mí parece tambien el animal debe representar un grupo particular entre los *Paquidermos*, pero diferente de los *Paridigitatos*, como los *Imparidigitatos*.

Para probar mi opinion, tenemos en el Museo un cráneo completo, dos mandíbulas inferiores de dos especies diferentes, los incisivos superiores de las mismas dos especies, el atlas, dos axis, tres vértebras del cuello, algunas vértebras del tronco, la pelvis, tres húmeros, el cubito, tres tíbias, el astragalo, tres calcáneos y algunos huesos del metatarso; y con una tal coleccion no es dificil saber cual era la organisacion del esqueleto completo. No es mi intencion describirlo ahora, solo hablaré de dos partes desconocidas hasta hoy, para demostrar á la Sociedad la gran ayuda que tenemos por el conocimiento de estas dos partes, para clasificar al animal.

Notamos en primer lúgar, que por medio de los objetos de nuestra coleccion, se prueba, que la mandíbula inferior, traida de Bahia Blanca, no es de la misma especie con el cráneo de la Banda Oriental, pero si la mandíbula que Owen ha llamado despues *T. angustidens*. La mandíbula de Bahia Blanca pertenece á una especie diferente que propongo llamar con el apelativo de su descubridor, *T. Darwinii*. Ademas se prueba por las mandíbulas completas, que el *Toxodon* ha tenido no solamente dos clases de dientes, es decir, incisivos y muelas, como han creído los señores Owen y Gervais, pero si las tres clases regulares de una dentadura completa, hallándose en las dos mandíbulas inferiores colmillos no muy grandes pero perfectos, en el medio del vacio entre los incisivos y las muelas. Tienen una figura cilíndrica poco corvada hácia atras, y no tienen una diferencia clara entre el esmalte y la dentina que componen los incisivos y las muelas del *Toxodon*, pareciéndose por esta estructura á los incisivos generalmente llamados colmillos del Elefante. En la mandíbula superior no hay tales colmillos, pero en lugar de ellos, y en oposicion á los colmillos de abajo, hay un callo prominente, que prueba por su configuracion que es un alveolo llenado por una substancia huesosa. Desde luego es claro que la mandíbula superior ha tenido tambien colmillos cuando el animal era jóven.

El número de los incisivos es de cuatro arriba y seis abajo, y el de las muelas siete arriba y seis abajo; ninguno de ellos tiene en su superficie una capa perfecta de esmalte, todos dejan vacios sin esmalte en el lado interior del diente, lo que es una singularidad muy particular del animal.

La diferencia específica de las dos especies de nuestro Museo, se nota principalmente en la figura de los incisivos, pues del *T. platensis* sabemos por la descripcion de OWEN, que él incisivo exterior de la mandíbula superior, es mucho mas ancho que cualquiera de los dos medios, y en la mandíbula inferior, este incisivo exterior se presenta en el mismo modo superante cada uno de los cuatro me. dios. Pero en la otra especie, que creo desconocida, y propongo llamar *T. Owenii*, el incisivo exterior de arriba es mucho menor que los medios, y lo mismo sucede con el de la mandíbula inferior, siendo este diente, en las dos mandíbulas de la primera especie, puntiagudo, y en la segunda especie redondo.

La segunda parte del esqueleto, de la que vamos á hablar, es el calcaneo que pongo á la vista de la Sociedad, junto con su astragalo. Este calcáneo tiene una gran superficie articular accesoria al lado exterior de la mayor de las dos superficies articulares, que se juntan con las correspondientes del astragalo, y esta superficie articularia accesoria es bastante mayor que la una adjunta de los dos del calcáneo que se tocan con el astragalo.

Ningun animal entre los Ungulatos, con escepcion del Elefante, tiene igual configuracion del calcáneo, pero esta superficie accesoria exterior del Elefante, que corresponde á la estremidad inferior de la fíbula, es mucho mas pequeña que la del *Toxodon*. Los Imparidigitados no tienen ninguna superficie articular para la fíbula en el calcáneo, y los Paridigitados que la tienen son diferentes, sea por el tamaño de dicha superficie, que es mucho menor, sea por una separacion com. pleta de la superficie articular que corresponde al astragalo, por un surco profundo entre los dos. Desde luego el Elefante es el único animal entre los Ungulatos, que puede ser comparado en la figura del calcáneo con el *Toxodon*, y por esta similaridad en la construccion de un hueso tan particular del pié, concluimos con razon que hay una similaridad general del pié entero. Pero como esta superficie articularia accesoria del calcáneo para la fíbula, es relativamente mayor en el *Toxodon* que en el Elefante; el calcáneo del primero tiene una mayor anchura, lo que me induce á creer que el pié entero del *Toxodon* no fué menos ancho que el del Elefante, y que ha tenido cinco dedos en su pié como este.

Esta opinion, que se presenta como una idea nueva y no mal fundada, de la configuracion del pié del *Toxodon*, está en completo acuerdo con la figura del femur y de la tibia, siendo estos dos huesos no menos parecidos á los correspondientes del Elefante, y algo mas, á los del Mastodonte. Tene- mos en nuestro Museo una tibia completa del *Mastodon Humboldtii*, que es la especie que se encuentra en este pais. Esta tibia es muy parecida á la del *Toxodon*, pero mucho mas larga, como sucede con todo el miembro.

Lo mismo digo del femur; las figuras exactas de este hueso de los dos animales en la obra de GERVAIS demuestran claramente la similaridad que se funda principalmente en la direccion del trocanter mayor contra la cara articularia superior, y la poca anchura de la parte inferior al lado del condilo externo de la rodilla. El Hipopótamo difiere del Toxodon en los dos puntos, mucho mas que el Mastodonte, y el Rinoceronte no tiene ninguna similaridad en su femur con el mismo hueso del Toxodon, porque tiene un tercer trocanter, que falta tanto al Toxodon como al Mas- todonte.

Si el Toxodon fuese parecido al Hipopótamo ó á algun otro género de los *Paridigitatos*, seria preciso que su astragalo hubiese tenido la division de la superficie articular anterior en dos partes, por medio de una cresta, que es tan significante para todos los Ungulatos de dicha seccion. Pero no se vé tal separacion en la superficie articular del astragalo del *Toxodon*. Esta superficie es entera, poco convexa y puesto mucho mas abajo, al lado inferior del astragalo, que en cualquier género de los Imparidigitatos, lo que claramente prueba su organisacion particular, y su diferencia del segundo grupo de los Paquidermos. No obstante, el Toxodon se halla en este punto en completa armonia con el Mastodonte. Pero como su nariz no era una trompa y sí una nariz gruesa y bastante alta parecida á la del Rinoceronte y del Hipopótamo, lo que puedo probar por la configuracion del cráneo que se halla en nuestro Museo, no es permitido al reunir el *Toxodon* con los Proboscideos en el mismo grupo; esta diferencia nos obliga al separarlos y fundar con el *Toxodon* y el *Nesodon*, un grupo particular entre los Paquidermos, igual en valor á los Paridigitados é Imparidigitados. De este modo se dividen los Paquidermos en tres secciones principales que son:

1. PARIDIGITATA, con los antiguos géneros *Anoplotherium, Sus é Hippopotamus.*
2. IMPARIDIGITATA, que se subdividen en:
   A. *Brachytrachelia*, con cuello corto como *Rhinoceros, Hyrax y Tapirus.*
   B. *Macrotrachelia*, con cuello largo, que son *Palaeotherium, Hipparion, Equus, Ma- crauchenia*
3. MULTIDIGITATA sive TOXODONTIA, con los géneros *Nesodon* y *Toxodon.*

Fueron propuestos y aceptados como socios activos, los señores:

53. Dr. D. Pablo Cárdenas
54. " " Juan Scribener
55. " " Evaristo Pineda
56. " Felipe Llavallol
57. " Francisco Balbin
58. " Félix Frias
59. " Mariano Cano
60. " Pompeo Moneta
61. " " Luis de la Peña.
62. " " Alberto de Finck.

Se levantó la sesion.

Cárlos Murray,
Secretario.

SESION DEL 14 DE NOVIEMBRE DE 1866.

PRESENTES DIEZ Y SEIS SOCIOS.

No pudiendo asistir el Dr. Gutierrez, el Secretario fué invitado á tomar la silla presidencial.
El firmante leyó las actas del 5 de Setiembre, del 5 y del 10 de Octubre, que fueron aprobadas.
El Sr. Tesorero presentó el siguiente estado de la caja:

ENTRADA,

Existéncia del 4 de Setiembre............................ 6775
Cuotas de 61 socios para el tercer trimestre, á 100 pesos....... 6100

12,875

SALIDA.

Al Dr. Burmeister, para la ejecucion en Europa de las
láminas para los Anales del Museo............... 8000
Al cobrador, sueldo de Setiembre.................. 300
Al id. id de Octubre........................ 300
A Mackern, por 2 libros para Secretaria............ 90   6890

Existencia en caja................. 4185

El Dr. BURMEISTER dió en seguida una larga y muy interesante relacion sobre algunos animalitos que se encuentran generalmente en nuestros algibes, esplicando principalmente la estructura de la guzana colorada de *Chironomus,* y tomandola como modelo de la organizacion de los insectos en general, la que el orador demostraba por figuras dibujadas en la pizarra.

En fin, se dió cuenta de haber récibido de diversas sociedades, los siguientes periódicos:

1. De Norte América:—

Annals of the Lyceum of Natural History, de Nueva York, 10 números de 1863—64—65 y 66.
Proceedings of the Boston Society of Natural History, 1864 á 1866.
Proceedings of the Academy of Natural Sciences of Philadelphia, 5 números de Enero á Diciembre de 1865.
Report of the Smithsonian Institution for 1864.
Condition and Donigs of the Boston Society of Natural History 1864 y 1865.
Report of the Public Schools of Washington 1865.
Id of the Museum of Comparative Zoology of Haward College 1863 y 1865.
Bulletin   id   id   id   id 1863.

2. De la Universidad de Cristiania en lengua Norvegica.

Relacion de una escursion geológica en los alrededores de Cristiania.
Animales fosiles cuaternarios de Norvega.
Relacion de la Estancia modelo de Ladegaardsoens 1862 á 1863, con algunas otras publicaciones mas.

Se levantó la sesion á las 9 de la noche.

Cárlos Murray—Secretario.

ACTA DE LA SOCIEDAD PALEONTOLOGICA,

La Sociedad Paleontológica no ha tenido sesiones en los meses de Diciembre de 1866, Enero y Febrero de 1867, porque son los mas calorosos del año, durante los cuales se ausentan de la ciudad las personas dedicadas al estudio, y porque es la temporada de vacaciones.

SESION DEL 13 DE MARZO DE 1867.

Presidencia del Dr. Burmeister.

PRESENTES 18 SOCIOS.

Abierta lo sesion, se leyó la Acta de la anterior, que fué aprobada.

El Dr: Burmeister exhibió en seguida un individuo de la *Pontoporia Blainvillii*, rara especie de los Delfines que se encuentra en la costa del mar, entre Maldonado y Bahia Blanca, y que entra de tiempo en tiempo en las bocas de los rios que desaguan en este espacio.

Este animal particular es conocido desde el año de 1842, por la descripcion y figura que de él dá D'Orbigny en sus viages, como una especie de Delfin con pico largo, que se asemeja por su configuracion general al tipo de los Delfines de agua dulce, conocidos con el nombre de *Platanista* del Ganges de la gran India, y de la *Inia* del Rio de las Amazonas. Tiene la figura regular de los Delfines, una aleta dorsal bastante alta y una aleta pectoral triangular con los ángulos redondeados. El individuo de nuestro Museo es jóven, y mide una longitud de 40 pulg. franc., de la cual 12 pulg. corresponden á la cabeza; pero otros dos cráneos de un individuo mas viejo de 16 pulg. de largo, prueban que el cuerpo del animal puede prolongarse hasta 52 pulg. La abertura de la nariz es de 9 pulg. distante de la punta del pico, y de acá hasta la aleta dorsal tiene 22 pulg., la aleta pectoral tiene 5 pulg. de largo y 3¼ pulg. de ancho; la aleta caudal 9" de ancho en todo, y cada lado 4" de ancho al principio; la aleta dorsal es 2 pulg. alto y 4 pulg. largo. No veo en nuestro individuo nada de la faja blanca á cada lado del cuerpo, que figura D'Orbigny en su obra; el individuo nuestro es de color pardo en la parte dorsal, y blanco en toda la parte ventral, incluyendo tambien las dos mandíbulas y los carillos. Es hembra, con una sola abertura posterior bastante atras de la aleta dorsal. El número de los dientes es de 52 á cada lado en cada mandíbula, y la figura de los dientes cónica, fina y algo encorvada atrás.

No conozco el orígen de este individuo, y lo han ignorado tambien las personas empleadas en el Museo de Buenos Aires antes que yo. Habla de él el Sr. D. *M. Trelles* en su informe sobre los progresos del Museo hasta el año 1857 (pag. 11.) diciendo que no está descripto el animal en ningun libro de su conocimiento, lo que prueba que la obra de *D'Orbigny* no habia llegado á las manos del sábio numismático *).

Por esta razon fué para mí de gran interés el recibir hace algunas semanas, como regalo al Museo público, otro individuo, aunque bastante lastimado, por favor de D. *Eduardo Olivera*, que se encontró en el rio *Quequen Grande*, como á 7 leguas arriba de la boca. Este individuo es todavia mas jóven, siendo el cráneo 11 pulg. de largo, y todo el animal con el cráneo 32. De sus partes exteriores ya se habia perdido toda la carne, y de los intestinos tambien casi toda, reservando sola-

---

*) El Sr. Dr. D. Carlos Eguia, presente en la reunion, informó al orador, que segun su conocimiento, el individuo se habia tomado cerca de Maldonado, en la costa de la Banda Oriental, y que él mismo ha visto otros individuos recien tomados y frescos en el Mercado de Montevideo.

mente atrás de la boca la laringe con la traquiarteria, y el esofago con el estómago. He remojado estos restos en agua, para estudiar mejor su construccion, y he encontrado en ellos algunas particularidades muy sorprendentes, de las cuales hablaré primeramente.

La laringe tiene la figura regular de los' Cetaceos, es decir una prolongacion cónica muy alta, formada por la epiglotis y el cartílago aritenoides, que asciende perpendicularmente hácia arriba, para entrar en la parte inferior del conducto nasal, que comunica con las fauces. De la abertura posterior de la laringe sale la traquiarteria en direccion horizontal para entrar en los pulmones, dividiéndose al fin generalmente en dos ramos, llamados *broncos*, uno para cada pulmon. Muchos de los Cetaceos tienen ante de esta division de la traquiarteria un ramo tercero pequeño accesorio en ella, que sale del lado derecho de la traquiarteria, y entra tambien en el pulmon derecho. Asi lo he encontrado tambien en el grande Delfin tomado vivo en las playas de Buenos Aires, y descripto por mí bajo el título de *Ziphiorrhyuchus cryptodon* en la Revista Farmacéutica (Tm. IV. pag. 363.) y que hoy se llama con mejor razon *Epiodon australe*. Pero la traquiarteria de la Pontoporia es notablemente diferente por estar dividida inmediatamente despues de su salida dè la laringe en *tres ramos*, y *despues otra vez en dos*. De los tres ramos dè adelante el del medio es el mas ancho, representando la continuacion del tronco de la traquiarteria, pero en las dos otras supera bastante el del lado izquierdo al del lado derecho en anchura. No pudo conseguir estos ramos hte rales hasta su fin, encontrándolos rotos despues de una distancia de pulgada y media; pero no dudo que siguen su curso independiente hasta el pulmon, en donde entrarán el uno en el izquierdo y el otro en el derecho. El tronco medio de la traquiarteria se habia conservado completo. Era de tres pulgadas de largo ante la segunda division, y 4 lín. de ancho. Al fin se dividen en dos ramos desiguales, bastante delgados y mas angostos que los anteriores, pero de igual diferencia en anchura. Los dos he conseguido hasta su entrada en el tejido del pulmon, en donde se pierden los cartílagos espirales que forman la pared del tubo aerífero.

La configuracion de la traquiarteria ya descripta es la única hasta ahora conocida en la anatomia; ningun animal que respire aire, tiene mas de tres ramos, dos iguales al fin y uno mas pequeño al lado, pero cuatro tan desiguales entre sí, como en la *Pontoporia Blainvillii*, jamás se han visto, y constituye una particularidad muy notable en este animal.

En los órganos de la digestion su configuracion no es tan singular. El esofago es recto y liso, como 6 pulgadas de largo, y el estómago tiene la figura de una vejiga transversa aumentada en cada estremo con un bolsillo, de los cuales el del lado izquierdo es poco mas grande que el del lado derecho. No están muy notablemente separados de la cavidad central del estómago, y son lisos en su superficie interna, pero la parte media mucho mas grande del estómago tiene seis pliegues muy altos longitudinales que salen de la pared interior posterior, correspondiente á la corvatura grande del estómago, dejando intacta la parte que corresponde á la corvatura pequeña. La parte pilórica del estómago está separada por un pliegue alto circular del otro estómago, y forma una cavidad particular, que se divide por pliegues transversales en tres partes. De la parte media mas grande sale el duodeno, que es bastante angosto, pero estendido en una distancia de su orígen en forma de un bolsillo lateral de figura oval, que se ha encontrado tambien en otros Delfines. Despues de este bolsillo el duodeno se rompió y se perdió con el resto de los estribos.

He examinado con atencion el contenido del estómago, y he encontrado en el bolsillo accesorio derecho algunos picos de calamanes (Loligo), que prueban que la *Pontoporia* se alimenta con animales marinos, no con habitantes de agua dulce; que su habitacion regular es entonces el mar inmediato á la costa, y si el animal entra en las bocas de los rios, no es en busca de alimentos sino por una casualidad involuntaria.

Nada se conocia del esqueleto anteriormente de la *Pontoporia* sino el cráneo, figurado en la obra de *D'Orbigny*. Ahora tenemos en nuestro Museo un esqueleto completo, que manifiesta tambien algunas particularidades en su configuracion. No lo describiré, para no fatigar con detalles indiferentes á los auditores; me contentaré con dar el número de los huesos principales en todo el cuerpo, y con hablar de algunos que se presentan con figura particular.

El número de las vértebras del cuello es de siete, como en todos los Mamíferos, con la única escepcion del *Unau* (*Bradyphus didactylus* LINN.). Vértebras dorsales tiene la *Pontoporia* diez, lumbares siete y caudales diez y ocho, lo que dá por todo cuarenta y dos vértebras. De las diez y ocho caudales las cinco primeras tienen espinas inferiores, y las doce últimas están encerradas en el eje de la aleta caudal.

El número de las costillas corresponde siempre al número de las vértebras dorsales. Hay entonces diez pares de costillas, de las cuales cuatro están unidas con el esternon, y dos pares mas con la última de las cuatro. Esta union se practica por medio de huesos esternocostales cilíndricos, no por cartílagos, con escepcion del par primero de las costillas, que se une con el esternon directamente.

El esternon se compone de dos places unidas por substancia blanda elástica. La primera placa es mas ancha que larga, y de figura transversal trigona; tiene una márgen anterior escavada, y una protuberancia obtusa ante el medio de cada lado. Con esta protuberancia se une el primer par de las costillas, el segundo par está atado al lado posterior ante de la esquina terminal del hueso por medio de huesos esternocostales bastante fuertes. La segunda placa es oblonga, mas larga que ancha, y tiene á cada márgen lateral dos caras articulares para el tercero y cuarto par de los huesos esternocostales, que las unen con las costillas.

De estas, las cuatro primeras se unen con las vértebras dorsales en dos puntos, es decir, por el capítulo con el cuerpo de la vértebra, y con el tubérculo con la apófisis transversal; los otros seis pares de costillas están atadas solamente á las apófisis transversales.

Estas apófisis son bastantes anchas, y poco mas anchas en cada vértebra posterior hasta la altima dorsal. Cada una de las apófisis transversales tiene una protuberancia en la márgen anterior, y tambien en la márgen posterior desde el principio de las vértebras lumbares, hasta la penúltima de ellas. Con estas protuberancias se tocan entre sí las apófisis en cada lado de la parte lumbar de la columna vertebral, de modo que la protuberancia posterior de la vértebra anterior se sobrepone á la anterior de la vértebra posterior, formándose así una union de las vértebras lumbares tan firme como en ninguna otra especie de los Delfines. En estos las apófisis transversales son mucho mas delgadas y dirigidas con su punta hácia adelante no al detras, como en la *Pontoporia Blainvillii*. Pero la punta de las apófisis transversales de los verdaderos Delfines, es obtusa ó redondeada, no punteaguda como en nuestro animal, lo que indica tambien una particularidad de su construccion.

Al fin digo del esqueleto de la aleta pectoral, que no hay otra cosa particular para notar, que el carpo es formado por substancia cartilaginosa, incluyendo cuatro huesecillos muy pequeños de figura esférica; que los cinco dedos tienen solamente un verdadero hueso cada uno, que corresponde al hueso del metacarpo, y que las falanges todas son formadas por un radio cartilaginoso articulado, que incluye en las articulaciones primeras un huesecillo central. El primer dedo no tiene mas que una sola articulacion sin huesecilllo, el segundo tiene cuatro, con un huesecillo en la primera, el tercero cinco con dos huesecillos, el cuarto y quinto tres cada uno con un huesecillo.

Concluyendo entonces estas noticias preliminares sobre el esqueleto de la *Pontoporia*, adjunto una carta descripcion de la abertura de la nariz encima de la cabeza, que es de figura corvada transversal, con la escavacion de la curva al adelante. Entra en esta curva una elevacion del cutis, como una joroba pequeña, que cierra la abertura. Pasando por ella en el interior se halla una cavedad oval transversal, que es cerrada en su fondo por dos válvulas transversales, la anterior gruesa, la posterior fina y mas aguda. Estas válvulas se abren por el movimiento respiratorio, y dejan salir y entrar el aire hasta el pulmon por los dos canales nasales, que principian atrás de las dichas dos válbulas, y pasan hasta las fauces. Acá se encuentra la laringe con su parte cónica ascendente, que corresponde á la epiglottide de los otros Mamíferos, y que es incluso con su punta en un tubo elástico, que se inclina firme á la epiglottide, para no dejar pasar el aire al lado de la laringe en la parte vecina de las fauces.

Se propusisron como Socios activos, los señores:

Brigadier D. Bartolomé Mitre.	Dr. D. Diego de Alvear.
Dr. " José Roque Perez.	" " Claudio Amoedo.
" " Manuel A. Montes de Oca.	" " Juan Ramorino.
" " Toribio Ayerza.	Sr. " Francisco Cabirau
" " Dardo Rocha.	" " José Pedro de Souza.

y como Socio corresponsal estrangero el—

Sr. D. Pelegrino Strobel, de Parma.

Estas candidaturas fueron aprobabadas unánimemente.

Al fin, el Secretario dió cuenta de haber recibido la Sociedad Paleontalógica, contestacion afirmativa á su propuesta, de entrar en cambio de sus publicaciones, de

La Sociedad Real filosófica de Lóndres, fecha 2 de Noviembre.
" " " geográfica de Lóndres, fecha 1° de Octubre.
" " Zoologica de Londres, fecha 6 de Agosto.
" Academia Imperial de Viena, fecha 9 de Diciembre.
" " Real de Munich, fecha 19 de Octubre.
" Sociedad Imperial de las Ciencias naturales de Cherbourg, fecha 14 de Octubre.

En seguida se levantó la sesicn.

GERMAN BURMEISTER,   Cárlos Murray.
Presidente.   Secretario.

SESION DEL 10 DE ABRIL.

Presidencia del Dr. BURMEISTER

PRESENTES 8 SOCIOS

Abierta la sesion, se leyó la Acta de la anterior, que fué aprobada.

El Dr. BURMEISTER presentó á la Sociedad dos animales, recien entrados en el Museo público, y dió algunas noticias sobre sus caractéres distintivos.

El primero fué un Armadillo gigantesco (*Dasypus gigas*), que vive en el interior de la parte tropical de la América del Sud, y que hasta hoy probablemente nunca se ha mostrado en este pais. Dice AZARA, que en los siete años de su residencia en el Paraguay, solamente vió una vez los restos de un individuo recien muerto en una aldea de los Indios, y el Príncipe MAXIMILIANO DE WIED, quien viajó desde Rio Janeiro hasta Bahia, durante tres años, no ha encontrado de este animal mas que la coraza de la cola en manos de algunos Indios salvages, que lo visitaron durante su viage, para venderle objetos de historia natural. El individuo espuesto fué encontrado por los operarios del ferro-carril Central Argentino, cerca de Villanueva, vivo, en su cueva, é inmediata. mente muerto por ellos, sin pensar que habria sido una grande curiosidad mandar vivo este animal á Buenos Aires. Encontrándole en su cueva con la cola de fuera, de valde quisieron sacarle de su domicilio con sus propias manos; el animal se adhirió tanto á las paredes, que ninguna fuerza huma. na fué suficiente para sacarlo á fuera. Al fin, atáronle á la cola un lazo y le sacaron con un caballo, matándole al instante con muchos golpes en la cabeza, como es costumbre de esta gente. Por esta razon el cráneo está muy estropeado y reconstruido con mucha dificultad. El Sr. Lloyd, adminis. trador del ferro-carril, ha mandado esta preciosidad al Sr. *Whelwright* en el Rosario, y este benévolo amigo lo ha regalado al Museo público, dando un nuevo testimonia de su interés por el progreso del establecimiento, lo que yo reconozco dándole acá públicamente las gracias mas vivas.

2. El otro animal es una nueva especie de los Insectos del género *Fulgora*, que fué largo tiempo estimado como un animal lucíparo, dando una luz fosfórica en la noche. Pero los observadores modernos no han testificado esta relacion de la señora *Merian*, que ha visitado á Surinam en el principio del siglo pasado, para estudiar las costumbres de los insectos indígenas del pais. No es dudoso, que la buena señora, muy crédula, fuese engañada por un pícaro, que ha puesto en la vejiga grande vacía de la cabeza del animal uno de los insectos lucíparos, que se llama aquí Tucutucos, (*Lampyris ó Pyrophorus*) y que son tan copiosos en la zona tropical de América. El Dr. Br. afirma, que él mismo, durante su viage por el Brasil, ha tenido una de las Fulgoras del pais viva en su cuarto durante algunos dias, y que él nunca ha visto salir del animal una luz fosfórica; la Fulgora no es luminosa, sino obscura durante toda su vida.

La nueva especie de que se trata acá, es recojida por el Sr. Presidente de la República D. *Bartolomé Mitre* Exc. en el Paraguay, durante la última guerra, y regalado generosamente al Museo público. Es diferente de todas las cinco especies hasta hoy conocidas, y por esta razon el orador propone llamarla: *Fulgora Mitrii.* De las cinco especies ya conocidas, una, y la mas parecida á esta nueva vive en Méjico (*F. Castresii*), las otras cuatro en la América del Sud. La mas grande (*F. laterna-* *ria*) es la que ha figurado la Sra. *Merian* en su obra sobre los insectos de Surinam. Las otras tres son brasileras. Estas tres tienen en la figura del ojo de las álas posteriores dos púpilas, una grande y una muy chica, separada por un espacio abierto; lo mismo sucede con la nueva especie del Paraguay, pero esta es diferente de las tres brasileras por su tamaño menor, y principalmente por la figura particular de la vejiga de la cabeza, y la pintura fusca del ojo en la ála posterior mas ancha.

El Dr. *Burmeister* esplicó estas diferencias por medio de las figuras dadas en la obra de la Sra. *Merian* sobre los Insectos de Surinam, y en su obra: *Genera Insectorum etc.*, en donde el autor ha dado una revista de todas las especies de *Fulgora* ya conocidas. Al fin la siguente descripcion cien- tífica de la nueva *Fulgora Mitrii*, fué adjunta por el orador á las Actas de la Sociedad.

Fulgora Mitrii, Burm.

F. viridi-olivacea, nigro-irrorata; processu frontali angusto, attamen in apice. paulisper inflato, lateribus crenulato; ocello alarum posticarum limbo extus auguste, intus late fusco-nigro, pupillisque duabus distantibus, altera magna, altera minutissima. Long. 2".

Habitat in Paraguaya—Reliquis speciebus minor. Processu frontali angusto, apicem versus paulis- per inflato, lateribus obtuse crenulato; supra viridi-olivaceo, dorso infuscato, subtus fusco, lateribus suverioribus maculis tribus nigris. Genis argute marginatis, spina forte ante oculos, alteraque minori sub ipso oculo. Pronoto argute longitudinaliter carinato, viridi-olivaceo, nigro-marmorato; superfi-

cie rugulosa, antice bimpressa, cum puncto centrali nigro en ipsis foveis juxta carinam. Mesonoto luto triangulari cordato, subruguloso, nigro-maculato. Metanoto abdominisque dorso lutescentibus, subroseis, maculis magnis nigris dense variegatis. Pectus, venter, pedesque pallidi, nigro maculati; femoribus tibiisque nigro-annulatis. Alæ anticæ viridi-olivaceæ, costa externa rosea, nigro-marmoratæ; posticæ lividæ, subhyalinæ, fusco variegatæ: ocello magno extus anguste, intus late fusco marginato, iride flava, pupilla magna centrali nigra con macula parva alba, alteraque minori, distante en ipsa iride ad angulum internum.

El Tesorero dió cuenta en una nota al Presidente, fecha 29 de Marzo, del estado de la Caja de la Sociedad, que no es satisfactorio en este momento, por no haberse cobrado la contribucion de los Socios en el primer trimestre corriente, á consecuencia de las vacaciones pasadas.

La existencia es de 9,975

Los gastos son... 15,740

Faltan para pagar............................ 5,765

Que se cubren con las contribuciones restantes.

Fueron propuestos como socios los señores :

D. Francisco Lavalle.

" Luis Huergo.

El Almirante " José Muratore.

Que fueron admitidos sin contradiccion.

Se levantó la sesion en seguida.

German Burmeister,
Presidente.

Cárlos Murray,
Secretario.

SESION DEL 8 DE MAYO.

Presidencia del Sr. Gutierrez.

PRESENTES 16 SOCIOS.

Abierta la sesion, se leyó la Acta de la anterior, que se aprobó.

El Dr. Burmeister exhibió primeramente una parte de la barba de la nueva clase de *Balaenoptera*, que se ha encontrado el 3 de Febrero pasado en el Rio, ya muerta, cerca del pueblo de Belgrano. El orador explicó la diferencia de esta nueva especie de las otras tres ya bien conocidas por la estructura de las vértebras del cuello, del esternon y del número de las vértebras y costillas, que es : 7 cervicales, 11 dorsales, 12 lumbares y 19 caudales, de las cuales las 9 primeras tienen espinas inferiores, y las 6 últimas son rudimentarias, y propuso llamarla *B. bonaerensis*, por ser encontrada tan cerca de Buenos Aires. Al fin el orador describió detalladamente la construccion de la barba ya bien conocida, y llamó la atencion de la reunion principalmente al color de cada lámina, que es negro del lado exterior, y blanco del lado interior, como en la *Bal. rostrata* de los mares boreales Europeos. Una descripcion científica de la nueva especie, el autor adjuntó á las Actas para ser impresa despues en los Anales.

Tambien habia puesto á la vista el mismo orador una caja de la coleccion de Mariposas del Museo, conteniendo el género *Attacus* con siete especies, entre las cuales hay una nueva de Corrientes, que él presentaba tambien en su estado juvenil como guzano. El orador esplicó el modo como trabajó este guzano su capullo, para cambiarse en crisálida, y llamó la atencion principalmente sobre la circunstancia que el capullo ó el cocon del género *Attacus*, tiene una puerta natural, para la salida de la mariposa, de que carecen generalmente los cocons de las otras clases, por ser la cáscara del cocon tan dura como en ningun otro género. Al fin el orador esplicó la diferencia de la nueva especie, llamándola *Ataccus paranensis*, y reservando la descripcion científica para el futuro, no teniendo en su poder todos los libros científicos necesarios para la determinacion exacta de las otras especies ya conocidas.

Al fin se anunció que se ha recibido de Lóndres una encomienda de la Sociedad Real Filosófica incluyendo:

8. *Voll. en* 13 *part. Philosophical Transactions of the Royal Society of London.* 1860. seq. 4.

4. *Voll. Proccedinys of the Royal Philosophical Society. Lond.* 1860. seq. 8.

J. M. Gutierrez,
Presidente.

Cárlos Murray,
Secretario.

SESION DEL 12 DE JUNIO.

Presidencia del Dr. Gugierrez.

PRESENTES 16 SOCIOS.

Abierta la sesion, el Sr. Presidente dijo, que habia recibido una carta del Secretario, que decia, que no podia asistir á la reunion por enfermedad, y por eso no se leia la Acta de la sesion anterior.

El Dr. Burmeister anunció la entrada de una carta de la *Academia de las Ciencias de Paris*, anunciando que la Academia habia recibido los "Anales" del Museo público de Buenos Aires, dando gracias por la comunicacion en términos muy honorables. El Sr. Presidente leyó la carta.

Entonces el Dr. Burmeister tomó la palabra para dar cuenta á la Sociedad, que el Museo público se habia enriquecido con un esqueleto casi completo, y la coraza adjunta del *Glyptodon tuberculatus*, encontrado cerca de la Villa de Mercedes, en el terreno de D. Silvestre Laroque, quien lo vendió al orador, pero que el Superior Gobierno ha dispuesto comprar el objeto para el Museo público, á consecuencia de proposicion hecha por el mismo. Este ejemplar, el único conocido tan perfecto, prueba, que el grupo de los Gliptodontes, llamado por el orador en la tercera entrega de los Anales etc. (pag. 190) con un apelativo nuevo *Panochthus*, es en la construccion de su esqueleto tan diferente de las otras especies, como en la configuracion de su coraza y su cola, lo que justifica completamente su separacion de las otras en un sub-género aparte. Estas diferencias se presentan principalmente en las cinco relaciones siguientes:

1. El cráneo es relativamente mucho mas grande que el del grupo tercero de *Schistopleurum*, y tiene órbitas cerradas atrás, y no abiertas como en el dicho grupo.

2. Por la presencia de una perforacion en figura de un puente inmediatamente sobre el condilo inferior interno del húmero, que no se encuentra en las especies de *Schistopleurum*, pero sí en las Armadillos actuales.

3. Igual diferencia se presenta en la figura de la pelvis, que es mucho˙ mas ancha detras que la del grupo *Schistopleurum*, y tiene álas ciáticas no tan altas, pero mas hácia el lado externo sobresa. lientes.

4. Los dedos de los piés son mas prolongados, principalmente los huesos del metacarpo y meta. tarso y las primeras falanges, pero los huesos de las uñas posteriores no son igualmente largos, sino contrariamente mas cortos, faltando el primer dedo interno de los miembros completamente.

5. A los piés de adelante falta tambien el pulgar, pero el último dedo quinto está presente, en opo. sicion con los *Schistopleurum*, que tienen pulgar, faltando á ellos el dedo quinto.

En muchos de estos caractéres osteológicos, el grupo *Panochthus* se acerca mas á los Armadi. llos actuales, que el otro grupo de *Schistopleurum;* prueban sus diferencias claramente, que el *Pa. nochthus* es un animal particular que ha tenido tambien una figura general bastante diferente, es decir, una coraza mas baja, menos esférica y probablemente algo mas ancha á detras, una cabeza mas grande y una cola larga prolongada cónica. Respecto á la figura de la coraza, se advierte, que las grandes verrugas, que terminan la orilla de la coraza en toda su circunferencia, son de tamaño menor, y cada una adornada con las mismas rosetas, que se encuentran en los lados del tubo ter. minal de la cola, como en los tubérculos de los anillos de la cola, antes del tubo. El número de tales anillos no ha sido mas que de cuatro, y el número de las vértebras en la cola no mas que diez y seis, de las cuales las siete primeras son movibles, las nueve últimas unidas entre sí, y encerradas en el tubo terminal de la cola. Tambien se demuestra por nuestro individuo, que los lados de la coraza atrás de los piés de adelante han tenido la misma construccion disoluta por hendiduras poco abiertas entre las filas de las placas de la coraza, que Nodot ha tomado como carácter principal de su género *Schistopleurum*, lo que parece indicar esta construccion como carácter general á todos los Glyptodontes, aun cuando ya he sospechado antes y advertido en la descripcion publicada en la tercera entrega de estos Anales. *)

Al fin, el Dr. Burmeister propuso como Socio estrangero corresponsal de la Sociedad al Sr. D. Thomas F. Hutchinson, Cónsul Británico en el Rosario, que fué aceptado por unanimidad.

El Presidente.   *Cárlos Murray*, Secretario.

*) Despues de la relacion precedente hecha á la Sociedad Paleontológica en esta reunion, he recibido de Copen. haga la última parte de las obras del Dr. Lund sobre los Mamíferos fósiles del Brasil [Acta de la Acad. de Copen. haga. Sec. matem. física Tom. XII. 1845.] en la cual se vé la figura completa del pié posterior de *Hyplophorus euphractus*, que tiene casi la misma configuracion general que el pié de nuestro *Panochthus tuberculatus*, pero una figura muy diferente de los huesos de uñas, faltándole tambien el dedo interno, que no se vé tampoco en la dicha especie. Sigue de esta figura, que el grupo *Hoplophorus* de Lund no es idéntico con el *Schistopleurum* de Nodot, sino mas acercado con nuestro grupo *Panochthus*.   Br.

SESION DEL 10 DE JULIO.

Presidencia del Dr. GUTIERREZ.

PRESENTES 13 SOCIOS.

El Presidente abrió la sesion como aniversario de la fundacion de la Sociedad Paleontológica, con un discurso que publicamos en seguida.

Señores:

La sociedad á que tenemos el honor de pertenecer, cuenta hoy un año de existencia—y por esta circunstancia, la presente sesion, aunque ordinaria, tiene algo de especial y merece ser considerada con satisfaccion. Hemos salvado los escollos en que casi al salir del puerto naufraga la mayor parte de nuestras asociaciones, y debemos abrigar la esperanza de que la Sociedad Paleontológica subsistirá tanto tiempo en Buenos Aires cuanto dure la admiracion que causan á toda persona inteligente esos maravillosos organismos, acerca de cuya estructura nos ha dado nuestro *Director científico* tan interesantes lecciones.

Y ya que hacemos memoria de él, demos al César lo que es del César, y reconozcamos en la constancia y en el entusiasmo por el estudio, que distinguen al Dr. Burmeister, las causas principales de nuestra existencia hasta hoy, formando una sociedad de carácter especialísimo y que honra á sus fundadores.

Ofrecemos un buen ejemplo, señores. Servimos á la ciencia y servimos á la honra de nuestro pais á un mismo tiempo. Mostramos que las inclinaciones y gustos meramente intelectuales no son estrangeros á las orillas del Rio de la Plata, y que sus moradores saben hallar placer en la contemplacion de la naturaleza,—prerogativa de los espíritus investigadores, que parecia reservada á pueblos mas antíguos y mas civilizados que el argentino.

Damos un buen ejemplo, repito, aun considerando nuestra asociacion bajo su aspecto principal; es decir, como medio de dar publicidad, de esteriorizar las riquezas paleontológicas que esconden las capas superficiales del terreno de nuestro pais. Esas hosamentas gigantescas que bajo cajas de cristal ostenta nuestro Museo público, como verdaderas joyas, serian estériles para la ciencia y para los estudiosos de la Europa, si los *Anales* que vuestra generosidad costea, no transportáran en sus páginas al otro lado del Occeano, la imágen, la descripcion, y las observaciones necesarias para que las comprendan y estudien los zoólogos estrangeros y distantes.

Para nosotros son de un interés capital estas investigaciones al parecer de mero lujo científico. Ellas se relacionan con la historia de la formacion de esas planicies actuales sobre las cuales pacen nuestros rebaños, base de la riqueza principal de nuestros ganaderos. Bajo esos prados de verdura se esconde una larga série de formaciones, de revoluciones, de cataclismos, de inundaciones, de torrentes, de lagos, tal vez de mares disecados; y el conocimiento de esas vicisitudes del suelo acaecidas en períodos que casi no pueden medirse por su inmensidad en el tiempo, es por sí solo digno de la atencion de todo ser racional, y está ligado con hechos actuales que la ciencia de la agricultura se apropiará pronto en beneficio de la riqueza material.

El carácter de las ciencias en nuestros dias es esencialmente práctico, y por hablar el idioma de la Economia política, esencialmente productor. El espíritu humano, como un niño hecho adulto, que se siente aprisionado entre fajas que le violentan y deforman, y las rompe para recobrar su libertad natural, ha echado lejos de sí las nubes de las sutilezas y de las soluciones á priori, para estudiar de preferencia lo que cae bajo sus sentidos, y observa, mide, calcula con el auxilio de una razon

41

independiente y despreocupada. Destinado por el Creador á apropiarse y dominar las fuerzas de la naturaleza, el hombre desvia de sobre su cabeza al rayo, y le hunde por medio de un conductor en las entrañas de la tierra. Observa la fuerza y la direccion de los vientos y corrientes en las diversas latitudes del mar, y reduce á la mitad de tiempo las navegaciones de que depende la actitud del comercio y la frecuencia de las relaciones entre los pueblos. No hay especulacion inútil ni perdida en este campo vastísimo. Por ejemplo: un dia, cierto sábio sedentario se entretenía en animar por medio del fluido de Volta, unos hilos metálicos; la casualidad púsoles en contacto con un pedazo de hierro inerte de la forma de una herradura de caballo; aquel fierro cambió de naturaleza; á cada instante, en cada contacto, se imantaba y desimantaba alternativamente, y la mente del observador trocó en motor, en movimiento aquel fenómeno. En ese dia, fué descubierto el telégrafo eléctrico, y la palabra atraviesa hoy de un continente á otro, de manera que Lóndres y New-York se hablan al oido como dos amigos sentados mano á mano en la hospitalidad del hogar. Observemos de paso, cuán humanitaria es la ciencia, cuán activamente desenvuelve el contacto próximo entre los hombres, y por consiguiente la santa y fecunda confraternidad.

La ciencia es la que ha dignificado al trabajo, al trabajo fuente de la prosperidad y de la moral de las sociedades. El tardo buey arrastrando los arados de nuestros abuelos, feos y pesados, cede su lugar á una pareja de briosos y bien enjaezados caballos, que arrastran una bruñida reja de acero, cuyo rozamiento se anula casi por las ruedas. Una máquina que parece dotada de inteligencia, derrama la semilla en el surco; otra máquina siega la espiga y la apiña y levanta pronto y simétricamente la abundosa cosecha. La fuerza del vapor guia los resortes de estos preciosos aparatos y representa la tarea de centenares de brazos. Esta economia del esfuerzo del hombre le habilita para descansar mas tiempo, y el reposo lo llama al cultivo de la inteligencia y al goce de los placeres de la reflexion. Esta cadena de bienes y de beneficios, ¿quién la desenvuelve al rededor del trabajador? La *mecánica*, señores, ciencia que ayer no mas se aplicaba á la construccion de curiosos autómatas, y hoy produce esos gigantes de mil manos que se llaman máquinas, y que apropiadas, ya á la guerra ya á los ejercicios de la paz, pasman por su poder á la imaginacion.

Las ciencias de observacion, el trabajo y la libertad, hé ahí los tres talismanes que protejen y agigantan á nuestra hermana la República del Norte. Con ellos penetra denodado el yankee en el corazon del desierto, y al éco de las locomotivas se levantan las ciudades en veinticuatro horas, como en las edades mitológicas al son de las liras de Anfion y de Orfeo. La ciencia ha dejado atrás á la fábula y sabe hacer *verdaderos milagros*.

Las Tebaidas de los tiempos contemplativos, quedaron como eran, páramos y desiertos, apesar de que habitaban en su seno los hombres de la oracion y de la penitencia. Las soledades del Oeste del territorio Norte-Americano, se transforman en jardines por los que entonan trabajando el *salmo de la vida* que la democracia inspiró al poeta de Boston, y en el cual se santifica la constancia en la lucha con todas las resistencias: "En el campo de batalla del mundo, en el vivac de la vida, no seas, como el rebaño, mudo, que el pastor arrea delante de sí; sé un héroe en el combate."

"Que el pasado entierre sus muertos. Obra en el presente que vive, tu corazon en el pecho y Dios sobre tu cabeza."

He llegado á estas consideraciones partiendo de la paleontología, que es una ciencia de observacion, porque todas las operaciones de la inteligencia bien empleada, se tocan entre sí y se enlazan, y porque si esta ciencia es cultivada hoy con tanto empeño y tiene tanta aceptacion, es porque, indudablemente, señores, ella sirve, ó ha de servir los intereses positivos. Sirvámosla, pues, é impulsémosla en esta fé y con esa esperanza.....

Por fortuna, señores, los esfuerzos que hagamos, cada uno dentro de su esfera, para favorecer los estudios del Dr. Burmeister, no se resentirán hoy del ridículo con que los cubrieron los hombres mas inteligentes del tiempo colonial. A mediados del siglo último, poco antes de la espulsion de los Jesuitas, al terminar D. Pedro Zeballos su cargo de Gobernador y Capitan General de Buenos Aires, tuvo lugar entre nosotros un suceso que narraré en cuatro palabras, porque es curioso y significativo.

Existia entonces fondeada en nuestro puerto la fragata de guerra española *Nuestra Señora del Cármen*, cuyo capitan se llamaba D. Esteban Alvarez del Fierro. Este caballero pertenecia, pues, á una de las clases mas ilustradas de la Península, y debia poseer aquellos conocimientos científicos que son, cuando menos, indispensables para gobernar una nave, y á mas debia poseer un espíritu curioso, pues habiendo oido hablar de la existancia de unos esqueletos de grandes dimensiones, en el partido de Arrecifes, se propuso adquirirlos para trasladarlos á España á bordo de *Nuestra Señora del Cármen*. Pero, no es esto lo notable del caso ; lo peregrino es que el Capitan del Fierro y todos los PP. Maestros, teólogos y legistas de entonces, que se informaron de la noticia, estaban en la persuacion mas profunda de que esos huesos enormes eran de gigantes humanos. Y como los filósofos habian dudado de la existencia de los tales gigantes, apesar de las respetables tradiciones que la abonan, se propuso el Capitan desmentirlos con un hecho palpable.

Con tan santo propósito dirigió una solicitud en toda forma y en papel sellado, al Alcalde de primer voto, que lo era entonces D. Juan de Lecica y Torrezurri, caballero de campanillas, y tan acaudalado que no se fué de esta vida sin recomendarse con la edificacion de *tres templos*, nada menos. Pedia el Capitan permiso para proceder á la exhumacion de los esqueletos ; pero solicitaba tambien encarecidamente que esta diligencia se practicara á la sombra de la autoridad y con todas las formalidades que el derecho recomienda para asegurar la autenticidad de una diligencia. En su consecuencia se nombraron dos personas de mucho juicio para que desempeñasen el papel de jueces, un Escribano para dar fé, y tres "cirujanos anatómicos" para que dijeran, si eran ó no aquellos restos de criaturas humanas.

Los jueces, el escribano y un gran séquito de vecinos del pago de Arrecifes, en calidad de testigos, se trasladaron el dia 25 de Enero de 1766, á las márgenes del arroyo de Luna, en donde debian desempeñar su comision. Efectivamente, levantada la capa de tierra que cubria la "hosamenta" del primer "sepulcro," se vió patente (palabras testuales) que estaba en parte petrificada, y que la "configuracion, en todo era de *racional*." El sepulcro media diez y cuarta varas de largo, tres y tres cuartas de ancho y cinco cuartas de profundidad. La remocion del segundo *sepulcro* dió poco mas ó menos los mismos resultados, y los testigos, jueces, escribano y *físicos anatómicos*, juramentados en toda regla, declararon á una que habian hallado y escavado sepulcros, y encontrado en ellos huesos gigantes de seres humanos, cuya existencia estaba de acuerdo con la trádicion. Yo he tenido en las manos el documento auténtico y judicial, en donde consta por estenso lo que acabo de referir. Por cierto que al leerlo me esplicaba claramente, cómo es que ha habido tanto testigo presencial de cosas imposibles de suceder en el órden natural, y perdia al mismo tiempo, completamente, como abogado, la fé en la prueba testimonial que debia desecharse en el mayor número de casos de los procedimientos judiciales.

Concluiré recordando una anécdota no menos curiosa y posterior, que se funda en un documento tambien auténtico. El primer Megaterium que se llevó á Europa, y es el que existe en el Museo de Madrid, fué sacado de las orillas del Rio de Lujan, y trasportado á España donde llamó mucho la atencion de las personas inteligentes. Digo inteligentes, relativamente, pues esta vez no tomaron los huesos de un cuadrúpedo por restos humanos; pero sí se imaginaron que aquella especie de animales podría existir viva. Y como Cárlos III fué uno de los Borbones mas aficionados á fieras exóticas, en su calidad de incansable cazador, ordenó á su Ministro D. Antonio Porlier dirigiese una órden al virrey de Buenos Aires, para que le mandase vivo uno de aquellos animales, aunque fuese mas chico. Que en caso de que, por las dificultades en tomar un animal tan feroz y uraño como debia suponérsele, no le pudieran conseguir vivo, S. M. se contentaria con tener uno disecado y relleno de paja. La real órden existe original en nuestros archivos; yo la he visto, está publicada en el Rejistro Estadístico de mi amigo Trelles, y para mayor abundamiento puedo señalar su fecha y data, que son en San Ildefonso, á 2 de Setiembre de 1788.

Bajo qué aspectos tan diferentes se nos presentan hoy á nosotros estos mismos objetos!—El tiempo no ha transcurrido inútilmente, y la inteligencia y la razon han recobrado en gran parte su luz y sus derechos. Al menos, señores, en materia de Paleontología ya no confundimos el hombre con los irracionales como nuestros padres, y es de esperar que en todo lo demas sigamos sujetos á la ley del progreso, y *que si exhumamos cuerpos muertos*, no serán sino cuerpos de Glyptodontes y Megatheriums, para colocarlos bajo el ojo indagador de la ciencia.

El Secretario leyó en seguida la Acta de la sesion anterior, que fué aprobada, y dió el resúmen de los trabajos de la Sociedad durante el año pasado, en los siguientes términos:

La Sociedad Paleontológica se instaló el 11 de Julio de 1866, con 49 socios fundadores, con el objeto de estudiar los fósiles del suelo Argentino y fomentar el Museo público en su marcha científica. Desde entonces ha progresado rápidamente, pues contamos hoy dia con 72 miembros activos y 2 socios estrangeros. Y no hemos tratado solamente de aumentar el número de los socios, hemos tratado tambien de llenar el objeto de la institucion, es decir, de descubrir y hacer conocer las riquezas paleontológicas encerradas en nuestro suelo, y de aumentar los medios científicos de nuestro Museo, lo que se ha hecho, como seguirá haciendo, gracias á los esfuerzos de nuestro infatigable Director el Dr. BURMEISTER.

Hé aquí la lista de las comunicaciones científicas que se han hecho en nuestras reuniones.

El 11 de Julio de 1866 el Dr. BURMEISTER exhibió algunos huesos de un grande mamífero, encontrados en las islas cerca de las Conchas, probando que han pertenecido á una ballena, y probablemente á la especie que el Dr. GRAY ha llamado *Megaptera Burmeisteri*.

El 7 de Agosto presentó el mismo unas conchas fósiles de la barranca de Belgrano, y dió detalles sobre la época del depósito, y de la constitucion del suelo vecino de Buenos Aires.

El 5 de Setiembre el Prof. STROBEL esplicó los importantes conocimientos que el estudio de la distribucion geográfica actual de los Moluscos terrestres puede llevar á la Geología y la Paleontologia, fijándose en la obra de BURGUIGNOT sobre la Fauna actual de los Moluscos terrestres en Argeria.

El 10 de Octubre el Dr. BURMEISTER dió relacion sobre los restos preciosos del Toxodonte en el Museo público, derivando de ellos una nueva clasificacion de este animal maravilloso, fundada en los objetos exhibidos.

El 11 de Noviembre habló el mismo sobre algunos Insectos de nuestros algibes.

El 13 de Marzo del presente año, el mismo exhibió un ejemplar de la *Pontoporia Blainvillit*, que se ha encontrado en la boca del Rio Quequen grande, y demostró sus particularidades orgánicas.

El 10 de Abril el Director científico presentó un *Dasypus gigas*, que se habia encontrado vivo cerca del pueblo de Villa Nueva, provincia de Córdoba, y demas una *Fulgora* nueva del Paraguay, dando una relacion histórica sobre este género.

El 10 de Mayo dió relacion sobre una nueva especie de *Balaenoptera*, encontrada muerta en el Rio cerca de Belgrano, que propuso llamar *B. bonaerensis*.

El 12 de Junio esplicó el mismo la construccion osteológica del *Glyptodon tuberculatus*, fundándose en un individuo casi completo, que se ha encontrado cerca de la Villa de Mercedes, y probando la diferencia del grupo *Panochthus* de los otros Glyptodontes.

Estos son, señores, nuestros trabajos; al fin me permito hacer algunas proposiciones, que creo muy necesarias para la marcha de nuestra Sociedad en lo futuro.

Primeramente me parece conveniente aumentar la Junta Directiva con el empleo de un Vice-Presidente, que presidiria durante la ausencia del Presidente.

Ademas debe nombrarse dos Secretarios, que aceptarán el cargo y cumplirán con su deber, pues el año pasado, aunque por el Reglamento debe haber dos, solo el uno, que funciona hoy, ha hecho todos los trabajos, porque el otro nombrado no quizo aceptar el puesto, y no se nombró otro para reemplazarle.

Al fin, dió cuenta de la caja de la Sociedad, que segun una nota del Sr. Tesorero, se halla en un estado muy satisfactorio. Los fondos consisten hoy en 8,533 pesos m[c., habiéndose pagado todas las deudas del anterior, y tambien las cuentas sobre la tercera entrega de nuestros Anales, etc.

Por último, me veo obligado á dar en nombre de la Sociedad, las gracias á nuestro Presidente, Tesorero, y sobre todo al Director científico, por sus servicios importantes durante el año, que acaba; es de desear que la Junta Directiva nueva, cumpla tambien sus deberes.

El Dr. Burmeister se levantó entonces, diciendo, que el Sr. Secretario habia olvidado una persona á quien la Sociedad debia dar las gracias mas sinceras, que era él mismo, y por lo tanto pedia que la Sociedad se las diese, por sus importantes servicios, lo que se hizo por unanimidad.

En seguida se procedió á nombrar la nueva Junta Directiva, teniendo en cuenta la indicacion del Secretario sobre el Vice-Presidente, resultando electos para—

Presidente	Dr. D. Juan Maria Gutierrez
Vice-Presidente "	" Miguel Esteves Sagui
Director científico "	" German Burmeister
1er. Secretario	" Cárlos Murray
2° id	" Luis Huergo
Tesorero	" Leonardo Pereyra
Vocal	" Manuel Eguia.

El Sr. Murray no quiso aceptar de nuevo el puesto de Secretario por sus muchos quehaceres, y pidió que se elijiese otro, pero habiendo sido insistido por los Socios presentes á aceptar dicho nombramiento, se decidió á hacerlo, con tal que el 2° Secretario le ayudase en los trabajos, lo que quedó acordado,

Se propusieron como socios nuevos, los señores:

D. Mariano Billinghurst y
" Andres Lamas.

Los que fueron aprobados.

Despues el Dr. Burmeister dió una relacion sobre las ideas actuales de la procedencia del género humano, combatiendo la opinion de su descendencia del mono, y demostrando por la configuracion del pié, que es de todas las partes del cuerpo humano la mas particular por su construccion, que hay una diferencia fundamental entre él y el tipo de los monos.

Se levantó la sesion.

J. M. Gutierrez,
Presidente.

Cárlos Murray,
Secretario.

SESION DEL 14 DE AGOSTO.

Presidencia del Dr. GUTIERREZ.

PRESENTES 21 SOCIOS.

Abierta la sesion, el Dr. BURMEISTER dió cuenta á la Sociedad de haber recibido las siguientes encomiendas:

1. Una carta del Sr. Presidente de las *Smithsonian Institutions*, D. I. HENRY, avisando haber recibido las entregas de nuestros Anales etc., y ofreciendo en retorno todas las publicaciones de aquella institucion.
2. Una carta del Bibliotecario de la Academia Real de Munich, Sr. Dr. WIEDMANN, avisando que la Academia ha mandado sus publicaciones de los últimos cinco años en retorno de nuestros Anales etc., á la Sociedad Paleontológica.
3. Una carta del Secretario de la Sociedad Real de Gottingen, Sr. Dr. WOHLER, con las Noticias publicadas de la dicha Sociedad en el año 1866.
4. Una carta del Sr. Dr. KRAUSS de Stuttgart, con las Actas de la Socied. hist. natur. patrict. de Wurtemberg.
5. El Boletin de la Sociedad geológica de Francia, del año 1867. 1. 2. & 3.
6. *Synopsis of the Cyprinidae of Pensylvania by.* E. D. COPE; por el autor.
7. *Description of the skeleton of Inia Geoffrensis by.* W. H. FLOWER; por el autor.

El Tesorero de la Sociedad D. LEONARDO PEREYRA, presentó un cuadro demostrativo del estado de la caja de la Sociedad, fecha 12 de Agosto, que es el siguiente:

Existencia en caja del anterior............	8,635 ps.	m[c.
Salida hasta hoy	4,265 "	"
En caja persistente.....................	4,370 "	"

En seguida dió el Dr. BURMEISTER algunas noticias demostrativas sobre el esqueleto del *Dasypus gigas*, puesto á la vista de la Sociedad, comparándolo con el tipo de los Glyptodontes extintos.

El esqueleto es del mismo individuo tomado vivo por los labradores del Ferrocarril Central Argentino, cerca de la Estacion de Villa Nueva, sobre el cual he dado relacion á la Sociedad en la sesion del 10 de Abril corriente. Desgraciadamente los dichos labradores habian cortado el cuerpo del animal en pedazos, para comer su carne deliciosa, antes que una persona inteligente lo viese, y por esta razon los huesos grandes son casi todos rotos, y algunos pequeños enteramente perdidos.

Comparando el esqueleto con las figuras dadas por CUVIER en los *Ossem. fossil.* Vol. 5. ps. I. pl. XI. y con mi propia descripcion en la Revista sistem. de los animales del Brasil (Tom. I. pag. 279) se han encontrado algunas diferencias notables, que por la última publicacion del Sr. KRAUSS en WIEGMANN TROSCHEL's *Archiv. der Naturg.* 1866. pag. 271. sobre el mismo animal no son de otro valor que de variedades individuales. Asi el cráneo demuestra en su figura general una parte de la nariz mas angosta que la figura de CUVIER, y un occipital mas elevado. El número de los dientes es 16 en un lado, y 17 al otro de arriba, y 20 de abajo al un lado con 21 al otro. El cráneo de CUVIER tiene 24 de arriba y 22 de abajo, y en los siete individuos examinados por KRAUSS, las diferencias individuales son aun mas grandes. Todas estas son de Surinam, como el mio antes descripto de la coleccion de Halle, que ha tenido 18 dientes en la mandíbula superior á cada lado, y 23 en la inferior.

En el cuello solamente la segunda vértebra (el eje, *axis*) está unido con la tercera en una pieza; en el individuo de Surinam antes examinado, fueron unidas la segunda, tercera y cuarta vértebra. El Dr. Krauss nunca ha visto mas vértebras del cuello unidas, que dos (segunda y tercera), y Cuvier dice, que la union de las vértebras cervicales se aumenta con los años; pero como el mio actualmente examinado es un individuo muy viejo, la union de dos vértebras parece no mas que ser la regla.

El número de las vértebras dorsales y pares de costillas, es tambien variable. En el individuo de la coleccion de Halle he encontrado *trece*, y en el actual solamente *doce* de los dos órganos. El Dr. Krauss afirma esta variabilidad, pero el número de doce es el mas general; entre los siete indivi. duos por él examinados, solamente uno ha tenido trece vértebras y pares de costillas. Mi observa. cion anterior significa entonces una escepcion rara individual.

Vértebras lumbares hay generalmente *cinco*, pero en el caso de trece vértebras dorsales no mas que cuatro. De estas cinco vértebras lumbares dos están siempre unidas con el hueso iliaco de la pelvis, y tres solamente libres persistentes. Asi encuentro la construccion de esta parte del esqueleto ahora en el individuo de Villa Nueva; antes he contado no mas que cuatro vértebras lumbares y dos libres persistentes. El Dr. Krauss tambien cuenta por la regla no mas que dos vértebras lumba. res libres, y dos unidas con la pelvis, pero en el caso mio, no hay ninguna duda que han estado presentes tres vértebras lumbares, separadas antes de la pelvis, de las cuales la media está rota por los labradores é incompleta, pero bien indicada por sus restos persistentes.

El hueso sacro está compuesto asi como se presenta actualmente, de doce vértebras, estando unido tantas vértebras con los huesos inominados de la pelvis, pero de estas doce vértebras la última está ya separada de las otras por su cresta superior espinosa, y solamente las once anteriores son unidas en una cresta comun. Por esta razon cuento ahora esta última vértebra á las de la cola, res-tando entonces, vértebras sacrales verdaderas no mas que *nueve*, porque las dos primeras son vérte-bras lumbares. Este modo de contar está en completa armonia con la configuracion del hueso sacral de las otras especies del género *Dasypus* que tienen generalmente *nueve* vértebras sacrales. Los Matacos (*Das. cónurus* y *tricinctus*) tienen exactamente como el *Dasypus gigas*, doce vérte-bras unidas con la pelvis, pero la última es tambien separada de las otras por su apófisis espinosa, y las dos primeras pertenecen á las lumbares. El Dr. Krauss ha contado como yo, generalmente doce vértebras sacrales, [con las dos primeras lumbares], pero en un caso trece, y en dos otros casos no mas que once, lo que prueba una variabilidad en la construccion de esta parte del esqueleto, tam-bien observado en otros Armadillos, como en el *Proapus longicaudatus*, que tiene ya ocho, ya nueve vértebras sacrales verdaderas.

La cola de nuestro individuo tiene 19 vértebras, pero faltando la punta el número verdadoro es mayor. El Dr. Krauss dá 21-24 vértebras como los límites de las variedades individuales.

De los huesos del esternon y de los huesos esternocostales se han perdido muchos, y por esta razon no puedo hablar con seguridad de la construccion. Pero los huesos de los miembros son pre-sentes todos, á lo menos los de un lado del cuerpo, y nada de particular se manifiesta en ellos.

Comparando entonces la configuracion de este esqueleto con los de los Glyptodontes de nuestro Museo público, se muestra una analogía notable en muchos, pero siempre unida con algunas dife-rencias bastante graves. No hablaré del cráneo, porque es en todo diferente. En el cuello es la union de las vértebras medias en una pieza, el *hueso mediocervical*, como lo llaman algunos auto-res, mas completo en los Glyptodontes, y generalmente estendido á las cuatro vértebras atrás de la primera (atlas). De los Armadillos actuales solamente los Matacos tienen la misma construccion. Mucho mas diferente es la configuracion de la columna dorsal, que se compone en los Glyptodontes de tres grupos de vértebras unidas entre sí en piezas sólidas; ningun Glyptodonte tiene vérte-bras movibles en el lomo, pero sí tres partes de vértebras unidas, que son el *hueso postcervical* compuesto de la última vértebra cervical y las dos primeras dorsales; el *tubo dorsal*, construido generalmente de las once vértebras que siguen á la segunda dorsal, y el *tubo lumbar* que se forma de las vértebras lumbares (7—8) unidas entre sí y con las (9) vértebras del *tubo sacral* en una pieza sin movilidad ninguna. No hay tal construccion particular del espinazo en ningun Mamífero actual y tampoco en ningun Armadillo; los Glyptodontes se distinguen por la dicha configuracion del espinazo de todos hasta hoy conocidos.

Menos diferente son los huesos de los miembros, y algunos con respecto á su figura, pero no á su tamaño, bastante parecidos.

Así tiene el húmero una figura muy próxima, pero sus crestas sobresalientes se levantan mas en el húmero pequeño de *Dasypus*, que en el grande de *Glyptodon*. Todos los Dasypus tienen sobre el condilo inferior interno una perforacion para la *arteria radialis* y el *nervus medianus*; pero esta perforacion falta en los Glyptodontes verdaderos, estando presente en el *Gl. tuberculatus*, que hoy se llama *Panochthus*, (véase la Acta de la Ses. de 12 de Junio corr.). Muy parecidos son los huesos del antebrazo, pero muy diferentes los del pié anterior, que es relativamente mas pequeño en los Glyptodontes que en los Armadillos. Estos tienen cinco dedos, y algunos con uñas muy grandes; pero los Glyptodontes tienen no mas que cuatro, aproximándose al tipo de los Cachicames (*Praopus* Nob.) actuales, que no tienen el dedo último externo pequeño. Los verdaderos Glyptodontes son en el mismo caso, el dedo que falta á sus piés anteriores, está el quinto; pero el *Gl. tuberculatus*, que forma el subgénero mio *Panochthus*, tiene este último dedo quinto perfecto, faltándole el primero ó pulgar.

El femur del Armadillo actual es relativamente mas prolongado, como todos los huesos de los cuatro miembros, como el hueso correspondiente de *Glyptodon*, y tiene tambien una diferencia positiva en este punto, que el trocanter tercero está unido con la punta sobresaliente al lado del condilo externo inferior de los Glyptodontes, pero separado de este tubérculo fijándose en el medio del hueso, en los Armadillos actuales.

La figura de la tibia y fíbula, unidas en un solo hueso, es muy parecida, pero su construccion es mucho mas gruesa, y su tamaño relativamente mas corta en los Glyptodontes que en los Armadillos. Esta construccion estrecha se aumenta en el pié de los Armadillos, siendo este órgano muy macizo y ancho en los Glyptodontes típicos, pero de la misma construccion general. Es digno de notar, que el *Gl. tuberculatus* (*Panochthus* Nob.) desvia mucho de los Glyptodontes típicos por la figura mas prolongada de su pié, acercándose al tipo de los Armadillos actuales, tambien en su órgano posterior del movimiento; pero el defecto del dedo interno primero tambien en el pié posterior le hace diferente de todos, tan actuales como extintos, animales parecidos. Asi se justifica completamente la separacion de esta especie en un género particular *G. Panochthus*, propuesto en la tercera entrega, (pag. 190) de nuestros Anales [Véase la Acta de la Sesion del 12 de Junio corr.]

En seguida se levantó la sesion.

J. M. Gutierrez,
Presidente.

Luis Huergo,
Secretario.

SESION DEL 18 DE SETIEMBRE DE 1867.

Presidencia del Dr. Gutierrez.

Presentes 14 Socios.

Abierta la sesion el Secretario leyó el acta de la anterior, que fué aprobada.

En seguida el Dr. Burmeister mostró un ejemplar de un cangrejo del Estrecho Magallánico, regalado al Museo Público por el señor Lanus últimamente y traido de su establecimiento en la boca del Rio de La Cruz en el norte de la entrada del dicho estrecho. El orador dió en el principio una definicion científica del nombre "Cangrejo" esplicando las relaciones y carácteres naturales del grupo de los *Crustacea* y demostrando las diferencias fundamentales entre ellos y las otras clases de los Animales articulados.

El cangrejo, de cual se trata, pertenece al género *Lithodes*, que vive en las costas de los mares fríos y presenta, entre otros carácteres diferenciales una asimetría particular del escudo abdominal en el sexo femenino.

Como el orador no tenia en su poder los libros necesarios para certificarse, si este cangrejo ha sido ya descripto ó nó, debia dejar su nombramiento científico para lo futuro.

En seguida se levantó la sesion.

<table>
<tr><td>J. M. Gutierrez.
Presidente.</td><td>C. Murray.
Secretario.</td></tr>
</table>

SESION DEL 9 DE OCTUBRE DE 1867.

Presidencia del Dr. Gutierrez.

Presentes 16 Socios.

Abierta la sesion el Presidente dijo, que por falta de los dos Secretarios se leería el acta en la próxima sesion, avisando que el señor Murray habia justificado su absencia por ocupaciones urgentes en una carta, recien entregada.

Tomando entonces la palabra el Dr. Burmeister dijo, que el señor Tesorero habia presentado el estado de la caja, que daba un saldo de 10,627 pesos moneda corriente; pero que habia que pagar impresion de la cuarta entrega de los Anales, recien concluida y pronta para ser repartida en la semana próxima. Puso tambien sobre la mesa presidencial copias de las litografias para la quinta entrega, recien llegadas de Europa.

En seguida dió una descripcion del pescado, que se encontró vivo en la calle Mejico, despues del gran trueno que acompañó al último aguasero del 26 de Setiembre á las 8 y 1|2 de la mañana. Mucho se han ocupado los Diarios con este fenómeno, presumiendo los unos, que el pescado hubie- se caído del cielo con las aguas de la lluvia, los otros creyendo que una trompa lo hubiese levantado del rio vicino y trasportado en el pueblo. Segun la opinion del orador el dicho pescado fué traido

XXXVI.

del rio ó de un arroyo vicino, agarrado probablemente al carro de un aguatero ó al pié de un caballo, pues los pescados del grupo, á cual l₁ especie aca encontrado pertenecia, tienen la costumbre agarrarse á objetos duros y vívos, sea para afigarse y descansar en este modo, ó sea para jupar la sangre de los animales que los agarran. Así pueden ser transportados largas distancias y mismo afuera del agua, hasta que el movimiento del carro ó del caballo sobre el empedrado desigual de la calle lo obligó, retirarse de su posicion incómoda, para nadar de nuevo libremente en el agua. Pero faltando el agua del rio en nuestra calle, ha caido el pescado al suelo y se ha presentado como un milagro á la gente, que lo ha visto primeramente.

El pescado, continuó el Dr. BURMEISTER que me ha sido traído al Museo Público, para mi inspeccion, conservado en aguardiente, es una especie de LAMPETA [*Petromyzon*], probablemente desconocida hasta hoy, porque no encuentro ninguna noticia de él en la lista de las LAMPETAS, recien publicada por J. E. GRAY en los: *Proceedings zoological Society*. 1851. pag. 265 seg. Las lampetas forman la parte principal del grupo particular de los *Cyclostomi* entre los pescados con esqueleto cartilaginoso (*Chondrostei*), distinguiéndose de los otros Chondrosteos por su boca redonda de figura de ventosa, armada con muchos dientes conicos puntiagudos en la superficie del embudo, que sale de la boca, y por las siete aperturas respiratorias á cada lado del cuerpo atrás de la cabeza. Son los pescados los mas imperfectos, que viven generalmente en agua dulce y tienen una carne blanda, que sirve de algunos como comida muy buena y estimada.

La nueva especie, que se ha encontrado en la calle de Buenos Aires, propongo llamar *Petromy-zon macrostomus*. Tiene una longitud de 0,40 metro y una figura prolongada cilíndrica como todas las especies conocidas, pero bastante comprimida á los dos lados, principiando su cuerpo inmediata-mente atrás de la grande ventosa con una vejiga oval del tamaño de un huevo de paloma y del-gazándose de una altura de 0,055, poco á poco hasta la punta de la cola. Su superficie es desnuda, tapada con cutis mucosa de color de plomo en la parte dorsal y blanquizo en la parte inferior. La grande boca en forma de ventosa tiene 0,06 m. de diámetro perpendicular y se abre en diámetro transversal hasta 0,08, reclinando las márgenes laterales invueltas poco al interior de la circunfe-rencia. Las orillas de la ventosa son franjeadas con lóbulos pequeños membranosos, que se aumen-tan en toda la circunferencia de 72 á 74. La superficie de la ventosa está cubierta con muchos dientes pequeños cónicos, muy punteagudos, un poco encorvados hácia el inferior y puestos en filas regulares del centro hácia la periferia. He contado ocho filas concéntricas y en la fila mas al esterior, que tiene los dientes de mayor tamaño, como 24 á cada lado y en la fila interior como 12 á cada lado; faltando dichos dientes en la parte media mas angosta del lado inferior de la ventosa completamente. La apertura central de la ventosa, ó la boca del animal, tiene un diámetro transversal de 0,03 y un perpendicular de 0,04; su circunferencia no tiene dientes, pues la primera fila mas interna dista bastante de la margen de la boca; pero en la parte inferior de la entrada hay una almohada carnosa, la lengua, armada de tres dientes grandes recorvados, muy duros y punteagudos, de los cuales el medio es la mitad mas corto que los dos laterales y los tres están unidos al fondo por una substancia intermedia comun.

Detras de la ventosa sigue la cabeza, bien marcada por un surco circular, que la distingue de la ventosa por ser mas gruesa y poco mas convexa, y debajo la cabeza hay un grande bolsillo pendiente, que principia bien separado de la ventosa y se estiende detrás de ella hasta la primera apertura respiratoria. Sobre este bolsillo, que incluye una cantidad de sangre, perluciendo por la pared, y que tiene 0,04 de largo y una forma de huevo de paloma, se vé al lado posterior de la cabeza el ojo bastante grande y distante de la márgen superior de la ventosa 0,07 m. La primera apertura respiratoria dista 0,016 del ojo y es poco mas bajo, que el ojo, poniéndose inmediatámente sobre el fin posterior del bolsillo; los otros seis siguen en fila recta, cada una 0,005 de la precedente.

Todo el cuerpo detrás de la última apertura respiratoria disminuye poco á poco, tanto en altura como en anchura y no tiene nada de particular, pero al fin hay tres pequeñas aletas membranosas, dos prolongado-triangulares en el medio de la superficie dorsal y la otra elíptica al mismo fin del cuerpo. Esta última tiene 0,045 de largo, la posterior de las dorsales 0,03 y la anterior 0,04, distando de la otra por 0,02 m. La apertura del ano se halla bajo la parte anterior mas alta de la segunda aleta dorsal, distante 0,07 m. de la punta de la cola.

Al fin mostró al Dr. BURMEISTER un PICHI CIEGO (*Chlamyphorus truncatus*) que ha regalado últimamente el señor D. Rafael Trelles, al Museo Público, esplicando las diferencias entre esta y la otra especie, el *Chl. retusus*, sobre el cual el Dr. *J. E. Gray*, Direct. del Mus. Británico ha fundado un género particular, llamándole *Burmeisteria retusa*. (*Proceed. Zool. Soc.* 1865. 381.) El orador se opuso á esta separacion, como innecesaria, y enseñó á la Sociedad su descripcion del animal en las Actas de la Soc. Hist. Nat. de Halle Tom. VII. pag. 167. [1863], fundada en el único individuo conocido hasta hoy y reservado, como uno de los objetos mas raros, en nuestro Museo Público.

SESION DEL 13 DE NOVIEMBRE DE 1867.

Presidencia del Dr. GUTIERREZ.

Presentes 7 Socios.

Abierta la sesion el Presidente dijo, que el Sr. Secretario D. Carl. MURRAY avisa que no puede asistir á la Sesion por tener que ir á una reunion de la Comision de los Saladeros, pero envía el acta de la Sesion precedente, que leyó y que es aprobado.

En seguida el Dr. BURMEISTER avisó á la Sociedad la entrada de las siguientes encomiendas:

1.) Continuacion de las Actas de la Sociedad Real de Lóndres vol. 156. pls. 1. & 2. con carta del Secretario, D. W. H. MILLER.

2.) *The Journal of the Linnean Society Vol. IV.* núms. 33. 34. & 35. Zoology y Botany, con carta del Secretario Sr. Rich. KIPPIST.

3.) Las actas de la Academia Real de Munich. 42. Voll. en 4° 'y 14 en 8°.

4.) *Synopsis of the species of Starfisk in the British Museun* bg. J. E., GRAY. London 1866. 4. por el autor.

5.) *Descripcion geológica del Golfo de la Spezia, Bologna* 1846. 8. por el autor D. Giov. CAPELLINI

6.) *Sopra le caverni di Liguria,* por el autor D. Giov. RAMORINO.

Despues el Dr. BURMEISTER mostró á la Sociedad un pedazo de nuez de coco con algunas manchas coloradas en la superficie interior de la pepita blanca cóncava, cuyas manchas parecian por su color completamente á la tinta colorada del escritorio, y que se han formado durante los cinco dias, cuando la fruta estaba abierta en su cuarto. Dijo que el fenómeno es conocido hace mucho tiempo como producto de un organismo microscopio, que el célebre microscopista EHRENBERG de Berlin ha llamado *Monas prodigiosa*, tomándole por un animal del grupo de los *Infusoria*. Su descripcion no cuadra exactamente con las observaciones mias, hecha en estos dias; parece que hay diferentes organismos del mismo color en los diferentes paises, bajo circunstancias iguales, porque el que he observado no tiene ningun carácter animal y sin duda es un vegetal, que propongo llamar: *Protococcus prodigiosus*. El se forma bajo ciertas circunstancias no bien conocidas aun por su orígen en diferentes productos vegetales con almidon en su substancia y principalmente en papas cocidas ó pan de trigo, conservadas en parages húmedos. Dicho vegetal microscópico pertenece, segun mi modo de ver, al grupo de los *Coniomycetes* y se presenta bajo el microscopio como una acumulacion de muchas células pequeñas completamente esféricas de tamaño diferente, generalmente de ⅒ hasta ⅒ mil diámetro, formadas por una membranilla fina colorada, que encierra una fluidez del mismo color con muchos granitos muy pequeños. Estas células se acumulan poco á poco mas ó menos en grupos y forman elevaciones irregulares nodulosas de ¼ hasta ½ millim. de alto, compuestas de un líquido poco mucoso, que contiene dichos granitos pequeños como los órganos de la propagacion. Así los he observado, y ahora los enseño en la manchas del coco.

Al fin dijo el Dr. Burmeister, fundándose en la larga relacion histórica del Dr. Ehrenberg en las Relaciones mensuales de la Academia Real Prusiana de Berlin del año 1848, pag. 349. seg. que se habia observado este fenómeno muchas veces, llamando la atencion no solamente de la gente vulgar, sino tambien de los historiógrafos, por ser tomado las manchas coloradas para sangre. El primer caso conocido es del año 332 ant. Chn. como los soldados del ejército de Alejandro Magno encontraron manchas coloradas en su pan, que tomaron por sangre de los Persas, entusiasmándose á la victoria por la idea, que ya fueron dados por sus dioses en su mano. Otro caso consta *Livio* en su historia Romana de Roma, que ha causado la muerte de 170 mujeres viejas, por que la plebe habia creído envenenado el pan por ellas. Pero el fenómeno mas célebre es este del convento de Bolsena en el año 1264, en donde un fraile incrédulo habia dubitado en la transubstanciacion. Un dia despues encontró este fraile una hostia con manchas coloradas en la iglesía, y se confesó persuadido. El papa Urbano IV. avisado de lo que habia sucedido en Bolsena, ordenó por este milagro la gran fiesta católica del *Corpus Christi*.

En los tres meses de Diciembre de 1867, Enero y Febrero de 1868 la Sociedad Paleontológica no ha tenido sesiones, sengun el uso recibido ya en el año pasado.

SESION DEL 11 DE MARZO DE 1868.

Presidencia del Sr. Dr. Gutierrez.

Presentes 13 Socios.

No se leyó el acta de la sesion anterior del 13 de Noviembre de 1867, por falta de los dos Secretarios, habiendo avisado el señor Murray, que no podia asistir esta noche.

El Dr. Burmeister abrió entonces la sesion, dando cuenta de algunos cambios en el personal de la Sociedad, que son : la pérdida de cuatro sócios. él :

XXXIX.

Dr. D. Marcos Paz por muerto.

" Facundo Carullo, per ausencia en un viaje á Europa.

" Alejo Arozeno, y

" " Claudio Amoedo renunciado.

y propuso dos nuevos sócios :

El Sr. D. Teodoro Differt, calle Florida 172 y

" " Bernardo Coffin, calle Esmeralda, que fueron aceptados.

En seguida el Dr. Burmeister dió cuenta de las siguientes cartas :

1. Del señor D. Jos. Henry, avisándole, que el *Smithsonian institution* mandó sus publicaciones en cambio de los Anales etc. El cajon se halla en Buenos Aires y pronto será tambien en nuestra posesion, estando ya despachado por la Aduana.

2. Del Seno. Ph. L. Sclater, Secret. de la Sociedad Zoologica de Lóndres, avisando recibo de la cuarta entrega de los Anales y despacho de las últimas publicaciones de la Sociedad á la nuestra.

3. Una carta dèl señor Quetelet, Secret. de la Academia Real de Bruxelles, con igual motivo.

4. Una carta del señor D. Ant. Aguilar, Secret. de la Acad. Real de Madrid, avisando la entrada de la Entrega segunda y tercera y la falta de la primera.

El Dr. Burmeister dijo que habia mandado la 1.ᵃ entrega por el cónsul de España, D. Viuc. L. Casares y como dicha Academia no ha aceptado nuestra oferta de cambio con sus publicaciones, propone no enviarla mas : lo que es aprobado.

5. Una carta del señor Renard, Secret. de la *Société des Naturalistes de Moscou*, avisándole recibo de nuestros Anales y prometiendo una série de las publicaciones de la dicha Sociedad..

5. Un folleto del señor Prof. Strobel, sobre observaciones geológicas, hechas por el autor en la Provincia de San Luis.

Al fin avisó el Dr. Burmeister à la Sociedad que la junta directiva resolvió segun su invitacion, aceptar un pintor con un sueldo de 500 $ mensual, para ejecutar bajo su direccion los dibujos nuevos para los Anales.

El señor Tesorero dió cuenta del estado de la caja, en siguiente forma.

La entrada hasta la fecha .... 17,327 pes. m|c.

La salida hasta la misma ...., ... 16,427

En caja   900 pes. m|c.

Concluido las noticias del progreso de la Sociedad el Dr. Burmeister llamaba la atencion sobre algunos cráneos y cabezas de lobos marinos, puestos á la vista y recien adquiridos por el Museo Público. Dijo que surgido en el año pasado una cuestion entre algunos sabios de Europa sobre los lobos marinos de nuestra costa y que á consecuencia de esto habia mandado dos jóvenes á la Loberia grande, para estudiar las especies presentes y dió las gracias al señor D. José Martinez de Hoz por haber ofrecido liberalmente su estancia á los excursionistas para alojamiento. El resultado fue que viven en nuestra costa dos especies de dichos lobos.

ó del sexo de una sola especie.

2. La otra especie es un animal de tamaño menor con vello mas largo y denso, compuesto de dos diferentes clases de pelo, una exterior mas larga y dura y otra inferior corta suave como lana roja. Por esta razon los habitantos de la costa llaman esta especie el "Lobo marino con doble pelo", pues la otra especie sola tiene una clase de pelos bastante mas finos y mucho mas cortos que los largos y duros de esta segunda clase. Este animal fue descripto primeramente por el naturalista inglés F. Shaw bajo el nombre de *Phoca falklandica* y despues por J. E. Gray bajo el título de *Arctocephalus nigrescens*, no se conoce aun bien toda su configuracion. Tenemos en nuestro Museo un jóven completo con cráneo, descripto por mí en los *Ann. et Magaz. of Nat. Hist.* 1866. *Tm.* 18. *pág.* 99., y esta cabeza de un macho viejo con cráneo, que permite dar una descripcion detallada que publicaré despues en nuestros Anales. Es notable, que todos los individuos tomados hasta hoy son machos y que nunca se ha visto la hembra en nuestras costas, lo que parece indicar una vida muy retirada en parages menos frecuentados de la costa ó en rocas é islas lejanas en el Océano Atlántico.

Lightning Source UK Ltd.
Milton Keynes UK
UKHW040859141218
333981UK00013B/1397/P